大型燃气-蒸汽联合循环发电厂培训教材

DIASYS/OVATION 控制分册

（下）

中国电机工程学会燃气轮机发电专业委员会
深圳能源集团东部电厂　编

重庆大学出版社

内容提要

本书全面、详细地介绍了三菱 M701F 燃气-蒸汽联合循环机组控制部分(计算机网络、控制系统)的基础知识、系统组成、控制功能、控制过程、连锁保护及试验、使用维护等内容。本书仅以深圳能源集团东部电厂安装的三菱 M701F 燃气-蒸汽联合循环机组计算机、控制系统为例编写的。对于 ADCS 系统(辅助车间控制系统)由于各电厂工艺设计及系统配置差异较大,因此,本教材是以深圳能源集团东部电厂为例进行了简单的介绍,以供参考。

本培训教材全部由热控技术人员编写,编写内容涵盖控制原理、工艺过程控制和检修使用维护,内容丰富、实用性强,对类似电厂技术人员全面掌握 F 级燃气-蒸汽联合循环机组计算机、控制系统的知识具有较大的指导作用。

图书在版编目(CIP)数据

大型燃气-蒸汽联合循环发电厂培训教材. DIASYS/OVATION 控制分册. 下/中国电机工程学会燃气轮机发电专业委员会,深圳能源集团东部电厂编. —重庆:重庆大学出版社,2014.10(2024.10 重印)
大型燃气-蒸汽联合循环发电厂培训教材
ISBN 978-7-5624-8516-2

Ⅰ.①D… Ⅱ.①中…②深… Ⅲ.①燃气-蒸汽联合循环发电—发电厂—技术培训—教材②燃气-蒸汽联合循环发电—控制机—技术培训—教材 Ⅳ.①TM611.31

中国版本图书馆 CIP 数据核字(2014)第 220372 号

大型燃气-蒸汽联合循环发电厂培训教材
DIASYS/OVATION 控制分册(下)

中国电机工程学会燃气轮机发电专业委员会
深圳能源集团东部电厂 编

策划编辑:周 立
责任编辑:陈 力 文 鹏 姜 凤 李定群 版式设计:周 立
责任校对:关德强 责任印制:张 策

*

重庆大学出版社出版发行
出版人:陈晓阳
社址:重庆市沙坪坝区大学城西路 21 号
邮编:401331
电话:(023) 88617190 88617185(中小学)
传真:(023) 88617186 88617166
网址:http://www.cqup.com.cn
邮箱:fxk@cqup.com.cn (营销中心)
全国新华书店经销
POD:重庆新生代彩印技术有限公司

*

开本:787mm×1092mm 1/16 印张:34.5 字数:861 千 插页:8 开 1 页
2014 年 10 月第 1 版 2024 年 10 月第 2 次印刷
印数:4 001— 4 300
ISBN 978-7-5624-8516-2 定价:76.00 元

序言

1791 年英国人巴伯首次描述了燃气轮机(Gas Turbine)的工作过程。1872 年德国人施托尔策设计了一台燃气轮机,从 1900 年开始做了四年的试验。1905 年法国人勒梅尔和阿芒戈制成第一台能输出功率的燃气轮机。1920 年德国人霍尔茨瓦特制成第一台实用的燃气轮机,效率 13%,功率 370 千瓦。1930 年英国人惠特尔获得燃气轮机专利,1937 年在试车台成功运转离心式燃气轮机。1939 年德国人设计的轴流式燃气轮机安装在飞机上试飞成功,诞生了人类第一架喷气式飞机。从此燃气轮机在航空领域,尤其是军用飞机上得到了飞速发展。

燃气轮机用于发电始于 1939 年,发电用途的燃机不受空间和重量的严格限制,所以尺寸较大,结构也更加厚重结实,具有更长的使用寿命。虽然燃气-蒸汽联合循环发电装置早在 1949 年就投入运行,但是发展不快。这主要是因为轴流式压气机技术进步缓慢,如何提高压气机的压比和效率一直在困扰压气机的发展,直到 20 世纪 70 年代轴流式压气机在理论上取得突破,压气机的叶片和叶形按照三元流理论进行设计,压气机整体结构也按照新的动力理论进行布置以后,压气机的压比才从 10 不断提高,现在压比超过了 30,效率也同步提高,满足了燃机的发展需要。

影响燃机发展的另一个重要原因是燃气透平的高温热通道材料。提高燃机的功率就意味着提高燃气的温度,热通道部件不能长期承受 1 000 ℃以上的高温,这就限制了燃机功率的提高。20 世纪 70 年代燃机动叶采用镍基合金制造,在叶片内部没有进行冷却的情况下,燃气初温可以达到 1 150 ℃,燃机功率达到 144 MW,联合循环机组功率达到 213 MW。80 年代采用镍钴基合金铸造动叶片,燃气初温达到 1 350 ℃,燃机功率 270 MW,联合循环机组功率 398 MW。90 年代燃机采用镍钴基超级合金,用单向结晶的工艺铸造动叶片,燃气初温 1 500 ℃,燃机功率 334 MW,联合循环机组功率 498 MW。进入 21 世纪,优化冷却和改进高温部件的隔热涂层,燃气初温 1 600 ℃,燃机功率 470 MW,联合循环机组功率 680 MW。解决了压比和热通道高温部件材料的问题后，随着燃机功率的提高，新型燃机单机效率大于40%，联合循环机组的效率大于60%。

为了加快大型燃气轮机联合循环发电设备制造技术的发展和应用，我国于2001年发布了《燃气轮机产业发展和技术引进工作实施意见》，提出以市场换技术的方式引进制造技术。通过打捆招标，哈尔滨电气集团有限公司与美国通用电气公司，上海电气集团股份有限公司与德国西门子股份公司，中国东方电气集团有限公司与日本三菱重工业股份有限公司合作。三家企业共同承担了大型燃气轮机制造技术引进及国产化工作，目前除热通道的关键高温部件不能自主生产外，其余部件的制造均实现了国产化。实现了E级、F级燃气轮机及联合循环技术国内生产能力。截至2010年燃气轮机电站总装机容量2.6万MW，比1999年燃气轮机装机总容量5 939 MW增长了4倍，大型燃气-蒸汽联合循环发电技术在国内得到了广泛的应用。

燃气-蒸汽联合循环是现有热力发电系统中效率最高的大规模商业化发电方式，大型燃气轮机联合循环效率已达到60%。采用天然气为燃料的燃气-蒸汽联合循环具有清洁、高效的优势。主要大气污染物和二氧化碳的排放量分别是常规火力发电站的十分之一和二分之一。

在《国家能源发展“十二五”规划》提出：“高效、清洁、低碳已经成为世界能源发展的主流方向，非化石能源和天然气在能源结构中的比重越来越大，世界能源将逐步跨入石油、天然气、煤炭、可再生能源和核能并驾齐驱的新时代。”规划要求十二五末，天然气占一次能源消费比重将提高到7.5%，天然气发电装机容量将从2010年的26 420 MW发展到2015年的56 000 MW。我国大型燃气-蒸汽联合循环发电将迎来快速发展的阶段。

为了让广大从事F级燃气-蒸汽联合循环机组的运行人员尽快熟练掌握机组的运行技术，中国电机工程学会燃机专委会牵头组织有代表性的国内燃机电厂编写了本套培训教材。其中，深圳能源集团月亮湾燃机电厂承担了M701F燃气轮机/汽轮机分册、余热锅炉分册和电气分册的编写；广州发展集团珠江燃机电厂承担了PG9351F燃气轮机/汽轮机分册；深圳能源集团东部电厂承担了DIASYS/OVATION热控分册的编写。

每个分册内容包括工艺系统、设备结构、运行操作要点、典型事故处理与运行维护等，教材注重实际运行和维护经验，辅以相关的原理和机理阐述，每章附有思考题帮助学习掌握教材内容。本套教材也可以作为燃机电厂管理人员、技术人员的工作参考书。

由于编者都是来自生产一线，学识和理论水平有限，培训教材中难免存在缺点与不妥之处，敬请广大读者批评指正。

燃机专委会

2014 年 8 月

前言

本套培训教材包括燃气轮机/汽轮机分册、电气分册、余热锅炉分册和控制分册。其中 DIASYS/OVATION 控制分册是本套教材丛书的一个分册，由深圳能源集团东部电厂热控人员编写。

全书分为上册、下册，共分 4 章，第 1 章介绍控制系统、计算机网络，第 2 章介绍三菱 DIASYS 控制系统，第 3 章介绍艾默生/OVATION DCS 控制系统，第 4 章介绍 ADCS 系统（辅助车间控制系统）。本书是以深圳能源集团东部电厂安装的三菱 M701F 燃气-蒸汽联合循环机组计算机、控制系统为例编写的。主要介绍了三菱 M701F 燃气-蒸汽联合循环机组控制部分（计算机网络、控制系统）的基础知识、系统组成、控制功能、控制过程、连锁保护及试验、使用维护等内容。对于 ADCS 系统（辅助车间控制系统）由于各电厂工艺设计及系统配置差异较大，因此，本教材以深圳能源集团东部电厂为例进行了简单的介绍，仅供参考。

本书内容全面实用，突出 F 级燃气轮机机组控制系统和设备的特点，针对性强，适合作为燃气-蒸汽联合循环电厂运行及检修人员培训用书，也可作为电厂从事相关工作的管理人员、技术人员和筹建人员的技术参考用书。

在本书正式编写前，编委会对培训教材编写的原则、内容等进行了详细的讨论并提出了修改意见；在编写期间集团领导皇甫涵和技术专家巩桂亮、胡松、王利红等对培训教材进行了审核，并提出了修改意见，在此一并致以诚挚的谢意。

编委会

2014 年 8 月

编写人员责编写内容:

章　节	内容	编写人
第 1 章	控制系统、计算机网络	刘雁杰
第 2 章	DIASYS 控制系统	
2.1	网络组成	黄文中
2.2	DIASYS 控制系统硬件	
2.2.1	控制系统硬件组成	范新宇
2.2.2	MPS 设备和结构介绍	李　东
2.2.3	控制系统通信组成	范新宇
2.3	DIASYS 控制系统软件	范新宇
2.3.1	Work Space Manager(WSM)人机接口监控软件	范新宇
2.3.2	ORCA View 组态工具软件	范新宇
2.3.3	LogicCreator 逻辑组态软件	范新宇
2.3.4	功能块	李　东
2.4	DIASYS 控制功能	
2.4.1	DIASYS 系统 TCS 控制	田　彬
4.1.1	燃气轮机控制	田　彬
4.1.2	汽轮机控制	田　彬
4.1.3	伺服阀控制回路介绍	范新宇
2.4.2	PCS 系统功能(Process Control System)	李　东
2.4.3	TPS 系统功能(Turbine Protection System)	范新宇
2.4.4	燃烧监视调整系统(ACPFM 系统)	范新宇
2.4.5	机组启停控制全过程描述	陈正建
2.5	DIASYS 控制与 Ovation 控制系统通信接口	黄文中
2.6	连锁保护试验	
2.6.1	机组连锁保护试验目的及范围	范新宇
2.6.2	机组连锁保护试验条件	范新宇
2.6.3	机组跳闸连锁保护试验项目	范新宇
2.6.4	机组报警连锁试验项目	范新宇
2.6.5	设备连锁、保护试验	任健康
第 3 章	DCS 控制系统	
3.1	网络组成	黄文中
3.2	DCS 控制系统硬件	田　彬
3.3	DCS 控制系统软件	田　彬
3.4	DCS 系统控制功能	范新宇
3.5	Ovation 系统与 PLC 系统、SIS 系统的通信接口	黄文中
第 4 章	ADCS 系统(辅助车间控制系统)	黄文中

缩写汇总

序　号	缩　写	全　称
1	ACPFM	Advanced Combustion Pressure Fluctuation Monitoring
2	ACS	Accessory Station
3	ALR	AUTO LOAD REGULATION
4	BPCSO	Blade Path Temp. Control Signal Output
5	BYCSO	Bypass Valve Control Signal Output
6	CPFA	Combustion Pressure Fluctuation Analyzer System
7	CPFM	Combustion Pressure Fluctuation Monitoring
8	CSO	Control Signal Output
9	DCS	Distributed Control System
10	DTU	Data Transfer Unit
11	EFCS	Electrical FieldBus Control System
12	EMS	Engineering Maintenance Station
13	EXCSO	Exhaust Gas Temp. Control Signal Output
14	FLCSO	Fuel Limit Control Signal Output
15	GVCSO	Governor Control Signal Output
16	IRIG-B	Inter-Range Instrumentation Group
17	LDCSO	Load Limiter Control Signal Output
18	LOPS	Local Operator Station
19	MCSO	Main Fuel Control Signal Output
20	MPS	Multiple Process Station
21	OPS	Operator Station
22	PCS	Process control System
23	PLCSO	Pilot Fuel Control Signal Output
24	TCS	Turbine Control System
25	TPS	Turbine Protection System
26	TSI	Turbine Supervisory Instrument
27	VIM	Vibration Interface Module
28	WSM	Work Space Manager
29	IGV	Inlet Guide Vane
30	RTS	READY TO START
31	SFC	Static Frequency Converter

编写人员名单

主　　编　刘雁杰

参编人员　（按姓氏笔画排序）

陈正建　范新宇　黄文中

李　东　任健康　田　彬

目录

第 3 章 DCS 控制系统

M701F 型燃气轮机联合循环机组 BOP 系统、炉岛各系统和电厂公用系统的控制，部分电厂采用与机岛控制系统相同的控制系统，即日本三菱的 Diasys 控制系统（Diasys 控制系统介绍详见第 2 章），这样可以降低不同控制系统的通信故障风险，系统兼容性好，设计简单化，维护也相对简单，备件储存量降低。但也可采用如西屋公司的 Ovation 分散控制系统等其他 DCS 分散控制系统供应商的产品进行系统控制，这样一方面可以降低成本，另一方面可以选择功能更强、更为成熟先进的 DCS 系统，但也丧失了单一控制系统的优势。本章将通过对艾默生过程控制有限公司 Ovation（Windows 版本）分散控制系统的网络结构、控制系统硬件功能及应用、控制系统软件功能及应用，以及在 M701 联合循环中的控制实例等方面介绍，了解 Ovation 分散控制系统在 M701F 燃气轮机联合循环机组 BOP 系统、炉岛各系统和公用系统中的控制应用。

3.1 网络组成

3.1.1 概述

Ovation 系统是艾默生过程控制公司公用事业部（PWS）（原美国西屋过程控制公司）于 1997 年推出的新一代分散控制系统，该系统给工厂控制带来了开放式计算机技术，同时又保证了系统的安全。

Ovation 系统具有多任务、数据采集、控制和开放式网络设计的特点。Ovation 系统采用分布式关系型数据库作瞬态和透明的访问来执行对控制回路的操作。这种数据库访问允许把功能分配到许多独立的站点，因为每个站点并行运行，这就使它能集中在指定的功能上不间断地运行，无论同时发生任何其他事件，系统的性能都不会受到影响。

Ovation 系统还拥有智能设备管理的功能，可以实现对 HART 设备、FF 现场总线设备以及其他现场总线设备的在线管理。

Ovation 系统主要用于实现余热锅炉及其辅助系统、热力系统、厂用电源系统的监视与控制，并与燃机—汽机控制系统 TCS+PCS 进行双向通信，从而实现对燃机-汽机及其辅助系统的集中监视和控制。

3.1.2 Ovation 系统网络架构

(1)Ovation 系统构成

Ovation 系统的基本组成分为数据高速公路和各个站点两大部分。它以数据高速公路为纽带,构成一个完整的设备监控系统。站点分为两大类:①与生产过程现场设备进行数据接口的分散处理单元(DPU);②人机接口装置,包括操作员站(OPS)、工程师站(EWS)、历史数据站(EDB)、性能计算站(GPA)、SIS 系统接口站(OPC)等。同时,它还可以和其他控制系统以及信息系统进行标准化的开放,如图 3.1 所示。

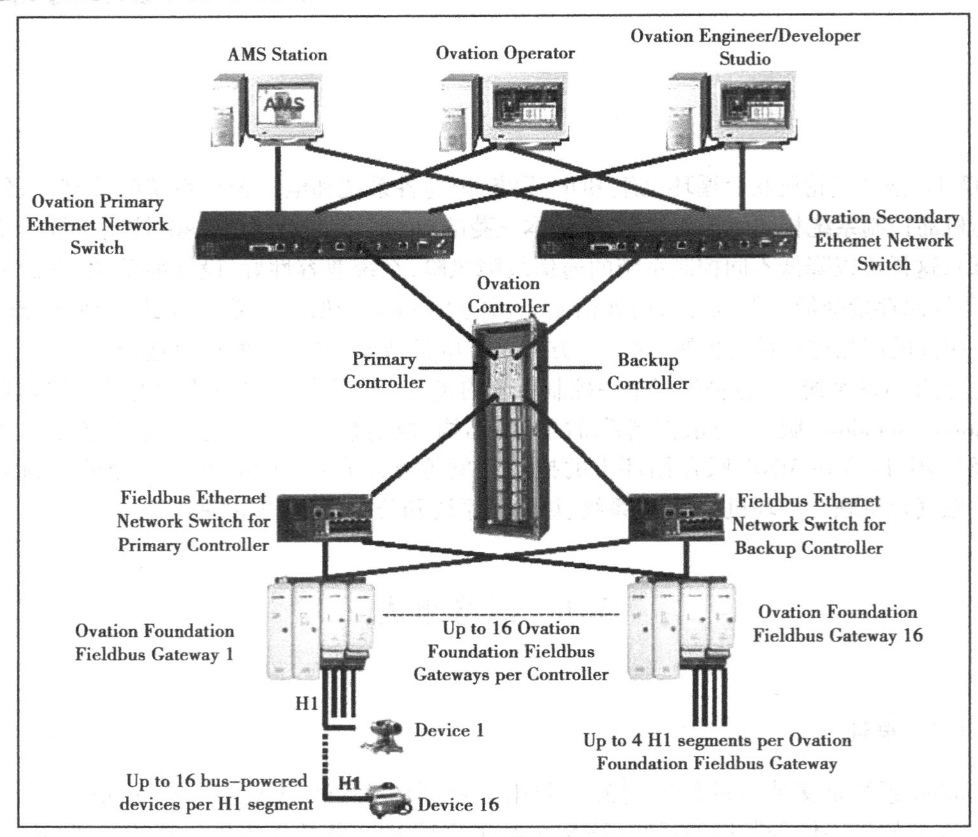

图 3.1 Ovation 系统概貌图

(2)Ovation 系统网络设计特点

①Ovation 系统采用目前广泛使用的硬件、软件、网络和通信接口,以取代过去有专利性的 DCS 系统结构。

②高速、高容量的主干网络采用商业化的硬件,使用世界网络设备占有率较高的思科网络设备。

③基于开放式工业标准,Ovation 系统能把第三方的产品很容易地集成在一起。

④分布式全局数据库将功能分散到每个独立站点,而不是集中在一个中央服务器上,确保了控制系统的安全性。分布式全局数据库产品选用的是世界上关系型数据库占有率高的 ORACLE 数据库产品。

⑤各上位机工作站点操作系统选用的是应用广泛的美国微软公司 Windows 系列产品。

⑥通过网络设备和计算机服务器电源的冗余配置提高系统的可靠性和安全性。

⑦Ovation 网络能容易地扩展到1 000个节点，其长度可达200 km(每个网络)，网络采用思科公司的系列交换机、路由器产品，市场上容易购买，而没有使用专利性质的网络用户协议。

(3) Ovation 系统网络结构特点

Ovation 系统网络是基于交换技术的、星形拓扑、标准的、开放的快速局域网络。Ovation 系统网络采用全冗余和容错技术标准，网络可采用多种通信介质，既可采用光纤，也可采用双绞线。网络还能与公共的 LAN、WAN 以及企业内部局域网连接(在信息安全有保障的前提下)。在确保过程控制安全的前提下可使控制功能和企业的内部信息系统完美地进行系统集成。

Ovation 系统网络结构有以下特点：

①基于先进的交换技术，采用冗余交换机作为网络拓扑设备。

②通信速率为100 Mbps 的快速局域网，采用了 FDDI 光纤令牌环冗余双环网络。

③电缆采用光纤和铜质双绞线电缆组合方式，包括非屏蔽双绞线、多模光纤、单模光纤等。

④网络拓扑结构清晰，分为核心层、接入层、就地设备共3层网络结构。

⑤可实现每秒200 000个实时信息的传输。

⑥PLC 可成为 Ovation 系统数据高速公路的直接站点。

⑦支持使用标准的通信协议 TCP/IP 的任何网络设备和就地智能设备。

⑧Ovation 系统配置有 OPC 服务器，为控制系统之间、控制系统与信息系统之间提供一个开放的标准接口。利用标准的 OPC 技术(计算机对象链接和嵌入技术)可以实现系统之间双向的、快速的数据通信。目前，OPC 服务器使用最广泛的是用于 Ovation 系统与企业内部的 SIS 系统之间的数据通信。

⑨Ovation 系统配置有 ODBC 服务器。由于 Ovation 的开放的数据库连接性能，可以使用 SQL 作为标准语言对数据进行访问和滤波，使本地和远程数据库之间的通信按照标准的方式进行，不需再使用专用的数据链接。其中最简单的应用就是从历史数据站上导出具有 Excel 标准格式的数据报表，使用户可以在自己的办公计算机上使用 Office 软件就能读取控制系统的历史数据报表，非常方便。

⑩对于站点较多的控制系统，网络可以通过星形拓扑的方式进行扩展。

(4) 网络拓扑图

1) Ovation 系统拓扑图

Ovation 系统拓扑图如图3.2所示。

2) 单元机组网络拓扑图

单元机组网络拓扑图如图3.3至图3.6所示。

3) 网络设备拓扑图

网络设备拓扑图如图3.7所示。

附录 三

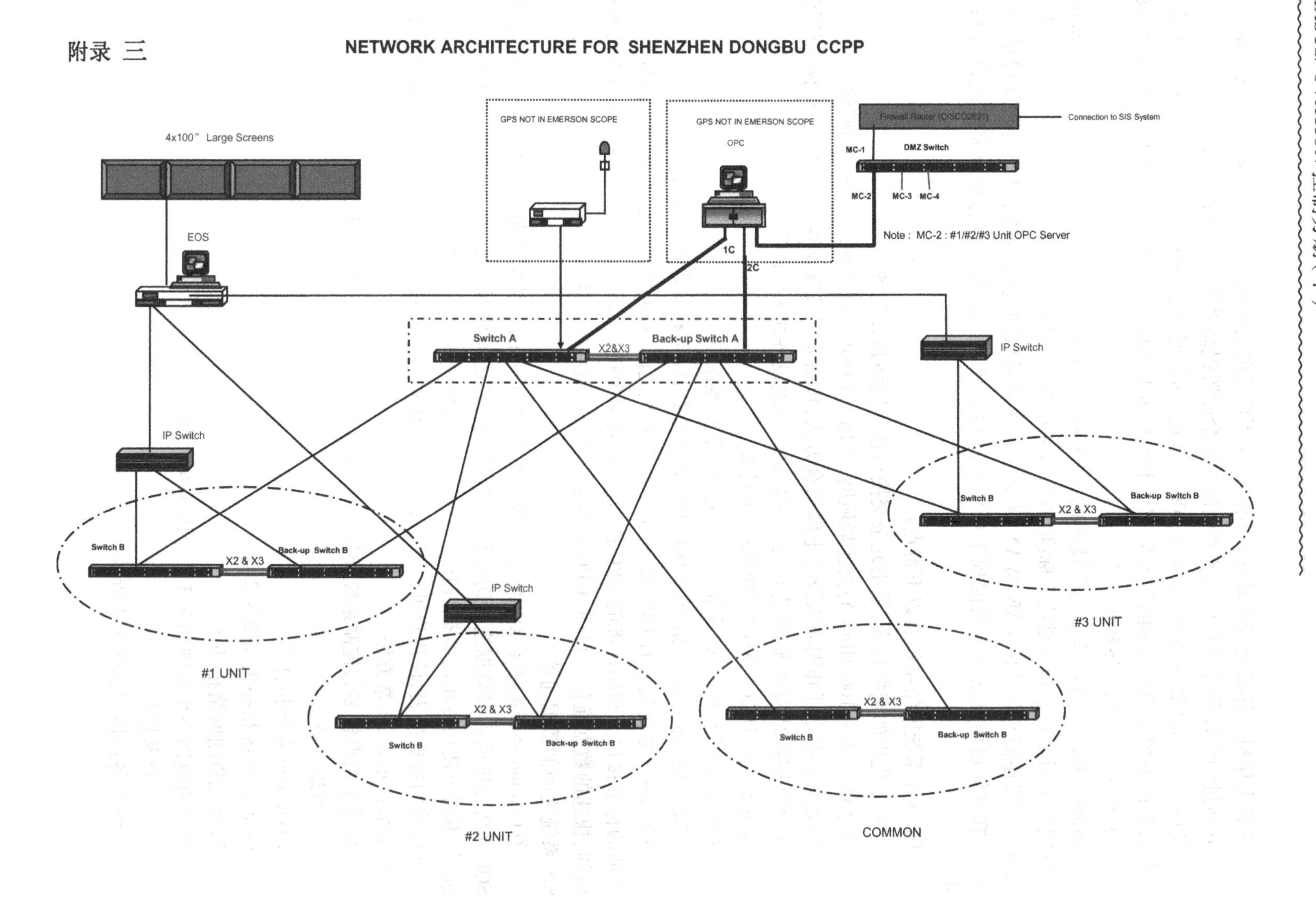
NETWORK ARCHITECTURE FOR SHENZHEN DONGBU CCPP
4x100" Large Screens
EOS
GPS NOT IN EMERSON SCOPE
GPS NOT IN EMERSON SCOPE
OPC
Firewall Router (CISCO2821)
Connection to SIS System
MC-1
DMZ Switch
MC-2
MC-3
MC-4
Note : MC-2 : #1/#2/#3 Unit OPC Server
1C
2C
Switch A
X2&X3
Back-up Switch A
IP Switch
IP Switch
Switch B
X2 & X3
Back-up Switch B
#1 UNIT
IP Switch
X2 & X3
Switch B
Back-up Switch B
#2 UNIT
X2 & X3
Switch B
Back-up Switch B
COMMON
Switch B
X2 & X3
Back-up Switch B
#3 UNIT

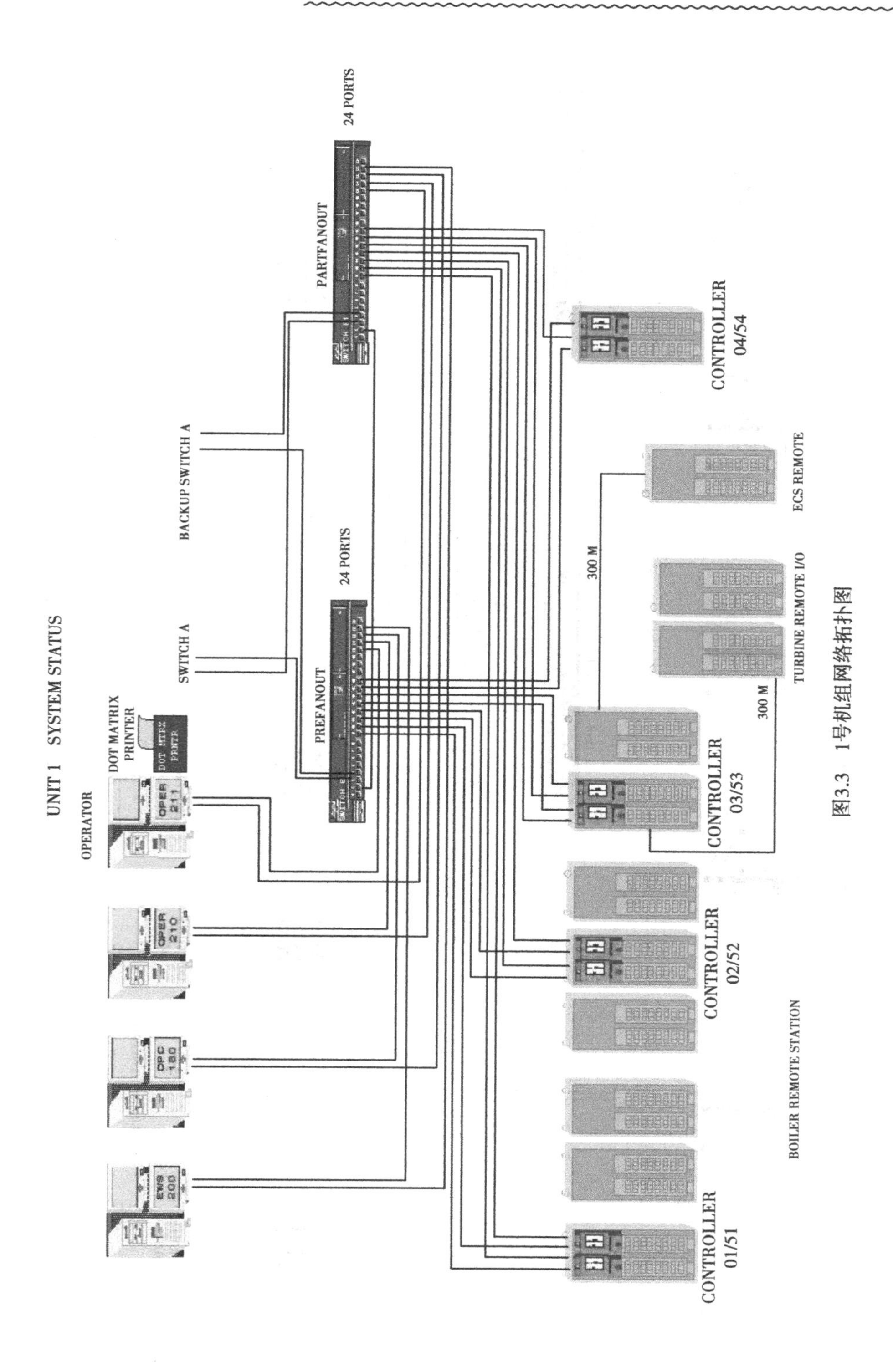

图3.3　1号机组网络拓扑图

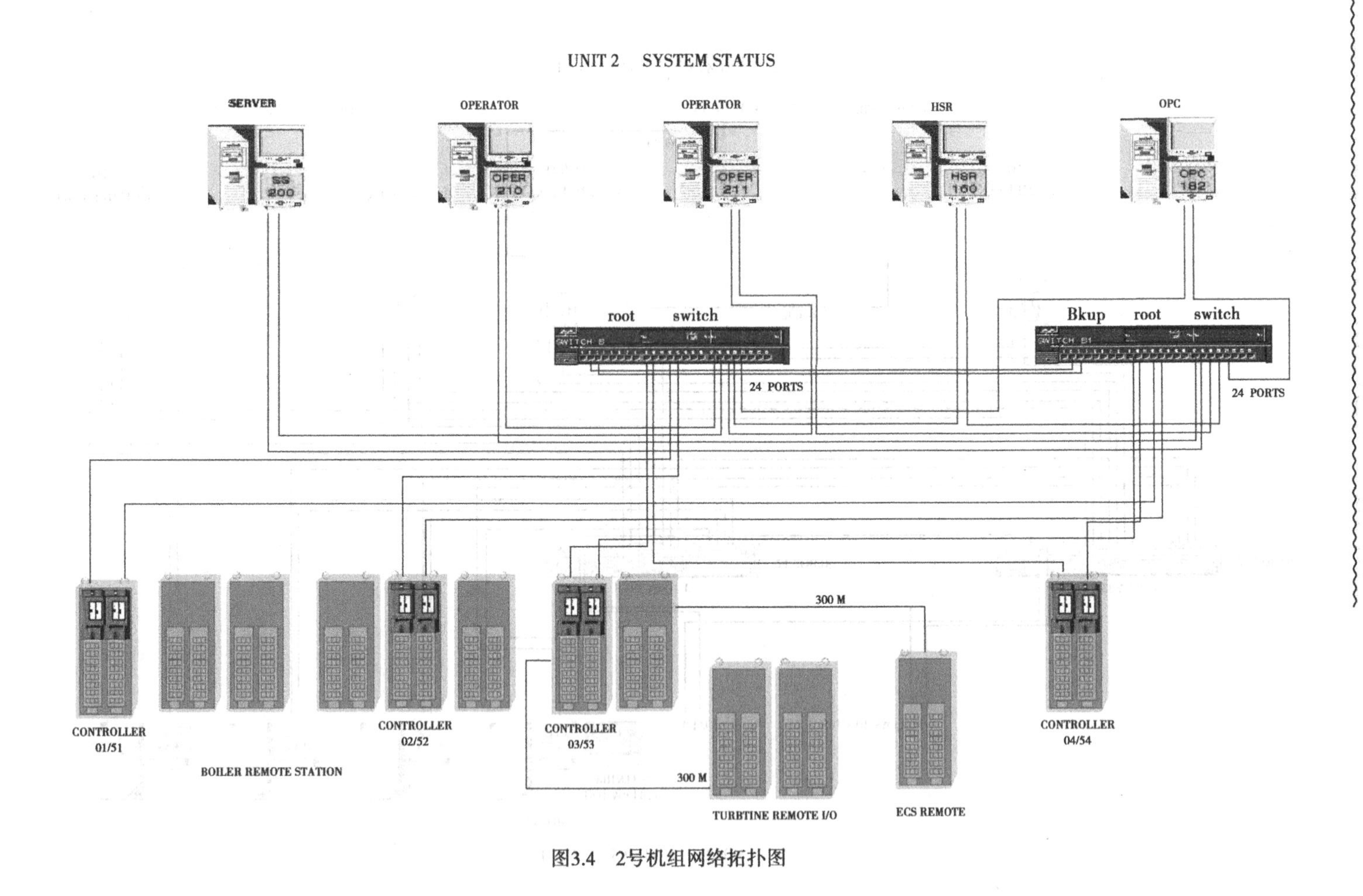

图3.4 2号机组网络拓扑图

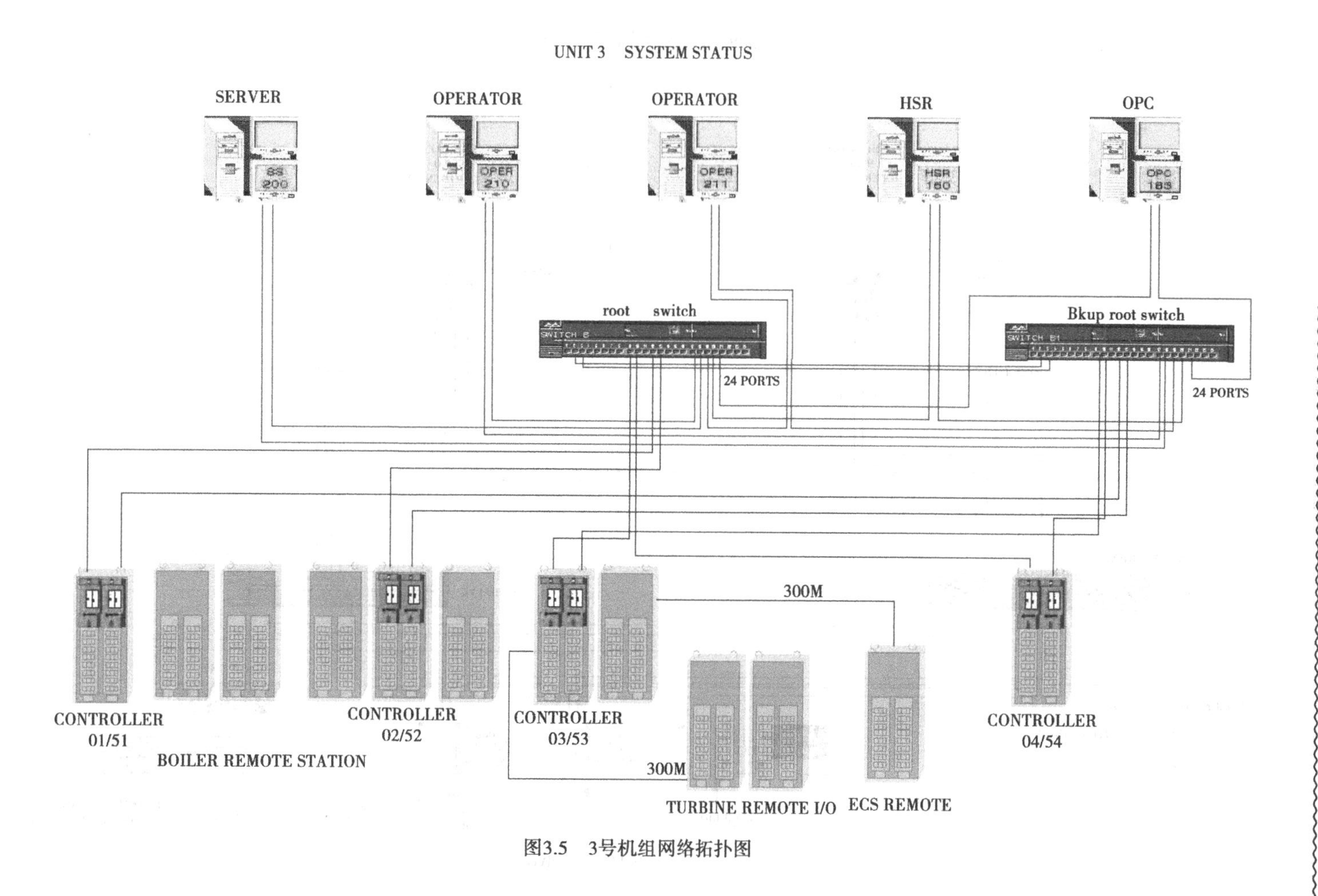

图3.5 3号机组网络拓扑图

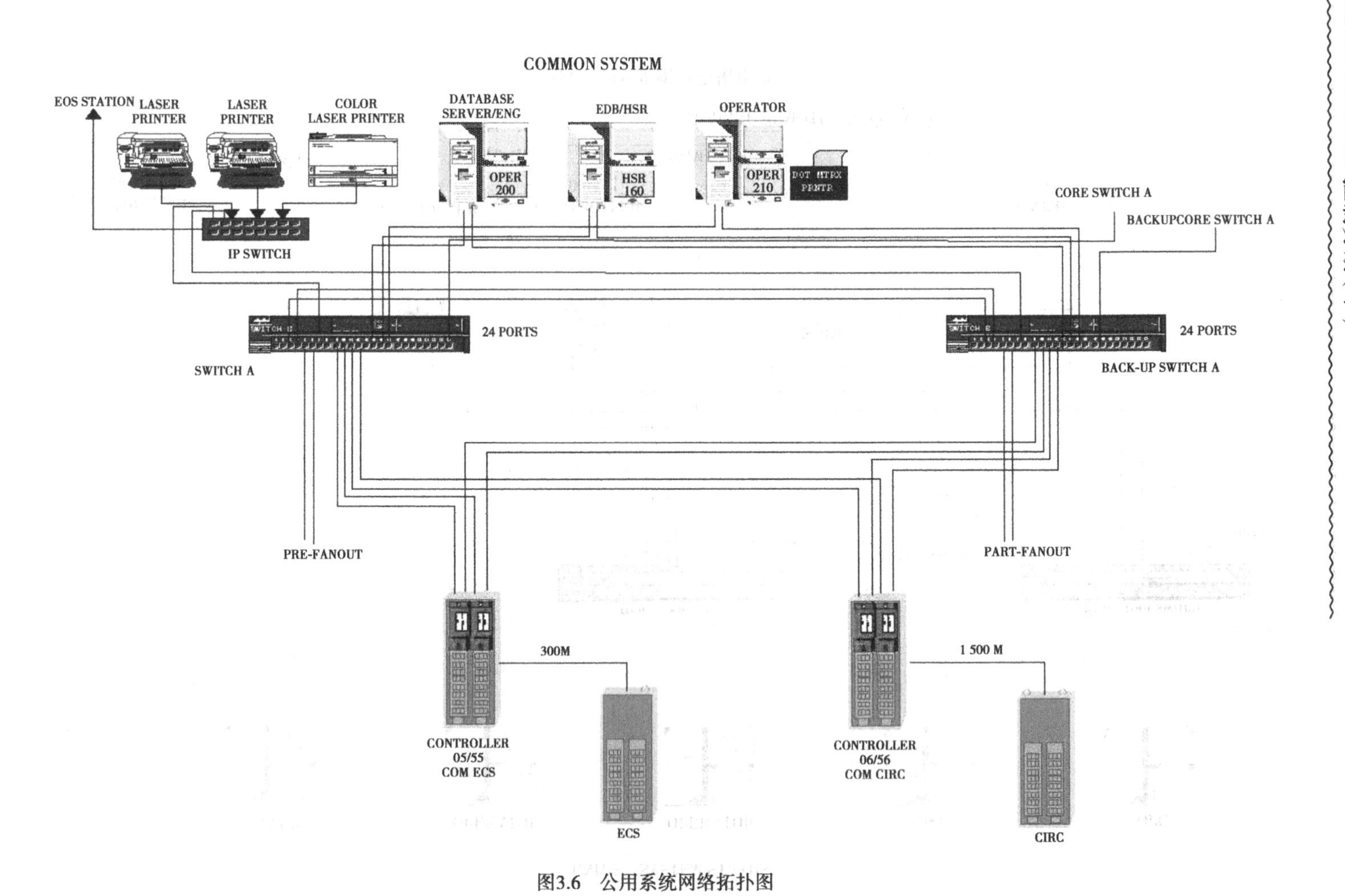

图3.6 公用系统网络拓扑图

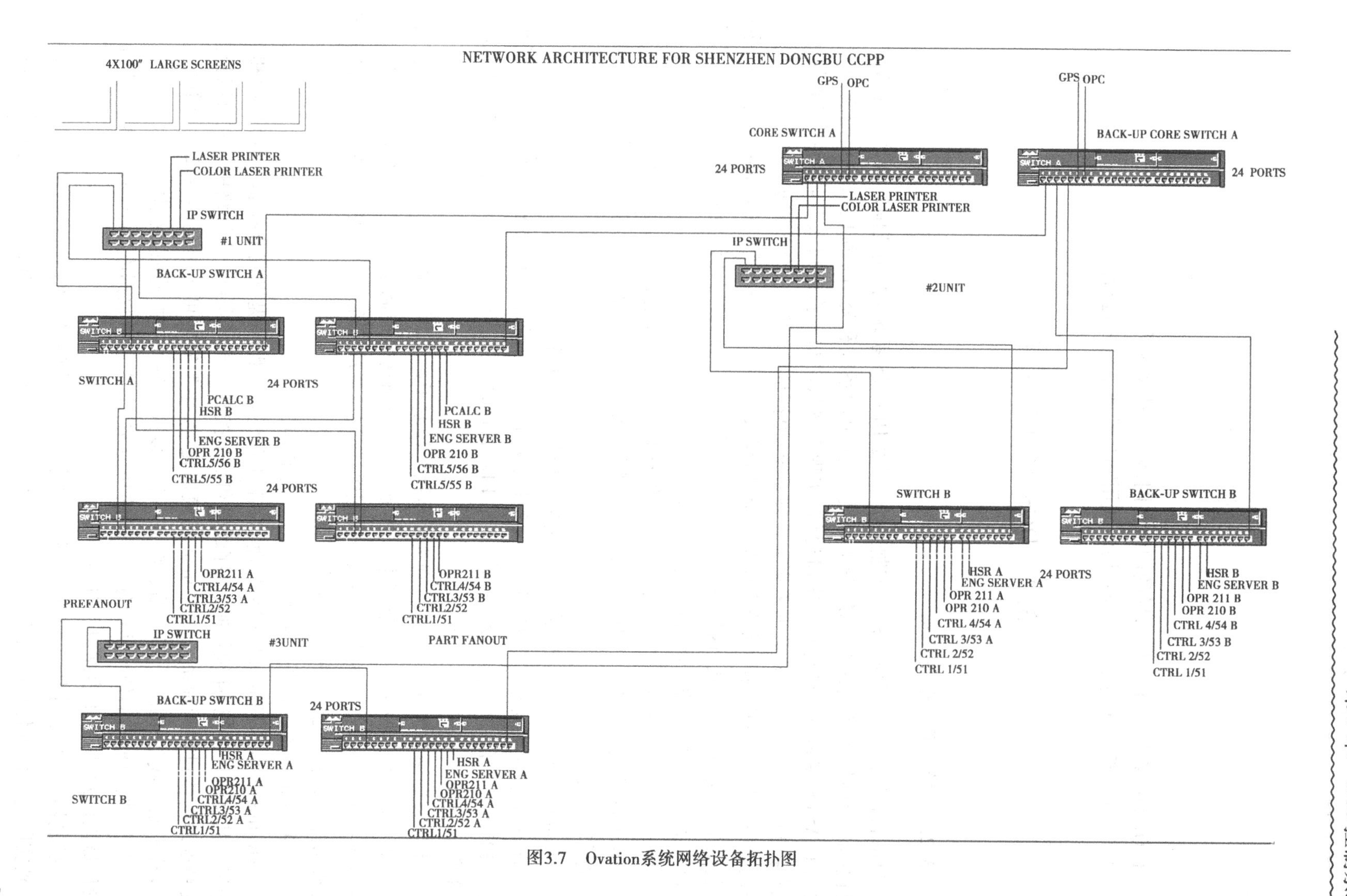

图3.7　Ovation系统网络设备拓扑图

练习题

1. Ovation 系统采用了什么样的网络？网络通信速率为多少？
2. Ovation 系统网络结构共分几层？使用哪几种通信电缆进行连接？

3.2 DCS 控制系统硬件

3.2.1 控制系统硬件组成

Ovation 控制系统实现除机岛控制系统(三菱 DIASYS 系统)控制范围以外系统的监控,主要包括对余热锅炉及其辅助系统、热力系统、厂用电源系统和公用系统的监视和控制,同时通过与 DIASYS 控制系统进行双向串口通信,实现对燃气轮机—汽轮机及其辅助系统的集中监视和控制。在功能上分为:数据采集和处理系统;模拟量控制系统;余热锅炉、部分热力系统的辅机顺序控制系统;厂用电源顺序控制系统;循环水控制系统;APS 等。Ovation 控制器采用按工艺系统组成划分的方式,这样系统资源共享较为合理,控制器间通信负荷率大大降低。操作员台上备有紧急操作按钮作为后备操作手段。

Ovation 控制系统由 3 个单元机组和一个公用系统 4 部分组成。

Ovation 控制系统上层工作站主要包括:工程师站、操作员站、历史站服务器、数据库服务器、打印机、大屏幕等设备。

Ovation 控制系统下层控制站主要包括各控制子站设备。

Ovation 控制系统通信接口部分主要包括:Ovation 控制系统与 DIASYS 系统、空压机系统、电气 EFCS 系统的串口通信设备;与调压站 PLC 控制系统连接的工业以太网通信等设备,如图 3.8 所示。

下层控制站分为 6 个部分,分别为 1 号锅炉控制子站、2 号锅炉控制子站、汽轮机/电气控制子站、APS/通信控制子站、公用电气控制子站、公用辅机控制子站。其中公用电气控制子站、公用辅机控制子站为全厂公用系统而配置,物理位置放置在 1 号机组。其余 4 个子站为单元机组配置,每套机组均配置此 4 个子站。

控制盘柜布置图如图 3.9 所示(限于 1 号机组)。

Ovation 提供全面的过程控制管理,为各种系统应用程序提供调节控制、顺序控制和数据采集。其将电厂监视、连续控制、顺序逻辑和批量控制系统集成到一个网络中。它可以根据需要精准地配置过程管理系统。Ovation 是模块化的,小型安装可扩展到多达 254 个智能模块(被称为站点或工作站)。每个站点都是一个可以执行各种功能的独立模块。

工作站:根据站的使用功能分为不同的功能站,主要包括数据库/工程服务器、工程师站、操作员操作站、历史报表站以及其他功能站。

控制器:作为控制中心,控制器采用了冗余的方式达到最大的可靠性、安全性。其包括连接到实际电厂设备传感器上的 Ovation I/O 模块(电子模块和特性模块)。由这些传感器测量

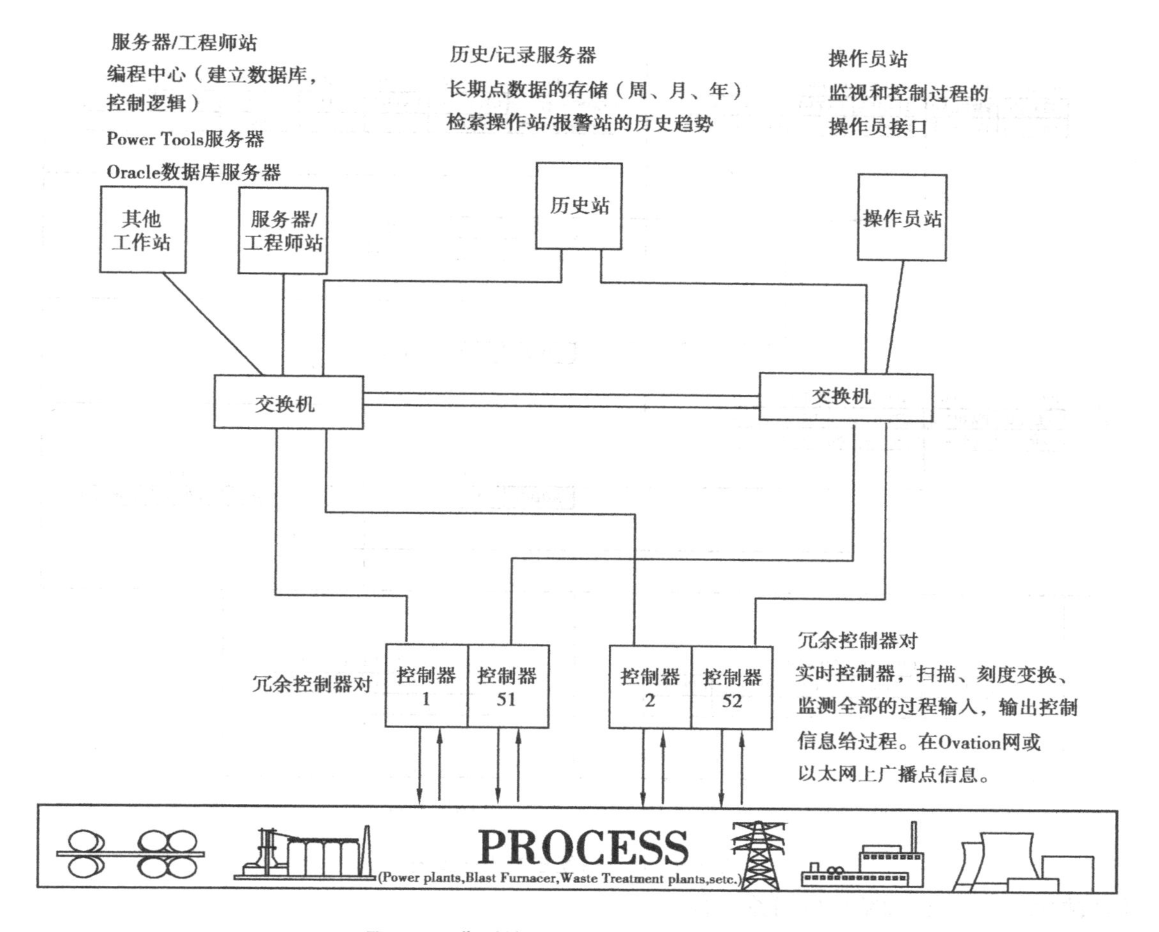

图 3.8 典型的 Ovation 控制系统结构图

的点值通过控制器广播到 Ovation 网络上。控制器采用与 PC 兼容的实时操作系统（全 32 位优先级多任务系统），以及标准的 PC 结构和无源的 PCI/ISA 总线接口。

网络部分：由图 3.8 可知，Ovation 分散控制系统网络由互为冗余的网络、数据交换站以及操作员站、工程师站、历史站、控制器等各节点构成。

以下主要介绍工作站各部分功能和特点，如图 3.10 所示。控制器部分在本节 2.2 中进行详细介绍。

（1）工程师站（EWS）

Ovation 工程师站使用 Windows 环境和高分辨率的显示画面来执行工程、操作和维护功能，同时包含了所有 Ovation 操作员站功能。工程师站提供了创建、编辑和下载过程图像、控制逻辑和过程点数据库的必要工具。

为了组态和维护 Ovation 系统，Ovation 工程师站包含了称为工程工具的一整套工具。这些工具用来创建和编辑过程图像、控制逻辑、键入过程点数据库和站点组态文件，并将新建或改变后的数据文件存入系统软件服务器。

工程师站提供一套带全面安全系统的、简单易用的图形用户界面重要数据库。Ovation 数据库是分布式数据库，每个站点处理与它相关部分的数据，再通过网络连接在一起。所以，主

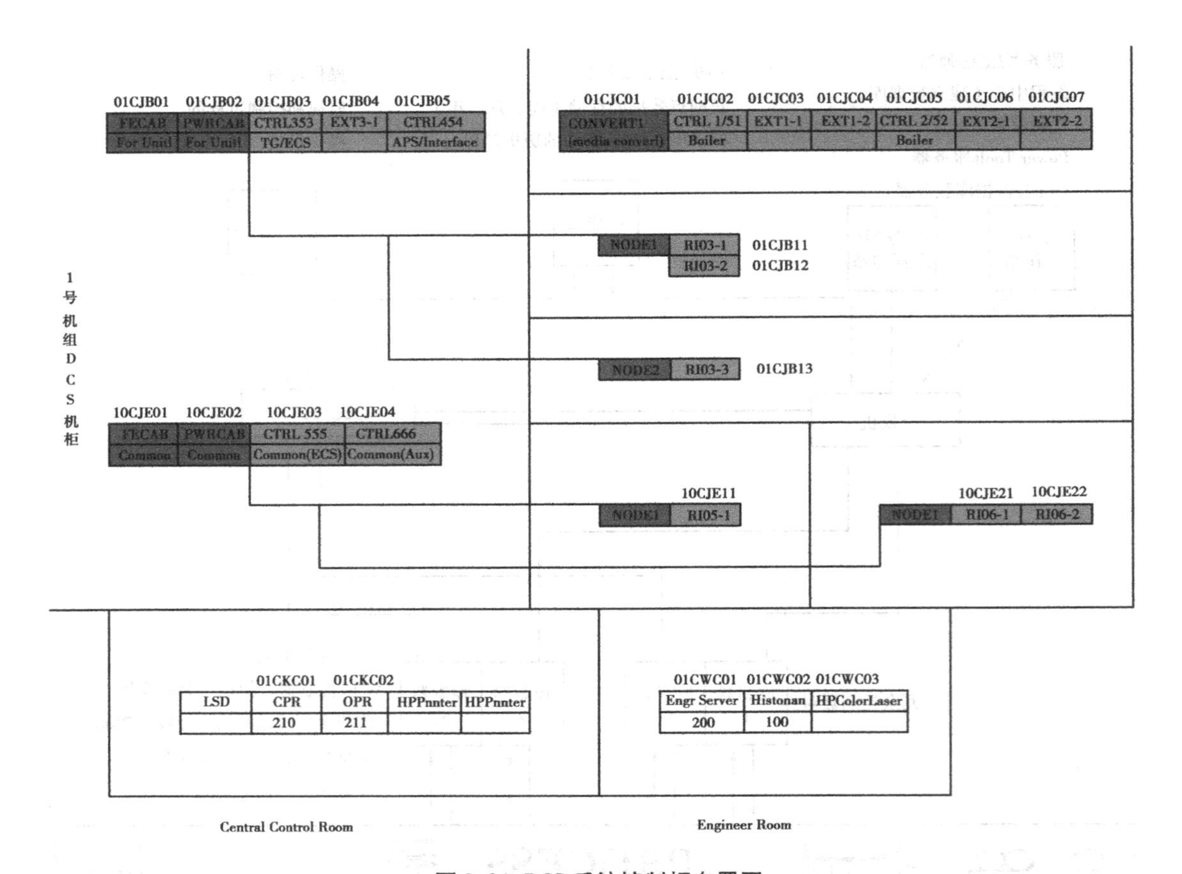

图 3.9　DCS 系统控制柜布置图

体数据库具有一致和精确的可维护性。

全域的数据库一直在更新报告当前的数值。工程工具可以把数个来自不同硬件平台的应用程序单独地、同时地展开并执行。

特殊工程功能包括:数据库和控制组态、组态厂区各种显示图像和操作面板、报表和历史点组态、组态与其他网络的数据链接、上装及下载所有工作站和站点的组态程序、所有设计的文本文件。

1)工程师站的特点

☆采用基于 Microsoft 的 Windows 系统,最大容量为 200 000 点。

☆可在线使用参考工具和工具库。

☆可多窗口同步控制、调用数据库和进行图形设计。

☆工程师站具备系统软件服务器、高性能的工具数据库以及操作员功能。

2)工程师站的功能

Ovation 工程师站执行系统管理功能,并存储所有的系统软件。系统目标码和应用源程序代码也存储在工程师站中。

因为具有工程和操作双重功能,工程师站提供了多样的功能库。处于工程模式时,可以开发、装载和维护所有站点的应用软件。新的组态程序将通过 Ovation 网络传递到目标站点。

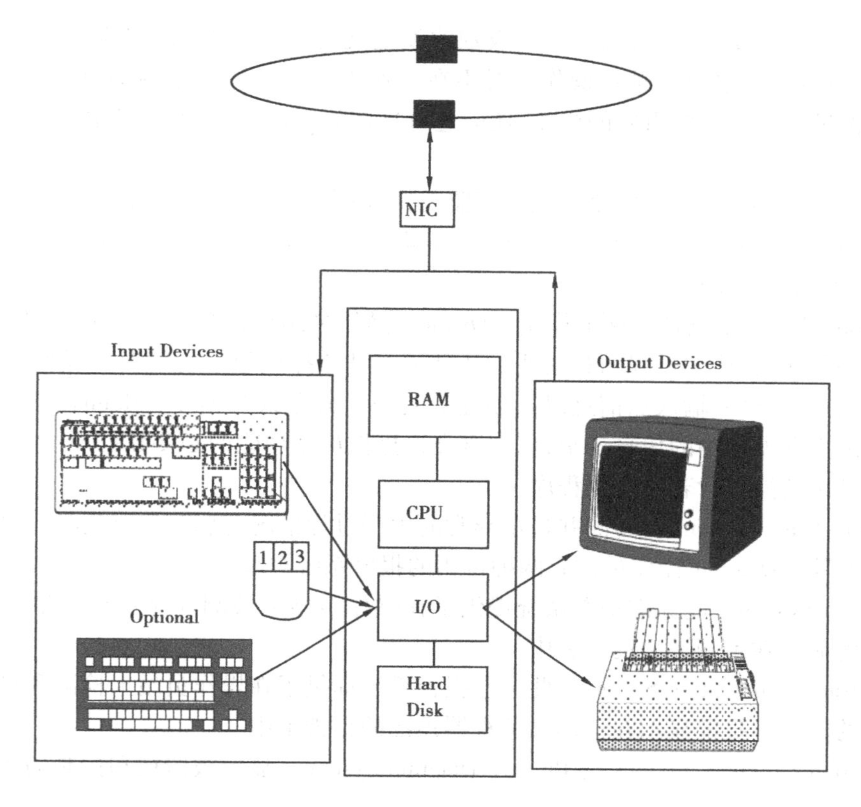

图3.10　工作站的硬件组成

组态功能

☆硬件配置和组态功能

如定义DPU站号、网络的参数、站内的I/O配置。

☆数据库的组态功能

定义系统数据库(实时数据库和历史数据库)中的各种参数,实时数据库组态主要对数据库的各点定义其名称、工程量、上下限值、报警条件等;历史数据库组态定义各个进入历史库的点的保存周期。

☆画面的生成

在CRT上以人机界面交互方式直接作图来生成显示画面,采取标准的移位击键法可移动或拖动及改变对象的大小,并通过滚动菜单选取色彩、线宽、填空、文本格式等图形属性。用户可根据需要建立自己的图形工具。

☆控制逻辑的组态

生成控制逻辑,定义各控制回路的控制算法、调节周期及参数、系数;采用CAD为基础的组态工具,更为方便、易学和直观。采用标准功能块(算法块)相互级连,即上一块的输出作为下一块的输入,每一块的算法块完成特定的功能或计算,经过组合,形成完整的控制回路。

☆组态数据的编译和下载

对组态数据进行编译,并下载到各个控制器;将流程控制图形下载至各操作员站。

☆操作安全级别的设定

为确保生产的安全进行,操作安全级别的设定变得极为重要(即对操作人员的操作权限进行设定),以防止误操作、越级操作。对不在操作人员的操作权限内的操作指令加以闭锁,加以口令保护。对于一些重要的操作,还应进行操作的复核,以确保不发生意外。

监视功能

☆对各站、网络的通信、安全情况进行监视,以便进行维护、调整来保证 DCS 的连续运行。

☆组态的在线修改,如控制参数调整、控制器的操作、状态信息图、站点的错误代码。

(2)操作员站(OPS)

Ovation 操作员站也是一种工作站。Ovation 操作员站可以通过 Ovation 网络与电厂过程控制系统进行通信,使用过程图和其他标准显示工具监控机组运行情况。操作员站功能包括监视和控制报警条件、输入点信息以及创建点趋势。分布式数据库 (Raima) 支持操作员站,此数据库是主数据库中的信息子集,仅包含支持操作员站功能的必要数据项。

操作员站功能包含若干应用程序:

☆Base Alarm System 。检测并显示异常的生产过程情况,例如,站点超时、点超出范围、数字状态更改等。Ovation 操作员站有两种可用的报警系统类型:

a. Alarm System　此标准报警系统提供了在操作员站上检测和显示异常生产过程情况的方法。报警显示在不同类型的列表中。

b. Alarm Annunciation System　此可选报警系统提供了在操作员站上检测和显示异常生产过程情况的方法。报警显示在工作站监视器顶部的报警带中。

☆Graphics Display System 或 Process Diagram System。显示被监视和控制的实际生产过程控制的流程图。

☆Point Information (PI) System。查看和编辑来自 Ovation 网络和 Point Builder 的点信息。

☆Error Log。提供关于系统错误的信息,并将信息写入日志文件。

☆Point Review。允许用户选择特定特征的过滤器,以在数据库中搜索周期性过程点。

☆Trend 。以图形趋势或表格形式显示针对 Ovation 网络上的信号点。

☆Point Viewer。提供包含所有系统点(以站点为单位)的列表,以及关于各点的简要描述。

☆Signal Diagram。显示在 Control Builder 中所创建的控制逻辑页,可用于在操作员站中监视和调整控制过程。

☆Historical Review。提供关于历史数据的信息。

操作员站应用程序菜单如图 3.11 所示。

①测点的回顾(Point Review)

允许用户通过一系列特性、状态、质量码来回顾点的生成限位:数值限位、工程范围限位、报警限位、合理限位、数值钳位限制、传感器限位以及限位检查移位;质量码,Bad、Poor、Fair、Good;SID 报警; 报警检查移位;剪切块无效;报警剪切;工程范围检查关闭;合理检查关闭;数值嵌位关闭;输入数值;外部校验;扫描移位;设置标签;测试模式;扫描清除;超时。

②点的信息(Point Information)

允许操作员浏览选中的过程点的完整数据库记录,并可以调整扫描状态、报警状态、报警限位和数值。对每一幅过程画面,动态点都自动给出点击区,通过它可以快速查看过程点相关信息。

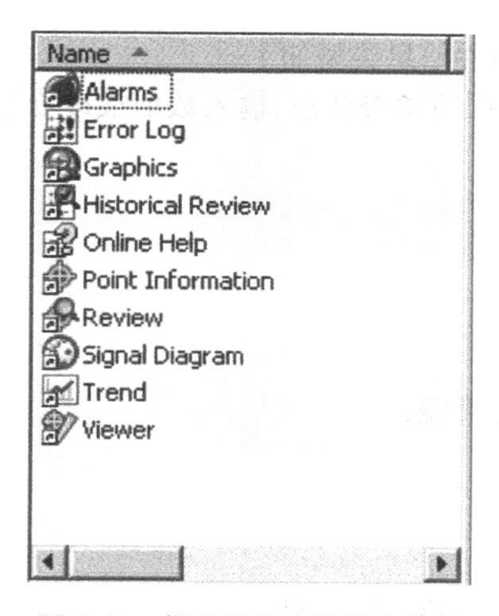

图3.11 操作员站应用程序菜单

点击区包含如下内容：

☆过程信息。

☆点名、说明、数值和质量码。

☆广播频率。

☆硬件信息：I/O 地址和信号类型。

☆扫描状态（开/关）。

☆报警状态信息（报警检查开/关，限位检查开/关）和限位（低限、高限、增量和死区）。

☆系统信息，如起始站名和系统指示。

下拉菜单能实现如下数据采集功能：

☆改变扫描状态。

☆改变报警状态。

☆改变数值。

☆改变限位。

③操作员事件记录

每一个操作员的操作动作将会引发 Ovation 操作员站给标明记录事件的站点发出一条事件消息，这个站点即刻生成一个有时间标签的 ASCII 码消息，并通过 Ovation 网络传给历史记录设备，随后可在历史记录设备上显示或打印出来。

每个操作员事件消息包含下列内容：

☆事件子类型。

☆日期/时间（最接近的秒）。

☆事件说明。

根据事件的不同，每个消息还可能包括：

☆点、设备或站点名。

☆点的描述。

☆旧的数值/模式和新的数值/模式。

☆回路号，算法名称和算法类型。

Ovation 操作员站初始的事件信息类型如下:

☆在确定扫描状态、报警/限位检查状态、输入数值或改变报警限位时的数据采集系统功能和失败。

☆算法调整和失败。

☆更新时间。

☆强制键入数值。

☆错误清除/确认。

Ovation 控制器初始的信息类型:

☆离散量控制信息。

☆调节控制信息。

☆各方面的其他信息。

☆Ovation 控制器软件逻辑出错判断信息。

④报警管理

允许操作员按照梯级浏览和确认报警显示。可选用 4 种类型的报警显示:

☆图形模块化报警。最多 200 个图形模块可用来表示报警点集合。一旦触发报警,相应的图块会改变颜色,以提供快速的视觉指示。图块可以直接送至特定的过程画面。组态模块化报警时,也可使用位图来制作图块。报警组可用点的优先级和特性作为框架。报警图块的位图可由用户定义优先级和用未确认状态来定义颜色码。用来定义图块的过程图形可以是任意类型,例如过程概貌,手操控制面板或点的集合等。

☆报警清单。按照时序来显示现存记录的报警。点的报警状态的改变将标明登录列表的更新情况。报警点的恢复也可标明(在对点进行组态时要说明)。

☆历史报警清单。按照时序显示最近发生的 5 000 条报警,包括发生和已恢复的报警。

☆未确认报警清单。按照反时序序列显示未确认的报警。最近发生的报警将增加到清单的底部。当一个报警发生后,操作员必须按窗口上的报警确认按钮进行确认。

报警管理说明见表 3.1。

表 3.1　报警管理说明

历史报警清单	5 000 个
报警优先级	8 级
图形模块位图报警	200 个
报警清单的颜色	16 种

A. 报警目的地

操作员站可以通过特定厂区范围的过滤功能将报警送至特定站或整个系统。点名的第一个字母可以标明点所在的控制处理区域,通过这个方式,每个报警可以特定地表示它所在的控制区域。

B. 报警优先级

为了区分报警的重要性,过程点定义为 1 ~ 8 挡优先级,8 级最低,1 级最高。模拟量报警的高低限可以设定各自的优先级。

C. 声响报警

当报警发生时,声响报警将产生声音提醒操作员注意报警发生。声响报警可以连续也可以不连续。

连续声响可以设为响一段时间间隔或响到报警被确认为止。每个报警优先级可以定义不同的音调,如果收到报警,音调将按照报警中的最高优先级进行确定,这个功能将帮助操作员分辨报警的重要性。连续声响系统可以在一台或一组操作员站中运行。不连续的声响(一个可由用户定义的声音文件)在点报警时仅响一次。声音文件可以在两种模式运行,优先级或目的地模式。不同的音调可以定义给特定的目的地或优先级,同样的音调也可以定义给不同的目的地或优先级。

D. 报警确认

操作员可以使用基本报警窗口上的报警确认按钮来确认一个报警。报警确认表明:

☆操作员知道一个报警的情况。

☆完成确认的行为。

E. 报警复位

在完成确认后,报警必须重新复位以便于从报警清单清除。报警复位功能标明所有系统中已恢复的报警,允许它们复位。

⑤过程画面

☆用高分辨率图像和增强功能(如窗口、缩放等)来组织和显示过程信息。

☆图像可通过图形模块访问。

☆用户可以自定义图形元素和文本的颜色、类型和大小,以便标识报警和操作条件的状态。

☆图像可以包含连接或点击区来显示其他图像、窗口或点的信息。

☆不属于系统内网络上的设置点可以定义并插入过程图像中。

☆提供一个标准图形元素库。

☆单幅图像可以链接多个组的点。

过程画面说明见表3.2。

表3.2 过程画面说明

过程图像	超过25 000
过程图像窗口	每个窗口最多8幅(双CRT支持8幅,每个显示器4幅)可选
每幅图像的动态区域	超过700个
每幅图像的颜色	256个
图像更新速率	1 s

⑥班组日志

班组日志允许操作员填入每个班组的信息操作摘要和数据观测值。日志内容可以广播到其他操作员站或存储在历史站内。典型的内容可以包括如:

☆厂区情况

☆流程偏差

☆过程检测

⑦趋势图

趋势图用图像或表格形式并按照选择的时间周期来显示系统网络上的实时点采样。操作员站可以浏览实时和历史数据两种趋势显示。操作员站可以建立特定的趋势组,以便于快速地访问一组预先设定点。其他趋势显示功能包括:

☆滚动、细微移动功能,可以阅读实际趋势数值。

☆基本颜色功能,允许选择实际数值和设定点的色差。

☆标明点退出扫描状态。

☆水平、垂直、X-Y 或表格形式可选。

☆操作员可选趋势线颜色。

☆趋势采样周期,1 s、3 s、10 s、30 s、1 min、5 min 和 1 h。趋势图说明见表 3.3。

表 3.3 趋势图说明

同步显示趋势窗口	取决于工作站处理器性能
每个趋势窗口包含的点数	取决于工作站处理器性能
趋势数量	可通过组合点建立器建立最大 1 000 个就地趋势组和 1 000 个全域趋势组
每个趋势点的采样数	600
查看/保存/打印原始数据	支持

(3)历史站(eDB)

Ovation eDB 采集由 Ovation 控制系统生成的过程值和消息。历史站将这些值和消息存储在运行于 Microsoft Windows 平台上经过优化的历史数据存储器中。用户可以查看并过滤这些信息,或将其输出至打印机、文件、电子邮件或网页。历史站还可将这些信息归档到可移动存储器中。

用户可以通过历史站更好地了解电厂生产过程的典型行为及异常行为,识别共同趋势,探索异常情况以及诊断生产过程缺陷和故障。当准确性至关重要时,历史站监控的频率和精确度就会非常有益。

Ovation 历史站具有高速、高效和高度灵活的特点,它能组织巨大数量(20 000)的实时过程数据和有意义的信息,并将之提供给操作员站、工程师站和系统维护人员。所有过程数据可以 0.1 s 或 1 s 的时间间隔扫描和存储,以备今后恢复和分析。

(注:Ovation 使用的 eDB 或 HSR 采集历史信息,可通过升级将采集的数据转移到新的 Ovation Process Historian 上。升级的数据与采集的数据无缝融合,并可在趋势、浏览器、报表和 SQL 查询上使用。)

历史站可完成下列功能:

☆高速扫描并处理过程数据(0.1 s 和 1 s),高速、高效、灵活地组织 20 000 实时过程数据 。

☆支持联机存储和脱机归档。

☆对检索请求进行响应。

☆采集、处理并归档:点值、点属性、报警历史数据、操作员事件、事件顺序(SOE)数据、ASCII系统消息、用户文件。

☆存储不直接从DCS产生的点数据(实验室历史数据)。

☆编辑并注解采集的历史数据,可将数据归档到可移动存储器中。

☆可处理由于额外存储和检索性能而产生的较大点计数。

☆可提高升级灵活性以备将来历史站进行升级。

☆拥有存储机制,可针对点数进行扩展,而这可实现最佳检索。

☆可使用冗余历史站服务器,全冗余操作自动数据和文件恢复,确保历史站的可靠性。

历史站组件包括多个用户界面和其他组件,可充分利用历史数据监控、存储、检索和归档。

☆Historian Server。实现采集、存储、归档和检索,以及历史站授权管理。

☆Scanner(s)。监控点并采集数据(包括属性、报警、操作员事件和SOE)。

☆工程工具。配置历史站服务器、磁盘、归档、数据采集器、采集组和点,以及帮助用户编辑并注解历史数据。

☆Report Manager。计划并生成自定义报表以显示用户的历史数据。

☆Status Explorer。基于Web的用户界面,允许检查系统配置及运行状况。

☆Client Interface。可使用OLE DB编写自己的程序以检索数据。

☆Client Desktop Tools。用SQL、趋势、浏览器和Excel加载项查询并检索信息。

①历史站的特点

☆历史数据点的采集和收集。

☆采集实时测点值和状态,以及试验数据、高速数据、报警信息、操作员操作信息、SOE事件信息、报表文件6种历史数据。主历史采集和存储过程测点数据,用户可自定义扫描频率,一般为1 s。采集测点的状态,用户定义的死区之外发生的数据的变更,提供过程活动的准确记录。还可处理用户检索过程测点信息的要求,提供趋势数据。

☆长期历史采集和存储过程测点的数据及检索用户请求的数据。可使测点信息在线保持较长一段时间。

☆事件历史记录设备行程或设备启动等事件。采集和接收存储操作员站和工程师站传来的报警。存储后,报警历史允许工程师站和操作员站将已采集的报警显示、打印或保存至文件。

☆SOE历史从控制器采集事件顺序数据,将数据按时间顺序分类制表和查找首次发生的事件。控制器配有专用的SOE模块完成此项功能。

☆操作员事件历史记录操作员站或控制器接收到的操作员的操作。如手/自动的切换、执行/取消、设定值改变、报警限值的改变、测点扫描状态或手动输入数值等操作以明确地识别或标记并按时间顺序存储。

☆文件历史为操作员的日志输出和报表输出。

☆历史数据的存储和检索

历史数据被扫描和收集后,即存储用于今后的检索。

历史站有3种存储区:主存储区、辅助存储区、长期存储区。

主存储区存储最新采集的数据,包括主历史、事件历史、测点历史、长期历史的信息。用户可选定时间将主存储区存储的信息传至辅助存储区。可使主存区清空,用于下一周期的数据采集。

辅助存储区在硬盘上保存了一个周期的历史文件。可快速检索最新历史信息。

历史站可以自动将辅助存储区的所有数据复制至长期存储区,删除最早的文件,腾出空间以存储其他数据。

历史站数据流如图 3.12 所示。

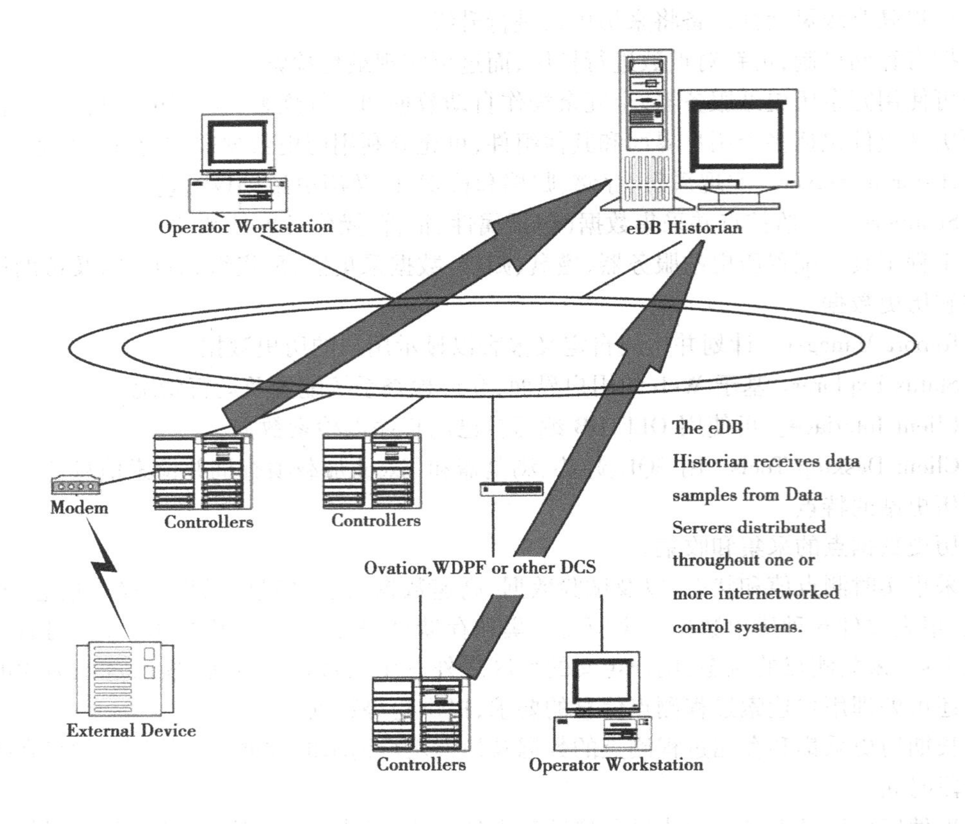

图 3.12　历史站数据流

②基本历史站软件包

基本历史站软件包提供了允许运行单个历史站软件的核心软件。基本历史站软件包为单个历史站应用软件提供了计划、监视和磁盘管理功能。此外,基本软件包将收集到的数据归档到光盘内,以达到长期存储的目的。

③主要历史软件包

主要历史软件包用于收集、存储和恢复过程点数据。所有的点每秒扫描一次,并收集点状态或数值的变化。提供最小的磁盘存储容量,但记录最精确的过程活动。利用历史点回顾和历史点趋势功能访问和分析收集到的数据。主要历史软件包也向操作员界面提供趋势功能所需要的数据。

☆报警历史记录软件包。将报警状态文本化以便于今后的分析。

☆报警历史软件包。

接收由其他站点(典型操作员站和工程师站)用报警监视功能传送来的报警。模拟量和数字量报警存储内容包括:报警时间、点的数值、点的状态和报警优先级。报警历史软件包用户接口(UI)允许操作员站或工程师站显示、打印收集到的报警或将报警存入文件中。用户接口还提供按照各种因素对报警清单进行排序的功能,如:点名、时间范围或初始站点。

☆操作员事件记录软件包。按照时序创建一个系统操作行为记录。

操作员事件记录软件包记录以下操作员的行为,如手/自动转换、升/降命令、开/关命令、设定点变化、报警限位变化、点的扫描状态变化或人工键入的数值。任何动作都将被清楚地标明、打上时间标签并按照时序存储。用户接口提供恢复和按照时序、时间范围、初始站点或事件类型排序等功能。这个清单可以显示、打印或按照 ASCII 码文件形式存储。

☆文件历史记录软件包。存储、归档班组日志和记录报表。

文件历史记录软件包以数据文件的形式存储和归档操作员班组日志(由操作员站用户界面发出)和生成的报表(由记录服务站输出)。在操作员站或工程师站上的典型用户界面用来从存储在历史站的数据文件中恢复所需信息。

☆长期历史记录软件包。长期存储关键的在线数据。

长期历史记录软件包的功能类似于主要历史记录软件包,收集和存储数字量和模拟量点的数值和质量码。长期历史功能为主要的测点提供确定的在线存储区,以使其能够在线保存很长时间(数月)。长期历史与主历史功能使用同样的数据线束工具——历史点概貌及历史趋势,因此可共用分享共同的用户接口。主历史和长期历史测点可用这些显示方式任意组合;存储区对用户是透明的。

④历史事件顺序(SOE)

SOE 从控制器收集事件顺序数据,并根据时间顺序分类列表,搜寻列表后首发事件。

SOE 历史用户接口在操作员/工程师站上运行。它允许操作员查阅 SOE 报告,并根据标签名、控制器或首发事件测点对报告进行筛选。控制器需装备合适的 I/O 收集模块来完成上述功能。

(4)Ovation 日志服务器(LOG)

Ovation 日志服务器提供打印机管理报表定义及报表生成功能。打印机可直接连接到日志服务器上,也可直接到以太网上。

日志服务器特点:

☆用 Spreadsheets 来定义日志及报表格式,使所需培训时间最短。

☆自由格式报表形式可在同一份报表中将实时数据、历史数据及文件组合在一起。

☆打印序列中心管理及高级打印机自诊断,使打印机管理简化。

☆记录及报表可打印出来,也可用 ASCII 码式商业 Spreadsheets 格式将其以文件存储为历史数据存档。

①基本日志服务器软件包

该软件包提供一个运行和监视其他 LOG 服务的软件包,这些服务有:打印机管理器、报表生成器、屏幕复制及报警监视。该软件包在历史站上运行,显示系统所有的 LOG 服务器状态。状态监视还提供了打印管理器、报表生成器及报警监视状态,还有所有由 LOG 服务器控制的打印机状态。

②报表建立器

报表建立器定义 LOG 报表的格式。报表定义包括:报表格式、数据及报告触发器(设定、事件、定时器)。报表建立器用 Spreadsheets 定义报表版面、支持报表模板及宏定义。LOG 服务器有足够的存储空间定义数以百计的 LOG 及报表。报表建立器一般运行在工程师站。

③报表生成器

报表生成器使用报表建立器定义的原形及有关系统数据构筑一个报表。数据可取自 Ovation 网络、历史站,如果需要也可以取自磁盘文件。报表生成器可由操作员请求、某一事件或定时器来触发。报表生成后,可将报表送往打印机打印,也可送往历史站存档。

报表生成器在操作员/工程师站上运行,用于提交报表请求、查阅报表状态或取消一个报表。

④打印管理器

打印管理器接受发自其他 Ovation 站的打印请求。排队打印可根据优先级排序。单个的打印请求可通过归并方式进行同时打印。打印管理界面运行于操作员/工程师站。允许用户查看打印队列、监视打印机状态或取消打印请求。

练习题

1. 简述 Ovation 系统工作站分类。
2. 简述工程师站的功能。
3. 简述工程师站的特点。
4. 操作员站包含哪些应用程序,各应用程序的主要功能是什么?
5. 什么是操作员事件记录,事件消息包含哪些内容?
6. 简述报警显示类型。
7. OvationV2.4 系统可以保存历史报警信息有多少条,报警优先级别有多少种?
8. OvationV2.4 系统可以拥有过程画面数量,每个窗口可以同时运行多少幅过程画面?
9. 什么是趋势图,Ovation 系统趋势显示功能有哪些?
10. 历史站包含哪些组件,简述各组件功能。
11. LOG 服务器包含哪些软件包,各软件包功能是什么?

3.2.2 控制柜组成配置

Ovation 机柜是包含 Ovation 控制器、电源、连接和 Ovation I/O 模块多种不同组合的金属柜体。Ovation 机柜的各种协作组件,可将数据从现场设备传输至控制器,再从控制器将命令传输回现场设备。主要组件包括:Ovation 控制器、Ovation I/O 模块、继电器输出模块、远程功能模块、接线和布线、端子组件、ROP I/O 转接板、远程节点转接板、RRP 顶部转接板、RRB 底部转接板。

(1)Ovation 机柜

Ovation 机柜分为以下类型:

☆控制器机柜

☆集线柜
☆扩展机柜
☆远程节点机柜
☆继电器板机柜
☆工作站机柜
☆服务器机柜

标准 I/O 和继电器模件示例如图 3.13 所示。

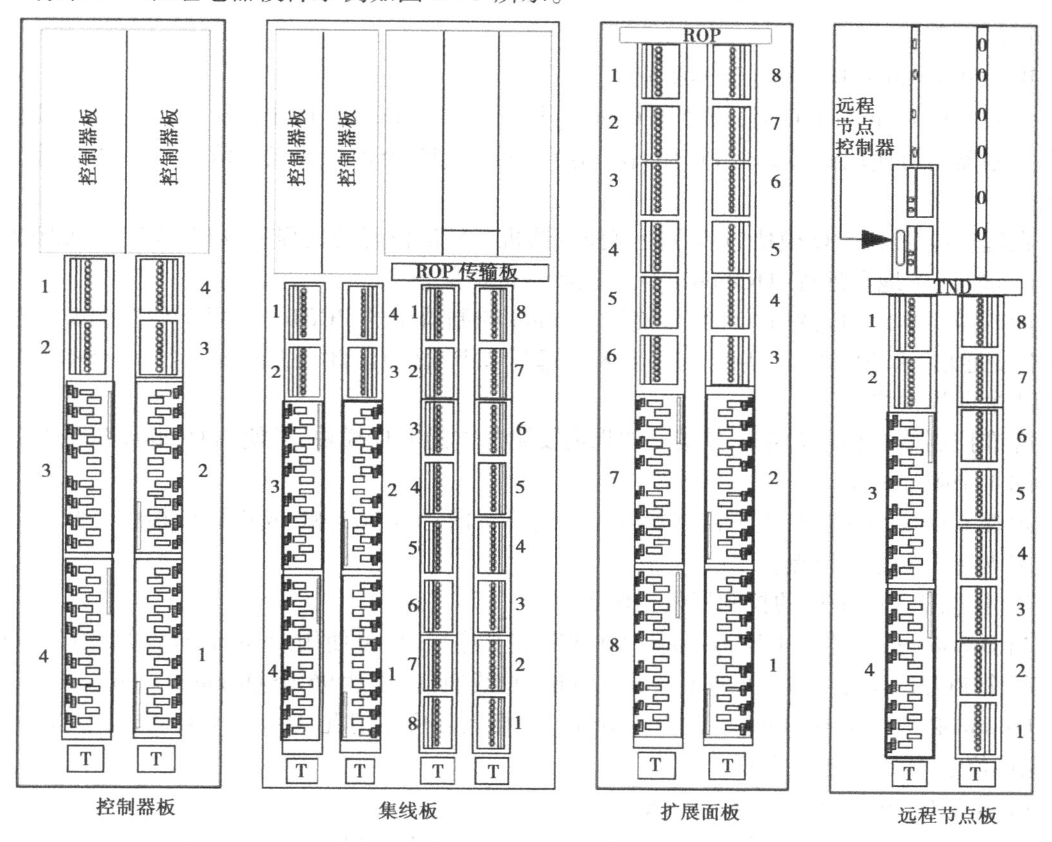

图 3.13　标准 I/O 和继电器模件示例

机柜中配置的 Ovation I/O 模块数量取决于以下因素：机柜的物理尺寸；每个分支供电要求；模块的物理尺寸，标准 I/O 模块放置在包含两个模块的主基板中，继电器模块放置在仅包含一个模块的主基板中，继电器模块主基板比标准 I/O 主基板长 1.5 倍；模块的布置要求，如果继电器输出模块与标准 I/O 模块混合放在同一分支上，则始终在分支的奇数模块位置开始放置标准 I/O 模块（位置 1/2、3/4、5/6 或 7/8）。

①Ovation 控制器机柜配置

典型 Ovation 控制器机柜包含：冗余 Ovation 控制器对设置的机箱；每个独立的 OCR161 控制器（4D33953 经过 CE 标志认证）均包含 2 个 PCI 扩展槽，可容纳最多 2 个 I/O 接口控制器卡（IOIC）；分配面板随附的冗余电源；ROP I/O 转接板；最多 4 个容纳 I/O 模块的 Ovation I/O 主基座的接线端子式分支。

A. 本地 Ovation I/O 的控制器机柜配置

OCR161 控制器需要本地 Ovation I/O 时,可使用 Ovation 控制器中的 PCRL 卡与至多8个本地 I/O 分支通信(64 个 I/O 模块)。

标准控制器机柜包含 4 个分支。如果需要附加本地 I/O 模块,可使用 Ovation 扩展 I/O 机柜容纳 4 个附加分支。

对于较大型本地 I/O 子系统,可向每个控制器添加第 2 个 PCRL 卡以实现与其他 8 个本地 I/O 分支的连接。这些附加 I/O 模块将容纳在附加扩展 I/O 机柜中。此最大配置包含多达 128 个 I/O 模块。

B. 远程 Ovation I/O 的控制器机柜配置

需要远程 Ovation I/O 时,可使用 Ovation 控制器中的 PCRR 卡与至多8个远程节点通信。每个控制器均可使用最多2个 PCRR 卡。这可与最多 16 个远程节点通信(多达 1 024 个 I/O 模块)。

在远程应用中,I/O 模块封装在距离控制器机柜较远位置的远程节点和/或扩展机柜中。

C. 混合(本地和远程)Ovation I/O 的控制器机柜配置

同时需要本地和远程 I/O 时,可使用 Ovation 控制器中的 PCRL 卡(用于与至多 8 个本地 I/O 分支通信)和 PCRR 卡(用于与至多8个远程节点通信)。此最大配置包含64个本地模块和 512 个远程模块。

标准控制器机柜包含 4 个分支。如果需要附加本地 I/O 模块,可使用 Ovation 扩展 I/O 机柜容纳 4 个附加分支。

远程 I/O 模块封装在距离控制器机柜较远位置的远程节点和/或扩展机柜中。此混合配置最多支持 8 个远程节点。

D. 本地 Q-Line I/O 的控制器机柜配置

当 Ovation 控制器和本地 Q-Line I/O 之间需要连接时,可使用 Ovation 控制器中的 PCQL 卡。每个 PCQL 卡均可与一个现有本地 Q-Line 总线通信(多达 96 个 Q-line I/O 卡)。

Q-Line 必须位于 Ovation 控制器的附近。根据实际应用情况,Q-Line I/O 可位于控制器机柜,也可位于 Q-Line 扩展 I/O 机柜。

E. 远程 Q-Line I/O 的控制器机柜配置

当 Ovation 控制器和远程 Q-Line I/O 之间需要连接时,可使用 Ovation 控制器中的 PCRR 卡。Ovation 控制器机柜通常被艾默生安装在经过修改的 WDPF DPU 机柜中。最大配置包含 768 个 Q-line 卡。

在进行机柜升级时,艾默生还使用 QOR 卡更换了 QRC 卡(位于 WDPF 远程节点机柜中)。然后将这些 QOR 卡连接至 DPU 机柜中安装的 Ovation 远程 I/O 介质连接单元(MAU),再将 MAU 连接至 Ovation 控制器中的 PCRR 卡。MAU 模块放在机柜左分支的最后一个寻址 I/O 模块后面,或者右分支的第一个寻址 I/O 模块前面。MAU 模块占用分支上的空间但不占用地址位置。

Ovation 控制器机柜配置如图 3.14 所示。

②Ovation 集线柜配置

典型 Ovation 集线柜包含:冗余 Ovation 控制器对设置的机箱;每个独立 OCR161 控制器均包含 2 个 PCI 扩展槽,可容纳最多 2 个 I/O 接口控制器卡(IOIC);分配面板随附的冗余电源;

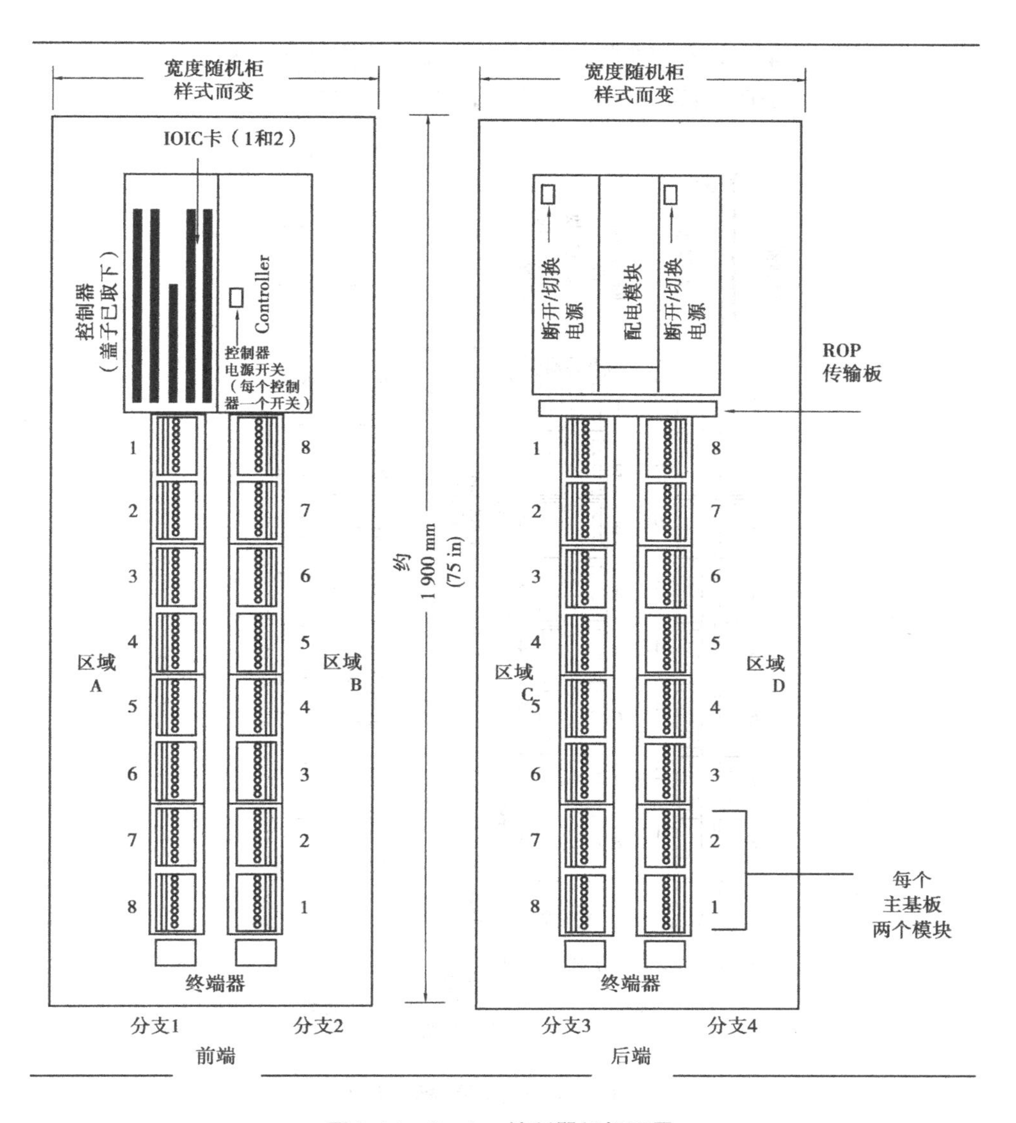

图3.14 Ovation控制器机柜配置

ROP I/O转接板；最多4个容纳I/O模块的Ovation I/O主基板的接线端子式分支；32环输入接线端子终接板。

集线柜配置(标准I/O)如图3.15所示，图3.16所示为集线柜配置(继电器输出)。

③Ovation扩展I/O机柜配置

Ovation扩展I/O机柜包含：DIN导轨；ROP I/O转接板，或RRP(机柜顶部)和RRB(机柜底部)转接板；配电模块随附的冗余电源；Ovation I/O主基板的2~4个分支。

扩展I/O机柜可用于本地或远程应用，如图3.17、图3.18所示，并放置在控制器机柜或远程节点机柜的旁边。

④控制机柜的命名

控制机柜各部分布置如图3.19所示，图3.20所示为控制机柜模件命名。

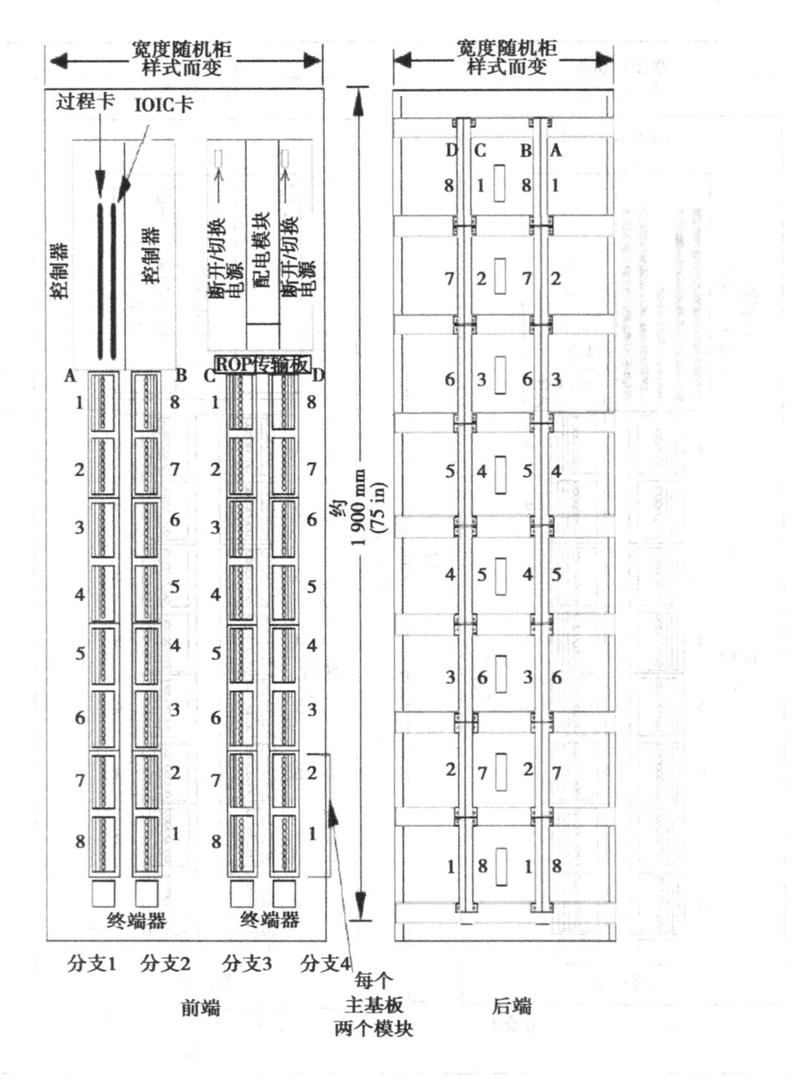

图 3.15　集线柜配置(标准 I/O)

(2)控制器

Ovation 控制器采用奔腾处理器内核,使其具有最优的性能价格比。发展迅速的微处理器技术可以很容易地结合进系统。而且控制器的操作系统也采用了商用的多任务的实时操作系统,完全遵从 POSIX003.11 开放系统标准。标准化的 PC 结构和相应的 PCI/ISA 总线接口使控制器可以与其他标准 PC 产品连接和运行。其主要特点有:

☆ISA/PCI 无源底板,标准个人计算机结构。

☆最新 Pentium 处理器,商业化操作系统。

☆闪存减少了维护工作量,不需附加电池。

☆处理能力是 WDPF 486 DPU 的 5 倍。

☆5 个控制任务区,每个控制区速度可选(10 ms ~ 30 s)。

☆Ladder 执行速度为 1 000 个 Ladder/100 ms。

☆事件顺序分辨率达 0.125 ms。

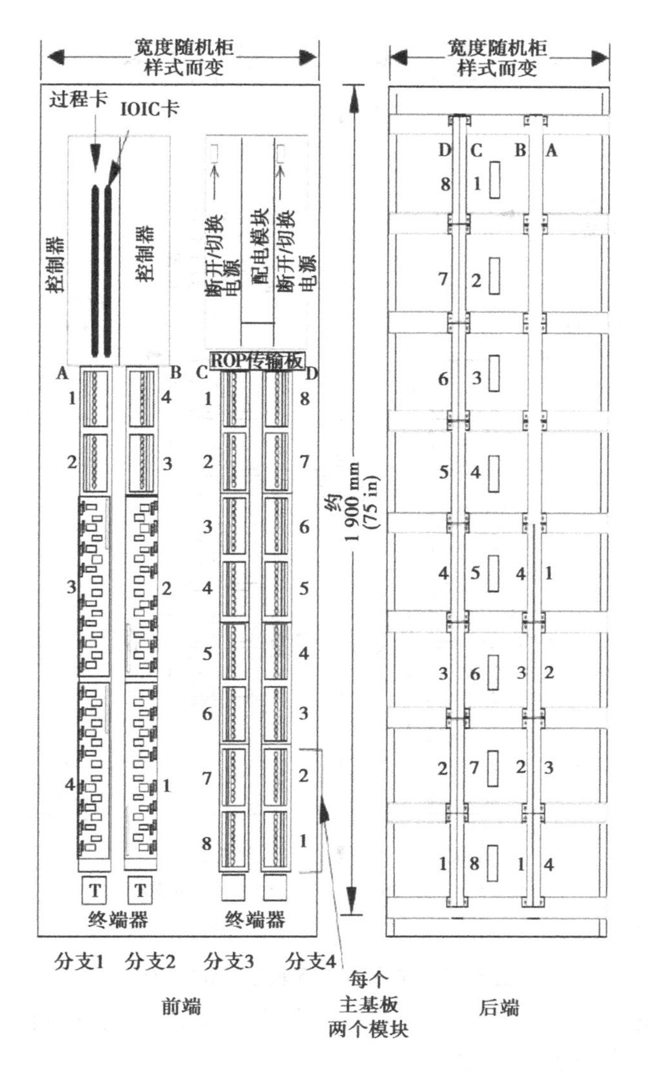

图 3.16　集线柜配置(继电器输出)

☆控制器 I/O 容量为 6 000 源点和接收点(就地或远程),每个控制器有两个 I/O 接口。

☆本地 I/O 接口

最多直接接入 1 024 点 AI 或 2 048 点 DI,或 1 024 点 SOE。

最多容纳 128 个 I/O 模块。

I/O 通道通信速率为 2 MB,总线周期为 31 μs。

☆远程 I/O 接口

每个节点最多容纳 64 个 I/O 模块。

控制器到节点间的通信速率为 10 MB/s,总线周期小于 100 μs。

RS485 冗余连接保留将来现场总线接口。

☆易于查错和维护——每个 I/O 分支有 LED 显示,3 种颜色表示 4 种通信方式。

☆控制器可以根据需要选择监测 6 000 ~ 16 000 个原点。

☆控制器的工作状态。

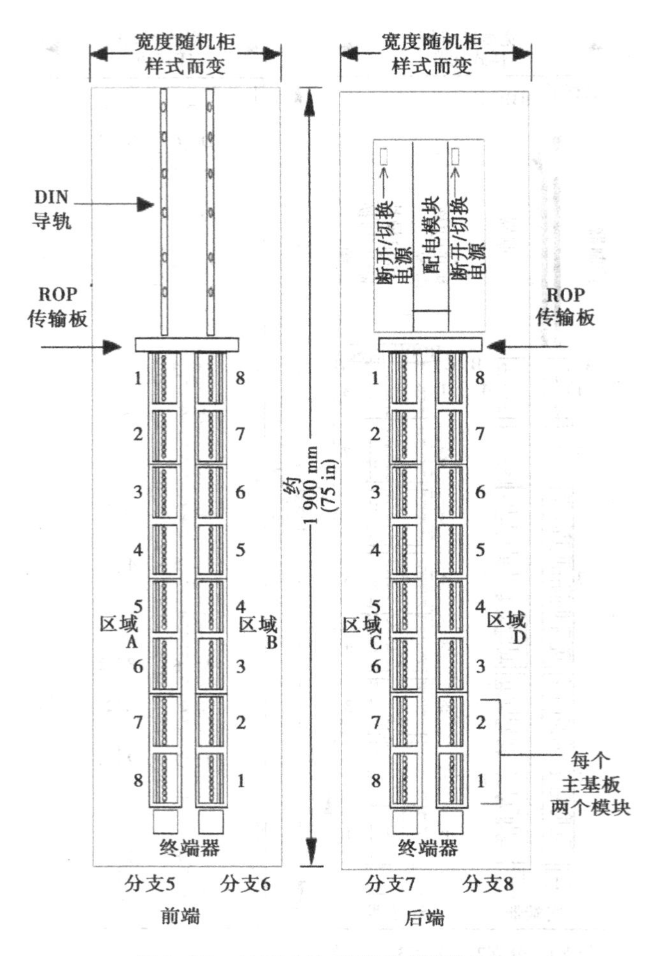

图 3.17　扩展 I/O 柜配置(标准 I/O)

处于控制状态的主处理器直接处理 I/O 读写,执行数据获取和控制功能。此外,主处理器监视备用处理器及网络的运行情况。

处于备用控制状态的备用处理器诊断和监视主处理器的工作状态,备用处理器通过实时检测主处理器的数据内存和接收主处理器发往网络的所有信息来维持数据的最新状态,包括过程点值、算法、调节参数、变量点属性。

①控制器硬件的组成

Ovation 控制器的硬件包括背板(CBO)、CPU 卡、电源卡(PCPS)、网络接口卡(NIC)、I/O 接口卡(IOIC),控制器模件布置如图 3.21 所示。

控制器面板有最多 16 个 LED 的 I/O 分支状态指示灯,如图 3.22 所示,通过其颜色的不同来反映控制器的 I/O 分支状态是否正常。绿色,代表此 I/O 分支的各模块工作正常;红色,代表此 I/O 分支工作不正常;橙色,代表此 I/O 分支有个别模块工作状态不正常;无色,代表此 I/O 分支未被使用。控制器面板如图 3.23 所示,图 3.24 所示为控制器背板(CBO)。

控制器电源卡(PCPS),将+24 V DC 电源转换成+5 V DC 和±24 V DC,为各控制器的内部卡件提供工作电源。

CPU 卡,为控制器核心,执行 I/O 控制,完成中央处理功能,包括指令运算、数据交换等。

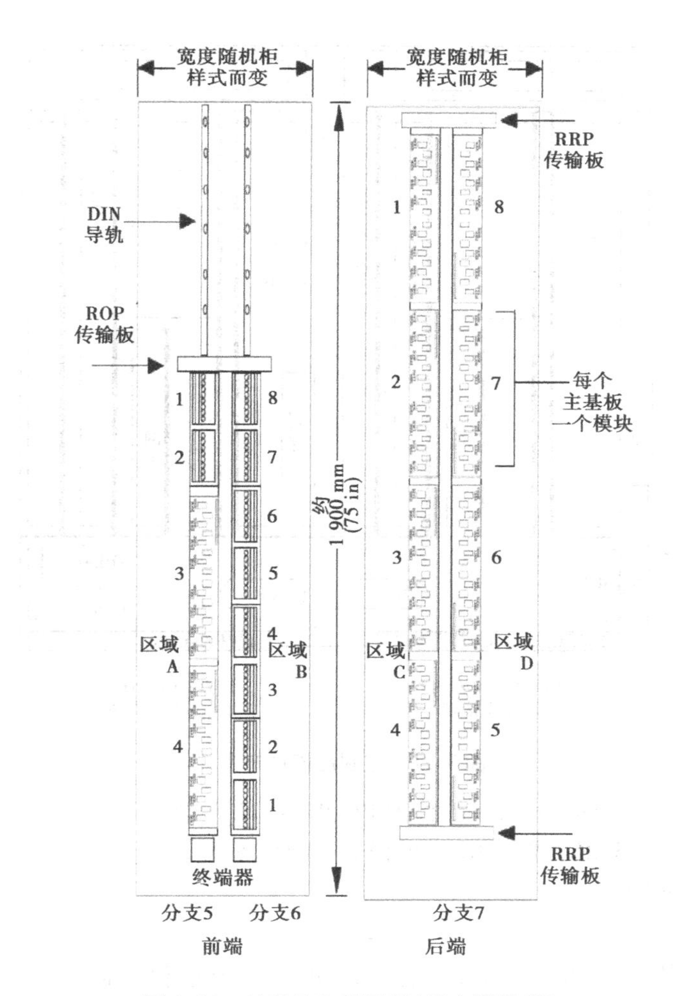

图3.18 扩展I/O柜配置(继电器输出)

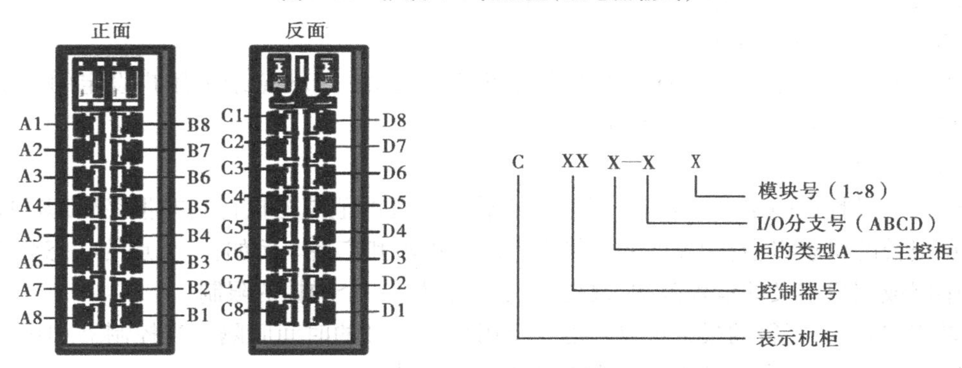

图3.19 控制机柜各部分布置

图3.20 控制机柜模件命名

闪存(CF卡),与CPU相连,内有逻辑算法、操作系统和控制器状态。断电能保证数据不会遗失。

网卡(NIC),为控制器和系统其他网络组件提供网络接口,支持FDDI/CDDI等。

I/O接口卡,完成控制器与I/O模件之间的数据传输,这类卡件通常称为I/O接口控制器

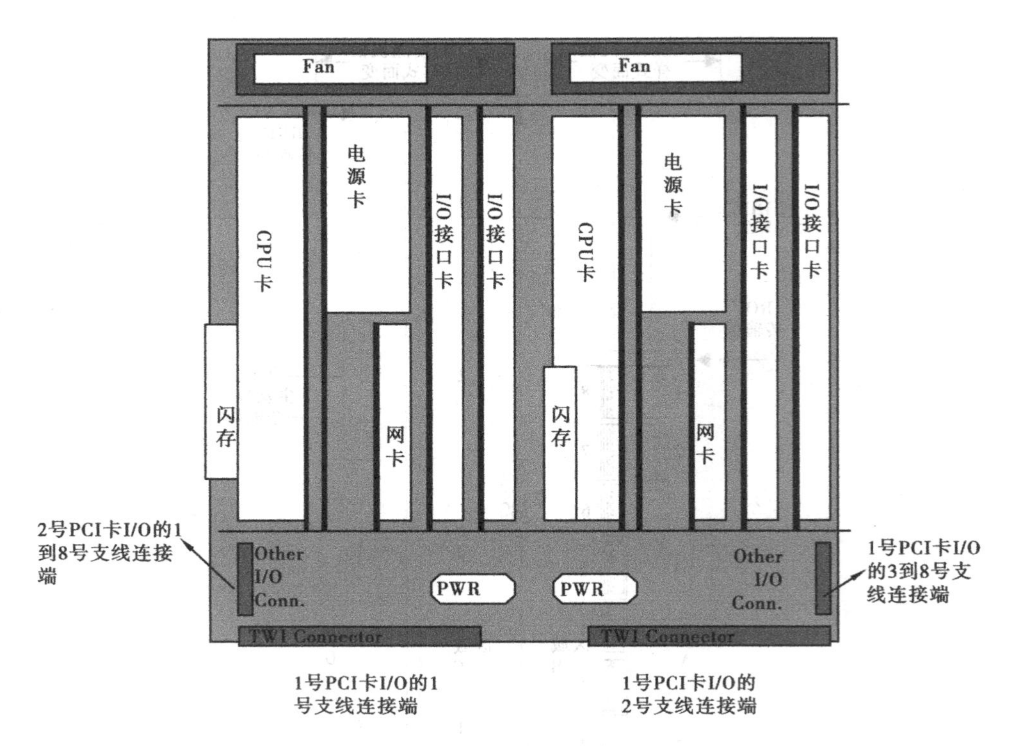

图 3.21 控制器模件布置

(IOIC)。I/O 接口卡用于 Q-line 接口的称为 PCQL 卡(图 3.25),用于 Ovation I/O 接口的称为 PCRL(本地 I/O)卡(图 3.26)或 PCRR (远程 I/O)卡(图 3.27)。

②控制器的标准功能

A. 控制

Ovation 控制器使用奔腾处理器,具有同时处理 5 个过程控制区域的能力,扫描频率从 10 ms ~ 30 s。每个控制组态均可包含 I/O 过程点和算法。

B. 历史事件顺序(SOE)

整体的 SOE 处理能力由 I/O 子系统和标准软件提供。SOE 记录下用户设定的数字量输入变化状态序列的分辨率为 0.125 ms。

C. 报警处理

基于每个过程点的定义,Ovation 控制器在输入量程的范围内执行基本报警处理功能。任何一个点报警的状态将会在 Ovation 网络上不断地更新和广播。例如:一个点的状态会被标明超出传感器或用户定义的量程范围、改变了状态或超过一个增幅的限制。

如果用户要求,报警的报告可以延迟一个用户预定义的时间间隔。当控制器和用户界面有接口时,Ovation 控制器具有报告 6 种独立的报警能力:

☆4 个高限

☆用户定义高限

☆最高的增幅限制

☆4 个低限

☆用户定义低限

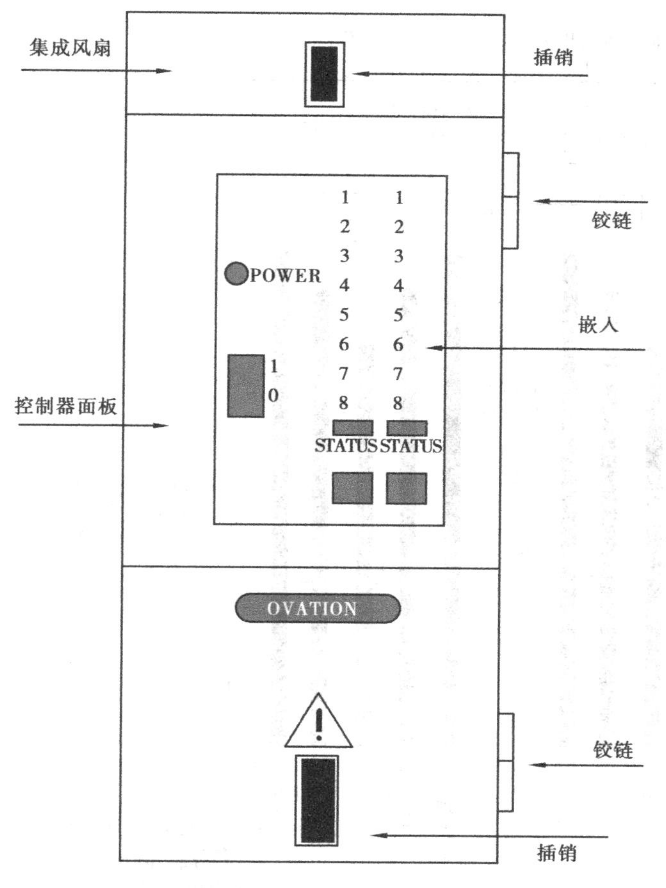

图3.22 控制器面板指示

图3.23 控制器面板

☆最低的增幅限制

用户界面能够按照用户选择报警的重要性来排序。当报警显示在报警画面上时,它可以标明报警描述为“警报”,或在清单中清除后改变报警的状态,并自动恢复到不能再次被释放的状态。

D. 冗余

Ovation 控制器的设计能够提供不同关键设备的冗余要求,包括:

☆网络接口

☆处理器、内存和网络控制器

☆处理器电源

☆I/O 电源

☆输入电源

☆I/O 接口

☆输出电源

☆远程 I/O 通信媒介

全冗余的控制器配备:

☆双 CPU 处理器

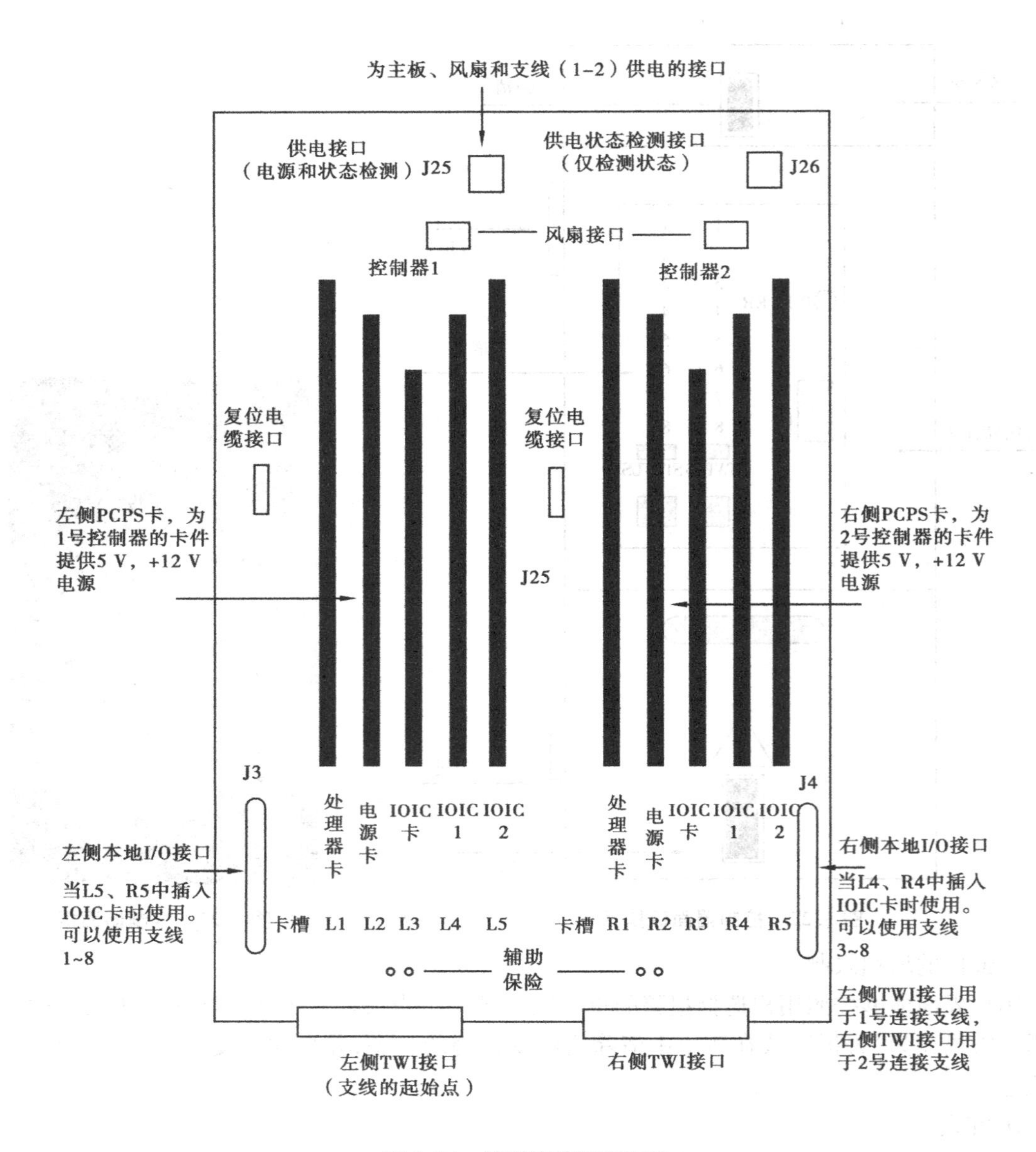

图 3.24 控制器背板(CBO)

☆双网络接口

☆双处理器电源

☆双 I/O 电源

☆双输出电源

☆双输入电源

☆双 I/O 接口

每个具有冗余功能的处理器都执行同样的应用程序,但只有一个用于 I/O 通信并且运行在控制模式下。备用处理器则运行在后备、组态或离线模式下。这两种模式被称为“控制模式”和“后备模式”。

在控制模式下,主处理器的功能类似一个非冗余的处理器。它直接对 I/O 进行读取、写入和

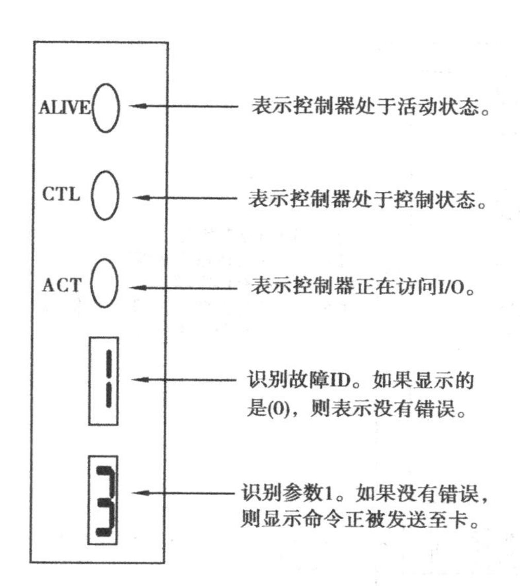

图3.25　PCQL卡面板指示

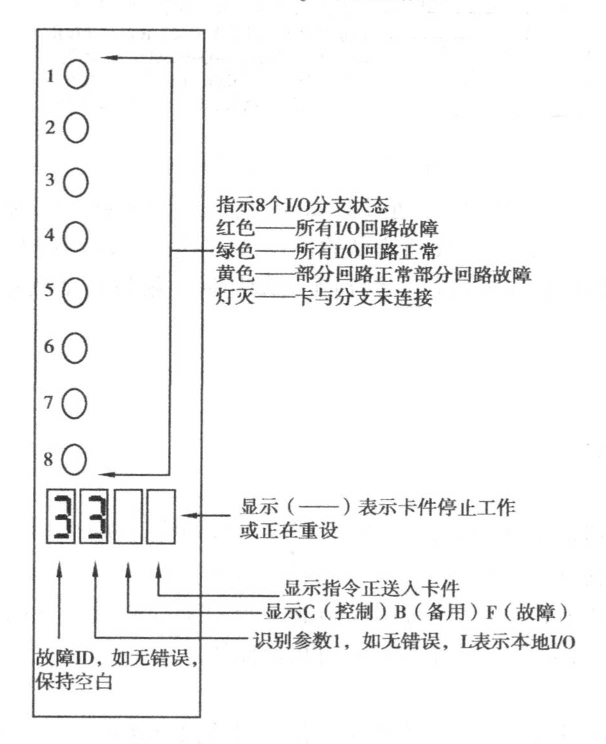

图3.26　PCRL卡面板指示

执行数据采集、控制功能。此外，主处理器监视着“后备”处理器和网络的状态。在后备模式下，备用处理器诊断和监视主处理器的状态。备用处理器跟踪刷新控制所需的数据，并且通过Ovation网络获取所有主处理器发出的信息，包括过程点数据、算法块的参数和变量点的属性。

Ovation控制器的冗余功能还包括自动纠错控制。如果主控制器故障，“看门狗”检测电路关闭主控制器的I/O接口并将错误通知备用控制器。备用控制器马上接管对I/O总线的控

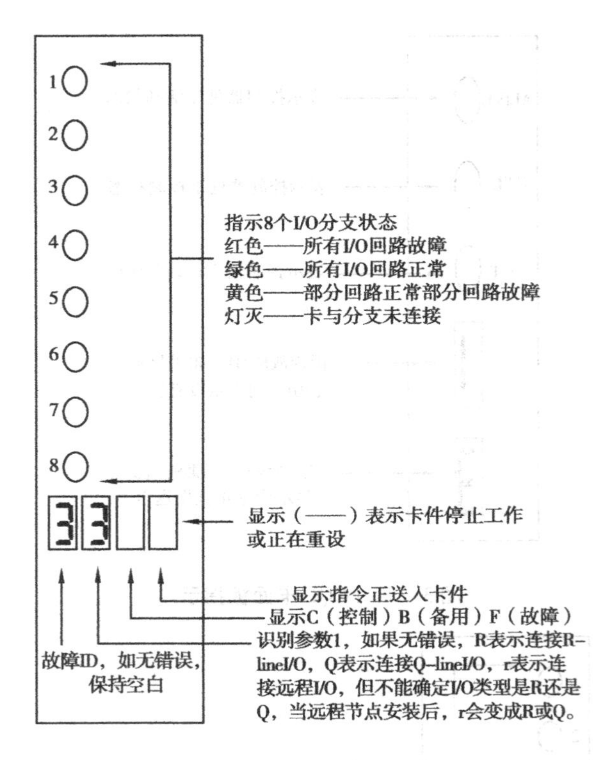

图 3.27　PCRR 卡面板指示

制,开始执行过程控制的应用程序,并通过 Ovation 网络广播信息。因为备用控制器中算法块一直跟踪着主控制器输出值,通过收到信息的逆运算,在第一次控制扫描期间即可提供数据,所以主控制器发生故障后控制器间可以做到无扰动切换。触发自动故障切换的事件包括:

☆主处理器故障

☆网络控制器故障

☆I/O 接口故障

☆主处理器电源失去

☆主处理器复位

一旦控制权转移到备用处理器,故障的处理器可以被允许关闭电源、修理、重新接入电源,这些操作都对执行控制算法没有任何影响。重新启动后,修理好的处理器会检测到它的伙伴处理器正处于控制模式下,它将充当备用控制器。当处于控制模式下的控制器检测到备用处理器的工作正常信号后,会将功能自动调节到冗余操作。

③控制器的能力

每对控制器分 5 个任务区,每个任务区可有不同的执行速度。最快执行速度可达 10 ms。

每对控制器可连接 2 块不同类型的 I/O 接口卡,每块本地 I/O 接口卡(PCRL)可带 8 条支线,每条支线可带 8 块 I/O 模块,即带 64 块 I/O 模块;每块远程 I/O 接口卡可连接 8 个远程 I/O 节点控制器,每个节点控制器可连接 8 条支线,共 64 块 I/O 模块。

每对控制器可组态 6 000 或 16 000 个点。控制器连接如图 3.28 所示。

④控制器的数据流程

现场的过程信号,通过电缆与 I/O 模块的端子排,经特性模块、电子模块将现场信号转化

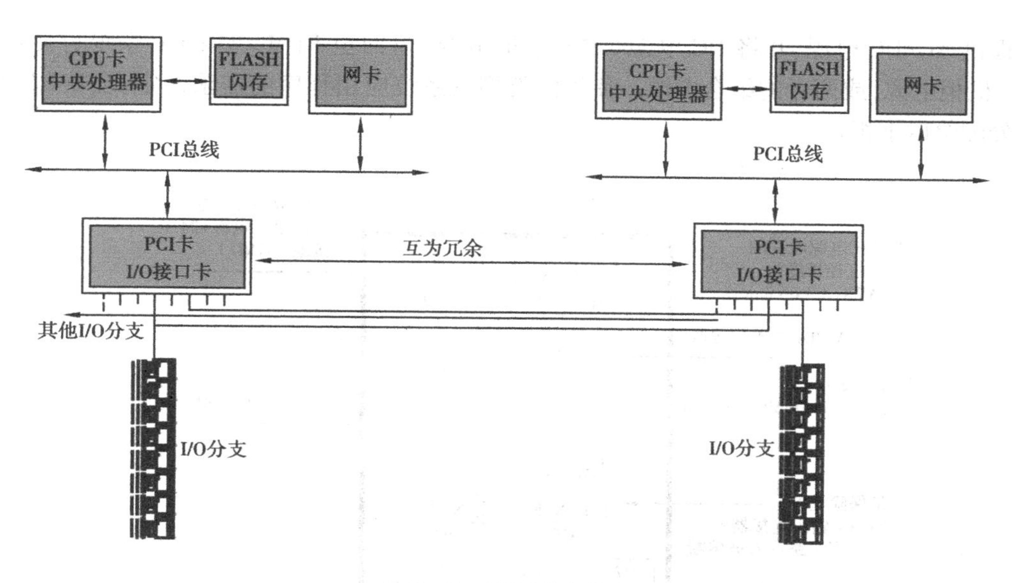

图3.28　控制器连接图

为数字量信号,通过I/O接口卡(PCI卡)经PCI总线传至CPU,再由CPU传至与其相连的闪存单元,经过闪存中的控制算法的运算,将控制指令输出至I/O接口卡(PCI卡),再由I/O模块输出至现场设备,完成控制过程。

控制器通过网络还可接收操作员站、工程师站传来的指令和信息。经过闪存的内部处理产生的控制指令经CPU传至I/O接口卡,再经I/O模块传至现场设备。实现人员对生产过程的干预。其中闪存存储为闪存数据,如组态、算法等(掉电不会数据丢失)。闪存数据只有在有请求时才在网上广播。RAM中存储动态数据(变化的数据值)和静态数据(控制器一旦掉电,RAM中存储的数据会丢失),RAM存储的部分动态数据实时上网广播,RAM存储的静态数据只有在有请求时才在网上广播,从而使网络的传输利用率达到最高。

⑤控制器的故障切换

处于主控状态的控制器,直接处理I/O的读写,执行数据的获取和控制功能,同时还监视备用控制器及网络的运行情况。处于备用状态的控制器实现诊断和监视主控制器的状态,其通过实时检测主控处理器的数据内存和接收主控处理器发往Ovation网络的信息来维持数据的最新状态,以保证备用控制器实时跟随主控制器。

Ovation分散控制系统控制器的冗余配置是为了实现自动故障切换运行功能而配置的。自动故障切换是指若控制状态识别、监视器检测到异常,主处理器的I/O接口就通知备用处理器。然后,备用处理器就接管I/O控制,并开始执行过程控制。

(3)供电系统

Ovation控制器供电系统提供冗余AC或DC供电,每个模件由独立的AC或DC供电。控制器机架和I/O线路也是完全冗余供电。供电系统二极管并联确保供电连续不间断,功率因数校正减少了电力消耗。供电保持时间可达32 ms,并可带电更换。

Ovation系统电源按以下方式进行分配:主要和备用输入电压电缆(最大尺寸=12 AWG($3.66\ mm^2$))连接至配电模块(PDM)。PDM适用AC和DC电源,如图3.29所示。在CE标志认证的机柜中,PDM前装有一个线路滤波器。PDM和各电源间由电缆连接,此电缆向电源模块提供 AC/DC 电源,并将 DC 电源(主和辅助电源)返回至 PDM。Ovation 系统可使用 AC 或 DC 机柜电源,或两者的组合电源。使用的类型视系统应用程序的需求而定。PDM 将机柜电源分配给以下组件:

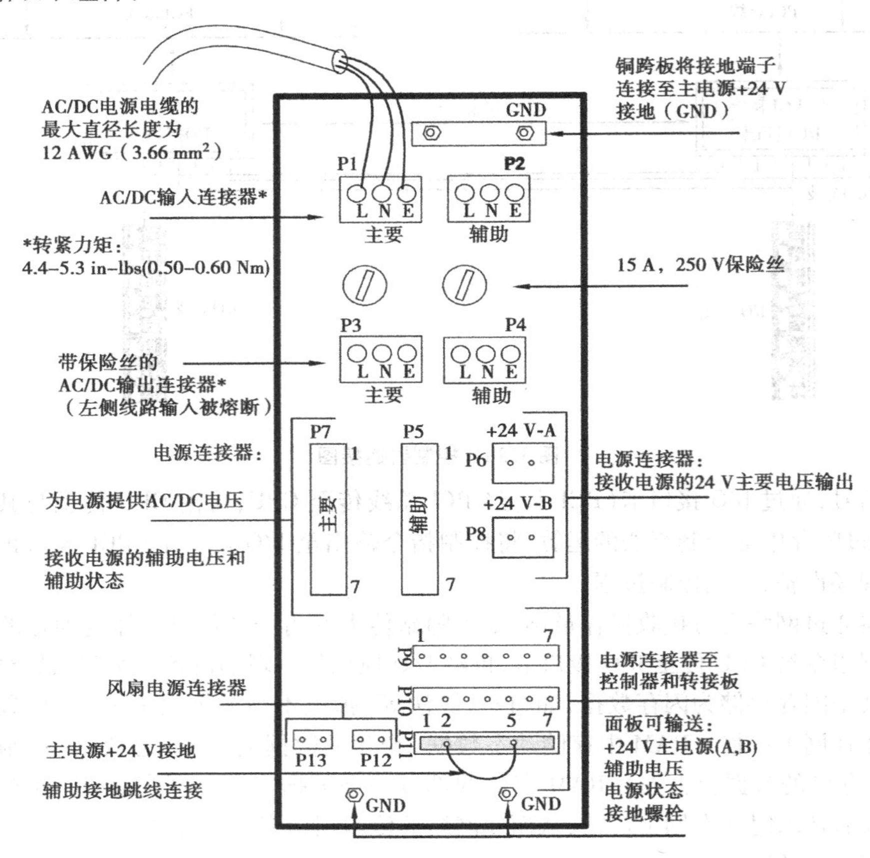

图 3.29 电源分配模块(PDM)

☆I/O 双分支转接板 ROP(P7、P8),RRP(RRB——继电器柜)。

☆远程节点转接板(TND)。

☆控制器背板 J25(第一对电源和状态),J26(第二对电源和状态)。

☆机柜风扇。

☆控制器 PCPS 卡产生+5 V,±12 V。

☆附加机柜。

电源分配模块的端子

P1,P2——两路输入交流/直流电源 220 V,15 V 220 V 熔断器

P5,P7——与主/备电源连接的电缆(送入 220 V 电源,输出 24 V 辅助电源和电源状态)

P6,P8——两个电源的主 24 V 输出

P9,P10,P11——主、辅 24 V 电源输出连接端子

P12,P13——机柜风扇电源

控制器机箱中的 PCPS 电源模块从控制器背板取 24 V DC 电源,并将其转换为控制器板使用的+5 V DC 和±12 V DC。控制器中包含两个 PCPS 电源模块(一个用于主控制器;另一个

用于备用控制器)，控制器电源卡连接如图 3.30 所示。

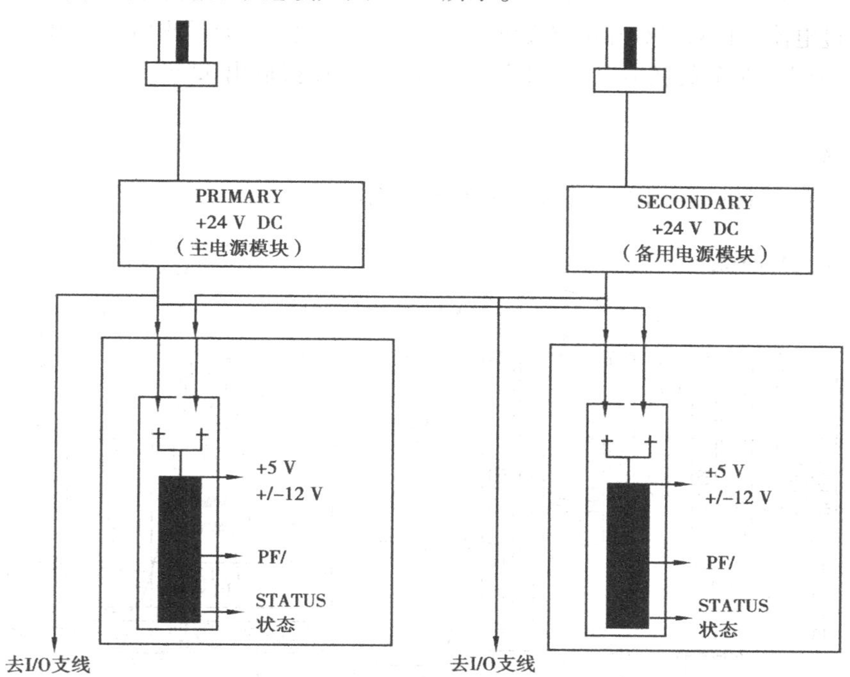

图 3.30 控制器电源卡连接

控制器电源卡作为 DC/DC 转换器，接受两个 24 V DC 输入电源，给控制器提供 5 V DC 和 ±12 V DC 输出。控制器电源卡有 4 类保护：

☆输入低压：针对低于 9 V DC 的低电压输入保护。

☆输入高压：针对最小设置的高于 29.7 V DC，最大设置的高于 33.25 V DC 的高压输入保护，保护是通过消弧保安电路提供的。

☆输出过电压：针对供电过电压保护，设置点是 125% ~145% 倍于通常输出电压。

☆输出过电流：为防止过载与短路而设置的。

冗余主电源和辅助电源通过线束给 CBO 背板和转接板供电，然后通过双向接口（TWI）连接器传输到 I/O 模块。辅助电源的控制器背板（CBO）和 I/O 转接板(ROP、RRP、RRB 和 TND)上装有熔断器。每个 I/O 电子模块都配有用于调节冗余电源的信号选择二极管。如图 3.29 所示，电源分配模块上已安装跳线连接器(5A26471G01)，可在配电盘上本地连接辅助和主电源接地跳线(P11-2 到 P11-5)，在此点上应保持本地连接辅助和主电源接地。如果其他电源分配需要用此连接器位置，请拆除跳线连接，再使用电缆 5A26472，此电缆可将相同跳线连接整合到连接器组件中。

主电源为本地控制器和 I/O 卡提供工作电源 300 W，辅助电源为现场信号提供电源 200 W。

I/O 供电包括 5 类保护：

☆输入低压。针对低于 62 V AC 或 32 V DC 的低电压输入保护。

☆输入高压。针对最小设置的高于 307 V AC 或 435 V DC，最大设置的高于 322 V AC 或 455 V DC 的高压输入保护，保护是通过消弧保安电路提供的。

☆超温。当温度为 80 ~ 90 ℃时关闭电源供给。重启电源供给为 70 ℃。

☆输出过电流。针对过载和短路设置的保护,保护的设置点是输出电流的 105% ~ 140%。

☆保持时间。在全负载情况下,对完全的 AC 断开保持输出 32 ms 持续时间,失电能在 1 s 内自动恢复。

1)电源连接

控制器/集线器机柜内电源连接,如图 3.31 所示。

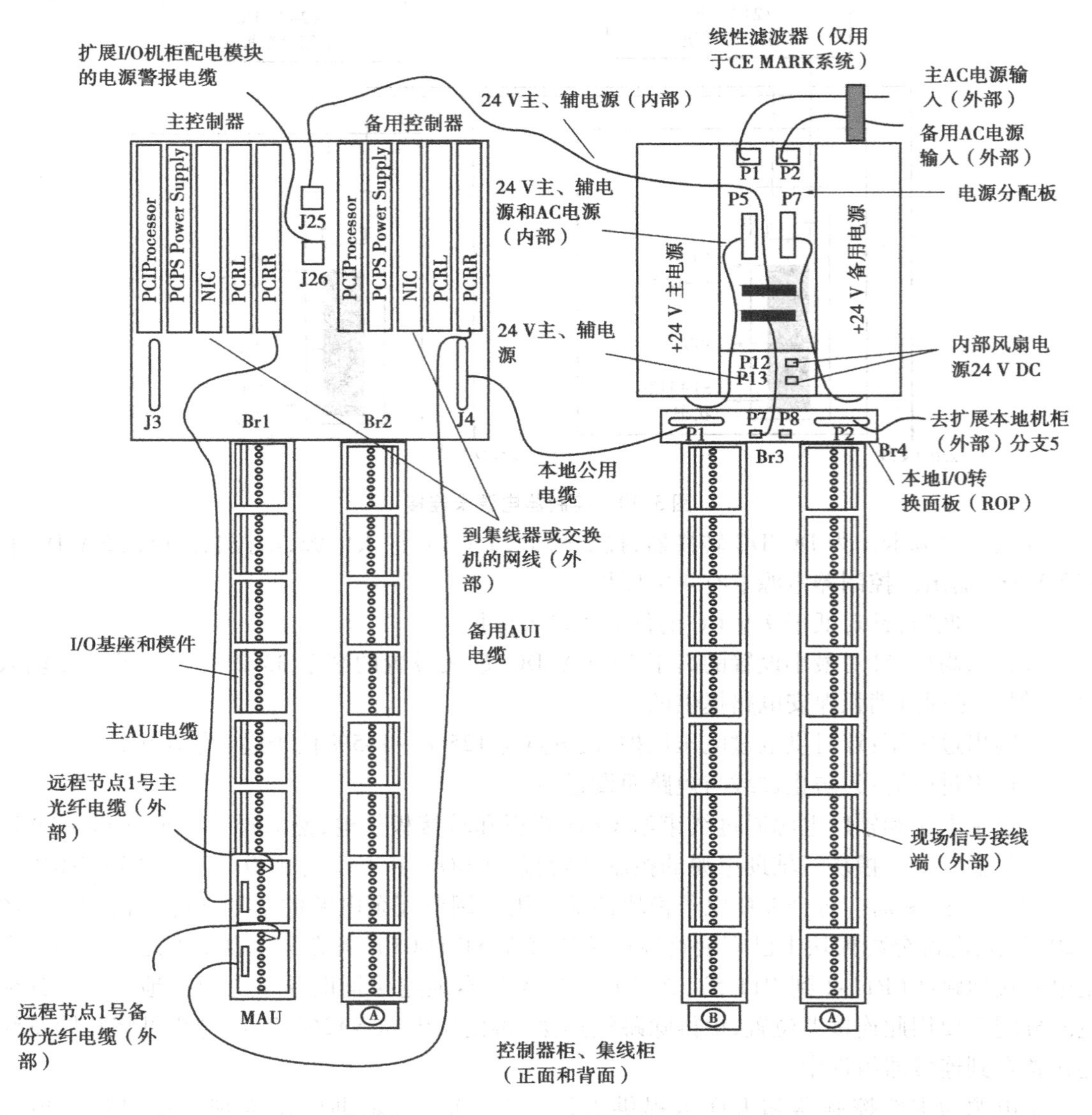

图 3.31　控制器柜/集线柜电源连接(本地和远程布线)

①扩展 I/O 机柜内电源连接(标准模件),如图 3.32 所示。

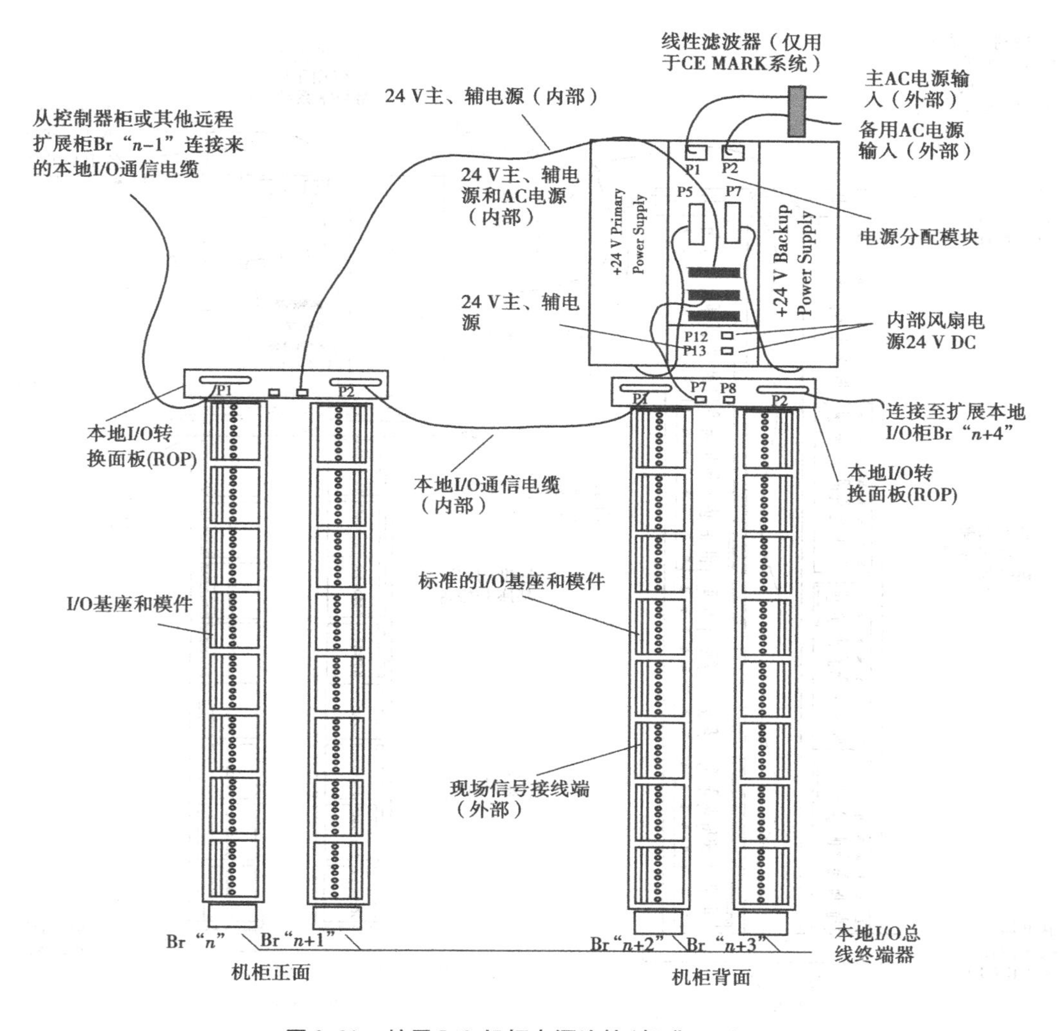

图3.32 扩展I/O机柜电源连接(标准I/O)

②扩展I/O机柜内电源连接(继电器模件),如图3.33所示。

③远程I/O机柜内电源连接,如图3.34所示。

④转接板(ROP、TND、RRP、RRB)。

各柜的连接通过转接板实现,完成电源和PCI总线的连接,从而完成控制器与其在扩展柜内的模块间的通信,如图3.35至图3.38所示。

注:I/O模块地址从左侧的TWI连接器继续到右侧的TWI连接器。

2)电源接入

对于CE标志认证系统,必须连接AC主电源到线路滤波器组件。线路滤波器组件通常位于左下角机柜的背面。但是,线路滤波器组件可安装在机柜的任何一个角落,选择可以尽量缩短机柜内AC电缆长度的位置。将AC主电源连接到适当的PRI(主要)和SEC(辅助)端子板(确保连接器上的绝缘套延伸到端子板),如图3.39所示。为确保Ovation机柜有适当的保护接地线,需将AC主电源线中的接地导线连接到端子板(圆形接地标志)上的接地端子。如果只需要一根AC主电源线,在PRI和SEC连接器之间安装3根插接跳线。此插接线跳线的电

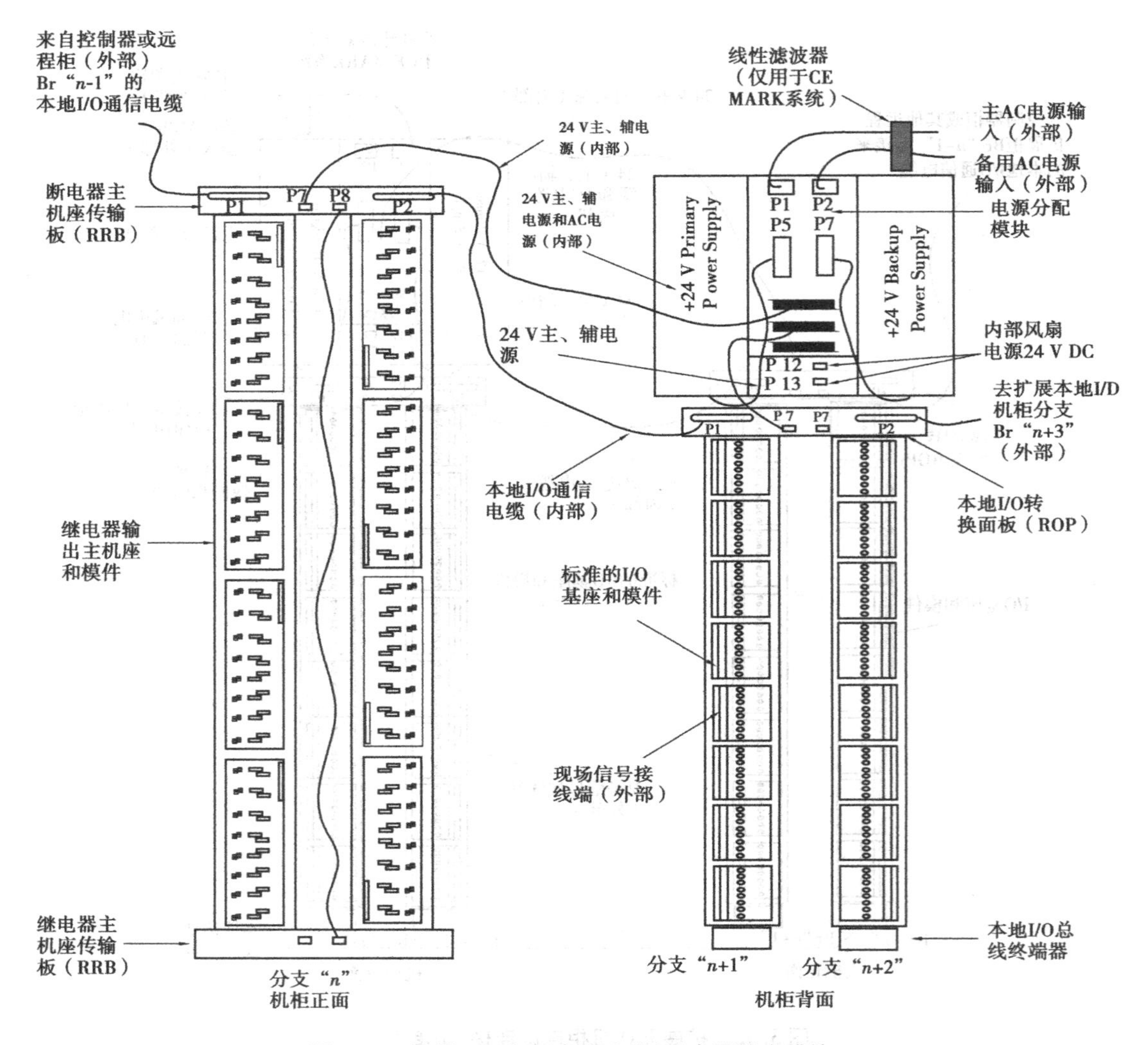

图 3.33　扩展 I/O 机柜电源连接(继电器输出模块)

源额定值必须与 AC 主电源线一致。

另一接入方式为连接 AC/DC 主电源到配电模块（PDM）。将 AC/DC 主电源连接到适当的 P1(主要)和 P2(辅助)端子板。为确保 Ovation 机柜有适当的保护接地线,请将 AC/DC 主电源线中的接地导线连接到连接器(圆形接地标志)上的接地端子。如果只需要一根 AC/DC 主电源线,在 P1 和 P2 连接器之间安装 3 根插接跳线。此插接跳线的电源额定值必须与 AC/DC 主电源线一致。

AC/DC 主电源接线要求:

☆每个 AC/DC 主电源都必须是具有保护接地导线的单相电源。需要接地中线以避免对电源造成损害。中线应单点连接到保护接地导体,并在与机柜接地电位相同的点上接地。

☆AC/DC 主电源导线的额定绝缘电压应为 AC/DC 主电源电压的 2 倍。

☆AC/DC 主电源导线的大小不得小于 14 AWG。

☆连接 Ovation 配电模块的 AC/DC 电源线的最大尺寸为 12 AWG（3.66 mm^2）。

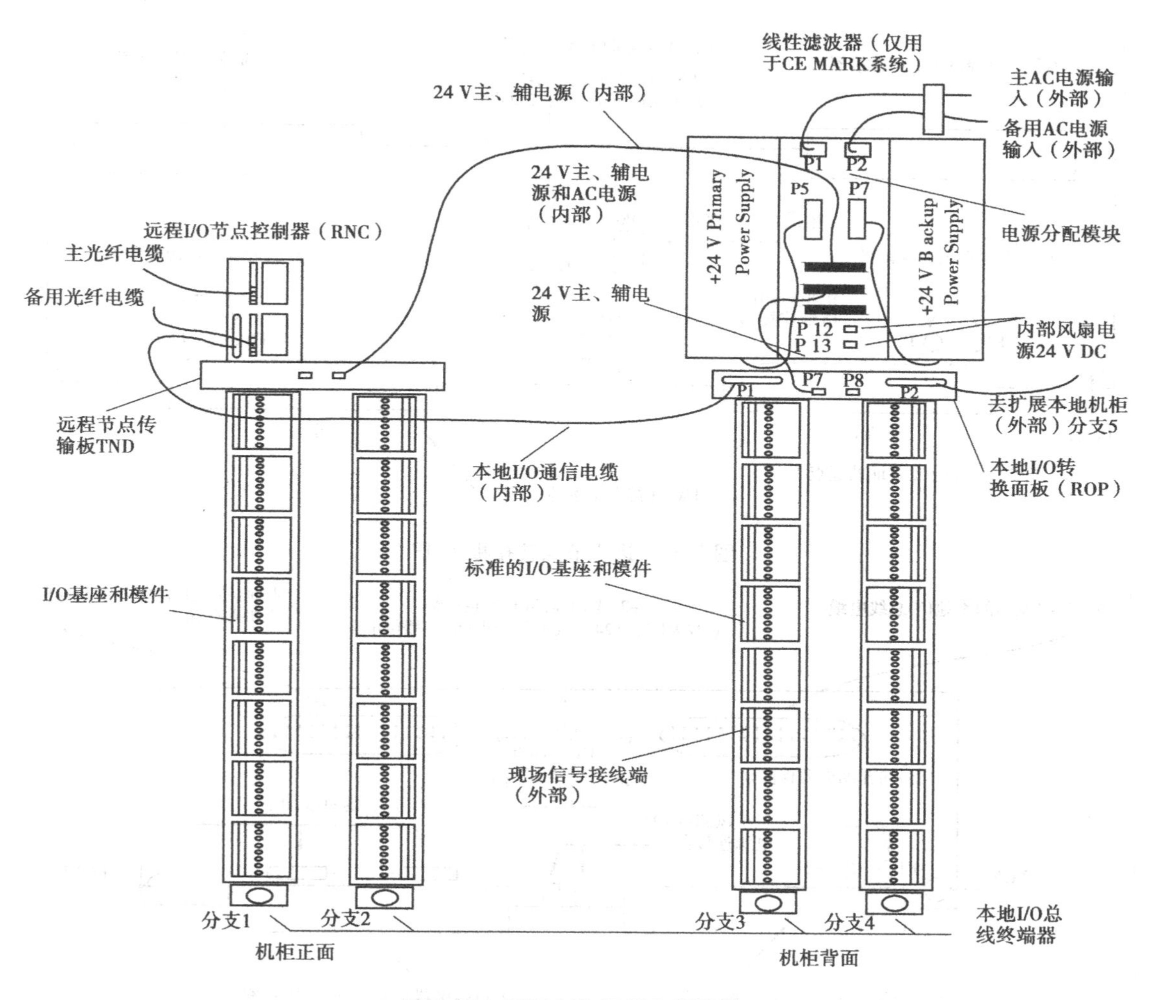

图 3.34　远程 I/O 机柜电源连接

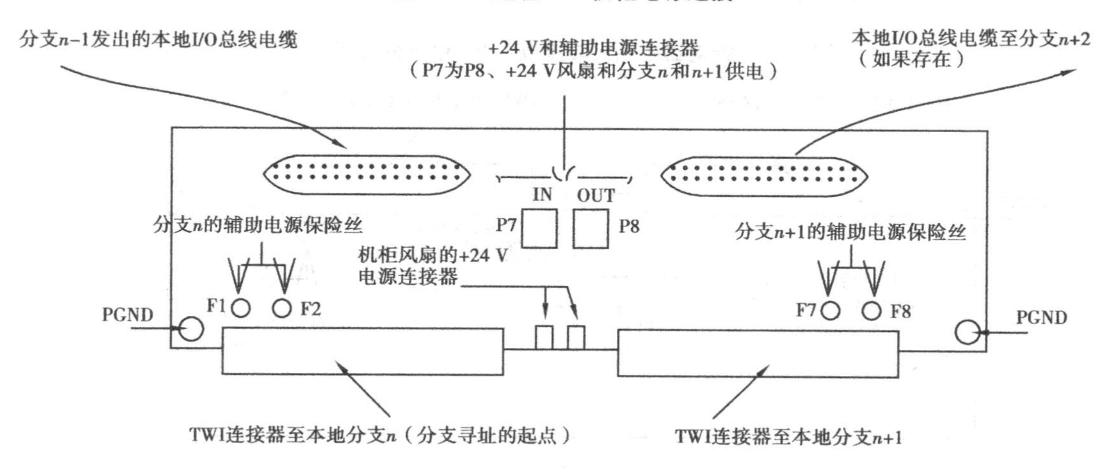

图 3.35　I/O 双分支转接板 ROP

☆必须在顶部或底部压盖板上适当提供开口以便接入 AC/DC 主电源电缆。

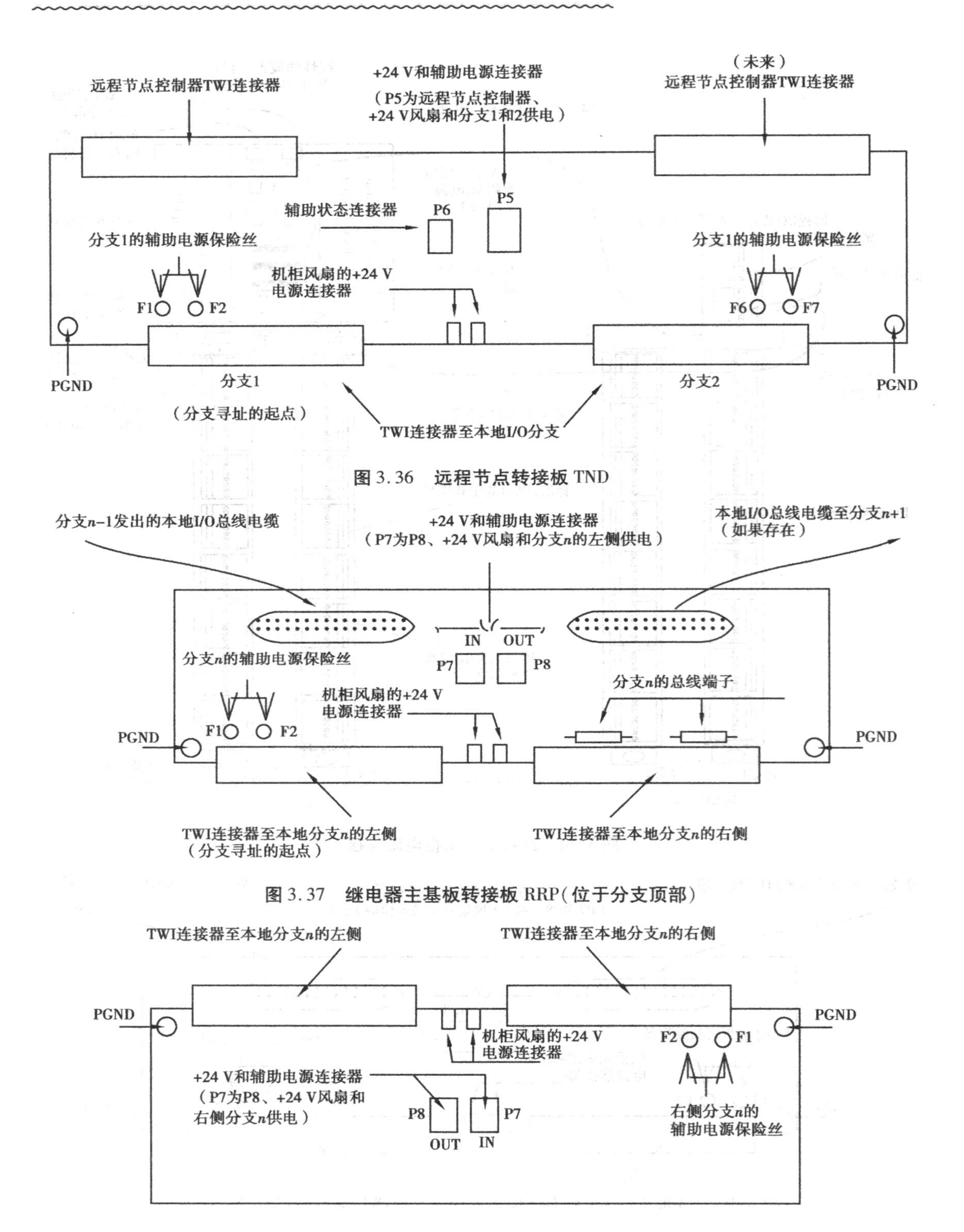

图 3.36 远程节点转接板 TND

图 3.37 继电器主基板转接板 RRP(位于分支顶部)

图 3.38 继电器主基板转接板 RRB(位于分支底部)

注:I/O 模块地址从左侧的 TWI 连接器继续到右侧的 TWI 连接器。

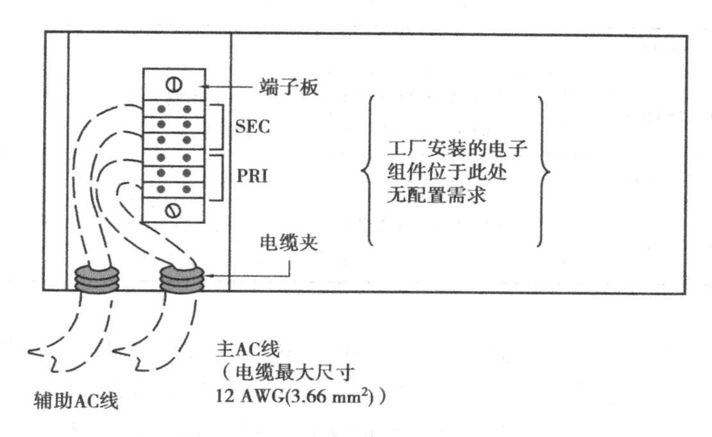

图3.39 线路滤波器组件

☆电缆必须符合IEC 227或IEC 245的要求(仅限CE标志认证系统)。由国家检验站认证并批准的AC主电源电缆被视为可接受。

☆表面绿色/黄色的导线仅可用于连接保护接地端子(仅限CE标志认证系统)。电缆接入设备的位置必须防止磨损和突然弯曲。可行的办法是采用具有曲率半径至少为可适合最大横截面面积的电缆直径1.5倍的平滑圆形钟口状开口的进口或衬套,或者采用突出进口开口至少为可适合最大横截面面积的电缆直径5倍的由绝缘材料制成的可靠固定电缆护套。

☆需要使用一个10 A的断路器作为建筑安装到Ovation控制器的每个AC主电源连接上的组成部分(仅限CE标志认证系统)。断路器应放置在接近设备并且操作员容易操作的地方。断路器必须符合IEC 947-1和947-3的要求,并通过IEC 417符号5007和5008指明用途为断路装置。断路器在关闭位置应可锁定。

3)电源模块

Ovation电源模块包含用于AC或DC输入电压的Ovation电源模块。AC模块型号为1X00416H01/H02/H05,使用115/230 V AC输入电压(85~264 V rms),输入频率范围为47~63 Hz。DC模块1X00416H03/H04/H06,使用90~250 V DC输入电压。

表3.4 AC电源模块

模件型号	输出	说明
1X00416H01	300 W—24 V DC 200 W—24 V DC	双路输出—单路主电源 单路辅助电源
1X00416H02	200 W—48 V DC	单路辅助输出—无主电源
1X00416H05	300 W—24 V DC 200 W—48 V DC	双路输出—单路主电源 单路辅助电源

表 3.5 DC 电源模块

模件型号	输 出	说 明
1X00416H03	300 W—24 V DC 200 W—24 V DC	双路输出—单路主电源 单路辅助电源
1X00416H04	200 W—48 V DC	单路辅助输出—无主电源
1X00416H05	300 W—24 V DC 200 W—48 V DC	双路输出—单路主电源 单路辅助电源

Ovation 电源模块具有大范围输入(85 ~ 264 V AC,90 ~ 250 V DC);宽周波(47 ~ 63 Hz, AC 型号);同一模块中可包含主电源和辅助电源;24 V DC 电源和 24/48 V DC 辅助输出功率因素自校正、32 ms 保持时间、热插拔功能;前面板上的 LED 指示输入/输出电压的状态等功能特点。

每个机柜电源都有一个机柜断路器,并且两组电源互为冗余。当第二组电源正在运行时,切断第一组电源的电源断路器(或丢失第一组电源),不会致使控制器、I/O 模块或使用电源辅助电压的现场设备断电。

同时切断两组电源(或丢失两组电源)会使整个机柜,包括任何从机柜获取供电的现场设备断电。开启任意一组电源即可为控制器、I/O 模块和任何使用电源辅助电压的现场设备供电。为使冗余供电运行正常,必须同时投入两路电源运行。每组电源都应设置一个独立断路器,以单独为这些装置供电。

每个冗余 Ovation 控制器都有一个控制器电源开关。关闭主控制器电源会使处理器卡、IOIC 卡和与控制器关联的 NIC 卡断电。但是,这不会使备用控制器或任何 I/O 模块以及与此机柜关联的任何现场设备断电。

即使两个互为冗余的控制器电源同时关闭,也不会使 I/O 模块或与此机柜关联的任何现场设备断电。

4)电源状态监控

每个 Ovation 控制器 IOIC 卡和每个远程节点都可监控最多两组冗余 Ovation 电源模块(一组中含一对冗余电源)。每组电源通常输出两组电压。电源 LED 显示输入/输出电压不合格。绿色 LED 显示正常电压状态,LED 不亮则表示电压状态异常。

其状态反映在节点(RN)点记录中,该记录已通过 I/O 生成器分配到 IOIC 和远程节点地址。电源出现故障时,此状态会显示在操作员站的 Point Information 窗口和 Base Alarm 窗口。

监控一组冗余电源无需另接电缆。第一组受到监控的冗余电源位于 Ovation 控制器或远程节点控制器机柜中,如图 3.40、图 3.41 所示。

为控制器或远程节点控制器监控第二组冗余电源要求另外连接电源状态电缆。要使控制器监控第二组本地电源,在配电模块(PDM)上的连接器 P9、P10 或 P11 和控制器背板(CBO)上的补充状态连接器 J26 之间安装电缆 5A26467。要使远程节点控制器监控第二组远程电源,在配电模块(PDM)上的连接器 P9、P10 或 P11 和远程转接板(TND)上的补充状态连接器 P6 之间安装电缆 5A26467。

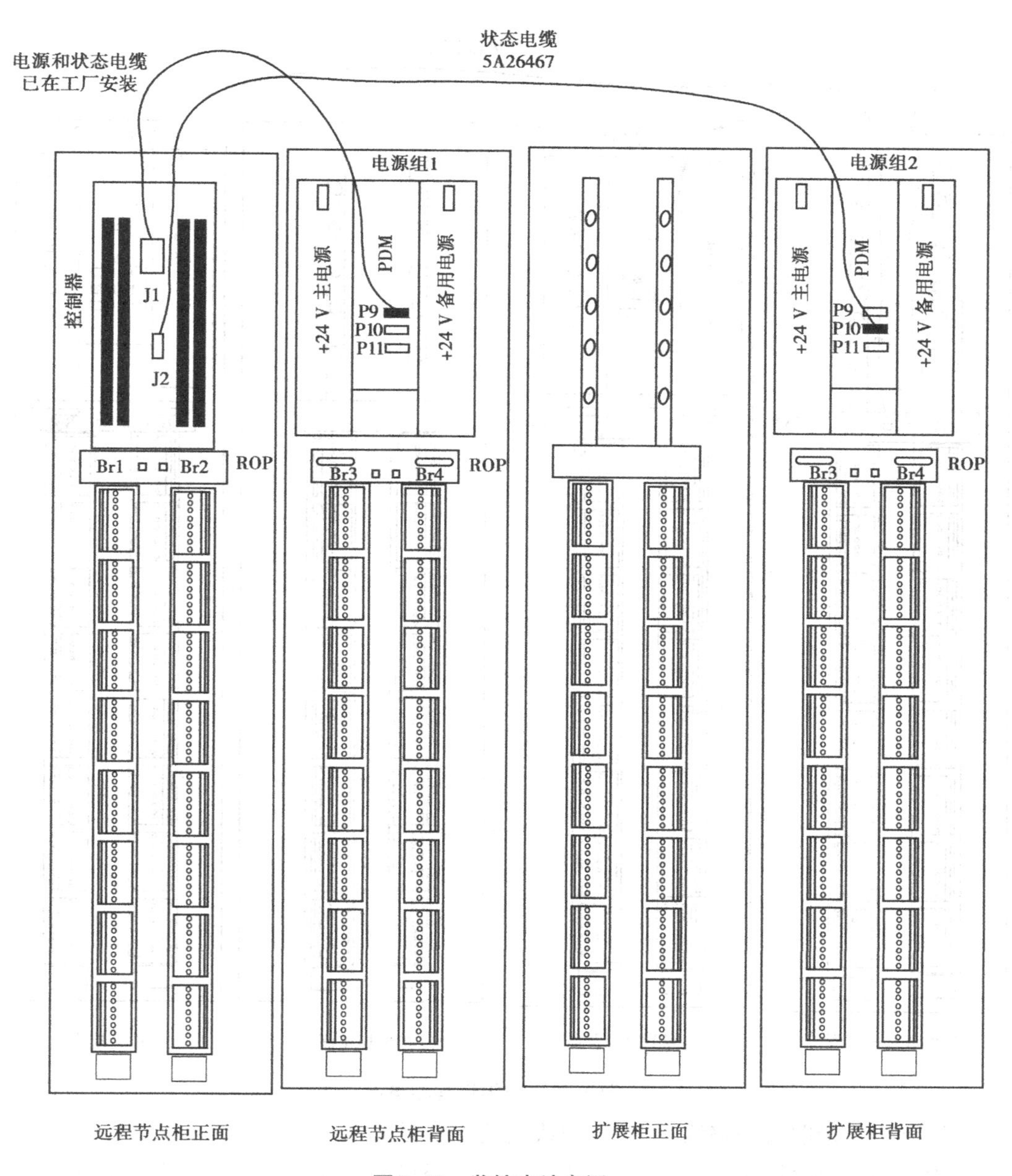

图 3.40　监控本地电源

5）系统电源检查

☆确认所有机柜后面的左侧接入电源为同一来源（如 UPS），右侧也要求同源，便于以后系统维护。

☆所使用的接入电源只有两根导线（即火线和零线），该两路电源应按接线柱上的标识连接。如果接反，电源的开关无法关断火线，电源模块会在关断状态下带电。如果电源提供第三路（即地线）的话，应把其浮空，以免电源在 DCS 侧和电源输出侧两端接地，对系统造成重大隐患。

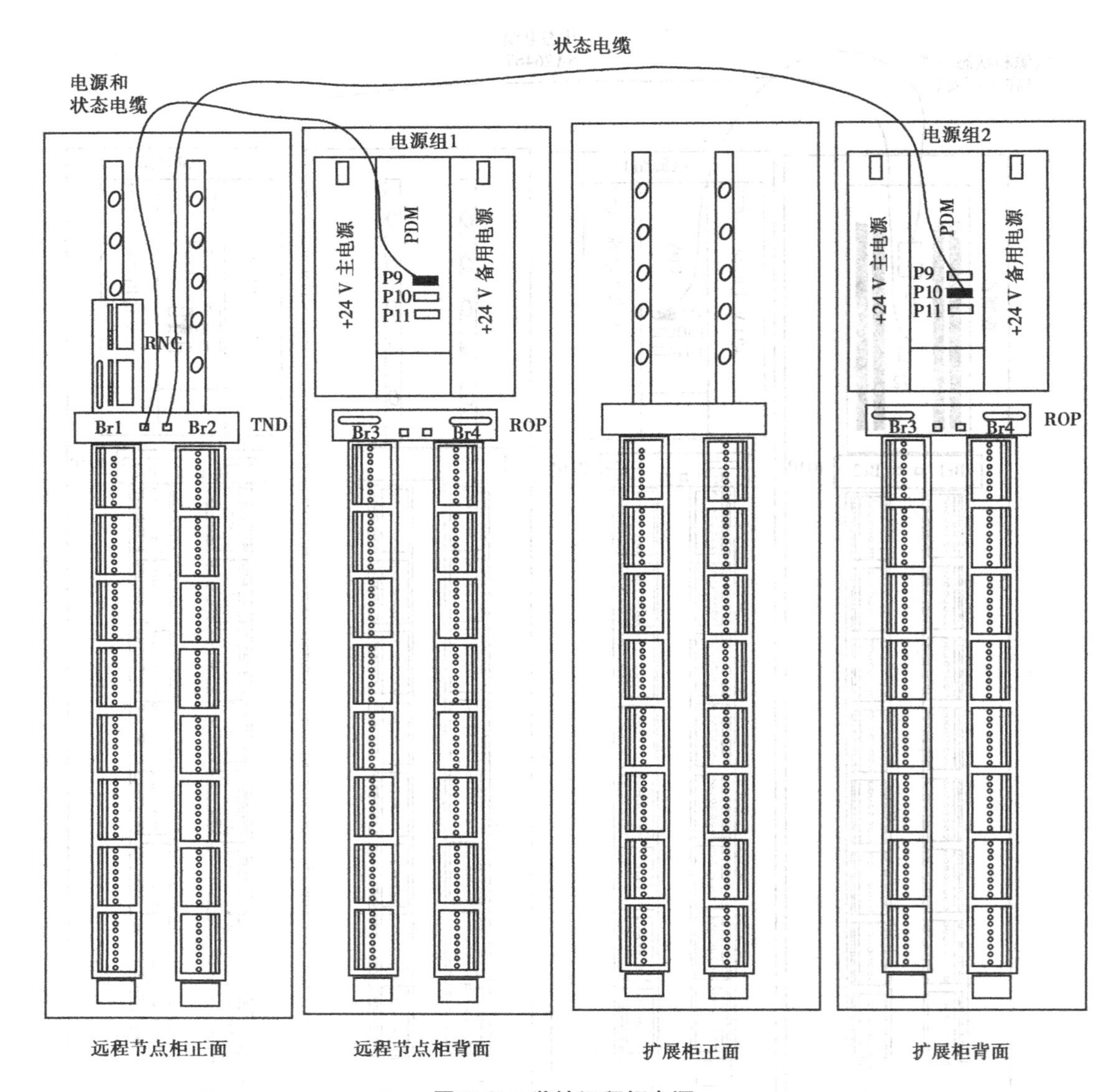

图 3.41　监控远程柜电源

☆用万用表量取每一路输入电源,确认电压符合要求。

☆检查和电源模块相连的各插头、插座连接是否稳固到位。检查电源分配盘上的三排输出插头是否插接正确。一般分配盘上第一排插头连接到正面的控制器箱,第二排插头连接到下部的IO分支,第三排插头给扩展柜供电。注意无论是否向扩展柜供电,第三排插头的第2脚和第5脚应该有一根短接线,以提供电源辅助24 V接地回线。

☆如果需要监视扩展柜电源的话,确认监视电缆插到控制器柜的控制器箱插座上。

☆上电后,注意倾听电源声响,如果有异常,立即关电,查找原因。检查电源风扇是否工作正常。

☆分别用一侧电源模块供电,检查每一侧电源是否都能独立提供主、辅24 V DC电压。

6）电源更换

同时要更换主要和辅助电源部件时，请先更换辅助电源。在重新安装了辅助电源并打开之后，指示灯会亮起，指明用户已经打开了电源。在取下主要电源设备之前，确保辅助电源设备已联机。

更换主电源时，首先将主电源置于 OFF 位，关闭主电源。主电源会故障转移到辅助电源，从而能够在不使系统脱机的情况下完成两个电源的更换。安装替换电源，然后重新对电源设备通电。电源模块更换步骤如下：

☆通过将左上角的电源开关切换到 OFF 位置，切断电源。

☆通过挤压电源连接器每侧的两个锁定卡舌，从电源底部取下电源线，然后向下拉，从插座中取出连接器。

☆松开电源底部的电源锁定机件。

☆在松开了锁定机件后，轻轻向上抬起电源，将电源从电源固定架中取出。

☆将替换电源安装在电源固定架上。

☆确保将替换电源牢固地安装到固定架上，然后紧固电源锁定机件。

☆在将电源电缆连接到电源之前，确保电源开关置于 OFF 位置。

☆通过将电源电缆连接器向上按入电源的插座，重新连接好电源线。需注意电源电缆连接器设计为只能通过一种方式插入到电源插座。

☆确保连接器每侧的电缆连接器锁定卡舌会防止电缆连接器从插座中滑落。

☆如果所有连接牢靠，用户可以将电源左上角的电源开关切换到 ON 位置，重新通电，这将完成电源更换过程。

（4）接地系统

为了防止设备部件被无意地给予电压，所有的非电流承载金属部件都必须接地。此外，不必要的噪声可以通过使用环形基准而减少。

AC/DC 输入电源线的保护接地导线必须连接到位于配电模块的 AC/DC 输入连接器的保护接地端子。保护接地端子可使用“圆形接地”符号标识。在任何情况下，都不得使用 EMC 接地作为保护接地。

必须将 Ovation 系统中的 Ovation 机柜接地，以实现适当的电磁兼容性（EMC）性能和系统可靠性。EMC 接地连接在接地会流排上与安全接地端子连接，但安全接地依赖 EMC 接地可能违反国家电气相关规程。

①Ovation 接地系统必须遵循以下基本准则：

☆请勿通过非 Ovation 设备接地。

☆请勿将非 Ovation 设备通过 Ovation 机柜接地。

☆请勿将 Ovation 电磁兼容性（EMC）接地到高电压设备使用的接地点。

☆请勿接地到结构构件上。

②单机柜设置的接地准则：

☆使用不小于 4 A WG 电缆（最好 0000 A WG）将 EMC 接地连接至接地点。使用机柜内的安装板左下和右下部的专用螺栓进行 EMC 连接，如图 3.42 所示。确保从机柜到接地点的 DC 电阻小于 1 Ω，并最小化接地线长度。

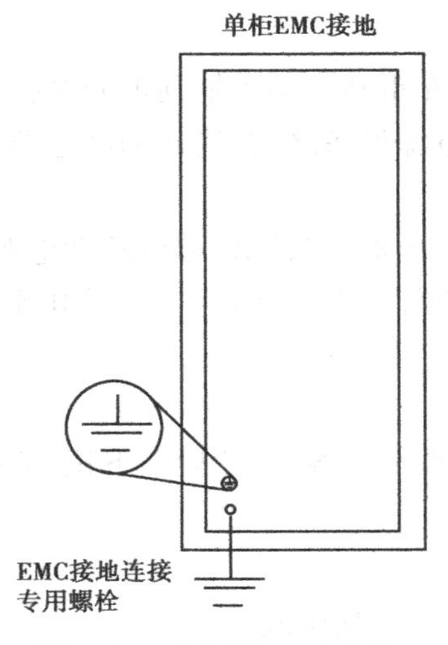

图 3.42　单机柜 EMC 接地

☆为尽量避免接地形成回路,请确保 AC 主电源安全接地位于与 EMC 接地点同电位的位置或至少与此位置的阻值 1 Ω 之内的位置上。避免在中间负荷中心接地。

③群集机柜设置的接地准则:

☆群集机柜设置示例如图 3.43 所示。应指定机柜 1 号为焦点机柜。焦点机柜是进行 EMC 接地连接的机柜。其他机柜应指定为相邻机柜。在所有系统中,相邻机柜都不得超出中心机柜 10 m,并且建议一个群集不超过 5 个机柜。在 CE 标志认证系统中,群集机柜必须配套(卸下相邻机柜之间的侧面板,并且使用经认证可用于机柜的 EMC 衬垫栓紧相邻机柜)。或者,如果群集内机柜间的所有电气布线(EMC 接地电缆除外)都在与机柜连接的接地金属导体中运行,则可不必符合此接地要求。

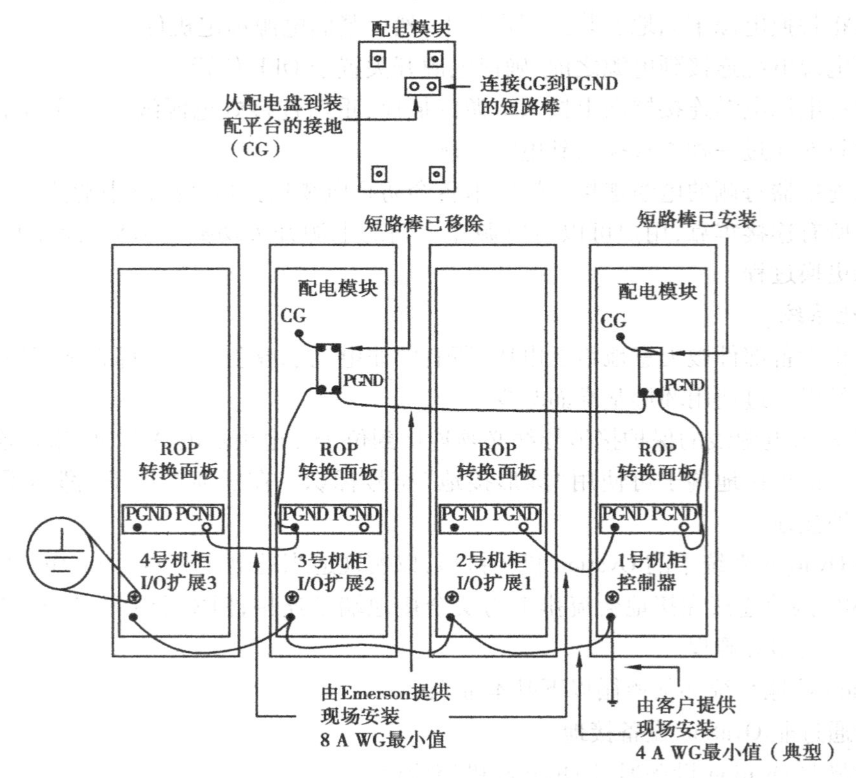

图 3.43　控制器机柜接地群集

☆使用最小 4 A WG 电缆(最好 0000 A WG)将 EMC 接地连接从群集内的焦点机柜连接到接地点。使用机柜内的安装板左下和右下部的专用螺栓进行 EMC 连接。确保从机柜到接地点的 DC 电阻小于 1 Ω。此外,群集中的所有机柜都必须使用不小于 4 A WG 的电缆从焦点机柜对其 EMC 接地进行菊花链式接线。以确保最大限度地缩短从接地点到群集中最后一个机柜的接地电缆的总长度。

☆为尽量避免形成接地电流回路,确保保护接地位于与EMC接地点同电位的位置或至少与此位置的阻值小于1 Ω之内的位置上。避免在中间负荷中心接地。

☆数字电源接地(PGND)使用配电盘上出厂时安装的短路棒连接到机柜。在安装机柜群集时,从所有机柜上(焦点机柜除外)卸下此短路棒。

☆每个机柜在配电盘的PGND螺栓和CBO背板或转接板(转接板包括ROP、RRP、RRB和TND)的PGND螺栓之间都有一条出厂时安装的扎带。要连接群集机柜中的PGND,请执行以下操作:

使用8 A WG扎带将焦点机柜配电盘上的PGND螺栓连接到相邻群集机柜的背板或转接板上的PGND螺栓。如果群集中的某个相邻机柜具有多个背板或面板,则仅将此扎带连接至一个背板或面板。机柜内的所有转接板都应连接PGND点。

如果焦点机柜的一侧有多个相邻机柜,则在每个机柜之间放一条PGND扎带或使用一条PGND扎带直接连接到焦点机柜。用户可将此扎带连接到在每个机柜的配电盘、背板或转接板上找到的任何可用PGND螺栓。

从Ovation机柜中卸下短路棒请执行以下步骤:

A. 关闭机柜电源。

B. 卸下固定配电模块盖的4颗螺丝。

C. 卸下连接短路棒和配电盘的螺母和防松垫圈。卸下连接到安装板和短路棒的电缆扎带,取下短路棒。

D. 将电缆扎带重新连接到(使用前面卸下的螺母和防松垫圈)圆形接地符号所指的螺栓(最左上角的螺栓)。

E. 使用4颗螺丝重新固定盖板。

④接地系统检查:

☆系统的机柜必须和水泥地及槽钢(建筑物钢筋结构)浮空,在机柜刚固定并且尚未接线时测量机柜和机柜下部的钢架间应该有几兆欧的电阻。

☆几个机柜组成一个接地簇,在该接地簇中的机柜地和电源地有且只有一点相连。也就是说如果有若干个柜后背带电源模块,那么该簇中只有在接地柜的电源分配模块上可以有接地铜牌,其他柜子的接地铜牌均要被取走。

☆由总接地箱引至接地簇中接地柜的接地线应接在机柜主板下部的接地螺栓上。有一些现场要求把接地点扩展到机柜底部或侧面特地添加的接地铜板上。这时要特别注意首先要确保从机柜主板下部的接地螺栓到扩展接地铜板间的接地电阻要接近0 Ω。在有些现场发现,两者间的接地电阻有几欧姆至十几欧姆,这会引起严重的接地不良。其次从主板到扩展铜板的导电通路应该从机柜框架走,而不应该仅仅通过机柜附带的几根保护地导线连接;否则,一旦这些导线被意外移除,机柜接地就会出现问题。

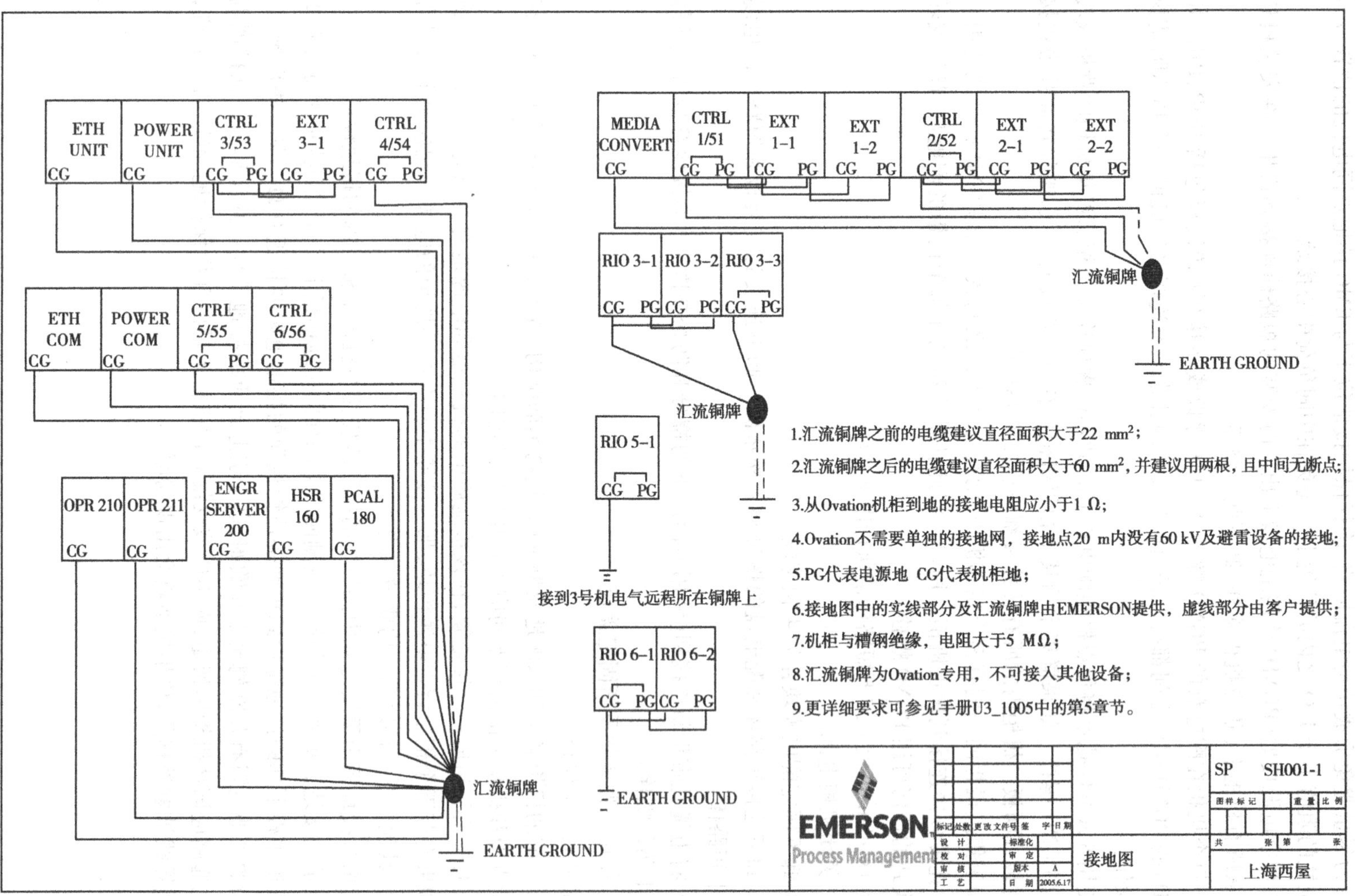

图3.44 系统接地配置图

☆如果条件许可，在一个接地簇中，从接地柜到其他机柜的电源地和机柜地的连接建议采用星型方式，而不是串接方式，这样可以避免一个机柜出现接地故障会扩展影响到同簇内的其他机柜。

☆现场检查人员逐一地用手摇动的方式检查每个机柜主板下方和ROP上接地线的连接情况，确认已经拧紧。根据经验，每个现场总有部分接地线未拧紧，形成隐患。

☆找到专门用于给DCS系统提供接地的总接地箱，清点接地线的数量，该数量应该和设计图纸以及实际目击到的另一端接地线数量相吻合，不能多也不能少，同时确认各接地线已拧紧。确认总接地箱内没有接入其他系统的接地线，否则会对DCS系统造成干扰。

☆如果接入大地的是接地桩，那么该接地桩上没有连接其他来源的接地线；如果接入大地的是接地网，那么最靠近接地点的接地桩附近应该没有连接其他接地线。否则，如果其他接地在瞬间形成较大电流流向大地，会抬高DCS系统的接地电压，造成严重后果。

系统接地配置图如图3.44所示。

练习题

1. 简述Ovation过程控制站的构成。
2. 简述Ovation机柜的分类。
3. 简述Ovation机柜由哪些主要组件构成。
4. 简述Ovation机柜命名规则。
5. 简述Ovation控制器的硬件构成。
6. Ovation控制器标准功能有哪些？
7. 请画出控制器连接简图。
8. 简述OCR161控制器性能。
9. 简述控制器电源卡有哪些保护。
10. 简述如何更换Ovation电源模块。
11. 简述Ovation接地基本准则。
12. 简述如何进行接地系统检查。

3.2.3　控制系统通信组成

Ovation控制系统通信通过Ovation通信接口，在Ovation网络与未直连Ovation主系统的产品之间，实现无缝通信。接口将数据从现场设备、第三方硬件和公司网络映射到用户的Ovation网络中。

Ovation系统上层通信采用Fast Ethernet网，并采用冗余方式工作。目前采用交换机作为网络的通信设备。网络架构采用国际上通用的全冗余网络，严格遵循ANSI标准IEEE802.3协议的CDMA/CD，可以实现企业内部的局域网（LAN）和广域网（WAN）以及与Intranet网络的连接。网络硬件由三大部分组成：网络、控制器、工作站。Fast Ethernet网络拥有100 MB的高速公路，最大可连接1 000个站，每条网20万个点。

Ovation系统下层通信采用PCI总线或现场总线，用于控制器与I/O模件间的数据交换。

I/O端口图如图3.45所示。

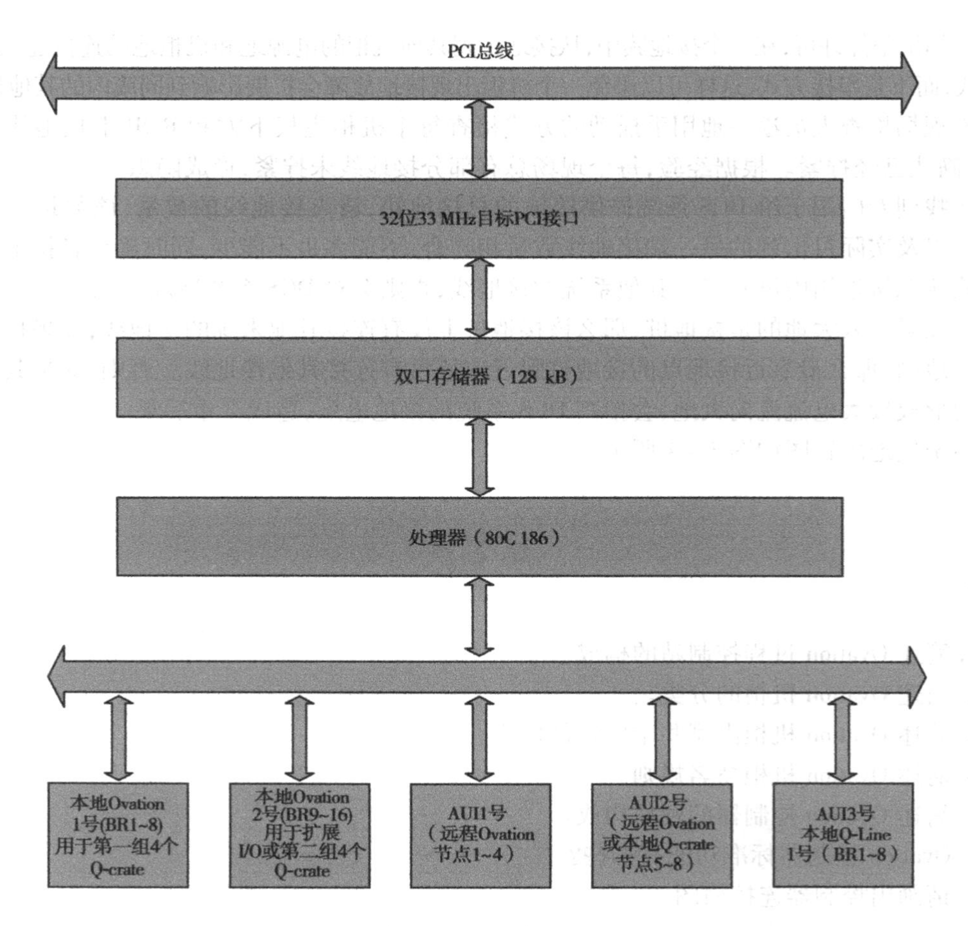

图 3.45　I/O 端口图

4 种平台支持 Ovation 下层通信接口：

☆链接控制器模块（RLC）。此 Ovation I/O 模块支持通过单个串行端口进行串行通信。此模块通过 RS232、RS422 或 RS485 连接实施串行通信。

☆Ovation 控制器。控制器是 Ovation 网络中的站点，它包括了与实际电厂设备上的传感器相连的模块(I/O)。这些传感器将测量点的值，广播到 Ovation 网络上。控制器通过软件驱动程序实施以太网 TCP/IP 通信。

☆以太网链接控制器(ELC)。以太网链接控制器是从远程位置收集数据用以监控和管理设备及环境的过程控制器。以太网链接控制器模块设计安装在标准的 OvationI/O 机柜中。以太网链接控制器的功能与 SCADA 系统密切相关。

☆Ovation 工作站(一般为 MMI 或操作员站)。Ovation 工作站的站点在整个 Ovation 系统中提供了与电厂过程的通信，并且可监控正常和异常的电厂状况。工作站通过软件包，例如 SCADA 或 OPC 实施串行或以太网 TCP/IP 通信。

Ovation 和远程设备之间传送数据介质选项包括：串行通信(RS-232、RS- 422、RS- 485)以太网 TCP/IP(传输控制协议/因特网协议)、以太网、总线技术(Fieldbus，Profibus，DeviceNet)。

Ovation 通信接口协议包括：Allen-Bradley DF1、ControlLogix EIP、PCCC、Modbus RTU、Modbus TCP、Open Modbus TCP、DNP、D-EHC、MHI Proprietary 、GSM、GE Proprietary、OPTO-22、

Reliance、Siemens 3964R、OPC、CSP（PLC5）、RTP、Fieldbus、Profibus、IEC 61850、IEC 60870-5-104、IEC 60870-5-101。

Ovation 通信接口电子表格包括："硬件/设备"表格和"版本"表格。

"硬件/设备"电子表格包含用于通信接口的硬件或设备、用于接口的物理连接、接口用于发送消息的协议、接口可用的平台、连接 Ovation 的接口选项等信息。

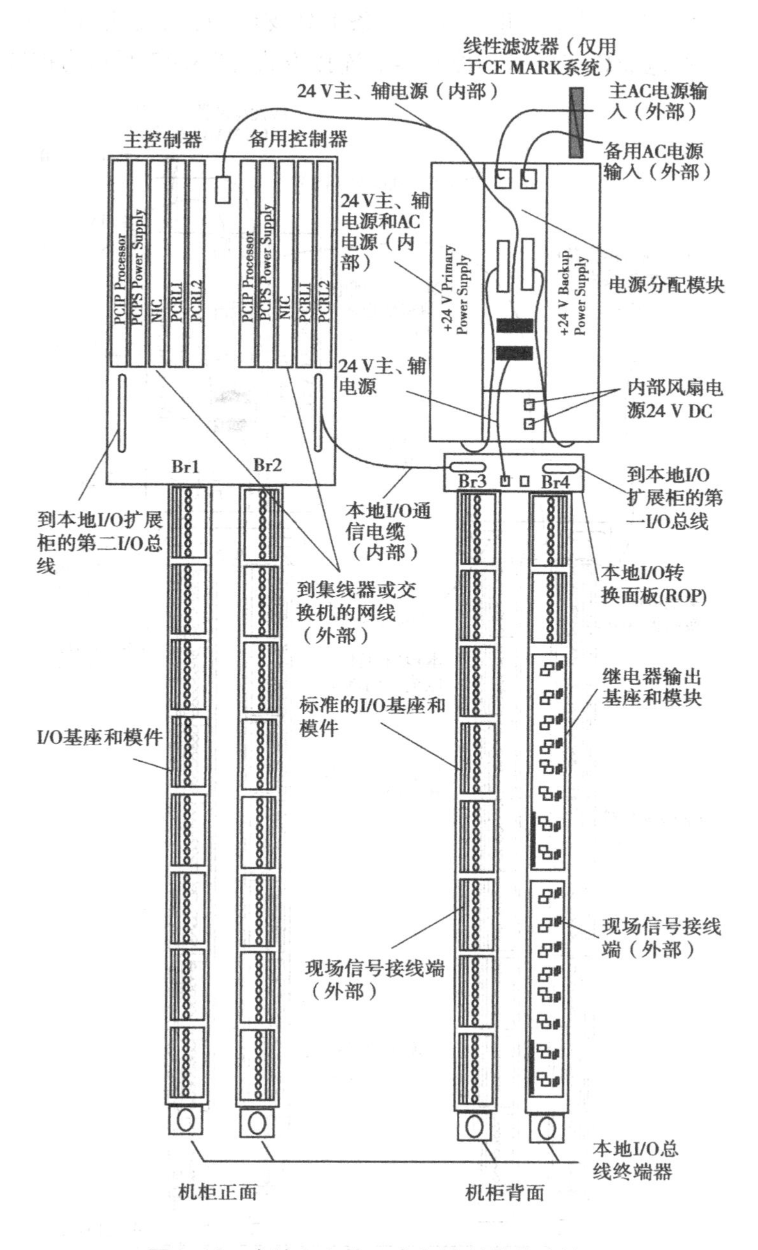

图3.46 本地I/O接口卡和控制器的连接

“版本”电子表格包含通信接口的名称、支持接口的 Ovation 软件版本、相关的 Ovation 文档,用以帮助用户连接、配置和使用接口等的信息。

(1)I/O 通信

I/O 模块与控制器的通信连接分为本地连接和远程连接两类。各机柜间的连接通过 I/O 转接板(ROP)实现,完成 PCI 总线的连接,从而完成控制器与其在扩展柜的模块间的通信。

控制器上每块本地接口卡(PCRL)可连 8 条 I/O 支线,每条支线可带 8 个 I/O 模块。图 3.46 所示为典型的本地 I/O 接口卡和控制器的连接方式,图 3.47 所示为扩展柜通信的连接。

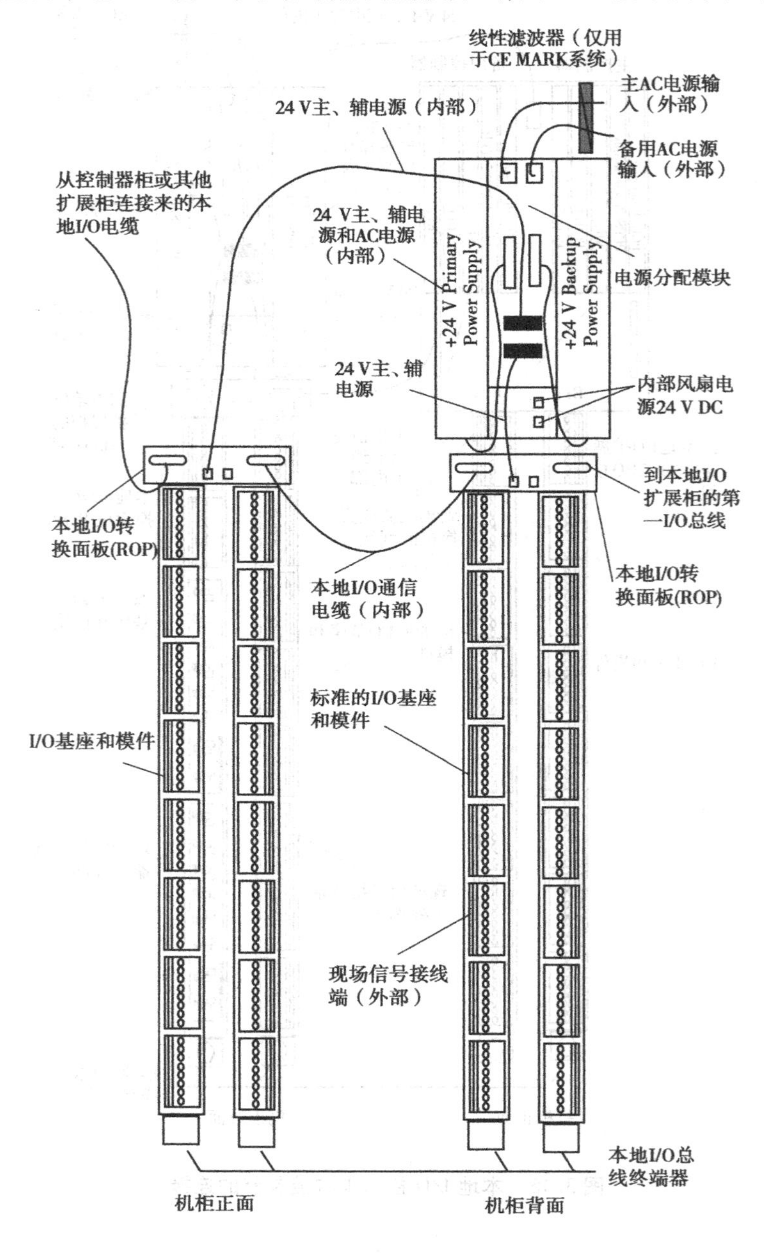

图 3.47　扩展柜通信的连接

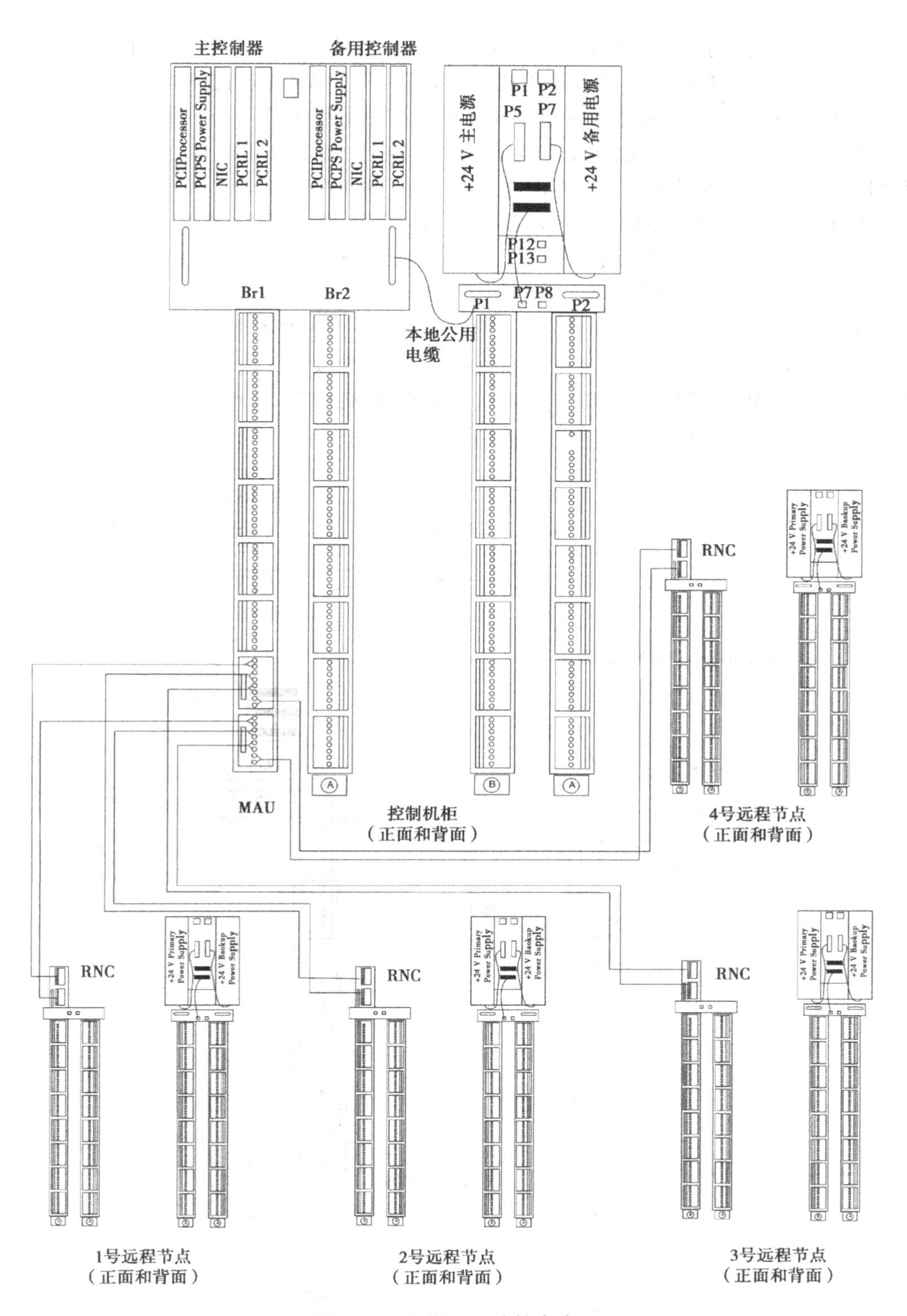

图3.48 远程I/O连接方式

远程 I/O 方式用于要求 I/O 模块位于过程设备附近的控制机柜中,即使控制器并不在该控制机柜附近。远程 I/O 模块通过远距离串行介质(例如光缆)连接到控制器。每个 PCRR 卡能连接 8 个节点,一个控制器连接远程节点的最大数量为 16 个节点。每个远程节点的 I/O 模块最大数量:64 个(8 个分支,每个分支有 8 个模块)。每个 PCRR 卡连接 I/O 模块最大数量为 512 个。每个控制器连接 I/O 模块最大数量为 1 024 个。

远程 I/O 总线组态:使用专有协议的 10 BASE-FL 以太网物理层。远程 I/O 周期时间:<100 μs(通常)。提供的标准远程通信介质是光纤。850 nm 光纤介质的光缆允许最大长度为 2 km;1 300 nm 光纤介质的光缆允许最大长度为 4 km。远程通信诊断可在主要系统和备用系统中执行,而不影响 I/O 模块状态。可用的诊断有:对所有类型的总线周期进行模拟(例如对本地 I/O 包括状态、位破坏、消息长度故障、冲突故障以及无响应的模拟)、PCRR 发出的所有消息均通过 MAU 返回、对 AUI 电缆和远程节点链路进行连接检查,运程 I/O 连接方式如图 3.48 所示,远程节点控制器(RNG)面板如图 3.49 所示。

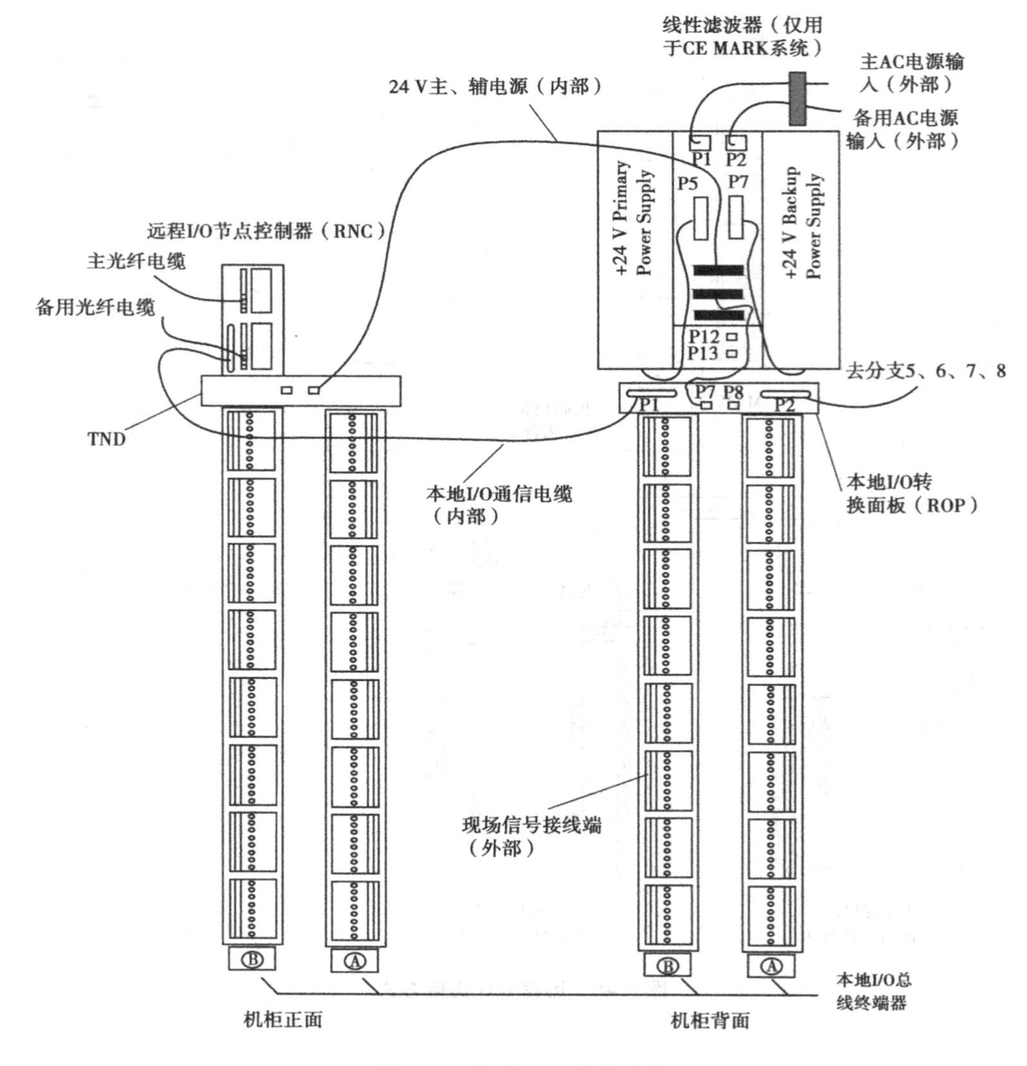

图 3.49 远程 I/O 通信连接

RNC 电子模块的前面板有 4 个 LED 灯显示 RNC 的状态,有 16 个 LED 灯显示由 RNC 控制的 8 个分支的状态。

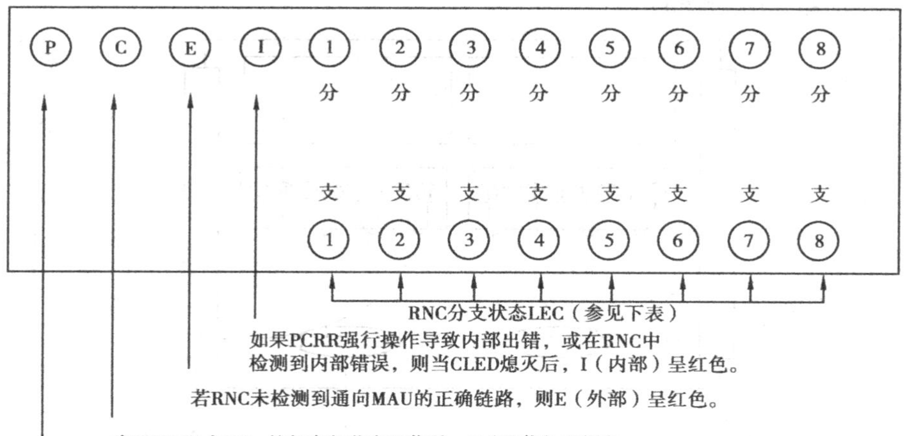

RNC 分支状态灯 LED 状态

绿色 LED	红色 LED	远程节点分支状态
亮起	熄灭	分支的所有 I/O 周期都成功
亮起	亮起	分支混有失败和成功的 I/O 周期
熄灭	亮起	分支的所有 I/O 周期都失败
熄灭	熄灭	粉笔字处于非访问状态

图 3.50 远程节点控制器(RNC)面板

介质连接单元(MAU)为光缆提供连接点,该光缆用于在 PCRR 和至多 4 个远程节点之间远距离传送消息。MAU 不是同时与 4 个远程节点进行通信。在一个时间点上,MAU 模块仅在 PCRR 和 4 个远程节点中的一个被选中节点之间引导消息,将 PCRR 可读信号转换成与光纤介质兼容的信号,或者将与光纤介质兼容的信号转换成 PCRR 可读信号。MAU 由以下组件组成:电子模块(安装有连接单元逻辑板 (LAU),该板用于为模块供电,并显示 LED 信息,指明光缆已连接且远程节点控制器模块已通电)和特性模块(安装有连接单元特性板 (PAU),该板用于转换 PCRR 和光纤介质之间的信号,并为光缆提供连接器)。

MAU 1 和 MAU 2 是两个独立的 MAU 模块,可安装在控制器机柜中的任何地方。一根 AUI 电缆将 MAU 1 连接至 PCRR 上的 P1;另一根 AUI 电缆将 MAU 2 连接至 PCRR 上的 P2。MAU 基座的 A 端和 B 端终止本地 I/O 总线,所以当本地 I/O 模块位于某分支时,基座必须始终位于该分支的末端。MAU 基座的 B 端还初始化本地 I/O 分支的基本地址。如果需要,可将单个分支上的多个 MAU 基座连接在一起。由于 MAU 基座终止本地 I/O 总线,因此具有 MAU 的分支的末端上就不需要 I/O 总线终端插卡。

MAU 电子模块的前面板装有 LED 灯,显示 MAU 板载电源的状态以及 MAU 与每个远程节点之间光纤链路的状态。4 个"链路正常 LED"对应于连接至 MAU 的 4 个远程节点。

当通电的远程节点控制器的变送器通过光纤链路连接至 MAU 上相应通道的接收器后,MAU 通道和远程节点之间就可以建立正常链路。传送给 MAU 的信号必须足够强,才能克服

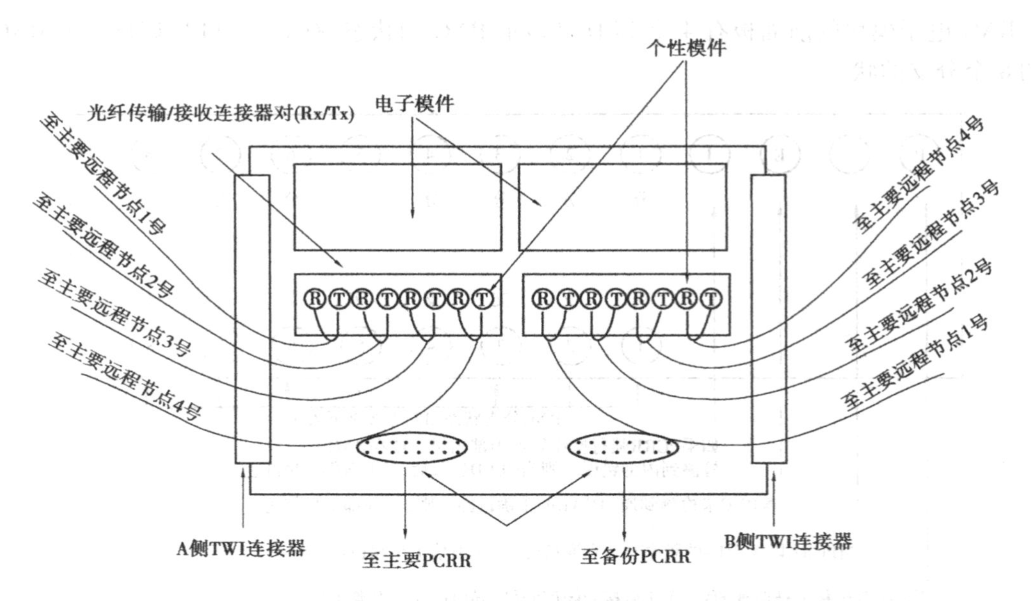

图 3.51　带有常见光纤连接器对的 MAU

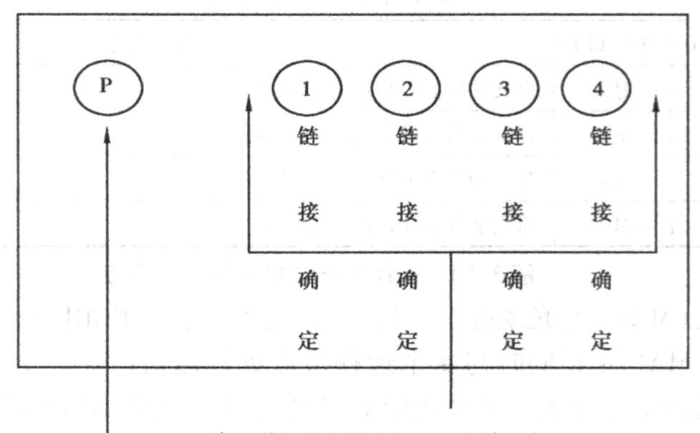

图 3.52　MAU LED 指示器

微光条件,以便 MAU 正常识别。

(2)与第三方通信

链路控制器（LC）模块为 Ovation 控制器提供通向第三方设备或系统的串行数据通信链路。该通信经串行 RS-232、RS- 422 或 RS- 485 数据链路进行。系统提供了两个串行端口。该通信通过系列 RS-232,RS- 422,或 RS- 485 数据链接完成。编程端口可以和 IBM 兼容计算机的 COM1 或 COM2 串口端连接。

链路控制器模块在 DOS 环境下运行。这可将在链路控制器模块上的应用程序用标准的工具编写,C 语言程序库支持它的应用程序。组成链路控制器模块工具包的库文件有:

☆串行通信程序库。提供串行口的初始化,输入字符的中断接收,字符的查询发送和接口的控制功能。

☆共享存储器访问程序库。提供链路控制器模块共享存储器的功能,在选定的格式下,读/写共享存储器中寄存器的值。

☆定义接收的数据或从链路控制器模块串行口送来的数据的数据格式。

☆利用链路控制器模块应用程序将数据转换成要求的格式并送到DIOB可存取RAM中(或利用DIOB读取RAM中的数据)。

☆产生一个控制器应用程序,将DIOB中的数据送往Ovation过程控制点(或将各控制点数据写入DIOB)。

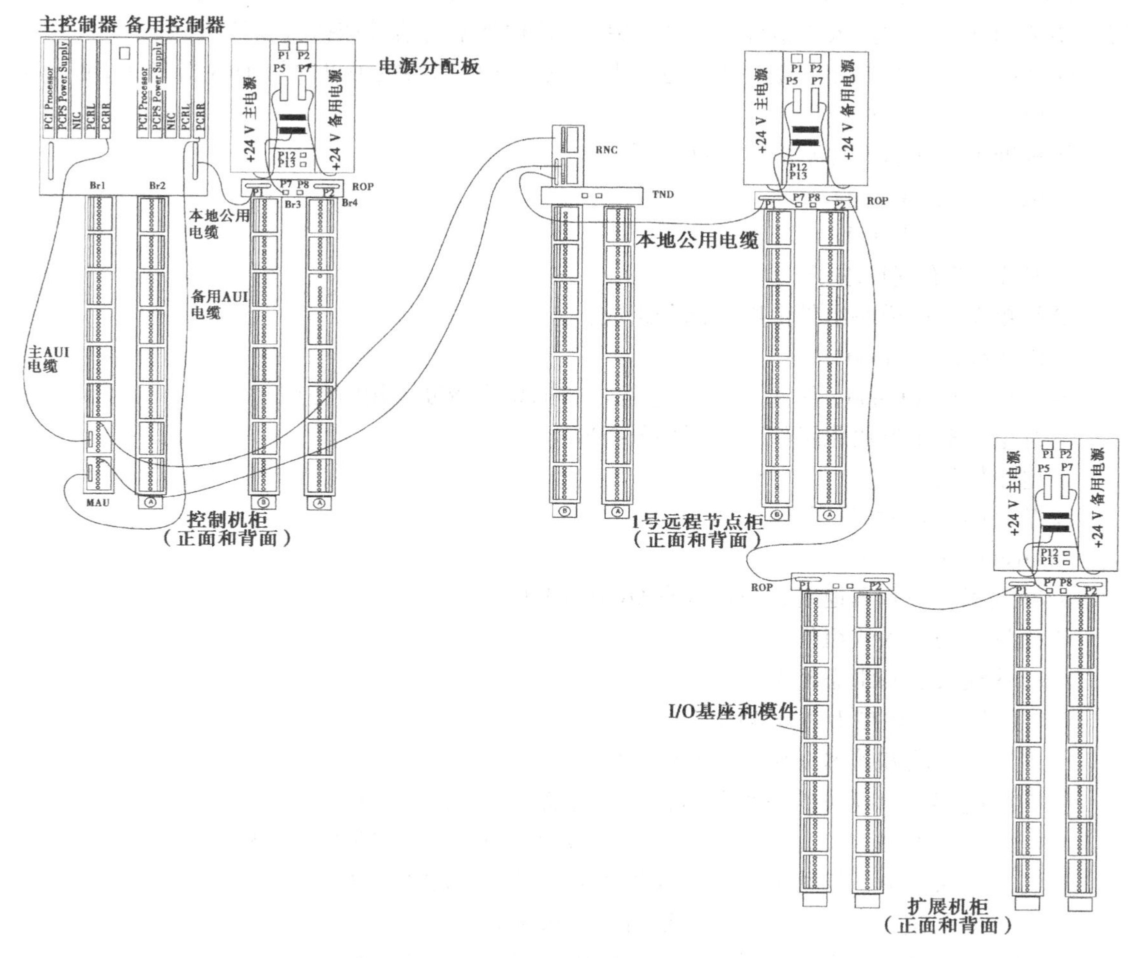

图3.53 远程I/O柜菊花连接

练习题

1. 简述Ovation下层通信的构成和通信介质所包含的内容。
2. 简述Ovation系统如何实现I/O远程通信。
3. 简述Ovation系统如何实现与第三方设备的通信。

3.2.4 I/O 模件

Ovation 分散控制系统为各种过程控制系统提供调节控制、顺序控制和数据采集。Ovation 系统由一组可组态的功能性输入/输出（I/O）模块组成，这些模块通过 I/O 总线与 Ovation 控制器通信。

I/O 模块提供了 Ovation 控制器与电厂工艺流程之间的接口。Ovation I/O 模块是具备内置容错和诊断功能的插入式组件，它们能够接受各种类型的信号和执行多种功能。

Ovation I/O 模块锁定在基座中。这些基座安装在控制器机柜里面的 DIN 导轨上，通过导线与相应的现场设备相连。

①标准模块化组件通常由以下部分组成：

☆电子模块（Emod）。

☆特性模块（Pmod）。

☆基座（带有现场端子）。

②简单型 I/O 模块组件由以下部分组成：

☆电子模块（Emod）。

☆特性模块（Pmod，任选，仅在要求提供普通单个熔断应用时使用）。

③继电器输出模块化组件由以下部分组成：

☆电子模块。

☆基座（带有现场端子）。

1)Ovation I/O 模块的特点

☆在远程组态和本地组态中都含有 Ovation I/O。

☆模块化的插入式组件。

☆可快速安装和组态模块。

☆I/O 基座安装在 DIN 导轨上。

☆在特性模块和镶嵌模块上贴有配线图示标签。

☆在继电器输出模块的基座上标有配线类别(常闭、常开、公共)。

☆电子模块上贴有可写的标签，可在每个标签上最多标识 16 个点名称。

☆特性模块和电子模块上的标签以颜色标识，从而与相应的模块对应。

☆特有的基座互连方案省去了大量的电源和通信配线。

☆在每个 I/O 模块上以电子方式存储模块类型、组、序列号和修订信息。

☆热插拔功能简化了维护操作。

☆显示标准化诊断 LED 色码的状态指示器。

☆每个控制器最多有 128 个本地 Ovation 模块单元。

☆每个控制器最多有 1 024 个远程 Ovation 模块单元。

☆所有标准 I/O 模块具有通用的基座。

☆为继电器输出模块提供两种基座类型(G2R 和 KUEP)。

☆标准 I/O 基座的内置备用熔断器支架。

☆大多数模块都符合 CE Mark。

2)I/O模块的抗干扰能力

Ovation系统的安装要牵涉种类繁多的模拟、数字量电路,其中包括低电压电路、高电压电路、传送信息的电路和传送动力的电路。这些电路被归为两大类:噪声产生电路和噪声灵敏电路。

噪声的产生通常发生在经互连或有线电路方式来传送模拟(电压,电流和其他实测数值)或数字信息(脉冲序列或相似数据)的情况下。在这些电路里信号所带来的信息在传送过程中可能会被误读,因此错误便由此而产生。传送信息的信号和接收信息的信号之间的差别被称为噪声。噪声最小化技术主要是通过消除噪声,或在不可能消除时采取措施减少其影响,以防止错误发生的一种技术。

Ovation系统为数字信号电厂的互联提供了3种独特的抵抗噪声的方法:

☆低传过滤器。

☆标准的信号电平(48 V DC或115 V AC)。

☆隔离,光连接器。

低传过滤器和信号电平技术的使用分别为频率和能量级提供了鉴别。数字信号接收器与接地的绝缘是抵抗噪声的一种重要手段,因为这种噪声会改变电压接地电势。接地点远离接收器并且接地点的传送器和接收器接地拥有不同电压的信号源(传送器)便是这种绝缘法的一个例子。在这种情况下,接地电势的区别表现在相应信号对导线的电压上。

另一个例子是用隔离法抵抗电路中接地电势不同的噪声,在此电路中连接器存在于信号导线之间并在导线中产生感应电势。感应电势可以在信号导线处于不断变化的电磁场和静电场这样的环境下产生。

使用光隔离器可以把数字信号传至接收器。除非信号噪声电流通过,否则接收器不会对噪声起任何反应。若信号导线的接地点不超过一处,则低频噪声电流可以被消除,称其为普通型电压。

注:高频噪声电流可以使用寄生电容作为其电流路径的一部分。这就要求除了光隔离还要使用低传过滤器。

3)I/O基座结构

①标准和紧凑I/O模块基座:

Ovation标准紧凑模块安装在基座上,该基座安装在Ovation机柜的DIN导轨上。单个标准I/O基座最多可容纳2个标准I/O模块。标准I/O基座中支持的Ovation I/O模块包括模拟量输入、模拟量输出、触点输入、数字量输出、回路接口、脉冲累加器、RTD接口、事件顺序、串行链路控制器、伺服驱动器、测速器以及阀位定值器。

每个标准I/O模块分配一个逻辑地址。由于每个标准I/O基座可容纳两个Ovation I/O模块,因此标准I/O基座会占用两个模块逻辑地址,即使用户只使用一个I/O模块,也必须使用含有两个端子板的基座。

②继电器输出模块基座:

Ovation继电器输出模块安装在该基座上,基座安装在Ovation机柜的DIN导轨上。每个基座可以包含一个继电器输出电子模块和相应的继电器。继电器输出基座可容纳一个模块,需要一个I/O地址。继电器输出基座比标准I/O基座长,因为需要额外的空间来容纳继电器。虽然继电器输出基座只可安装一个模块,但是它比标准的I/O模块基座长的1.5倍。有两种

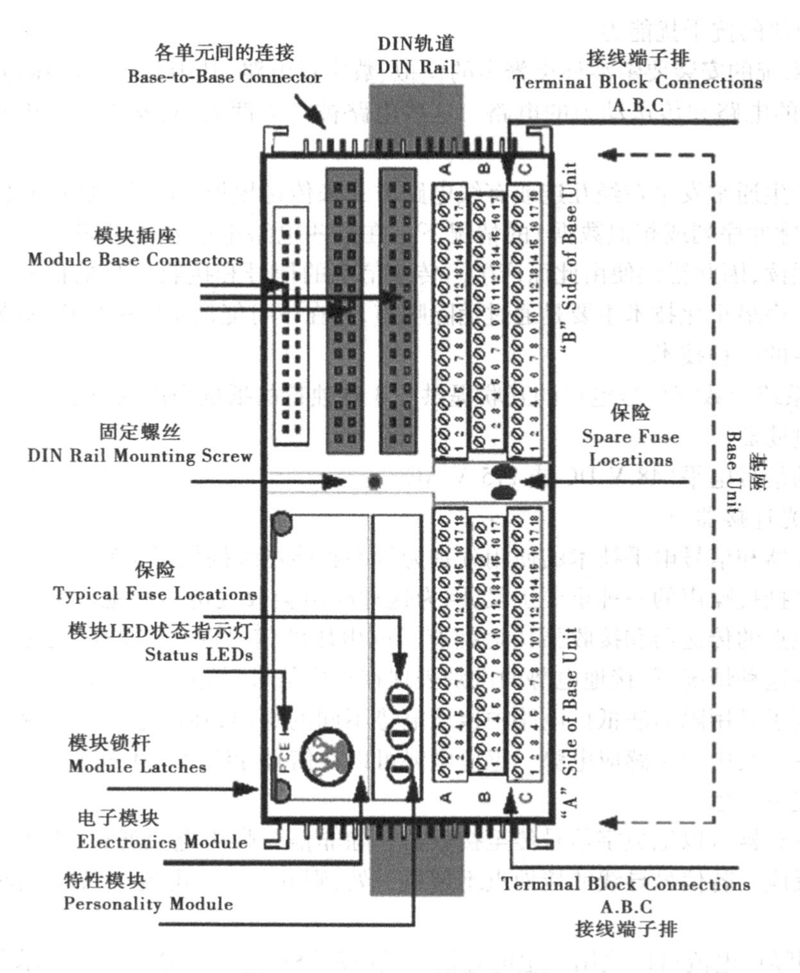

图 3.54　I/O 子系统基座结构

类型的继电器输出基座:

1C31223(16 G2R 继电器)

1C31222(12 KUEP 继电器)

4)I/O 模块地址

系统通过 Ovation Developer Studio(Ovation 组态工具)为每个 Ovation 模块分配一个地址。此地址指定了模块在 Ovation 控制器的逻辑位置。一个标准 I/O 基座占用两个逻辑地址;一个继电器输出基座占用一个逻辑地址。

机柜中模块的物理位置确定了模块的地址。I/O 模块放置在机柜的左侧顺序是从上到下,在机柜的右侧顺序是从下到上。如果继电器输出模块与标准 I/O 模块在同一分支上共同存在,标准 I/O 模块基座则始终从分支上的奇数位置开始(位置 1/2、3/4、5/6 或 7/8)。继电器输出模块可以放置在奇数或偶数编号的位置。例如,模块可以在 1、2、3、4、5、6、7 或 8 插槽中开始。物理机柜大小和分支电源要求可能会限制在每个分支中组态的模块数。

逻辑 I/O 地址由 3 个编号组成(在使用远程 I/O 时为 4 个),通过小数点隔开,采用以下格式:

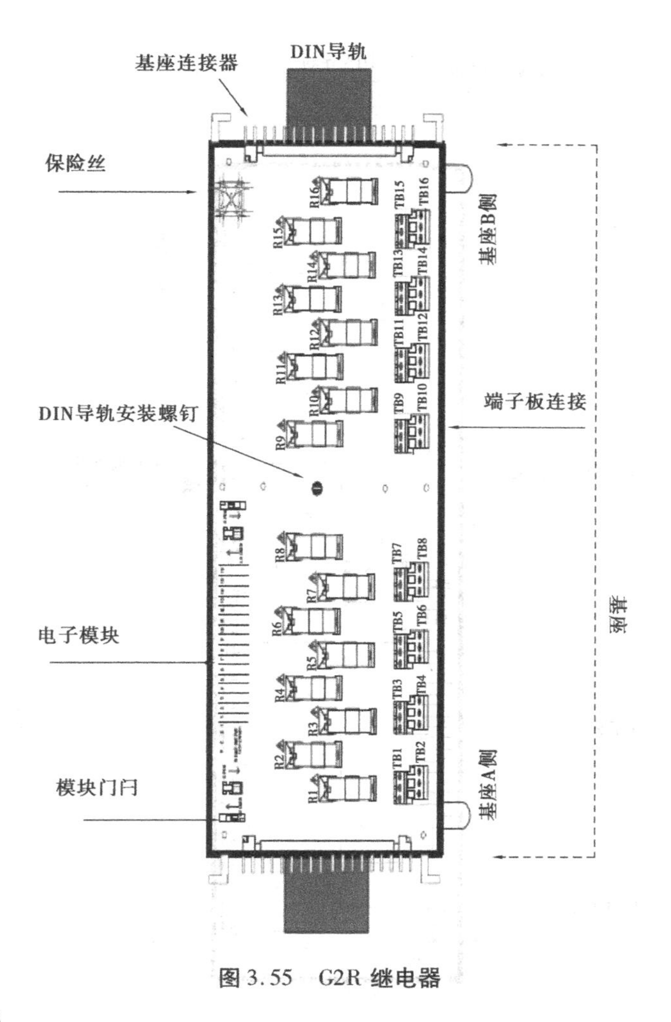

图 3.55　G2R 继电器

D. N. B . S

D=分配给 OCR161 PCI 卡的设备编号(1 ~5)。

N=节点(仅在远程 I/O 中使用;1 ~8)。

B=分支(1 ~8)。

S=模块所在的插槽(对于 Ovation I/O 为 1 ~8,对于 Q-Line I/O 为 1 ~12)。

标准 I/O 基座组件在 Ovation 数据库的 I/O 寻址方式是由机柜中安装基座的位置决定的。安装标准 I/O 基座需要在一个分支上至少有两个 I/O 模块地址。它们的 I/O 模块位置必须始终从奇数位置开始。I/O 模块应该在机柜每侧的最左侧分支中从上至下安装。在机柜每侧的最右侧分支中从下向上安装 I/O 模块。艾默生公司建议在机柜右侧中安装所有基座(通常是 4 个),即使那些基座并非全都装有 I/O 模块。这样可防止将来安装附加 I/O 模块时对数据库造成混乱。继电器输出基座可以放置在标准 I/O 基座之前或之后。

模块 A 地址=1.1.2　模块 G 地址=1.1.1.3

模块 B 地直=1.2.4　模块 H 地址=1.1.3.5

模块 C 地址=1.3.6　(节点位于 MAU 位置 1 中)

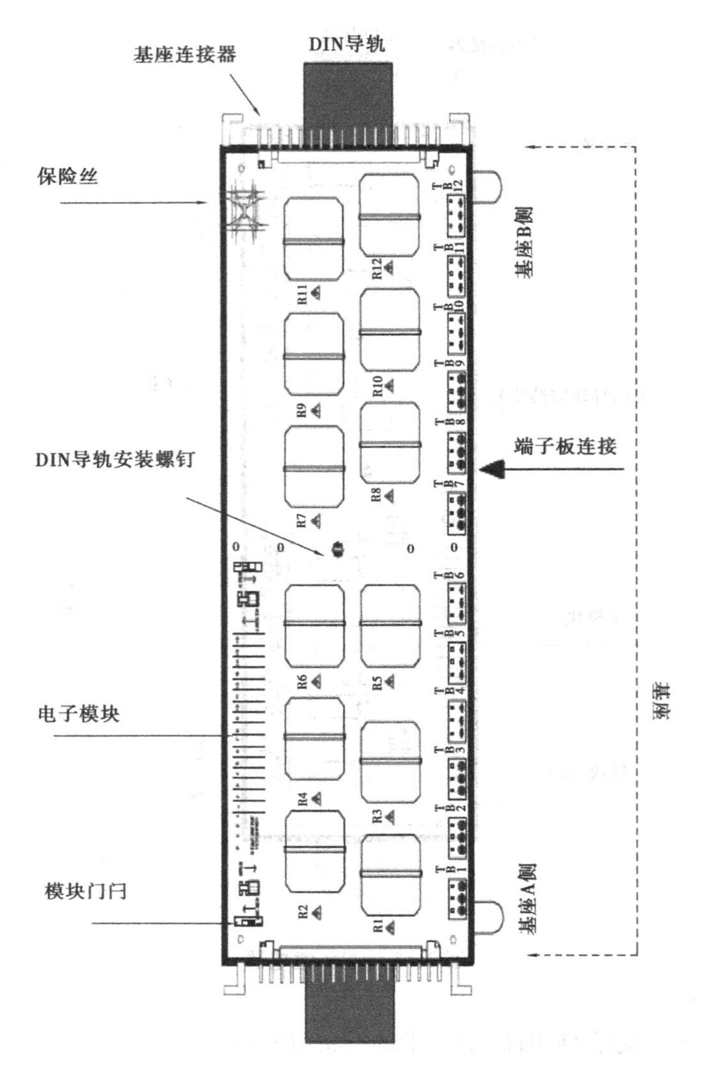

图 3.56　KUEP 继电器

5)模块的构成和安装

Ovation 系统的 I/O 模块安装在 DIN 制的轨道基架内,基架设计为通用型。每个基架内可容纳不同类型的两种模块。基架提供 DIN 制的轨道、现场接线的端子板、I/O 通信、电源,可进行带电的插拔。

I/O 模块分为基座单元、电子模块和特性模块。基座单元可供两个标准 I/O 模块安装,特性模块用于满足现场特殊设备信号连接,电子模块实现现场信号的数字转化。

先安装特性模块到基座内,随后将电子模块装入基座对应的插槽内,电子模块将特性模块锁住,再将电子模块上的蓝色的锁杆扣下,以锁住电子模块和特性模块,确保模件不会松动。模块拆卸时,打开蓝色锁杆,取下电子模块,再取下特性模块。

6)模块组态和状态

一个 Ovation I/O 模块具有 16 位地址位置,但是模块可能不会使用所有的 16 位地址。在每个 I/O 模块中可能保留 4 个地址位置用于特殊用途。其中 3 个地址提供组态(写入)和状

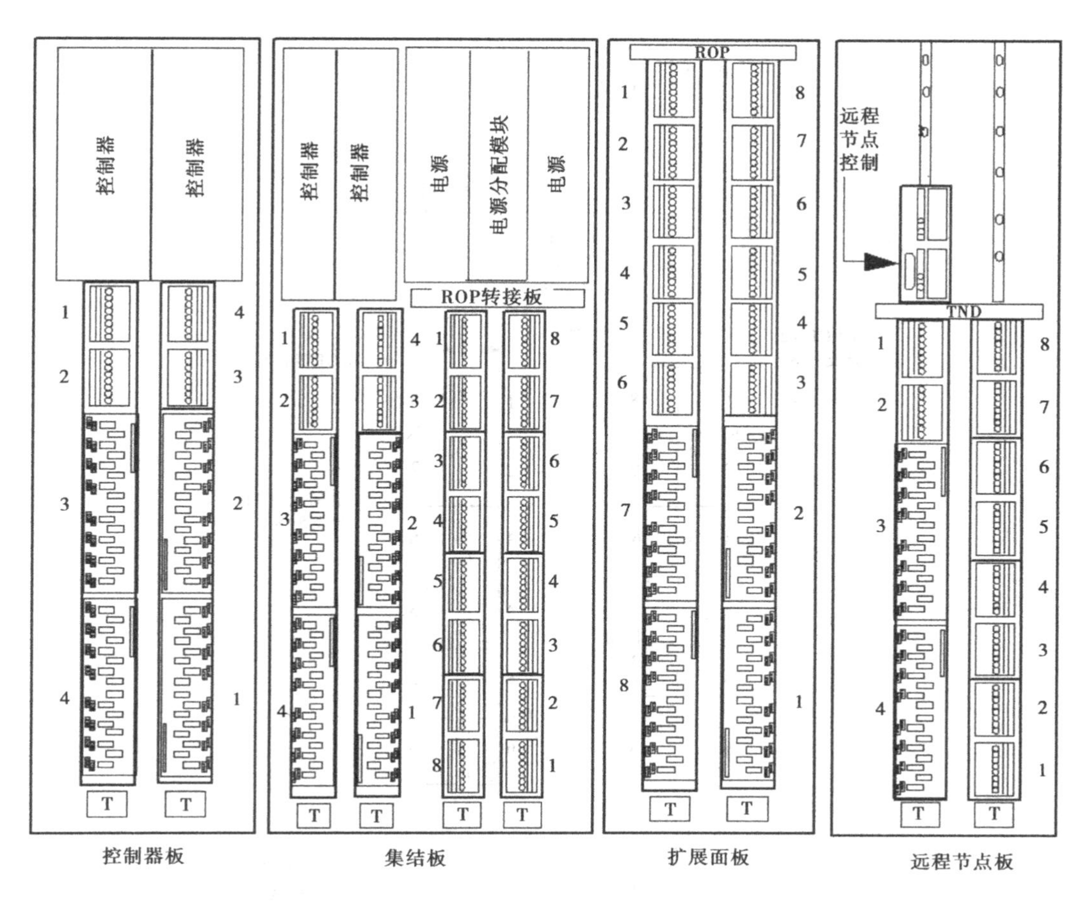

图 3.57　具有标准 I/O 模块和继电器模块的机柜的示例图

态（读取）信息。

模块参考页面中为每个模块都提供了这些位置的定义：

☆字地址 13（十六进制中为 D），用于组态和状态。模块状态提供诊断信息，此信息由控制器在线时读取。使用 Ovation 操作员站的"点信息"窗口可读取状态寄存器。在"点信息"窗口的"硬件"选项卡中可读取位模式字段。

☆字地址 14（十六进制中为 E）用作辅助或扩展组态寄存器，仅在需要时使用。

☆字地址 12（十六进制中为 C）用于报告点的具体故障信息和可选用的扩展组态寄存器。

☆字地址 15（十六进制中为 F）用于模块电子标识信息。此地址单元及其用途对所有模块都相同。

☆在系统手册中相应"点建立器"部分中可查看某个点在这些寄存器的组态设置。

7）模块的面板指示

P、C、E、I 的指示灯：

P：电源指示灯，绿色为状态正常；红色为状态异常。

C：通信指示灯，绿色为模块到 PCI 总线的通信正常；红色为状态异常。

E：接地指示灯，状态正常时无色；红色为状态异常。

I：模块内部错误指示灯，状态正常时无色；红色为状态异常。

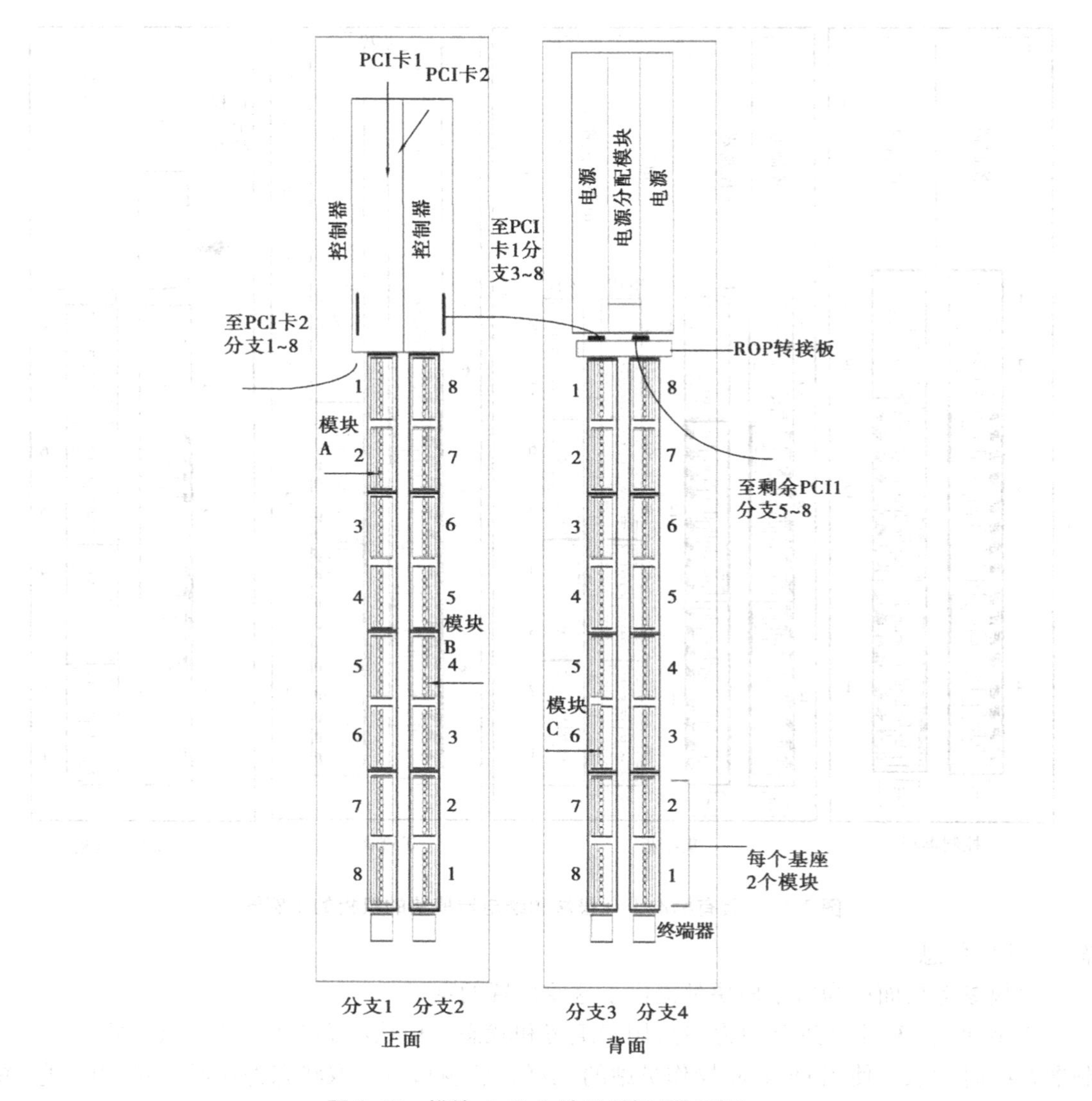

图 3.58　模块 A、B、C 地址(控制器机柜)

8)特性模块跳接

大部分 Ovation 特性模块没有可组态的跳接线。但是,如果模块有可组态的跳接,则需要改变默认设置。为进行组态,必须将卡从特性模块盒中移出,使用以下步骤打开特性模块盒:

步骤 1:使用一个直边小螺丝刀按下位于模块边上的一个夹片,直到模块盖松开。移除模块盖。

步骤 2:向外推动模块底部的两个夹片,直到卡可以自由滑动。

步骤 3:将卡从模块顶部滑出,改变所需的跳接。

步骤 4:将卡滑回至模块盒,确保卡定位在卡通道中,并且使底部夹片啮合。

步骤 5:安装模块盖。

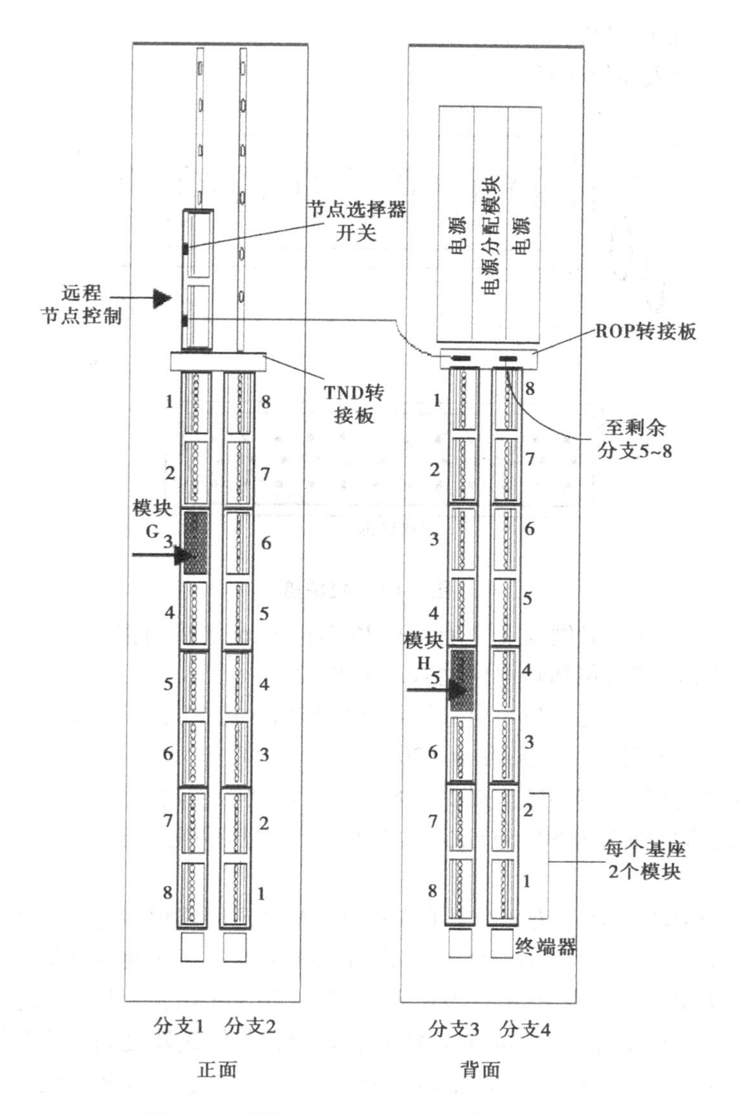

图3.59　模块G、H地址(远程节点机柜)

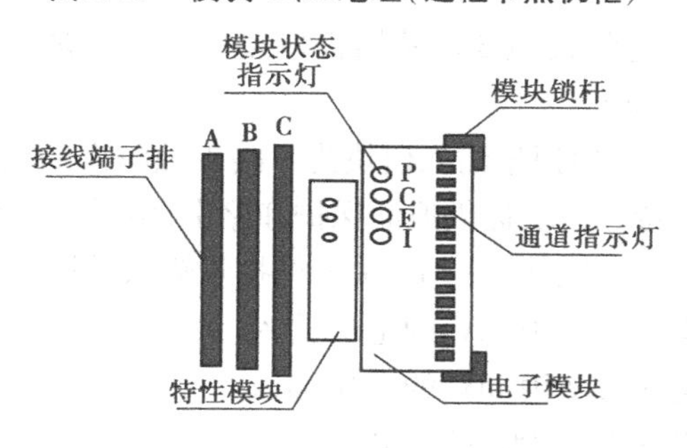

图3.60　I/O指示灯

(1)模拟量输入 I/O 模块

Ovation 模拟量输入模块包括:

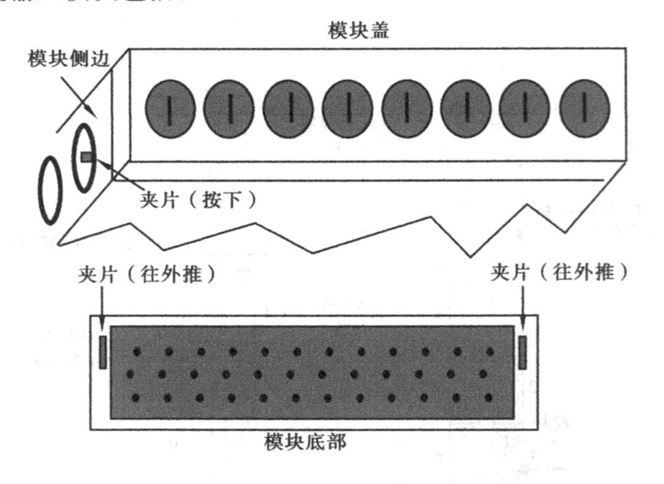

图 3.61　模块盖

☆模拟输入(13 位)。提供与 8 个直流隔离模拟输入连接的接口,采样率约为 10 次/s。提供多个电压和电流配置,包括热电偶输入冷端补偿。

☆模拟输入(14 位)。提供与 8 个直流隔离模拟输入连接的接口,采样率最小为 10 次/s。与 1 V 电压输入(传统)配置一起提供 4 ~20 mA 电流输入。

☆模拟输入高速模块(14 位)。提供与 8 个直流隔离模拟输入连接的接口,中速采样率为 16(20) 次/s 或高速采样率为 50(60)次/s。提供多个电压和电流输入配置,包括热电偶输入冷端补偿。

☆模拟输入 HART 模块。为 8 个具有 4 ~20 mA 电流回路模拟输入的 HART 现场设备提供接口。除了模拟输入,也可在 HART 兼容设备与控制器之间交换数字信息。

☆模拟输入 HART 高性能模块。为 8 个具有 4 ~20 mA 电流回路模拟输入的 HART 现场设备提供接口。除了模拟输入,也可在 HART 兼容设备与控制器之间交换数字信息。

☆RTD 4 输入。为 4 个电阻式温度传感器提供接口。支持多个三线和四线 RTD 类型。50/60 Hz 过滤配置适用于 CE Mark 应用。

☆RTD 8 输入。为 8 个电阻式温度传感器提供接口。支持多个三线和四线 RTD 类型。

1)模拟量输入模块(13 位)

带关联特性模块的 Ovation 模拟量输入模块为 8 路单独隔离的模拟量输入提供信号调节和模数转换。现场输入由相应特性模块提供浪涌保护和路由,然后发送至电子模块进行信号转换。

模拟量输入模块(13 位)的电子模块 (Emod) 模拟量输入模块含有 6 组电子模块:

☆1C31113G01 提供范围为 ±20 mV 的电压输入。

☆1C31113G02 提供范围为 ±50 mV 的电压输入。

☆1C31113G03 提供范围为 ±100 mV 的电压输入。

☆1C31113G04 提供范围为 ±1 V 的电压输入。

☆1C31113G05 提供范围为 ±5 V 的电压输入。

☆1C31113G06 提供范围为 ±10 V 的电压输入。

模拟量输入模块(13 位)的特性模块（Pmod）模拟量输入模块含有4组特性模块：

☆1C31116G01 提供电压模拟量输入。

☆1C31116G02 提供现场供电的电流模拟量输入。

☆1C31116G03 提供本地供电的电流模拟量输入。

☆1C31116G04 提供带有用于冷端热电偶补偿的温度传感器的电压模拟量输入。

模拟量输入模块(13 位)见表3.6。

表3.6 模拟量输入模块(13 位)[①]

范　围	通道	电子模块	特性模块
±20 mV	8	1C31113G01	1C31116G01
±50 mV	8	1C31113G02	1C31116G01
±100 mV	8	1C31113G03	1C31116G01
±20 mV 补偿(热电偶)	8[②]	1C31113G01	1C31116G04
±50 mV 补偿(热电偶)	8[②]	1C31113G02	1C31116G04
±100 mV 补偿(热电偶)	8[②]	1C31113G03	1C31116G04
±1 VDC	8	1C31113G04	1C31116G01
±5 VDC	8	1C31113G05	1C31116G01
±10 VDC	8	1C31113G06	1C31116G01
0~20 mA 现场供电（在 I/O 建立器中也可选择 4~20 mA 现场供电;将对卡进行相应组态)	8	1C31113G05	1C31116G02
0~20 mA 本地供电（在 I/O 建立器中也可选择 4~20 mA 本地供电;将对卡进行相应组态)	8	1C31113G05	1C31116G03

注:①表中列出的所有模块组态均已获得 CE Mark 认证。

②使用带温度传感器的模拟量输入模块时,提供第九逻辑通道(不连接至设备)。当为 AI 模块定义其他8个热电偶点时,“点建立器检测”选项卡的 CJ 补偿字段需要此第九个点。(请参见 *Ovation Developer Studio User Guide*)

①模拟量输入模块(13 位)的端子板配线

每个特性模块的侧面有一个简化配线图标签,该图位于端子板上方。该图说明如何将现场配线连接到基座中的端子板。

图3.62 所示为模拟量输入特性模块的配线图。缩写含义如下：

A1~A8 +:模拟量输入正极端子连接

A1~A8 -:模拟量输入负极端子连接

P1~P8 +:电流回路电源的正极端子连接

PS+, PS-:辅助电源端子

RSV:保留端子。不允许在这些端子上进行连接

SH1~SH8:屏蔽端子连接

②热电偶特性模块功能

当两块不同的金属(一个热电偶)连接在一起时,它们之间会产生电压(塞贝克电压)。此电压与两块金属结合端的温度有直接关系。电压和温度之间的关系最适合用五次多项式来描述,此关系由结合的两种金属决定。

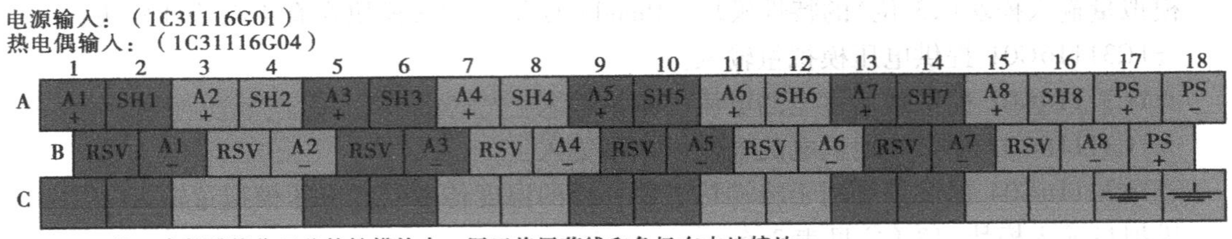

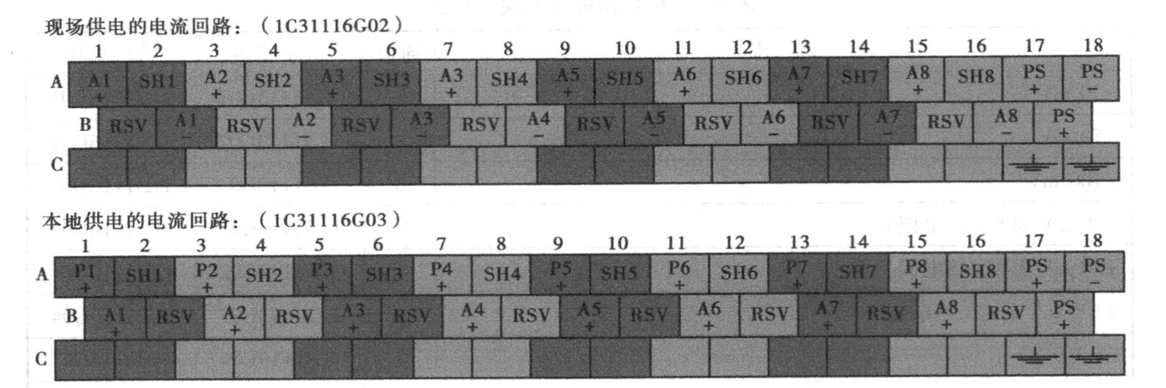

图 3.62　模拟量输入特性模块的端子板连接

为测量两块金属之间的电压 V_t，每根导线必须连接一个电压表（这种情况下为模拟量输入卡）。不过，这样又在端子和热电偶之间产生了两个新结合端和电压（V_1 和 V_2）。使用以下公式计算 V_t：

$$V_t = V_m - V_1 - V_2$$

如果不引出更多结合端和电压，不可能测量出 V_1 和 V_2。因此，模拟量输入子系统的特性模块（1C31116G04）上采用一个温度传感器测量基座端子板上的温度（T_J）。

使用由结合端金属和热电偶金属确定的转换公式可计算 V_1 与 V_2 的组合电压，称为冷端补偿。

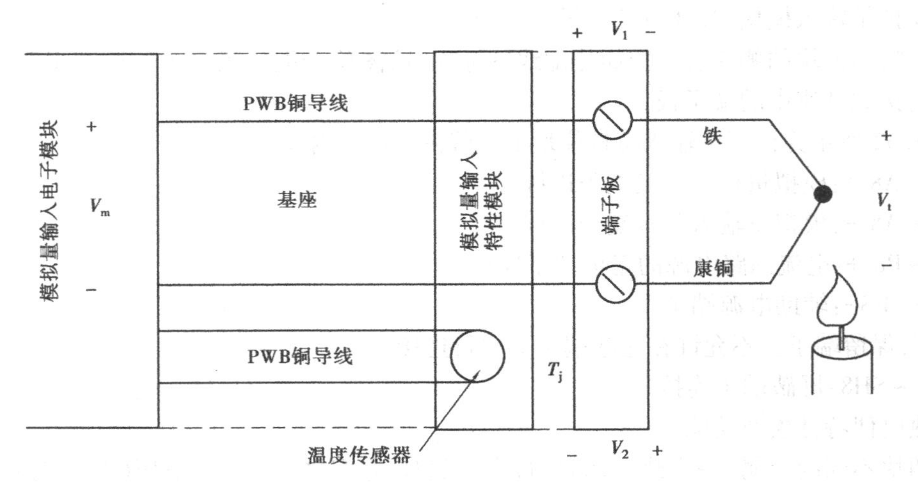

图 3.63　热电偶说明

③模拟量输入模块(13 位)的诊断

模拟量输入模块 LED 见表 3.7。

表 3.7　模拟量输入模块 LED

LED	描　述
P(绿色)	电源正常 LED。+5 V 电源正常时亮起
C(绿色)	通信正常 LED。控制器与模块通信时亮起
I(红色)	内部错误 LED。只要模块产生除失电以外任何类型的错误就亮起。可能的原因是: 模块已初始化 出现 I/O 总线超时 EPROM 校验和错误或静态 RAM 错误 PSD 生成器故障 模块已复位 模块输入电源（+24 V）运行不正常 模块未校准 控制器发出强制出错指令
CH1 ~ CH 8（红色）	通道错误。只要存在与一个或多个通道关联的错误就会亮起。可能的原因是: 超出正范围:输入电压高于满标值 25% 超出负范围:输入电压低于满标值 -25% 电流输入回路已断路或组态为电流输入的模块的熔断器已熔断 自动校准读数超出范围

2)模拟量输入模块(14 位)

特性模块和电子模块相结合即构成 14 位模拟量输入模块。它提供 8 组相互隔离的输入通道。输入信号由特性模块进行处理并送往电子模块。特性模块还提供抗浪涌保护以保护电子模块的输入电路。电子模块实现数模转换并通过接口将数据送入 Ovation 串行 I/O 总线。

模拟量输入模块(14 位)的电子模块（Emod）14 位模拟量输入模块含有两组电子模块:

☆1C31224G01 可为电流信号提供 4 ~ 20 mA 的输入范围。

☆1C31224G02 可为电压信号提供±1 V 的输入范围。

模拟量输入模块(14 位)的特性模块（Pmod）14 位模拟量输入模块含有两组特性模块:

☆1C31227G01 可为电流信号提供 4 ~ 20 mA 的输入范围。

☆1C31227G02 可为电压信号提供±1 V 的输入范围。

模拟量输入模块(14 位)见表 3.8。

表 3.8　模拟量输入模块(14 位)

范　围	通道	电子模块	特性模块
4 ~ 20 mA,现场供电或本地供电	8	1C31224G01	1C31227G01
±1 VDC	8	1C31224G02	1C31227G02

注:4 ~ 20 mA 组态获得了 CE Mark 认证。

①模拟量输入模块(14 位)的端子板配线

每个特性模块的侧面有一个简化配线图标签,该图位于端子板上方。该图说明如何将现场配线连接到基座中的端子板。

图 3.64 为模拟量输入特性模块的配线图。缩写含义如下:

A1 ~ A8 +:模拟量输入的正极端子连接(连接至现场设备的正极端子)。

A1 ~ A8 -:模拟量输入的负极端子连接(仅用于电压输入组)。

CI1 ~ CI8:电流输入端子。

P1 ~ P8 +:回路电源输出端子(用于本地供电回路)。

PS+, PS-:辅助电源端子。

RSV:保留端子。不允许在这些端子上进行连接。

SH1 ~ SH8:屏蔽端子连接。

电流回路（1C31227G01）

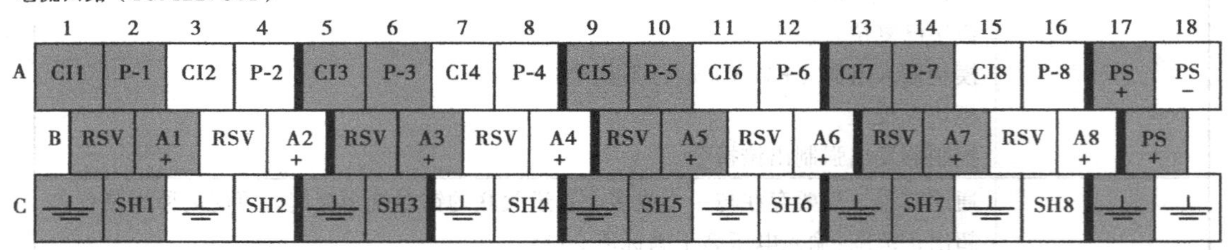

电压输入（1C31227G02）

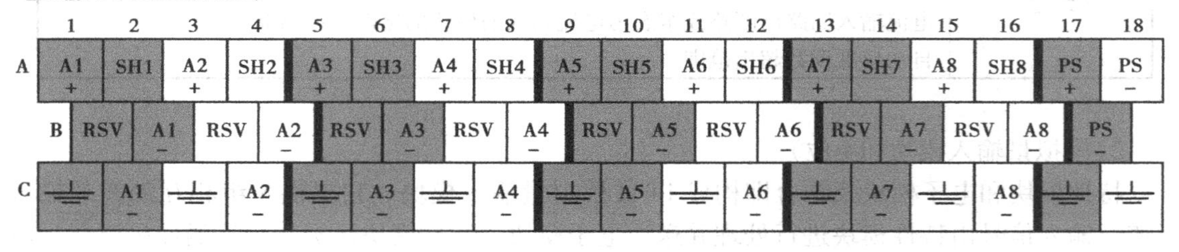

图 3.64 模拟量输入特性模块的端子板连接

使用屏蔽双绞线作为现场配线。无论是在本地机柜还是在现场设备,模拟量输入的负极端子和屏蔽线均应连接在一起并接地。电压输入使用 1C31227G02 特性模块。通过正确连接端子板将机柜或现场设备中的屏蔽线和模拟量输入负极端子接地。

同样的,通过使用正确的端子板连接,使用 1C31227G01 特性模块的电流输入可以适应现场供电设备或本地供电设备。

特性模块在每个模块的顶部都标有一个现场连接图以便现场配线。14 位模拟量输入现场连接配线图中的图形显示了对不同特性模块和现场设备组合实现现场连接。

②模拟量输入模块(14 位)的模块方框图

14 位模拟量输入模块电压信号输入的简化方框图如图 3.65 所示。第 1 通道输入在机柜本地接地,第 8 通道接线指明了输入的现场设备接地方式。

③模拟量输入模块(14 位)的诊断

模拟量输入模块 LED 见表 3.9。

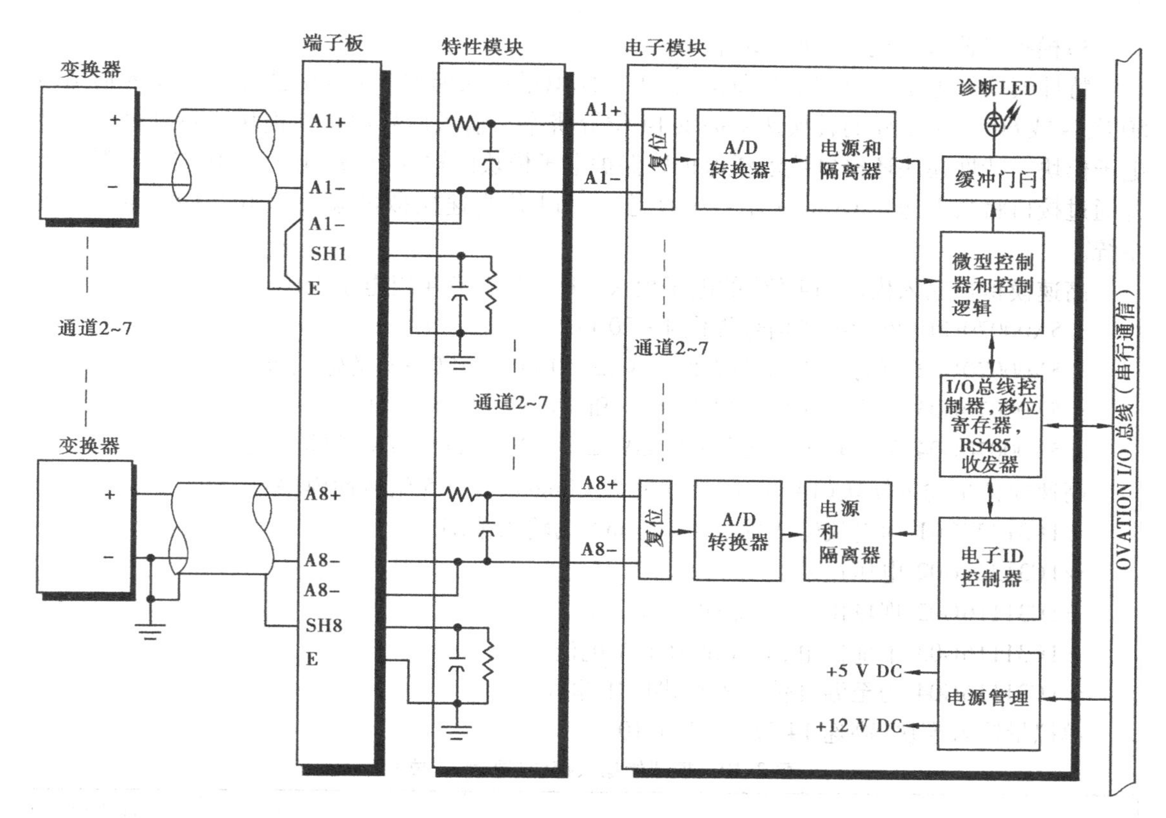

图 3.65　**电压输入连接**

表 3.9　**模拟量输入模块 LED**

LED	描　述
P(绿色)	电源正常 LED。+5 V 电源正常时亮起
C(绿色)	通信正常 LED。控制器与模块通信时亮起
I(红色)	内部错误 LED。只要模块产生除失电以外任何类型的错误就亮起。可能的原因是： 模块已初始化 出现 I/O 总线超时 寄存器、静态 RAM 或闪存检验和出错 模块复位 模块未校准 控制器发出强制出错指令 现场板和逻辑板之间通信失败
CH1 ~ CH 8(红色)	通道错误。只要存在与一个或多个通道关联的错误就会亮起。可能的原因是： 超出正范围：输入电压高于满标值 21%（组态成电压输入的模块） 超出负范围：输入电压低于满标值 −21%（组态成电压输入的模块）。输入电流小于 2.5 mA 或熔断器丝熔断（组态成电流输入的模块） 超出满标值（大于 24.6 mA）（组态成电流输入的模块） 自校准读数超出范围

3)模拟量输入模块(高速)(14 位)

特性模块和电子模块相结合即构成 14 位模拟量输入模块。8 组单独隔离的输入通道以 50 次/s 或 60 次/s 采样的转换速率提供 14 位分辨率。输入信号由特性模块进行处理并送往电子模块。特性模块还提供抗浪涌保护以保护电子模块的输入电路。电子模块实现数模转换并通过接口将数据送入 Ovation 串行 I/O 总线。14 位高速模拟量输入适用于 CE Mark 认证系统。

高速模拟量输入模块(14 位)的电子模块 (Emod)含有 4 组电子模块:

☆5X00070G01 可为电流信号提供 4 ~ 20 mA 的输入范围。

☆5X00070G02 可为电压信号提供±1 V、±250 mV、±100 mV 的输入范围。

☆5X00070G03 可为电压信号提供±5 V 和±10 V 的输入范围。

☆5X00070G04 可为热电偶提供±20 mV、±50 mV 和±100 mV 的输入范围。

高速模拟量输入模块(14 位)的特性模块 (Pmod)含有 5 组特性模块:

☆1C31227G01 为电流输入提供 4 ~ 20 mA 的输入范围。

☆1C31227G02 电压输入。

☆1C31116G02 现场供电,电流输入±1 mA。

☆1C31116G03 本地供电,只提供±1 mA 电流。

☆1C31116G04 为至温度传感器提供电压输入。

模拟量输入模块(高速 14 位)见表 3.10。

表 3.10 模拟量输入模块(高速 14 位)①

范　围	通道	电子模块	特性模块
4 ~ 20 mA,现场供电或本地供电	8	5X00070G01	1C31227G01
±100 mV,±250 mV,±1 V	8	5X00070G02	1C31227G02
±5 V,±10 V	8	5X00070G03	1C31227G02
±1 mA 双线本地供电	8	5X00070G02	1C31116G03
±1 mA 四线现场供电	8	5X00070G02	1C31116G02
±20 mV,±50 mV,±100(热电偶)	8	5X00070G04	1C31116G04

注:①表中列出的所有模块组态均已获得 CE Mark 认证。

如果高速模拟量输入模块使用 1C31227G01 或 1C31116G03 电流输入特性模块,则可从内部辅助电源(背板)获得所需电压源。

如果高速模拟量输入模块使用特性模块 1C31227G01 或 1C1116G02,则可使用现场供电的电流回路。请注意,1C31227G01 支持现场供电和本地供电。

①高速模拟量输入特性模块 1C31227 的端子板配线

每个特性模块的侧面有一个简化配线图标签,该图位于端子板上方。该图说明如何将现场配线连接到基座中的端子板。

图 3.66 所示为模拟量输入特性模块的配线图。缩写含义如下:

A1 ~ A8 +:模拟量输入的正极端子连接(连接至现场设备的正极端子)。

A1 ~ A8 -:模拟量输入的负极端子连接(仅用于电压输入组)。

CI1 ~ CI8:电流输入端子。

P1 ~ P8 +:回路电源输出端子(用于本地供电回路)。

PS+, PS-:辅助电源端子。

RSV:保留端子。不允许在这些端子上进行连接。

SH1 ~ SH8:屏蔽端子连接。

电流回路（1C31227G01）

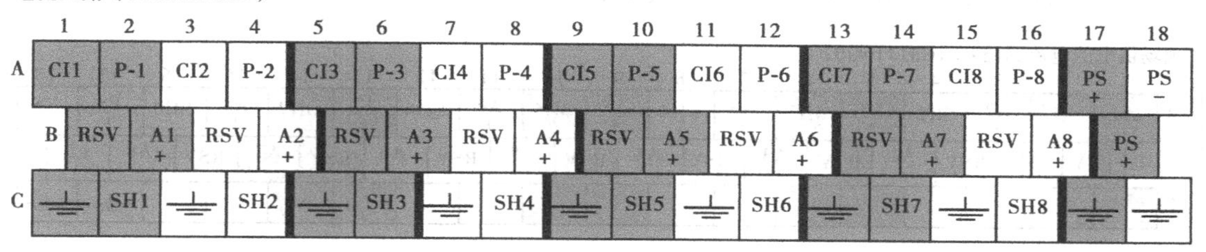

电压输入（1C31227G02）

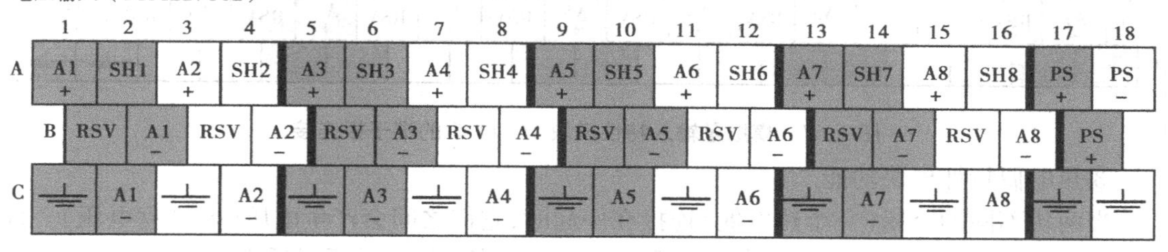

图 3.66　模拟量输入特性模块 1C31227 的端子板连接

使用屏蔽双绞线作为现场配线。无论是在本地机柜或是在现场设备,模拟量输入的负极端子和屏蔽线均应连接在一起并接地。电压输入使用 1C31227G02 特性模块,通过正确安装跳线在本地机柜或现场将设备中的屏蔽线和模拟量输入负极端子接地。同样的,通过使用正确的端子板连接,使 1C31227G01 特性模块的电流输入可以适用现场供电设备或本地供电设备。

特性模块在每个模块的顶部都标有一个现场连接图以便现场配线。图 3.67 显示如何为不同特性模块和现场设备组合实现现场连接。

②高速模拟量输入特性模块 1C31116 的端子板配线

每个特性模块的侧面都有一个简化配线图标签,该图位于端子板上方。该图说明如何将现场配线连接到基座中的端子板。

图 3.67 所示为模拟量输入特性模块的配线图。缩写含义如下:

A1 ~ A8 +:模拟量输入正极端子连接。

A1 ~ A8 -:模拟量输入负极端子连接。

P1 ~ P8 +:电路回路电源的正极端子连接。

PS+, PS-:辅助电源端子。

RSV:保留端子。不允许在这些端子上进行连接。

SH1 ~ SH8:屏蔽端子连接。

热电偶输入：(1C31116G04)

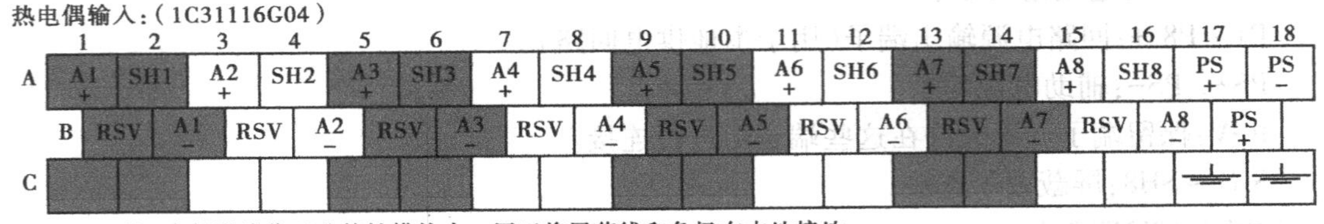

注：内部跳线位于此特性模块中，用于将屏蔽线和负极在本地接地。

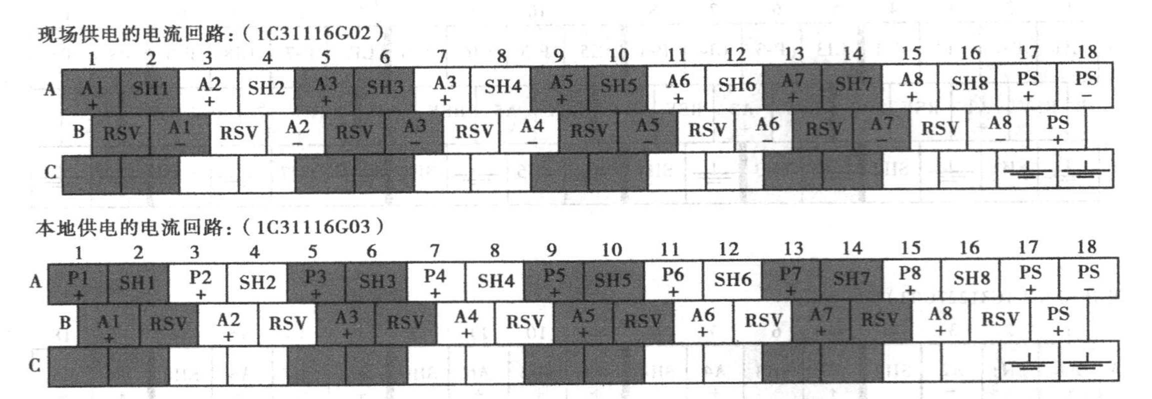

图 3.67 模拟量输入特性模块 1C31116 的端子板连接

③热电偶特性模块功能

当两块不同的金属(一个热电偶)连接在一起时,它们之间会产生电压(塞贝克电压)。此电压与两块金属结合端的温度有直接关系。电压和温度之间的关系最适合用五次多项式来描述,此关系由结合的两种金属决定。

为测量两块金属之间的电压 V_t,每根导线必须连接一个电压表(这种情况下为模拟量输入卡)。不过,这样又在端子和热电偶之间产生了两个新结合端和电压(V_1 和 V_2)。使用以下公式计算 V_t:

$$V_t = V_m - V_1 - V_2。$$

如果不引出更多结合端和电压,不可能测量出 V_1 和 V_2。因此,模拟量输入子系统的特性模块 (1C31116G04) 上采用一个温度传感器测量基座端子板上的温度(T_J)。

使用由结合端金属和热电偶金属确定的转换公式可计算 V_1 与 V_2 的组合电压,称其为冷端补偿。

④高速模拟量输入模块(14 位)的温度感应器特性模块 (1C31116G04)

模拟量输入子系统的特性模块 1C1116G04 含有一个温度感应器 IC。它用于测量端子板的温度,为热电偶输入提供冷端补偿。

该模块结合端子板盖 (1C31207H01),使端子板与感应区的温度保持一致。板盖安装在整个基座上,但是传感器仅在安装有温度传感器特性模块的板盖一半以下才可准确测量温度。所以,如果板盖下的两个模块均要求冷端补偿,则每个都需要温度感应器特性模块。注意:温度补偿盖安装组件 (1B30047G01) 中提供了端子板盖的安装说明。

第 4 组特性模块提供了以下规格的端子板温度测量功能:

☆最大采样速率=600 ms,通常为 300 ms。

☆分辨率=±0.5 ℃(±0.9 ℉)。

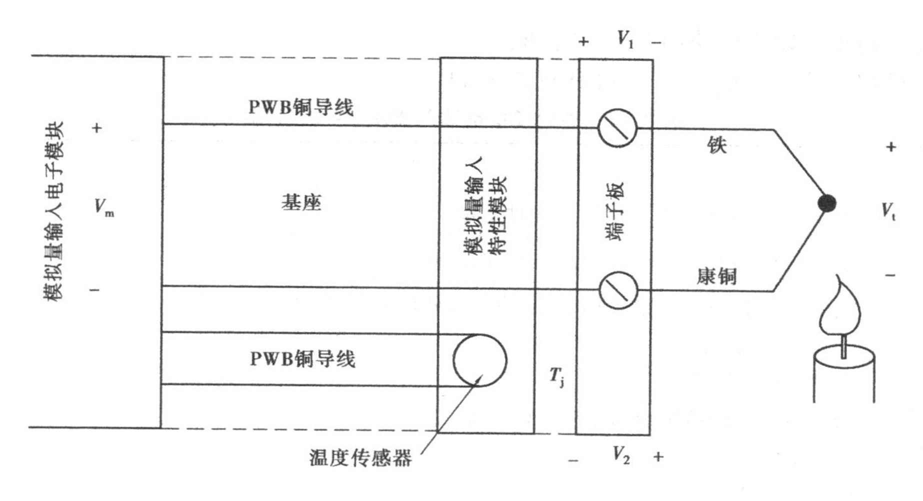

图3.68 热电偶说明

☆精确度在0～70 ℃的范围内为±0.5 ℃(32～158 ℉的范围内为±0.9 ℉)。

⑤高速模拟量输入模块(14位)的模块方框图

图3.69显示了高速模拟量输入模块的电压输入组态的简化方框图。第1通道输入为机柜本地接地,第8通道输入设备为现场接地方式。

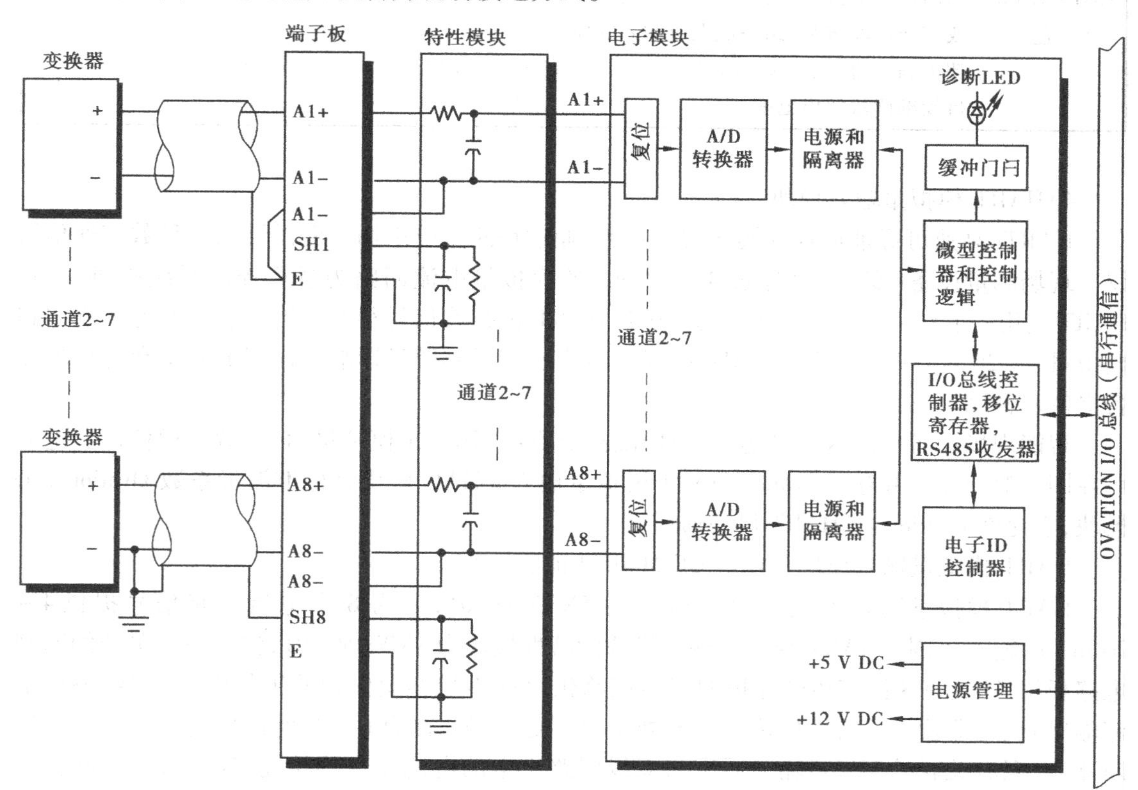

图3.69 使用特性模块1C31227G02的电压输入组

⑥高速模拟量输入模块(14 位)的诊断

高速模拟量输入模块(14 位)LED 见表 3.11。

表 3.11　高速模拟量输入模块(14 位)LED

LED	描　述
P(绿色)	电源正常 LED。+5 V 电源正常时亮起
C(绿色)	通信正常 LED。控制器与模块通信时亮起
I(红色)	内部错误 LED。只要模块产生除失电以外任何类型的错误就亮起。可能的原因是: 模块正在初始化 出现 I/O 总线超时 寄存器、静态 RAM 或闪存检验和出错 模块复位 模块未校准 控制器发出强制出错指令 现场板和逻辑板之间通信失败
CH1 ~ CH 8(红色)	通道错误。只要存在与一个或多个通道关联的错误就会亮起。可能的原因是: 超出正范围:输入电压高于满标值 21%(组态成电压输入的模块) 超出负范围:输入电压低于满标值-21%(组态成电压输入的模块)。输入电流小于 2.5 mA 或熔断器丝熔断(组态成电流输入的模块) 超出满标值(大于 24.6 mA)(组态成电流输入的模块) 自校准读数超出范围

4)HART 模拟量输入模块

HART(高速可寻址远程变换器)是专为工业过程测量应用场合而设计的一种数字通信协议。现场测量设备(变送器)通过 4 ~ 20 mA 的模拟量电流回路为过程控制系统提供接口。HART 使用一般频移键控正弦波信号,由于 HART 正弦波信号很小,均值为 0,因此电流回路模拟量 4 ~ 20 mA 的信号不会因 HART 信号的存在而受到明显影响。使用 HART 允许现场设备提供多种测量方式。

智能现场设备可以这样描述,该现场设备中的 4 ~ 20 mA 模拟量信号、数字通信甚至电源可在同一对导线上共存。Ovation HART 模拟量输入 (HAI)模块是标准波形系数 Ovation I/O 模块,它允许 Ovation 与 HART 设备通信。

HART 模拟量输入模块是获得 CE Mark 认证的模块。

HART 模拟量输入模块的电子模块为 5X00058G01,可为 8 个电流回路信号提供 4 ~ 20 mA 的输入范围。HART 模拟量输入模块的特性模块为 5X00059G01,包含一个单独的印制电路板组件,具有 8 路带熔丝保护的双线回路供电或不带熔丝保护的工作电源(四线隔离电流输出)变送器输入。特性模块上有 8 处用户可更换的熔断器(每个模拟量输入通道一条熔断器)。只有关联的模拟量输入通道与双线回路供电的电流变送器相连接时,每条熔断器丝才保护辅助电源。

HART 模拟量输入模块见表 3.12 所示。

表3.12 HART模拟量输入模块

范 围	通道	电子模块	特性模块
4~20 mA 回路供电(双线)或有源(四线)	8	5X00058G01	5X00059G01

①HART模拟量输入模块的端子板配线

每个特性模块侧面都有一个简化的配线图标签,位于端子板上方。该图指示如何从现场将线路连接到基座的端子板上。

图3.70所示为模拟量输入特性模块的配线图。缩写含义如下:

A1~A8 +:模拟量输入端子连接(连接至回路供电双线电流变送器的负极端子或工作电源电流变送器的正极端子)。

A1~A8 -:模拟量输入负极端子连接(仅限于工作电源)。

P1~P8 +:回路电源输出端子(用于回路供电双线电流变送器——连接到其正极端子)。

PS+, PS-:外部辅助电源端子。

RSV:保留端子。不允许在这些端子上进行连接。

SH1~SH8:屏蔽端子连接。

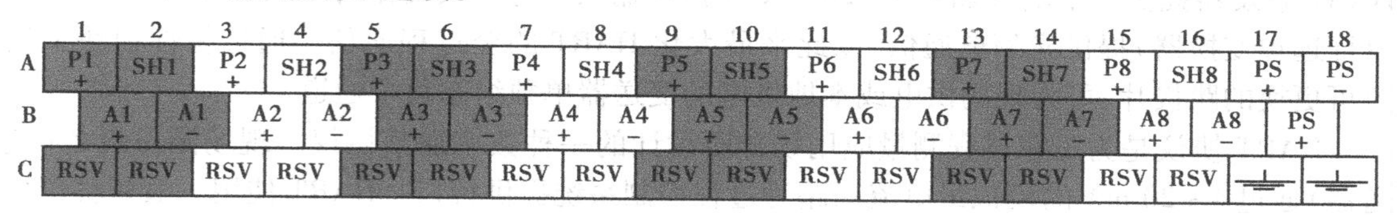

图3.70 HART模拟量输入端子板引脚分配

②HART模拟量输入模块的模块方框图

Ovation HART模拟量输入模块组件由两个模块组成:一个包含逻辑印制电路板(LHA)的电子模块和一个包含现场印制电路板(FHI)的电子模块。FHI现场板的简化方框图如图3.71所示。电子模块与一个特性模块结合使用,该特性模块含有单独的印制电路板(PHAI)。

③HART模拟量输入模块的诊断

HART模拟量输入模块LED见表3.13所示。

表3.13 HART模拟量输入模块LED

LED	描 述
P(绿色)	电源正常LED。+5 V电源正常时亮起
C(绿色)	通信正常LED。控制器与模块通信时亮起
E(红色)	外部错误LED。失去外部辅助(现场)电源时亮起,表现为EOC(转换结束)信号无法正常转换
I(红色)	内部错误LED。只要模块中产生除外部辅助电源掉电以外任何类型的错误就亮起。可能的原因是: 控制器已将模块的强制出错位置位 失去与控制器的通信 接地读数或参考读数超出范围 闪存、EE内存或RAM诊断故障

续表

LED	描　述
CH1 ~ CH 8 (红色)	组态模块后,可使用 8 个通道 LED(LED1 至 LED8)的存储单元来指示 HART 通信活动。发送 HART 信号后,该特别通道的 LED 就会亮起。正确收到 HART 响应后,该 LED 熄灭。所以,当一切正常时,即正确交换信号和响应后,在模块前端就可以看见一个 LED 处于闪烁状态。 如果发送 HART 信息后未收到回复,HART 模拟量输入模块以十六进制代码 0xFF 对通道 LED 显示进行异或操作,这将导致除所选通道以外的所有通道的 LED 亮起。例如,HART 模拟量输入模块将一个 HART 信号发送至第 2 通道上的设备,但是该设备未连接至第 2 通道,该模块则首先使 LED2 亮起(其他 7 个通道 LED 均熄灭)。该模块随后使 LED2 熄灭,并使其他 7 个通道 LED 亮起。此状态表示该模块在第 2 通道上已发送 HART 信号,但是在尝试接收初始信号后或尝试接收任何后续信号后未收到有效的响应信号。

5)HART 高性能模拟量输入模块

HART(高速可寻址远程变换器)高性能模拟量输入模块是标准的 Ovation I/O 模块,它为 HART 收发器提供 8 个电气隔离 4 ~ 20 mA 模拟量输入。每个收发器为专用的 UART(通用可寻址远程变换器)提供光隔离通信,以此来最大化 HART 的全过程通信。通过特性模块上用户可更换的跳接片,可为现场供电或本地供电的变送器单独组态每个通道。

HART 协议是为工业过程测量应用场合而设计的一种数字通信协议。现场测量设备(变送器)通过 4 ~ 20 mA 的模拟量电流回路为过程控制系统提供接口。HART 使用一般频移键控正弦波信号,该信号叠加在标准的 4 ~ 20 mA 过程测量电流回路上。由于 HART 正弦波信号很小,均值为 0,因此电流回路模拟量 4 ~ 20 mA 的信号不会因 HART 信号的存在而受到明显影响。使用 HART 允许现场设备提供多种测量方式,在只使用 4 ~ 20 mA 的模拟量电流信号时没有这一特点。

智能现场设备可以这样描述,该现场设备中的 4 ~ 20 mA 模拟量信号、数字通信甚至电源可在同一对导线上共存。Ovation HART 快速模拟量输入 (IAH) 模块是标准波形系数 Ovation I/O 模块,它允许 Ovation 与 HART 设备通信。

HART 高性能模拟量输入模块的电子模块(Emod)电子模块组 5X00106G01 可为 8 个电流回路信号提供 4 ~ 20 mA 的输入范围。HART 高性能模拟量输入模块的特性模块 (Pmod)特性模块组 5X00109G01 包含一块单独的印制电路板,该电路板装配有 8 路带熔丝保护的输入和用户可更换的跳接片,对于单独基座上现场供电或本地供电变送器已组态这些通道。

表 3.14　HART 高性能模拟量输入子系统(16 位)①

范　围	通道	电子模块	特性模块
4 ~ 20 mA 回路供电(双线)或有源(四线)	8	5X00106G01	5X00109G01

注:①此模块组态已获得 CE Mark 认证。

①HART 高性能模拟量输入模块的端子板配线

每个特性模块侧面都有一个简化的配线图标签,位于端子板上方。该图说明如何将现场配线连接到基座中的端子板。请注意,每个通道有两个配线组态,取决于通道是否组态为本地

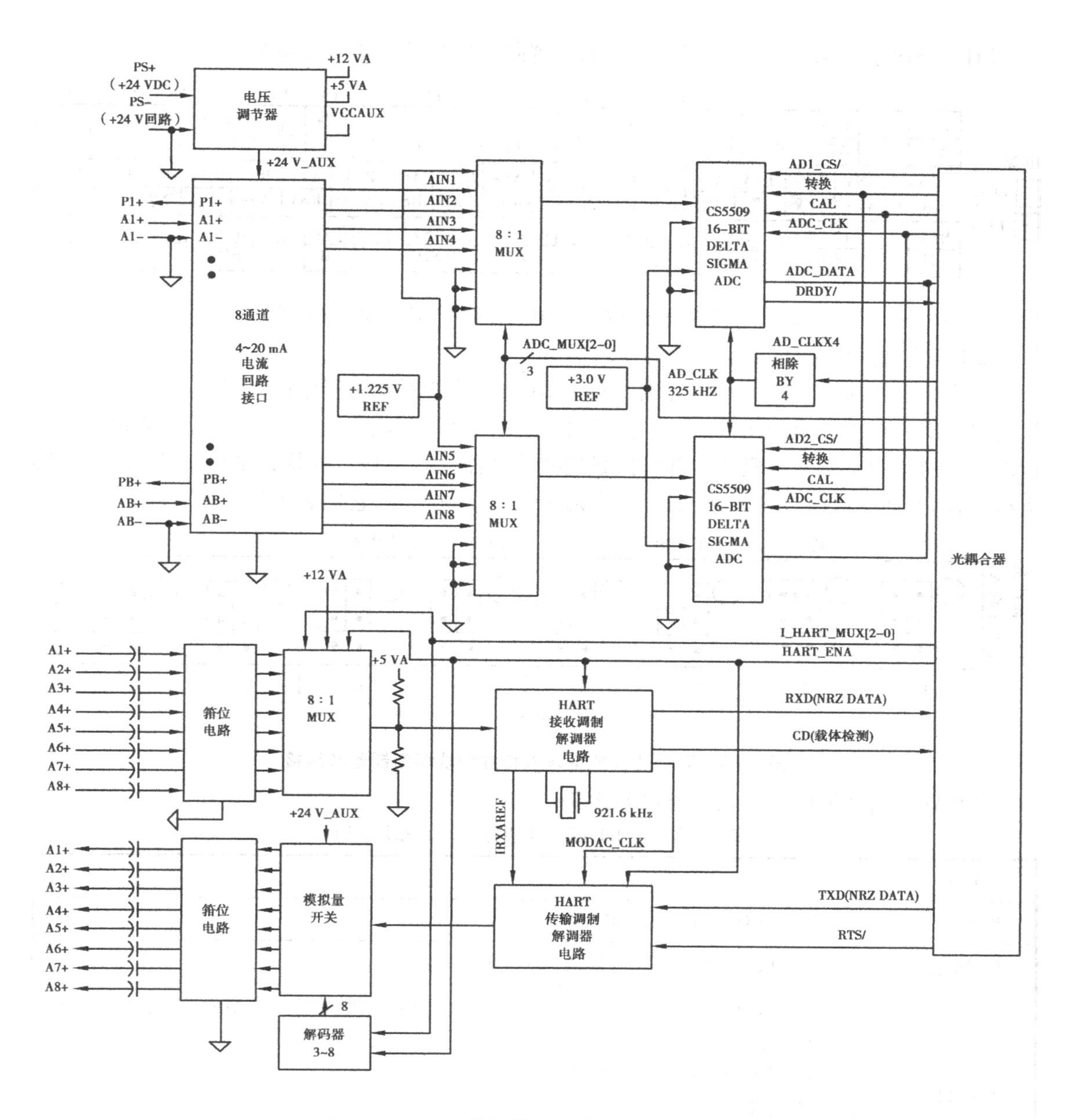

图3.71 HART模拟量输入模块的模块方框图

供电或现场供电变送器。

图3.72所示为模拟量输入特性模块的配线图。缩写含义如下：

A1～A8 +:模拟量输入端子连接(连接到本地供电变送器的负极端子或现场供电变送器的正极端子)。

A1～A8 -:模拟量输入负极端子连接(仅用于现场供电组态)。

P1～P8 +:回路电源输出端子(仅用于本地供电组态)连接到正极。

PS+，PS-:外部辅助电源端子。

RSV:保留端子。不允许在这些端子上进行连接。

SH1 ~ SH8:屏蔽端子连接(用于变送器上屏蔽端要接地处连接屏蔽)。

	1	2	3	4	5	6	7	8	9	10	11	12	13	14	15	16	17	18	
	P1+ A1+	⏚	P2+ A2+	⏚	P3+ A3+	⏚	P4+ A4+	⏚	P5+ A5+	⏚	P6+ A6+	⏚	P7+ A7+	⏚	P8+ A8+	⏚	PS+	PS-	A
电源 LOC FLD	A1+ RSV	RSV A1-	A2+ RSV	RSV A2-	A3+ RSV	RSV A3-	A4+ RSV	RSV A4-	A5+ RSV	RSV A5-	A6+ RSV	RSV A6-	A7+ RSV	RSV A7-	A8+ RSV	RSV A8-	PS+		B
	RSV SH	RSV	RSV SH	RSV	RSV SH	RSV	RSV SH	RSV	RSV SH	RSV	RSV SH	RSV	RSV SH	RSV	RSV SH	RSV	⏚	⏚	C

图 3.72　HART 高性能模拟量输入模块的端子板引脚分配

②HART 高性能模拟量输入特性模块信息

每个特性模块在每个通道上提供一根 1/20 A 的熔断器丝用于保护回路。此外,每个通道为用户提供一对可更换的跳接,用于为本地供电变送器或现场供电变送器组态各通道。该组态以每个通道为基础。在模块顶部可接触这些熔断器丝和跳接。模块顶部的标签,如图 3.73 所示,指示如何安放跳接片。请注意,每个通道有两个跳接片,它们必须放置在一起。

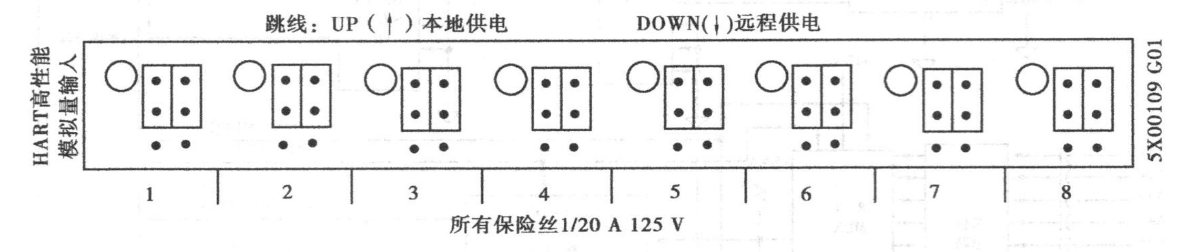

图 3.73　高性能模拟量输入特性模块熔断器丝和跳接

③HART 高性能模拟量输入模块的诊断

表 3.15　HART 高性能模拟量输入模块 LED

LED	描　述
P(绿色)	电源正常 LED。+5V 电源正常时亮起
C(绿色)	通信正常 LED。控制器与模块通信时亮起
I(红色)	内部错误 LED。只要模块中产生除外部辅助电源掉电以外任何类型的错误就亮起。可能的原因是: 控制器已将模块的强制出错位置位 失去与控制器的通信 模块未校准 闪存、EE 内存或 RAM 诊断故障
CH1 ~ CH 8 (红色)	8 个通道 LED 提供两种功能。LED1 ~ LED8 在模块启动期间用于指示固件的状态,在模块的正常工作期间用于指示 HART 通信活动和模拟量输入的运行状况。 组态模块后,可使用 8 个通道 LED(LED1 ~ LED8)的存储单元来指示 HART 通信活动和模拟量输入的运行状况。如果关联的模拟量输入通道的模拟量输入正常(点数据字中第 15 位已置位),则 LED 亮起。如果模拟量输入通道不正常,则 LED 熄灭。正确发送和接收 HART 信号后,如果模拟量输入运行正常,LED 则闪亮 100 ms。正确发送和接收 HART 信号后,如果模拟量输入运行正常,LED 则闪亮 400 ms

6)RTD 模块(4 通道)

RTD 模块用于将电阻式温度检测器（RTD）的输入转换成数字量数据。然后将数字化的数据传送至控制器。RTD 模块适用于 CE Mark 认证系统。

RTD 模块(4 通道)两个电子模块组：

☆1C31161G01 转换所有范围的输入,只与特性模块 1C31164G01 兼容(不适用于 CE Mark 认证系统)。

☆1C31161G02 转换所有范围的输入,与特性模块 1C31164G02 兼容(适用于 CE Mark 认证系统)。

RTD 模块(4 通道)有两个特性模块组：

☆1C31164G01 转换所有范围的输入,只与电子模块 1C31161G01 兼容(不适用于新系统和 CE Mark 认证系统)。

☆ 1C31164G02(50/60 Hz 滤波)转换所有范围的输入,只与电子模块 1C31161G02 兼容(适用于 CE Mark 认证系统)。

表 3.16 RTD 模块子系统①

范　围	通道	电子模块	特性模块
所有	4	1C31161G01	1C31164G01
所有(用于已经过 50/60 Hz 滤波的输入和 CE Mark 认证系统)	4	1C31161G02	1C31164G02

注:①组态 1C3116G02/1C31164G02 获得 CE Mark 认证。

①4 通道 RTD 模块的端子板配线信息(使用 Pmod 1C31164G01)

每个特性模块的侧面有一个简化配线图标签,该图位于端子板上方。图 3.74 说明如何将现场配线连接到基座中的端子板。缩写含义如下：

+IN, -IN:正极和负极侦听输入连接。

PS+, PS-:辅助电源端子。(此模块不使用 PS+ 和 PS-)

RSV:保留端子。不允许在这些端子上进行连接。

RTN:电流源连接的回路。

SH:屏蔽连接器。

SRC:电流源连接。

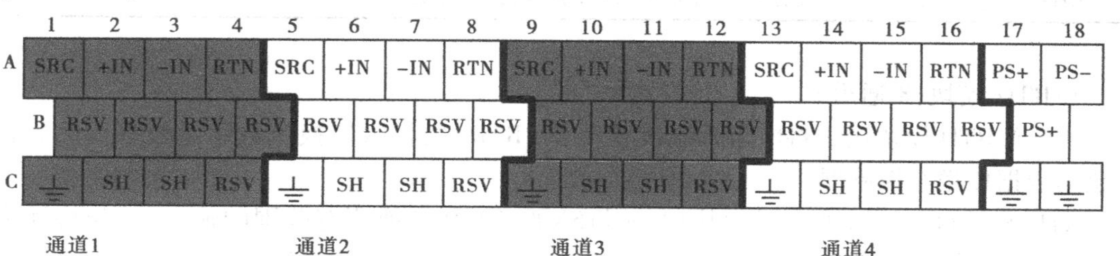

图 3.74 RTD Pmod（1C31164G01）的端子板连接

②4 通道 RTD 模块的端子板配线信息(使用 Pmod 1C31164G02)

每个特性模块的侧面有一个简化配线图标签,该图位于端子板上方。图 3.75 说明如何将现场配线连接到基座中的端子板。缩写含义如下:

+IN, -IN:正极和负极侦听输入连接。

PS+, PS-:辅助电源端子。(此模块不使用 PS+ 和 PS-)

RSV:保留端子。不允许在这些端子上进行连接。

RTN:电流源连接的回路。

SH:屏蔽连接器。

SRC:电流源连接。

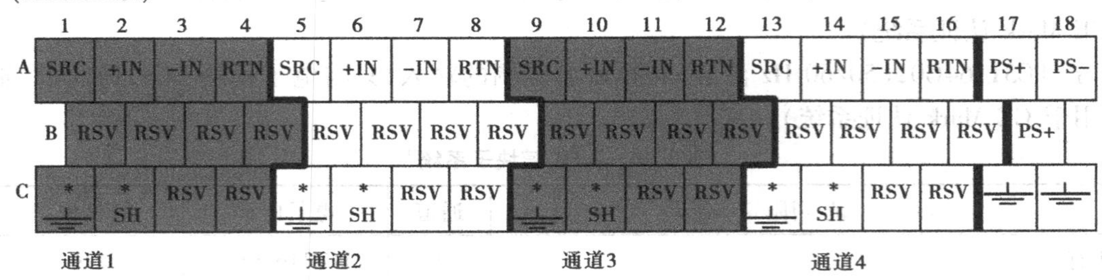

图 3.75 RTD Pmod (1C31164G02) 的端子板连接

③RTD 模块(4 通道)的诊断

表 3.17 RTD 模块(4 通道)LED

LED	描述
P(绿色)	电源正常 LED。+5 V 电源正常时亮起
C(绿色)	通信正常 LED。控制器与模块通信时亮起
I(红色)	内部故障 LED。只要组态寄存器的强制出错位(第 1 位)被置位,或控制器停止与模块通信后看守定时器发生超时,此 LED 就会亮起 当 IMOK 信号为 FALSE(0)也会亮起,表示输入通道公用的部分或全部逻辑出现故障
CH1	通道错误。只要存在与通道 1 关联的错误就会亮起
CH2	通道错误。只要存在与通道 2 关联的错误就会亮起
CH3	通道错误。只要存在与通道 3 关联的错误就会亮起
CH4	通道错误。只要存在与通道 4 关联的错误就会亮起

7)RTD 模块(8 通道)

8 通道 RTD 模块用于将电阻式温度检测器(RTD)的输入转换成数字量数据。然后将数字化的数据传送至控制器。

RTD 模块(8 通道)的电子模块(Emod)5X00119G0 转换所有范围的输入,只与特性模块 5X00121G01 兼容。RTD 模块(8 通道)的特性模块(Pmod)5X00121G01 转换所有范围的输入,只与电子模块 5X00119G01 兼容。

表3.18 RTD模块(8通道)子系统[1]

范 围	通道	电子模块	特性模块
—	8	5X00119G01	5X00121G01

注:①组态1C3116G02/1C31164G02获得CE Mark认证。

①RTD模块(8通道)的端子板配线信息

每个特性模块的侧面有一个简化配线图标签,该图位于端子板上方。该图说明如何将现场配线连接到基座中的端子板。缩写含义如下:

+IN, -IN:正极和负极侦听输入连接。

PS+, PS-:辅助电源端子。(此模块不使用PS+和PS-)

RTN:电流源连接的回路。

SH:屏蔽连接器。用于RTD上屏蔽端要接地时连接屏蔽。

SRC:电流源连接。

②RTD模块(8通道)的诊断

表3.19 RTD模块(8通道)LED

LED	描 述
P(绿色)	电源正常LED。+5 V电源正常时亮起
C(绿色)	通信正常LED。控制器与模块通信时亮起
I(红色)	内部故障LED。只要模块产生除掉电以外任何类型的错误就会亮起。可能的原因是: 模块正在初始化 出现I/O总线超时 寄存器、静态RAM或闪存检验和出错 模块已复位 模块未校准 控制器发出强制出错指令 现场板和逻辑板之间通信失败
CH1～CH 8 (红色)	通道错误。只要存在与一个或多个通道关联的错误就会亮起。可能的原因是: 超出正范围 超出负范围 与通道通信失败

(2)模拟量输出I/O模块

模拟输出I/O模块包括模拟量输出模块、HART模拟量输出模块、HART高性能模拟量输出模块。

1)模拟量输出模块

模拟量输出电子模块利用低能耗12位串行数模转换器(DAC)提供4条隔离的输出通道。串行时钟和数据允许每1.5 ms更新4条通道。串行接口使用光隔离器进行高电压隔离。模拟量输出模块是已获得CE Mark认证的模块。

模拟量输出模块的电子模块(Emod)含有4组电子模块:

☆1C31129G01 提供范围为 0 ~ 5 V 的直流电压输出。

☆1C31129G02 提供范围为 0 ~ 10 V 的电压输出。

☆1C31129G03 提供范围为 0 ~ 20 mA 带诊断的电压输出。

☆1C31129G04 提供范围为 0 ~ 20 mA 不带诊断的电压输出。

模拟量输出模块的特性模块(Pmod)有一个特性模块组:

☆1C31132G01 通过电子模块将现场信号连接到端子板。

表 3.20 模拟量输出子系统①

范　围	通道	电子模块	特性模块
0 ~ 5 V DC	4	1C31129G01	1C31132G01
0 ~ 10 V DC	4	1C31129G02	1C31132G01
0 ~ 20 mA,带诊断(在 I/O 建立器中也可以选择"4 ~ 20 mA,带诊断";将对卡进行相应组态)	4	1C31129G03	1C31132G01
0 ~ 20 mA,不带诊断(在 I/O 建立器中也可以选择"4 ~ 20 mA,不带诊断";将对卡进行相应组态)	4	1C31129G04	1C31132G01

注:①表中列出的所有模块组态均已获得 CE Mark 认证。

①模拟量输出模块的端子板配线

每个特性模块的侧面有一个简化配线图标签,该图位于端子板上方。该图说明如何将现场配线连接到基座中的端子板。负荷可以浮空或接地。为获得最高的抗噪性,最好通过在屏蔽端子和相邻的接地 GND 端子之间放置跳线将浮空负荷与现场地联系起来。图 3.76 所示为模拟量输出特性模块图。缩写含义如下:

+I:电流输出源端子。

RSV:保留端子。不允许在这些端子上进行连接。

SH:屏蔽端子连接。

PS+, PS-:辅助电源端子。

-:电压和电流输出参考。

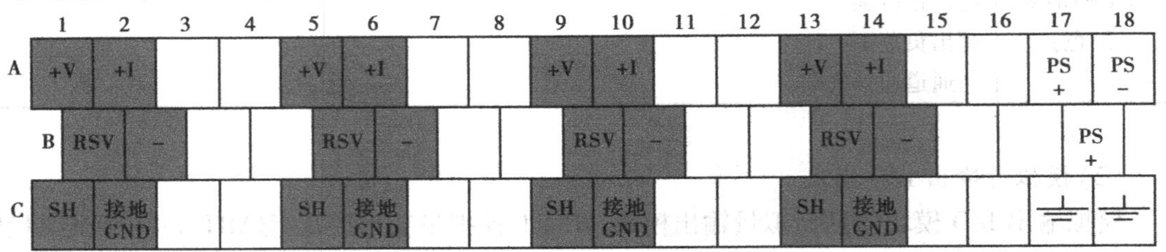

图 3.76 模拟量输出特性模块的端子板连接

②模拟量输出模块的诊断

表3.21 模拟量输出模块LED

LED	描 述
P(绿色)	电源正常LED。+5 V电源正常时亮起
C(绿色)	通信正常LED。控制器与模块通信时亮起
I(红色)	内部故障LED。只要组态寄存器的强制出错位(第1位)置位,就会亮起。当控制器停止与模块通信,看守定时器发生超时,此LED也亮起
CH1~CH 4(红色)	通道错误。过电流或欠电流指示 在模块组1、2和3上,通电并组态模块后,LED才亮起 在模块组1和2上出现过电流输出或输出D/A掉电时,LED亮起 在模块组3上,出现过电流/欠电流输出或输出D/A掉电时,LED亮起 模块组4没有诊断LED

2)HART模拟量输出模块

Ovation HART(高速可寻址远程变换器)模拟量输出模块由一个电子模块和一个特性模块组成。Ovation HART模拟量输出模块设计为利用4~20 mA控制回路信号与8个符合HART输出的设备相连接。除了标准的4~20 mA控制回路信号之外,HART兼容输出设备还与Ovation控制系统交换其他数字信息。根据HART协议规范原则,数字信息叠加在4~20 mA信号上。HART使用一般频移键控正弦波信号,该信号叠加在4~20 mA信号上。HART信号的均值为0。因此,HART信号不会干扰4~20 mA控制信号。

HART模拟量输出模块的电子模块(Emod) 5X00062G01包含8个多路复用的4~20 mA输出通道,这些通道与8个HART输出设备相连。HART模拟量输出模块的特性模块(Pmod) 5X00063G01包含8个通道中每个通道的无源电路。特性模块上有一条用户可维修的熔断器丝。此熔断器丝为8个输出通道的现场侧电路的辅助电源提供熔断器。

表3.22 HART模拟量输出子系统(14位)①

范 围	通道	电子模块	特性模块
4~20 mA	8	5X00062G01	5X00063G01

注:①此模块组态已获得CE Mark认证。

①HART模拟量输出模块的端子板配线

每个特性模块侧面都有一个简化的配线图标签,位于端子板上方。该图说明如何将现场配线连接到基座中的端子板。

图3.77所示为HART模拟量输出特性模块的配线图。下面列出并定义配线图中使用的缩写含义:

A1~A8 +:模拟量输出的正极端子连接。(连接至HART模拟量输出设备的正极端子)

A1~A8 -:模拟量输出的负极端子连接。(连接至HART模拟量输出设备的负极端子)

P1~P8 +:电路回路电源的正极端子连接。

PS+, PS-:外部辅助电源端子。

SH1 ~ SH8:屏蔽端子连接。

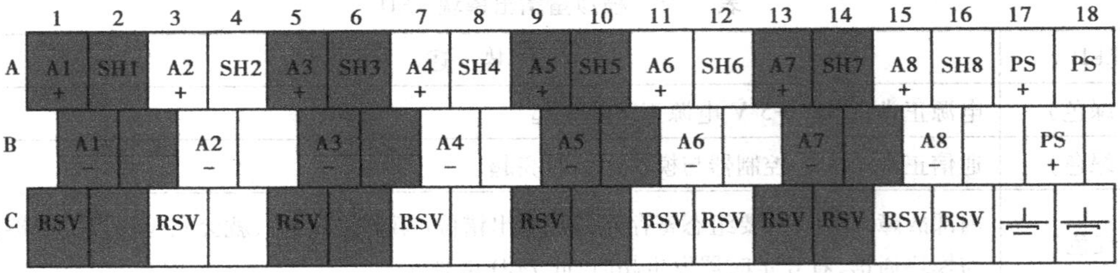

	1	2	3	4	5	6	7	8	9	10	11	12	13	14	15	16	17	18
A	A1 +	SH1	A2 +	SH2	A3 +	SH3	A4 +	SH4	A5 +	SH5	A6 +	SH6	A7 +	SH7	A8 +	SH8	PS +	PS
B	A1 −		A2 −		A3 −		A4 −		A5 −		A6 −		A7 −		A8 −		PS +	
C	RSV		RSV		RSV		RSV		RSV		RSV	RSV	RSV	RSV	RSV	RSV	⏚	⏚

图 3.77　HART 模拟量输出端子板的引脚分配

②MHART 模拟量输出模块的模块方框图

Ovation HART 模拟量输出模块组件由两个插入到 Ovation 基座的模块组成。电子模块包含一块逻辑印制电路板(LHA)和一块现场印制电路板(FHI)。HART 模拟量输出电子模块 FHO 板的简化方框图如图 3.78 所示。电子模块与一个特性模块结合使用,该特性模块含有单独的印制电路板(PHAO)。

③HART 模拟量输出模块的诊断

表 3.23　HART 模拟量输出模块 LED

LED	描　述
P(绿色)	电源正常 LED。+5 V 电源正常时亮起
C(绿色)	通信正常 LED。控制器与模块通信时亮起
E(红色)	外部错误 LED。失去外部辅助(现场)电源时亮起,表现为 EOC(转换结束)信号无法正常转换
I(红色)	内部错误 LED。只要模块中产生除外部辅助电源掉电以外任何类型的错误就亮起。可能的原因是: 控制器已将模块的强制出错位置位 与控制器失去通信 EPROM、EE 内存或 RAM 诊断失败
1 ~ 8(绿色)	组态模块后,可使用 8 个通道 LED(LED1 至 LED8)的存储单元来指示 HART 通信活动。发送 HART 信号后,该特别通道的 LED 就会亮起。正确收到 HART 响应后,该 LED 熄灭。所以,当一切正常时,即正确交换信号和响应后,在模块前端就可以看见一个 LED 处于闪烁状态 如果发送 HART 信息后未收到回复,HART 模拟量输出模块以十六进制代码 0xFF 对通道 LED 显示进行异或操作。这将导致除所选通道以外的所有通道的 LED 亮起。例如,HART 模拟量输出模块将一个 HART 信号发送至第 2 通道上的设备,但是该设备未连接至第 2 通道,该模块则首先使 LED2 亮起(其他 7 个通道 LED 均熄灭)。该模块随后使 LED2 熄灭,并使其他 7 个通道 LED 亮起。此状态表示该模块在第 2 通道上已发送 HART 信号,但是在尝试接收初始信号后或尝试接收任何后续信号后未收到有效的响应信号

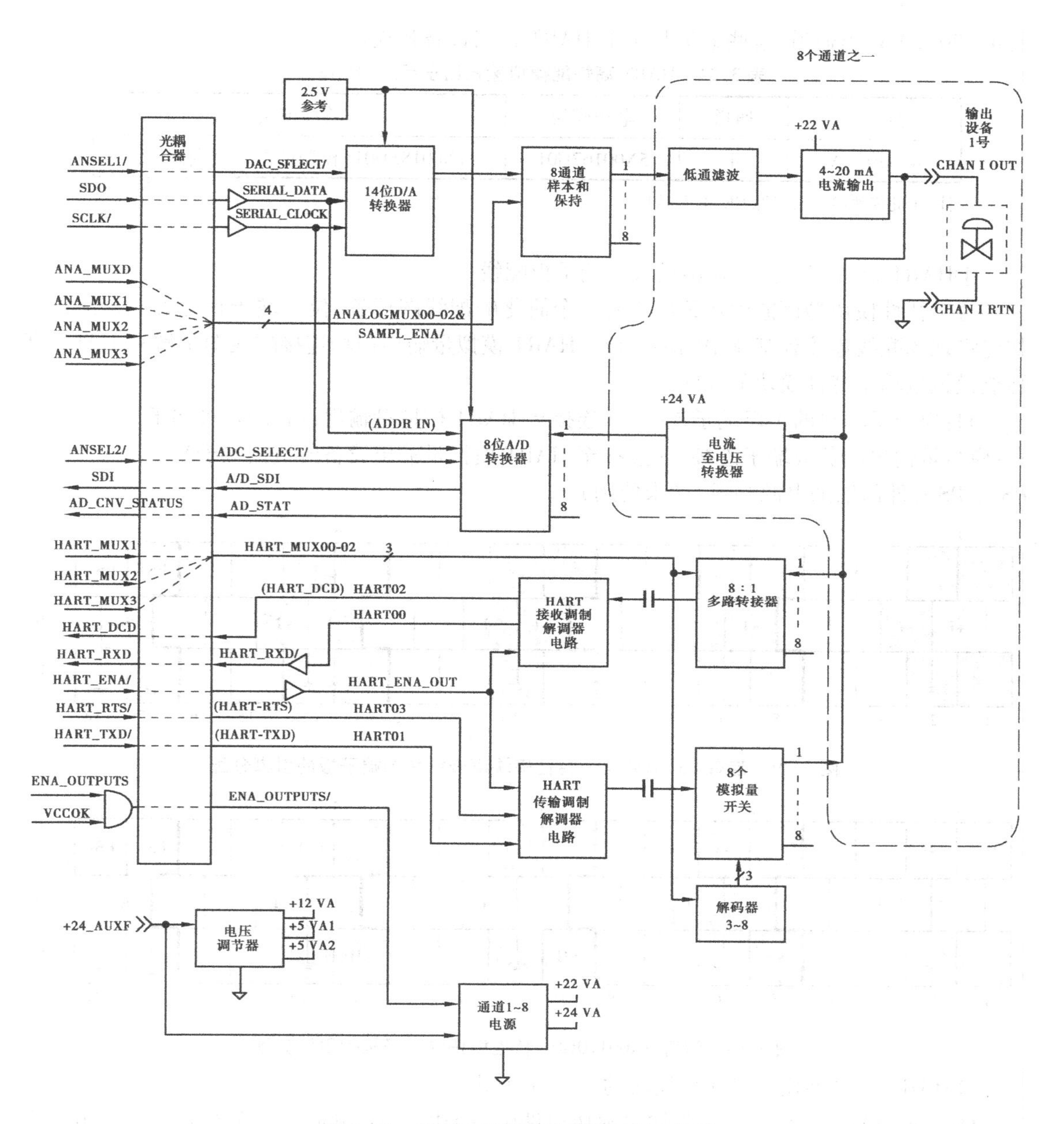

图3.78 HART模拟量输出现场板方框图

3）HART高性能模拟量输出模块

Ovation HART高性能模拟量输出模块由一个电子模块和一个特性模式镶嵌模块组成。Ovation HART高性能模拟量输出模块设计为利用4~20 mA控制回路信号与4个符合HART输出的设备相连接。除了标准的4~20 mA控制回路信号之外，HART兼容输出设备还与Ovation控制系统交换其他数字信息。根据HART协议规范原则，数字信息叠加在4~20 mA信号上。HART使用一般频移键控正弦波信号，该信号叠加在4~20 mA信号上。HART信号的均值为0。因此，HART信号不会干扰4~20 mA控制信号。

HART高性能模拟量输出模块的电子模块（Emod）5X00167G01包含4个独立自供电

的 4～20 mA 输出通道,这些通道与 4 个 HART 输出设备相连。

表 3.24　HART 高性能模拟量输出子系统(16 位)[①]

范　围	通道	电子模块	特性模块
4～20 mA	4	5X00167G01	1X00188H01(模制的塑料镶嵌模块)

注:①此模块组态已获得 CE Mark 认证。

①HART 高性能模拟量输出模块的端子板配线

每个特性模块型镶嵌模块顶部都有一个简化的配线图标签,位于端子板上方。该图说明如何将现场配线连接到基座中的端子板。HART 模拟量输出现场连接配线图中解释 HART 高性能模拟量输出特性模块的配线图。

+I:模拟量输出的正极端子连接。(连接至 HART 模拟量输出设备的正极端子)

-I:模拟量输出的负极端子连接。(连接至 HART 模拟量输出设备的负极端子)

PS+, PS-:外部辅助电源端子。(未使用)

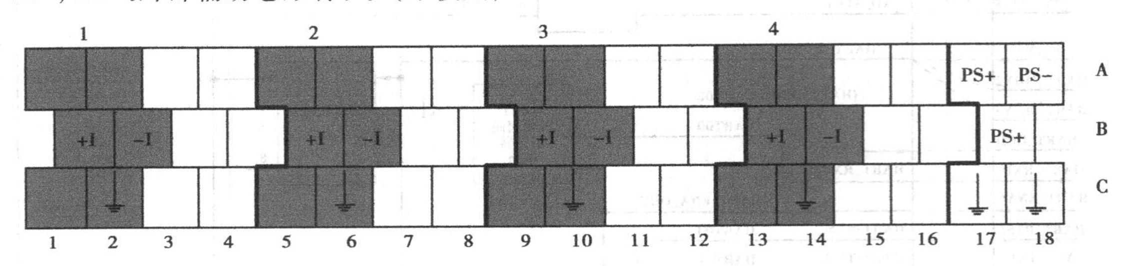

图 3.79　带有 1X00188H01 特性模块镶嵌模块的端子板的引脚分配

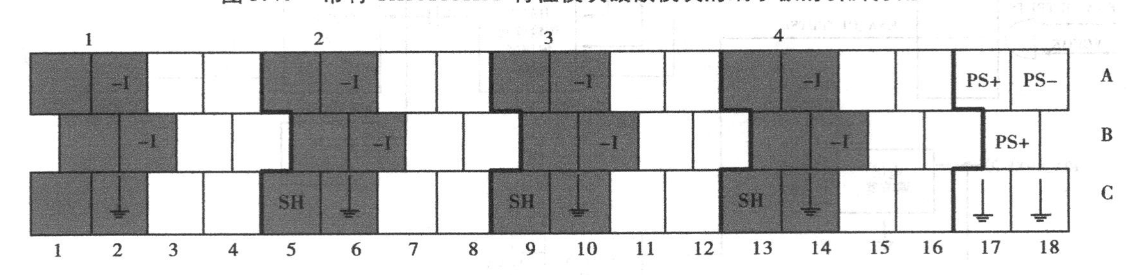

图 3.80　带有 5X00170G01 特性模块的端子板的引脚分配

②HART 高性能模拟量输出模块的模块方框图

Ovation HART 高性能模拟量输出模块组件由一个插入 Ovation 基座的模块组成。电子模块包含一块逻辑印制电路板(LOH)和一块现场印制电路板(FOH)。HART 高性能模拟量输出电子模块 FOH 板的简化方框图如图 3.81 和图 3.82 所示。电子模块与特性模块型镶嵌模块结合使用,这种镶嵌模块插入基座槽中,通常被特性模块所占用。

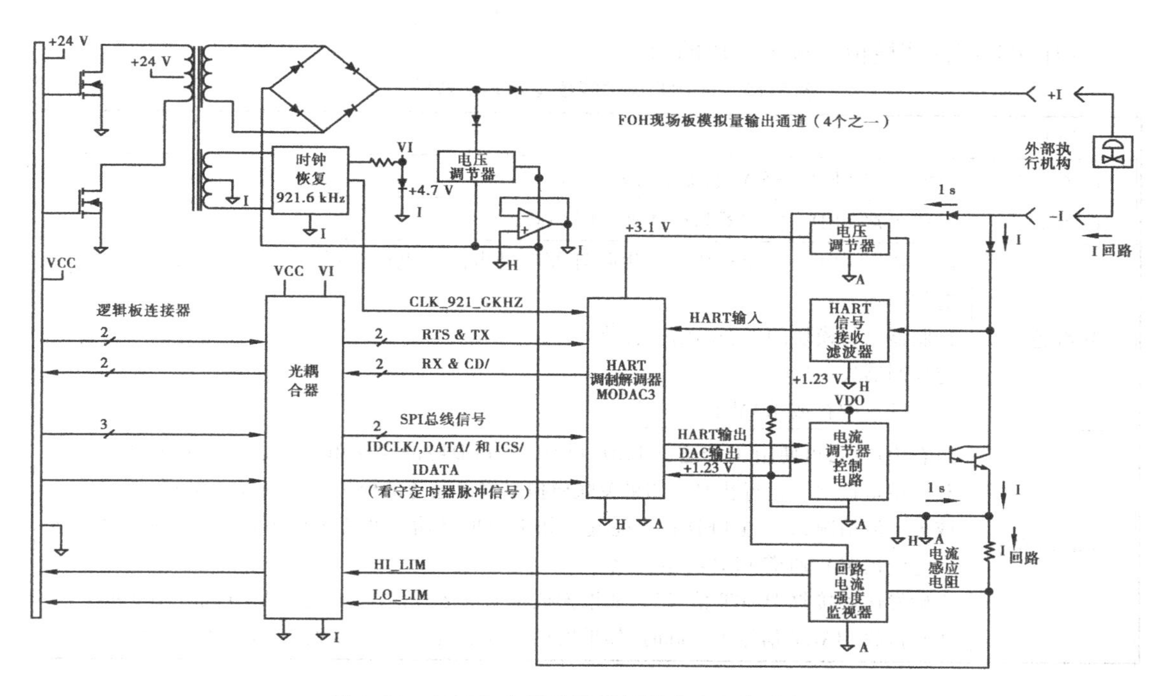

图 3.81 HART 高性能模拟量输出现场板方框图
（带有 1X00188H01 特性模块镶嵌模块）

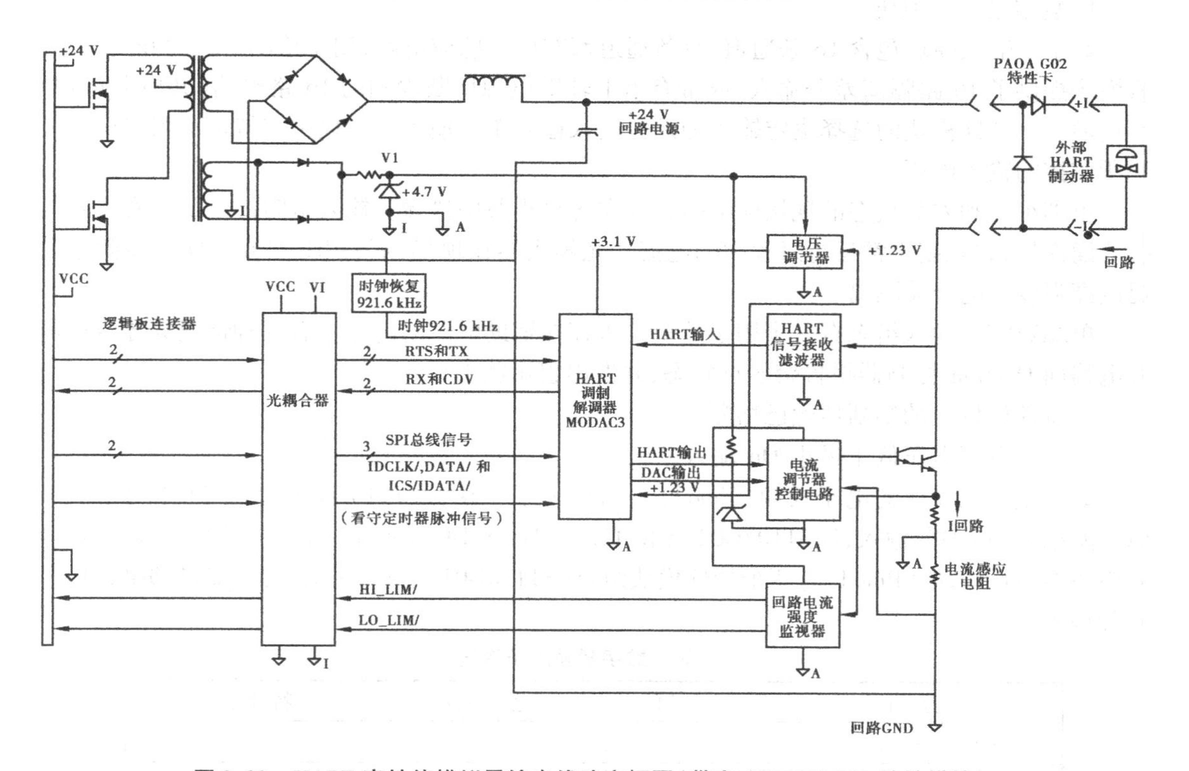

图 3.82 HART 高性能模拟量输出线路方框图（带有 5X00170G01 特性模块）

③HART 高性能模拟量输出模块的诊断

表 3.25　HART 高性能模拟量输出模块 LED

LED	描　述
P(绿色)	电源正常 LED。+5 V 电源正常时亮起
C(绿色)	通信正常 LED。控制器与模块通信时亮起
I(红色)	内部错误 LED。只要模块中产生除外部辅助电源掉电以外任何类型的错误就亮起。可能的原因是: 控制器已将模块的强制出错位置位 与控制器失去通信 闪存、EE 内存或 RAM 诊断失败
1～4(绿色)	组态模块后,可使用 4 个通道 LED(LED1 至 LED4)的存储单元来指示 HART 通信活动和模拟量输出的运行状况。如果关联模拟量输出通道的模拟量输出运行正常(无过电流或欠电流情况),通道 LED 将会亮起。如果模拟量输出通道运行不正常(出现过电流或欠电流情况),通道 LED 将会熄灭 正确发送和接收 HART 信号后,如果模拟量输出运行正常,则通道 LED 闪亮 100 ms。发送和接收 HART 信号不正确时,如果模拟量输出运行正常,则通道 LED 闪亮 400 ms

(3)数字量输入 I/O 模块

1)数字量输入模块

数字量输入模块包含 16 条通道,每条通道都有电压感应电路,用于检测输入的开闭状态。该模块提供了 16 路隔离差分输入,或带有卡上辅助电源熔断检测的 16 路单端(共模电路)数字量输入。特性模块的选择决定输入为差分输入还是单端输入。模块中有特定卡组来确定模块所监控的输入电压。

单端组态和差分组态的现场侧电路分别在各自小节中描述。输入电阻提供了正常模式的抗浪涌保护,并限制正常运行过程中的电流。光隔离器在现场侧与逻辑侧或 I/O 总线侧之间提供高强度的电介质隔离。

单端数字量输入组态有一个用于监视是否存在辅助电源的电路。有两种情况会导致该监视电路向 Ovation 控制器报告熔丝点状态,并发出警示状态:

☆特性模块上的熔断器丝已熔断。

☆辅助电源电压低于最小 On 输入电压。

数字量输入模块的电子模块(Emod)有两个电子模块:1C31107G01 提供 24/48 V AC/V DC 单端输入或差分输入,1C31107G02 提供 125 V AC/V DC 单端输入或差分输入。数字量输入模块的特性模块 (Pmod)有两个特性模块组:1C31110G01 提供单端输入,1C31110G02 提供差分输入。

表 3.26　数字量输入子系统①

范　围	通道	电子模块	特性模块
24/48 VAC/VDC			
单端	16	1C31107G01	1C31110G01
差分	16	1C31107G01	1C31110G02

续表

范 围	通道	电子模块	特性模块
125 VAC/VDC			
单端	16	1C31107G02	1C31110G 1
差分	16	1C31107G02	1C31110G02

注:①表中列出的所有模块组态均已获得 CE Mark 认证。

在无熔丝保护的特性模块（5X00034G01）的应用场合中使用 125 V AC/V DC 数字量输入电子模块（1C31107G02）时,建议对危险输入使用外部附加熔丝保护或其他限流设备,为外部配线和电源提供更多保护。

①数字量输入模块的端子板配线

每个特性模块的侧面有一个简化配线图标签,该图位于端子板上方。该图说明如何将现场配线连接到基座中的端子板。

图3.83为数字量输入特性模块的配线图。下面列出并定义配线图中使用的缩写:

1+~16+:数字量输入正极端子连接。

1-~16-:数字量输入负极端子连接。

PS+, PS-:辅助电源端子。

RSV:保留端子。不允许在这些端子上进行连接。

单端数字量电压输入：(1C31110G01)

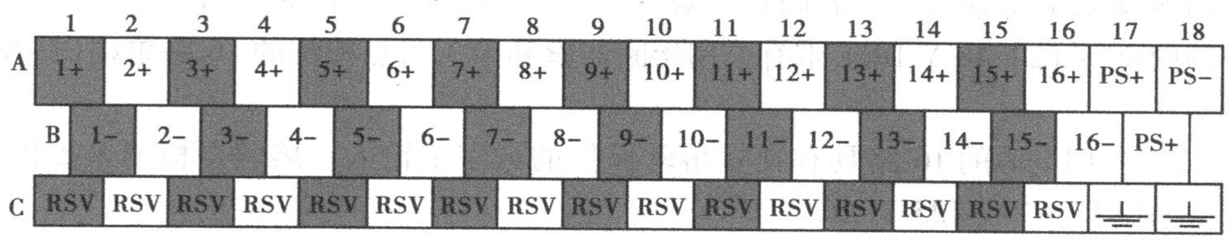

注：由于存在背板连接，强制信号置于保留（RSV）针上。

差分数字量电压输入：(1C31110G02)

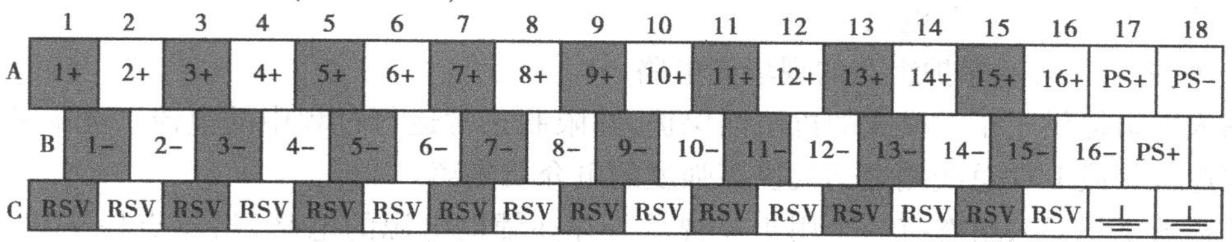

注:1.由于存在背板连接，辅助电源回路置于保留(RSV)针上。
2.每个通道前端有一个二极管桥，因此A行和B行的输入是可逆的。
3.端子板标签指示的极性只与其他端子板标签保持一致，其中A行对应高压侧(+)信号，B行对应回路(-)信号。

图3.83 数字电压输入特性模块的端子板连接

电缆和连接设备的最小漏电电阻如下所示:

☆24/48 V DC——175 kΩ。

☆24 V AC——50 kΩ。

☆125 V DC——250 kΩ。

☆125 V AC——50 kΩ。

②数字量输入模块的诊断

表 3.27 数字量输入模块 LED

LED	描述
P(绿色)	电源正常 LED。+5 V 电源正常时亮起
C(绿色)	通信正常 LED。控制器与模块通信时亮起
E(红色)	外部故障 LED。状态寄存器的熔丝点位(第 7 位)置位后亮起。这说明现场电源熔断器丝已熔断或不存在辅助电源。如果已安装数字量输入模块,该 LED 始终不应亮起,因为控制器应该将状态寄存器的“启用熔丝点”位(第 6 位)设置为未激活状态
I(红色)	内部故障 LED。只要组态寄存器的强制出错位(第 1 位)有效,或控制器停止与模块通信后看守定时器发生超时,此 LED 就会亮起
CH1 ~ CH16(绿色)	点状态 LED。当 LED 的相应通道的输入电压大于通道的最小 On 输入电压时亮起

2)压缩数字量输入模块

紧凑数字量输入模块包含 16 条通道,每条通道都有电压感应电路,用于检测输入的开闭状态。模块中有特定卡组来确定模块侦听的输入电压。

该模块提供了 3 个选项:

☆16 路隔离差分输入(未熔断)(24/48 V AC/V DC 或 125 V AC/V DC)。

☆辅助电源 (24/48 V DC) 带有公用熔断器丝和卡上熔点检测的 16 路单端(共模回路)数字量输入。

☆ 使用公用电源的 16 路具有独立熔丝保护的数字量输入。熔丝点检测未提供此选项(24/48 V AC/V DC 或 125 V AC/V DC)。

有关信息,请参阅以下交叉引用:

☆单端组态的现场侧电路。

☆差分组态的现场侧电路。

☆16 路独立熔丝保护组态的现场侧电路。

输入电阻提供了正常模式的抗浪涌保护,并限制正常运行过程中的电流。光隔离器在现场侧与逻辑侧或 I/O 总线侧之间提供高强度的电介质隔离。

单端数字量输入组态有一个用于监视是否存在辅助电源的电路(熔丝点检测)。有两种事件会导致该监视电路向 Ovation 控制器报告熔丝点状态,并发出警示状态:

☆电子模块上的熔断器丝已熔断。

☆辅助电源电压低于最小 On 输入电压。

除了需要特性模块 (5X00034) 的 16 点独立熔丝保护选项以外,还可以在所有组态中基座的特性模块型槽中插入带配线图的镶嵌模块。紧凑数字量输入模块是已获得 CE Mark 认证的模块。

紧凑数字量输入模块的电子模块 (Emod)有 3 个电子模块组:

☆1C31232G01 提供 24/48 V DC 单端输入。

☆1C31232G02 提供 24/48 V AC/V DC 差分输入,支持 16 点独立熔丝保护选项。

☆1C31232G03 提供 125 V AC/V DC 差分输入,并支持 16 点独立熔丝保护选项。

紧凑数字量输入模块的特性模块（Pmod）有一个特性模块组 5X00034G01,为公用电源提供 16 点独立熔丝保护。这是一个可选特性模块,它可以与差分输入电子模块（1C31232G02,1C31232G03）一起用于要求使用公用电源独立点熔丝保护的应用场合。此特性模块不能用于单端电子模块 1C3123G01。

紧凑数字量输入模块的镶嵌模块 1C31238H01,如果不需要独立熔丝保护,可安装到基座中的特性模块型插槽中,并提供配线信息。

表 3.28　压缩数字量输入子系统[1]

范　围	通道	电子模块	特性模块或镶嵌模块[2]
24/48 V DC 单端	16	1C31232G01	1C31238H01(模制的塑料镶嵌模块)
24 V AC/V DC 48 V AC/V DC 差分	16	1C31232G02	5X00034G01(带熔丝保护的特性模块) 1C31238H01(模制的塑料镶嵌模块)
125 V AC/ V DC 单端	16	1C31232G03	5X00034G01(带熔丝保护的特性模块) 1C31238H01(模制的塑料镶嵌模块)

注:①此模块组态已获得 CE Mark 认证。

②该镶嵌模块装入特性模块位置,并为模块提供配线图示标签。

①压缩数字量输入模块的端子板配线

可用的镶嵌模块或特性模块的顶部带有简化的配线图标签,该标签在端子板上方显示。图 3.84 说明如何将现场配线连接到基座中的端子板。下面列出并定义图表中使用的缩写含义:

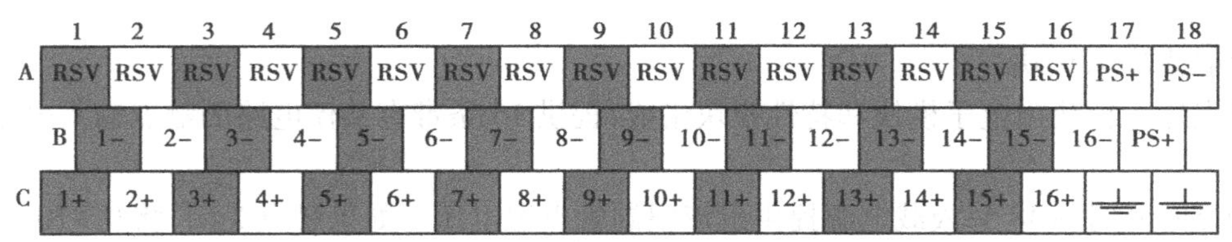

使用泡沫镶件的组态（16点单端或差分输入）

注：在差分模块上（仅限于1C31232G02和1C1232G03），每条通道的前端有一个二级管桥。
因此，B行和C行的输入是可逆的。

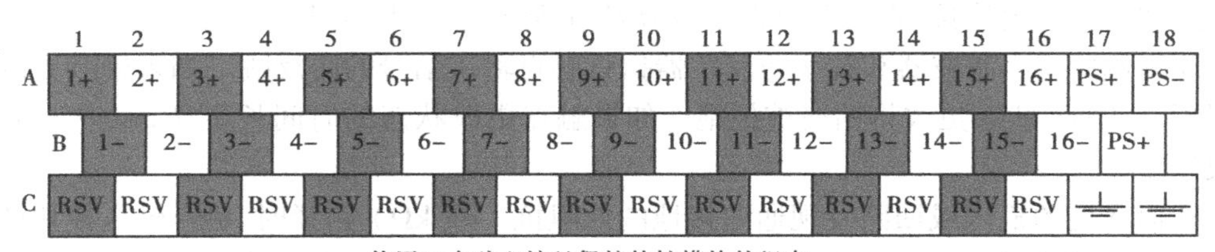

使用16点独立熔丝保护特性模块的组态

图 3.84　紧凑数字量输入模块的端子板连接

1+ ~16+:数字量输入正极端子连接。

1- ~16-:数字量输入负极端子连接。

PS+, PS-:辅助电源端子。

RSV:保留端子。请勿使用。

电缆和连接设备的最小漏电电阻如下:

☆24/48 V DC——175 kΩ

☆24 V AC——50 kΩ

☆125 V DC——225 kΩ

☆125 V AC——50 kΩ

②压缩数字量输入模块的诊断

表 3.29 压缩数字量输入模块 LED

LED	描 述
P(绿色)	电源正常 LED。+5 V 电源正常时亮起
C(绿色)	通信正常 LED。控制器与模块通信时亮起
E(红色)	外部故障 LED。状态寄存器的熔丝点位(第 7 位)置位后亮起。这说明现场电源熔断器丝已熔断或不存在辅助电源。如果紧凑数字量输入模块已安装,该 LED 始终不应亮起,因为控制器应该将状态寄存器的"启用熔丝点"位(第 6 位)设置为未激活状态
I(红色)	内部故障 LED。只要组态寄存器的强制出错位(第 1 位)有效,或控制器停止与模块通信后看守定时器发生超时,此 LED 就会亮起
CH1 ~ CH16(绿色)	点状态 LED。当 LED 的相应通道的输入电压大于通道的最小 On 输入电压时亮起

3)触点输入模块

触点输入模块由电子模块和特性模块组成,提供 16 条带有共模电路的触点输入电流检测通道。

触点断开时,+48 V 板载电源提供电流限制触点湿电压。如果触点关闭,将从+10 V 电源牵引电流打开关联的光隔离器;由此把关闭的触点状态转播到 I/O 总线。光隔离器及 10 V 和 48 V 电源产生的隔离,在现场侧与逻辑或 I/O 总线侧之间提供高电介质隔离。

将现场设备配线至触点输入模块端子板的方法有两种。每个现场触点有独立的输入和回路。或者,连接到同一个触点输入模块的现场触点共享一个回路。无论使用何种配线方法,请勿把触点回路与接地连接,否则会出现接地故障,且降低共模电涌保护性能。

由逻辑侧的 RC 滤波器和数字防反跳器执行触点输入信号的防反跳。如果触点更改状态的时间短于 3 ms,状态更改将始终被拒绝。如果触点更改状态的时间长于 7 ms,状态更改将始终被接受。

当任何通道的输入或回路发现通向接地的低阻抗(<5 kΩ)路径时,触点输入模块的接地故障检测电路将被激活。单个接地故障线不会导致点数据出错,但多个接地故障(如果包括输入和回路)就会引起数据出错(即在触点断路情况下,通道处于触点关闭时的状态)。

发生接地故障时，外部错误 LED 亮起，且状态寄存器的 GND 故障位被置位。如果组态寄存器中的 GND 故障警示启用位已置位，接地故障将被视为严重错误，从而将警示状态发送回控制器。触点输入模块是已获得 CE Mark 认证的模块。

触点输入模块的电子模块（Emod）有一个电子模块组 1C31142G01，为带有共模回路的 16 路触点输入提供 48 V DC 卡上辅助电源。触点输入模块的特性模块（Pmod）有一个特性模块组 1C31110G03，包含为 16 路输入提供的抗浪涌保护组件。

表 3.30　触点输入子系统①

范　围	通道	电子模块	特性模块
48 V DC 卡上辅助电源(原有系统)	16	1C31142G01	1C31110G03

注：①此模块组态已获得 CE Mark 认证。

①触点输入模块的端子板配线

每个特性模块的侧面有一个简化配线图标签，该图位于端子板上方。图 3.85 说明如何将现场配线连接到基座中的端子板。

图 3.85 说明了触点输入特性模块(也称为数字量输入)的图表。

1+ ~16+：触点输入的正极端子连接。

1- ~16-：触点输入的负极端子连接。

PS+，PS-：辅助电源端子。

RSV：保留端子。不允许在这些端子上进行连接。

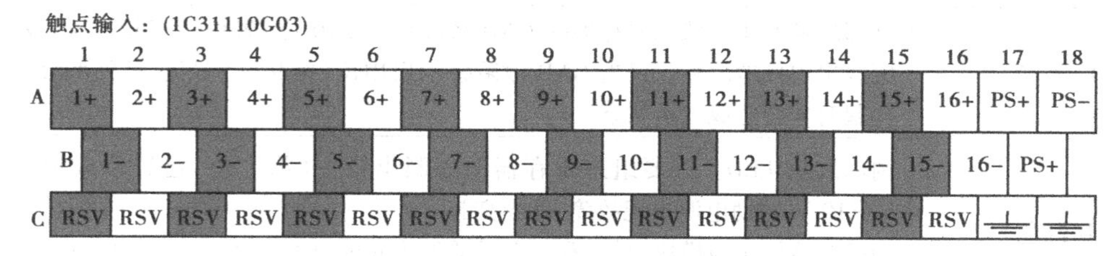

图 3.85　触点输入特性模块的端子板连接

现场配线的触点输入电缆阻抗如图 3.86 所示。

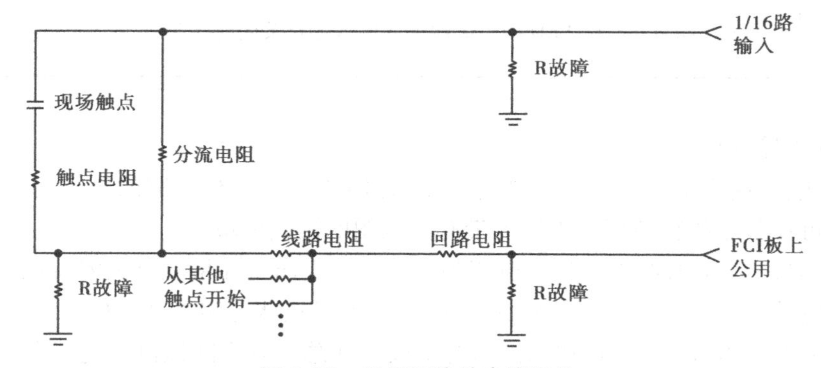

图 3.86　现场配线的电缆阻抗

影响触点输入性能的电缆电阻，如图 3.86 所示，应用以下限制：

☆在无接地故障或通道回(低)线出现接地故障的情况下：

触点的 Rshunt 必须不小于 10 kΩ,才能识别断路触点。

触点的 Rshunt 必须不小于 50 kΩ,以便维持高电平触点湿电压。

☆在触点断路情况下,通道输入连接出现接地故障时

触点的 Rshunt 必须为 150 kΩ,以保证能检测到接地故障。

☆对于通道的输入或回路连接的接地故障

接地线的 Rfault 必须不大于 5 kΩ,以保证能检测到接地故障。

☆出现或没有出现接地故障的情况

现场配线到触点的 Rwiring 必须小于 100 Ω,以便可以将关闭的触点识别为“关闭”。

Rshunt = 触点分流电阻。

Rcontact = 与闭合触点关联的电阻。

Rreturn = 共模回路的电阻。

Rline = 进出触点的非共模电缆长度电阻。

Rwiring = Rcontact + Rline + 16Rreturn。

Rfault = 导致接地故障的接地线的电阻。

②触点输入模块的诊断

表 3.31　触点输入模块 LED

LED	描　述
P(绿色)	电源正常 LED。+5 V 电源正常时亮起
C(绿色)	通信正常 LED。控制器与模块通信时亮起
E(红色)	外部故障 LED。状态寄存器的 GND 故障位(第 10 位)置位后亮起。这表示现场配线出现接地故障。仅当 GND 故障警示启用位(第 9 位)置位,且外部故障 LED 亮起时才会生成警示状态
I(红色)	内部故障 LED。只要组态寄存器的强制出错位(第 1 位)已置位或板载 +48 V/+10 V 辅助电源出现故障,就会亮起 当控制器停止与模块通信,看守定时器发生超时,此 LED 也亮起。LED 亮起时始终生成警示状态
CH1 ~ CH 16(绿色)	点状态 LED。LED 的对应通道的输入触点关闭时亮起

4)紧凑触点输入模块

紧凑触点输入模块由一个电子模块组成,提供 16 个使用共模回路的触点输入电流检测通道。另外,还可在基座的特性模块中插入带有配线图的镶嵌模块。

触点断开时,+48 V 板载电源提供电流限制触点湿电压。如果触点关闭,将从 +10 V 电源牵引电流,此电源打开关联的光隔离器;由此把关闭的触点状态转播到 I/O 总线。光隔离器及 10 V 和 48 V 电源产生的隔离,在现场侧与逻辑或 I/O 总线侧之间提供高电介质隔离。

将现场设备配线至紧凑触点输入模块端子板的方法有两种,每个现场触点有独立的输入和回路。或者,连接到同一个触点输入模块的现场触点共享一个回路。无论使用何种配线方法,请勿将触点回路与接地连接,否则会出现接地故障,且降低共模电涌保护性能。

由逻辑侧的 RC 滤波器和数字防反跳器执行触点输入信号的防反跳。如果触点更改状态的时间短于 3 ms,状态更改将始终被拒绝。如果触点更改状态的时间长于 7 ms,状态更改将始终被接受。

当任何通道的输入或回路发现通向接地的低阻抗(<5 kΩ) 路径时,紧凑触点输入模块的接地故障检测电路将被激活。单个接地故障线不会导致点数据出错,但多个接地故障(如果包括输入和回路)就会引起数据出错(即在触点断路情况下,通道处于触点关闭时的状态)。

发生接地故障时,外部错误 LED 亮起,且状态寄存器的 GND 故障位被置位。如果组态寄存器中的 GND 故障警示启用位已置位,接地故障将被视为严重错误,从而将警示状态发送回控制器。紧凑触点输入模块可用于 CE Mark 认证系统。

紧凑触点输入模块的电子模块(Emod)1C31234G01,为带有共模回路的 16 路触点输入提供 48 V DC 卡上辅助电源。紧凑触点输入模块没有特性模块但有镶嵌模块。镶嵌模块 1C31238H01 可安装到基座中的特性模块型插槽中,并提供配线信息。

表 3.32　紧凑触点输入子系统①

范　围	通道	电子模块	特性模块
带 48 V DC 卡上辅助电源的紧凑触点	16	1C31234G01	1C31238H01

注:①此模块组态已获得 CE Mark 认证。
②该镶嵌模块装入特性模块位置,并为模块提供配线图示标签。

①紧凑触点输入模块的端子板配线

可用的镶嵌镶件的顶部带有简化的配线图标签,该标签在端子板上方显示。该图说明如何将现场配线连接到基座中的端子板。图 3.87 说明了紧凑触点输入模块的图形。

1+ ~16+:触点输入的正极端子连接。

1- ~16-:触点输入的负极端子连接。

PS+, PS-:辅助电源端子。

RSV:保留端子。无内部连接。

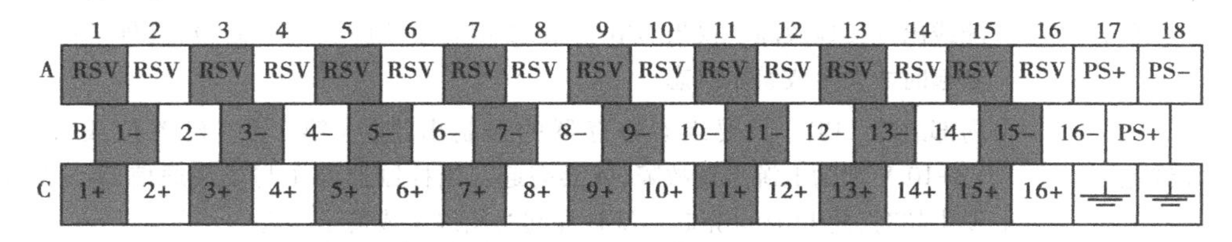

图 3.87　紧凑触点输入模块的端子板连接

②紧凑触点输入模块的现场配线的电缆阻抗

影响触点输入性能的电缆电阻,如图 3.88 所示,应用以下限制:

☆在无接地故障或通道回(低)线出现接地故障的情况下

触点的 Rshunt 必须不小于 10 kΩ,才能识别断路触点。

触点的 Rshunt 必须不小于 50 kΩ,以便维持高电平触点湿电压。

☆在触点断路情况下,通道输入连接出现接地故障时

触点的 Rshunt 必须为 150 kΩ,以保证能检测到接地故障。

☆对于通道的输入或回路连接的接地故障

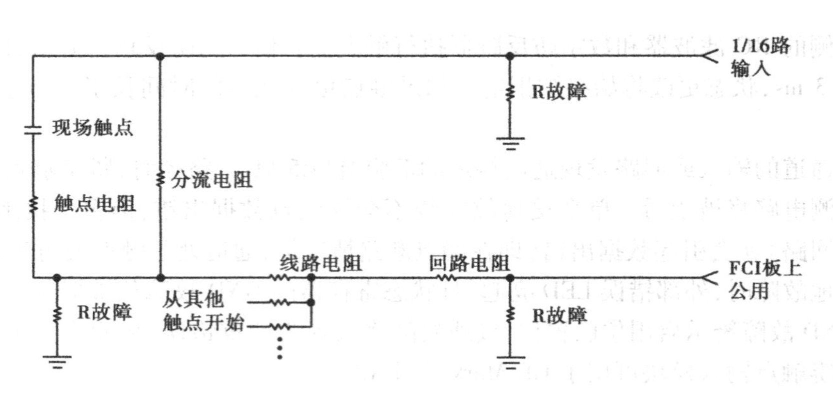

图 3.88 现场配线的电缆阻抗

接地线的 Rfault 必须为不大于 5 kΩ,以保证能检测到接地故障。

☆出现或没有出现接地故障的情况

现场配线到触点的 Rwiring 必须小于 100 Ω,以便可以将关闭的触点识别为"关闭"。

Rshunt=触点分流电阻。

Rcontact=与闭合触点关联的电阻。

Rreturn=共模回路的电阻。

Rline=进出触点的非共模电缆长度电阻。

Rwiring=Rcontact + Rline + 16Rreturn。

Rfault=导致接地故障的接地线的电阻。

③紧凑触点输入模块的诊断

表 3.33 紧凑触点输入模块 LED

LED	描 述
P(绿色)	电源正常 LED。+5 V 电源正常时亮起
C(绿色)	通信正常 LED。控制器与模块通信时亮起
E(红色)	外部故障 LED。状态寄存器的 GND 故障位(第 10 位)置位后亮起。这表示现场配线出现接地故障。仅当 GND 故障警示启用位(第 9 位)置位,且外部故障 LED 亮起时才会生成警示状态
I(红色)	内部故障 LED。只要组态寄存器的强制出错位(第 1 位)已置位或板载+48 V/+10 V 辅助电源出现故障,就会亮起。当控制器停止与模块通信,看守定时器发生超时,此 LED 也亮起。LED 亮起时始终生成警示状态
CH1 ~ CH16(绿色)	点状态 LED。LED 对应通道的输入触点关闭时亮起

5)事件顺序模块(SOE)

事件顺序(SOE)模块提供 16 条数字通道,用于监视现场数字量输入或触点的开闭状态。该模块提供滤波器以排斥小于 4 ms 的状态更改。事件顺序模块也能为每条输入通道执行事件标记和振动控制。

Ovation 控制器将通道事件标记掩码写入电子模块,以便为特定输入通道启用事件标记。Ovation 控制器为每条通道设有一个振动控制标志,用于表示某个输入通道在某段时间更改状态次数过多或者更改状态的速率过快。它还有通道 ID,用于指示更改了状态的通道。

每 125 μs 对各条通道进行检查。如果通道事件标记掩码位为“0”,则不会检查通道。Ovation 控制器将时间参考同时写入分辨率为 1 ms 的所有事件顺序模块,从而实现时间同步。控制器的所有 SOE 模块必须连接到组态为计时器的 IOIC 卡。

Ovation 控制器写入的控制位提供了两种处理输入振动的方法:

☆第一种方法是当输入的变化率大于1 次/100 ms 时,设置振动控制标志。

☆第二种方法是当事件缓冲器的读数间输入发生 4 次或以上状态更改时,设置振动控制标志。

有两个 32 位事件缓冲器。这样,当 Ovation 控制器在读取一个事件缓冲器时,事件标记和振动控制功能可同时写入另一个缓冲器。Ovation 控制器只读取各个模块回路时间的一小部分。这样,回路时间的剩余时间可使用两个事件缓冲器。

每个事件缓冲器包含 64 个字,最多可有 32 个通道 ID 以及 32 个事件时间。事件缓冲器是存储器。存储器控制电路决定写入哪个事件缓冲器以及从哪个缓冲器读取。在读取事件缓冲器前,必须先读取状态寄存器以确定要读取的字数。事件顺序模块是已获得 CE Mark 认证的模块。

事件顺序模块的电子模块(Emod)有 3 个电子模块组:

☆1C31157G01 提供 24/48 V AC/V DC 单端输入或差分输入。

☆1C31157G02 提供 125 V DC 单端输入或差分输入。

☆1C31157G03(触点输入)提供 48 V DC 卡上辅助电源。

事件顺序模块的特性模块(Pmod)有 3 个特性模块组:

☆1C31110G01(单端输入)。

☆1C31110G02(差分输入)用于数字量输入。

☆1C31110G03 用于触点输入。

表 3.34 事件顺序子系统①

范　围	通道	电子模块	特性模块
24/48 V DC			
单端(原有)	16	1C31157G01	1C31110G01
差分(原有)	16	1C31157G01	1C31110G02
125 V DC			
单端	16	1C31157G02	1C31110G01
差分(原有)		1C31157G02	1C31110G02
带 48 VDC 卡上辅助电源的触点输入(原有)	16	1C31157G03	1C31110G03

注:①表中列出的所有模块组态均已获得 CE Mark 认证,除非它们包含 5FDI。

在无熔丝保护的特性模块的应用场合中使用 125 V DC 事件顺序数字量输入电子模块(1C31157G02)时,建议对危险输入使用附加外部熔丝保护或其他限流设备,为外部配线和电源提供更多保护。

①事件顺序模块的端子板配线

每个特性模块的侧面有一个简化配线图标签,该图位于端子板上方。图 3.89 说明如何将现场配线连接到基座中的端子板。以下演示事件顺序数字量输入特性模块图表。

单端数字量电压输入：(1C31110G01)

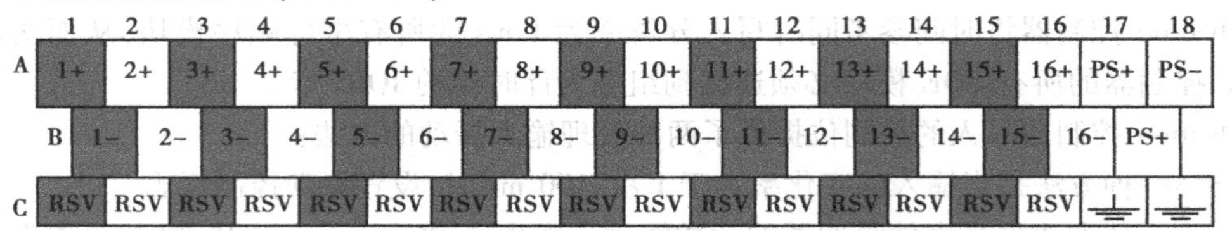

注：由于存在背板连接，强制信号置于保留（RSV）针上。

差分数字量电压输入：(1C31110G02)

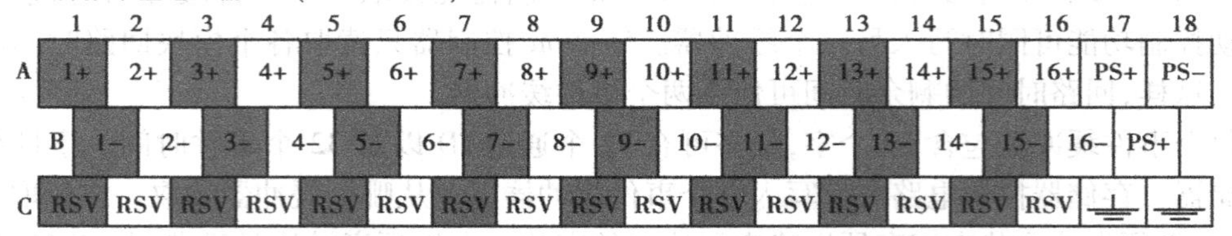

注：1.由于存在背板连接，强制信号置于保留(RSV)针上。
2.每个通道前端有一个二级管桥，因此A行和B行的输入是可逆的。
3.端子板标签指示的极性只与其他端子板标签保持一致，其中A行对应高压侧(+)信号，B行对应回路(-)信号。

图 3.89　事件顺序数字量输入特性模块的端子板连接

1+～16+：数字量输入正极端子连接。

1-～16-：数字量输入负极端子连接。

PS+，PS-：辅助电源端子。

RSV：保留端子。不允许在这些端子上进行连接。

电缆和连接设备的最小漏电电阻如下：

☆24 V DC——100 kΩ。

☆48 V DC——150 kΩ。

☆125 V DC——250 kΩ。

②事件顺序模块的诊断

表 3.35　事件顺序模块 LED

LED	描　述
P(绿色)	电源正常 LED。+5 V 电源正常时亮起
C(绿色)	通信正常 LED。控制器与模块通信时亮起
E(红色)	对于单端数字量输入：熔断器丝熔断或失去辅助电源时亮起(仅当组态寄存器的第 6 位和状态寄存器的第 7 位已置位时) 对于差分数字量输入：由于组态寄存位未置位，所以不亮起，并忽略来自现场卡的熔丝点信号
I(红色)	内部故障 LED。只要组态寄存器的强制出错位(第 1 位)被置位，或控制器停止与模块通信后看守定时器发生超时，此 LED 就会亮起 控制器停止与模块通信时也亮起
CH1～CH16(绿色)	当 LED 的相应通道的输入电压大于通道的最小 On 输入电压时亮起

6）紧凑事件顺序模块(SOE)

紧凑事件顺序(SOE)模块提供16条数字通道,用于监视现场数字量输入或触点的开闭状态。该模块提供滤波器以排斥小于4 ms的状态更改。紧凑事件顺序模块也能为每条输入通道执行事件标记和振动控制。

Ovation控制器将通道事件标记掩码写入电子模块,以便为特定输入通道启用事件标记。Ovation控制器为每条通道设有一个振动控制标志,用于表示某个输入通道在某段时间更改状态次数过多或者更改状态的速率过快。它还有通道ID,用于指示更改了状态的通道。每125 ms对各条通道进行检查。如果通道事件标记掩码位为"0",则不会检查通道。

如果输入通道状态改变,会记录在模块的事件缓冲器中,且输入通道振动计数器的值增加。如果输入通道的振动计数器的值到达4,该输入通道的任何其他状态更改将不作记录。禁止记录该输入通道的其他状态更改,直至该输入通道振动计数器复位为0。

Ovation控制器写入的控制位提供了两种复位输入通道振动计数器的方法:

☆Ovation控制器读取SOE模块的事件缓冲器后,将每个输入通道的振动计数器复位。如果选择这个方法,SOE模块可在连续的Ovation控制器事件缓冲器读取操作之间识别其每条输入通道的最多4次状态更改。

☆每100 ms检查各个输入通道的振动计数器,如果计数器的值大于零,则递减其值。输入通道振动计数器的值为零时,将来的输入通道状态更改可以记录到事件缓冲器。如果选择这个方法,当输入通道的状态更改速率大于1/100 ms时,不会为该通道生成新的事件缓冲器条目;而当状态更改速率降低时,将为该通道生成新的事件缓冲器条目。

紧凑事件顺序模块是已获得CE Mark认证的模块。

有两个32位事件缓冲器,这样,当Ovation控制器在读取一个事件缓冲器时,事件标记和振动控制功能可同时写入另一个缓冲器。Ovation控制器只读取各个模块回路时间的一小部分。这样,回路时间的剩余时间可使用两个事件缓冲器。

每个事件缓冲器包含64个字,最多可以有32个通道ID以及32个事件时间。事件缓冲器是存储器。存储器控制电路决定写入哪个事件缓冲器以及从哪个缓冲器读取。读取事件缓冲器前,必须先读取状态寄存器以确定要读取的字数。

Ovation控制器将时间参考同时写入分辨率为1 ms的所有事件顺序模块,从而实现时间同步。

紧凑事件顺序模块的电子模块(Emod)有4个电子模块组:

☆1C31233G01提供24/48 V DC单端输入。

☆1C31233G02提供24/48 V AC/V DC差分输入,支持16点独立熔丝保护选项。

☆1C31233G03提供125 V DC差分输入,支持16点独立熔丝保护选项。

☆1C31233G04(触点输入)提供48 V DC卡上辅助电源。

紧凑事件顺序模块的特性模块(Pmod)有一个特性模块组5X00034G01,为公用电源提供16点独立熔丝保护。这是一个可选特性模块,它可以与差分输入电子模块(1C31233G02,1C31233G03)一起用于要求使用公用电源独立点熔丝保护的应用场合。

紧凑事件顺序模块的镶嵌模块不需要使用特性模块(16点独立熔丝保护选项除外)。塑料镶嵌模块(5X00380G02)可安装到Ovation基座的特性模块插槽中,并提供配线信息。

表 3.36 紧凑事件顺序子系统[1]

范 围	通道	电子模块	特性模块或镶嵌模块[1]
紧凑 24/48 V DC 单端数字量输入	16	1C31233G01	1C31238H01[2] (模制的塑料镶嵌模块)
紧凑 24/48 V DC SOE 差分数字量输入	16	1C31233G02	1C31238H01[2] (模制的塑料镶嵌模块)
紧凑 24/48 V DC SOE 单端数字量输入	16	1C31233G02	5X00034G01 (带熔丝保护的特性模块)
紧凑 125 V DC SOE 差分数字量输入	16	1C31233G03	1C31238H01[2] (模制的塑料镶嵌模块)
紧凑 125 V DC SOE 单端数字量输入	16	1C31233G03	5X00034G01 (带熔丝保护的特性模块)
带 48 V 湿电源的紧凑 48 V DC SOE 卡上辅助电源触点输入	16	1C31233G04	1C31238H01[2] (模制的塑料镶嵌模块)

注:①表中列出的所有模块组态均已获得 CE Mark 认证。

②该镶嵌模块装入特性模块位置,并为模块提供配线图示标签。

在无熔丝保护的特性模块(5X00034G01)的应用场合中使用 125 V DC 紧凑数字量输入电子模块(1C31233G03)时,建议对危险输入使用附加熔丝保护或其他限流设备,为外部配线和电源提供更多的保护。

①紧凑事件顺序模块的端子板配线

可用的镶嵌模块的顶部带有简化的配线图标签,该标签在端子板上方显示。图 3.90 说明如何将现场配线连接到基座中的端子板。演示紧凑事件顺序数字量输入模块的图表含义如下:

1+ ~16+:数字量输入正极端子连接。

1- ~16-:数字量输入负极端子连接。

PS+, PS-:辅助电源端子。

RSV:保留端子。无内部连接。

②紧凑事件顺序模块现场配线

数字量输入组态包含 16 条通道,每条通道都有电压位感应电路,用于检测输入的开闭状态。类型 1C31233G02/G03 具有 16 路隔离差分输入,以适应分散的外部辅助电源。类型 1C31233G01 具有 16 路带有卡上熔丝点探测器的单端(共模电路)数字量输入,以适应所有通道共用的外部辅助电源。模块中有特定卡组来确定模块所监控的输入电压。

另外,类型 1C31233G02/G03 可与带独立熔丝保护的特性模块 5X00034G01 一起用于要求使用公用电源单独点熔丝保护的应用场合。

输入电阻提供了正常模式的抗浪涌保护,并限制正常运行过程中的电流。光隔离器在现场侧与逻辑侧或 I/O 总线侧之间提供高强度的电介质隔离。单端数字量输入组态有一个用于

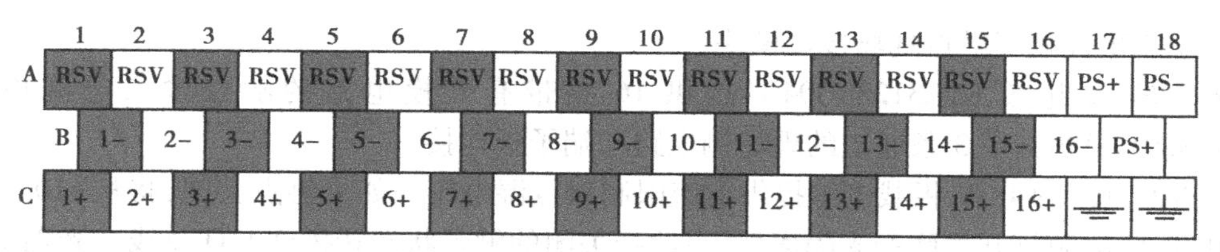

注：在差分模块上（仅限于1C31232G02和1C1232G03），每条通道的前端有一个二级管桥。
因此，B行和C行的输入是可逆的。

使用泡沫镶件的组态（16点单端或差分输入）

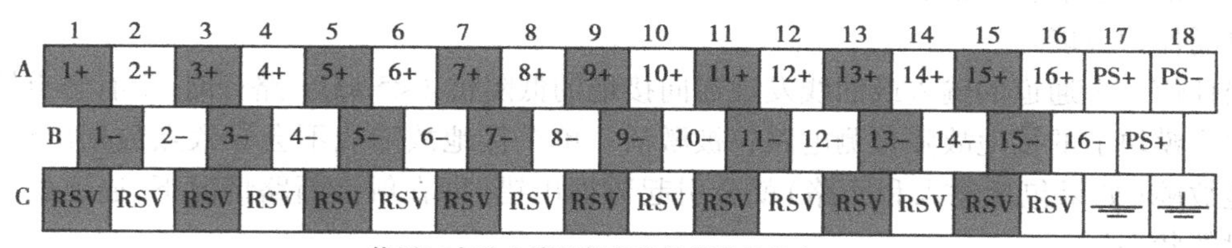

使用16点独立熔丝保护特性模块的组态

图 3.90　紧凑事件顺序数字量输入模块的端子板连接（1C31233G01—G03）

监视是否存在湿电源的电路。有两种情况会导致该监视电路向 Ovation 控制器报告熔丝点状态，并发出警示状态：

☆模块的熔断器丝熔断。

☆辅助电源电压低于最小 On 输入电压。

电缆和连接设备的最小漏电电阻如下：

☆24 V DC——100 kΩ。

☆48 V DC——150 kΩ。

☆125 V DC——250 kΩ。

③紧凑事件顺序模块的诊断

表 3.37　紧凑事件顺序模块 LED

LED	描　述
P(绿色)	电源正常 LED。+5 V 电源正常时亮起
C(绿色)	通信正常 LED。控制器与模块通信时亮起
E(红色)	对于单端数字量输入：熔断器丝熔断或失去辅助电源时亮起(仅当组态寄存器的第 6 位和状态寄存器的第 7 位已置位的情况下) 对于差分数字量输入：由于组态寄存位未置位，所以不亮起，并忽略来自现场卡的熔丝点信号
I(红色)	内部故障 LED。只要组态寄存器的强制出错位(第 1 位)被置位，或控制器停止与模块通信后看守定时器发生超时，此 LED 就会亮起 控制器停止与模块通信时也亮起
CH1 ~ CH16(绿色)	当 LED 的相应通道的输入电压大于通道的最小 On 输入电压时亮起

7)紧凑事件顺序触点现场接口模块

触点输入组态(1C31233G04)提供16路带有共模电路的触点输入电流检测通道。图3.91说明其中3条通道的现场侧电路和端子板连接。

触点断开时,+48 V板载电源提供电流限制触点湿电压。如果触点关闭,将从+10 V电源牵引电流,此电源打开关联的光隔离器;由此把关闭的触点状态转拨到I/O总线。光隔离器及10 V和48 V电源产生的隔离,在现场侧与逻辑或I/O总线侧之间提供高电介质隔离。

现场设备与端子板的配线方法有两种,如图3.91所示。每个现场触点有独立的输入和回路,如通道1所示。或者,连接到同一个模块的现场触点共享一条回线(如通道2和通道3中所示)。无论使用何种配线方法,请勿把触点回路与接地连接,否则会出现接地故障,且降低共模电涌保护性能。

当任何一个通道的输入或回线发现通向接地的低阻抗(<5 kΩ)路径时,带有触点输入的事件顺序模块上的接地故障检测电路将被激活。单个接地故障线不会导致点数据出错,但多个接地故障(如果包括输入和回路)就会引起数据出错(即在触点断路情况下,通道处于触点关闭时的状态)。

发生接地故障时,外部错误LED亮起,且状态寄存器的GND故障位(第11位)被置位。如果在组态寄存器中设置了GND故障警示启用位(第8位),接地故障将被视为严重错误,从而将警示状态发送回控制器。有关接地故障检测电路,如图3.91所示。

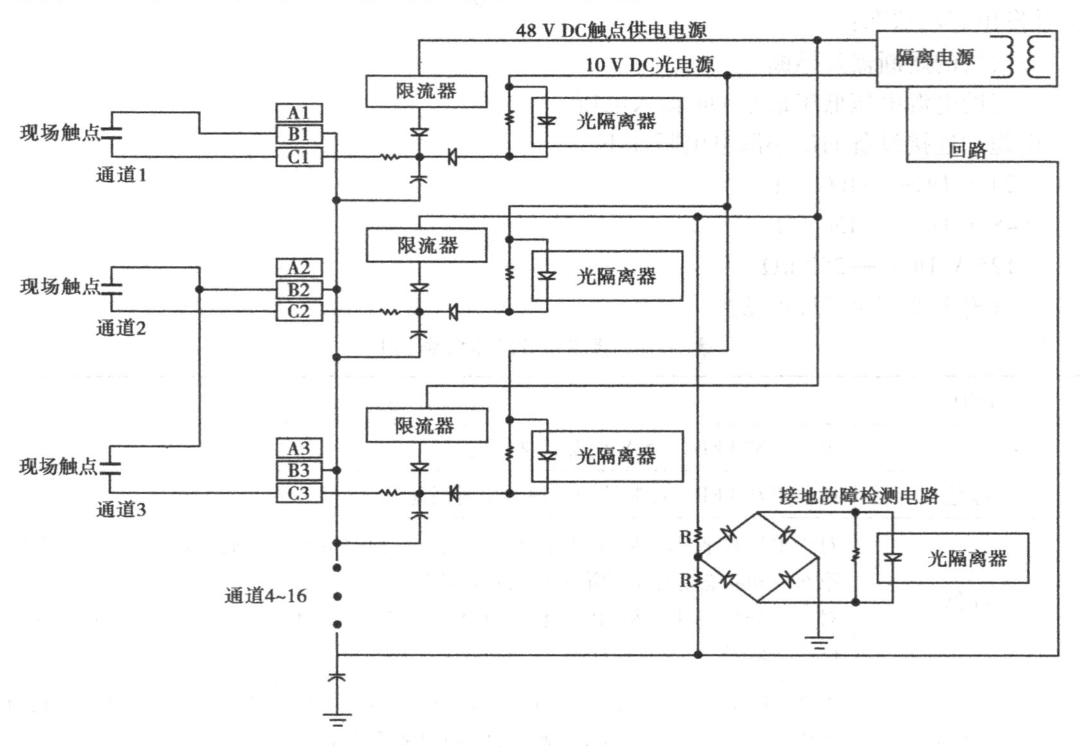

图3.91 紧凑事件顺序模块的触点输入前端

①紧凑事件顺序触点现场接口模块的端子板配线。

可用的镶嵌模块的顶部带有简化的配线图标签,该标签在端子板上方显示。如图3.92所示为如何将现场配线连接到基座中的端子板。以下显示紧凑事件顺序数字量输入模块的图表。

1+～16+:数字量输入正极端子连接。

1-～16-:数字量输入负极端子连接。

PS+, PS-:辅助电源端子。

RSV:保留端子。无内部连接。

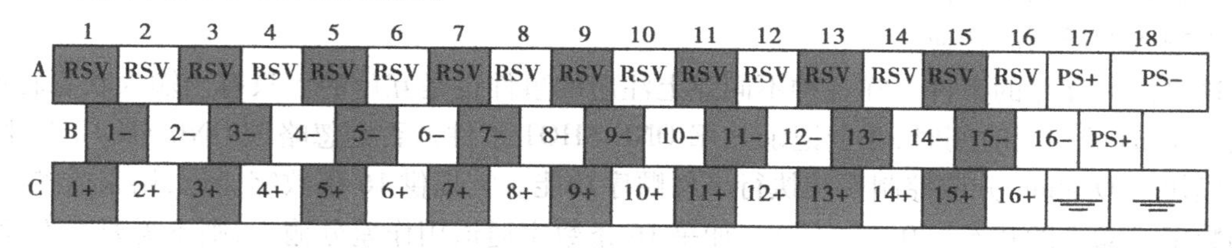

图3.92　紧凑事件顺序触点输入模块（1C31233G04）的端子板连接

②紧凑事件顺序触点现场接口模块的现场配线的电缆阻抗

影响触点输入性能的电缆电阻,如图3.93所示,应用以下限制:

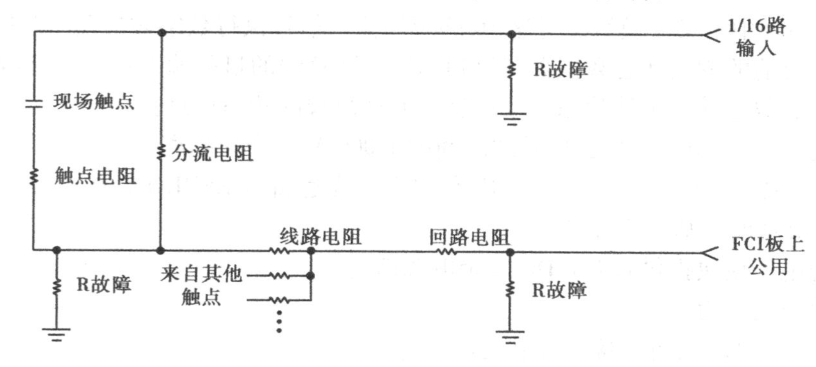

图3.93　现场配线的电缆阻抗

☆在无接地故障或通道回(低)线出现接地故障的情况下

触点的Rshunt必须不小于10 kΩ,才能识别断路触点。

触点的Rshunt必须不小于50 kΩ,以便维持高电平触点湿电压。

☆在触点断路情况下,通道输入连接出现接地故障时

触点的Rshunt必须为150 kΩ,以保证能检测到接地故障。

☆对于通道的输入或回路连接的接地故障

接地线的Rfault必须不大于5 kΩ,以保证能检测到接地故障。

☆出现或没有出现接地故障的情况

现场配线到触点的Rwiring必须小于100 Ω,以便可以将关闭的触点识别为“关闭”。

Rshunt=触点分流电阻。

Rcontact=与闭合触点关联的电阻。

Rreturn=共模回路的电阻。

Rline=进出触点的非共模电缆长度电阻。

Rwiring=Rcontact + Rline + 16Rreturn。

Rfault=导致接地故障的接地线的电阻。

8)增强的紧凑事件顺序模块

Ovation 增强的紧凑事件顺序模块提供现场线路中断检测功能(仅第 5 组)和现场数字量输入状态更改检测功能 (SOE One Shot)。

SOE ONE SHOT 功能可使 SOE 事件检测能够与读取目前输入状态和事件缓冲器的控制器任务之间异步进行。定义了两种类型的事件:

☆输入的高到低转换。

☆输入的低到高转换。

这是两种互斥的事件。在各种不同点上注册的事件也是互斥的。只有当输入状态转换后有至少 4 ms 的稳态时间时,才会记录 SOE ONE SHOT 事件。否则忽略该 ONE SHOT 事件。

模块为 Ovation 分散控制系统执行事件顺序功能。它提供 16 条数字通道,用来监控 16 个现场数字量输入的状态("0"或"1")。如果 16 条数字通道用作差分输入,则不需要特性模块。将 Ovation 增强的紧凑事件顺序电子模块插入标准 Ovation 基座的电子模块的插槽中。

①增强的紧凑事件顺序模块特点

增强的紧凑事件顺序电子模块拥有 16 路现场输入,输入级在增强的紧凑事件顺序模块的电子模块 (Emod)中定义。模块将对这 16 路现场输入信号执行数字防反跳,以获得目前的输入状态数据。目前的输入状态数据会存放到模块 I/O 总线的目前输入状态寄存器中。模块利用目前输入状态数据计算事件状态更改信息和 I/O 总线的状态信息。

☆现场电路与 Ovation I/O 公用总线之间的 1 000 V 电介质隔离。

☆I/O 总线看守定时器。模块电子 ID 信息存储在逻辑卡 EEPROM 中。

☆I/O 模块基址由基座位置确定。

☆基座为电子模块提供+24 V DC 冗余电源馈送。

☆模块热交换能力。

☆16 个数字量输入,可直接读取其目前状态。

☆提供的正转换锁存寄存器和负转换锁存寄存器允许控制器直接检测捕获的低到高和高到低事件转换。

☆现场触点线路中断检测功能(仅第 5 组)

☆4 ms 触点防反跳时间。

☆1/8 ms 分辨率的事件(输入状态更改)记录。

☆1 ms 的事件记录,参照控制器发送到模块的时间标记时钟时间。

☆模块在内部模块时钟翻转之前可以为事件添加时间标记长达 65 s。

☆内部模块时间标记时钟可通过控制器重新同步。

☆包含两个 32 位事件缓冲器。

☆模块可组态为屏蔽模块的事件标记和振动控制逻辑不检查的特定输入通道。

☆模块可组态为对所有 16 条输入通道启用或禁用振动控制。如果启用振动控制计数器,可将其组态为按定义的速率减少或在切换模块事件缓冲器时置位。

②ONE SHOT 功能

增强的事件顺序模块包含一个可通过捕获两种类型事件的两个 16 位寄存器来使用的 ONE SHOT 功能。数字防反跳电路每隔 125 μs 对每个现场输入通道采样一次。如果现场输入通道的状态更改持续存在了 32 次连续采样,则应该根据发生的事件类型,将事件存储在对应的锁存组上。第一种事件是用于每个数字量输入低到高转换的16位寄存器,这也称为"正转换锁存寄存器"。第二种事件是用于每个数字量输入高到低转换的16位寄存器,这也称为"负转换锁存寄存器"。这是两种互斥的事件。在每个通道上注册的事件也是互斥的。每个事件会将相应的位置位并锁存在相应的事件寄存器中,即使有发生多个有效的转换,它也仍保持为逻辑值"1"。只有当执行事件寄存器的读取时,才会紧接着复位整个锁存寄存器。

如果在5 s期间内没有读取正转换锁存寄存器或负转换锁存寄存器,ONE SHOT寄存器的看守定时器将会清除ONE SHOT寄存器。超时后,将阻止收集ONE SHOT信息,直到控制器恢复读取正转换锁存寄存器或负转换锁存寄存器。第一次读取将被丢弃,它只是重新激活看守定时器。第二次读取将产生有效的寄存器数据。

③线路中断检测功能

对于增强的紧凑事件顺序应用可用的5X00358 LSW印制电路板组件分组包括:第二组具有ONE SHOT功能;第三组具有ONE SHOT功能和线路中断检测能力。第二组LSW逻辑卡将连接到电子模块组件第一组至第四组(G01—G04)。第三组LSW逻辑卡将连接到电子模块组件第五组(G05)。

线路中断检测功能具有一个锁存的16位掩码寄存器。如果为特定输入通道置位了线路中断掩码位,则会为该通道检测现场配线的条件。

数字防反跳电路每隔125 μs对每个现场配线通道采样一次。如果现场配线通道的状态更改持续存在了32次连续采样,则会用现场配线通道的新状态更新模块的通道线路中断检测寄存器。对现场配线通道状态连续32次采样后会产生一个标称4 ms的数字防反跳时间周期。任何时间低于该数字防反跳时间的现场配线更改都会被模块拒绝。

增强的紧凑事件顺序模块的电子模块(Emod)有5个电子模块组:

☆5X00357G0116路24/48 V DC单端吸电流数字量输入(FDJ现场卡)。

☆5X00357G0216路24/48 V DC差分吸电流数字量输入(FDI现场卡),支持16点独立熔丝保护的通道选项。

☆5X00357G0316路125 V DC差分吸电流数字量输入(FDI现场卡),支持16点独立熔丝保护的通道选项。

☆5X00357G0416路48 V DC单端源电流数字量输入(触点输入),使用卡上电源(FCI现场卡)。

☆5X00357G0516路24 V DC符合IEC 61131—2标准的类型1差分吸电流数字量输入,具有线路中断检测功能(FDW现场卡)——支持16点独立熔丝保护的通道选项。

增强的紧凑事件顺序模块的特性模块(Pmod)有一个特性模块可以与Ovation增强的紧凑事件顺序电子模块一起使用,5X00034G01为使用公用电源的所有16路数字量输入通道提供独立的熔丝保护。这是一个可选特性模块,可用于要求使用公用电源独立熔丝保护的应用场合。

紧凑数字量输入子系统不需要使用特性模块(16点独立熔丝保护选项5X00034G01除外)。镶嵌模块1C31238H01可安装到基座中的特性模块型插槽中,并提供配线信息。

表 3.38 增强的紧凑事件顺序模块子系统

范 围	通道	电子模块	特性模块或镶嵌模块
24/48 V DC 单端数字量输入——吸电流	16	5X00357G01	1C31238H01①
24/48 V DC 差分数字输入——吸电流	16	5X00357G02	1C31238H01①
24/48 V DC(使用公用电源的独立熔丝保护的通道)单端数字量输入——吸电流	16	5X00357G02	5X00034G01
125 V DC 差分数字量输入——吸电流	16	5X00357G03	1C31238H01①
125 V DC(使用公用电源的独立熔丝保护的通道)单端数字量输入——吸电流	16	5X00357G03	5X00034G01
48 V DC 单端数字量输入——源电流(触点输入),使用卡上 48 V DC 电源	16	5X00357G04	1C31238H01①
24 V DC(差分)数字量输入——吸电流,符合 IEC61131—2 标准的类型 1 的数字量输入	16	5X00357G05	1C31238H01①
24 V DC(使用公用电源的独立熔丝保护的通道)单端数字量输入——吸电流,符合 IEC61131—2 标准的类型 1 数字量输入	16	5X00357G05	5X00034G01

注:①该塑料镶嵌模块装入基座的特性模块插槽中,并为模块提供基座的端子板配线标签。

(4)数字量输出 I/O 模块

1)数字量输出模块

Ovation 数字量输出模块可以在中等电流(如继电器线圈和电灯)时切换到 60 V DC。数字量输出模块包含 16 路电流吸收晶体管输出,可在高达 500 mA 的电流中切换 60 V DC 负载。数字量输出模块提供可组态通信超时周期和 LED,以指示每路输出的状态。数字量输出模块是已获得 CE Mark 认证的模块。

数字量输出模块的电子模块(Emod)有一个电子模块组 1C31122G01,用于切换 60 V DC 负载。

数字量输出模块的特性模块(Pmod)有 3 个特性模块组:

☆1C31125G01 用于通过端子板将数字量输出模块连接至现场。

☆1C31125G02 用于在本地供电(从 I/O 背板的辅助电源获得电源)的情况下,将数字量输出模块与继电器模块连接。它也可用于通过端子板将数字量输出模块连接至现场。

☆1C31125G03 用于在远程供电(从继电器模块获得电源)的情况下,将数字量输出模块与继电器模块连接。它也可用于通过端子板将数字量输出模块连接至现场。

表3.39　数字量输出子系统①

范　围	通道	电子模块或面板组件	特性模块
0～60 V DC单端直流	16	1C31122G01	1C31125G01
继电器板接口：			
本地电源	16	1C31122G01	1C31125G02
现场电源	16	1C31122G01	1C31125G03
继电器板：			
固态继电器板（AC）	16	5A22410G01	
固态继电器板（DC）	16	5A22410G02	
G2R继电器板（低功率电机）	16	5A22411G01	
KU继电器板②（高功率电机）	16	5A22412G01,G02,G03	

注：①表中列出的所有模块均已获得CE Mark认证，除非它们使用AC/DC固态继电器板。
②KU继电器板组件5A22412G01、G02和G03包含两块板（每块板有8个继电器）。

①数字量输出模块的熔丝点检测电路

状态寄存器的第6位使控制器可以监视场电源熔断器丝的状态，并通过外部错误LED直观指示该状态。

控制器通过在组态寄存器的第7位中写入“1”启用此功能。如果启用成功，且现场电源的电压为15～60 V DC，电路就会关闭外部错误LED并将模块状态寄存器的第6位清零，以此指示现场电源熔断器丝的状态正常。如果启用成功，且现场电源的电压小于0.4 V DC，电路就会打开外部错误LED，并将模块状态寄存器的第6位置位，以此指示现场电源熔断器丝已熔断。

如果使用低于15 V的现场电源电压运行卡，输出电路仍然正常工作。但是，熔丝点检测也许不能准确指示熔断器丝状态。在这种情况下，控制器可以通过在组态寄存器的第7位中写入“0”，禁用检测电路。第7位为“0”时，外部错误LED熄灭，同时将熔丝点状态位（状态寄存器的第6位）清零，表明熔断器丝正常。

总而言之，此功能根据以下指定条件运行：

☆15 V DC < 现场电源电压 < 60 V DC——熔断器丝正常。

☆0.4 V DC < 现场电源电压 < 15 V DC——未定义。

☆现场电源电压 < 0.4 V DC——熔断器丝熔断。

☆电源复位后，熔丝点检测电路被禁用。

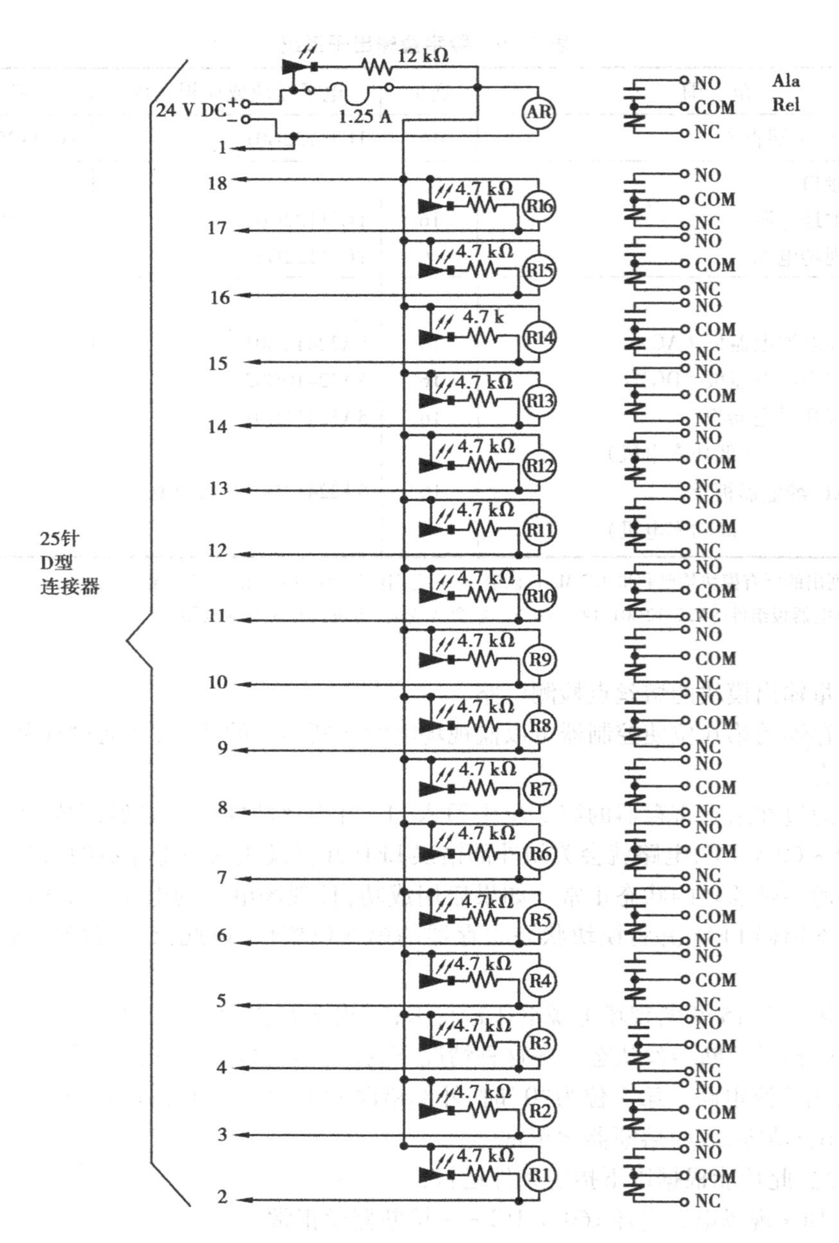

图 3.94　G2R 类型的数字量输出继电器模块端子(5A22411H01)

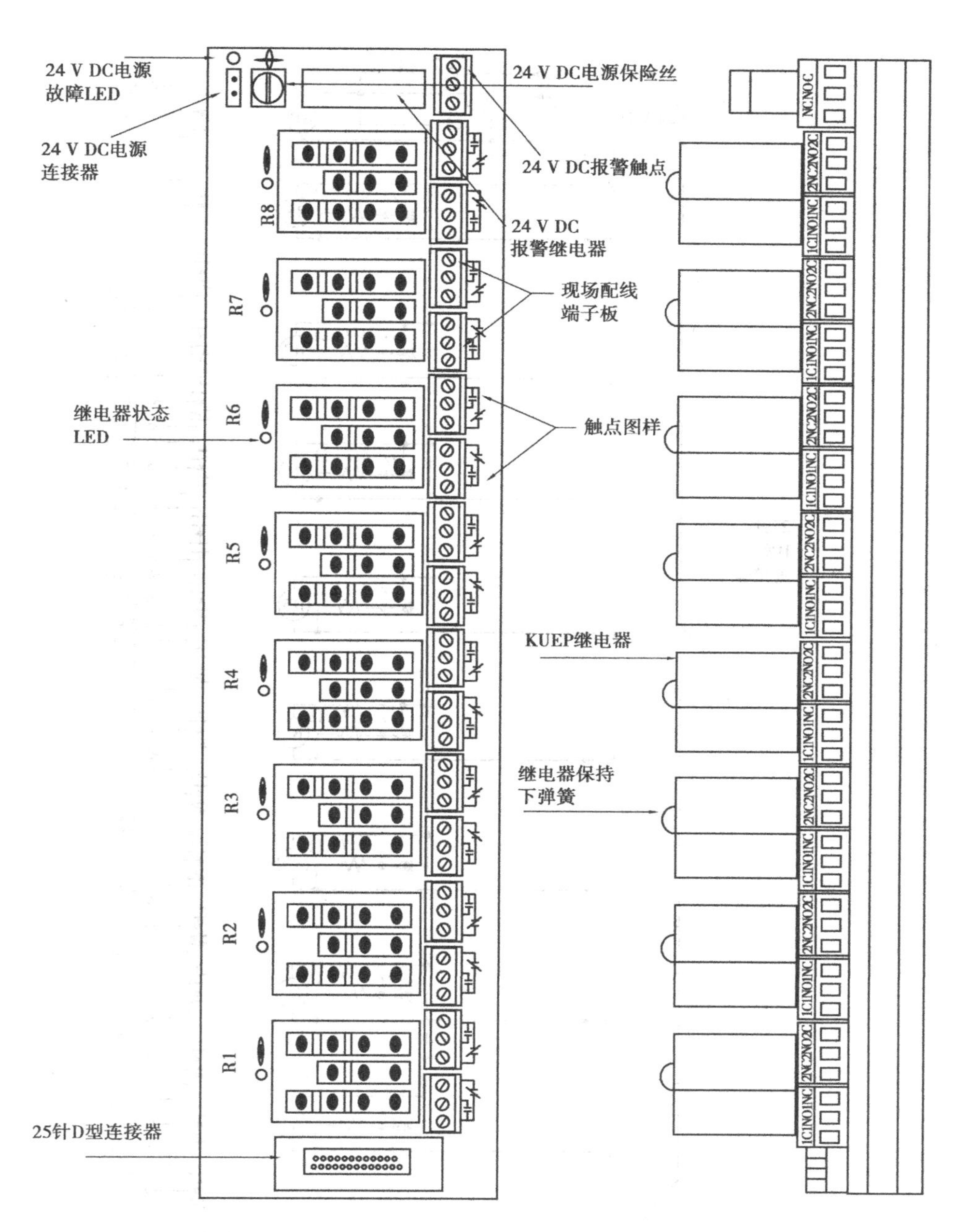

图3.95　DIN 导轨布局的 KUEP 类型数字量输出继电器模块（5A22412G01/5A22412G02）

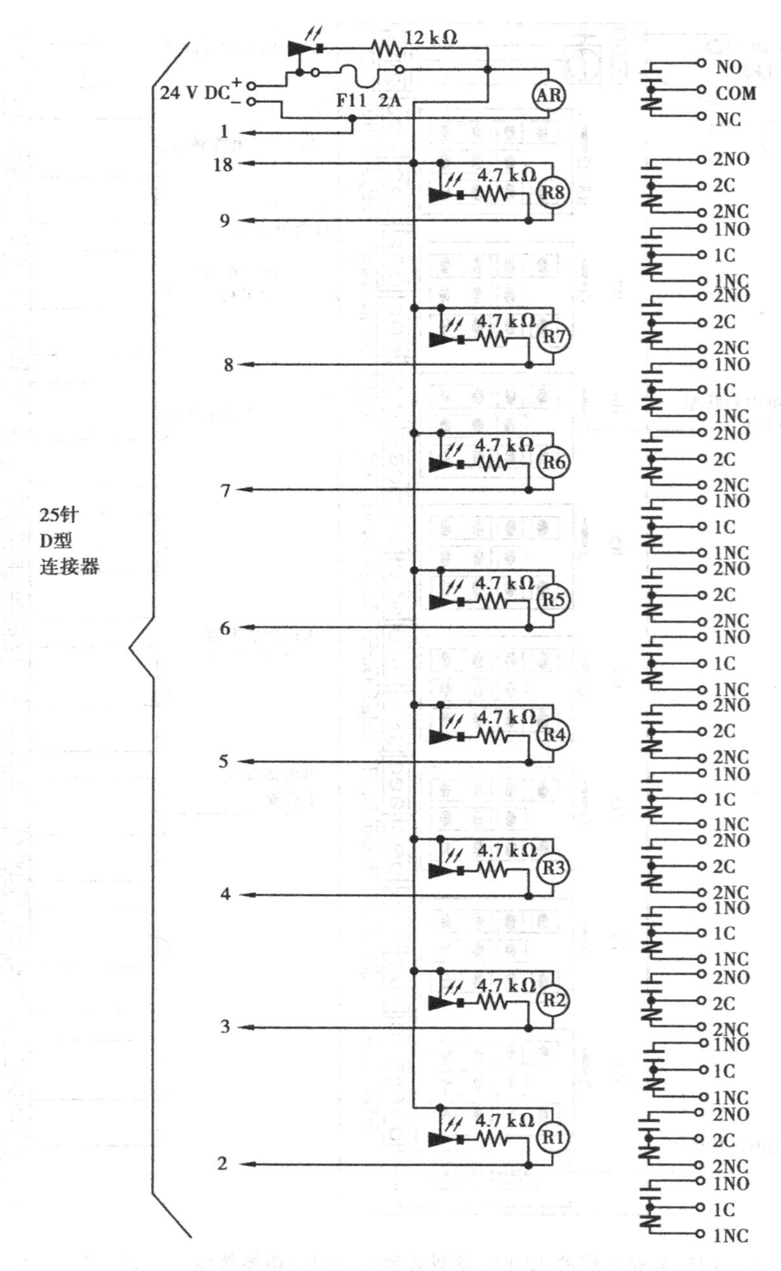

注：仅显示了第一个继电器板的前8个继电器。

图 3.96　KUEP(2 个 C 型)D/O 继续器模块端子 (5A22412G01)

②数字量输出的端子板配线

每个特性模块的侧面有一个简化配线图标签,该图位于端子板上方。该图说明如何将现场配线连接到基座中的端子板。

图 3.98 所示为数字量输出特性模块图。下面列出并定义图表中使用的缩写。

+:数字量输出的正极端子连接。

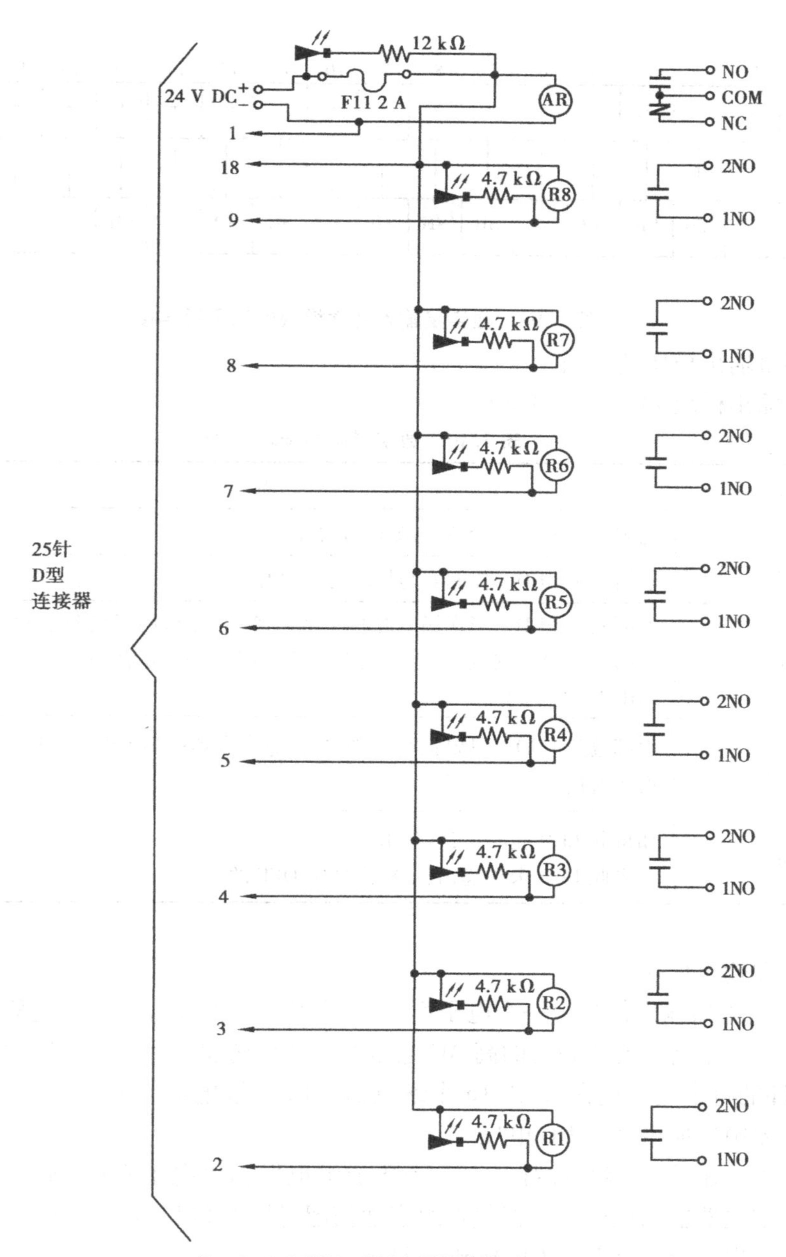

图3.97 KUEP(X型)D/O继电器模块端子（5A22412G02）

-:数字量输出的负极端子连接。

PS+，PS-:辅助电源端子。

SH:屏蔽。

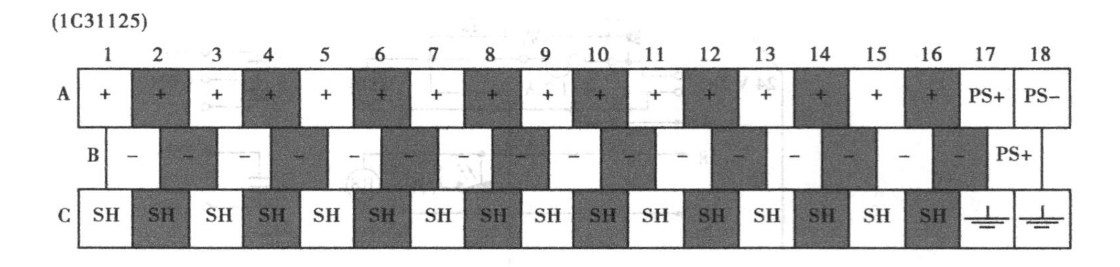

图 3.98 数字量输入特性模块的端子板连接

③数字量输出模块的诊断

数字量输出模块 LED 见表 3.40。

表 3.40 数字量输出模块 LED

LED	描 述
P(绿色)	电源正常 LED。+5 V 电源正常时亮起。
C(绿色)	通信正常 LED。控制器与模块通信时亮起。
E(红色)	外部故障 LED。当现场电源熔断器丝熔断,并启用了熔丝点检测电路时,此 LED 亮起。使用组态寄存器的熔丝点位(第 7 位)可启用或禁用熔丝点检测电路(HIGH=已启用)。
I(红色)	内部故障 LED。只要强制出错位(组态寄存器的第 1 位)激活,或者控制器停止与模块通信时,就会亮起。
CH1 ~ CH16 (绿色)	如果此 LED 亮起,表示输出处于 ON 状态。 如果此 LED 未亮起,表示输出处于 OFF 的状态。

2)继电器输出模块

Ovation 继电器输出模块由一个电子模块、一个基座组件和若干个继电器组成。继电器输出模块可以将处于高电流状态时的高 AC 电压切换到现场设备中。继电器输出基座组件有两种形式,组件的每个基座包含 12 或 16 个继电器。12 个继电器的输出基座组件多一个优势,可以在高电流中切换更高的 DC 电压。

每个继电器输出基座组件都具有一个集成继电器输出电子模块,连接继电器与 Ovation I/O 接口。继电器输出电子模块提供可组态通信超时周期和 LED,以指示每路输出的状态。

继电器输出模块是已获得 CE Mark 认证的模块。

继电器输出模块的电子模块(Emod)有一个电子模块组 1C31219G01,连接 Ovation 控制器和机械继电器,机械继电器用于在高电流时切换高 AC 电压。此模块插入所需的继电器输出基座组件中。

继电器输出模块的基座组件有两种不同类型的继电器输出基座组件:

☆1C31223G01 组态有 16 个 C 型(G2R 类型)继电器,这些继电器可切换高电流中的高 AC 电压。每个继电器包含一个 C 型触点组合,在端子板上用于用户连接。

☆1C31222G01 在项目层进行组态,带有 12 个 C 型(KUEP 类型)或 12 个 X 型(KUEP 类型)继电器,这些继电器可切换高电流时的高 AC 和 DC 电压。

在C型继电器的组态中，继电器中只有一对触点对可用于端子板，供用户连接。与G2R类型的继电器基座（1C31223G01）相比，KUEP类型的继电器基座（1C31222G01）有一个优点，就是可以在更高电流中切换更高的DC电压。

表3.41 继电器输出子系统①

范　围	通道	电子模块	基座②
KUEP继电器板（C型）	12	1C31219G01	1C31222G01
KUEP继电器板（X型）	12	1C31219G01	1C31222G01
G2R继电器板	16	1C31219G01	1C31223G01

注：①所有组态均获得CE Mark认证。
②继电器输出不使用标准Ovation I/O基座。使用为继电器输出应用场合列出的基座。还要注意，继电器输出模块不使用特性模块。

继电器触点额定值必须与使用继电器输出模块组件时一致。此应用场合必须为继电器输出模块组件提供外部电流限制保护。

继电器输出模块有4种不同类型的继电器输出模块板组件：

☆5A26457G01包含一个继电器输出电子模块、一个继电器输出基座组件和16个C型继电器（G2R类型）。

☆5A26458G01包含一个继电器输出电子模块、一个继电器输出基座组件和12个C型继电器（KUEP类型）。

☆5A26458G02包含一个继电器输出电子模块、一个继电器输出基座组件和12个X型继电器（KUEP类型）。

☆5A26458G03包含一个继电器输出电子模块和一个继电器输出基座组件。这是一个项目特定的基座组件，根据项目决定板上C型和X型两种继电器的组合方式。KUEP的C型继电器是4960A71H16，KUEP的X型继电器是4960A71H05。

①继电器输出模块的熔丝点检测电路

状态寄存器的第6位使控制器可以监视现场电源熔断器丝的状态，并通过外部错误LED直观指示该状态。

控制器通过在组态寄存器的第7位中写入“1”启用此功能。如果启用成功，且现场电源的电压为18～25.5 V DC，电路就会使外部错误LED熄灭，并将模块状态寄存器的第6位清零，以此指示现场电源熔断器丝的状态正常。如果启用成功，且现场电源的电压小于0.4 V DC，电路就会打开外部错误LED并设置模块状态寄存器的6位，以此指示现场电源熔断器丝已熔断。

总而言之，此功能根据以下指定条件运行：

☆18 V DC<现场电源电压<25.5 V DC——熔断器丝正常。

☆0.4 V DC<现场电源电压<18 V DC——未定义。

☆现场电源电压<0.4 V DC——熔断器丝熔断。

☆电源复位后，熔丝点检测电路被禁用。

②继电器输出模块的端子板配线

每个继电器基座组件都部署了端子板,端子板的每个位置都标有永久性的相应继电器触点设计。端子板的标记指示如何将现场配线连接至各个继电器基座组件的每个端子板位置。

图 3.99 和图 3.100 说明 G2R 和 KUEP 两种类型的继电器输出基座总成的端子板标记。表 3.42 列出并定义配线图中使用的缩写。

图 3.99　G2R 继电器输出基座组件的端子板连接

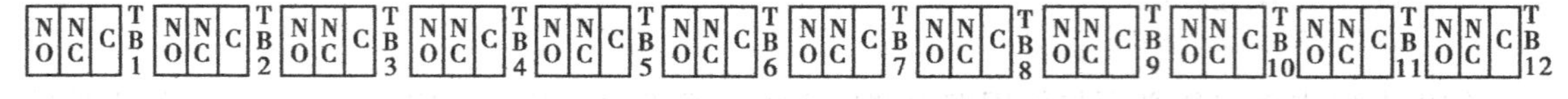

已安装C型继电器

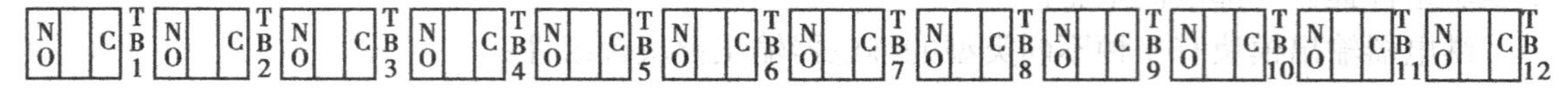

已安装X型继电器

图 3.100　KUEP 继电器输出基座组件的端子板连接

NC—正常闭合触点连接;NO—正常断路触点连接;C—公用触点连接

③继电器输出模块的诊断

表 3.42　继电器输出模块 LED

LED	描　述
P(绿色)	电源正常 LED。+5 V 电源正常时亮起。
C(绿色)	通信正常 LED。控制器与模块通信时亮起。
E(红色)	外部故障 LED。当现场电源熔断器丝熔断,并启用了熔丝点检测电路时,此 LED 亮起。使用组态寄存器的熔丝点位(第 7 位)可启用或禁用熔丝点检测电路(HIGH=已启用)。
I(红色)	内部故障 LED。只要强制出错位[组态寄存器的第 1 位]激活,或者控制器停止与模块通信时,就会亮起。
CH1 ~ CH16(绿色)	如果此 LED 亮起,表示输出处于 ON 状态。 如果此 LED 未亮起,表示输出处于 OFF 的状态。

3)高压侧数字量输出 24 V DC(HSDO) 模块

Ovation 高压侧数字量输 24 V DC(HSDO)模块是基于微控制器的智能数字量输出模块。HSDO 由两个模块(电子模块和特性模块)组成,两者都插入 Ovation I/O 模块基座。HSDO 模块包含 16 条光隔离的数字量输出通道。每条数字量输出通道可发出高达 500 mA 的输出电流。

这 16 条光隔离数字量输出通道共用一个 24 V DC 电源。16 条数字量输出通道的电源可从以下两个电源之一获得：

☆Ovation 电源 AUX 输出。（使用24 V 辅助电源时，每个模块的最大总输出电流为2 A）

或

☆外部24 V DC 电源。（每个模块的最大总输出电流为4 A。）

每条数字量输出通道都有一个智能电源开关，它包含一个高压侧电源 MOSFET 开关，用于将24 V DC 电压切换到外部负载。

串联隔离二极管位于各个智能电源开关输出管脚与16条数字量输出通道的输出端子之间。由于有光隔离二极管，24 V DC HSDO 模块可按以下两种模式之一运行：

☆独/单工模式。（不依赖其他模块）

或

☆冗余模式（与其他24 V DC HSDO 模块并行连接）。24 V DC HSDO 模块以冗余模式运行时，需要一个电缆组件来连接两个冗余24 V DC HSDO 模块之间的特性模块。

24 V DC HSDO 模块的电子模块（Emod）有一组电子模块组件5X00270G01，提供24 V DC 500 mA 的输出切换功能。

24 V DC HSDO 模块的特性模块（Pmod）有一组特性模块组件5X00273G01，为每条数字量输出通道提供电压抑制网络，提供24 V DC 现场电源滤波以及连接器，使冗余模式得以运行。

表3.43　高压侧数字量输出子系统

范　围	通道	电子模块	特性模块
24 V DC	16	5X00270G01	5X00273G01

①高压侧数字量输出模块的端子板配线

每个特性模块侧面都有一个简化的配线图标签，位于基座端子板上方。图3.101指示如何将配线从外部现场负载连接到 HSDO 模块的基座端子板。

+：数字量输出的正极端子连接。

-：数字量输出的负极端子连接。

RSV：保留端子。不允许在这些端子上进行连接。

EX+，EX-：24 V DC 现场电源输入端子。

PS+，PS-：机柜辅助24 V DC 电源端子。

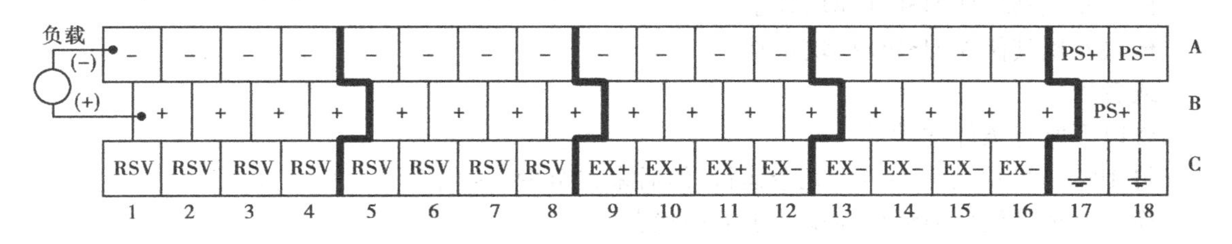

图3.101　HSDO 模块基座的现场信号端子连接

在冗余对中运行若干个 HSDO 模块时，只需把现场配线连接到冗余对中一个 HSDO 模块的基座端子。两个冗余 HSDO 模块的基座端子板都必须接有 HSDO 模块的现场电源。

使用外部24 V DC 现场电源：

☆将外部 24 V DC 现场电源正极连接到基座的所有 4 个 EX+端子。外部 24 V DC 现场电源正极连接必须装有熔断器丝。

☆将外部 24 V DC 现场电源回路连接到基座的所有 4 个 EX-端子。

使用机柜的 24 V DC 辅助电源:

☆将基座的两个 PS+端子之一连接到基座的所有 4 个 EX+端子。此连接必须装有一条 2 A IEC 60127-2 速效熔断器丝。

☆将基座的 PS-端子连接到基座的所有 4 个 EX-端子。

关于机柜辅助 24 V DC 现场电源方案,由于基座端子板的电流容量限制,最大的 HSDO 模块数字量输出电流为 2 A。

②HSDO 模块诊断

在独立和冗余两种模块组态中,每隔 25 ms 就会访问一次电源开关诊断位。如果在通道中检测到数字量输出故障,则将相应的模块通道故障寄存器故障位置位。在模块通道故障寄存器的任何位被置位时,模块状态寄存器(0xD 寄存器)的数字量输出故障位(第 4 位)也被置位。

这些数字量输出故障的情况可进行检测和报告:

☆电源开关输出接地短路。

☆电源开关输出对+24 V 短路(开关无法断开)。

☆电源开关电压低。

☆电源开关断路(开关无法闭合)。

HSDO 模块以冗余模块组态运行时,会周期性地执行动态电源开关断开测试。通过在交叉连接电缆串行链路上进行通信,两个 HSDO 模块调整各自的动态电源开关断开测试,使两个模块不会同时切断自身的电源开关输出。

在模块插入的情况下,模块间建立通信后再经过 12 s,HSDO 模块会执行动态电源开关断开测试。然后,HSDO 模块就会周期性地执行测试,测试的时间间隔从 15 min ~24 h 不等。时间间隔根据模块组态寄存器第 10、9 和 8 位的值选定。

③HSDO 模块的现场电源切断

HSDO 模块在以下两种情形之一均切断自身现场电源:

☆以下所有条件均满足

模块检测到一个电源开关输出对+24 V 短路的故障。

模块已组态为冗余模式运行。

模块发现其伙伴 HSDO 模块处于活动状态。

模块发现其伙伴 HSDO 模块正常。

或者当

☆以下所有条件均满足

将 HSDO 模块组态为启用冗余运行,但后来在至少 3 s 内取消了此组态。

模块发现其伙伴 HSDO 模块处于活动状态。

模块发现其伙伴 HSDO 模块正常。

④高压侧数字量输出模块的诊断

Ovation 24 V DC 高压侧数字量输出 LDH 逻辑卡包含显示模块状态的 20 个 LED,见表 3.44。

表3.44　高压侧数字量输出模块LED

LED	描　述
P(绿色)	电源正常LED。+5 V电源正常时亮起
C(绿色)	通信正常LED。控制器与模块通信时亮起
E(红色)	外部错误LED。同时满足以下两个条件时,此LED亮起: 缺少现场电源; 模块组态寄存器的第7位已置位
I(红色)	内部错误LED——满足以下至少一个条件时,此LED亮起: 控制器未与模块通信; 内部微控制器已将其内部错误位置位; 模块组态错误的第1位已置位
1(绿色)	第1通道状态:第1通道的电源开关闭合后亮起,第1通道的电源开关断开后熄灭
2(绿色)	第2通道状态:第2通道的电源开关闭合后亮起,第2通道的电源开关断开后熄灭
3(绿色)	第3通道状态:第3通道的电源开关闭合后亮起,第3通道的电源开关断开后熄灭
4(绿色)	第4通道状态:第4通道的电源开关闭合后亮起,第4通道的电源开关断开后熄灭
5(绿色)	第5通道状态:第5通道的电源开关闭合后亮起,第5通道的电源开关断开后熄灭
6(绿色)	第6通道状态:第6通道的电源开关闭合后亮起,第6通道的电源开关断开后熄灭
7(绿色)	第7通道状态:第7通道的电源开关闭合后亮起,第7通道的电源开关断开后熄灭
8(绿色)	第8通道状态:第8通道的电源开关闭合后亮起,第8通道的电源开关断开后熄灭
9(绿色)	第9通道状态:第9通道的电源开关闭合后亮起,第9通道的电源开关断开后熄灭
10(绿色)	第10通道状态:第10通道的电源开关闭合后亮起,第10通道的电源开关断开后熄灭
11(绿色)	第11通道状态:第11通道的电源开关闭合后亮起,第11通道的电源开关断开后熄灭
12(绿色)	第12通道状态:第12通道的电源开关闭合后亮起,第12通道的电源开关断开后熄灭
13(绿色)	第13通道状态:第13通道的电源开关闭合后亮起,第13通道的电源开关断开后熄灭
14(绿色)	第14通道状态:第14通道的电源开关闭合后亮起,第14通道的电源开关断开后熄灭
15(绿色)	第15通道状态:第15通道的电源开关闭合后亮起,第15通道的电源开关断开后熄灭
16(绿色)	第16通道状态:第16通道的电源开关闭合后亮起,第16通道的电源开关断开后熄灭

(5)专业I/O模块

Ovation专业I/O模块包括链路控制器(LC)模块、脉冲累加器模块、测速模块、阀位定值模块、回路接口模块、伺服驱动程序模块、SLIM(小型回路接口模块)等。此处仅对链路控制器(LC)模块进行介绍,其他模块说明由于篇幅有限,在此不作详细介绍,若想详细了解,请参见《OvationI/O使用手册》。

链接控制器(LC)模块提供给Ovation控制器含到第三方的设备或系统的系列数据通信链接。该通信通过系列RS-232,RS-422或RS-485数据链接完成。提供两个串口。编程端口可以和IBM兼容计算机的COM1或COM2串口端连接。

LC 模件支持 Ovation 标准协议包,也支持用户 C 程序。标准的协议包有:Modbus RTU(主或从)、Allen Bradley DF1、Woodward Governor、ABB Turbine、Reliance PLC、Opto22、GE Speedtronic Mk IV, Vilter Compressor, Kaye Netpac 等。

链路控制器模块的电子模块(Emod)有一组电子模块 1C31166G01,提供到第三方装置或系统的通信。

链路控制器模块的特性模块(Pmod)有两组特性模块:

☆1C31169G01 提供给 RS-232 系列链接(在 CE 标准系统中,应用端口电缆必须小于 10 m (32.8 ft))。

☆1C31169G02 提供给 RS-485 系列链接(也可以用于提供给 RS-422 系列链接)。

表 3.45 链路控制器 (LC)子系统(16 位)①

范　围	通　道	电子模块	特性模块
RS232	1 串口(能控制许多点)	1C31166G01	1C31169G01
RS485/RS422 四线	1 串口(能控制许多点)	1C31166G01	1C31169G02

注:①表中列出的所有模块组态均已获得 CE Mark 认证。要使用此模块,Ovation 控制器中必须驻留正确的 SLC 算法。(请参见《Ovation 算法参考手册》

①特点

☆16 位处理器(80C186),可以执行 IBM 兼容个人计算机代码。

☆1 M 字节(Byte)静态随机访问存储器。

☆64 K 字 EPROM,提供 IBM 个人机 BIOS 用户版本。

☆256 K 字非易失性存储器,用于存 PC 操作系统程序和应用程序。

☆RS-232 或 4 线 RS-485 电流隔离 COM1 兼容串行端口(应用端口)。

☆所有内部元件最大耐 85 ℃操作温度。

☆电子 ID 识别 I/O 模块类型、组、系列号和版本号。

☆具有热交换能力。

☆非隔离型 RS-232 串行端口可以和 IBM 兼容机(编程端口)通信。

②链路控制器 (LC)的端子板配线

1+ 至 16+:触点输入的正极端子连接。

1- 至 16-:触点输入的负极端子连接。

PS+, PS-:辅助电源端子。

RSV:保留端子。不允许在这些端子上进行连接。

③链接控制器编程

链接控制卡在 DOS 环境下运行。这可将在链接控制卡上的应用程序用标准的工具编写,C 语言程序库支持它的应用程序。组成链接控制卡工具包的库文件有:

☆串行通讯程序库——提供串行口的初始化,输入字符的中断接收,字符的查询发送和接口的控制功能。

☆共享存储器访问程序库——提供链接控制卡共享存储器的功能,在选定的格式下,读/写共享存储器中的寄存器的值。

☆定义接收的数据或从链接控制卡串行口送来的数据的数据格式。

☆利用链接控制卡应用程序将数据转换成要求的格式并送到 DIOB 可存取 RAM 中(或利用 DIOB 读取 RAM 中的数据)。

☆产生一个控制器应用程序,将 DIOB 中的数据送往 Ovation 过程控制点(或将各控制点数据写入 DIOB)。

④初始化 LC 模件

执行初始化时,将 LC 模件的 J1 口与计算机 COM1 或 COM2 口相连接,准备好文件:RLCEXTPC. EXE 和 RLCFLASH. EXE。

步骤1:将 LC 模件(特性模件和电子模件)安装到基座上。

步骤2:用通信电缆连接 LC 模件的 J1 口与计算机 COM1 或 COM2 口。

步骤3:在计算机上运行 LC Loader_windows 的 SETUP 程序。

步骤4:安装完成后在计算机中会出现一个虚拟 A 盘,将 DLMODBUS. EXE,AUTO. BAT,RLCEXTPC. EXE、RLCFLASH. EXE 和配置文件复制至 A 盘。

步骤5:从 A 驱动器运行 RLCEXTPC. EXE。

A:\> RLCEXTPC. EXE [port][baud]

Port=COM1 或 COM2(缺省为 COM1)

Baud=9600 或 19200(缺省为 19200)

步骤6:通过从基座上取下 LC 模件对 LC 模件进行重置,等待 5 s 后,将其重新安装到基座上。

步骤7:LC 模件执行自诊断,自诊断时,面板上 LED1 ~ LED8 将依次亮灯和熄灭,当诊断完成,所有灯将熄灭。LC 模件启动成功后,只有 LED P 亮灯,PC 计算机上出现 A:\>prompt。LC 模块内部卡定义为 A 驱动器,外部软驱定义为 B 驱动器。

步骤8:从 B 驱动器拷贝 DLMODBUS. EXE,AUTO. BAT, RLCFLASH. EXE 和配置文件至 A 盘。

步骤9:输入 B:\>RLCFLASH. EXE 或 B:\> A:\RLCFLASH. EXE。

步骤10:通过从基座上取下 LC 模件,等待 5 s 后,将其重新安装到基座上,或按 Control-Shift-Delete 重启 LC 模件。

(6)总线模块

Ovation 总线模块包括:

☆Foundation Fieldbus 模块。Ovation Foundation Fieldbus 模块提供一种连接 Ovation 系统和行业标准 Foundation Fieldbus 设备的方式。此模块的接口通过 Ovation I/O 总线;因此,相对附加或链接方法,此模块是 Ovation 的原生模块。Ovation Foundation Fieldbus 模块与一个或两个网络连接。此模块支持冗余并且可安装在每个网络上。在任何给定时间,都只有一个模块是主模块。模块间冗余通信通过冗余对之间的专用 RS-232 通信链路处理。通信电缆连接到 Pmod 的 RJ-45 插孔。

☆Profibus 模块。Profibus(过程现场总线)DP(分散外围设备)是一种链接设备(也称从方)和自动化系统的全数字双向通信系统。分散式外围设备使用控制器(Ovation)及其所连接 I/O 通道之间的网络总线(在此情况下为 Profibus)。因此,相对于集中设置其 I/O 的可编程逻辑控制器(PLC),此 I/O 被分散。在电厂网络层次结构的基本层,Profibus 作为仪器的局域网(LAN)。

☆DeviceNet 模块。Ovation DeviceNet 模块提供分别与一个或两个 DeviceNet 网络连接的接口。DeviceNet 具有一个关联的个性模块。DeviceNet 采用 Producer/Consumer 技术提供强大高效的数据处理功能,从而允许有效确定需要的信息和需要信息的时间。

☆以太网链接控制器。以太网链接控制器提供与单个以太网链接连接的接口。此模块使用直通 RJ-45 连接器,允许从电子模块外部访问端口。

由于篇幅有限,在此不作详细介绍,若想详细了解,请参阅《Ovation I/O 使用手册》。

练习题

1. 简述 Ovation 系统 I/O 模件的分类。
2. 简述 Ovation 系统 I/O 模件的构成。
3. Ovation 系统 I/O 模件的分类。
4. 什么是信号噪声,信号噪声是如何产生的?
5. 简述 Ovation 系统是如何抑制信号噪声的。
6. 简述 Ovation 系统 I/O 模件逻辑地址是如何定义的。
7. 为什么 Ovation 系统中标准 I/O 模件基座必须放置在基数位置开始,而继电器基座却可以放置在奇数或偶数位置开始?
8. 简述 Ovation 系统模件的跳接步骤。
9. 画图说明如何连接回路供电和有源 4 ~ 20 mA 电流信号到 Ovation 系统。
10. 画图说明三线制和四线制 RTD 的现场接线。
11. HART 输入输出模块有哪些,其作用分别是什么?
12. Ovation 系统专业 I/O 模块有哪些,其作用分别是什么?

3.2.5 噪声成因及抑制

Ovation 系统牵涉多种的模拟回路和数字回路,有低电压回路、高电压回路、信息传输回路以及电源传输的回路。这些回路均可分为两类:噪声生成回路和噪声敏感回路。

当传输模拟量(电压、电流和其他测量值)或数字量信息(开/关状态、脉冲链或类似数据)时,通常会出现噪声问题。在传输过程中,这类回路中信号所携带的信息可能会失真,并且这种失真可能会导致错误。

传输信息的信号与接收信息的信号间的差异被称为噪声。此处所介绍的噪声最小化技术,用于防止在清除噪声时产生错误,或当噪声不可能被清除时,在减少噪声影响时可产生的错误。

自然信号属性(如数字信号的峰值)或信号传输过程创建的条件(如模拟量信号的电压)使信号传输的信息有别于噪声。从噪声信号恢复正确信息,取决于是否能够从所需信息中剔除噪声。抑制噪声一般可从能量级、频率和噪声源三方面考虑。如果信号和噪声存在能量级差异,采用门限技术可较易的剔除噪声。而工业厂房中遇到的大多数噪声通常是由电源工频及其低次谐波引起,或瞬间切换引起的。模拟量信号的频率通常低于每秒一周期,而工厂和控制器之间的数字信号频率则为每秒零至几百万个周期。通过剔除外部噪声源(暂态过电压)

频率内容可以轻松复原模拟量信号和数字信号,因为暂态电压没有低于0.5 MHz频率的可感能量,此时低通滤波十分有用。大多数信号在最初生成时相对没有噪声。所接收信号中的大量噪声是在信号传输过程添加的。将信号源和配线与噪声源隔离和分离是十分有效的抑制手段。

常见的噪声源有电感设备,如继电器和螺线管;AC和DC电源电路和配线;开关装置;晶闸管和某些开关电路;变频或变流设备。

①数字信号噪声抑制。

Ovation系统为数字信号提供3种特定的噪声抑制措施:

☆低通滤波。

☆大信号电平(48 V DC或115 V AC)。

☆隔离或光耦合。

通过低通滤波和使用大信号电平技术,可以分别从噪声频率和能量级别进行噪声识别。

将数字信号接收装置与大地进行隔离是抑制接地电位差噪声的一种重要手段,使信号对中两路导线电压变成对地电压电位。信号源(变送器)在远离接收装置的地方接地,变送器和接收器接地处于不同的电压,这就是这种隔离的一个例子。在这种情况下,接地电位差为相应信号对的两条线路间的电压。

另一个需要隔离来抑制接地电位差噪声的例子是,当信号线路处于不断变化的电磁场和静电场环境中时,线路间会出现感生电势,在这种情况下就需要进行隔离。

光隔离器可用于将数字信号传送给接收器。除非有信号线噪声电流流过,否则接收器不会对噪声作出响应。如果信号线不在多个点接地,就会消除两根信号线对上等值对地电压引起的低频电流,该电压称为共模电压。

②模拟信号噪声抑制。

由于与数字信号所述的同样原因,也提供了模拟信号隔离。但是,由于模拟信号通常处于低电平,因此滤波和隔离噪声抑制技术对模拟信号比对数字信号更有效。

模拟信号滤波是通过将交流电源工频一个(或多个完整)周期作用的信号取平均而实现的。输电线相关噪声,无论是工频还是谐波,在一个周期内均值不为零。通过这种技术对一个精确的噪声信号周期取平均值并从信号中进行滤波,电源工频及其谐波中与电源线路相关的噪声就会被剔除。

对于占用时间周期比瞬态持续时间长很多的均值信号,瞬态噪声(高频阻尼振荡)的均值为零。

③输出信号噪声抑制。

从Ovation系统向设备发出的数字量输出信号,是以电子隔离方式与控制器进行隔离的,包括机电式输出或半导体输出。从Ovation系统向设备发出的模拟量输出信号(电压输出或电流输出)也是与控制器以电子方式隔离的。

④噪声敏感电路的噪声抑制。

所有传输回路,低电平模拟电路和数字电路,都必须假定为对噪声敏感,而且要求采用特别措施进行噪声抑制。来自过程传感器(热电偶、RTD等)的现场信号特别易受噪声影响。噪声可通过3种途径耦合到噪声敏感回路中:

☆通过分布电容的静电耦合。

☆通过分布电感的电磁耦合。

☆电导耦合。

对这些噪声敏感回路进行噪声抑制可采用以下一种或多种方法：

☆对产生噪声回路和噪声敏感回路之间进行物理分离。

☆使用双绞线进行信号连接。

☆正确接地(尤其要避免电缆屏蔽层多处接地),正确屏蔽(尤其是电缆屏蔽)。

☆抗浪涌保护符合 IEEE 和 ANSI 标准。

物理回路分离是对静电场和电磁场感应噪声进行控制的一种简单而有效的方法。这是因为静电场和电磁场随距离增大而衰减,产生的振幅噪声较低并保持良好的信噪比。

双绞线通过消除对杂散电磁场敏感的电路回路来抑制噪声。每一根导线在相邻两个环的两段上流过的噪声电流大小相等方向相反,相互抵消,故能有效抵制感应噪声电流。

正确接地和屏蔽使噪声感应电流在屏蔽层中流动,并从屏蔽层接地,而不是在相应的信号导线中流动。屏蔽层本身有助于避免电容耦合噪声。屏蔽层的唯一功能是减小屏蔽层内导线到外部导线之间的有效电容。要实现此功能,屏蔽层应尽可能连续,并且为安全单点接地安装"加蔽线"。

大部分 Ovation I/O 模块都依据 IEEE C37.90.1—1989 标准设计,提供了抗浪涌保护。

⑤模拟信号屏蔽技术。

为了抑制噪声,低于 1 V 的模拟信号被视为低电平,而且(与所有模拟信号的情况一样)需要屏蔽。所有模拟量输入信号线应使用单独屏蔽的双绞线。如果电缆中的每对双绞线都有自己的隔离屏蔽层,就可以使用多对电缆。使用以下原则对信号进行屏蔽：

☆将模拟信号屏蔽层接地。

☆屏蔽层仅一端单点接地。

☆将信号的低压端连接到信号源的屏蔽层。如果屏蔽层不便在信号源或其附近接地,就在控制器上接地。如图 3.102 所示为理想的模拟信号现场连接。

☆将(未破损的)屏蔽层从变换器一直延伸到位于模拟量输入模块的模数转换(A/D)前端的屏蔽端子,然后进行接地。

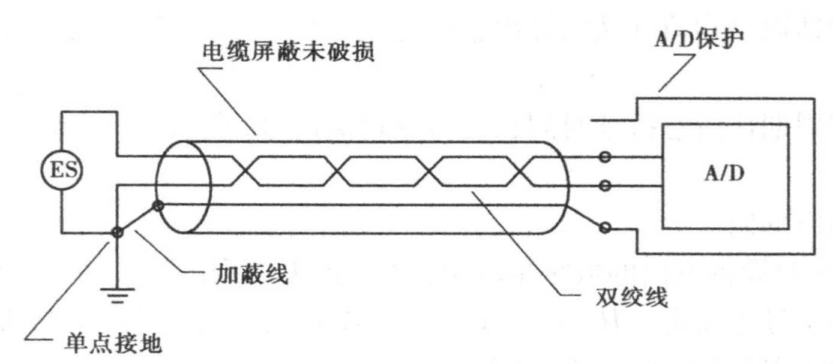

图 3.102　理想模拟量现场接线

⑥公用输入信号注意事项。

在 4～20 mA 信号与噪声源之间存在充分间隔时,此类标准控制信号就不需要屏蔽电缆。但是,要进行抗浪涌保护就建议使用屏蔽电缆。建议使用双绞线电缆。

用于数据传输的 Ovation 系统的数字 I/O 电路不需要单独的双绞线或屏蔽导线。多导线电缆可使用于大多数Ovation数字信号场合，其中一条导线充当公共回路，并且有一根电缆是完全屏蔽的。

触点闭合信号：输出（CCO），这些电路通常不需要屏蔽。输入（CCI），如果电缆中的净电流为零，这些电路就不需要屏蔽。

练习题

1. 工厂内常见噪声源有哪些，为什么要进行噪声抑制？
2. 如何抑制数字信号噪声？
3. 如何对噪声敏感电路进行噪声抑制？
4. 模拟量信号屏蔽原则是什么？请作图说明？

3.3 DCS控制系统软件

Ovation系统的设计是基于开放式思路，应用目前由工业控制专家开发的最先进的技术。Ovation系统使用目前广泛认可的硬件、软件、网络和通信接口，取代了过时的、有专利的DCS结构；采用开放性网络、工作站和Intel奔腾处理器这些普遍被认可且熟悉的硬件，从而简化了Ovation系统整个组态和执行过程。同样，在Ovation软件平台的设计中也应用了相同的设计理念，大多数软件是人们所熟悉的第三方软件包，如AutoCAD、Oracle相关数据库等软件。这样，操作人员和工程技术人员就不需要专门对操作系统进行技术培训了。

Ovation系统具有菜单式的直观的编程工具。系统的核心全部装入了“关系数据库管理系统”（RDBMS）。不同于通常的分散控制系统产品，Ovation的RDBMS不是通过服务器嵌入式实施的，而是通过完全具有第三方特性的Oracle数据库，全部装入到软件服务器中。该数据库包含系统内的所有信息，包括组态、报表、记录、控制算法信息、I/O控制器原始信息和过程数据库。RDBMS在应用软件和控制器之间形成了一个新的中间层，通过第三方的“结构化查询语句（SQL）”工具，可以进入该中间层，修改系统中的原始数据。

作为Ovation系统心脏的相关数据库管理系统（RDBMS）是数据控制的主要手段。Ovation系统是第一个采用这种全嵌入式数据管理系统的过程控制和采集系统。除了实时的和历史的过程数据外，RDBMS还存储了Ovation的每一个信息，包括：系统组态、历史储存和重新建立的数据、报表格式、控制算法信息、I/O控制器原始数据以及过程数据库。

Ovation的RDBMS有能力、便捷地将大量原始数据加以综合编排，所有编程工具和Ovation应用有关的数据都保存在这个集中管理、定义明确的RDBMS结构中，然后将运行信息分配到控制系统，使控制系统能独立于Ovation相关数据库运行，且所有系统和过程信息被保存并不断更新。

3.3.1 组态软件介绍

Ovation Developer Studio是用于配置基于Windows平台Ovation系统的主要工具。

Developer Studio 可让用户无缝配置系统功能,从而减少所使用的不同应用程序的数量,缩短工程时间,降低出错的可能性。Developer Studio 集成了过程控制工程功能,如构建 I/O 点及点组,配置 Foundation Fieldbus 等网络,以及操作员站功能。除了过程控制功能,用户还可以使用 Developer Studio 管理 Ovation 许可证。

在系统处于离线或在线状态时,用户都可以在 Developer Studio 中配置系统。使用 Developer Studio 可创建并维护 Ovation 站类型、控制策略、过程画面、点以及系统范围的配置,构建整个系统或从以前创建的数据库中导入信息,还可使用 Studio 配置所有操作员站功能及属性。Developer Studio 的直观菜单式图形界面使用标准拖拽功能,可在 Ovation 系统中轻松移动或复制控制逻辑、I/O 点和过程画面等元素到不同位置。面向对象的系统配置方法提供的操作环境可缩短学习时间,简化开发以及节省大量工程工作。

(1)Ovation Developer Studio 树形结构

Ovation Developer Studio 以树形结构(或系统层次结构)对功能进行分类,系统信息位于树的顶部,后面紧跟 Networks、Units、Drops 和 Point 信息,如图 3.103 所示。在配置系统的属性时,系统属性通常应用于其下的 Networks、Units 和 Drops。

用户可以定义系统树中较低级别对象的属性,将 Networks、Units 和 Drops 配置为拥有与系统文件夹级别定义属性不同的属性。虽然系统文件夹级别设置的属性从树中向下默认,但在树的较低级别设置的属性通常会覆盖在较高级别下进行的属性定义。

系统树的每个文件夹(或项目)均包含该级别的所有特定元素,如图 3.104 所示。例如,Drops 文件夹包含特定单元的所有 Drops。通过 Studio Drops 文件夹可插入并配置 Drops。每个文件夹右侧列出的每个级别的功能根据需要进行自行定义。大多数功能可在“使用 Developer Studio 功能”中找到。

1)系统

Systems 文件夹位于 Hardware 视图栏的正下方,系统树的顶部。Systems 文件夹涵盖其下整个系统的所有设置和配置,是 Networks 文件夹的父项。如果一个数据库中有多个系统,则每个系统项都将出现在 Systems 文件夹中,并可用于各自系统的配置。

Systems 文件夹中的元素配置定义了系统中所有项目的整体控制属性,它设置并限制其下系统所有其他层的运作方式。这些系统功能包括:External Systems Interface Licenses、Security、Ancillary、Point Groups、General Configuration 以及 Graphics 功能。

在 Systems 文件夹级别进行定义便于在整个 Developer Studio 中对参数和画面进行一般性配置。Point Groups 文件夹的 External System Interface 为 Systems 文件夹所独有。

2)网络

Networks 文件夹是 Systems 文件夹的子项,是 Units 文件夹的父项。它包含该系统中每个网络的文件夹,是有关网络的所有文件、项目和文件夹的父文件夹。Networks 文件夹级别的唯一附加功能是 Graphics。

由 Developer Studio 在 Networks 文件夹级别控制的配置组件为 DDB、Network Time Protocol 和 Point Processing。目前每个数据库仅允许配置一个网络。

3)单元

Units 文件夹是 Networks 文件夹的子项。Units 文件夹包含每个单元的所有设置,可直接控制 Drops 及其下的 Points。Units 文件夹是有关该特定单元的所有文件、项目和文件夹的父

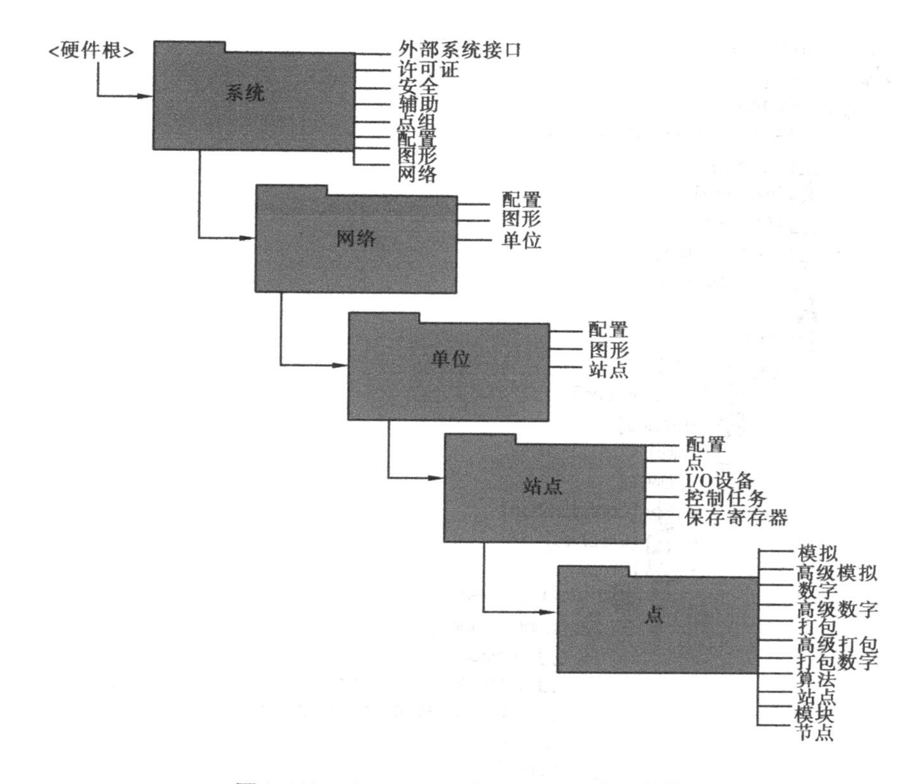

图 3.103　Ovation Developer Studio 分层结构

文件夹。

如果有多个单元,则每个单元将出现在 Units 文件夹中,并可用于每个单元的通用属性配置。

设置了 Units 文件夹以允许多个单元(如发电厂的两个单元)在同一系统下运行,并允许根据需要将配置从 Networks 设置的配置中分离开来。

Units 文件夹级别的功能包括 Graphics 和 Configuration。由 Developer Studio 在 Units 文件夹级别控制的配置组件为 Network Time Protocol 和 Point processing。Ovation Developer Studio 限制为每个网络最多配置 16 个单元。

4)站点

Drops 文件夹由其上的 Networks、Systems 和 Units 文件夹配置直接控制,并可直接控制相关联的 Points。Drops 文件夹是硬件属性配置第一级别。

Drops 文件夹级别的其他功能是 Points、I/O Devices、Control Tasks、Holding Registers、Configuration。

5)点

Ovation 系统中的最小单位称为一个点。点包含系统用于收集信息、请求信息、进行决策以及向操作员报告的数据。信息类型涵盖现场输入和输出信号、逻辑运算中间值以及内部系统信息。收集的信息可以是温度、固体或液体高度、质量、振动、旋转角度、定时等过程参数。用户可以按点名和系统标识号识别每个点。

Points 文件夹是数据库中点的标准接口。Points 文件夹是 Drops 文件夹的子项,是包含

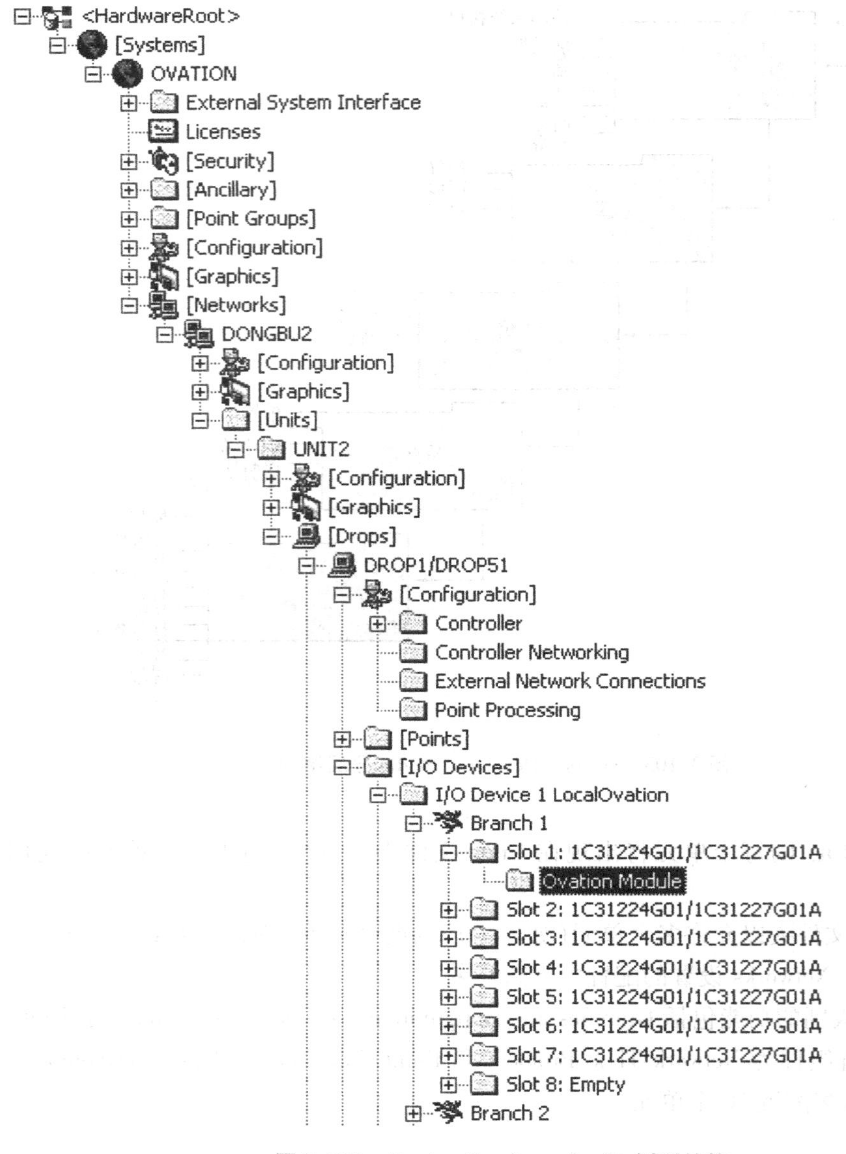

图 3.104 Ovation Developer Studio 树形结构

Drop 中每个点的项目,打开 Drops 可显示 Ovation 点记录信息。点记录存储定义 Ovation 点属性的信息。这些记录包含 Ovation 点记录的用户可定义字段,在许多情况下,直接关系到点记录在 Ovation 系统中如何工作。

(2)Ovation 软件组态流程

步骤 1:定义站号、站类型、IP 地址、Host ID 等信息。

步骤 2:定义各类站点的配置参数,安装 Ovation 系统配置文件,维护配置文件,下载各类文件到其他各站。

步骤 3:定义工程师站、操作员站的功能和点数据的访问权限。

步骤 4:定义 I/O 模块。

步骤 5:将工程师站 ORACLE 数据库中的新的点、配置文件下载到控制器。

步骤6:在工程师站 ORACLE 数据库中建立、修改、删除点记录。

步骤7:将工程师站 ORACLE 数据库中的点信息下载到控制器。

步骤8:在工程师站 ORACLE 数据库中建立控制 SAMA 图。

步骤9:将工程师站 ORACLE 数据库中的点信息和控制逻辑下载到控制器。

步骤10:检查点信息一致性。

步骤11:建立、修改过程画面。

步骤12:下载图形文件到其他各站。

步骤13:建立、修改点组。

步骤14:比较数据库的版本变化。

(3)Developer Studio 界面

可通过执行 start→ovation→ovatioin engneering tools→ovation Developer's studio 命令打开 Developer Studio 界面。

1)Developer Studio 的界面组件(图3.105)

☆视图栏:三个功能列提供数据库不同方面的视图。

Hardware 视图栏可访问系统树。系统树可扩展以显示其他文件夹和文件。

Defaults 视图栏显示默认点类型和 I/O 设备的树形结构。

TrashCan 视图栏类似于 Windows 回收站。

☆概述窗口:显示 Studio 树的 Hardware、Defaults 或 TrashCan 视图。

☆菜单栏:提供对 Studio 功能的访问。

☆工具栏:提供 Studio 特定功能,如 Save、Open 和 Create。工具栏包括 Standard、Operation、Browse 和 Windows。

☆状态栏:显示有关当前 Studio 会话的信息。状态栏显示菜单信息、数据库所在的站的标识、用于当前数据库连接的站以及某些键盘功能(如 Caps Lock、Num Lock 和 Insert)是否工作正常。

☆工作空间:显示功能对话框和文档对话框。

☆对话框:执行操作的功能窗口。文件存储在文件夹中。打开一个文件通常会在工作空间窗口中引发一个功能或文档对话框。

☆选项卡:允许对话框包含多个用于设置项目许多方面属性的对话框窗口。

☆系统栏:显示当前 Ovation 系统。

☆工作板窗口:显示可选项目、程序或文件。

☆视图按钮:更改工作板窗口中的项目的外观。

2)默认点类型和 I/O 设备

可以设置为默认值的点字段有:点描述、特征符、最小/最大标度、显示的位数、安全组、对某一类型的点通用的任何其他可配置特性。

默认点类型有:Default Analog Point;Default Deluxe Analog Point;Default Digital Point;Default Deluxe Digital Point;Default Packed Point;Default Deluxe Packed Point;Default Packed Digital Point;Default Algorithm Point;Default Drop Point;Default Module Point;Default Node Point;Default RemoteI/ONode(在 RemoteOvation I/O 下),由 Node 对象使用;Default Remote Q-LineI/ONode(在 Remote Q-LineI/O 下),由 Node 对象使用。

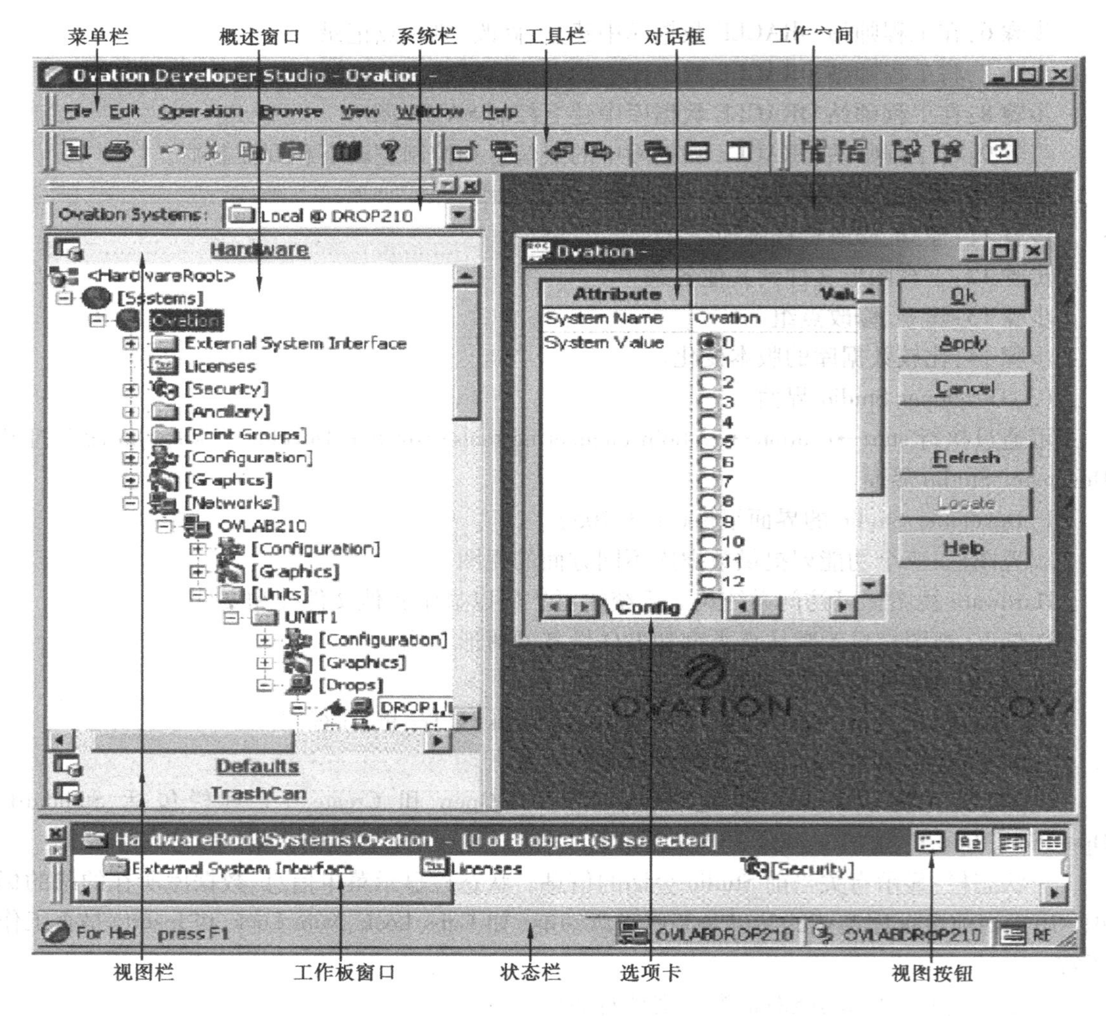

图 3.105 Developer Studio 界面

例如:为设置模拟点的默认值,可执行以下操作:

步骤 1:访问 Ovation Developer Studio。

步骤 2:选择 Defaults 栏。

步骤 3:选择 Default Analog Point 文件夹。

步骤 4:选择工作板区域的 Default Analog Point 对象。此时出现 Default Analog Point 对话框,如图 3.106 所示。

步骤 5:输入模拟点所需的默认值。如果设置新的默认值并单击"OK"按钮,这些值成为创建的所有点的默认值。

菜单栏选项见表 3.46。

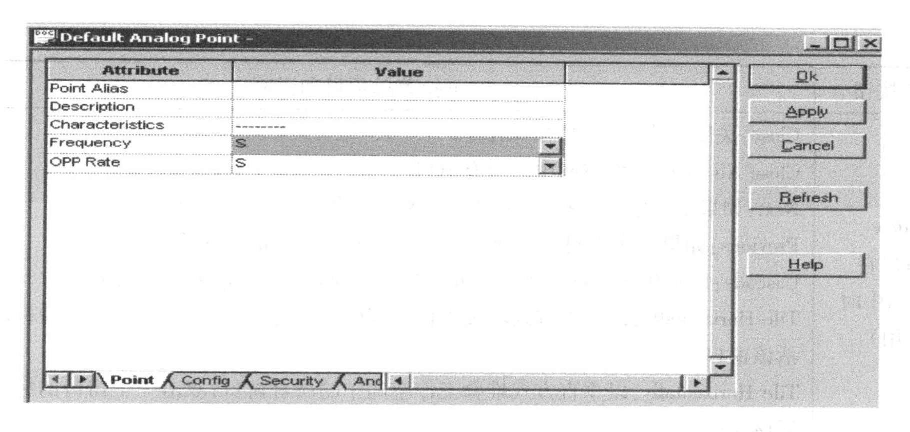

图3.106 Default Analog Point 窗口

表3.46 菜单栏选项

菜单栏按钮	下拉菜单项目和说明
File	Print Setup:更改打印机和打印选项 Print:打印活动文档中所选的选项卡 Print All:打印活动文档中的所有选项卡 Print Preview:显示活动文档被打印时的样子 Save As:将当前所选的对话框另存为一个文件 Exit:退出 Developer Studio 应用程序
Edit	Undo:撤消上一操作 Cut:将所选内容剪切到剪贴板 Copy:将所选内容复制到剪贴板 Paste:粘贴剪贴板内容 Select All:选择活动文档中的所有内容
Operation	请参阅"右击菜单、Operation 下拉菜单和 Operation 工具栏"
Browse	Expand Child:显示所选项的所有子项 Collapse Child:关闭所选文件夹的所有子文件夹 Expand All:显示直到叶节点的所有项目 Collapse All:关闭所有文件夹,并仅显示根节点
View	Workbook Mode:为工作空间窗口中打开的每个功能对话框提供选项卡 Full Screen Mode:通过消除所有菜单和菜单栏增大工作空间的大小 Customize Toolbar:打开 Customize Toolbar 对话框 Overview Window 显示或隐藏概述窗口 WorkPad Window:显示或隐藏工作板窗口 Status Bar:显示或隐藏状态栏 Lookup List As:以单列、多列或图标显示工作板窗口中的项目 Icon:更改工作板窗口中列出的文件夹和对象的外观 Single column:在一个垂直列中列出工作板窗口中的文件夹和项目 Multi-column/Vert:在多个垂直列中列出工作板窗口中的文件夹和项目 Multi-column/Horiz:在多个水平列中列出工作板窗口中的文件夹和项目

续表

菜单栏按钮	下拉菜单项目和说明
Window (仅窗口在工作空间中时才可用)	Close:关闭工作空间中的活动窗口 Close All:关闭工作空间中的所有窗口 Next:如果工作空间中打开多个窗口,Next 将依次激活下一个窗口 Previous:如果工作空间中打开多个窗口,Previous 将依次激活上一个窗口 Cascade:以对角方式堆叠工作空间中的所有窗口,活动窗口始终在最前面 Tile Horizontally:以水平方式堆叠工作空间中的所有窗口;双击一个窗口的标题栏以激活该窗口 Tile Horizontally:以垂直方式堆叠工作空间中的所有窗口;双击一个窗口的标题栏以激活该窗口
Help	Contents and Index:显示 Ovation Developer Studio 的联机帮助 AboutOvation DevStudio:显示程序信息、版本号和版权

3)右击菜单、Operation 下拉菜单和 Operation 工具栏的共同功能

除以下功能外,右击菜单、Operation 下拉菜单和 Operation 工具栏的功能都相同:Hide 和 Allow Docking 仅在右击菜单中;Refresh 不在 Operation 工具栏中。

Developer Studio 的大多数常见操作可使用这三种操作方法中的任何一种进行。右击菜单,尽管未显示在 Developer Studio 界面中,但执行大多数操作最简单的方式就是通过右击菜单。大多数对话框上都可以使用右击菜单,在一个项目或文件夹上单击鼠标右键即可访问右击菜单。Operation 工具栏上显示的所有操作都可用,但只有对所选项目/文件夹可用的功能才显示在右击菜单中。右击菜单仅显示可用功能的名称。Operation 下拉菜单显示功能名称和图标形式的所有操作功能(Hide 和 Allow Docking 除外)。仅突出显示对特定项目/文件夹可用的功能,所有其他功能呈灰色显示。Operation 工具栏包含图标形式的所有操作功能(Hide、Allow Docking 和 Refresh 除外)。仅突出显示对特定项目/文件夹可用的功能,所有其他功能呈灰色显示。

表 3.47 Operation 工具栏按钮

功 能	按 钮	说 明
Insert New		在层次结构中插入新项目
Open		打开所选项目进行编辑
Engineer		打开所选工程工具
Delete		删除/移动所选项目到 TrashCan 文件夹
Purge		从 TrashCan 文件夹中永久删除所选项目
Undelete		将以前删除的项目从 TrashCan 恢复到硬件层次结构中以前的位置

续表

功 能	按 钮	说 明
Search		从数据库中搜索匹配指定条件的项目
Where Used		搜索数据库以查找系统中一个项目被另一个项目使用的位置
Find		通过右击菜单或 Operation 下拉菜单快速搜索数据库中的项目名称 通过工具栏快速搜索数据库中的项目名称
Map Remote System		允许连接并操作远程系统,以通过 Developer Studio 设计系统
Disconnect Remote System		断开 Ovation Developer Studio 与远程映射系统的连接
Compile		编译所选图/宏或图/宏文件夹
Control Options		打开 Control Builder 选项对话框
Backup/Restore		用于备份和恢复系统信息
Consistency Checks		在所选层次位置执行一致性检查
Load		将数据库和控制内容下载到指定的 Ovation 目标站中

(4)Developer Studio 功能

1)Backup/Restore 功能

此功能用于备份和恢复 Ovation 数据服务器。此备份对具有 Foundation Fieldbus 的系统也是可用的。但是,此功能不备份存储的 Ovation Fieldbus Engineering Server 数据。一旦恢复备份映像,Foundation Fieldbus 数据就必须从 Ovation 数据库重新导出再导入 Ovation Fieldbus Engineering Server。应用:

步骤1:为选择 Restore 功能,该功能必须设置为已启用(请参阅“插入系统”)。

步骤2:启动 Ovation Developer Studio。

步骤3:使用系统树(在 Hardware 视图栏中)导航至 Systems 文件夹:Systems。

步骤4:右键单击相应的系统图标。

步骤5:选择 Backup/Restore,Backup/Restored 选项卡上将出现 Ovation Backup / Restore 对话框,如图3.107所示。

步骤6:选择要放置备份信息的目录。

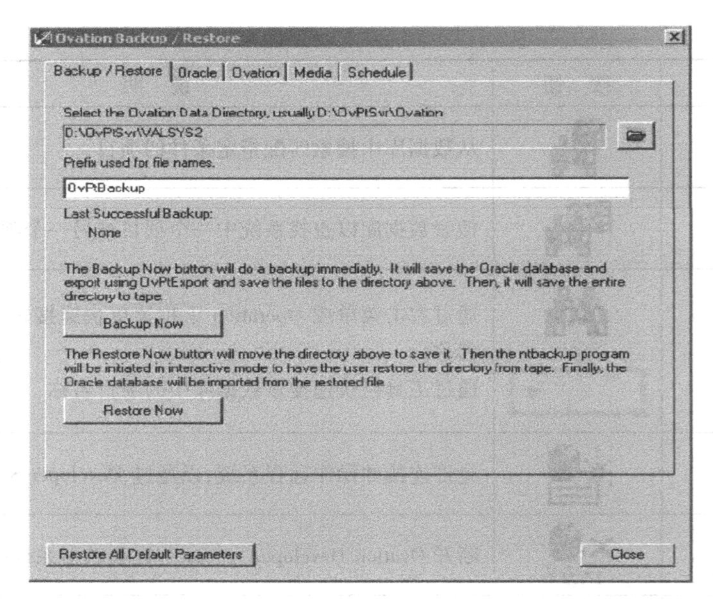

图 3.107　Backup / Restore 对话框

步骤 7:输入备份文件名。

步骤 8:根据需要,选择一个或多个其他选项卡并填充所需信息,或选择对话框上的 Backup Now 或 Restore Now 按钮。

表 3.48　备份/恢复选项

选项卡	填　充	说　明
Backup/ Restore	Select Data Directory Prefix used for file name Backup Now Restore Now	D:\OvPtSvr\Ovation 为默认值 OvPtBackup 为默认值 将保存 Oracle 数据库,然后保存整个目录 移动目录并保存,然后替换数据库
Oracle	Allow Editing User ID Home Directory Export Parameters Import Program Name Export Program Name	显示一则警告以确认用户要编辑此信息 输入用户的用户 ID 填充主目录 添加任何其他导出参数 输入导入程序名称 输入导出程序名称
Ovation	Allow Editing User ID Point Export Parameters	显示一则警告以确认用户要编辑此信息 输入用户的 ID 添加任何其他导出参数
Media	Allow Editing Media Type Folder # of Backups Backup Parameters	显示一则警告以确认用户要编辑此信息 文件夹/其他媒体或磁带媒体 键入或浏览备份信息的位置 可分配存储备份量 输入任何其他参数

续表

选项卡	填 充	说 明
Schedule	Next-Every	将在下一日期/时间备份,或每次,默认值:下一次备份
	Backup Time	设置备份时间,采用24小时制。默认为03:30
	Week Days-Days of the Month	打开 Week Days or Days of the Month 对话框
	Week Days 对话框	设置星期几备份。默认:星期二
	Days of the Month 对话框	设置月中的备份天
	Delete any existing	删除任何保存的计划
	Schedule the Backups	设置备份计划

步骤9:选择 Ovation Backup /Restore 主对话框上的 Restore All Default Parameters 按钮。

步骤10:选择 Close 按钮。

2)Clear 功能

Clear 功能用于从 Ovation 站中删除所有应用程序信息数据,如 Ovation 点和控制数据。Clear 功能在 Drops 文件夹级别执行。完成清除过程后,将自动重新启动站。应用:

步骤1:启动 Ovation Developer Studio。

步骤2:使用系统树(在 Hardware 视图栏中导航至 Drops 文件夹:Systems/Networks/Units/Drops。

步骤3:右键单击相应的 Drops 项目。

步骤4:选择 Clear。

步骤5:如果站为非冗余,则转至步骤7。

步骤6:如果站为冗余,将出现"Select a drop to clear"对话框选择相应的目标站,选择 Finish。

步骤7:将出现确认对话框,选择 Yes。完成此操作后,系统将自动重新启动并且将应用程序信息从站中清除。

3)Coefficient calculation 功能

Coefficient calculation 功能自动计算分配给以下模块类型的模拟量硬件输入点的转换系数。根据需要,可访问所有系数,以便用户进行调整。

①RTD 输入:在模拟点编辑对话框的 Instrument 选项卡上选择 RTD 类型和所需范围,将产生一个典型系数,创建六点欧姆曲线和温度以及五次多项式系数以配置输入。

②热电偶输入:选择热电偶类型及华氏度或摄氏度,将8个转换系数的值插入对话框。此外,默认情况下,热电偶还链接到关联的冷端 IC。

③标准模拟输入:在模拟点编辑对话框的 Instrument 选项卡上设置仪器范围,此界面将计算所有系数。

应用:

步骤1:启动 Ovation Developer Studio。

步骤2:使用系统树(在 Hardware 视图栏中)导航至 Systems/Units 或 Drops 文件夹:Systems/Networks/Units/Drops。

步骤3:右键单击所需文件夹。

步骤4:从右击弹出菜单中选择 Coefficient Calculation。

步骤5:该软件执行请求的功能并在对话框顶部显示无法计算的所有点的列表。

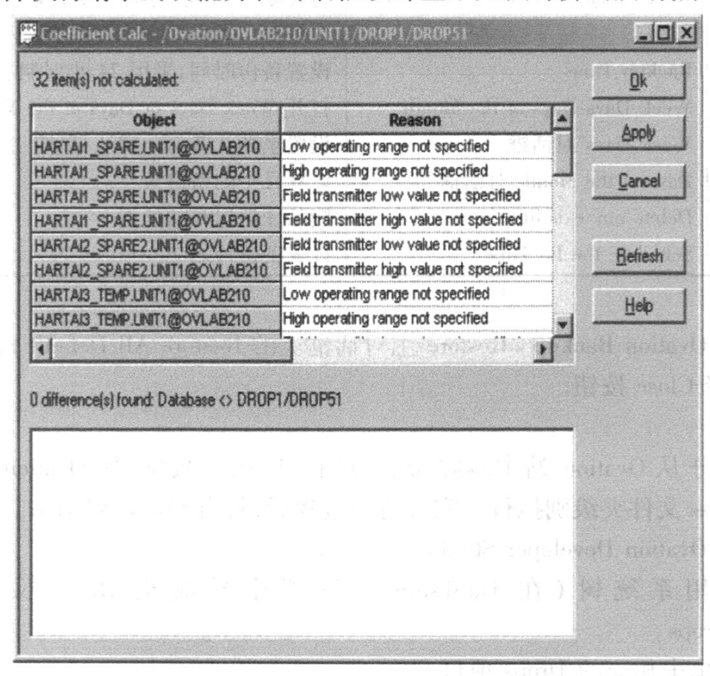

图 3.108　转换系数计算对话框

步骤6:单击一个项目,打开站配置对话框,如图 3.109 所示。

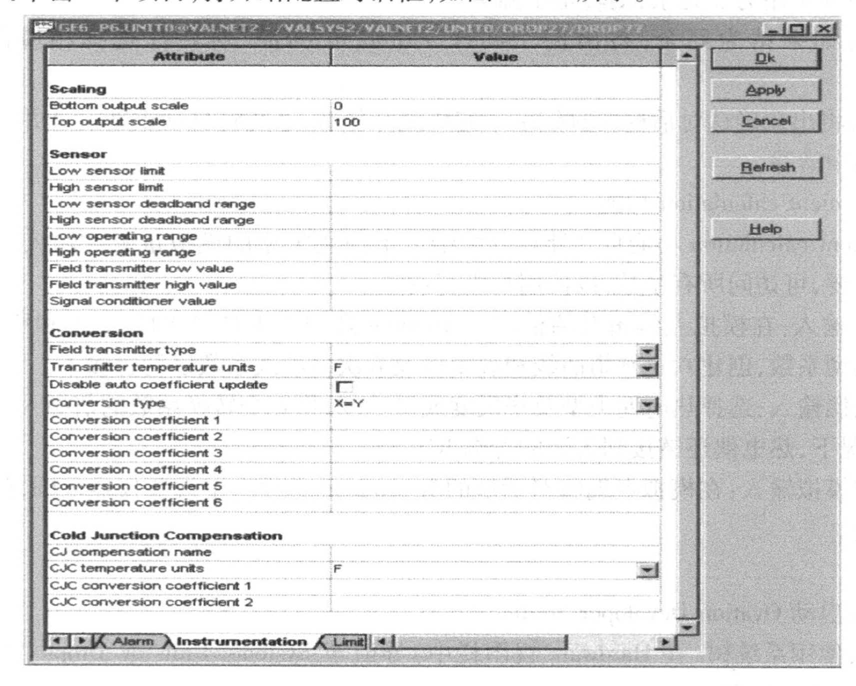

图 3.109　站配置仪表对话框

步骤7:转至站配置对话框上的Instrumentation选项卡,查找并解决Coefficient Calc对话框的Reason框中指示的缺失信息。

步骤8:选择Apply或Ok。具有足够的信息执行计算的点将其转换系数字段进行比较(实际值对比计算值)。差异显示在对话框的下半部分,如图3.110所示。

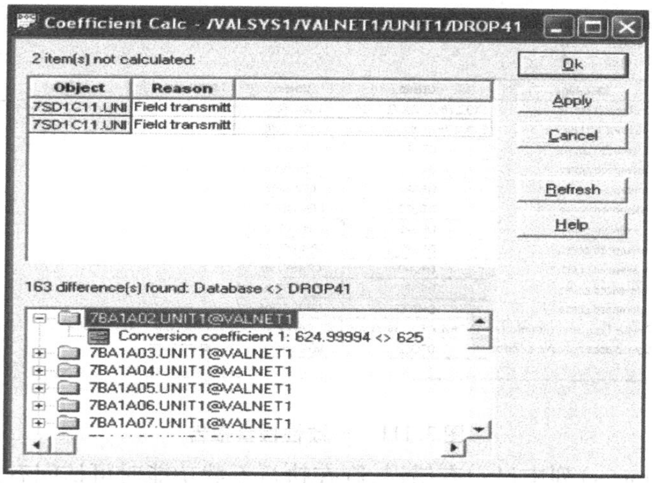

图3.110 系数转换差异显示

步骤9:如果用户想将当前值替换为计算后的值,则必须选择所需的参数。

步骤10:选择Apply或Ok。

④数据验证功能。

Developer Studio检查用户输入,并在检测到不一致数据后提供反馈。Developer Studio中的数据验证在三个级别执行:

☆以字段为基础,可确保输入有效数据类型和范围。例如,字段可能在字符数或输入的字符类型方面有限制。只要用户在打开的对话框中从一个字段更改到另一个字段,就会发生字段验证。

☆以对象为基础,可确保各个字段相互结合时有意义。向数据库添加对象时,将执行对象检查。如果发现不一致,Developer Studio将显示Alert窗口,指出问题。

☆对象内或系统内检查,可确保新修改的对象中的信息与系统中的其他对象一致。例如,检查同一单元内的重复点名称。

只要通过对话框更改对象(即按Apply或Ok按钮),就会发生后两种数据验证类型。

⑤Consistency Checking功能。

在系统运行Load或Download功能前,将先自动运行Consistency Checking功能,以确保设置符合预先确定的规则集。在系统运行检查并检测到不一致错误后,将显示一个对话框,供用户打开报告。一致性检查也可手动运行。如果系统正在运行,并且没有进行新的添加、删除或更正操作,则一致性检查功能呈灰色显示。

应用:

步骤1:启动Ovation Developer Studio。

步骤2:使用系统树(在Hardware视图栏中)导航至Drops文件夹:Systems/ Networks/Units/Drops。

步骤3:在站目录中右键单击所需项目。

步骤4:选择 Consistency Check。

步骤5:将执行一致性检查,检查报告如图3.111所示。

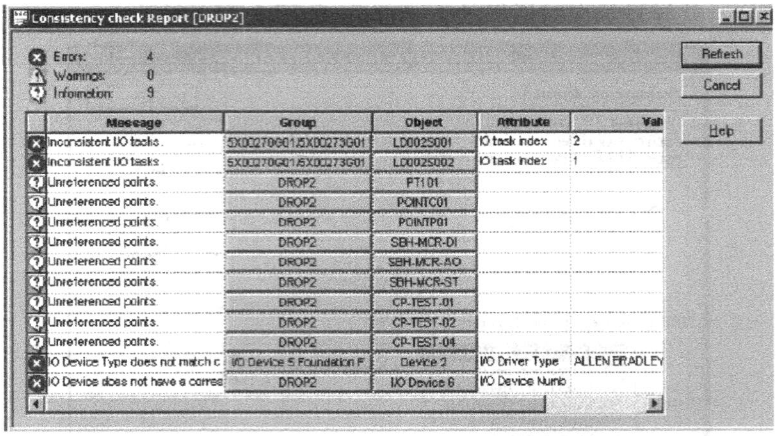

Consistency check Report [DROP2]

Errors: 4
Warnings: 0
Information: 9

Message	Group	Object	Attribute	Val
Inconsistent I/O tasks.	5X00270G01/5X00273G01	LD002S001	IO task index	2
Inconsistent I/O tasks.	5X00270G01/5X00273G01	LD002S002	IO task index	1
Unreferenced points.	DROP2	PT101		
Unreferenced points.	DROP2	POINTC01		
Unreferenced points.	DROP2	POINTP01		
Unreferenced points.	DROP2	SBH-MCR-DI		
Unreferenced points.	DROP2	SBH-MCR-AO		
Unreferenced points.	DROP2	SBH-MCR-ST		
Unreferenced points.	DROP2	CP-TEST-01		
Unreferenced points.	DROP2	CP-TEST-02		
Unreferenced points.	DROP2	CP-TEST-04		
IO Device Type does not match c	I/O Device 5 Foundation F	Device 2	I/O Driver Type	ALLEN BRADLEY
IO Device does not have a corres	DROP2	I/O Device 6	I/O Device Numb	

Refresh
Cancel
Help

图3.111 一致性检查报告

步骤6:如果Error(s)列中显示有错误,则在执行下载功能时可访问有关错误的详细信息,转至 Action 下拉列表并选择 View Details。

获取检测报告:

步骤1:在 Group 或 Object 列中右键单击主题站,将出现 Download Preview 对话框,如图3.112所示。

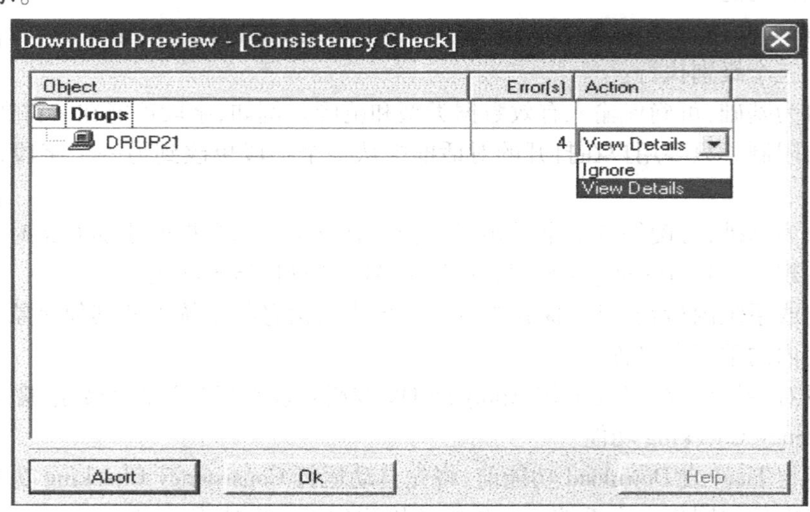

图3.112 下载预览对话框

步骤2:查看 Download Preview 窗口中的信息,并根据需要进行更正。

步骤3:选择 Ok。

⑥Download 功能。

对配置图、音频文件、位图文件和 Controller 文件进行更改时,必须使用 Download 功能将这些更改下载到适用站。

应用：

步骤1：启动 Ovation Developer Studio。

步骤2：使用系统树（在 Hardware 视图栏中）导航至 Drops 文件夹：Systems/ Networks/Units/Drops。

步骤3：右键单击要查看更改的站的项目。（右击菜单仅显示适用于该站的对象。）

步骤4：从弹出菜单中选择 Download，如果站为冗余，将出现 Download Wizard，如图3.113所示。

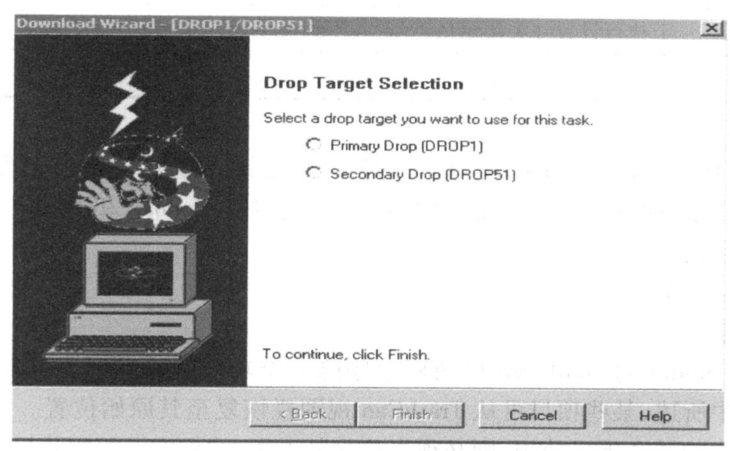

图3.113　下载向导页面

步骤5：选择要下载的站（Primary 或 Secondary）。

步骤6：选择 Finish。

步骤7：出现 Download Preview 对话框，如图3.114所示。Download Preview 对话框列出了在配置过程中已更改的所有项目。用户可以勾选文件旁边的框，选择需要下载的文件，如图3.114所示。

Download Preview - [DROP1]

Object	Download
Query Results	All
/ ata0/ boot/ startup.scr	YES
/ ata0/ etc/ dhcpinfo	YES
/ ata0/ etc/ DRIVER.CFG	YES
/ ata0/ etc/ hostinfo	YES
/ ata0/ etc/ hostinfo.1	YES
/ ata0/ etc/ hosts	YES
/ ata0/ wdpf/ dpu/ bin/ ab.drv	YES
/ ata0/ wdpf/ dpu/ bin/ ab_test	YES
/ ata0/ wdpf/ dpu/ bin/ boot_bin	YES
/ ata0/ wdpf/ dpu/ bin/ coordtsk	YES
/ ata0/ wdpf/ dpu/ bin/ copybkp	YES

Options

DownLoad　Reboot

Abort　Ok　Skip To Next Drop　Help

图3.114　下载文件选择对话框

表 3.49 Download Preview 对话框对象说明

项　目	说　明
Select All/load All	使用 Query Results 左侧的复选框可全选或全部下载
Download	选中此选项时,在选择 Ok 按钮后,下载操作将下载所有选中的预览文件
Reboot	选中此选项时,在选择 Ok 按钮后,重新启动操作将关闭然后重新启动站
Abort	中止下载过程并返回 Ovation Developer Studio,不执行任何命令
Ok	执行设置并关闭窗口
Skip to Next Drop	继续进入下一个站进行文件预览(当前站未下载)

步骤 8:如果 Download Preview 对话框中的信息可接受,则选中 Download 复选框。

步骤 9:然后选择 Ok 按钮,下载更改内容。同时选中 Download 和 Reboot 时,站将在下载更新完成后重新启动。

步骤 10:完成下载。

⑦Delete 功能。

从 Developer Studio 的 Hardware 视图栏中删除一个项目也会将其从系统树中删除。如 TrashCan 视图栏中所述,某些项目可从 TrashCan 视图栏恢复至其原始位置。如果一个项目正被保留在系统树中的某个项目使用,则必须先移除其引用,才允许进行删除操作。

应用:

步骤 1:访问 Ovation Developer Studio。

步骤 2:使用系统树(在 Hardware 视图栏中)导航并右键单击要删除的文件夹。

步骤 3:选择 Delete,将出现"Are You Sure... "对话框。

步骤 4:选择 Yes 删除此文件夹。

选择 No 取消此操作。

⑧动态状态功能。

动态状态是指系统树中数据库对象前面显示的图形指示(标志),只要该对象需要用户关注和操作就会显示该标志。目前,有如下数据库的更改需要被关注:

☆Ovation 点。

☆保存寄存器。

☆控制逻辑。

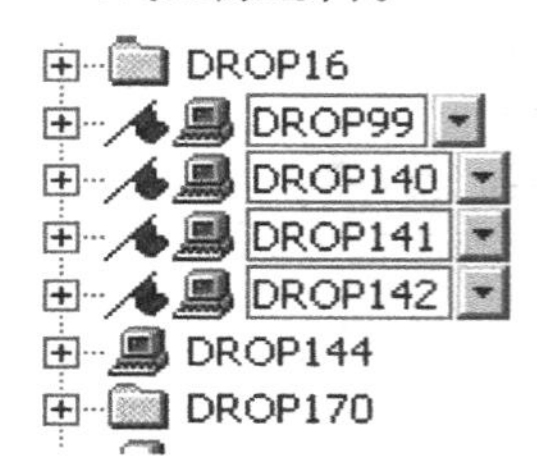

图 3.115 动态状态标记

应用:

步骤 1:启动 Ovation Developer Studio。

步骤 2:使用系统树(在 Hardware 视图栏中)导航至 Drops 文件夹:Systems/Networks/Units/Drops。

步骤 3:找到动态状态标记(图形指示小红旗标志)指示需要关注的项目,如图 3.115 所示。

步骤 4:选择项目名称后面显示的下箭头,将出现适用于该项目的 Ovation Diagnostics 窗口,如图 3.116 所示。

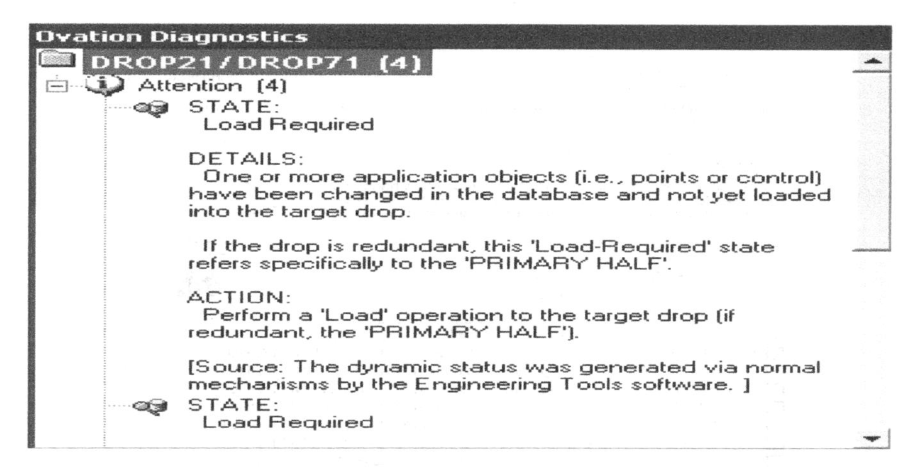

图 3.116　Ovation Diagnostics 窗口

步骤 5:提供了有关该项目的诊断信息并建议了推荐操作。

步骤 6:执行相应的操作,动态状态指示器将消失。

⑨Export 功能。

Developer Studio Export 功能可让用户导出控制逻辑到用户定义的位置,供稍后使用。Export 功能用于在 Control Sheet 级别导出所选的控制逻辑。

应用:

步骤 1:启动 Ovation Developer Studio。

步骤 2:使用系统树(在 Hardware 视图栏中)导航并选择所需控制回路图。

步骤 3:从右击菜单中选择 Export 项目,将出现 Ovation Export Control 对话框。

步骤 4:执行必要的配置和导出。

⑩Find 功能。

Find 功能提供按名称搜索对象的工具,使用通配符扩大搜索范围。

应用:

步骤 1:启动 Ovation Developer Studio。

步骤 2:使用系统树(在 Hardware 视图栏中)导航并在用户要开始搜索项目的级别,右键单击文件夹。(由于搜索是在系统级别的 Networks 文件夹中启动的,因此文件结构中的 Ovation System 文件夹下的所有项目都可用于查询),将出现“Find: All Objects”对话框,如图 3.117 所示。

步骤 3:在“Find what”字段中输入要查找的项目的名称或部分名称。使用通配符帮助扩大或缩写搜索范围;使用“%”(百分比符号)匹配用户输入的文本以及此项目中包括的其他字符;使用“_”(下划线)精确匹配一个字符。要精确匹配“%”或“_”,可在此字符前面加上“\”(反斜线)。例如,要查找标题“Drop%”,可在“Find What”字段中键入“Drop\%”。

步骤 4:选择 Find anywhere in database 可查找位于整个数据库中任何位置的项目,选择 Find in <current folder> 可查找出现在开始搜索的文件夹下面的项目。

步骤 5:选择 Find Now,列表中即显示找到的项目。

⑪Import 功能。

Developer Studio Import 功能可让用户导入画面图、控制逻辑、音频文件和位图文件。

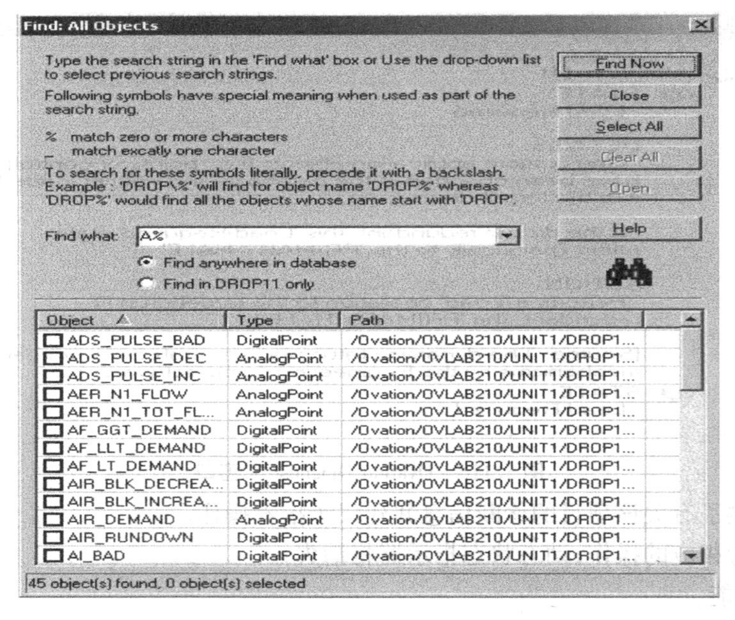

图 3.117 搜索窗口

Import 功能区分大小写,因此执行的导入类型取决于启动导入的文件夹。

应用:

步骤 1:启动 Ovation Developer Studio。

步骤 2:使用系统树(在 Hardware 视图栏中)导航并右键单击导入文件的项目。

步骤 3:选择 Import,此时出现 Import 对话框。

步骤 4:填充必需的选项并选择 Import:

☆有关导入音频文件和报警位图的特定信息。

☆有关导入控制逻辑的特定信息。

☆有关导入画面图的特定信息。

⑫Load 功能。

Load 功能用于下载点和控制信息到控制器中。

应用:

步骤 1:访问 Ovation Developer Studio。

步骤 2:使用系统树(在 Hardwar 视图栏中)导航至 Drops 文件夹:Systems/Networks/Units/Drops。

步骤 3:右键单击相应的 Drops 项目。

步骤 4:选择 Load 执行下载功能:

如果站为非冗余,将自动启动下载;

如果站为冗余,将出现"Load Wizard"对话框,如图 3.118 所示。

步骤 5:选择相应的目标站。

步骤 6:选择 Finish。

⑬Purge 功能

Purge 功能将永久删除 TrashCan 视图栏中的对象。一旦对象从 TrashCan 视图栏中清除,

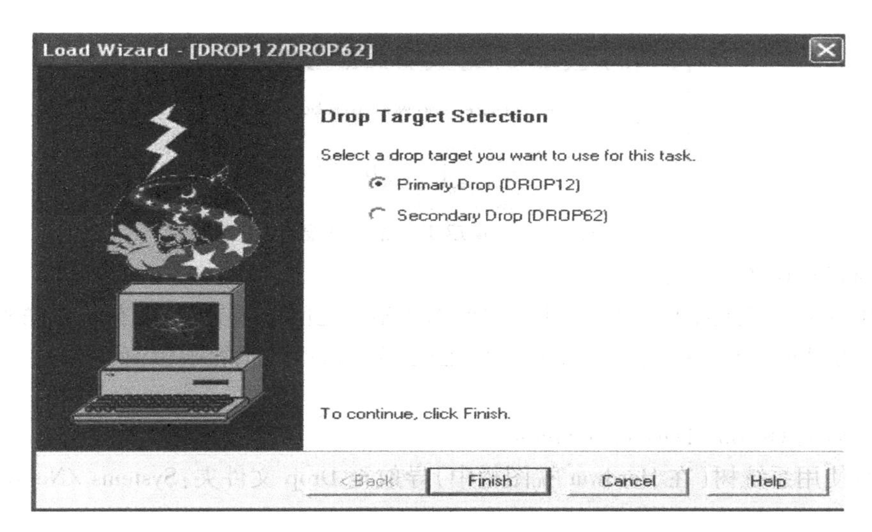

图3.118 控制器下载导航窗口

其也将从系统中删除。这包括与该对象关联的所有文件。

应用：

步骤1：访问 Ovation Developer Studio。

步骤2：选择 TrashCan 视图栏，将出现 TrashCan 根栏，在 Developer Studio 概述窗口中显示系统树。

步骤3：在 TrashCan 视图栏中右键单击要删除的项目。

步骤4：选择 Purge，将出现"Are You Sure... "对话框。

步骤5：选择 Yes 从系统中永久删除此项目，选择 No 取消此操作。

⑭Reboot 功能。

在大多数情况下，完成涉及配置更改的任何 Download 命令后，应立即执行 Reboot 命令。此操作可能并非总是必需的，但却是安全且值得推荐的。

应用：

步骤1：启动 Ovation Developer Studio。

步骤2：使用系统树（在 Hardware 视图栏中）导航至 Drops 文件夹：Systems/Networks/Units/Drops。

步骤3：右键单击用户要重新启动的站的文件夹。

步骤4：从右击弹出菜单中选择 Reboot。右击菜单仅显示适用于该站的项目，也可通过选中 Download Preview 对话框中的 Reboot 重新启动站，如"Download 功能"。

步骤5：冗余和非冗余站：

☆对于非冗余站配置，请跳到步骤6。

☆对于冗余站配置，将出现"Select a drop to reboot"对话框（类似于 Download 功能），选择要重新启动的站，然后选择 Ok。

步骤6：将出现确认对话框。

步骤7：选择 Yes 关闭对话框并执行重新启动过程，如图3.119所示。

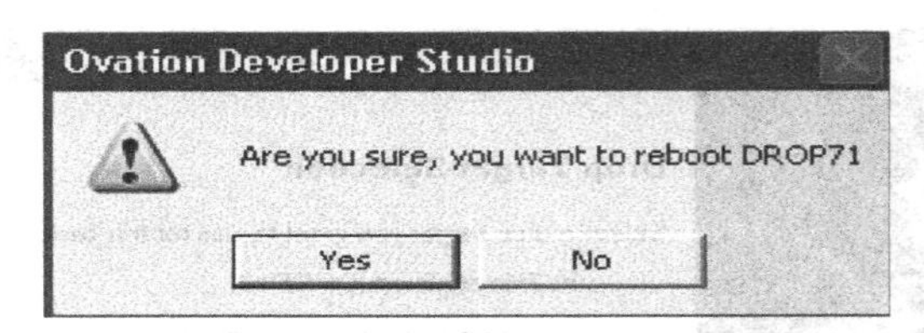

图 3.119　重启工作站确认窗口

⑮Reconcile 功能。

使用 Reconcile 功能,可比较 Ovation 数据库和站点之间的差异,以便获取在联机系统中进行的更改。可 Reconcile 的项目包括调整的算法参数和修改的报警限位值。

应用:

步骤 1:启动 Ovation Developer Studio。

步骤 2:使用系统树(在 Hardwar 视图栏中)导航至 Drop 文件夹:Systems /Networks/Units/Drops。

步骤 3:右键单击相应的 Drop 文件夹。

步骤 4:选择 Reconcile:

☆如果站为非冗余,则转至步骤 5。

☆如果站为冗余,将出现"Reconcile Wizard"对话框,如图 3.120 所示选择相应的目标站,选择 Finish。

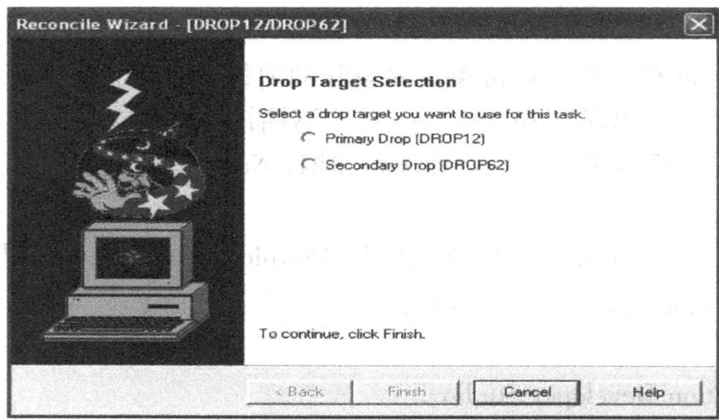

图 3.120　协调检查向导

步骤 5:目标站建立了通信,并出现"Reconcile"对话框,如图 3.121 所示。

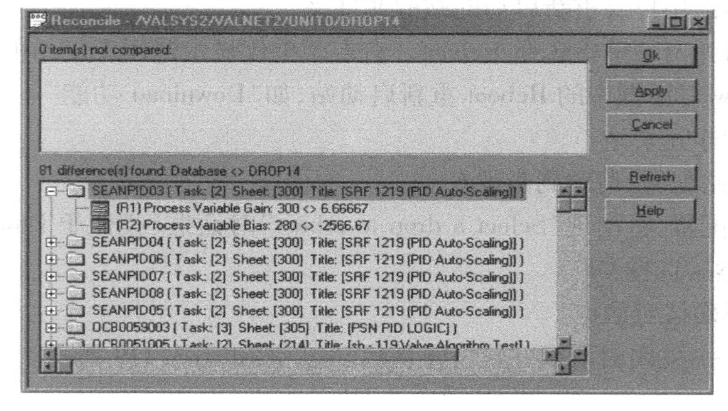

图 3.121　Reconcile 检查对话框

步骤6:检查"item(s) not compared"字段中列出的点。无法上传的点及其原因在此字段中列出。常见原因可能是点已从数据库中删除,但仍在 Controller 中(即"delete"尚未下载至 Controller)。

步骤7:检查"difference(s) found"字段中列出的具有差异且可上传的项目。

步骤8:展开点项目可显示在目标站与数据库之间不同的 Point 字段的值。

步骤9:要打开该点的 Point Information 或 Control Sheet,请参阅"在上传过程中打开项目或控制逻辑"。

步骤10:选择需要从目标上传到数据库的点或点的特定字段。

步骤11:选择 Apply,上传项目,重新查询数据库和目标站,然后刷新对话框;选择 Ok,将目标突出显示的点/字段值复制到数据库(上传)并关闭对话框。

⑯Search 功能。

Search 功能可让用户根据用户指定的条件搜索当前所选文件夹下的项目,以筛选搜索结果。此外,Search 功能还提供工具用于:

☆编辑单个项目。

☆执行全局/批量更改。

☆根据用户指定的条件查询数据库和对项目排序。

☆查看项目的所有属性。

系统中的所有项目都可搜索。在树结构中向下执行搜索。在 Units 文件夹级别执行搜索仅查询数据库中有关该单元和与该单元关联的站及点的信息。这种搜索不查询系统中的其他 Units 或 Networks。如果在 Systems 文件夹级别执行搜索,则查询系统中的所有 Networks 和 Units。

应用:

步骤1:启动 Ovation Developer Studio。

步骤2:使用系统树(在 Hardware 视图栏中)导航至要开始搜索的级别。

步骤3:右键单击该项目,因为搜索是在 Ovation Systems 文件夹启动的,因此树结构中的 Ovation 系统项目下面的所有适用对象都可用于查询。此时出现"Search Options Wizard-(Step 1/2)"对话框,如图3.122所示。

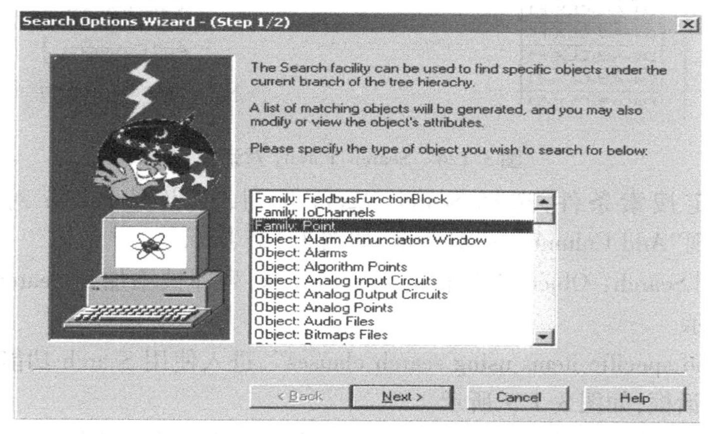

图3.122 搜索选项向导 Step 1

步骤4:选择从该菜单搜索的对象类型。

步骤5:选择 Next,进入使用 Search 功能——文件夹选择,将出现“Search Options Wizard-(Step 2/2)”对话框,如图3.123所示。

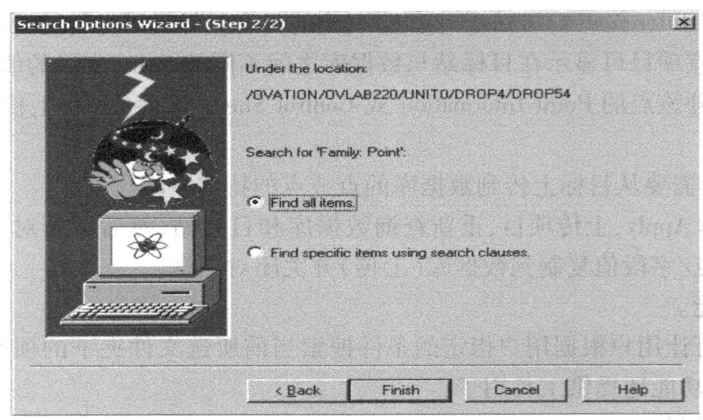

图3.123 **搜索选项向导** Step 2

步骤6:选择要执行的搜索类型。

Find all items:搜索对象所有实例的数据库并在“Search: Item:”对话框中列出所有实例。

Find specific items using search clauses:允许使用 Search 设置搜索条件,如限值和限制。

步骤7:选择 Finish。

如果选中“Find all items”,进入使用 Search 功能——结果,出现“Search:Family”对话框,如图3.124所示。

Search: Family: Point under /OVATION/OVLAB220/...
4749 item(s) found:
Family: Point
D4-AB-CLX-F1
D4-AB-CLX-F1
D4-AB-CLX-F1
D4-AB-CLX-F1
D4-AB-CLX-F1
D4-AB-CLX-F1
D4-AB-CLX-F1
D4-AB-CLX-F1
D4-AB-CLX-F1
D4-AB-CLX-F1
Ok
Apply
Cancel
Help
Search Again...
Add Column(s)...
Refresh Columns

图3.124 Search:Family **对话框**

要添加或限定搜索条件,选择 Search Again 按钮,将出现 Search 对话框,选择 Add Column(s),将出现“Add Columns…”对话框,如图3.125所示。

选中要添加到 Search: Object 对话框的列,选择 Ok,列即被添加到 Search: Object 对话框中,如图3.126所示。

如果选中“Find specific items using search clauses”,进入使用 Search 功能——缩小搜索范围,出现 Search 对话框,如图3.127所示。

从下拉菜单中选择属性、条件,在“Value”字段中键入值。选择 Add 并在 Search 对话框中添加限制子句。根据需要添加其他子句以限制搜索范围。选择 Ok 执行搜索后进入使用

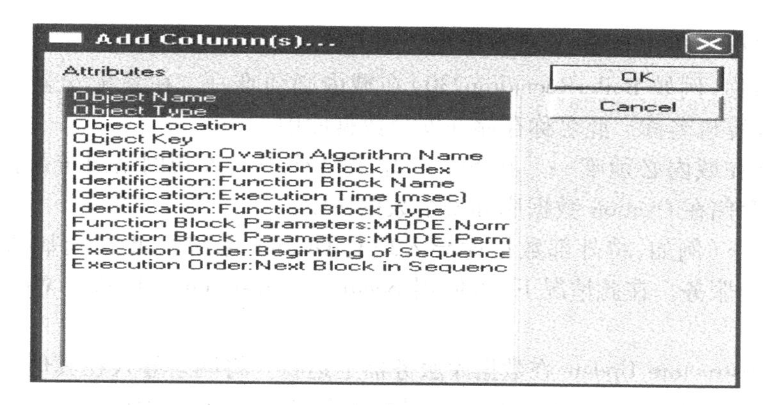

图3.125 Add Columns 对话框

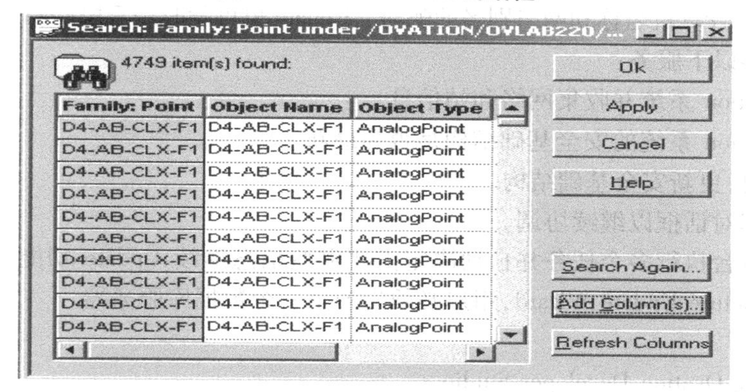

图3.126 Search:Family 对话框

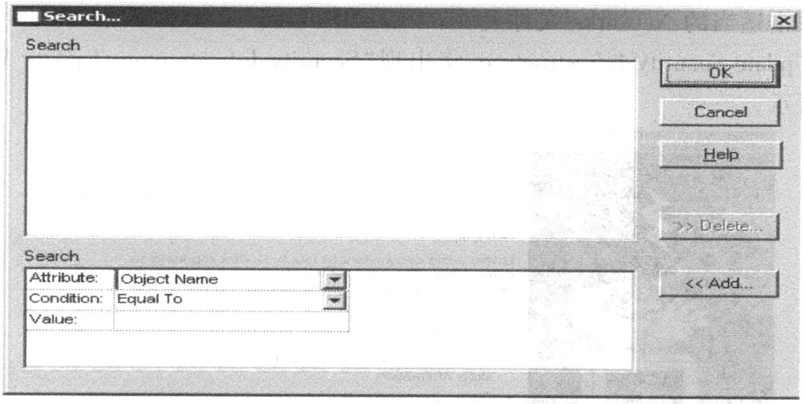

图3.127 Search 对话框

Search 功能——结果。

⑰Security Infrastructure Update 功能。

Security Infrastructure Update 功能可用于协调网络及 Ovation 域控制器与 Ovation 数据库中存储的计算机名称之间的差异。

一个域可能包含多个 Ovation 网络，因此为了区分系统中的所有站，在 Ovation 系统中实施多个命名规则：

☆站名称（如 drop230）在网络内必须唯一。在 Studio 层次结构中插入新站时分配站名称或站编号。此名称存储在 Ovation 数据库中。

☆计算机名称(例如 BoilerRoomdrop230)在域内必须唯一。在系统安全管理员新建计算机账户时分配计算机名称。此名称存储在安全数据库中。

☆网络别名在域内必须唯一。在 Studio 层次结构中插入新网络时分配网络别名(例如 Net8)。此名称存储在 Ovation 数据库和安全数据库中。

在某些情况下(例如,将外部数据库导入现有 Ovation 系统),此安全基础结构可能会过时,无法提供安全服务。在此情况下,可使用 Security Infrastructure Update Wizard 更新安全基础结构。

Security Infrastructure Update 在数据库服务器上运行。将网络导入在其他站点创建的域时可使用 Update 功能。Update 功能提供一个向导,可在 Ovation 数据库服务器和安全管理服务器之间协调站名称、计算机名称和网络别名的映射。Update 也可随时用于协调两个数据库。

此向导提供以下服务:

☆查询 Ovation 系统并收集网络和站信息。

☆确定 Ovation 系统的安全基础结构是否为最新。

☆如有必要,更新安全基础结构。

☆提供适用对话框以继续协调。

此向导在后台执行多个任务并自动决定需要哪些信息继续 Update 功能。为访问并使用 Security Infrastructure Update Wizard,用户必须先连上一个数据库服务器。

应用:

步骤1:启动 Ovation Developer Studio。

☆使用系统树(在 Hardware 视图栏中)导航至 Networks 文件夹。Systems/Networks。

☆右键单击适当的 Networks 文件夹。

☆选择 Update Security Infrastructure,将出现"Security Infrastructure Update Wizard"页面,如图3.128所示。

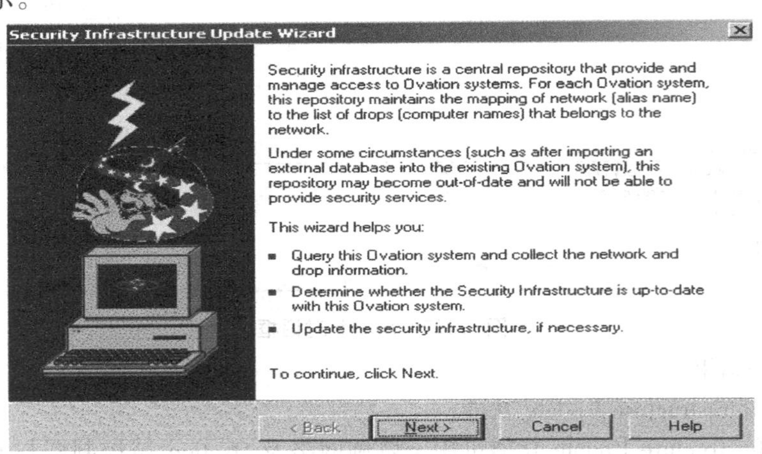

图3.128 Security Infrastructure Update 向导

步骤2:在"Security Infrastructure Update Wizard"页面中选择 Next。

步骤3:该程序查看 Ovation 数据库中是否存在网络别名,然后显示适用对话框及其他说明。

☆如果出现 Specify the type of update to perform 对话框,如图3.129所示,则网络别名存在于 Ovation 数据库中,并且匹配现有网络别名。

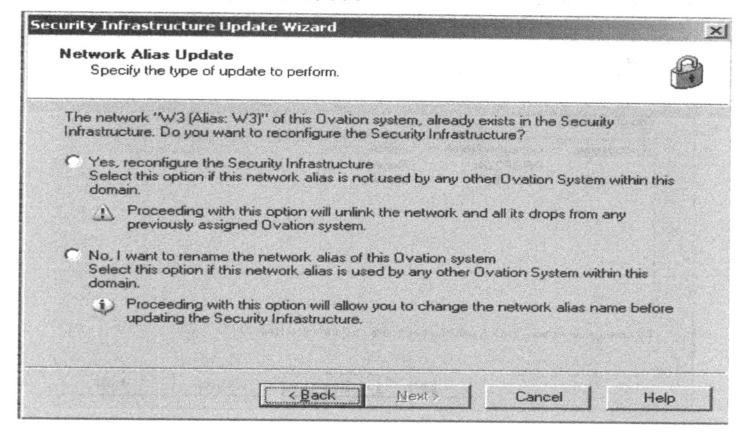

图3.129 Specify the type of update to perform 对话框

在"Specify the type of update to perform"对话框中进行适当的选择,将出现适用对话框:

选择 Yes,接受安全数据库中已提供的网络别名。仅当确定此网络别名未被域中的任何其他 Ovation 数据库使用时才使用此选项。

如果选择 Yes,并出现 Select the type of update to perform 对话框,则系统收集了站信息,但由于出现错误,未准备好协调两个数据库之间的所有站信息。

如果选择 Yes,并出现 Review and confirm the options you selected 对话框,则网络别名存在于 Ovation 数据库中,但不在安全数据库中。程序分配别名,然后收集站信息并准备好协调两个数据库之间的站信息。

如果用户不确定网络别名是否被域中任何其他 Ovation 数据库使用,或者用户不想分配其他网络别名给 Ovation 数据库,则选择 No。如果选择 No,将出现"Specify a new network alias name"对话框,如图3.130所示。

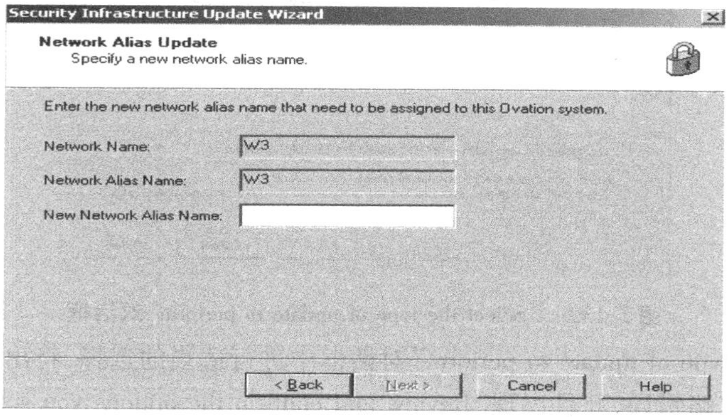

图3.130 Specify a new network alias name 对话框

在"Specify a new network alias name"对话框中输入新的网络别名,将出现适用对话框,然后选择 Next。

☆如果出现"Review and confirm the options you selected"对话框,如图3.131所示,则网络

别名存在于 Ovation 数据库中,但不在安全数据库中。程序分配别名,然后收集站信息并准备好调和两个数据库之间的站信息。

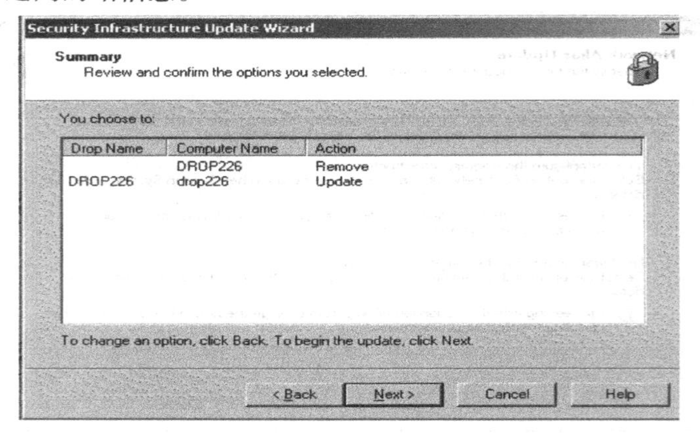

图 3.131　Review and confirm the options you selected **对话框**

在"Review and confirm the options you selected"窗口进行适当的选择,将出现适用对话框:

如果要更改选项,则选择 Back 返回上一步,即"Select the type of update to perform"或"Specify the type of update to perform"。

查看满意后,选择 Next,将出现"successfully updated"窗口。

☆如果出现"Select the type of update to perform"对话框,如图 3.132 所示,则网络别名存在于 Ovation 数据库中,但不在安全数据库中。程序分配别名,然后收集站信息,但由于出现错误,未准备好协调两个数据库之间的所有站信息。

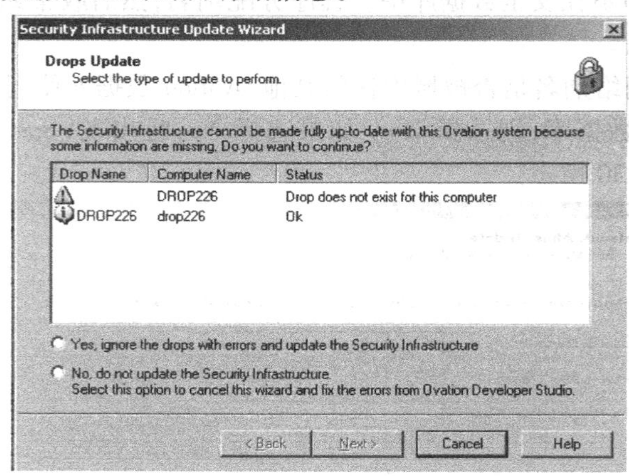

图 3.132　"Select the type of update to perform"**对话框**

在"Select the type of update to perform"对话框中进行适当的选择,将出现适用对话框:

选择 Yes,将忽略错误,并且出现"Review and confirm the options you selected"窗口。

选择 No 将不进行协调,并出现最后的"Security infrastructure has not been fully updated"向导。

☆如果出现"Specify a network alias name"对话框,如图 3.133 所示,则 Ovation 数据库中找不到网络别名。

在"Network Alias Name"输入字段中输入别名,选择 Next,将出现适用对话框:

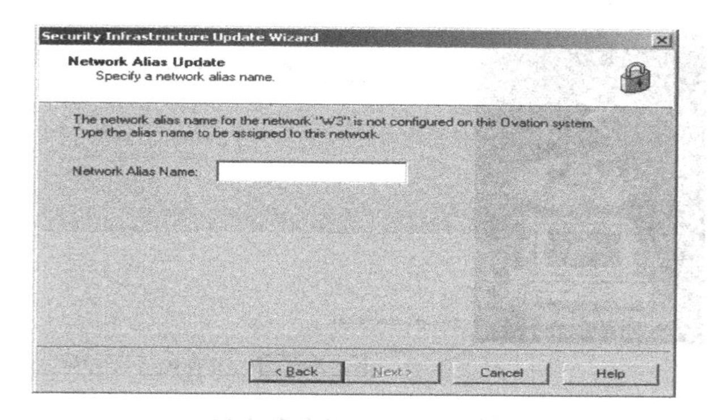

图3.133　Network Alias Name对话框

如果出现"Specify the type of update to perform"对话框,则Ovation数据库中输入的网络别名匹配现有安全网络别名。

如果出现"Review and confirm the options you selected"对话框,则网络别名存在于Ovation数据库中,但不在安全数据库中。程序分配别名,然后收集站信息并准备好协调两个数据库之间的站信息。

如果出现"Select the type of update to perform"对话框,则在安全数据库中找不到Ovation数据库中输入的网络别名。程序分配别名,然后收集站信息,但由于出现错误,未准备好协调两个数据库之间的所有站信息。

未成功更新窗口(Security infrastructure has not been fully updated)如图3.134所示,成功更新窗口(successfully updated)如图3.135所示。

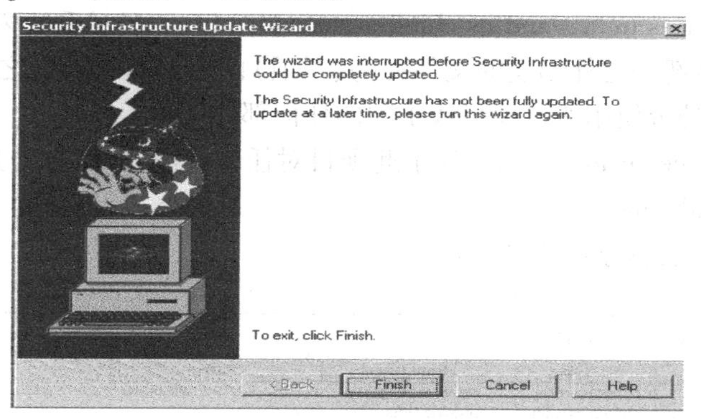

图3.134　未成功更新窗口

⑱Undelete功能。

已从Hardware视图栏删除并移动到TrashCan视图栏的单个对象或带有子项的对象可恢复到其在Hardware视图栏中的原始位置。

应用:

步骤1:启动Ovation Developer Studio。

步骤2:在Developer Studio中选择TrashCan视图栏。

步骤3:右键单击要恢复(到Hardware视图栏)的项目。

步骤4:选择Undelete,将出现"Are You Sure... "对话框。

步骤5:选择Yes将删除的项目移回到Hardware视图栏中的原始位置。

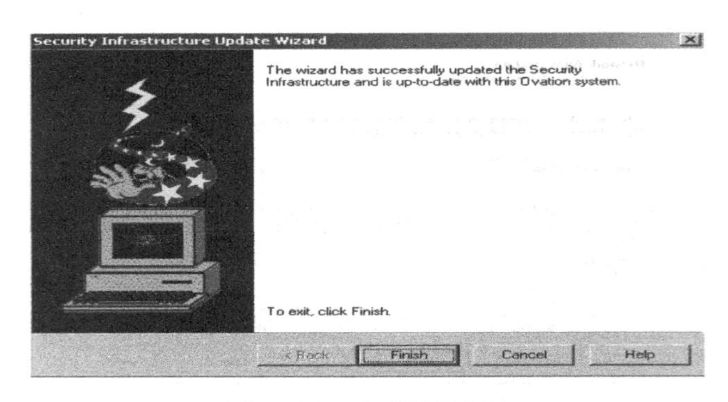

图 3.135　**成功更新窗口**

⑲Where Used 功能。

Where Used 功能可搜索数据库并查找指定对象的所有参考项目。如果某个对象在数据库中使用,执行 Where Used 功能可提供使用者、使用位置及使用方式的详细报告。

应用:

步骤 1:启动 Ovation Developer Studio。

步骤 2:使用系统树(在 Hardware 视图栏中)导航至所需项目。

步骤 3:右键单击此项目。

步骤 4:选择 Where Used,将出现 Where Used Wizard。

参考搜索包括三种类型:

☆Find all references to ... 显示所选项目的所有参考。

☆Find all references to ... and its children, outside of ... 显示系统树部分的参考,包括此项目及项目在上述树部分之外创建的文件夹(其子项)内的项目。换言之,用户可以进入工作站上的图形,查看它是否使用所选项目或子项的任何部分。

☆Find all references made by ... 显示此项目对任何其他项目创建的所有参考。

步骤 5:选择 Find Now。

步骤 6:将出现包含搜索结果的对话框。

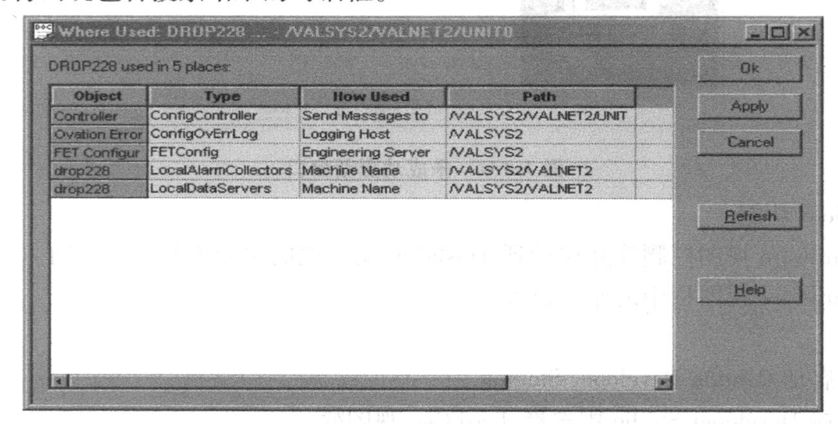

图 3.136　Where Used **功能窗口 1**

步骤 7:选择其中一个对象了解详细信息。

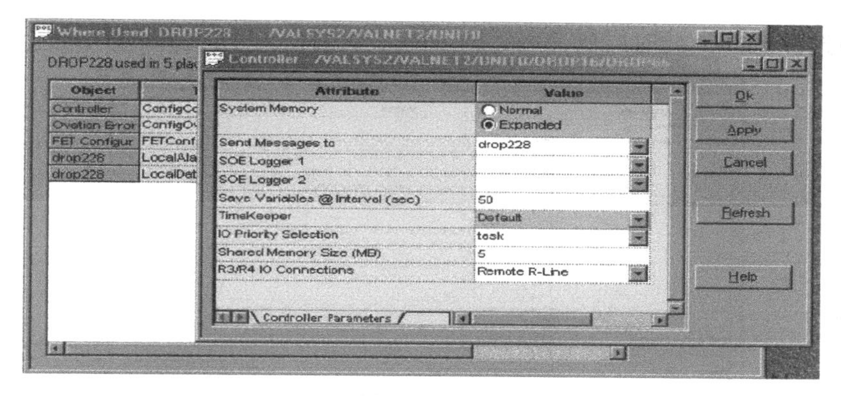

图3.137　Where Used **功能窗口**2

⑳Ovation Developer Studio 警报功能。

如图3.138所示消息是使用Studio时可能出现的警报消息的一般示例。选择Details按钮可查看错误消息,其中包含具体的错误信息。请进行必要的更改,然后继续执行原任务。

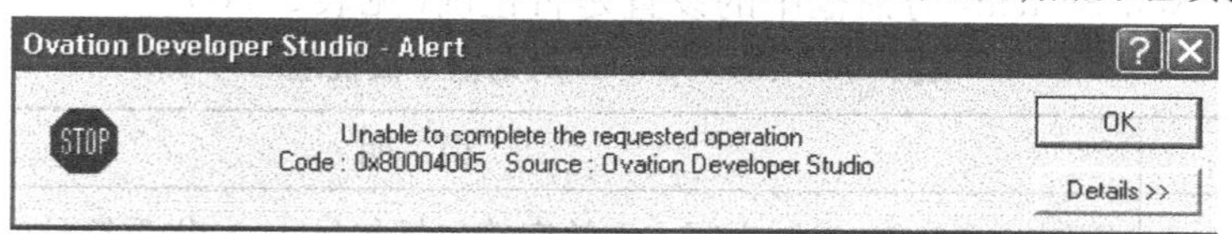

图3.138　报警信息窗口

3.3.1.1　构建系统

为了向Ovation添加硬件组件,必须构建一个系统。该系统必须包含Systems文件夹、Networks文件夹、Units文件夹、Drops文件夹,并定义I/O设备。

Ovation系统层次结构:Systems→Networks→Units→Drops→I/O Devices→Points。

定义新系统有两种基本方式:

☆使用Ovation Developer Studio创建整个系统。虽然这种方式耗时较长,需要用户输入较多信息,但它对了解Developer Studio的操作非常有用。

☆从现有数据库源导入数据。此数据可以有以下形式:

数据库初始定义工具(DBID)文本文件;

Ovation 2.x Developer Studio导出文件(用于Windows系统)。

(1)创建新系统

步骤1:启动Ovation Developer Studio。

步骤2:使用系统树(在Hardware视图栏中)导航至Systems文件夹。

步骤3:右键单击Systems文件夹。

步骤4:选择Insert New,此时出现"Insert New [Systems] Wizard"对话框(请参阅Typical Wizard对话框)。

步骤5:在System Name输入区键入系统名称(自行选择,最多8个字符)。示例使用的名称是Ovation。请勿在系统名称中使用以下无效字符:句号(.)、货币符号($)、百分比符号(%)、井字符号(#)、At符号(@)和空格。

步骤6:通过选择相应的单选按钮选择系统值(自行选择)。目前仅可创建一个系统,但可以分配任何值。

步骤7:选择 Finish,此时出现“New [Systems]”对话框,如图3.139所示。

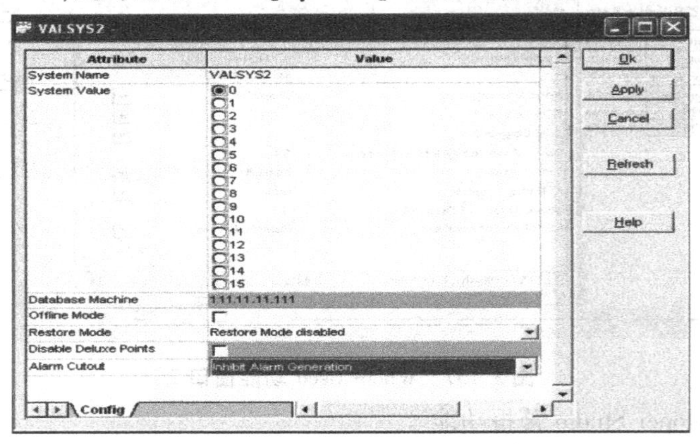

图3.139 New [Systems]窗口

步骤8:检查 New Systems 对话框中的设置是否正确(见表3.50)。

表3.50 New Systems 对话框字段说明

字 段	说 明
System Name	限制8个字符,强制大写。无效字符包括句号(.)、货币符号($)、百分比符号(%)、井字符号(#)、At符号(@)和空格
System Value	自行选择的值
Database Machine	供 Ovation 应用程序内部使用,用于与其他计算机通信,仅供参考
Offline Mode	允许离线时进行特定更改
Restore Mode	Online Controller Restore Mode:将控制器中内容恢复到最近一次成功 Load 的状态(Restore Mode Disable、Restore Mode Enable All Drops 和 Restore Mode Enable Redundant Drops)。(默认值:Restore Mode 已禁用)
Disable Deluxe Points	允许不使用豪华点的系统隐藏这些文件夹以减少屏幕凌乱现象,豪华 Points 不可以通过 Developer Studio 插入,或在选中该框时输入操作(默认值:未选定)
Alarm Cutout	指定系统的报警切除操作: 禁止生成报警; 禁止显示切除的报警,但仍然启用报警

步骤9:选择 Ok 或 Apply 将这些设置保存到数据库。

(2)修改系统

创建一个系统后,可能会需要更新或修改系统。

步骤1:启动 Ovation Developer Studio。

步骤2:使用系统树(在 Hardware 视图栏中)导航至 Systems 文件夹。

步骤3:右键单击要更新的系统文件夹。

步骤4:选择 Open,此时显示 System 对话框。如果数据库中有豪华点,则 Disable Deluxe Points 复选框呈灰色显示,将无法选中。

步骤5:进行必要的更改,然后选择 Ok 或 Apply。

(3)插入网络

步骤1:启动 Ovation Developer Studio。

步骤2:使用系统树(在 Hardware 视图栏中)导航至 Networks 文件夹: Systems/Networks。

步骤3:右键单击 Networks 文件夹。

步骤4:选择 Insert New,此时出现 Insert New [Network] Wizard 对话框。

步骤5:在 Network Name 输入区键入网络名称(自行选择,最多8个字母或数字字符)。请勿在网络名称中使用以下无效字符:句号(.)、货币符号($)、百分比符号(%)、井字符号(#)、At 符号(@)和空格。

步骤6:通过选择相应的单选按钮选择网络值(必须给本地网络分配值0)。

步骤7:选择 Finish,此时出现 New [Networks] 对话框,如图3.140所示。

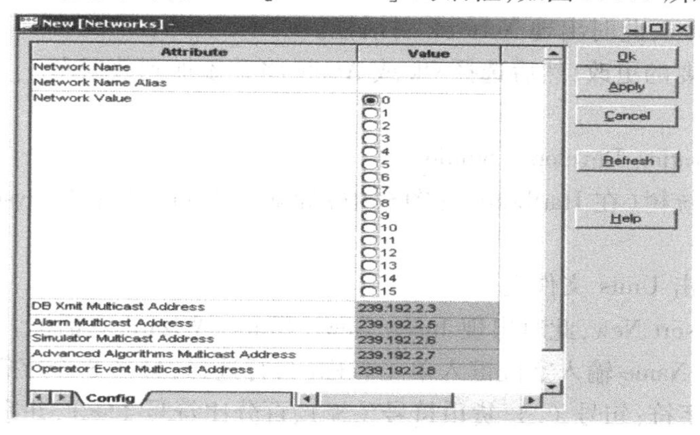

图3.140 New [Networks]窗口

步骤8:检查 New Networks 对话框中的设置是否正确。

步骤9:选择 Ok 或 Apply 将这些设置保存到数据库。

步骤10:确保 Networks 文件夹中已经创建具有新网络名称的子文件夹,且其中含有全部必要文件夹:Configuration、Graphics 和 Units。

New[Net works]对话框字段说明见表3.51。

表3.51 New [Networks]对话框字段说明

字 段	说 明
Network Name	限制8个字符,强制大写。无效字符包括句号(.)、货币符号($)、百分比符号(%)、井字符号(#)、At 符号(@)和空格
Network Name Alias	供 Ovation 应用程序内部使用,用于与其他计算机通信
Network Value	必须设置为0
DB Xmit Multicast Address	供 Ovation 应用程序内部使用,用于与其他计算机通信(仅供参考)
Alarm Multicast Address	Address 供 Ovation 应用程序内部使用(仅供参考)
Simulator Multicast Address	Address 供 Ovation 应用程序内部使用(仅供参考)

续表

字　段	说　明
Advanced Algorithms Multicast Address	Address 供 Ovation 应用程序内部使用(仅供参考)
Operator Event Multicast Address	Address 供 Ovation 应用程序内部使用(仅供参考)

(4)修改网络

步骤1:启动 Ovation Developer Studio。

步骤2:使用系统树(在 Hardware 视图栏中)导航至 Networks 文件夹:Systems /Networks。

步骤3:右键单击要修改的 Networks 文件夹。

步骤4:选择 Open,此时出现 Network 对话框。

步骤5:进行必要的更改,然后选择 Ok 或 Apply 将其添加到数据库。

(5)插入单元

步骤1:启动 Ovation Developer Studio。

步骤2:使用系统树(在 Hardware 视图栏中)导航至 Units 文件夹:Systems /Networks/ Units。

步骤3:右键单击 Units 文件夹。

步骤4:选择 Insert New,此时出现 Insert New [Units] Wizard 对话框。

步骤5:在 Unit Name 输入字段键入单元名称(自行选择,最多8个字符)。请勿在单元名称中使用以下无效字符:句号(.)、货币符号($)、百分比符号(%)、井字符号(#)、At 符号(@)和空格。

步骤6:通过选择相应的单选按钮选择单元值(自行选择)。在网络中,单元必须有一个唯一值。

步骤7:选择 Finish,此时出现 New [Units] 对话框,如图3.141所示。

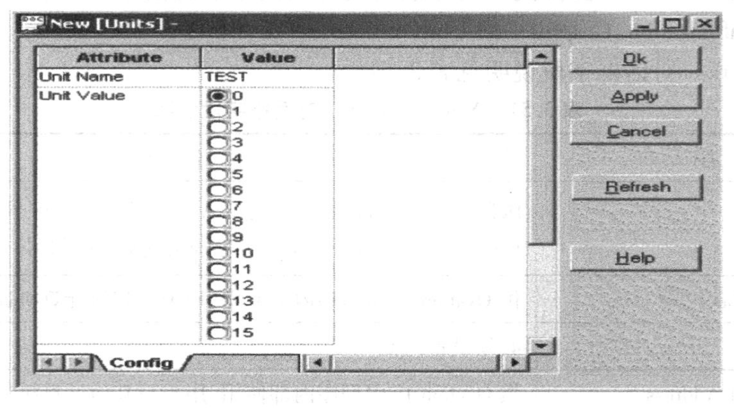

图3.141　New [Units]窗口

步骤8:检查 New Units 对话框(表3.52)中的设置是否正确。

表3.52 New Units 对话框字段说明

字 段	说 明
Unit Name	用户定义的单元名称
Unit Value	系统使用的内部标识符（0~15）

步骤9:选择 Ok 或 Apply 将这些设置保存到数据库。

步骤10:确保 Networks 文件夹中已经创建具有新单元名称的子文件夹,且其中含有全部必要文件夹:Configuration,Graphics 和 Drops。

(6)修改单元

步骤1:启动 Ovation Developer Studio。

步骤2:使用系统树(在 Hardware 视图栏中)导航至 Units 文件夹:Systems /Networks/Units。

步骤3:右键单击要修改的 Units 文件夹。

步骤4:选择 Open,此时出现 Units 对话框。

步骤5:进行必要的更改,然后选择 Ok 或 Apply 将改动添加到数据库。

3.3.1.2 构建站

站是包含 Ovation 软件并与系统中其他站通信的任何硬件计算机设备(如操作员站)。Ovation 包含多个站类型:工作站和控制器。

工作站包括:Operators Station,Sim Operators Station,Base Station,Virtual Controller Host,Virtual Controller。

控制器站包括:Controller,Advanced Controller,Sim Controller,Advanced Sim Controller。

添加工作站时需要输入"站类型",为 Primary 和 Partner Drops 提供站 ID 号(1~254 的数字)、计算机名和网络 IP 地址。添加控制器站时需要提供"站类型"、控制器类型、最大点限制信息,为 Primary 和 Partner Drops 提供站 ID 号(1~254 数字)、计算机名和网络 IP 地址、以太网地址以及网络接口(ZNYX 和 Onboard)。

(1)插入站

插入一个新站,可以按以下步骤进行:

步骤1:启动 Ovation Developer Studio。

步骤2:使用系统树(在 Hardware 视图栏中)导航至 Drops 文件夹:Systems/Networks/Units/Drops。

步骤3:右键单击 Drops 文件夹。

步骤4:选择 Insert New,此时出现 Insert New Drop Wizard(请参阅 Typical Wizard 对话框)。

步骤5:在 Drop ID 值字段中键入站 ID 号(1~254)。

步骤6:如果要使用备用站,则在 Partner ID 值字段中键入 ID 号(1~254)。

步骤7:从 Drop-type 下拉菜单中选择所需的站类型,然后插入以下项目的站:

☆Controller,Sim Controller,Advanced Controller 或 Advanced Sim Controller。

☆Operator Station,Sim Operator Station 或 Base Station。

☆Virtual Controller Host。

☆Virtual Controller。

插入站后,需输入 Controller 站类型的站信息。

对于 Controller,Sim Controller,Advanced Controller 或 Advanced Sim Controller 按以下步骤进行输入:

步骤 1:选择 Finish,将出现 New [Drops] 对话框,如图 3.142 所示。

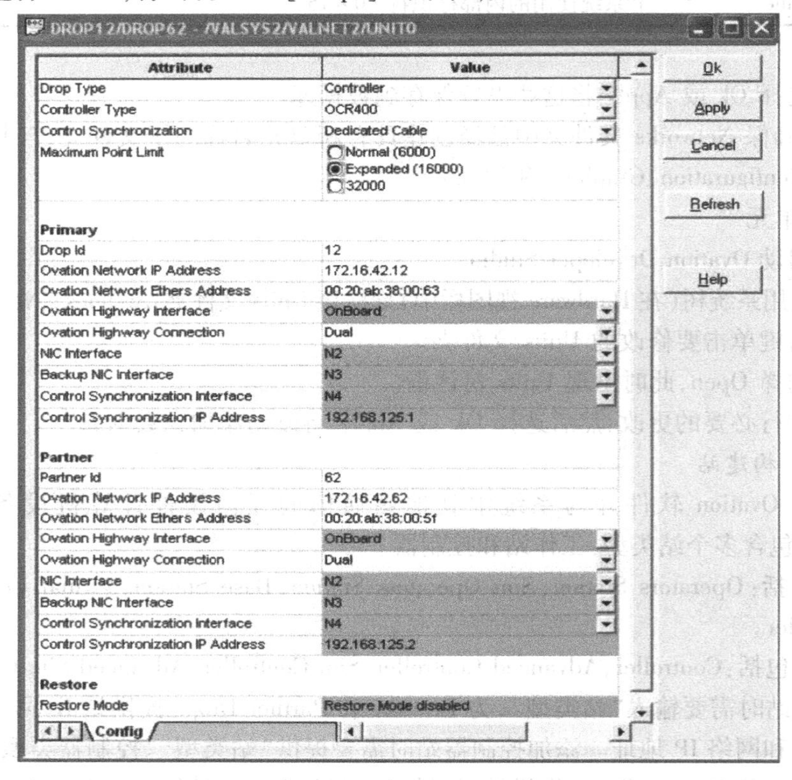

图 3.142 New [Drops] 窗口

步骤 2:输入所选站类型的适当信息,站字段说明见表 3.53。

表 3.53 站字段说明 1

字 段	说 明
Drop Type	可选择站类型的下拉菜单(Controller,SimController,Advanced Controller 和 Advanced SimController)
Controller Type	OCR400 或 OCR161
Control Synchronization	允许用户启用或禁用专用控制器同步(如果启用)的下拉菜单,专用于在主控制器和备份控制器之间传输数据。如果禁用,数据将通过高速通道(Ovation Highway 或 Dedicated Cable)传输。如安装独立网卡时,此参数仅适用于 OCR161 硬件类型
Maximum Point Limit	此单选按钮可选择控制器可监视的最大点数。Normal 最多处理 6 000 个点。Expanded 最多处理 16 000 个点,32 000 最多处理 32 000 个点

续表

字　段	说　明
PRIMAR 或 PARTNER Drop ID 或 Partner ID	Primary Drop ID 是点的原来站的站编号(1～254)。如果该站配置有备用站,则在此字段中指出(1～254)
Ovation Network IP Address	站的因特网协议(IP)地址通常由系统管理员分配,IP 地址包括4组十进制数并且格式如下: ×××.×××.×××.××× 如果该网络已与其他网络(如因特网)隔离,则 IP 地址可以是任何有效范围
Ovation Network Ethers Address	硬件地址的格式是: ××:××:××:××:××:××(其中最后四个数字(××:××)一般位于 NIC 的标签上)
Ovation Highway Interface	连接 Controller 到 Ovation Highway 的以太网接口类型(ZNYX 或 Onboard)
Ovation Highway Connection	NIC 卡连接类型(仅适用于 Highway Connection Onboard(单、双)
NIC Interface	以太网电缆连接的集成网卡物理端口名称,它会为高速连接"板载"自动填入 N1(OCR400)或 fei0(OCR161) (OCR400、N1、N2、N3、N4)、(OCR161-None、fei0、fei1、fei2)
Backup NIC Interface	NIC Backup Interface 适用于第二个板载 NIC,它会为 NWIF 高速连接"Onboard"和高速连接"Dual"填入 N2(OCR40)或 fei1(OCR161)。(OCR400、N1、N2、N3、N4)、(OCR161-None、fei0、fei1、fei2)
Control Synchronization Interface	启用 Controller Synchronization 后,N4(OCR400)或 fei2(OCR161)将专用于在主控制器和备份控制器之间传输数据
Control Synchronization IP Address	只读,显示因特网协议地址
Restore Mode	Online Controller Restore Mode:将不匹配的控制器重新恢复到先前匹配的状态(Restore Mode Disable、Restore Mode Enable All Drops 和 Restore Mode Enable Redundant Drops)。(默认值:Restore Mode 已禁用)

步骤3:选择 Apply 按钮保存这些设置,但不关闭对话框,或选择 Ok 按钮保存设置并关闭对话框。Drops 文件夹下出现一个新的 <DROP#> 项目。

对于 Operator Station,Base Station 和 Sim Operator Station 等工作站按下面步骤进行输入:

步骤1:完成"插入站"中的步骤后,选择 Finish,将出现 New [Drops] 对话框。

步骤2:输入所选站类型的适当信息。

表 3.54　站字段说明 2

字　段	说　明
Drop Type	可选择站类型的下拉菜单(Operator Stations,Base Stations 和 Sim Operator Stations)
Maximum Point Limit	不适用于 Operator 或 Base Station 站(Normal,Expanded,32000)
Local Data Servers	只读字段,说明站有否被定义为本地数据服务器。(No,Yes)
Local Alarm Collector	只读字段,说明站有否被定义为本地报警收集器。(No, Primary, Partner, Both)
PRIMARY 或 PARTNER Drop ID 或 Partner ID	新站的站编号 (1~254) 如果该站配置有备用站,则在此字段中指出 (1~254)
Computer Name	新机器或计算机的名称
Computer Sid	系统添加的只读字段。用于域名服务器的 ID
Ovation Network IP Address	站的因特网协议 (IP) 地址通常由系统管理员分配。IP 地址包括 4 组十进制数并且格式如下: xxx. xxx. xxx. xxx 如果该网络已与其他网络(如因特网)隔离,则 IP 地址可以是任何有效范围
Ovation Network Ethers Address	不适用
Restore Mode	Online Controller Restore Mode:将不匹配的控制器重新恢复到先前匹配的状态(Restore Mode Disable,Restore Mode Enable All Drops 和 Restore Mode Enable Redundant Drops)。(默认值:Restore Mode 已禁用)

步骤 3:选择 Apply 按钮保存这些设置,但不关闭对话框,或选择 Ok 按钮保存设置并关闭对话框。Drops 文件夹下出现一个新的 <DROP#> 项目。

(2)插入站点

每个 Ovation 站都会自动配置站点或 DU 记录(也称为站状态记录)。广播此记录的目的是,警告系统特定站内可能会发生的任何故障,并显示站的当前状态。设计的标准状态图用来从 DU 记录获取信息。状态图通常足以收集单个站状态的所有相关信息。

使用以下步骤创建站点:

步骤 1:启动 Ovation Developer Studio。

步骤 2:使用系统树(在 Hardware 视图栏中)导航至 Points 文件夹:

Systems/Networks/Units/Drops/Points。

步骤 3:右键单击 Points 项目(如站点)。

步骤 4:从结果弹出菜单中选择 Insert New。

步骤 5:此时出现 Insert New Drop Point Wizard,请提供以下信息。

☆在 Point Name Value 字段定义站点的名称(其名称必须是单词“Drop”加上站编号)。

☆选择与站名称条目一致的适当站编号。

步骤6:提供所需信息后,选择 Finish。

步骤7:此时出现 New Drop Point 对话框中的配置选项卡,如图3.143所示。标记 New Drop Point 对话框,然后对默认字段值做出所需更改。

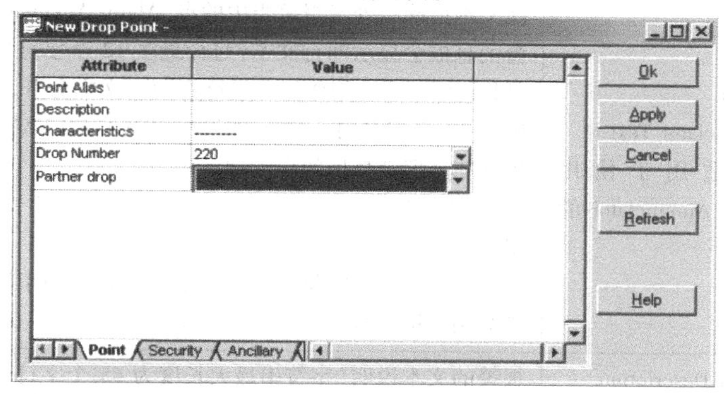

图3.143　New Drop Point 窗口

步骤8:选择 Apply 按钮保存这些设置,但不关闭对话框。选择 Ok 按钮保存设置并关闭对话框。

步骤9:如果有备用站,重复 Insert New Drop Point 步骤(步骤1到6)。

表3.55　点选项卡说明

选项卡	字　段	说　明
Point	Point Alias	用于点名称的16个字符长度别名
	Description	说明直接对应点记录的 ED 字段,最长可达30个字符
	Characteristics	特征符直接对应点记录的 KR 字段,其中第一个字符直接对应点记录的 AY 字段(标签符) 最多可以使用8个字母数字字符,第一个字符必须是字母(A~Z,也可以使用破折号字符)
	Drop Number	站编号(1~254)
	Partner Drop	确定备用站的站编号(如果适用)
Security	Security Group	表示系统中各个点定义的安全组,最多可以定义32个复选框
Ancillary	Ancillary	有关点的用户定义的其他信息
eDB	Collection Enabled	用于指定点是否由 eDB 收集的复选框
	Scan Frequency	eDB 高速扫描特定点的频率(以10 ms为单位),以确定其是否符合采集标准

续表

选项卡	字　段	说　明
Alarm	Alarm Priority	设置报警优先级字段(1 ~ 8,1 为最豪华)
	Alarm Annunciator Text (仅适用于使用 Alarm Annunciator 的情况下)	此文本可确定处于报警当中的点,Alarm Annunciator 报警带中的报警消息框会显示两行文本(每行最多 12 个字符),总共 24 个字符。可将竖线("丨")用作行分隔符将两行文本分开,此竖线不计算在行中的 12 个字符内。例如,如果用户输入 FD FAN AA丨AIR FLOW,则出现在报警消息框的形式如下: FD FAN AA AIR FLOW 如果不使用行分隔符,前面的 12 个字符会用于第一行,任何其他字符会用于第二行
	Alarm Description	报警的文本说明(字符串最大长度为 45 个字符)
Display	Summary Diagram	此字段定义点所在的流程图号
	Signal Diagram	Signal Diagram 字段定义点所在的控制逻辑图号

步骤 10:右键单击 New Drop Point 项目。

步骤 11:从结果弹出菜单中选择 Load,使用新站更新系统。

(3)设定控制器参数

在插入控制器后,需对控制器参数进行设定,按以下步骤进行控制器组态:

步骤 1:启动 Ovation Developer Studio。

步骤 2:使用系统树(在 Hardware 视图栏中)导航至 Controller 文件夹 Systems /Networks/Units/Drops/Configuration/Controller 项目。

步骤 3:右键单击 Controller 并从弹出菜单选择 Open,出现 Controller 对话框,如图 3.144 所示。

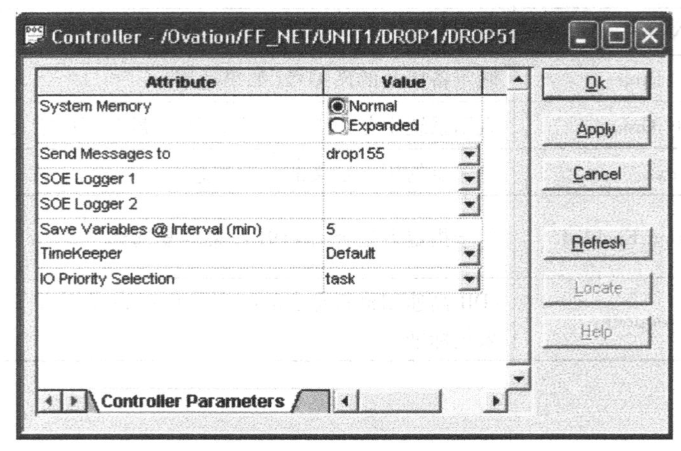

图 3.144　Controller 对话框

步骤 4:进行必要的更改。

表3.56 控制器选项说明

选项卡	描 述
Send Messages To	选择控制器信息(错误或通知)送往的工作站
SOE Logger 1	选择SOE信息首要送往的工作站扫描器
SOE Logger 2	选择SOE信息次要送往的工作站扫描器
Save Variables @ Interval (min.)	提示可变点值保存时间周期的文本输入字段。在点被重启时,保存值作为点的初始值
TimeKeeper	选择控制器时间同期装置,缺省选择为IOIC卡
I/O Priority Selection	选择VXWorks任务或指令优先级。推荐I/O优先级和任务配置一样。这样配置不会允许包含相关I/O算法的慢速任务引起其他任务在执行过程中等待

步骤5:然后选择Ok或Apply。

(4)设定已有控制任务

步骤1:启动Ovation Developer Studio。

步骤2:使用系统树(在Hardware视图栏中)导航至Controller文件夹:Systems/Networks/Units/Drops/Configuration/Controller/ Control Tasks项目。

步骤3:选择Control Tasks。在工作板窗口右键点击一控制任务,并从弹出菜单中选择Open,出现控制任务对话框,如图3.145所示。

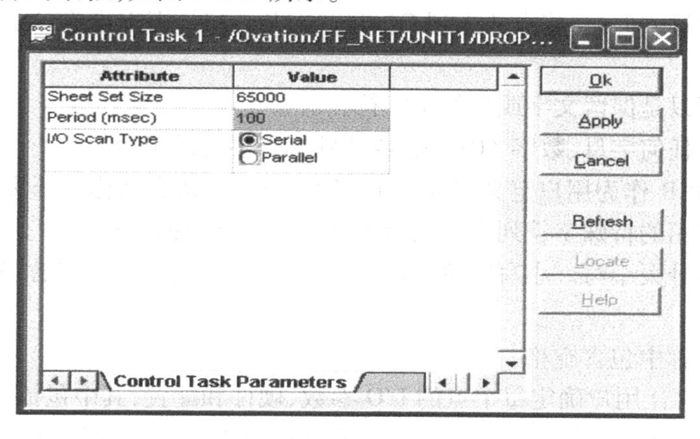

图3.145 Control Tasks对话框

步骤4:进行必要的更改。

表3.57 控制任务选项说明

选项卡	描 述
Sheet Set Size	提示被选择控制任务控制页设定大小的文本输入字段,以字节为单位
Period (milliseconds)	提示被选择控制任务执行周期的文本输入字段,以ms为单位
I/O Scan Type	并行:扫描功能和控制同时运行。如果有大量点信息需要送给I/O,选择并行 串行:先运行扫描功能,然后运行控制,然后将控制信息送往I/O。如果扫描和控制适合被选时间周期,选择串行

步骤5:然后选择 Ok 或 Apply。

(5)修改站

修改已存在的站,按以下步骤操作:

步骤1:启动 Ovation Developer Studio。

步骤2:使用系统树(在 Hardware 视图栏中)导航至 Drops 文件夹:Systems /Networks/Units/Drops 项目。

步骤3:右键单击 Drops 文件夹。

步骤4:选择 Open,此时出现 Drop 对话框。

步骤5:进行必要的更改,然后选择 Ok 或 Apply。

步骤6:使用右击菜单下载配置更改到站。

步骤7:使用右击菜单重新启动站(如有必要)。

3.3.1.3 构建点

Ovation 系统点是包含一个值(如输入点或输出点)和其他相关数据的全局数据库中的一项记录。当前 Ovation 中有 11 个点类型。每个点类型都有其自己的包含不同选项卡和字段的对话框。

点命名务必遵循以下规则:

☆Ovation 系统中的所有点全部采用三种参数指定,点名称最长 24 个字符,单元最长 6 个字符,网络名称最长 8 个字符。完全合格的名称格式为“name. unit@ network”。(.)和(@)为点名称的保留字符。但是,将点插入到 Ovation Studio 中时,则不可输入全称,仅可使用点名称参数。

☆点名称不可以是保留文字或含保留字符。

☆字符可以是任何字母、数字(0—9)或特殊标点字符的组合。

☆请勿使用 OCB 作为用户定义点或 Control Builder 默认点名称的开头。

☆一些可以使用的特殊字符列在有效点名称字符表下面的字符表中。

☆点名称不区分大小写。小写字符会转换成大写字符。例如,点名称 A0113 与 a0113 视为相同。

☆请勿在点名称中包含空格。

Points 文件夹可让用户确定每个点的 I/O 参数、硬件和配置,其中包括:I/O 类型(Q-Line、Ovation 和第三方);I/O 位置和卡类型,或第三方驱动器的标识;I/O 通道。

Points 文件夹可计算硬件地址。它还可确保点的卡类型有效。提供以下信息:传感器类型、转换系数、限位/量程范围和工程单位。

(1)创建新点

由于共有 11 种点类型,且每个类型都要求输入不同的配置信息,因此每个选项卡的具体字段信息都提供在 Point 对话框选项卡中。创建一个点的步骤如下:

步骤1:启动 Ovation Developer Studio。

步骤2:使用系统树(在 Hardware 视图栏中)导航至 Points 文件夹:System/Networks/Units/Drops/Points 项目。

步骤3:右键单击所需 Points 文件夹(如模拟量点)。

步骤4:选择 Insert New,此时出现 New Analog Points Wizard。

步骤5:在 Point Name Value 字段输入点名称。

步骤6:从下拉菜单中选择广播频率。

S——Slow(1 s);F——Fast(0.1 s);A——Aperiodic(根据需要)。

步骤7:选择 Finish,将显示 New Analog Point 对话框。查看选项卡时,部分项已填好。出现的对话框为默认值并可进行更改,以实现点构建的自动化。

步骤8:使用"点类型和对话框选项卡描述"中的表格,找到特定点类型所需的选项卡,然后转到适当的选项卡,以输入正确值。

步骤9:请参阅"配置豪华点",访问豪华点的特殊配置。

步骤10:选择 Apply 或 Ok 按钮,将点添加到数据库中。如果所有必填字段均已完成,则该点就被添加到数据库中。如果必填字段尚未完成,则会出现警告框,提示完成必要信息。

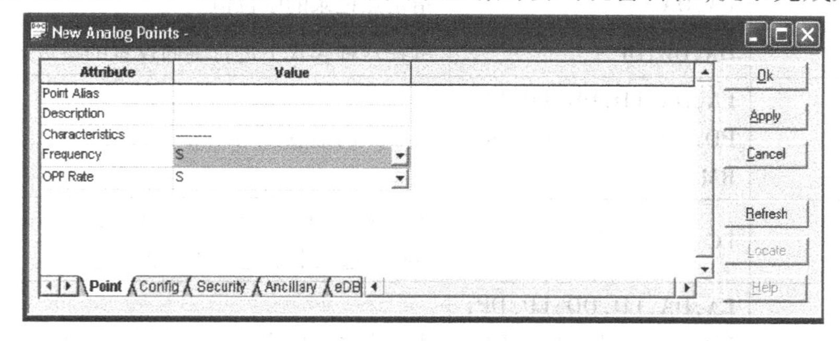

图3.146　创建点对话框

表3.58　点类型选项说明

选项卡	用于点类型	描　述
Alarm	LA,DA,LD,DD,LP,DP,DU,LC,DU,RM,RN	设置各种报警优先级字段
Ancillary	LA,DA,LD,DD,LP,DP,PD, LC, DU, LC, DU,RM,RN	其他关于点的用户定义信息
ASCII Params	LC	表示算法的 ASCII 参数。标签取决于在 Config 选项卡上选择的算法名称
Byte Params	LC	表示算法的字节参数。标签取决于在 Config 选项卡上选择的算法名称
Config	LA,DA,LD,DD,LP,DP,LC,LC,DU,RM,RN	用于建立各种点配置
Display	LA,DA,LD,DD,LP,DP,PD,DU,LC,DU,RM,RN	表示显示方式(标准、指数或科学计数法)、显示范围、工程 单位、"1"和"0"时的描述、点所在的流程图号和控制逻辑图号
Hardware	LA,DA,LD,DD,LP,DP,LC,DU,RM,RN	定义点的 I/O 硬件配置

续表

选项卡	用于点类型	描 述
eDB	LA,DA,LD,DD,LP,DP,DU,LC,DU,RM,RN	定义是否可通过各种 eDB 站历史子系统收集处理点,以及收集方式。(仅在系统配置并启用 eDB 时显示。)
Initial	LA, DA, LD, DD, LP, DP,PD	用于建立各种点的初始值
Instrumentation	LA,DA	用于建立硬件信息,包括传感器限值
Int Params	LC	表示算法的整数参数。标签取决于在 Config 选项卡上选择的算法名称
Limits	LA,DA	指定点记录的限位值
Plant Mode	DA,DD,DP	可在六种模式下进行不同设置的参数采集
Point	LA,DA,LD,DD,LP,DP,PD, LC, DU, LC, DU,RM,RN	关于点的信息
Real Params	LC	表示算法的实数(浮点数)参数。标签取决于在 Config 选项卡上选择的算法名称
Security	LA,DA,LD,DD,LP,DP,PD, LC, DU, LC, DU,RM,RN	表示在系统中为每个点定义的安全组

表 3.59 点选项卡说明

选项卡	字 段	描 述
Point	Point Alias	由 16 个字符组成的点别名
	Description	直接映射到点记录 ED 字段的描述
	Characteristics	直接映射到点记录 KR 字段的特性,其中第一个字符直接映射到点记录的 AY 字段(目的地) 最多可使用 8 个字母数字字符。第一个字符必须为字母 (A-Z)
	Frequency	此字段表示点的广播频率。选项包括 S(慢)、F(快)、A(非周期)
	OPP Rate	此字段定义报警的处理速率以及点的限位检查。S(慢)、F(快)、A(非周期)、U(用户)
Config	Alarm group bit sense	确定已在报警组掩码中设置位的打包点中每个位的报警状态 (0~15)
	Alarm group mask	确定发出报警的打包点的位 (0~15)
	Algorithm name	此字段表示算法的名称

续表

选项卡	字 段	描 述
Config	Int Parameter	供 艾默生 使用
	Inverted	如果在字段中设置相应的位（0～15），则从 I/O 卡读取的值或写入 I/O 卡的值将被反转
	New Alarm/Limit Configuration: Auto Reset Auto Acknowledge	 如果设置了此位，则将自动复位该点的报警 如果设置了此位，则将自动确认该点的报警
	Originating Sheet	除节点之外，此字段供 艾默生 使用。在节点中，控制逻辑图号源自该字段
	Oscillation count (counts/min)	指示在该点输入震荡报警之前允许的震荡数，它必须为 0～65535 的有效整数
	Partner drop	此字段确定备用站点的站点 ID
	Power Check: Power check enable for bits Power check channel Power check enable	 用于打包点的电源检查功能（0～15） 用于打包点的电源检查功能。对于数字量点:1～16。对于打包点:16 种属性，每个位表示一种属性，分别为 1～16 的值 此字段启用电源检查
	Real Parameter	供 艾默生 使用
	Relay close delay time (msec)	此字段用于设置继电器关闭延迟时间（以 ms 为单位）
	Reset sum	此字段直接映射到点记录 EQ 字段的第 2 位
	Simulation: Calculate Simulation Point SID Simulation Point Name Simulation Point SID	 用于计算或重新计算点 SID 模拟点的完全限定名称，其中包含可在模拟模式中供该点使用的模拟值 点的 SID 模拟点的 SID（如果存在） 对于远程点，如果可从远程网络检索到 SID，则会将其存储
	SOE: SOE point SOE 1 shot algorithm SOE reporting option	 此字段用于确定该点为 SOE 点 此字段直接映射到 EQ 字段的第 3 位 此字段直接映射到点记录 EQ 字段的第 5 位和第 6 位

续表

选项卡	字 段	描 述
Config	Status checking type	N=无状态检查 0=0 时发出报警 1=1 时发出报警 2=仅在状态更改时发出报警 3=从 0 转换为 1 时发出报警 4=从 1 转换为 0 时发出报警
	Tunable	此字段定义算法是否可进行调整
	Tuning diagram	此字段定义适用的调整图数量
Security	Security group	对话框中出现在 Systems 文件夹的 Security 子文件夹中所创建的安全组,最多可定义 32 个复选框 如果未在 Systems 文件夹中定义任何安全组,则不会出现复选框
Ancillary	如果要创建字段,请参阅“插入系统”	这些是用户定义字段,提供关于点的更多信息。最多可创建 100 个字段
eDB	Collection: Collection enabled Scan Frequency (milliseconds) Deadband algorithm DEADBAND VALUE DB_K_VAL value DB_N_VAL value	 指定某个点是否由 eDB 收集 在 Ovation 网络上由 eDB 扫描特定点的频率(以 ms 为单位),以确定点是否满足采集标准 指定适用于模拟量点的规则,以确定其存储方式以及是否存储。有效选项包括 FLOW、LOG、PCT_RANGE、POWER、RADIATION、RATIO 和 STANDARD。此规则提供了在采集过程中使用的公式 定义模拟量点必须超过的范围,以使其可由 eDB 收集 选择 Flow、Power、Radiation 和 Log 的死区算法时适用的值 选择 Flow 或 Log 的死区算法时适用的值 Power 的 N Value 设置为 0.5 Radiation 的 N Value 设置为 10
Hardware	Contact Type	此字段是系统接线组件的标签,且与操作无关
	Ground	此字段是系统接线组件的标签,且与操作无关
	Half Shell	此字段是系统接线组件的标签,且与操作无关

续表

选项卡	字 段	描 述
Hardware	I/O Access Path	用于第三方设备通用使用配置的文本字段。此格式专用于设备类型 例如，AB PLC5 2 IN N7:02 其中：AB = Allen Bradley TCP/IP 驱动器，PLC5 = PLC5 通信协议，2 = 连接到主机名“plc5-2”，IN = 读取 AB 寄存器以处理点，N7:02 = A-B 寄存器地址 第三方设备包括： Allen Bradley TCP/IP，RTPI/O，MHI，Modbus，GE Mark V，GE Mark VI，Toshiba，GE Genius
	I/O Channel	用于指定适用 I/O 模块的通道(1～16)
	I/O Module	此字段表示点所连接到的特定 I/O 卡(IOIC、本地 Q-line、远程 Q-Line)
	I/O Module Units	卡级 I/O 卡的信号单位
	I/O Task Index	此字段表示控制器所使用的控制任务区号。在相同模块上，每个分配给数字输出模块的点都必须具有相同的任务区索引值（1～4）
	I/O Type	此字段确定点的 I/O 类型。Q-Line、Ovation（R-Line）、第三方(设备)、Null(如果点并非 I/O 点)
	Power Source	此字段是系统接线组件的标签，且与操作无关
	Relay Module	此字段是系统接线组件的标签，且与操作无关
	Terminal 1-6	此字段是系统接线组件的标签，且与操作无关
	Termination Type	此字段是系统接线组件的标签，且与操作无关
	Register to Register Mapping	此字段是从其检索到数据的点的名称，例如 L41BKRC_CPB
	Point Name（GE，MHI，Toshiba）	请参阅“建立点文件夹”，了解有效类型
	Point Index（GE）	仅供内部使用的只读字段
	Controller Name（GE）	此字段是 GE 控制器的名称，例如 GA
	Node Index（GE）	此字段是节点号
	Host Index（AB，Modbus，RTPI/O）	在 New Device Numbers 窗口中定义的主机名索引
	Datatype（GE，AB，Modbus）	用于解释数据类型、常规类型带符号或不带符号
	Input or Output（AB，Modbus）	指示从属值是否读入处理点或从该点写出

续表

选项卡	字　段	描　述
Hardware	Register Address（AB）	Allen-Bradley 驱动器的寄存器地址为逻辑 ASCII 格式
	Slave Address（Modbus）	Modbus 从协议的节点地址
	SOE point	选择 SOE 点的复选框
	SOE one shot enable	一次选择 SOE 点的复选框
	SOE reporting option	状态更改,0 转换到 1 或 1 转换到 0
	Register Number（Modbus）	Modbus 线圈或寄存器号
	Byte Order（Modbus）	允许寄存器字节更改的关键字
	Card Type（RTPI/O）	RTP IO 卡类型关键字
	Device Address（RTPI/O）	RTP 卡盒的设备地址
	Card Slot（RTPI/O）	对于数字卡,输入为该卡的插槽号 对于模拟卡,输入为该卡的 AD 转换器地址
	Channel Number（RTPI/O）	模拟通道号。此字段仅用于打包点
	Gain Code（RTPI/O）	RTP 增益代码
	Gate Card Slot（RTPI/O）	对于数字卡,这是卡的位号 对于模拟卡,这是卡的门插槽地址
	ExternalOvation Network	使用设备号 2～5
	I/O Point（Module）	1～16
	RedundantI/O Partner Point	冗余 I/O 号
Initial	Initial Conditions: Value	此字段确定点的首个初始传递值(位 0～15［none、0、1］)
	Initial status: Periodic save Tagout Uncommissioned	此字段表示点值是否应定期保存到闪存 此字段确定每个点位的 Tagout 状态,且对于模拟点和数字点都有效（0～15） 此字段确定每个点位的 Uncommissioned 状态。且对于模拟点和数字点都有效（0～15）
Alarm	Normal: Alarm delay time（Sec.）	此 Alarm delay time 字段设置初始报警延迟时间(以 S 为单位),延迟时间是指检测到报警(从 0 位变为 1 或“True”)与报告报警之间的时间。输入的有效时间为 0～65535 s,此字段不适用于传感器报警,因为此类报警的报告不会受到延迟或抑制

续表

选项卡	字 段	描 述
Alarm	Cutout: Alarm cutout delay time (Sec) Alarm cutout name Alarm cutout bit Alarm cutout on zero	此字段设置报警切除延迟时间(以 s 为单位)。此延迟时间是指解除切除之后与实际报告报警之前的这段时间 报警切除点(数字点或打包点)用于切除处理点的报警。其当前值(0 或 1)设置或释放处理点的切除功能。此名称不能是完全限定名称,因为 Developer Studio 的设计不支持包括网络别名的完全限定点引用 如果报警切除为打包点,则输入该字段的位号会映射到 SJ 字段的第 28 ~32 位。(0 ~15)。当前位值设置或释放处理点的切除功能 如果将此选中,则当切除点值或指定位值为 zero 时,切除点会切除处理点的报警。如果未将此选中,则当切除点值或指定位值为 one 时,切除点会切除处理点的报警
	Priorities: Low alarm priority 1-4 Low alarm user priority High alarm priority 1-4 High alarm user priority Alarm priority	模拟点最多可以有五种不同的高优先级和五种不同的低优先级,报警优先级可为 1 ~8,其中:1 为最紧急报警 只有定义了相应的限值之后方可定义优先级:即 High Limit 1 to 4 和 High User Alarm,以及 Low Limit 1 to 4 和 Low User Alarm。传感器和 SID 报警使用所有已定义优先级的最大值,复位值使用所有已定义优先级的较小值 此字段映射到点记录的各种报警优先级字段(AP、P6、P7、P8) 此字段映射到点记录报警优先级字段 (P9) 此字段映射到点记录的各种报警优先级字段(AP、P6、P7、P8) 此字段映射到点记录报警优先级字段 (P9) 此字段映射到点记录的各种报警优先级字段 (AP)(1 ~8)
Alarm	Annunciation: Alarm annunciation text (only applicable if alarm annunciator is used)	此文本确定发出报警的点。报警信号器报警条中的报警消息框显示两行文本(每行最多 12 个字符),总计 24 个字符 用户可以通过将竖线("|")用作行分隔符将这两行分开,此竖线不会计入行的 12 个字符中 例如,如果用户输入 FD FAN AA|AIR FLOW,则其在报警消息框中显示为: FD FAN AA AIR FLOW 如果用户不使用行分隔符,则前 12 个字符会用在第一行,而其他字符会用在第二行

续表

选项卡	字　段	描　述
Alarm	Audio:　Audio file	指定当指定点进入报警时发出声音的音频文件的目的地,警报可为以下任意一种 基于优先级:报警声音取决于报警的优先级。因此,每种优先级可以具有不同的声音 基于目的地:报警声音取决于指定的文件目的地
	Description: Alarm Description	报警的文本描述(最大字符串长度为 45 个字符)
Instrumentation	Cold Junction Compensation: CJ Compensation name CJC temperature units CJC conversion coefficient 1-2	 此字段确定要为点执行的冷端补偿点名 此字段用于冷端补偿转换温度单位 这些字段直接映射到点记录的字段 7V 和 8V,并用于冷端补偿
Instrumentation	Conversion: Field transmitter type	 此字段确定在标准热电偶转换中使用的字段变送器类型。如果指定此字段,且未单独指定转换系数字段,则会基于热电偶单位自动分配转换系数字段。转换类型设置到 P5 字段。如果未指定该字段,则必须单独指定转换类型。 B 或 TB=70% 铂 + 30% 铑或 94% 铂 + 6% 铑 E 或 TE=镍铬合金/铜镍合金 J 或 TJ=铁/铜镍合金 K 或 TK=镍铬合金/铝镍合金 R 或 TR=铂 +13% 铑 S 或 TS=铂 +10% 铑 T 或 TT=铜/铜镍合金 HZ=赫兹 PU=脉冲 MV=毫伏 MA=毫安 VT=伏 RP=铂 RC=铜 RN=镍
	Transmitter temperature units	此字段确定根据已知字段变送器类型计算转换系数所使用的温度单位(华氏度或摄氏度)。
	Disable auto coefficient up date	设置此布尔值(复选框)表示用户已从转换系数的计算值对其进行了修改(即,通过 Sensor Calibration 应用程序),并且不希望系统重新计算这些值。
	Conversion Type	此字段确定要用于转换到工程单位的方程类型(0~5) X=Y 线性 五次项

续表

选项卡	字 段	描 述
Instrumentation	Conversion Coefficient	平方根 指数 五次项的平方根 这些值以伏为单位进行指定。如果指定 field_transmitter_type 和热电偶单位字段,则这些转换系数字段会根据表查找自动进行分配。否则,可单独指定这些字段(1~6)
	Scaling: Bottom output scale Top output scale	此字段用于点的输出范围低限 此字段用于点的输出范围高限
	Sensor: Low sensor limit High sensor limit Low sensor deadband range High sensor deadband range Low operating range High operating range Field transmitter low value Field transmitter high value Signal conditioner value	此字段指示传感器的低限值 此字段指示传感器的高限值 此字段映射到点记录的 BL 字段 此字段映射到点记录的 BH 字段 此字段执行转换系数计算和检查 此字段执行转换系数计算和检查 此字段指示变送器操作范围的低限值 此字段指示变送器操作范围的高限值 此字段定义信号调节器值,以允许电流传感器(以毫安为单位)由电压(以伏为单位)卡读取
Limits	Deadbands: Low alarm deadband High alarm deadband	此字段直接映射到点记录的 DJ 字段。 此字段直接映射到点记录的 DB 字段。
	High Limits: High clamp limit High engineering limit High reasonability limit High alarm limit	此字段直接映射到点记录的 VH 字段 此字段直接映射到点记录的 EH 字段 此字段直接映射到点记录的 RV 字段。模拟点可具有工程范围高限值/低限值以及合理性高限值/低限值。这些限值仅可定义为一个数值 工程范围限值和合理性限值不会生成报警。当某点超出工程范围限值时,该点的质量设置为欠佳(P)。当某点超出合理性限值时,该点的质量设置为差(B)。上述为报警高限值/低限值定义的死区高限值/低限值也适用于这些限值 这些字段直接映射到点记录的 HL、ZH、3Y 和 4Y 字段(1~4)

续表

选项卡	字段	描　述
	High alarm limit incremental	此字段直接映射到点记录的 ZI 字段 模拟点最多可以有四种不同的报警高限值和四种不同的报警低限值。这些限值可以是一个值或系统中另一个模拟量点的名称(称为变量报警) 报警从限值 4 到限值 1 依次向下处理。找到的第一个限值会引起报警消息。高限值 1 到 4 的值应不断增大(例如,如果 High Limit 1=100.0,则 High Limit 2 应为比其更大的值)。超出报警限值会生成报警消息
Limits	High alarm limit user	可将报警优先级分配到这四种报警限值中的每一种,以区分报警情况的紧急 程度 可定义一个死区高限值和一个死区低限值,以免点在某一个报警临界点出现反复报警、消报的情况发生 可定义一个增量高限值和一个增量低限值。当点值传递最后定义的报警限值时,增量限值才会生效 Alarm 字段不适用于记录类型 SA 此字段直接映射到点记录的 UH 字段 模拟量点可以有两种用户定义报警:高限报警和低限报警。这些限值可以是一个值或系统中另一个有效模拟量点的名称。这些报警与这四种高限报警和四种低限报警无关。针对四种高限/低限报警定义的死区高限值/低限值也适用于这些用户限值。超出这些报警限值会生成报警消息 可为高限和低限用户定义报警定义单独的报警优先级
	Low Limits: Low clamp limit Low engineering limit Low reasonability limit	此字段直接映射到点记录的 VL 字段 此字段直接映射到点记录的 EL 字段 这些字段直接映射到点记录的 RW 字段 模拟量点可具有工程范围高限值/低限值以及合理性高限值/低限值。这些限值仅可定义为一个数值 工程范围限值和合理性限值不会生成报警。当某点超出工程范围限值时,该点的质量设置为欠佳(P)。当某点超出合理性限值时,该点的质量设置为差(B)。上述针对报警高限值/低限值定义的死区高限值/低限值也适用于这些 限值

续表

选项卡	字 段	描 述
Limits	Low alarm limit Low alarm limit incremental Low alarm limit user	这些字段直接映射到点记录的 LL、ZL、3Z 和 4Z 字段 此字段直接映射到点记录的 ZM 字段 模拟点最多可以有四种不同的报警高限值和四种不同的报警低限值。这些限值可以是一个值或系统中另一个模拟量点的名称(名为变量报警) 此字段直接映射到点记录的 UL 字段。模拟点可以有两种用户定义报警:高限报警和低限报警。这些限值可以是一个值或系统中另一个模拟量点的名称。这些报警与这四种高限报警和四种低限报警无关。针对四种高限/低限报警定义的死区高限值/低限值也适用于这些用户限值。超出这些报警限值会生成报警消息 可为高限和低限用户定义报警定义单独的报警优先级
Display	Bit (0～15): Set description Packed points Reset description Packed points Description Set description Reset description	 此字段是打包点每个位为“1”状态的文本描述 此字段是打包点每个位为“0”状态的文本描述。 这些字段是各个位的文本描述 此字段是为“1”状态(数字点)的文本描述 此字段是为“0”状态(数字点)的文本描述
	Digits Displayed	此字段表示标准显示格式的小数点后保留位数
	Display Type	此字段表示显示类型(标准、指数、科学计数法)
	Engineering Units	此字段是工程单位的文本描述
	Maximum Scale	此字段定义点的显示范围高限
	Minimum Scale	此字段定义点的显示范围低限
	Signal Diagram	此字段定义点所在的控制逻辑图号
	Summary Diagram	此字段定义点所在的流程图号
	Time of Scan Format	表示扫描时间字段显示的格式
Plant Mode	Plant Mode (1～6): Auto reset Auto acknowledge	描述请见下列主题: Alarm 选项卡 Config 选项卡 Limits 选项卡 如果设置了此位,则将自动复位该点的报警 如果设置了此位,则将自动确认该点(1～4)的报警

续表

选项卡	字　段	描　述
Plant Mode	Alarm priority	此字段映射到点记录的各种报警优先级字段(AP)(1~8)
	Alarm cutout delay time (Sec.)	此字段设置报警切除延迟时间(以 s 为单位),此延迟时间是指解除切除之后与实际报告报警之前的这段时间
	Alarm cutout name	此字段为用作(数字点或打包点)切除点的点
	Alarm cutout bit	如果报警切除为打包点,则输入该字段的位号会映射到 SJ 字段的第 28~32 位(0~15)
	Alarm cutout on zero	此命令将 Status Checking Configuration 字段(AR)设置为零,在此情况下,如果其当前值为零,则该点将发出报警
	Alarm group bit sense	确定已在报警组掩码中设置位的打包点中每个位的报警状态(0~15)
	Alarm group mask	确定发出报警的打包点的位(0~15)
	High alarm limit	这些字段直接映射到点记录的 HL、ZH、3Y 和 4Y 字段(1~4)
	High alarm limit increment	此字段直接映射到点记录的 ZI 字段 模拟点最多可以有四种不同的报警高限值和四种不同的报警低限值。这些限值可以是一个值或系统中另一个模拟量点的名称(名为变量报警) 报警从限值 4 到限值 1 依次向下处理。找到的第一个限值会产生报警消息。高限值 1 到 4 的值应不断增大(例如,High Limit 1 = 100.0,则 High Limit 2 应为比其更大的值)。超出报警限值会生成报警消息 可将报警优先级分配到这四种报警限值中的每一种,以区分报警情况的紧急程度 可定义一个死区高限值和一个死区低限值,以免点在某个报警临界点出现反复报警、消报的情况发生 可定义一个增量高限值和一个增量低限值。当点值传递最后定义的报警限值时,增量限值才会生效。Alarm 字段不适用于记录类型 SA(1~4)
	High alarm priority	这些字段映射到点记录的各种报警优先级字段(P9)
	High reasonability limit	此字段直接映射到点记录的 RV 字段。模拟点可具有工程范围高限值/低限值以及合理性高限值/低限值。这些限值仅可定义为一个值 工程范围限值和合理性限值不会生成报警。当某点超出工程范围限值时,该点的质量设置为欠佳(P)。当某点超出合理性限值时,该点的质量设置为差(B)。上述针对报警高限值/低限值定义的死区高限值/低限值也适用于这些 限值

续表

选项卡	字段	描　述
Plant Mode	Low alarm limit Low alarm limit incremental	这些字段直接映射到点记录的LL、ZL、3Z和4Z字段 此字段直接映射到点记录的ZM字段(1~4) 模拟点最多可以有四种不同的报警高限值和四种不同的报警低限值。这些限值可以是一个值或系统中另一个模拟点的名称(名为变量报警)(1~4)
	Low alarm priority Low reasonability limit Status Checking Type (Digitals)	这些字段映射到点记录的各种报警优先级字段。(AP、P6、P7、P8) 这些字段直接映射到点记录的RW字段 模拟点可具有工程范围高限值/低限值以及合理性高限值/低限值。这些限值仅可定义为一个数值 工程范围限值和合理性限值不会生成报警。当某点超出工程范围限值时，该点的质量设置为欠佳(P)。当某点超出合理性限值时，该点的质量设置为差(B)。上述针对报警高限值/低限值定义的死区高限值/低限值也适用于这些限值 N= 无状态检查　0=0时发出报警 1= 1时发出报警 2= 在状态更改时发出报警 3= 从0转换为1时发出报警 4= 从1转换为0时发出报警
Byte Params	1 through 16	表示算法的字节参数。仅适用于Config选项卡中所选的算法，让用户能够了解哪些字段适用于该算法
Int Params	1 through 60	表示LC(算法)记录的整数参数。仅适用于Config选项卡中所选的算法。此字段可让用户了解哪些字段适用于该算法。仅调整需要调整参数的算法
ASCII Params	1 through 4	表示算法的ASCII参数。仅适用于Config选项卡中所选的算法。ASCII Params可让用户了解哪些字段适用于该算法

(2)修改点

在某些情况下，可能想要修改已下载到数据库中的点。修改点操作步骤如下：

步骤1：启动Ovation Developer Studio。

步骤2：使用系统树(位于Hardware视图栏)导航到Points文件夹：Systems /Networks/Units/Drops/Points项目。

步骤3：右键单击要更改的点。

步骤4：选择Open，出现Points对话框。

步骤5：进行所需更改。

步骤6：选择Ok或Apply将点更改添加到数据库。

步骤7：通过使用右键菜单并选择load，下载到站点。

3.3.1.4 构建点组

点组是提供监控、趋势和过程图使用而组合到一起的各种点。用户可以通过 Developer Studio 或通过来自系统的 Ovation 导入文件来添加点组。点组中包含的成员即是点。点组在组级和成员级均有可配置项。

点组有三种类型。

☆趋势点组:关联一组常用点,并随时间对其进行跟踪。

☆PDS 点组:允许通过点组创建通用画面,构成图形的点不是硬编码点,而是参考点。

☆eDB 点组:历史查看点过滤器。

新点组或成员可通过在线添加(或编辑),因此,更改会立即生效并自动分布到每台工作站,以将其纳入各自的分散数据库中。

访问 Point Groups 文件夹的操作步骤:

步骤 1:启动 Ovation Developer Studio。

步骤 2:使用系统树(位于 Hardware 视图栏)导航到 Point Groups 文件夹:Systems /Point Groups item。

步骤 3:打开 Point Groups 文件夹即可看到 3 个子文件夹:Trend Point Groups、PDS Point Groups 和 eDB Point Groups。

(1)趋势点组

1)添加趋势点组

步骤 1:启动 Ovation Developer Studio。

步骤 2:使用系统树(位于 Hardware 视图栏)导航到 Trend Point Groups 文件夹:Systems/Point Groups/Trend Point Groups item。

步骤 3:右键单击 Trend Point Groups 文件夹并选择 Insert New,出现 Insert New Trend Point Group Wizard。

步骤 4:使用最多 30 个字符在 Group Name 字段中输入趋势组名称。

步骤 5:在 Group Number 字段中输入组号(以便定义组)。Group Number 用于识别组信息,最多可定义 1 000 个组。

步骤 6:选择 Finish,将出现“New Trend Point Groups”对话框,如图 3.147 所示。

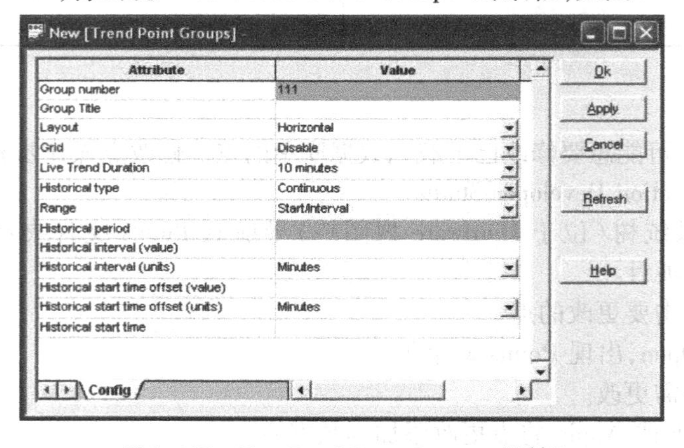

图 3.147 New Trend Point Groups 对话框

步骤7:填写并选择适当的值。

表3.60 趋势点选项说明

字 段	描 述
Group Number	用于识别组信息
Group Title	趋势组标题(最多30个字符)
Layout	趋势图布局(Horizontal、Vertical、X、Y Plot)
Grid	在趋势图上选择网格线(Enable、Disable)
Live Trend Duration	间隔时间单位指定为分钟、小时或天。一个窗口中的所有点使用相同的采集间隔 (10、30、100 min,5、10、30、100、200 Hrs,25、33 Days)
Historical type	允许用户检索历史点(Continuous)
Range	历史请求的时间范围格式 Start/Interval:允许定义趋势请求的开始时间和处理周期。(不能更改结束时间。)选中时,Historical Period 字段显示为灰色 Start/Period:允许定义确定的开始时间。选中时,Historical Interval/Units 和 Historical Interval/Value 字段均显示为灰色
Historical period	允许用户指定历史趋势的长度。如果选中 Start/Interval 字段(Entry 字段),则此字段会显示为灰色
Historical Interval (Value)	允许用户指定历史趋势之间的间隔。一个整数输入加上 Historical Interval (units) 字段构成完整的间隔(数字输入字段)
Historical Interval (Units)	允许用户说明上面指定的间隔单位(Minutes、Hours、Days)
Historical start time offset (Value)	指定自当前历史间隔时间的相对开始偏置时间(数字输入字段)
Historical start time offset (Units)	指定如何说明上面指定的偏移单位(Minutes、Hours、Days)
Historical start time	强制的历史趋势开始时间(输入字段,HH:MM 格式)

步骤8:选择 OK 或 Apply 添加点组。系统树中的 Trend Point Group 文件夹下将出现一个子文件夹。

2)修改趋势点组

步骤1:启动 Ovation Developer Studio。

步骤2:使用系统树(位于 Hardware 视图栏)导航到 Trend Point Groups 文件夹:Systems/Point Groups/ Trend Point Groups item。

步骤3:选择 Trend Point Groups 文件夹。所有现有趋势点组的文件夹将出现在 Trend Point Groups 文件夹下。

步骤4:右键单击用户想要修改的趋势点组文件夹。

步骤5:选择 Open。将出现 Trend Point Group 对话框,它与"添加趋势点组"中的对话框类似。

步骤6:进行所需更改。

步骤7:选择 Ok。

3)添加趋势点组成员

步骤1:启动 Ovation Developer Studio。

步骤2:使用系统树(位于 Hardware 视图栏)导航到 Trend Point Groups 文件夹:Systems / Point Groups/Trend Point Groups item。

步骤3:选择 Trend Point Groups 文件夹。所有已存在趋势点组的文件夹将会出现在 Trend Point Groups 文件夹下。

步骤4:打开用户想要添加成员的 Point Group 文件夹,将会出现 Trend Group Members 子文件夹。

步骤5:右键单击 Trend Point Groups 项。

步骤6:选择 Insert New,出现 Insert New Trend Group Members Wizard。

步骤7:将添加到 Trend Group 的点名称输入到 Point Name 输入字段中。

步骤8:使用箭头(或以键入的方式)选择一个"Rank"。较高等级的成员显示在趋势图顶部,较低等级的成员被置于趋势图底部。

步骤9:选择 Finish,将出现"New Trend Group Members"对话框,如图3.148 所示。已添加到 Insert New Trend Group Members Wizard 中的信息出现在 Config 选项卡中。

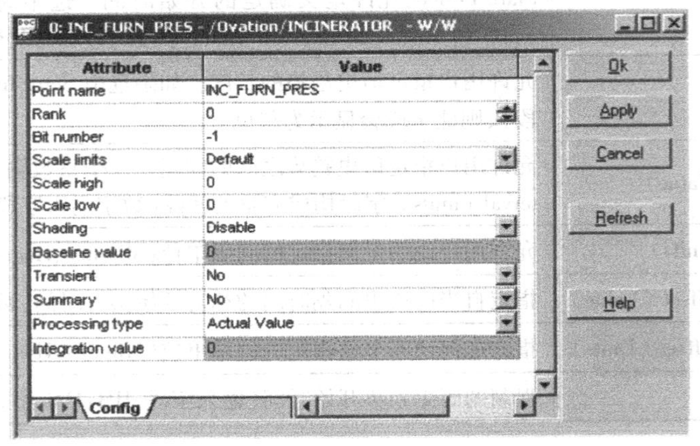

图3.148　New Trend Group Members 对话框

表3.61　趋势点配置选项说明

字　段	描　述
Point name	趋势点名称可使用最多 30 个字符
Rank	等级是与点显示于趋势上的顺序相对应的数字。该值可为 0~7,其中 0 为最高等级,7 为最低等级
Bit number	对于打包点,请在 Bit Number 字段中输入位号。如果该点不是打包点,请将此字段留空
Scale limits	可让趋势线视图显示更少或更多的细节。每个趋势点都有其自身的一组临时高、低显示范围 默认选项允许通过 Scale high 和 Scale low 设置限值 User Entered 允许输入用户定义的限值。(Default、User Entered)

续表

字　段	描　述
Scale high	表示趋势的上边界。高位标度必须表示为正整数或负整数、浮点，或用科学计数法或技术计数法表示。例如，科学计数法(1.0e2,-1.0E+2,1.0E-2)、技术计数法(100e0,10e3,10E6)
Scale low	表示趋势的下边界。低位标度必须表示为正整数或负整数、浮点，或用科学计数法或技术计数法表示。例如，科学计数法(1.0e2,-1.0E+2,1.0E-2)、技术计数法(100e0,10e3,10E6)
Shading	将基准线和趋势线之间的区域显示为阴影(Enable、Disable)
Baseline value	基准线值最多可为8位数。当基准线值大于标度高限值时，标度高限值成为基线，而当基准线值低于标度低限值时，标度低限值则成为基准线。对数点的基准线值必须大于零
Transient	如果在整个处理周期中第二个数字平均值处于不同状态，则选择Yes会导致相同趋势数据中任意三个连续值的第二个数字平均值(0或1)更改为相反状态 瞬变选项不会显示真实数据，其目的是为了呈现数字状态的更改，否则这些更改会在处理周期大于1 s时在数字点趋势上隐藏 应执行关于数字活动时间的趋势，其中处理周期缩短且禁用瞬变选项，以显示真实数字状态(此选项仅在处理类型为Average Value时可用)(Yes,No)
Summary	选择Yes包含摘要部分，或选择No不包含摘要部分。此摘要由每个点的数据构成，例如，平均值、最大值和最小值
Processing type	Actual Value:显示每个单独处理周期结束时指定处理点的实际值 Average 显示每个单独处理周期中指定处理点的平均值 Integration:显示每个单独处理周期中指定处理点关于S的积分，并乘以指定积分常数 Minimum Value:显示每个单独处理周期中指定处理点的最小值 Maximum Value 显示每个单独处理周期中指定处理点的最大值 Time Set Mins:显示每个单独处理周期中指定数字处理点或打包处理点的所选位处于“1”状态的分钟数 Time Reset Mins:显示每个单独处理周期中指定数字处理点或打包处理点的所选位处于“0”状态的分钟数 Time Set Hours:显示每个单独处理周期中指定数字处理点或打包处理点的所选位处于“1”状态的小时数 Time Reset Hours:显示每个单独处理周期中指定数字处理点或打包处理点的所选位处于“0”状态的小时数 Toggle:显示每个单独处理周期中指定数字处理点或打包处理点的所选位发生的状态更改次数 Toggle Set:显示每个单独处理周期中指定数字处理点或打包处理点的所选位更改为“1”状态的次数 Toggle Reset:显示每个单独处理周期中指定数字处理点或打包处理点的所选位更改为“0”状态的次数 Unpacked Bit Value:显示每个单独处理周期结束时，指定处理点所选位的实 际值
Integration value	此字段仅在处理类型为Integration时适用

步骤10:在 Integration Value 字段中输入积分常数。

步骤11:选择 Ok 或 Apply 将已修改或已创建的点组添加到 Group List。

4)修改趋势点组成员

步骤1:启动 Ovation Developer Studio。

步骤2:使用系统树(位于 Hardware 视图栏)导航到 Trend Point Groups 文件夹:Systems/Point Groups /Trend Point Groups item。

步骤3:选择 Trend Point Groups 文件夹。所有现有趋势点组的文件夹将出现在 Trend Point Groups 文件夹下。

步骤4:打开包含用户想要修改的组成员的趋势点组文件夹,将出现 Trend Group Members 文件夹。

步骤5:双击 Trend Group Members 文件夹,组成员将出现在 WorkPad 窗口中。

步骤6:打开用户想要修改的趋势点组成员,将出现与"添加趋势点组成员"中类似的 Trend Point Group Member 对话框。

步骤7:进行所需更改。

步骤8:选择 Ok 将已修改的成员添加到数据库中。

(2)PDS 点组

1)添加新的 PDS 点组

步骤1:启动 Ovation Developer Studio。

步骤2:使用系统树(位于 Hardware 视图栏)导航到 PDS Point Groups 文件夹:Systems / Point Groups /PDS Point Groups item。

步骤3:右键单击 PDS Point Groups 文件夹。

步骤4:选择 Insert New,出现 Insert New PDS Point Groups Wizard。

步骤5:最多使用30个字符在 Group Name 字段中输入 PDS 组名称。

步骤6:在 Group Number 字段中输入组号(以便定义组)。组号用于识别组信息,最多可定义5 000个组。

步骤7:选择 Finish,将出现"New PDS Point Groups"对话框,如图3.149所示。

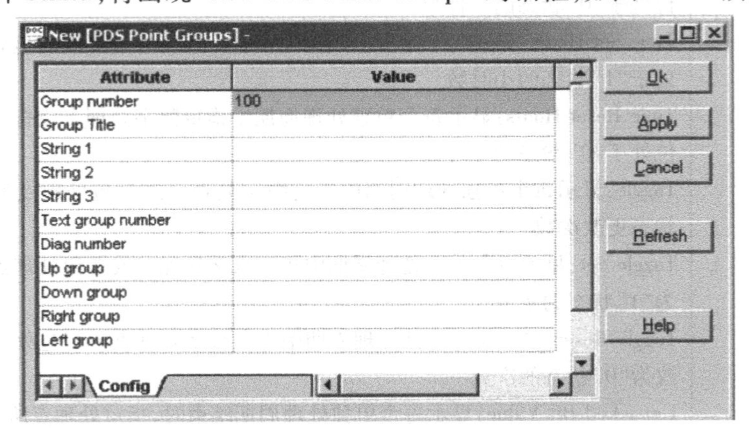

图3.149　New PDS Point Groups 对话框

表3.62　PDS点组配置选项说明

字　段	描　述
Group Number	组号
Group Title	趋势组标题(最多30个字符)
String 1	描述点组的可选文本
String 2	描述点组的可选文本
String 3	描述点组的可选文本
Text group number	用于将其他文本字符串附加到点组。1～5 000为有效值,每个文本组可具有最多100个文本字符串
Diag number	显示下载点组时要下载的图号
Up group	与翻页组相关的组号,为0～1 000的整数
Down group	与翻页组相关的组号,为0～1 000的整数
Right group	与翻页组相关的组号,为0～1 000的整数
Left group	与翻页组相关的组号,为0～1 000的整数

步骤8:组号默认值来自New PDS Point Groups Wizard中输入的信息。使用最多30个字符在Group Title字段中输入PDS组标题。

步骤9:在String字段中输入描述点组的可选文本。

步骤10:当用户显示图形时,可将其他文本字符串附加到点组。用户可以通过在Text Group Number中输入值来实现此操作。文本组号的有效范围是1～5 000,且每个文本组可具有最多100个文本字符串。

步骤11:下载点组时,Dialog Number字段显示要下载的图号。如果此字段留空或设置为零,则所请求的组显示当前图。如果此字段非零,则所请求的组显示图号为此数字的图。

步骤12:Group Paging字段(Up Group,Down Group,Right Group,Left Group)允许用户输入与用于翻页的组相关的组号。在相关的Group字段中输入组号。翻页组号必须为0～1 000的整数。如果值在此范围之外,则使用默认值0,表示在此方向上没有翻页。

步骤13:选择Ok激活新点组。具有新PDS组名称的子文件夹将添加到PDS Point Groups文件夹中。

2)修改PDS点组

步骤1:启动Ovation Developer Studio。

步骤2:使用系统树(位于Hardware视图栏)导航到PDS Point Groups文件夹:Systems/Point Groups/PDS Point Groups item。

步骤3:打开Point Groups文件夹。

步骤4:右键单击用户想要修改的PDS Point Groups项。

步骤5:选择Open,右键单击用户想要修改的PDS点组文件夹。

步骤6:选择Open,将出现PDS Point Group对话框,它与“添加新PDS点组”中的对话框类似。

步骤 7:进行所需更改。

步骤 8:选择 Ok。

3)添加 PDS 点组成员

步骤 1:启动 Ovation Developer Studio。

步骤 2:使用系统树(位于 Hardware 视图栏)导航到 PDS Point Groups 文件夹:Systems/Point Groups /PDS Point Groups item。

步骤 3:打开用户想要添加成员的 Point Group 文件夹,将会出现 PDS Point Groups 子文件夹。

步骤 4:右键单击 PDS Point Group Members 文件夹。

步骤 5:选择 Insert New,出现 Insert New PDS Group Members Wizard。

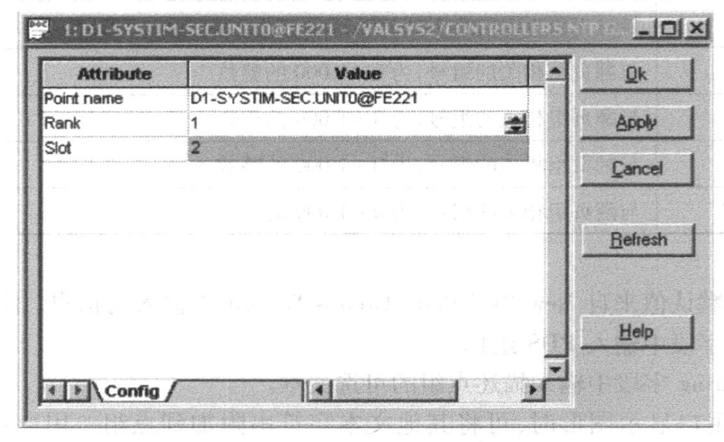

图 3.150 Insert New PDS Group Members 对话框

表 3.63 插入新 PDS 点组字段说明

字　段	描　述
Point name	点的名称
Rank	点在组中的顺序
Slot	内部使用。定义为等级+1

步骤 6:在 Point Name 输入字段中输入点名称。

步骤 7:使用箭头(或以键入的方式)选择一个“Rank”。等级是与点相对应的参考号,其值可为 1~249。等级是图形用于检索显示信息的参考。

步骤 8:在“Slot”输入字段中输入插槽号。

步骤 9:选择 Finish,将出现 New PDS Group Members 对话框。Insert New PDS Group Members Wizard 中所提供的信息显示在对话框中。

步骤 10:选择 Ok 激活 PDS 点组号。新 PDS 点项出现在系统树中。

4)修改 PDS 点组成员

步骤 1:启动 Ovation Developer Studio。

步骤 2:使用系统树(位于 Hardware 视图栏)导航到 PDS Point Groups 文件夹: Systems/

Point Groups/ PDS Point Groups item 。

步骤3:打开 Point Group 文件夹。

步骤4:选择 PDS Point Groups 文件夹。所有现有 PDS 点组的文件夹都显示在 PDS Point Groups 文件夹下。

步骤5:打开用户想要修改的点组文件夹,将出现 PDS Point Groups 子文件夹。

步骤6:双击 PDS Group Members 项,组成员将出现在 WorkPad 窗口中。

步骤7:打开用户想要修改的 PDS 点组成员,将出现与“将点组成员添加到 PDS 点组”中类似的 PDS Point Group Member 窗口。

步骤8:进行所需更改。

步骤9:选择 Ok 将已修改的成员添加到数据库中。

(3)eDB 点组

1)添加新 eDB 点组

步骤1:启动 Ovation Developer Studio。

步骤2:使用系统树(位于 Hardware 视图栏)导航到 eDB Point Groups 文件夹:Systems/ Point Groups/eDB Point Groups item。

步骤3:右键单击 eDB Point Groups 文件夹。

步骤4:选择 Insert New,出现 Insert New eDB Point Groups Wizard。

步骤5:使用最多 30 个字符在 Group Name 字段中输入 eDB 组名称。

步骤6:在 Group Number 字段中输入组号(以便定义组)。组号用于识别组信息,最多可定义5 000个组。

步骤7:选择 Finish,出现“New eDB Point Groups”对话框,如图3.15所示。

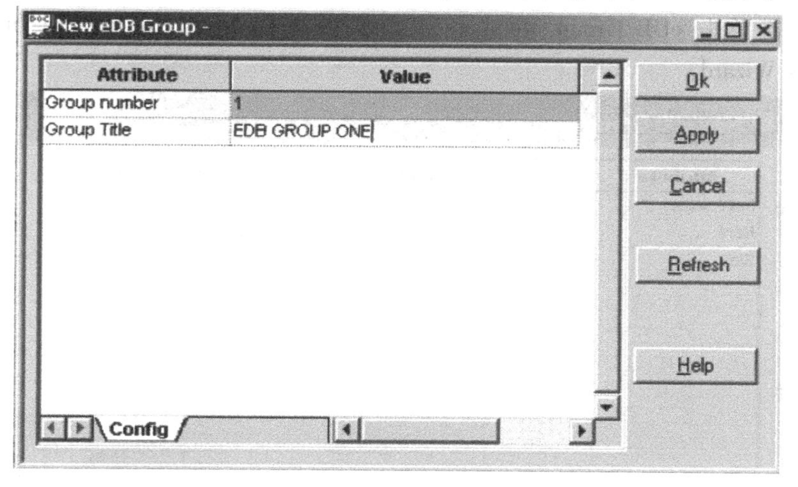

图3.151 New eDB Point Groups 对话框

表3.64 插入新 eDB 点组字段说明

字 段	描 述
Group Number	用于识别组信息
Group Title	eDB 组标题(最多30个字符)

步骤8:组号默认值来自 New eDB Point Groups Wizard 中输入的信息。最多使用30个字符在 Group Title 字段中输入 eDB 组标题。

步骤9:选择 Ok 激活新点组,具有新 eDB 组名称的子文件夹将添加到 eDB Point Groups 文件夹中。

2)修改 eDB 点组

步骤1:启动 Ovation Developer Studio。

步骤2:使用系统树(位于 Hardware 视图栏)导航到 eDB Point Groups 文件夹: Systems/Point Groups/eDB Point Groups item。

步骤3:选择 eDB Point Groups 文件夹。所有现有 eDB 点组的文件夹都显示在 eDB Point Groups 文件夹下。

步骤4:右键单击用户想要修改的 eDB Point Groups 项。

步骤5:选择 Open,将出现 eDB Point Group 对话框,它与"添加新 eDB 点组"中的对话框类似。

步骤6:进行所需更改。

步骤7:选择 Ok。

3)添加 eDB 点组成员

步骤1:启动 Ovation Developer Studio。

步骤2:使用系统树(位于 Hardware 视图栏)导航到 eDB Point Groups 文件夹: Systems/Point Groups/eDB Point Groups item。

步骤3:打开用户想要添加成员的 Point Group 文件夹,将会出现 eDB Point Groups 子文件夹。

步骤4:右键单击 eDB Group Members 文件夹并选择 Insert New,出现 Insert New eDB Group Members Wizard。

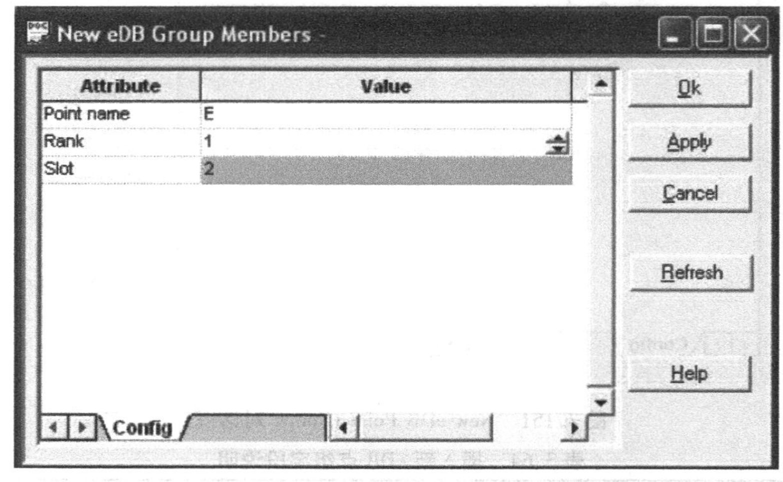

图 3.152 Insert New eDB Group Members 对话框

表3.65　添加eDB点组字段说明

字　段	描　述
Point name	eDB点名称可使用最多30个字符
Rank	eDB组标题(最多30个字符)
Slot	内部使用。定义为等级+1

步骤5:在Point name输入字段中输入点名称。

步骤6:使用箭头(或以键入的方式)选择一个"Rank"。等级是与点相对应的参考号,其值可为0~19。等级是其用于检索显示信息的参考。

步骤7:在"Slot"输入字段中输入插槽号。

步骤8:选择Finish,将出现New eDB Group Members对话框。Insert New eDB Group Members Wizard中所提供的信息显示在对话框中。

步骤9:选择Ok激活eDB点组号。新eDB点项出现在系统树中。

4)修改eDB点组成员

步骤1:启动Ovation Developer Studio。

步骤2:使用系统树(位于Hardware视图栏)导航到eDB Point Groups文件夹:Systems/Point Groups/eDB Point Groups item。

步骤3:选择eDB Point Groups文件夹。所有现有eDB点组的文件夹都显示在eDB Point Groups文件夹下。

步骤4:打开用户想要修改的点组文件夹,将出现eDB Point Groups子文件夹。

步骤5:双击eDB Group Members项,组成员将出现在WorkPad窗口中。

步骤6:打开用户想要修改的eDB点组成员,将出现与"添加eDB点组成员"中类似的eDB Point Group Member对话框。

步骤7:进行所需更改。

步骤8:选择Ok将已修改的成员添加到数据库中。

3.3.1.5　添加设备和模块

(1)插入I/O设备

步骤1:启动Ovation Developer Studio。

步骤2:使用Hardware视图栏中的系统树导航到Devices项:Systems/Networks/Units/Drops/Drop #/I/O Devices。

步骤3:右键单击I/O Devices。

步骤4:选择Insert New,出现Insert New I/O Devices Wizard。

步骤5:从下拉列表选择I/O设备号(0用于IOIC设备,5~9用于第三方设备和总线设备)。

步骤6:从下拉列表选择I/O设备类型(IOIC、Allen-Bradley、Modbus master等)。

步骤7:选择Finish,出现"New I/O Devices"对话框,如图3.153所示。

步骤8:为所有选项选择合适的电源。

步骤9:选择Ok。

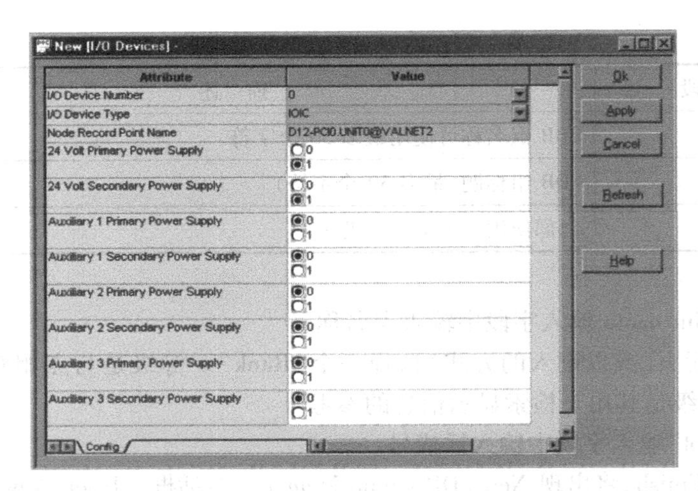

图 3.153　New I/O Devices 对话框

(2)插入 I/O 模块

步骤 1:启动 Ovation Developer Studio。

步骤 2:使用 Hardware 视图栏中的系统树导航到 Devices 项:Systems /Networks/Units /Drops /Drop #/I/O Devices /Branches。

步骤 3:右键单击 Ovation Modules。

步骤 4:选择 Insert New,出现 Insert New Ovation Module Wizard,如图 3.154 所示。

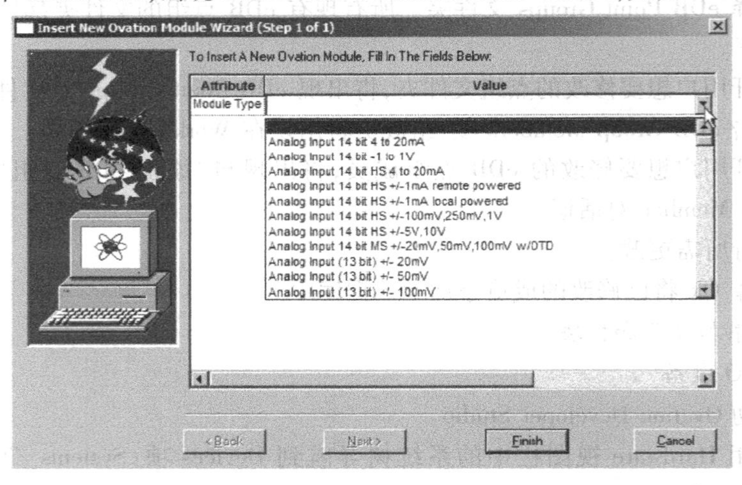

图 3.154　Insert New Ovation Module 导航窗

步骤 5:下拉 Module Type 菜单,然后选择适当的模块类型。

步骤 6:选择 Finish 按钮,出现 New Ovation Module 对话框,其中包含四个选项卡:Config,Module,Digital Channels 和 Analog Channels。出现在 New Ovation Module 对话框中的选项和字段由在向导中所选的模块类型决定。

步骤 7:选择 Apply,将模块添加到数据库。此时请勿选择 Ok。

步骤 8:模块在 I/O 插槽中使用前创建模块点,请参阅“创建模块点”。如果正在插入的模块存在现有未分配模块点,则用户可以使用该点。转到 Points 文件夹中的 Module Point 项,在 Hardware 选项卡上查看模块点,确定其是否已指定给模块。

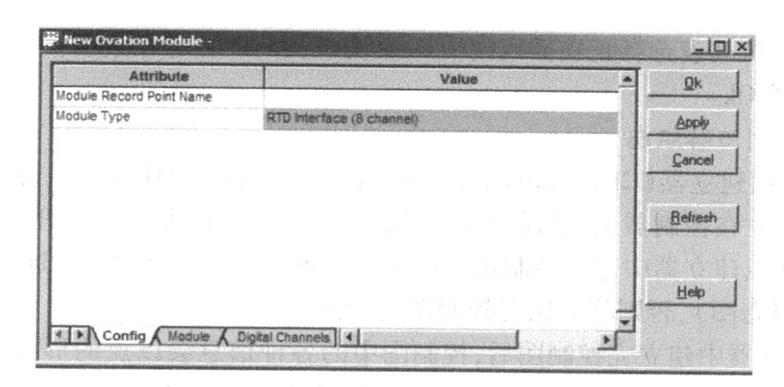

图3.155　New Ovation Module 对话框

步骤9:将模块点分配到模块之后,在 New Ovation Module 对话框中选择 Refresh。

步骤10:在 New Ovation Module 对话框中选择 Module 选项卡,然后根据“定义和配置 Ovation I/O 模块”中的模块类型进行适当输入。根据模块类型,查看 Digital Channels 选项卡或 Analog Channels 选项卡,了解分配给每个通道的点名称。

步骤11:选择 Apply 或 Ok 将更改输入数据库中。

步骤12:进入 Download、Reboot 和 Load,了解有关完成安装的信息。

(3)插入模块点

步骤1:访问 Ovation Developer Studio。

步骤2:使用 Hardware 视图栏中的系统树导航到 Module Points 项:Systems/Networks/Units/ Drops/ Points/ Module Points

步骤3:右键单击 Module Points 项。

步骤4:选择 Insert New,出现 Insert New Module Points Wizard,如图3.156所示。

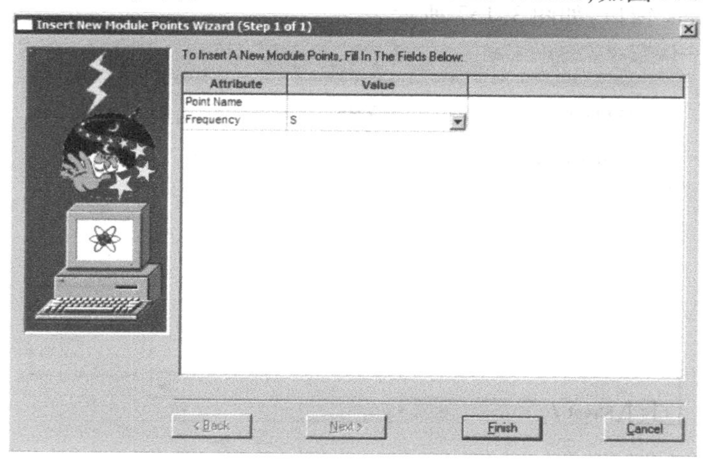

图3.156　Insert New Module Points Wizard

步骤5:在 Point Name 框中输入点名称。

步骤6:从下拉列表中选择 Frequency 速度。

步骤7:选择 Finish 按钮,出现 New Module Points 对话框,其中包含七个选项卡。

步骤8:填写每种属性的值。

步骤9:打开 Hardware 选项卡。

步骤 10:从下拉列表选择正在插入的 I/O 模块以及 I/O 任务区索引。

步骤 11:选择 Ok。

3.3.1.6 控制回路组态

Ovation 控制图建立器(CB,Control Builder)是一个在 AutoCAD 基础上开发的图形编辑软件,主要适用于建立在控制器上运行的控制逻辑。但是,我们在进入控制图建立器中进行组态的编辑前,必须在点建立器中建立控制逻辑所需要的各个点。只有建立完这些点后,才能建立并保存控制图(组态图),否则将无法对控制图进行保存。

在控制图建立器中建立完控制图后,控制图中的各种信息会以点的形式保存在工程师服务器的数据库(Oracle 数据库)中,同时在相关的路径还会保存 AutoCAD 形式的控制图,经过组态编辑生成相关的画面用于在操作员站显示,可以用来进行在线回路调整控制。

以下部分介绍控制回路组态工具的使用。

(1)Ovation 控制图建立器介绍

1)进入控制图建立器(CB)

步骤 1:启动 Ovation Developer Studio。

步骤 2:使 Hardware 视图栏中的系统树导航到 Control Task 项:Systems /Networks/Units /Drops /Drop #/ Control Task #。

步骤 3:选择 Control Sheets。

步骤 4:已存在的控制页出现在窗口底部工作板窗口区域,在控制页图标上双击,或是在控制页图标上右键打开弹出菜单选择 Open 指令,被选择控制页将在 Ovation Developer Studio 工作空间打开。

步骤 5:如果希望加入新逻辑页,在系统树 Control Task 项右击鼠标选择 Insert New,将出现 New Control Sheets 窗口,如图 3.157 所示。

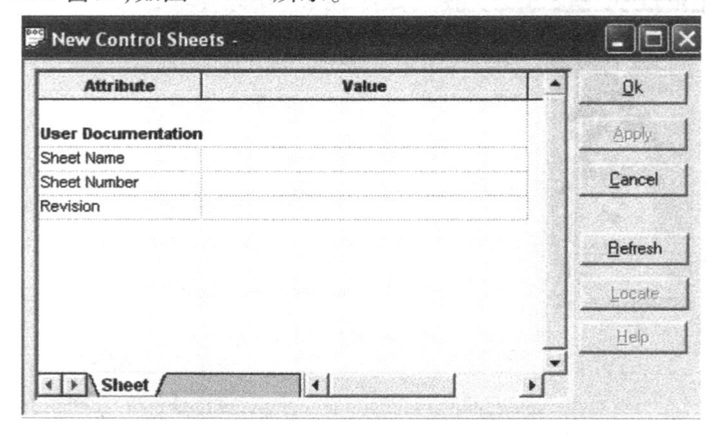

图 3.157 New Control Sheets 对话框

填入下列信息:

☆逻辑页名称——系统中逻辑页描述。

☆逻辑页编号——最多 3 个字符的参考数字,仅供用户识别逻辑页。

☆版本号——最多 3 个字符。

2)控制图建立器工作环境配置

OCB(Ovation Control Builder)配置对话框用于设定 Ovation Control Builder 工作环境。对话框包含 6 个选项标签用于设定 Ovation Control Builder,可满足 Ovation 控制系统需求。点击 OCB Control 下拉菜单,选择 Configuration 项,进入配置对话框。

①数据库连接选项:用于识别数据库的参数,该参数规定了控制图建立器和 Oracle 数据库间的通讯,允许 OCB 作为 Oracle 客户端访问 Oracle 数据服务器。

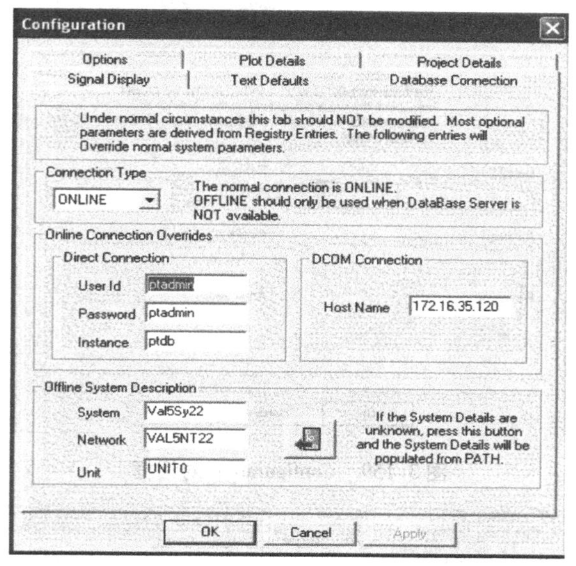

图 3.158　Configuration 对话框

表 3.66　OCB 数据库连接字段说明

字　段	描　述
Connection Type	eDB 点名称可使用最多 30 个字符
在线连接重载	
Direct Connection User ID	系统定义,勿修改
Direct Connection Password	系统定义,勿修改
Direct Connection Instance	系统定义,勿修改
DCOM Connection Host Name	服务器 IP 地址
离线系统描述	
System	Ovation 系统名称
Network	Ovation 系统网络名称
Unit	网络单元名称
System Details Button	如果系统详细信息未显示,按此键将当前系统详细信息显示在输入区内

②项目信息选项:用于设定标题框和模版中的项目信息。输入在此选项标签内的信息将显示在逻辑页标题框,一旦在此处设定了,就不能在逻辑页层进行修改。

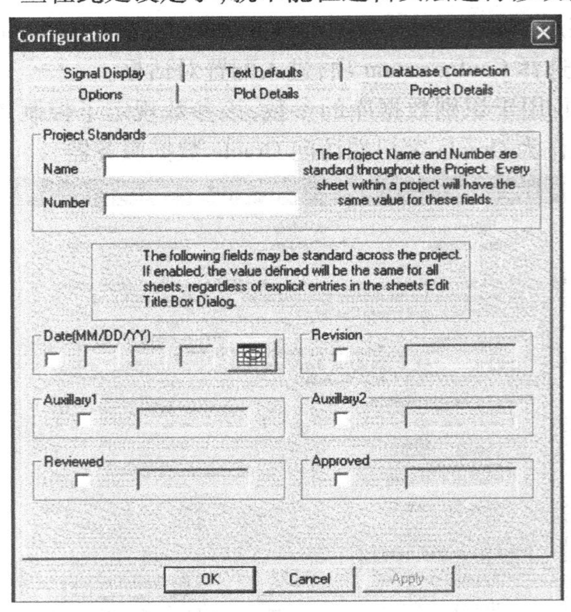

图 3.159 Configuration 对话框

EMERSON PROCESS MANAGEMENT
THIS DOCUMENT CONTAINS INFORMATION PROPRIETARY TO EMERSON PROCESS MANAGEMENT POWER & WATER SOLUTIONS, INC., IT IS SUBMITTED IN CONFIDENCE AND TRUST, IS TO BE USED BY YOU SOLELY FOR THE PURPOSES FOR WHICH IT IS FURNISHED AND IS TO BE RETURNED UPON REQUEST. THIS DOCUMENT AND ANY OTHER INFORMATION PROVIDED TO YOU IS NOT TO BE REPRODUCED, TRANSMITTED, DISCLOSED, OR USED OTHERWISE IN WHOLE OR IN PART WITHOUT THE PRIOR WRITTEN AUTHORIZATION OF EMERSON PROCESS MANAGEMENT POWER & WATER SOLUTIONS, INC.

DONG BU COMBINED CYCLE PROJECT | Rev. A
HP DRUM LEVEL CALC | Date 07/26/06
Drawing Number CTL1 | Drop 1 | Task 3 | Sheet 001
Engineer | PKR | Approved | L STANGA | 497

图 3.160 标题框

表 3.67 OCB 标题框字段说明

字　段	标题框字段	描　述
Project Standards Name	Project_Title	项目名称或标题
Project Standards Number	PrjNumCTLDId	指定的项目编号
Date (MM/DD/YY)	Date	制图日期。若未显示,按按钮显示当前日期
Revision	REV	图修订版本号
Auxillary1	AUX1	用于项目人员的附属信息
Auxillary2	COMPONENT	用于项目人员的附属信息
Reviewed	Engineer	校核
Approved	Apprived	批准

③信号显示选项:用于配置算法块间的信号连线。OCB 初始设定为被推荐的设置默认值。如果用户改变了信号设定,必须应用 Audit 功能保存变更。不推荐改变这些参数。

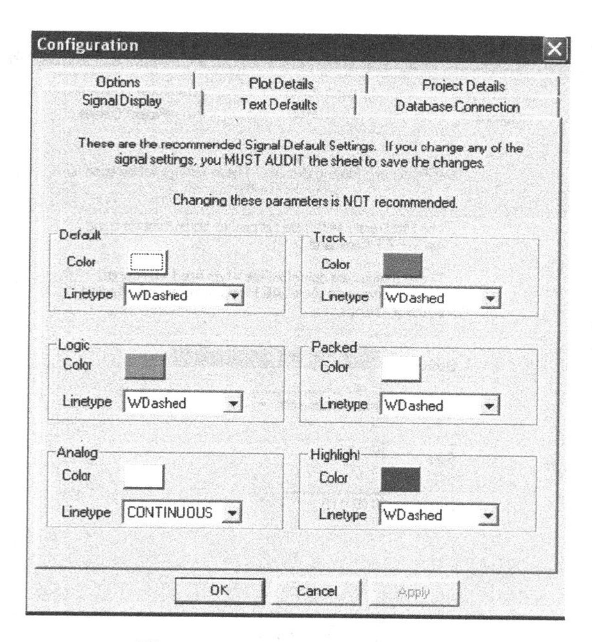

图 3.161　Configuration 对话框

表 3.68　OCB 信号连线配置字段说明

字　段	描　述
Default	缺省信号的颜色和线型(白色和虚线)
Logic	数字量信号的颜色和线型(青色和虚线)
Analog	模拟量信号的颜色和线型(白色和实线)
Track	跟踪信号的颜色和线型(绿色和虚线)
Packed	打包点信号的颜色和线型(白色和虚线)
Highlight	突出信号的颜色和线型(紫色和虚线)

④标绘(打印)信息选项:用于配置 OBC 使用的打印设备。

表 3.69　OCB 打印选项字段说明

字　段	描　述
Device	打印机名称
Style	彩色或黑白(黑和白)
Size	打印纸尺寸
Offset	若应用于完整图纸页面,设定为“0”,增加数字会按输入值大小偏移图纸到纸边界的位置

⑤文本缺省选项:用于配置识别点、数值、描述的文本标签,也用于设定可加入标题框的动态文本。

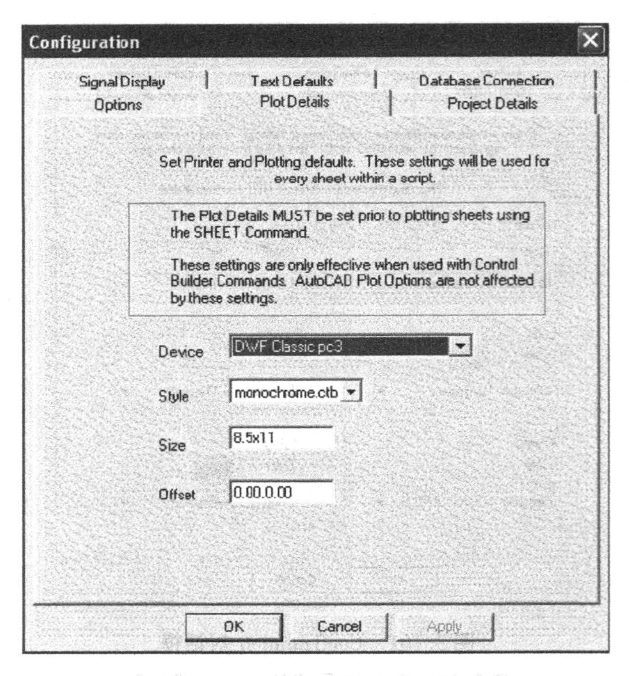

图 3.162　Configuration 对话框

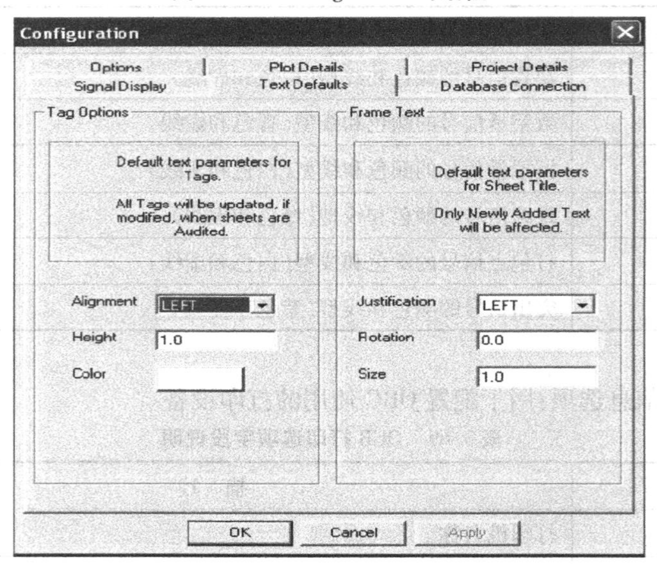

图 3.163　Configuration 对话框

表 3.70　OCB 文本缺省选项字段说明

字　段	描　述
标签选项(标签设定)	
Alignment	确定标签是否居中、左对齐或右对齐
Height	设定标签字体尺寸
Color	设定标签字体颜色

续表

字　段	描　述
文本框(标题框内文本设定)	
Justification	确定文本是否居中、左对齐或右对齐
Rotation	确定标题框内文本位置
Size	设定文本字体尺寸

⑥选项标签:用于其他各项 OCB 功能的配置。

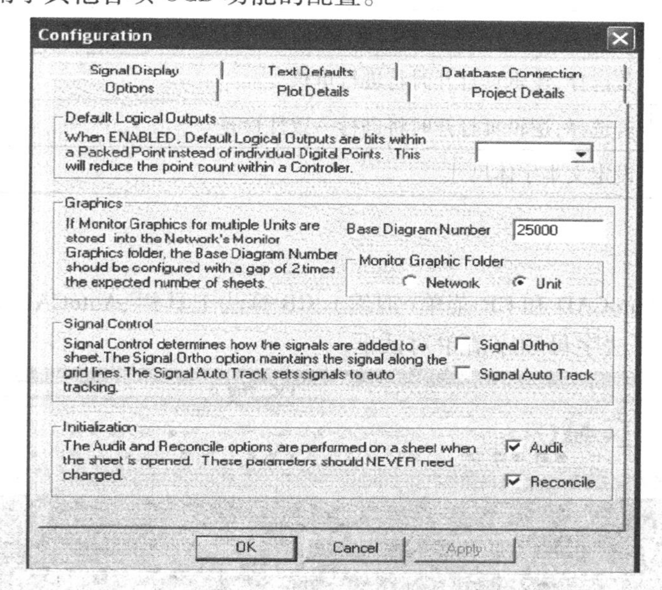

图 3.164　Configuration 对话框

表 3.71　OCB 选项标签字段说明

字　段	描　述
Default Logical Outputs	若是 ENABLED,打包点按二进制数输出替代独立的数字点。这会减少控制器点的计算。一旦控制变化,二进制数将会被重置,前次控制遗留的值仍然有效。当添加或取消附带值的反馈或算法时,在下载数字逻辑控制变更到控制器前,将对相应位进行重置
画面	
Base Diagram Number	定义(对单元而言)创建的监视画面范围的起始数字。4 位 16 进制数转换成的 10 进制数加上此数值,就是最终画面的编号 例如,假设 Base Diagram Number 为 25 000,如果该页 16 进制数为 102B,转换为 10 进制数为 4139,该页最终图号就为 29 139 为了使图形用于不同的单元,该数值各单元应该不同。例如,单元 0 的数值为 25 000,单元 1 的起始值应该定义为 28 000。这将为单元 0 预留足够空间增加新图,有效选择范围为 25 000 ~ 29 999

续表

字　段	描　述
Network	若选择,监视画面存储于网络监视画面文件夹,可共享于同网络其他单元的人机界面
Unit	若选择,监视画面仅存储于单元的监视画面文件夹,只能在本单元人机界面可视
信号控制	
Signal Ortho	若选择,信号连线只能水平或垂直绘制
Signal Auto Track	若选择,算法间信号绘图将会被自动跟踪
初始化	
Audit	若选择,逻辑页打开时将进行审核
Reconcile	若选择,逻辑页打开时将进行一致性检查
Size	设定文本字体尺寸

3)OCB 界面

OCB 界面包含 AutoCAD 和 CB 菜单(混编)、CB 算法工具栏、AutoCAD 和 CB 工具栏、命令行区域、制图区域和算法字母顺序清单对话框。

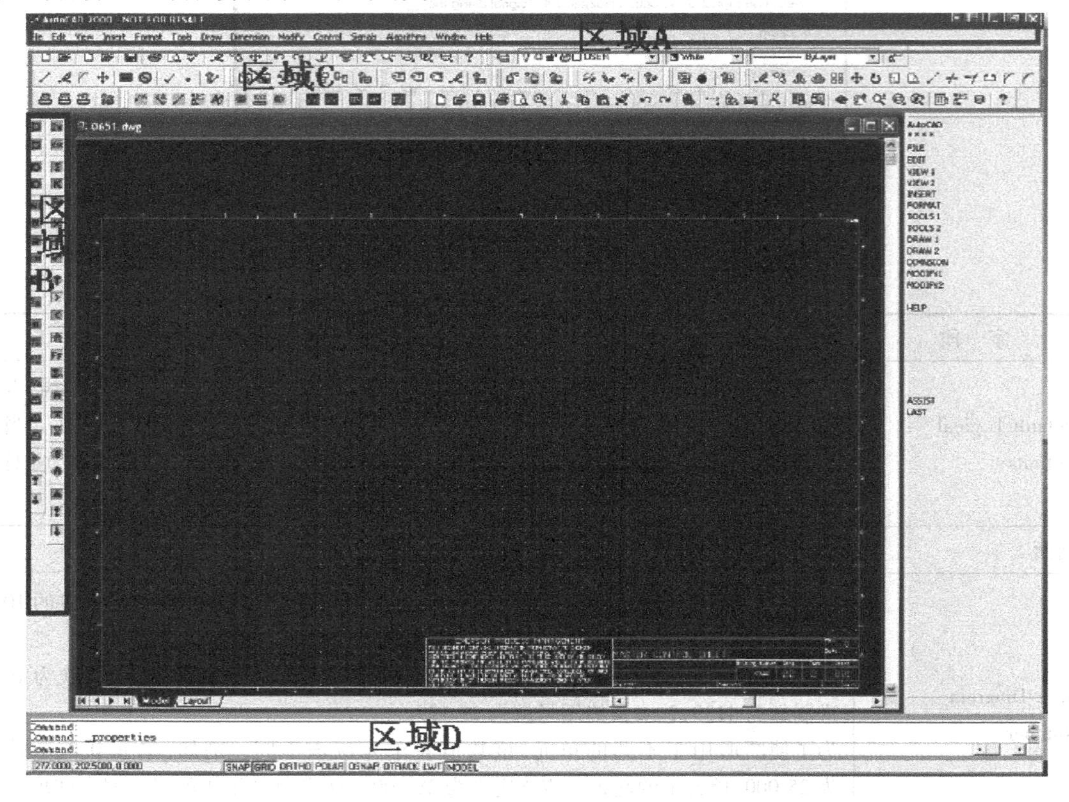

图 3.165　OCB 界面

注:区域A—AutoCAD和CB菜单;区域B—算法工具栏;区域C—AutoCAD和CB工具栏;区域D—命令行。

除了常用的AutoCAD工具栏以外,OCB将CB所用的工具栏也加入其中,便于用户更快更容易地创建或编辑控制逻辑图。工具栏的配置可通过执行AutoCAD View下拉菜单下ToolBar指令来完成。

以下仅对CB工具栏的图标进行功能介绍,有关AutoCAD的菜单和工具图标,请参阅AutoCAD用户手册。

表3.72 OCB功能键说明

图标	描述	图标	描述
	编辑现有算法		添加其他算法
	显示算法列表(字母顺序)		算法命名
	算法执行排序		确定连接器使用位置
	显示在线帮助	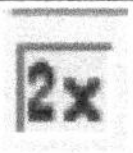	2通道模拟量信号选择器(输入在上或右2XSELECT)
	监视模拟量变送器输入品质及输入间的差值(MEDIANSEL)		加法器(SUM)
	限制有增益和偏置的输入(GAINBIAS)		双段函数发生器(FUNCTION)
	乘法器(MULTIPLY)		除法器(DIVIDE)
	平方根(SQUARE ROOT)		根据标志选择带增益的输入(TRANSFER)
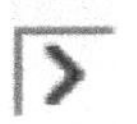	高值选择器(HISELECT)	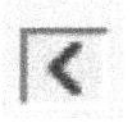	低值选择器(LOSELECT)
	比例积分微分控制器(PID)		带前馈的比例积分微分控制器(PIDFF)
	带复位的加法器(RESETUM)		手动/自动控制站(MASTATION)
	平衡器(BALANCER)		超前/滞后补偿器(LEADLAG)
	设定点(SETPOINT)		模拟量发生器(AVALGEN)
	向I/O点写入数值(FIELD)		输入连接器
	输出连接器	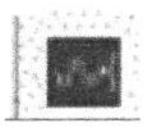	基金会现场总线模拟量输入(FFAI)

续表

图 标	描 述	图标	描 述
	基金会现场总线模拟量输出(FFAO)		基金会现场总线数字量输入(FFDI)
	基金会现场总线数字量输出(FFDO)		基金会现场总线 PID(FFPID)
	3 输入与门(AND)		8 通道与门(AND)
	3 通道或门(OR)		8 通道或门(OR)
	非运算(左输入右输出 NOT)		非运算(上输入下输出 NOT)
	非运算(下输入上输出 NOT)		非运算(右输入左输出 NOT)
	异或门(XOR)		复位优先 SR 触发器(FLIPFLOP)
	数字量单脉冲发生器(ONESHOT)		前延时(ONDELAY)
	后延时(OFFDELAY)		数字量发生器(DVALGEN)
	open/close/auto/manual/PK1/PK2 可编程/功能键接口(KEYBOARD)		可编程/功能键接口(KEYBOARD 带所有管脚)
	可编程/功能键接口(KEYBOARD 不带管脚)		(MAMODE algorithm)
	数字量输入连接器		数字量输出连接器
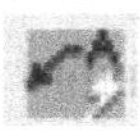	设定注释旋转角度	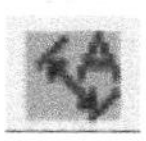	设定注释尺寸
	线段。OBC 设定唯一的线型和颜色,不会混淆信号和注释		注释属性,当前注释设置
	注释编辑框		向左调整注释
	居中调整注释		向右调整注释
	导入控制,导入资料库文件到当前制图		导出控制,导出部分或全部制图到资料库文件
	显示资料库在线帮助		定义新菜单或编辑已有的宏

续表

图 标	描 述	图标	描 述
	扩展。显示宏的各基本部件		显示宏在线帮助
	高值监视器(HIGHMON)		低值监视器(LOWMON)
	高低值监视器(HIGHLOWMON)		速率监视器(RATEMON)
	质量监视器(QUALITYMON)		报警状态监视器(ALARMMON)
	在模拟量中存储系统日期和时间(SYSTEMTIME)		基于系统时钟的脉冲数质量(TIMEMON)
	浮点数比较(COMPARE)		两输入变量间偏差监视(DBEQUALS)
	添加管脚		删除管脚
	移动管脚		管脚在线帮助
	打印功能图		打印当前逻辑页详细信息(例如参变量和算法名称)
	打印相关页面连接器的信息		打印功能在线帮助
	增加信号到制图		删除选择信号及其下游连接
	已有信号 跟踪设定		核实已有信号
	突出显示已有的信号		显示信号在线帮助
	新制图		打开制图
	新控制逻辑页		打开控制控制页
	保存制图		打印
	打印预览		删除对象
	复制对象		移动对象
	撤销		取消前次撤销指令

续表

图　标	描　述	图标	描　述
	比例尺不变移动窗口		实时缩放
	缩放窗口		回到前次缩放选择
	提供 AutoCAD 在线帮助		添加点标签(左对齐)
	添加点标签(居中)		添加点标签(右对齐)
	删除点标签		标签在线帮助

①字母顺序列表对话框:包括按字母排序的所有应用算法。此对话框用于添加标准算法、基金会现场总线算法,高级算法或 OCB 逻辑页中的宏。

字母顺序列表对话框可以通过算法菜单、算法工具栏或是命令行中的算法添加指令进入。

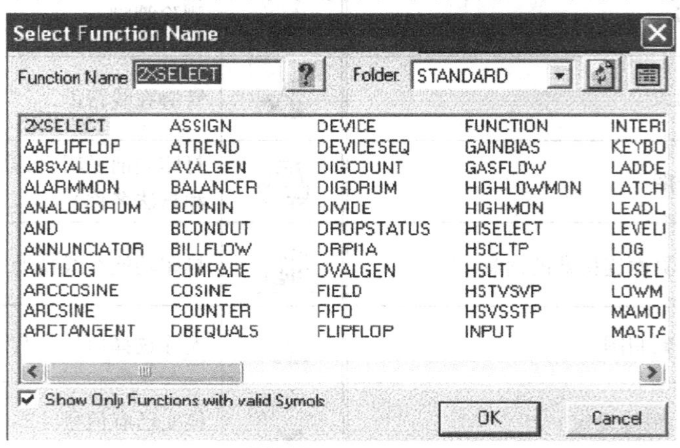

图 3.166　字母顺序列表对话框

②命令行接口:命令行位于主制图窗口底部,可以通过输入指令及参数执行菜单或工具栏中的所有功能。命令行为用户提供了一种快速连续工作的方式,用户可以直接输入指令完成相应的编辑操作。本书不介绍命令行在各组态中的应用。

4)控制逻辑页应用

控制逻辑页以图形的方式来表现应用于生产企业过程控制中的 Ovation 系统控制逻辑。控制逻辑页由 OCB 创建并下载到控制器。每个控制器最多可包含 1 500 张控制逻辑页,控制逻辑页文件后缀为. dwg。

进行逻辑页组态的流程如图 3.167 所示。

①打开逻辑页。

步骤 1:启动 Ovation Developer Studio。

步骤 2:使 Hardware 视图栏中的系统树导航到 Control Task 项:Systems/Networks/Units /Drops /Drop #/ Control Task #。

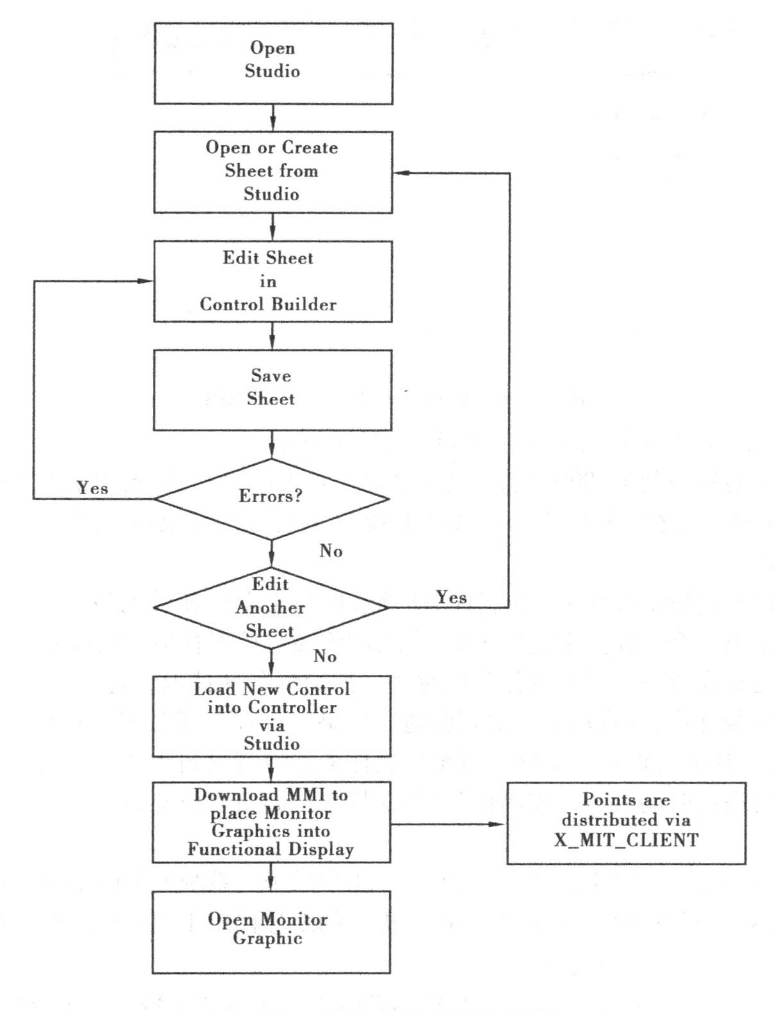

图3.167 创建、编辑逻辑页流程图

步骤3:在工作板窗口选择 Control Sheets,双击图标或在弹出菜单选择 Open 指令打开逻辑页,该逻辑页将在 CB 窗口打开。

②创建新的逻辑页。

步骤1:启动 Ovation Developer Studio。

步骤2:使 Hardware 视图栏中的系统树导航到 Control Task 项:Systems/Networks/Units /Drops /Drop #/。

步骤3:右键单击选择将创建逻辑页所放置的 Control Task #,"New Controller Sheets"窗口将打开,填入相关信息(Task1 循环周期为0.1 s, Task2 循环周期为1 s, Task3 ~5 循环周期由用户指定扫描周期)。

步骤4:选择 Ok。

步骤5:OCB 将打开新的控制逻辑页,OCB 读取数据库更新缺省的标题框。

步骤6:用 CB 工具创建控制过程逻辑。

步骤7:完成编辑后保存控制逻辑页。

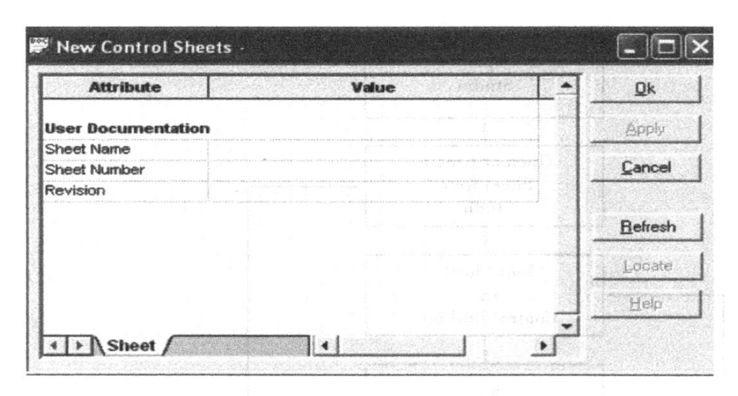

图 3.168　New Controller Sheets 对话框

步骤 8:新的控制逻辑页将出现在 Studio 的控制页列表中。

一个控制器能够控制 16 000 个点(包含原始点和中间点),但分配给每个 Control Task 的只有 2 000 个 I/O 点,这意味着点在 Control Task 区域的分配要慎重,才能保证每个点都能及时被扫描和更新。

绝大多数控制逻辑都放在 1 s 控制任务区域,但与安全性相关的逻辑,建议放置在 0.1 s 控制任务区。如果一个点在多个逻辑页中使用,应将该点放置在最快的控制任务区。

循环周期是指完成一个进程或任务的时间。控制任务从读取就地输入开始执行进程,并尽其所能完成控制计算,并将输出传输到就地。如果一个控制任务完成执行早于该控制任务区的时间期限,该任务将保持等待状态直至控制任务区域时限到达,然后再启动新一轮任务执行。若任务执行完成时间大于该控制任务区域时限,控制站将报警,并将报警信息送到错误登录文档。

控制逻辑页编号可以由系统产生,也可以让用户赋予。系统产生的唯一的 4 位 16 进制编号,可用于系统对控制逻辑页进行跟踪。用户提供的编号仅用于用户识别控制逻辑页,最好是唯一的,但系统对此没有严格要求。

为了跟踪 OCB 页更简易,系统给每个控制器赋予一个制图编号。每张控制逻辑页的编号是唯一的,但属于同一个控制器的所有控制逻辑页的制图编号是相同的。制图编号最多有 10 个字符,格式为:pppppCddda。“ppppp”为 5 字符项目编号,如 C0229;“C”为控制器命名;“ddd”为 3 位控制器号,如 012;“a”为唯一的标志,用于区分相同项目号和相同控制器号下的多个单元。例如

C02229C011 = Project C0229, Controller 11

C0250C001A = Project C0250, Controller 1, Unit 1

C0250C001B = Project C0250, Controller 1, Unit 2

③保存控制逻辑页。

当控制逻辑页被保存,OCB 将执行以下工作:

☆检查语句规则。如果产生错误,制图.dwg 文件将保存到硬盘,但 OCB 不会执行保存指令,一个错误提示信息将提醒用户控制页未被保存。若无错误,除了保存制图文件外,OCB 会将控制页存入 Oracle 数据库。

☆更新 Oracle 数据库,控制逻辑存入数据库。为了激活控制逻辑,用户需将控制逻辑页下载到控制器。

☆创建监视画面。为了让各工作站都能看到,需将逻辑页进行下载。

④控制逻辑页的存储。控制逻辑页默认存储路径为 C:\<system_name>\<network_name>\<unit_name>\Sheets\<xxx. dwg>。

⑤更改控制逻辑页执行顺序。用户可以改变控制页执行顺序。当从 Ovation Developer Studio 选择控制页文件夹后,在工作板窗口将按执行顺序显示控制页,用户可以调整执行顺序。

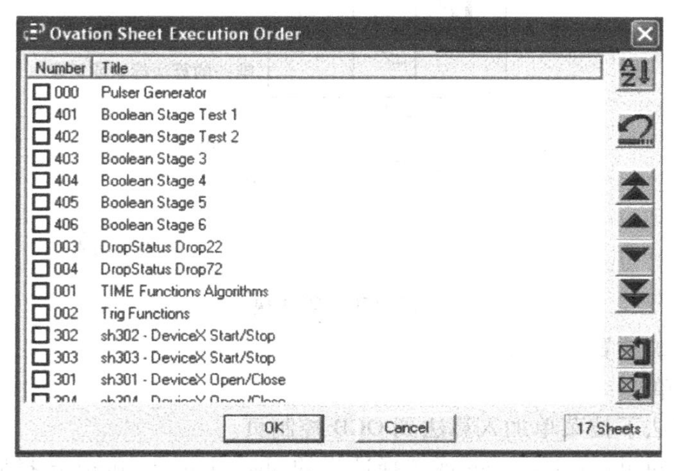

图 3.169 执行顺序对话框

(2)控制逻辑页编辑

Ovation 控制逻辑页元素主要包括:算法块、宏、页面连接器、管脚、控制信号、标签。这些元素按用户期望的控制策略连接在一起,完成过程控制功能。编辑控制页首先放入算法和算法输入输出所需的控制信号。算法和控制信号通过管脚连接,页面连接器用于将执行同一过程控制的多个控制页连接在一起,标签用于在控制页添加描述。

1)算法的使用

算法就是定义特定控制策略的数学公式,也叫功能码。OCB 通过放置算法到控制页告知 Ovation 控制系统哪些算法将被使用,哪些点会与算法块完成联系以及按何种顺序执行算法。CB 组合多个算法甚至多个控制页来为系统过程创建完整的控制策略。

当算法被放置在控制页中时,都被 CB 赋予了独一无二的标识符(UAI)。算法功能详细介绍请参见本书“功能码介绍”章节,此处不再详细介绍。

使用算法良好的习惯为:尽量利用算法所具有的功能计划和创建控制逻辑,这样可以使控制页中的算法块数量减少;尽可能优化控制策略,减少算法的使用;少用不必要的 GAINBIAS 算法块;优先使用外部输入 MASTATION 算法代替 MAMODE 的增加/减少功能。

算法块至少包含算法主体、功能名称、UAI(标识符)和输入输出管脚,如图 3.170 所示。

①添加算法块。

a. 使用工具栏。

步骤 1:进入算法工具栏(算法、模拟量、数字量、基金会现场总线或监视)。

步骤 2:选择需要的算法图标。

步骤 3:在控制页希望加入算法的位置单击鼠标左键。

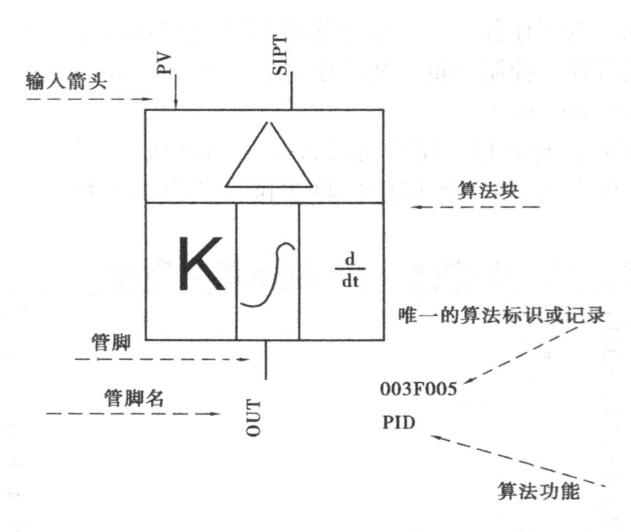

图 3.170　算法块

步骤 4:算法块被放置在该页。

b. 使用下拉菜单。

步骤 1:使用算法下拉菜单加入算法到 OCB 控制页。

步骤 2:选择 Alphabetic List item 或选择适当的 algorithm function(选择后,跳到步骤 4)。

步骤 3:出现包含所有算法名称(字母排序)的对话框。选择 Standard 文件夹将列出标准算法,选择 Fieldbus 将列出所有现场总线算法,选择 Advanced 列出所有算法,再选择需要的算法。

步骤 4:出现算法块选择窗口,如图 3.171 所示,该窗口包含该算法所有不同样式的算法标志或视图,选择需要的算法标志,单击 Ok 放置算法到控制页。

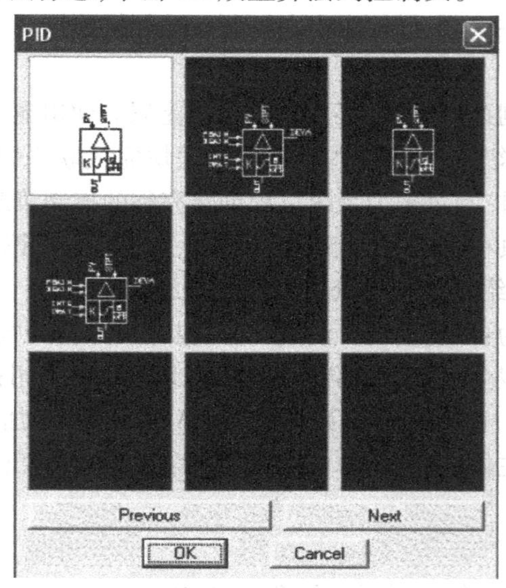

图 3.171　算法块选择窗口

c. 使用屏幕可视菜单。

步骤1:使用可视菜单(算法字母排序列表)选择需要的算法功能。

步骤2:在控制页放置需要算法的位置点击,完成算法块放置。

d. 使用命令行。

请参看 Ovation Control Builder 使用手册命令行部分。

②删除算法块。

a. 使用工具栏。

使用 OCB 标准工具栏删除算法,选择 Eraser 图标和待删除的算法块。左键单击删除算法的一个角,再在算法对角单击左键,将待删除算法用方框框住。按回车键或右击鼠标键,算法将被删除。

b. 使用命令行。

请参看 Ovation Control Builder 使用手册命令行部分。

③改变算法块执行顺序。

步骤1:选择 Algorithm 下拉菜单中的 Order 选项。

步骤2:如果想用 OCB 对算法块排序,选择 Automatic,OCB 将依据控制逻辑对算法块编号。

步骤3:如果想手动排序,请选择 User Defined。

步骤4:出现算法排序对话框,对话框列出所有算法标识(UAI),以及算法在控制页的定位信息。该标识格式为 N ALG:N @ XY。第一个"N"表示算法执行顺序号,"ALG"表示算法功能,第二个"N"表示 OCB 赋予的唯一的16进制标识,"XY"算法在控制页上的位置坐标。

步骤5:使用算法排序对话框中功能键调整算法执行顺序。

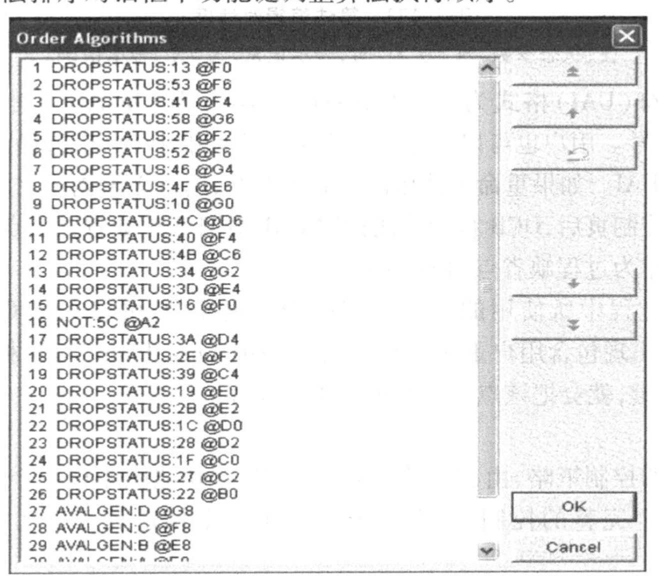

图3.172　算法排序对话框

步骤6:可用 Shift 或 Ctrl 键选择单行或多行。

步骤7:排序完成后,选择 Ok 键保存变更。

④配置算法块。

当算法被放置入控制页后,Ovation 自动创建输出信号和创建 LC 记录。LC 记录用于存储算法的调整或配置参数。输出点创建后自动加入系统数据库,并基于 UAI 方式命名。用户可以用算法编辑对话框对算法输出点自行命名和编辑算法相关配置参数,相关配置信息详见功能块介绍。

可以使用算法工具栏中编辑图标或算法下拉菜单中的编辑选项进入算法编辑对话框,如图 3.173 所示。

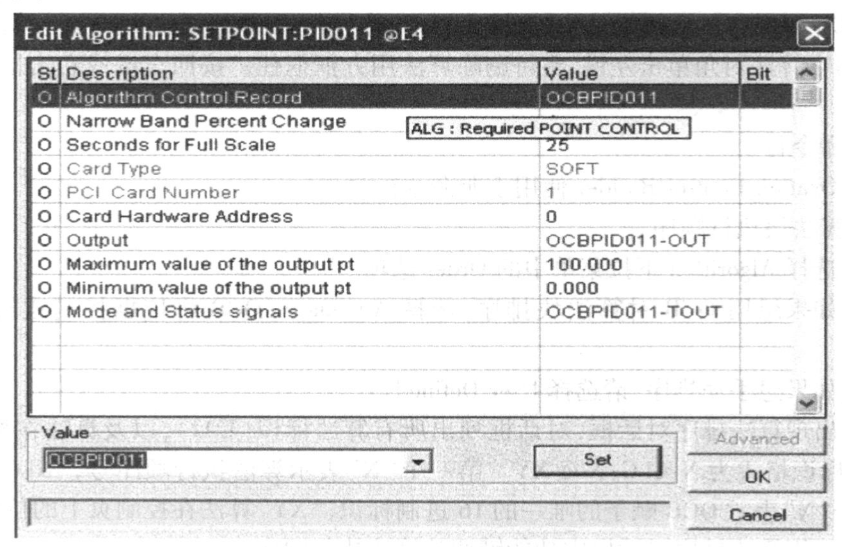

图 3.173 算法编辑对话框

注:状态参数"St"为"O"时,表示正常,为"X"表示错误。

唯一算法标识符(UAI)格式为"OCBssssaaa","ssss"为 CB 指定的唯一的页码标识符,"aaa"为算法放置序号。用户也可以通过选择算法下拉菜单中"???"选项,再选定要重命名的算法来修改缺省的 UAI。如果重命名使用的点名不存在,用户必须创建完成该点后才能使用。

算法块放置在控制页后,OCB 将为算法指定 UAI,并且产生缺省输出点。控制逻辑过程中的中间点名也可以作为过程缺省点由 OCB 自动指定。

如果在重命名过程中所使用的点名不存在于数据库中,可以选择 Control 菜单下 Creat User Pionts 选项,会出现包含用户重命名点名的 User-Defined Points 对话框,确认记录类型后选择 Creat Pionts 按键,就会把该点加入数据库中并保存。

2)宏的使用

宏是用户定义的控制策略,由多个算法组成的宏,在功能图中以一个用户定义的算法出现。每个宏包含一个完整的控制页,多个宏可使用一个特定页。定义的宏存储在 Control Macros 目录下。

宏的标志有别于标准算法的标志,OCB 专门提供一个定义对话框用于定义宏。

为了使宏修改更为简便,组成宏的隐含算法都对用户开放。OCB 限制一个特定页内最多只能有 144 个布尔平台,一个布尔平台包括一个或多个快速布尔型算法(如 AND, NOT, OR, FLIP-FLOP, 或 XOR)。一般不推荐用户在宏中使用其他宏或 KEYBOARD 、MASTATION、

XMA2、2XSELECT、MEDIANSEL、SETPOINT、LADDER 等算法。

①定义宏。在创建控制功能并确认有效后,可以定义成一个宏。可在宏工具栏选择 Define 图标,或是从算法下拉菜单中选择 Macro→Define 项,或是用命令行来进入宏定义对话框。在配置 Macro 标签、Points 标签、Parameters 标签后,选择 Ok 完成宏定义并将数据存入数据库。选择 Ok 键后,系统将完成页的审核,宏名字和描述的核实,产生临时模板文件,插入新宏到宏模版,以及加入新宏到控制宏目录。定义完宏以后,需用 Symbol Builder 给宏创建一个标志。

Macro 标签用于配置宏的名字和描述。

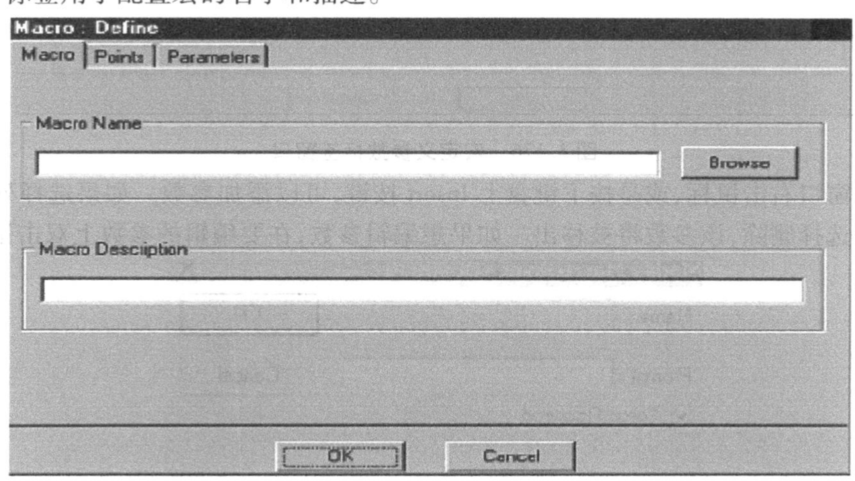

图 3.174　宏定义宏标签窗口

Points 标签包含宏使用的所有接口点,这些都是用户定义的输入输出点。当 Points 标签被选择后,系统会将确认控制页中哪些点为接口点,并将其列在列表中。列表中的点不能被手动添加或删除。如果想增加或删除点,必须在控制逻辑图上进行编辑。

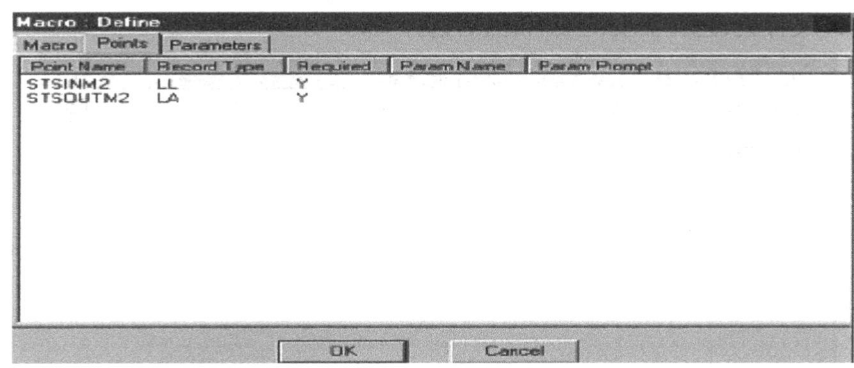

图 3.175　宏定义点标签窗口

Parameters 标签用于添加、删除或编辑想在使用宏时进行用户定义的,隐含于宏算法中的内部参数。需要配置的信息包括:

☆新参数名:宏应用时显示的参数名称。

☆算法名称:当前页拥有原始参数的算法名称。

☆原始参数名称:当前页参数的名称。

☆参数提示:编辑宏时显示在编辑框中的描述。

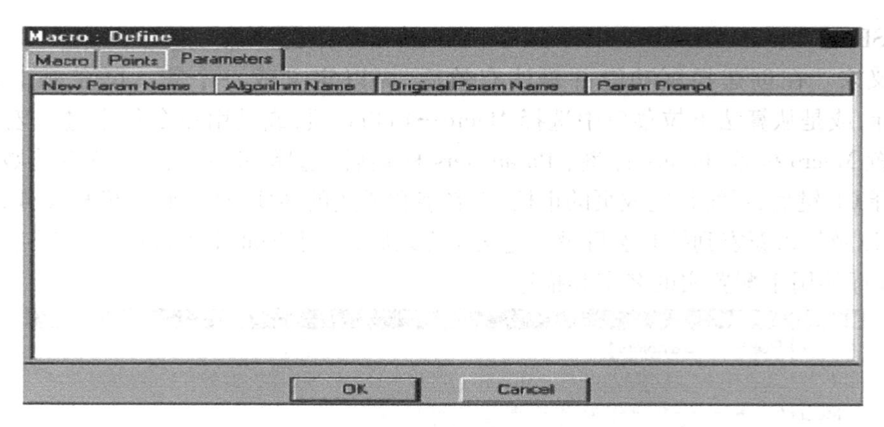

图 3.176 宏定义参数标签窗口

在参数窗口右击鼠标,或是按下键盘上 Insert 按键,可以添加参数。如果选择列表中参数右击鼠标并选择删除,该参数将被移出。如果想编辑参数,在要编辑的参数上双击鼠标即可。

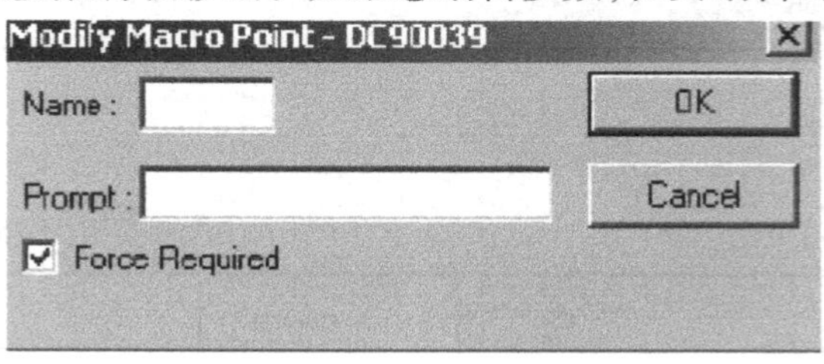

图 3.177 修改宏参数

②添加宏到控制页。

宏定义和宏标志创建后,就可将宏加入控制页。先打开需要放入宏的控制页,选择算法下拉菜单或工具栏中的 Alphabetic List 选项,会弹出 Select Function Name 对话框,如图 3.178 所示,选择 Macro 文件夹,选择需要的宏名,然后选择 Ok。

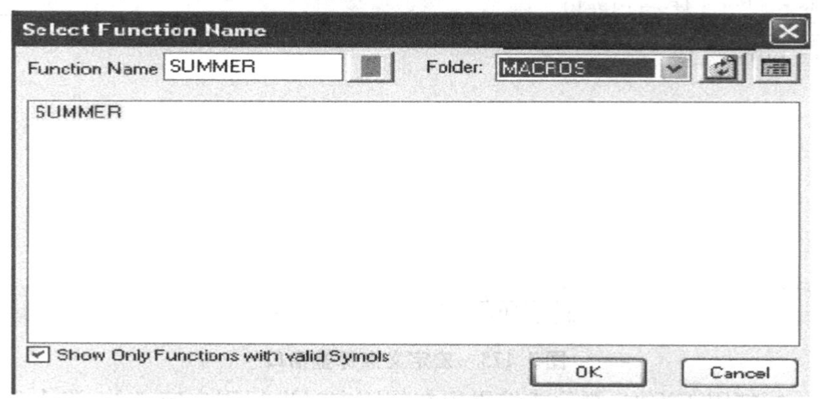

图 3.178 Select Function Name 对话框

③扩展宏。扩展宏可以显示现有宏的构成元素,也可以让用户修改或基于现有宏创建一个新的宏。要扩展宏,在工具栏选择 Explode 图标,或是在算法下拉菜单中选择 Macro→Explode 项,将会出现 Explode Macro 对话框,如图 3.179 所示。键入想扩展的宏的名称并单击 Explode 按键。

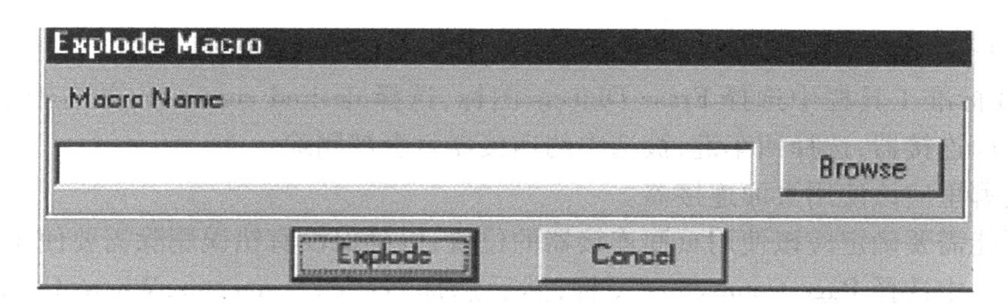

图3.179 扩展宏

④修改宏。完成扩展宏后,可进行用户所期望的修改,然后使用原有的宏名称定义宏,宏即会被更新。如果宏的接口没有变更,系统将自动编译并将宏的变更插入应用页。加入或删除一个参数,删除一个用户定义点,以及添加一个用户定义的输出点都不需要用户手动编辑应用页。但是在宏接口改变或是加入了一个必要的输入点,就需要用户对相关应用页进行手动编辑。

⑤利用已有宏创建新宏。首先展开已有的宏,进行用户所希望的修改,用与原来不同的名称定义宏。如果接口没有变更,系统将自动编译并将宏的变更插入应用页。加入或删除一个参数,删除一个用户定义点,以及添加一个用户定义的输出点都不需要用户手动编辑应用页。但是在宏接口改变或是加入了一个必要的输入点,就需要用户对相关应用页进行手动编辑。

3)页面连接器的使用

页面连接器是页间输入输出的图形表示方式。输入页面连接器用于接收进入控制页的点,每页每点只用一个输入页面连接器。输出页面连接器用于输出到其他页面的点。页面连接器可以像算法一样被添加、删除和编辑。页面连接器在控制过程中没有实际意义,也不会下载到控制器。

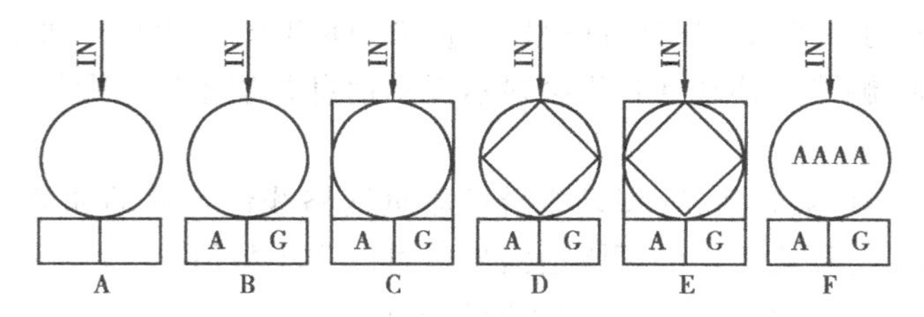

图3.180 页面连接器

图3.180中A标志为与其他页相连接的基本页面连接器;B标志中字母"A"代表该信号为报警信号,字母"G"代表该信号在用户画面上使用过;C标志表示来自设备的硬接线点;D标志表示在系统高速路上传输的来自或去往其他站的点;E标志表示在系统高速路上传输的来自其他站的硬接线点;F标志表示在其他处有使用,文字"AAAA"是OCB指定的唯一的点识别符。

①插入页面连接器。

在模拟量算法或数字量算法工具栏中选择合适的Page Connector图标,或是在I/O算法下拉菜单中选择Input或Output选项,然后选择需要信号类型的connector view,单击Ok键,将连接器放入控制页。对于输入连接器,使用算法编辑对话框将点名(硬接线点、同个站其他控制页点、来自其他站高速通道传输点)放入输入连接器,将输出管脚与算法块相连,保存控制页。对于输出连接器,连接适当的信号线到输出连接器并保存即可。

②删除页面连接器。

在 OCB 标准工具栏中选择 Erase Objects 图标,选择 desired connector 并右击鼠标选中希望删除的页面连接器,选择回车键,被选中的连接器就会被删除。

③确定哪里应该使用页面连接器。

用户可能需要确定应该使用页面连接器的位置,以确保没有错误删除需要使用的连接器。在算法工具栏中选择 Page Connectors 图标,然后选择 desired connector, Where Used 对话框将弹出,如图 3.181 所示。该对话框列出了所有连接器需要使用的位置。该对话框标识出页标题、站编号和点类别(R:读取点;O:原始点)。

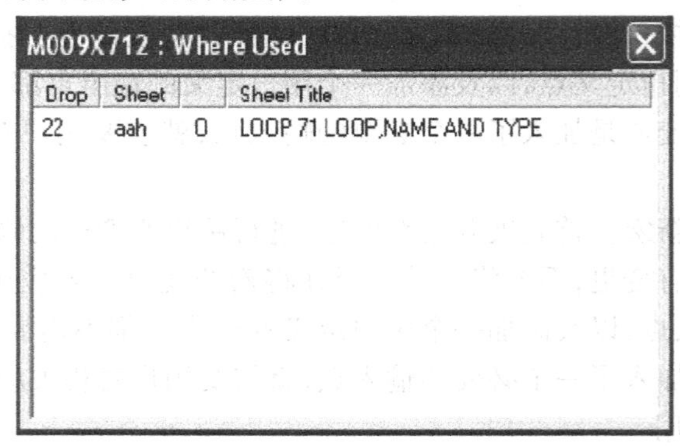

图 3.181　页面连接器引用处

Off page 连接器为同一个控制器中用于连接产生于一个控制页,而应用于另一个控制页中的信号。

4)管脚的使用

管脚是算法标志的一部分,用于与信号相连接。OCB 允许用户增加、删除和移动管脚。如果管脚不能被添加、删除和移动,CB 将会显示提示信息并禁止相关操作。

①放置管脚。

一旦状态栏中 SNAP 被激活,管脚只能沿控制页网格线位置移动和放置。与信号连接的管脚边沿坐标为整数,与算法相连的管脚边沿坐标可以为小数值。

将管脚放置在整数网格线上(以算法标志的角开始计算)会产生直线,将管脚放置在小数网格线上(以算法标志的角开始计算)会产生斜线。

②添加管脚。

用户可以在控制页上的算法标志上添加管脚。当 Add 被选择后,可以被添加的有效的管脚清单弹出。如果没有算法管脚可以被用于添加,"No Pins Availiable to add"信息会显示到窗口。

如用 OCB 工具栏添加管脚,先选择 Add 图标,使用鼠标选择算法块,OCB 将放大显示算法块,同时包含可选算法管脚名称的"Select Pin to Add"列表显示到主窗口。选择需要的管脚并点击 Ok 键,将光标放置于算法块要放置管脚的位置,左击确认管脚的始端位置,然后再左击确定管脚末端位置,命令行将出现接受或拒绝新管脚的提示。缺省为 Yes,可直接按回车键添加管脚。

如使用下拉菜单添加管脚,选择 Signals 下拉菜单中 Pin 选项,然后选择 Add,余下步骤和使用 OCB 工具栏的 Add 图标后的操作一致。

③移动管脚。

用户可以在控制页上的算法标志上移动未被连接到信号的算法管脚。当 Move 被选择后，可以被移动的有效的管脚清单弹出。如果没有算法管脚可以被移动，“No Pins Availiable to Move”信息会显示到窗口。

如用 OCB 工具栏移动管脚，先选择 Move 图标，使用鼠标选择算法块，OCB 将放大显示算法块，同时将所有可被移动的算法管脚名称的“Select Pin to Delete”列表显示到主窗口，选择需要的管脚并点击 Ok 键。命令行将出现选择管脚端点的提示，并询问是否接受当前位置。缺省为 Yes，可直接按回车键接受管脚新位置。选择 Cancel 键关闭清单。

如使用下拉菜单移动管脚，选择 Signals 下拉菜单中 Pin 选项，然后选择 Move，余下步骤和使用 OCB 工具栏的 Move 图标后的操作一致。

5）信号的使用

此处信号指制图中连接算法的信号线。OCB 定义了信号线的颜色和线型。用户也可以通过自定义线型和颜色来区分不同的输入。

OCB 缺省定义信号线颜色为：青色，数字量信号；白色，模拟量信号；红色，提示信号线未连接；绿色，跟踪信号；红紫色，高亮快速目视跟踪。

监视画面信号线颜色为：黄色，指示点处于扫描关闭状态，数字量值为假；橙色，指示点处于扫描关闭状态，数字量值为真；白色，指示点处于扫描开启状态，数字量值为假；红色，指示点处于扫描开启状态，数字量值为真。

①添加信号。

如使用 Signals 工具栏添加信号，选择 Add Signal 图标，用鼠标选择一输出管脚或算法的部分，左键点击。选择想和上个算法连接的算法输入管脚，左键点击，信号线就会被连接到两个算法块之间。

如使用下拉菜单添加信号线，在 Signals 下拉菜单中选择 Add 选项，用鼠标选择一输出管脚或算法的部分，左键点击。选择想和上个算法连接的算法输入管脚，左键点击，信号线就会被连接到两个算法块之间。

②删除信号。

如使用 OCB 标准工具栏删除信号线，选择 Erase Objects 图标，使用鼠标选择要删除的信号线，按照命令行提示操作，该信号线以及信号线下游的信号都将会被删除。

如使用信号工具栏删除信号线，选择其中的 Delete Signal 图标，使用鼠标选择要删除的信号线，该信号线以及信号线下游的信号都将会被删除。

如使用信号下拉菜单删除信号线，选择 Signals 下拉菜单中的 Delete 选项，使用鼠标选择要删除的信号线，该信号线以及信号线下游的信号都将会被删除。

③移动信号。

如使用信号工具栏移动信号线，选择其中的 Move Signal 图标，使用鼠标选择要移动的信号线，左键点击用户要放置的位置，该信号线就会被移动到新位置。

如使用下拉菜单移动信号线，选择 Signals 下拉菜单中的 Move segment/junction 选项，使用鼠标选择算法间要移动的信号线部分，左键点击用户要放置的位置，该信号线部分就会被移动到新位置。移动信号线联结点，使用鼠标选择算法间要移动的信号线联结点，左键点击用户要放置的位置，该信号线联结点就会被移动到新位置。

6)标签的使用

标签是 OCB 用于识别点字段,为制图所用的文本字段,如点名、英文描述、点数值和算法参数值。

①插入标签。

使用 Tag 工具栏插入标签,选择 desired tag(左对齐、居中、右对齐),选择要加标签的算法或输出信号。如果选择输出信号,命令行提示用户选择想显示标签的信号的名称、描述和信号值,输入完整的名称、描述和信号值。在选定标签类型后,将光标移到想放置标签的位置点击左键放置标签。如果选择算法,参数选择对话框将弹出。选择需要作为标签的参数,将光标移到想放置标签的位置点击左键放置标签。在标签放置完成后,审核控制页,让 OCB 确认标签的变更并更新,然后选择保存控制页。

②删除标签。

使用标签工具栏删除标签,选择 Delete Point Tag 图标,选定待删除标签,按回车键,所选定的标签将被删除。

使用 OCB 标准下拉菜单删除标签,选择 Erase Objects 图标,选定待删除标签,所选定的标签将被删除。

(3)监视画面应用

Ovation 控制系统有两类图形画面被应用。一类是用 Ovation GB(图形建立器)创建的用户图形界面,这类图形界面典型的为艾默生项目工程师根据电厂具体功能所设计。由于它提供了控制过程的直观显示和为电厂操作人员提供与控制过程交互的接口,所以在 Ovation 控制系统中相当重要。

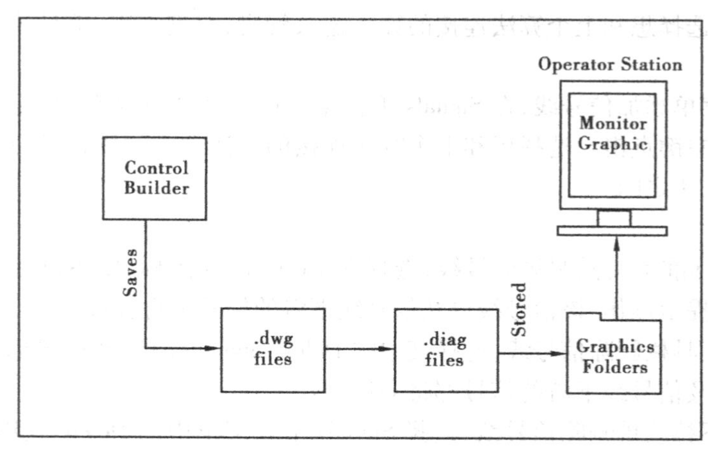

图 3.182　文件传递

另一类监视图形界面是在控制页保存到 CB 后自动产生的。在控制页创建和保存后,系统生成两个文件:.dwg(控制)文件和.diag(图形)文件。.dwg 文件由 CB 中 AutoCAD 产生,此文件可以编辑。.diag 文件用于监视或改变控制过程。

为了使用图形.diag 文件监视和调整控制过程,应将控制页下载到控制器,并将相应图形界面下载到系统操作员站。可通过 MMI 过程图形系统(PDS)在线监视和调整控制过程。这些图形界面编号范围为 25 000 ~29 999。

监视图形界面可以监视模拟量和数字量信号值,监视算法模式、跟踪和限制值,调整算法参数,调整MA站算法设定值,通过页连接器应用点,导航到控制子系统。

Ovation系统提供配置对话框来定义监视图形编号的初始数字(缺省为25000)。用户可以按后面操作定义监视画面的起始页数字:在CB中打开控制页,选择OCB控制菜单,选择Configuration项,选择Options tab.,Options tab.出现,在标签的图形部分作相应的修改,选择Ok键保存变更。

1)创建和下载监视图形界面

当新的CB制图创建或已有制图编辑后,监视画面需要下载到MMI,这样才会被操作员站显示。

产生和下载监视图形文件,先在CB中创建或编辑控制页(.dwg)文件并保存,文件存入Oracle数据库。当保存控制页时,.diag文件同时被创建。从数据库下载控制逻辑到控制器(在Studio中进入控制器站文件夹,右键点击相应控制器站并选择LOAD,冗余控制器将进行2次下载,.dwg文件被保存进控制器)。下载相关图形到操作员站(MMI):在Studio中选择需显示画面的操作员站,右键点击操作员站并选择Download,下载预览窗口弹出,如图3.183所示。该窗口列出被修改的所有文件,用户可以选择要下载的文件,如对窗内信息无疑问,选择Download复选框并按Ok键进行下载。

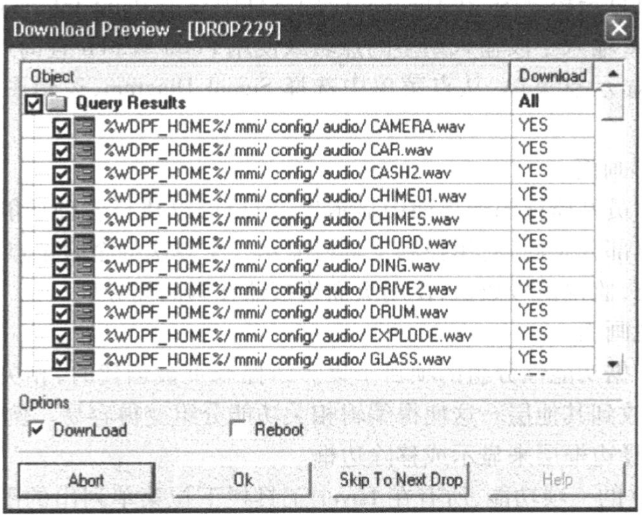

Download Preview - [DROP229]

Object	Download
Query Results	All
%WDPF_HOME%/ mmi/ config/ audio/ CAMERA.wav	YES
%WDPF_HOME%/ mmi/ config/ audio/ CAR.wav	YES
%WDPF_HOME%/ mmi/ config/ audio/ CASH2.wav	YES
%WDPF_HOME%/ mmi/ config/ audio/ CHIME01.wav	YES
%WDPF_HOME%/ mmi/ config/ audio/ CHIMES.wav	YES
%WDPF_HOME%/ mmi/ config/ audio/ CHORD.wav	YES
%WDPF_HOME%/ mmi/ config/ audio/ DING.wav	YES
%WDPF_HOME%/ mmi/ config/ audio/ DRIVE2.wav	YES
%WDPF_HOME%/ mmi/ config/ audio/ DRUM.wav	YES
%WDPF_HOME%/ mmi/ config/ audio/ EXPLODE.wav	YES
%WDPF_HOME%/ mmi/ config/ audio/ GLASS.wav	YES

Options

DownLoad　Reboot

Abort　Ok　Skip To Next Drop　Help

图3.183 下载文件选择框

2)显示控制图作为监视画面

监视画面通过Ovation操作员站过程图形系统(PDS)显示。在监视图形下载到MMI(人机界面)后,可在操作员站Ovation应用软件中选择Graphics图标,并选择想显示的逻辑画面。

如用系统概览菜单显示控制图,在双击Graphics图标后从Control下拉菜单选择System Overview选项,或是鼠标指向逻辑图后用右键点击并选择System Overview,出现System Overview菜单。选择期望的Network→Unit→Drop,出现该站所有控制页翻卷列表。用户可以选择选项复选框显示页编号或制图编号,从列表中选择期望的页面进行监视显示。

如用控制概览菜单显示控制图,在双击Graphics图标后从Control下拉菜单选择Control Overview选项,或是鼠标指向逻辑图后用右键点击并选择Control Overview,该选项只有在图形窗口已经打开了控制逻辑图后才有效。选择后出现该站所有控制页翻卷列表,从列表中选择

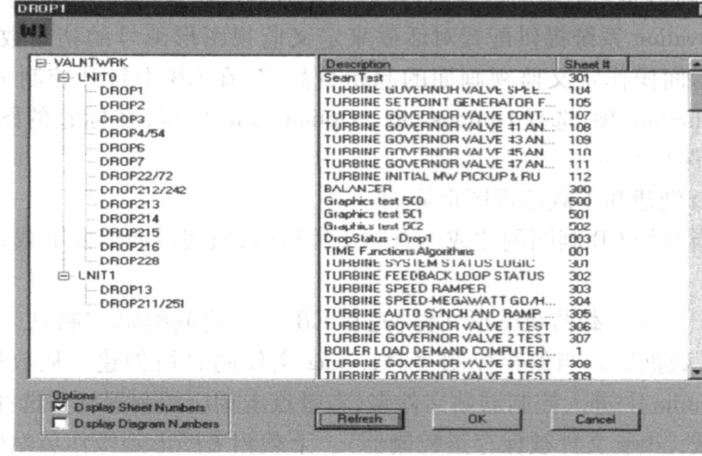

图 3.184　系统应用功能图标和系统综览窗口

期望的页面进行监视显示。

如用点信息窗口显示控制图,在 Ovation 应用软件中双击 Point Information 图标,显示点信息窗口,在 Point Name 输入字段输入期望的点名或使用 Point Search 查询点名。将鼠标放置在 PI 窗并用右键点击显示点菜单,从点菜单中选择 Signal Diagram,逻辑图将显示在监视图形界面。

3)浏览监视图形画面

监视画面在操作员站监视图形界面中显示后,用户可以执行各种功能浏览画面。如使用图形子集或分层浏览部分画面,使用控制工具栏显示一个算法的全限定点名,在画面中监视颜色变化辨识控制状态,监视信号数值,使用页面连接器在画面间导航。

①分层浏览监视画面。

图层是制图中依据功能性分组的项目子集。当控制页被创建时,相关功能被编组放置在同一层,另外的功能放到其他层。这使得编辑相关功能分组变得容易。例如,边框被放到同一层,用户可以通过选择边框层来显示或移除边框。

图层是 AutoCAD 的一项功能,所有在 Layer 工具栏下拉菜单列出的图形层均可用。选择分层浏览监视画面,从浏览菜单中选择 Layer Toolbar,触发层组合框弹出,点击向下箭头扩展成组合框,选择想显示的层名称并进行标注。如果不想显示某层,在层名称前取消标记即可。

②使用控制工具栏浏览监视画面。

从浏览菜单中选择 Control Toolbar,触发控制组合框弹出,在控制图中选择一个算法,该算法全限定点名将出现在控制工具栏组合框中。点击向下箭头扩展控制工具栏组合框,最多 2 个算法名将出现在组合框中。

③用颜色监视画面。

OCB 在控制页中使用不同颜色来区别不同的控制状态。

下列颜色用于区别模拟量算法状态:绿色,正在跟踪算法;橙红色,算法处于手动模式;青色(蓝绿色),算法处于本地模式;紫色,算法已达到其低限值;洋红色,算法已达到其高限值;金色,算法已关闭扫描。

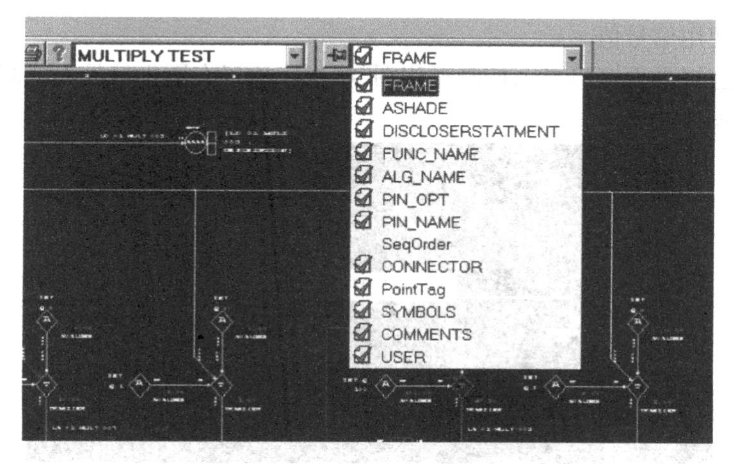

图3.185 选择图层

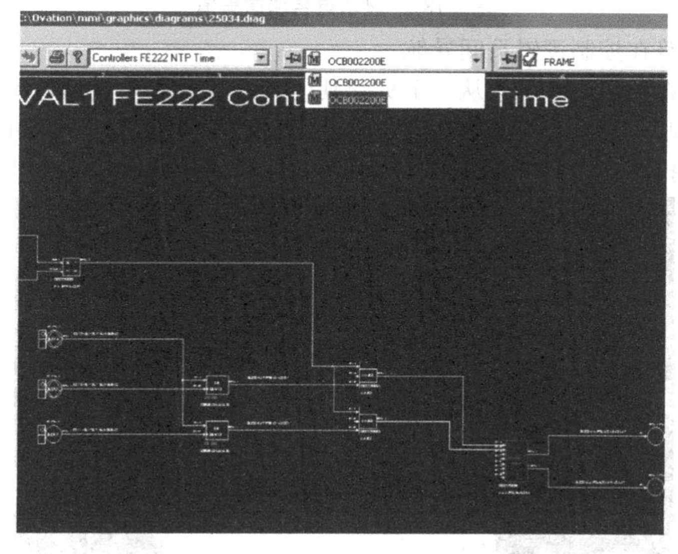

图3.186 显示算法全限定点名

下列颜色用于区别数字量算法状态:红色,输出为“1”;白色,输出为“0”;青色,通过应用程序而非来自控制器的反馈计算输出。

下列颜色用于区别模拟信号状态:桃红色,点处于报警状态;黄色,点已关闭扫描;浅红色,自上次更改后,模拟值以大于1的值进行更改;浅绿色(春天绿),自上次更改后,模拟值以小于1的值进行更改;白色,模拟值无任何更改。

下列颜色用于区别数字信号状态:黄色,点已关闭扫描且值为“False”;橙色,点已关闭扫描且值为True;橙红色,点处于报警状态且值为“False”;橙色,点处于报警状态且值为“True”;白色,无任何更改且值为“False”;红色,无任何更改且值为True。

下列颜色用于区别打包点状态:洋红色,点处于报警状态;蓝色,点处于稳定状态 ;橙色,点已关闭扫描;绿色,点已更改。

下列颜色用于区别点质量状态:绿色,好质量;红色,坏质量。

④监视画面使用信号值。

在操作员站监视画面窗口显示控制过程图,将指针放置在图中信号上或附近,该点点名和信号值将显示在窗口中。

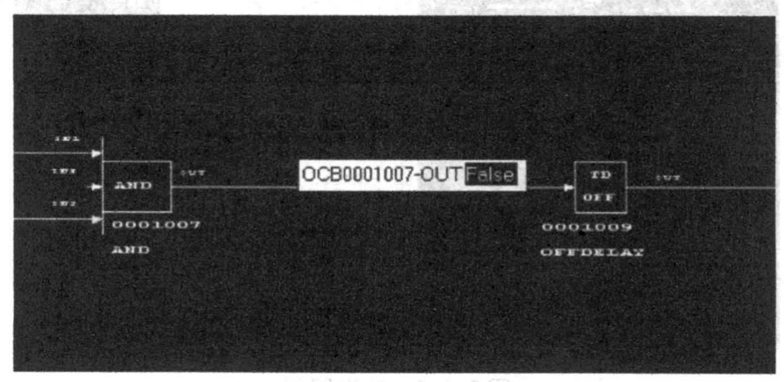

图 3.187　显示点名和信号值

⑤使用页连接符在控制逻辑页间导航。

页连接器放置在控制图中用于从一个页到其他页的导航。从显示逻辑图中,右键单击页连接符的符号,出现一个列出使用该点的列表。生成该点的逻辑页在列表中以星号(*)开头。从该列表中选择一项,可显示相应的控制页。

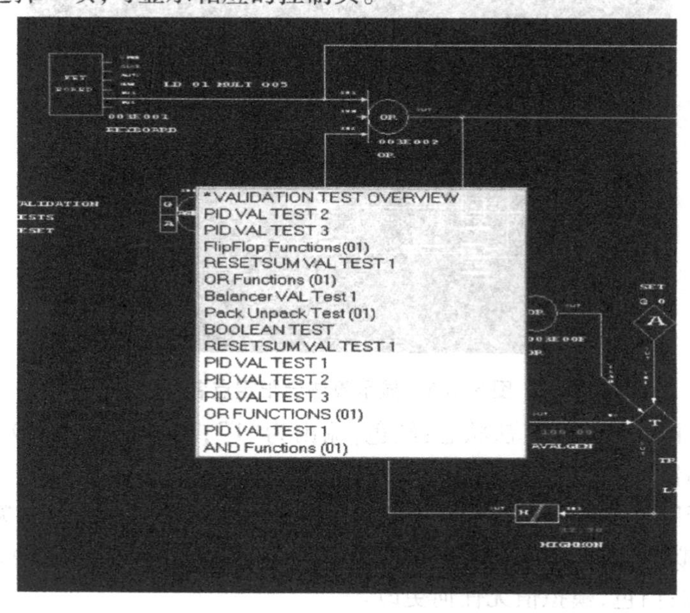

图 3.188　使用页连接符

4)监视画面使用

监视画面可以用来监视和调整过程控制,放置信息和在线完成某些控制功能。

①调整算法参数。

算法点数值可在监视画面进行在线调整。当调整执行,数值被送到控制器,点的值也作相应改变。要调整个别算法,在监视图形界面打开过程控制图,在控制页上右键点击要调整的算法,一个显示算法类型、算法名和选项的弹出菜单显示在顶层,选择 Parameters。出现一个多标签窗口,选择 In/Out 标签,该标签显示所有与被选择算法相连的信号,如图 3.189 所示。如果算法支持跟踪且跟踪已被激活,跟踪信号以及模式位也会在此标签显示。

图3.189 选择In/Out标签

选择Control标签,如图3.190所示。如果算法支持控制,该标签会被显示。用户可以改变算法模式,增加或减少输出或设定点。

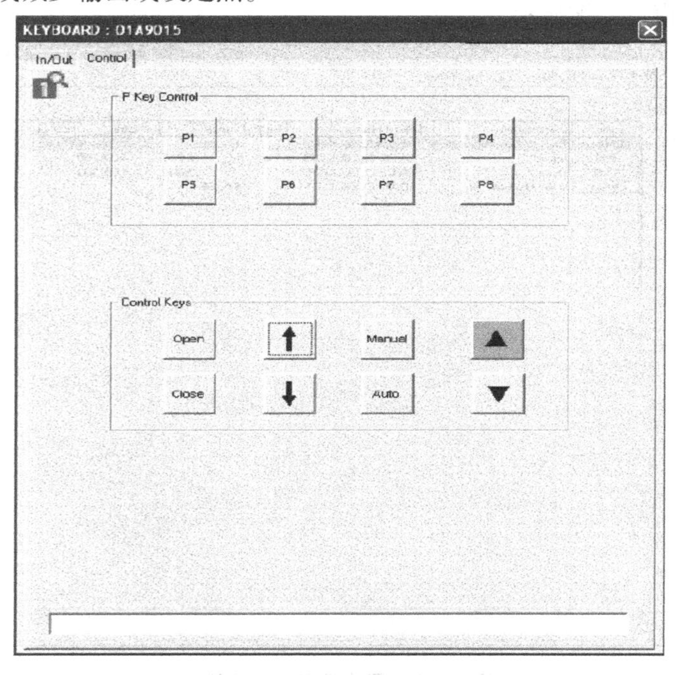

图3.190 控制标签

选择Fieldbus标签,如图3.191所示。如果是Fieldbus算法块,该标签会显示。

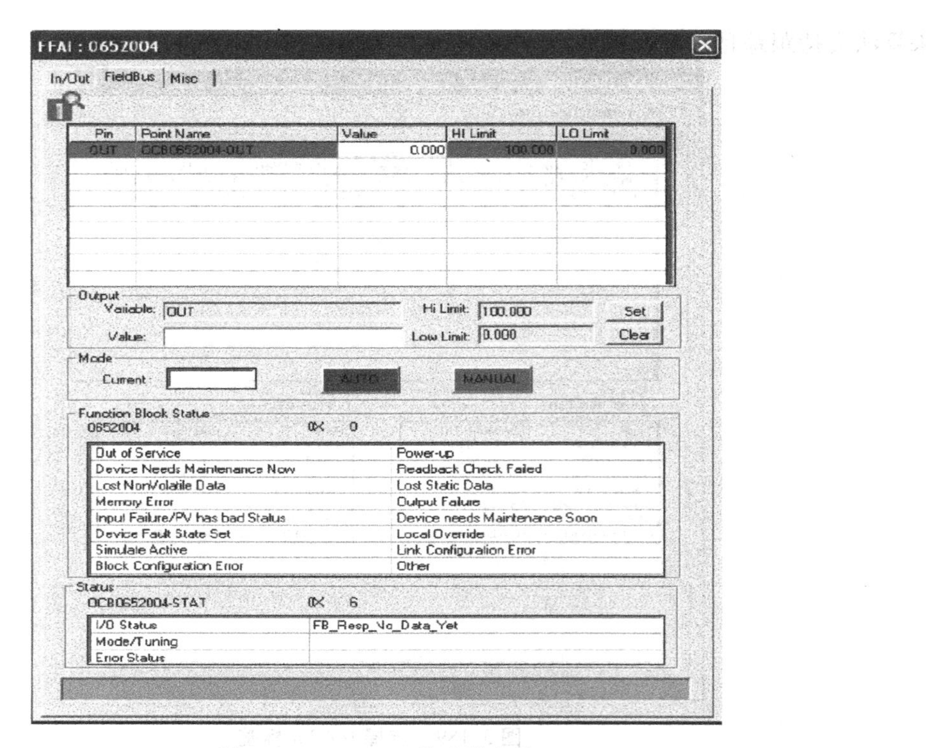

图 3.191　Fieldbus 算法块参数

选择用户调整标签,如图 3.192 所示。如果算法不符合标准调整/控制规则,当选择该标签,用户调整/控制窗口将被显示。

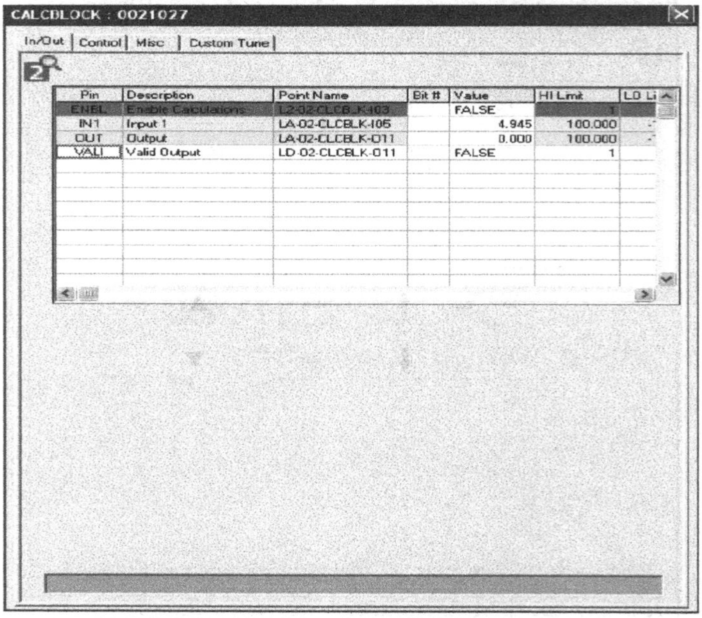

图 3.192　用户调整/控制窗口

选择调整标签,如图 3.193 所示。如果算法存在可调整的参数。

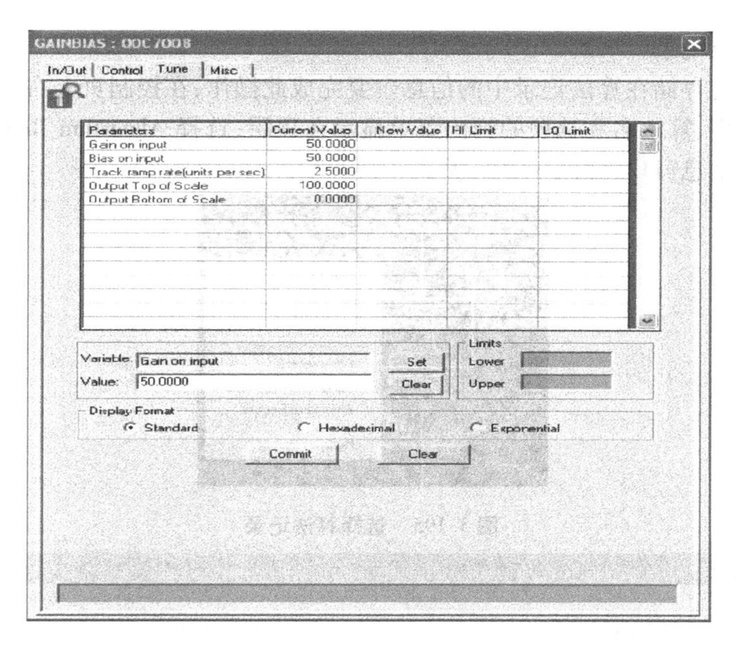

图3.193　**调整标签**

选择混杂标签，如图3.194所示。如果算法存在不可调整参数，会在混杂标签中显示。该参数不能被修改，只能作为显示用。

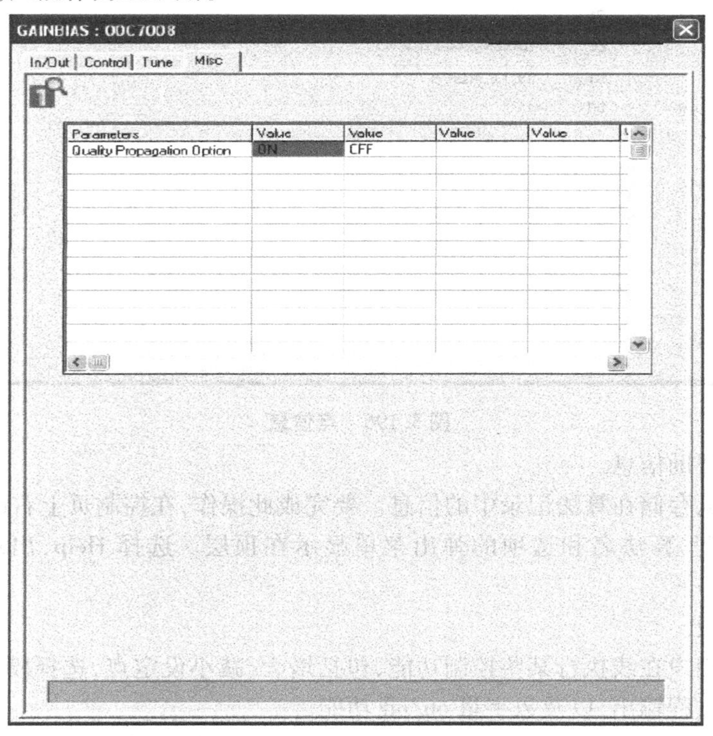

图3.194　**混杂标签**

②浏览算法点记录。

用户可以浏览存储在算法记录中的信息。要完成此操作,在控制页上右键点击目标算法,一个显示算法类型、算法名和选项的弹出菜单显示在顶层,选择 Algorithm Record,出现包括算法所有信息的点信息窗口,如图 3.196 所示。

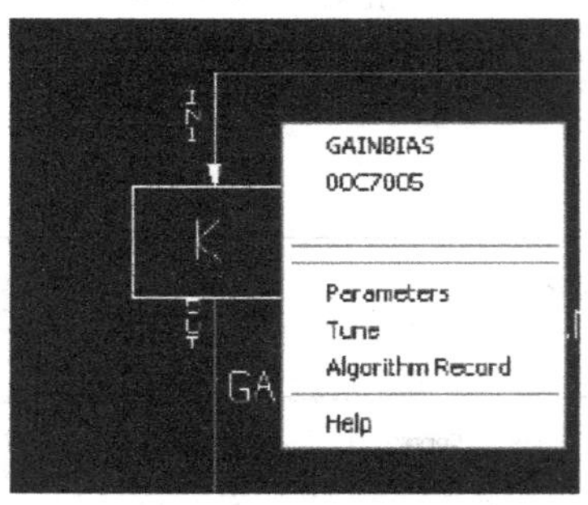

图 3.195 选择算法记录

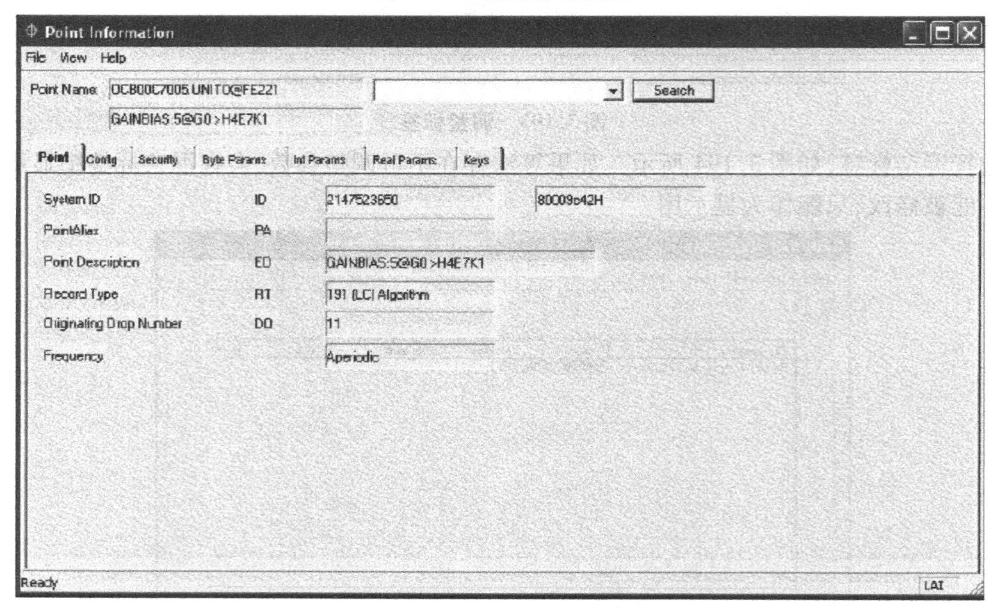

图 3.196 点信息

③浏览算法帮助信息。

用户可以浏览存储在算法记录中的信息。要完成此操作,在控制页上右键点击目标算法,一个显示算法类型、算法名和选项的弹出菜单显示在顶层。选择 Help,出现算法帮助信息窗口。

④使用控制板。

控制板允许用户在线执行某些控制功能,包括增大/减小设定点,选择模式(手动/自动),手动增加或减少过程输出,以及数字量 on/off 功能。

在操作员站监视画面控制过程图中选择 Control 下拉菜单下的 Control Panel 选项,出现控制板窗口,如图 3.197 所示。

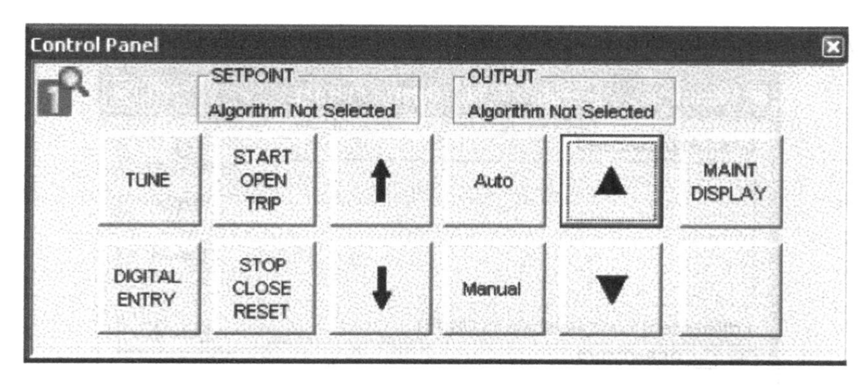

图3.197　控制板

⑤协调调整更改。

在创建并保存控制逻辑后,必须将其下载到控制器,然后系统会将此文件下载到 MMI。然后用户可以在任何 MMI 上使用控制逻辑图来监视和调整控制过程。

在监视过程中,用户可能想要对某个算法进行在线调整更改(只能调整算法参数值,而非点值)。在进行调整更改后,这些更改将发送到控制器。如果要将这些更改放入数据库中,则用户需要在 Ovation Developer Studio 中使用 Reconcile 功能。

当用户在 Studio 中开始 Reconciliation 过程时,将提示用户接受或拒绝更改。如果用户接受更改,则这些更改将发送到数据库。如果用户不接收更改,则算法参数值将不会发送到数据库。

最后,为了让调整更改变成永久性的,用户必须在 Control Builder 中使用 Reconcile 功能,以将更改放入 .svg 文件中。

此过程如图3.198所示。

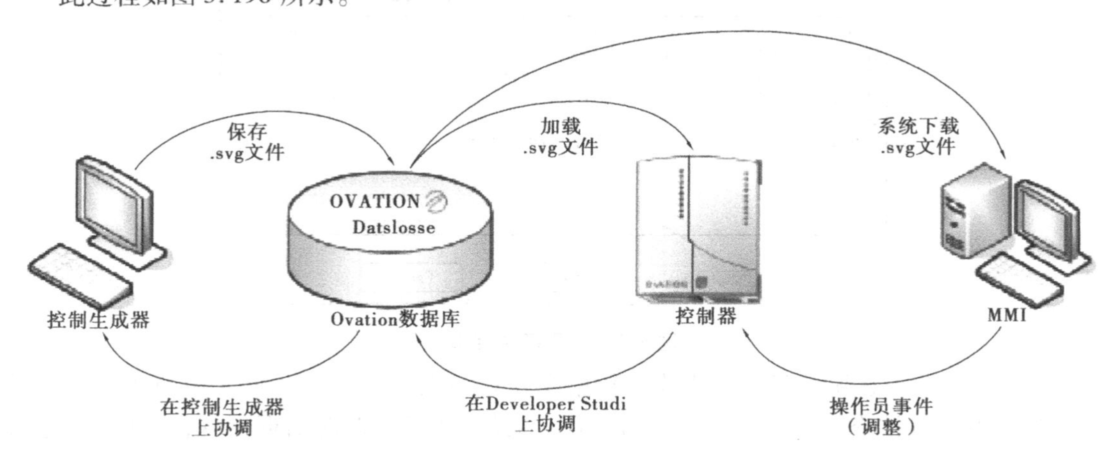

图3.198　协调过程

⑥协调控制器和数据库之间的调整更改。

在控制逻辑图中显示控制页。进行任何所需更改并接受这些更改。这些更改将发送到控制器。为了将这些更改发送到数据库,必须协调控制器和数据库。访问 Ovation Developer Studio,然后选择该表驻留的控制器。右键单击该控制器,然后选择 Reconcile。如果该站点为冗余站点,则将出现"Select a drop to reconcile"对话框。选择相应的目标站点,然后选择 Ok,将在目标站点建立通信,并出现 Reconcile 对话框,如图 3.199 所示。

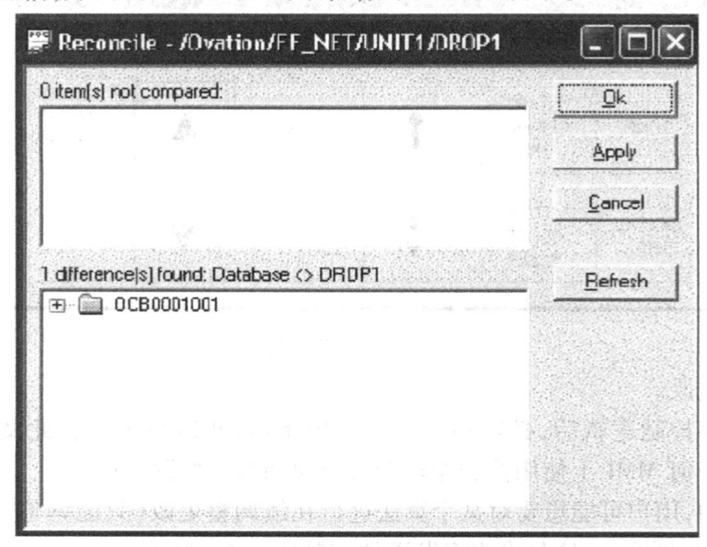

图 3.199 Reconcile 对话框

检查该对话框顶部的“Items not compared”字段中所列示的文件。此字段中列出无法协调的项目及其无法协调的原因。检查该对话框顶部的“Difference(s) found”字段中所列的具有不同之处且可协调的项目。选择想要上载到数据库的更改,将会突出显示这些更改。如果未选择这些更改,则不会将其上载。选择 Ok 将算法更改复制到数据库。请注意,如果未在底部窗格中选择任何内容,则即使选择 Ok 按钮也将不会复制任何内容。所选控制器和数据库已协调。

Select Items to Reconcile

Algorithm	Parameter	Description	Dwg. value	Db. value
LEADLAG:2 @G4	GAIN	Input Gain	2	1
LEADLAG:2 @G4	LEAD	Lead Time Constant	10	20
LEADLAG:2 @G4	LAG	Lag Time constant	20	30
LEADLAG:2 @G4	TPSC	Output Top of Scale	200	150
LEADLAG:2 @G4	BTSC	Output Bottom of Scale	100	50

Reconcile　SelectAll　Cancel

图 3.200 更新选择框

在完成协调后,必须将调整更改放入数据库.dwg 文件中。这可以防止更改被覆盖或丢失。进入 CB 打开被修改.Diag 文件对应的.dwg 文件,如果协调对话框出现,选择用户想放入.dwg 文件的变更项,选择 Reconcile 按键,变更会从数据库保存到.dwg 文件。

5)监视画面和控制逻辑不一致

Ovation 系统会报告 MMI 上监视画面与控制器内运行逻辑不一致的情况,当出现不一致情况,监视画面会出现状态信息显示,该状态信息描述了不一致类别并提出纠正建议。

出现这种情况有可能是控制页修改后,已下载到控制器,但未下载到 MMI,如图 3.201 所示。

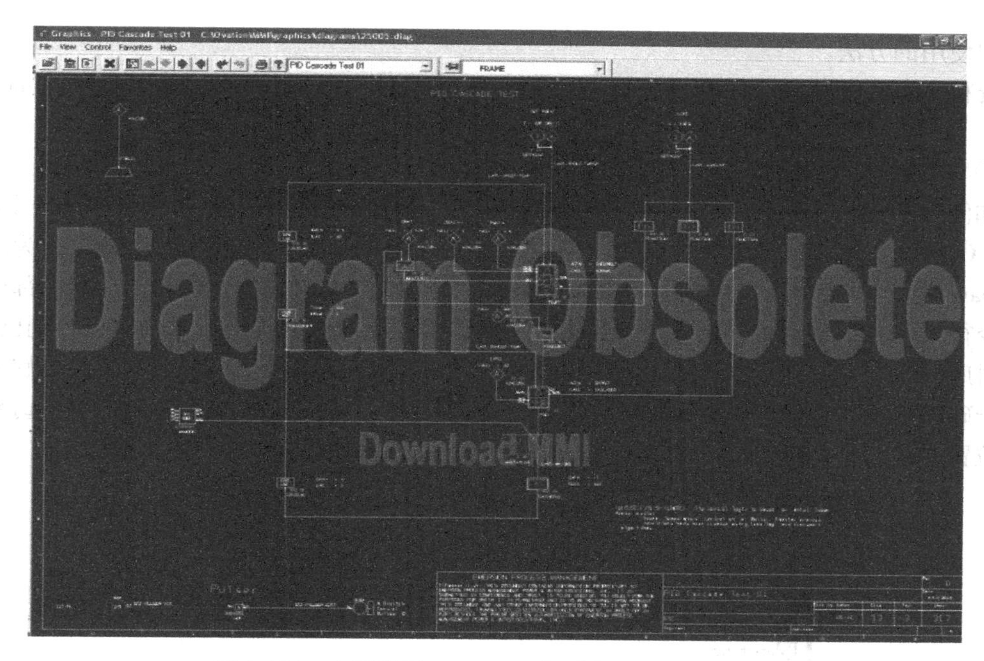

图3.201 未下载到MMI,已下载到控制器的控制页面

或是控制页修改后,未下载到控制器,但已下载到MMI,如图3.202所示。

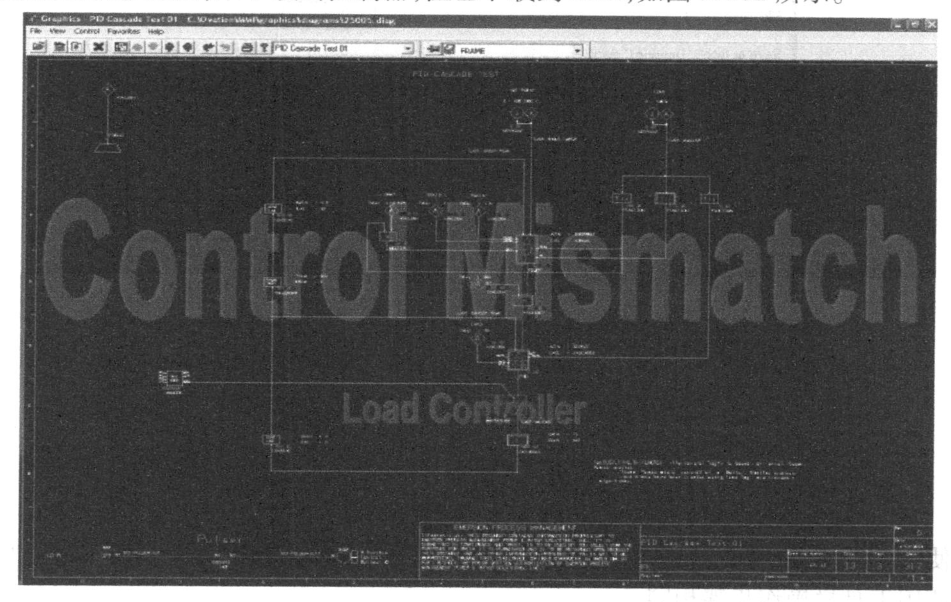

图3.202 下载到MMI,未下载到控制器的控制页面

(4)OCB服务

OCB提供7类服务用于完成不同的OCB功能,分别为:资料库、注释、打印、审核、点编辑、创建点和安全服务。

1)资料库服务

该服务可以提供将制图中控制逻辑导出为资料库文件,然后可根据需要将其导入到其他制图中使用的方法。

资料库文件典型存储路径为:ovptsvr\<System_Name>\<Network_Name>\<Unit_Name>\library。

①导出控制逻辑到资料库。

如使用工具栏导出控制逻辑,先打开已有功能图或创建新的逻辑图,选择 Libraries 工具栏中 Export Control 图标,出现导出控制对话框。定义存储路径,键入存储文件名,存储类型为.dwg。选择 Save 按键,在命令行出现提示“Select Entities”,使用光标选择用户想保存的功能图部分,或在命令行键入 ALL 保存控制页中全部逻辑。按回车键或用鼠标右键将所选内容保存到已定义的资料库文件中。命令行出现命令(“Select base point”),用光标确定基点。所谓基点,就是绘图中用于确定在新逻辑图中放置图形的位置的点。基点将被放置在从资料库导入图形时选择的插入点位置。通过导入功能,用户可以在其他制图中使用已选择并存入文件中的逻辑。

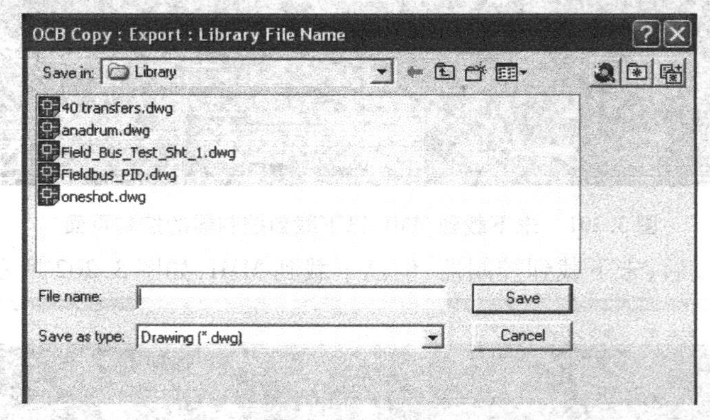

图 3.203 导出控制对话框

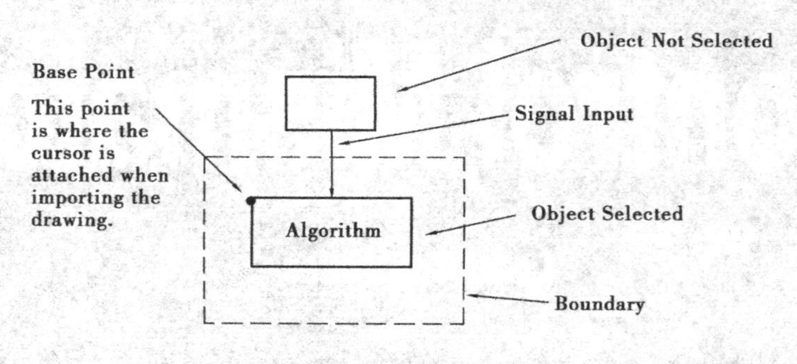

图 3.204 算法选择

如使用 Control 下拉菜单,选择 Control 下拉菜单中 Libraries 项的 Export Control 选项,其他步骤与使用工具栏操作步骤相同。

②从资料库导入控制逻辑。

用户可使用导入功能将资料库文件储存的已有控制逻辑导入到当前制图页中,典型的存储路径为:ovptsvr\<System_Name>\<Network_Name>\<Unit_Name>\library。

如使用工具栏导入控制逻辑,先打开已有功能图或创建新的逻辑图,选择 Libraries 工具栏中 Import Control 图标,出现导入控制对话框。定义存储路径,键入存储文件名,存储类型为.dwg。选择 Open 按键打开相应文件,用光标将控制元件放入当前制图,放置位置由基点决定。通过导入功能,用户可以在其他制图中使用已选择并存入文件中的逻辑。点击鼠标左键,控制逻辑就被放置在控制页上,点编辑对话框将弹出,用户需做必要的修改。

如使用 Control 下拉菜单,选择 Control 下拉菜单中 Libraries 项的 Import Control 选项,其他步骤与使用工具栏操作步骤相同。

2)注释服务

注释服务可以使用 OCB 工具栏和命令行添加或编辑制图页中的注释。注释工具栏包括注释旋转角度、注释尺寸大小、线型和颜色、注释属性,注释编辑对话框等项内容,如图 3.205 所示。

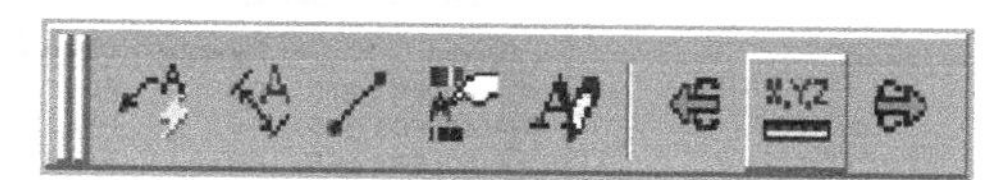

图 3.205　注释工具栏

3)打印服务

OCB 提供打印控制页不同类型信息的功能。在打印前,使用 Project Details tab 确认具体项目的配置,使用 Plot Details tab 确认打印机的设置。

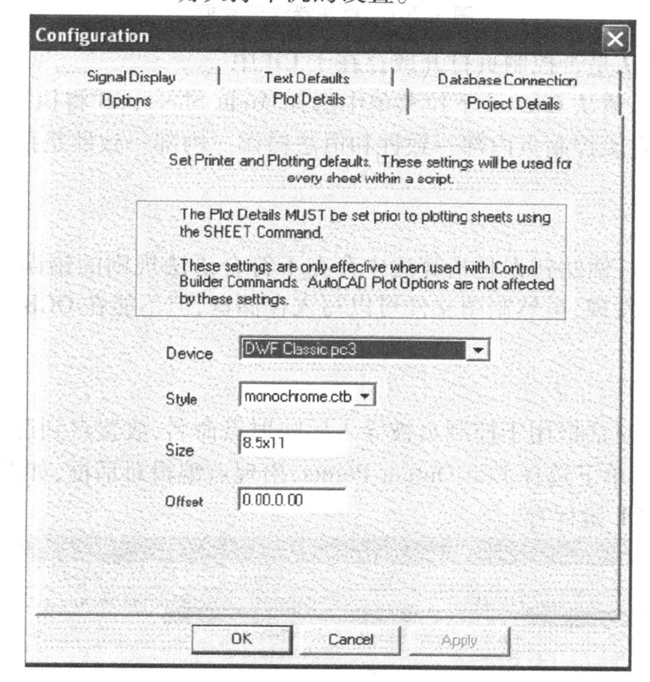

图 3.206　打印配置

如使用工具栏,先打开要打印的控制页,在打印工具栏中选择相应功能图标(打印整个控制页、打印控制页详细资料、打印控制页控制连接器相关信息)。

如使用下拉菜单,选择 Control 下拉菜单中的 Print 项,出现打印选项窗口,选择需要的打印功能。

☆功能:打印 CB 窗口可视的当前功能图或控制页面。

☆连接器:打印控制页控制连接器相关信息。

☆详细资料:打印控制页详细资料。

☆标题:打印控制器所有控制页标题。

4)审核服务

审核服务用于检查算法页一致性和错误,如果错误被检测到,算法错误窗口将列出错误清单。此服务也会为控制页更新内部数据和标签。

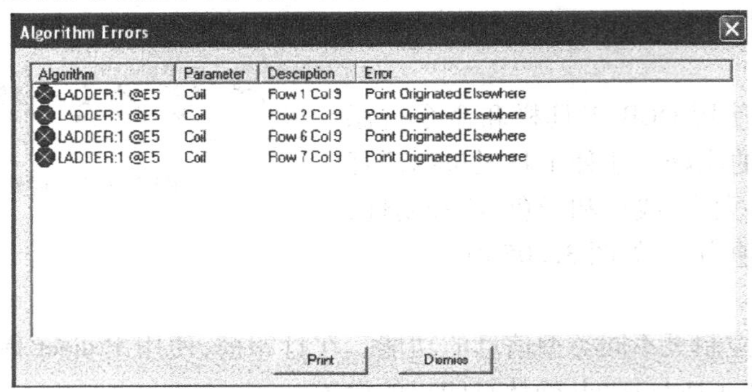

图 3.207　**算法错误消息框**

审核服务自动确认是否控制页打开或存在于 CB 中。

要使用审核服务,请从 Control 下拉菜单中选择 Audit Sheet,CB 将执行下列操作。

☆查验算法页:查验控制页内部一致性和语法错误。内部一致性是指图形信号、标签和算法连接的验证。

☆更新内部数据。

☆检查语法错误。语法错误是指算法中存在不符合语法规则的错误,如信号类型不匹配等。如果语法错误被发现,虽然制图文件可以写入存储盘,但不能在 OCB 保存。

☆更新标签。

5)点编辑服务

点编辑服务提供对话框用于控制页被导入后映射点命名,放置点到逻辑页和编辑点。

在 Control 下拉菜单下选择 Edit Output Points,出现点编辑对话框,如图 3.208 所示。可以选择点进行编辑,按 Ok 键保存。

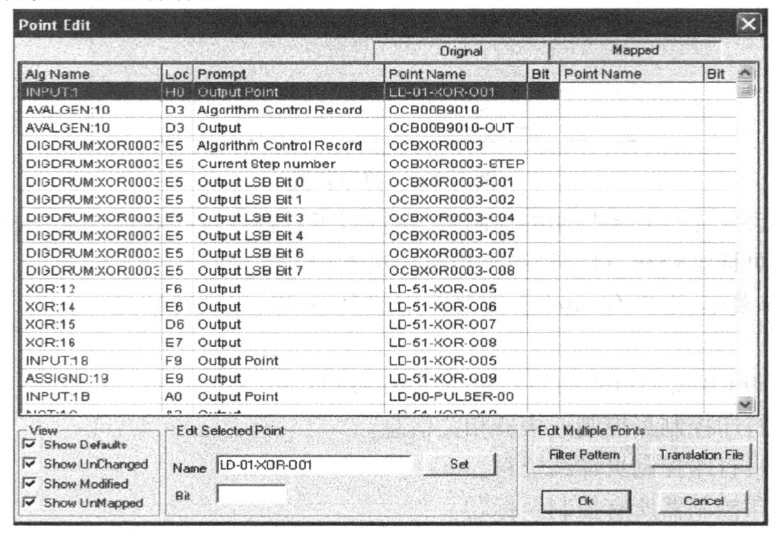

图 3.208　**点编辑对话框**

6）创建点服务

创建点服务用于产生用户定义的点到系统数据库。此服务典型应用是在初始控制规划时快速产生测试点。用此服务创建的点需要用户进一步完成定义。此服务还能将被逻辑页使用但未存在于数据库的点创建到数据库。

使用创建点服务，先在算法编辑对话框中插入希望的点名，在对话框底部将出现该点是否存在于数据库的信息。一旦算法包含希望的点，从 Control 下拉菜单中选择 Points，选择产生 Create User Points。创建用户定义的点的对话框弹出，如图 3.209 所示，里面列出数据库不包含的点。确认点记录类型是否正确，选择该点，选择 Create Point(s) 按键，将该点加入数据库，保存控制页。

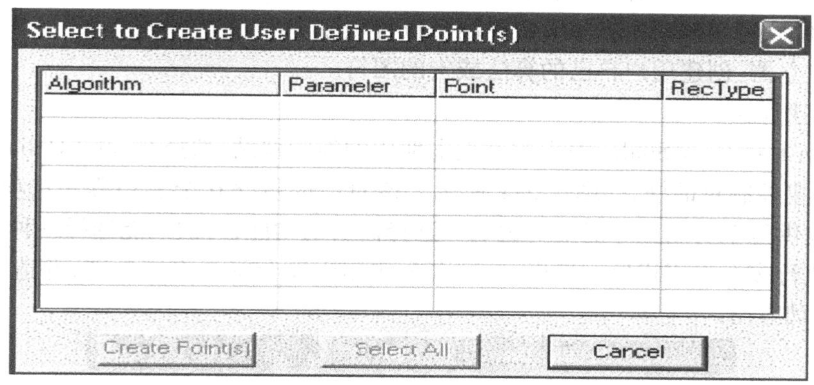

图 3.209　创建用户定义的点对话框

7）安全服务

点组用于将相同功能的点组合在一起，点可能分属于多个点组。

安全通道用于定义每个安全组，如果未定义，所有安全组都被激活。一旦为某页进行了安全定义，当组被添加或系统安全策略被修改后，必须为每页进行安全更新。安全仅对当前页的缺省点有效。调整许可易受点安全组影响，如果控制页安全配置不正确，该页所有算法都不能被调整。

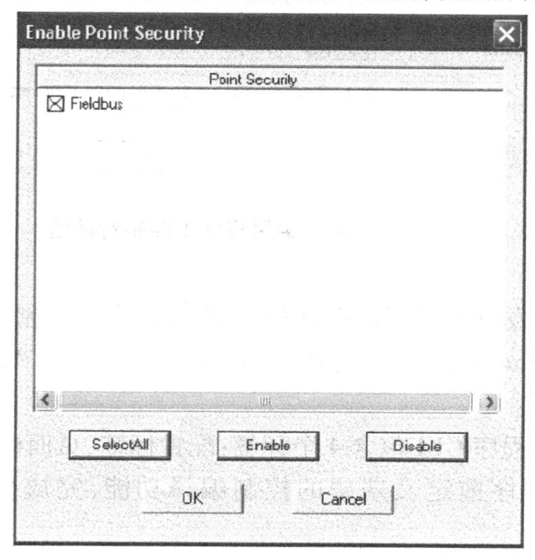

图 3.210　激活点安全对话框

使用安全服务,从 Control 下拉菜单中选择 Points,然后选择 Security。出现激活点安全对话框,使用适当的按键激活或不激活安全组,选择 Ok 键保存变更。

(5)OCB 实用程序

控制图建立器实用程序运行在 Developer Studio 环境中,并独立执行相应功能。总共有 6 个实用程序用以执行不同的 OCB 功能。

☆编译控制页:编译多个控制页。

☆复制控制页:复制多个控制页。

☆导出控制页:从数据库导出页、标志或宏。

☆导入控制页:插入页、标志或宏到数据库。

☆控制页排序:在控制任务中设定控制页执行顺序。

☆图符建立器:创建用户自己的算法或宏的图符。

1)进入实用程序

在 Ovation Developer Studio 中用右键点击期望的控制器站,选择 Control Options,显示 Ovation 实用程序主控制对话框,如图 3.211 所示。该对话框包含 6 个实用程序选项和一个描述框。描述框提供每个实用程序简要的说明。选择需要的功能,每次只能选择一种实用程序,但是同时可以执行多个实用程序。然而,运行多个实用程序会降低系统性能,并造成许可问题。选择 Ok 键启动应用。

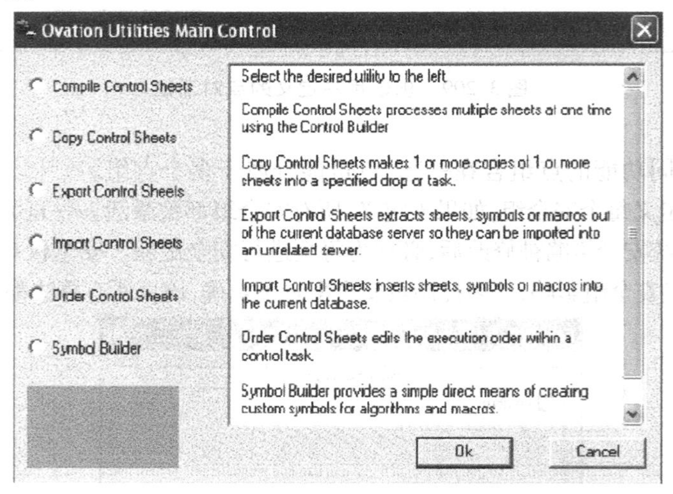

图 3.211　Ovation 实用程序主控制对话框

2)编译控制页

Ovation 编译控制提供友好的使用界面,用于一次编译多个控制页和执行多重命令。编译控制从 Ovation Developer Studio 进入。运行此功能需要一个 AutoCAD 许可证。当编译操作结束后,系统显示编译的结果。

Ovation 编译控制实用程序 GUI 包含 4 个标签:配置标签、页面标签、选项标签、用户标签。这些标签用于启动编译程序前定义期望的控制编译功能,完成标签的配置和设定后,按 Compile 键启动编译进程。

①配置标签。

配置标签包含两个主要字段，即Ovation数据目录和编译页，如图3.212所示。用户仅需输入数据目录字段，此字段不设定，Ovation不会执行编译工作。

Ovation数据目录用于放置要被编译的控制页，一般设在服务器D:\OvPtSvr目录。然而Ovation编译控制可在任何目录下运行，这要求服务器的Ovation数据盘要安装在控制编译执行的机器中，或提供一UNC路径（例如\\drop202\dMYM\OvPtSvr）。

在数据目录组对话框点击Browse按键，出现本地机器所有磁盘列表浏览对话框。注意服务器上典型数据目录D:\OvPtSvr可能为另一机器<X>\OvPtSvr。

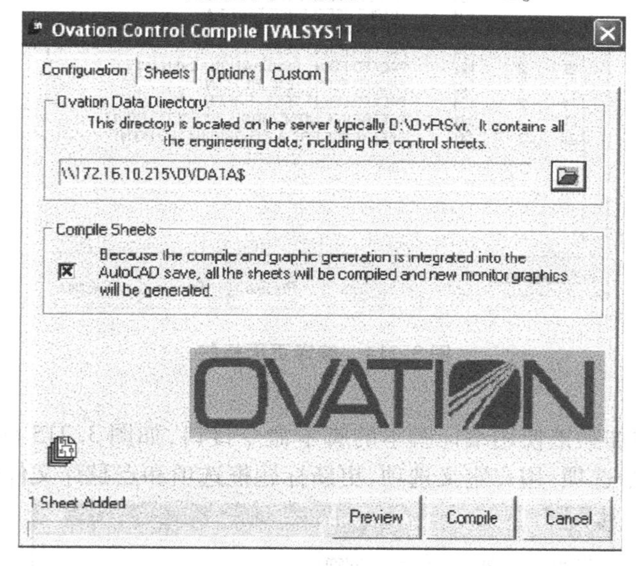

图3.212　编译配置标签

选择服务器的Ovation数据目录。一旦用户选择了Ovation数据目录，包含目录信息的记录会被登记，这就成了在同台机器执行Ovation控制编译的默认目录（图3.213）。

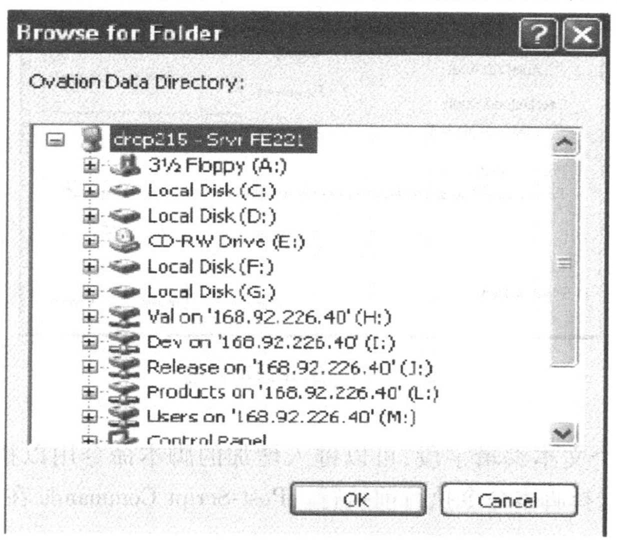

图3.213　编译文件浏览窗口

②页面标签。

页面标签包含要被编译的页的列表,如图 3.214 所示,包含站编号、任务编号、页编号和页标题,可以在列表中插入或删除页面。

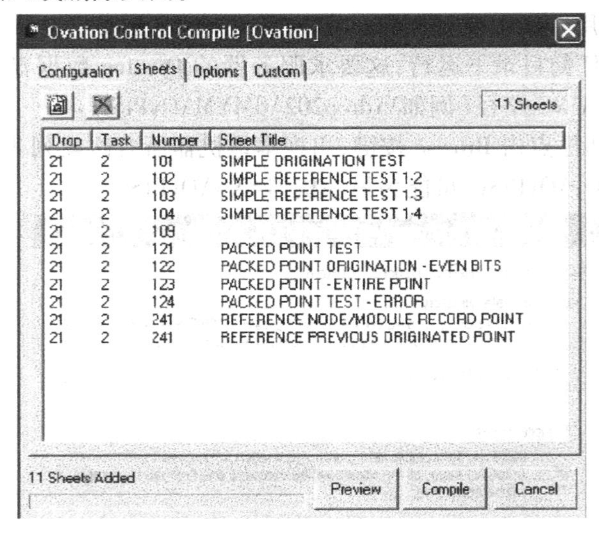

图 3.214　编译页面标签

③选项标签。

选项标签提供添加频繁使用编译脚本的脚本命令接口,如图 3.215 所示。典型选项有打印选项、AutoCAD 命令选项、用户定义选项、更新标题框选项和点翻译文件选项。

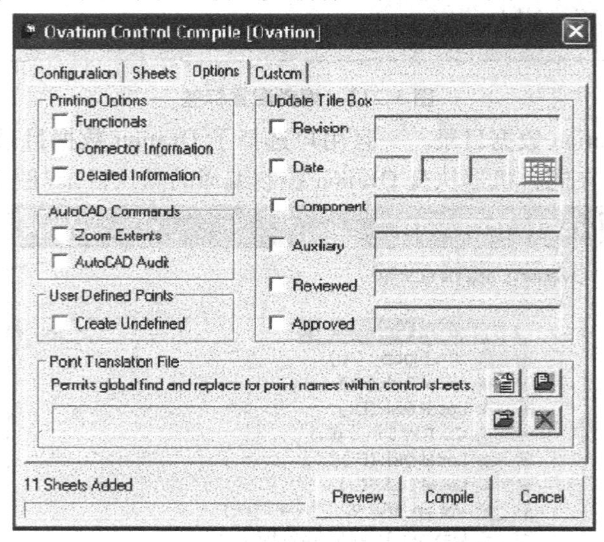

图 3.215　编译选项标签

④用户标签。

用户标签包含 2 个文本编辑字段,可以键入增加的脚本命令用以执行。Pre-Script Commands 在编译脚本和选择脚本命令执行前执行。Post-Script Commands 在编译脚本和选择脚本命令执行后执行。

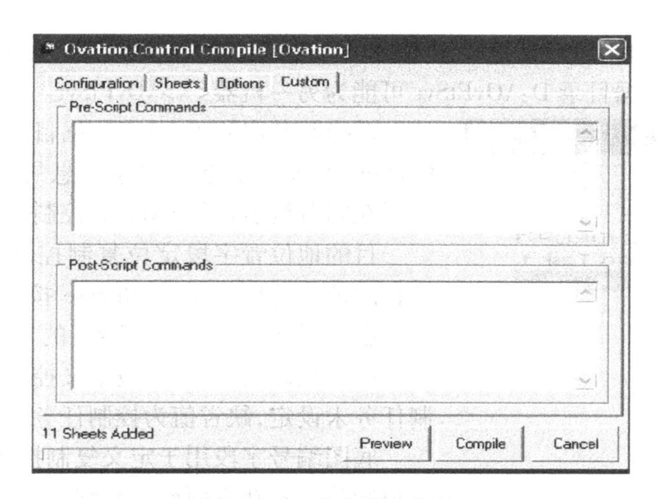

图 3.216　编译用户标签

3）复制控制页

Ovation 复制控制页用于完成已有控制页的多个复制的独立应用，提供从多个位置复制到一个指定位置的友善的图形用户界面（GUI）。运行此功能需要一个 AutoCAD 许可证。

Ovation 复制控制实用程序 GUI 包含 4 个标签：配置标签、页面标签、点标签、映射点标签。这些标签用于启动复制程序前定义期望的控制复制功能，完成标签的配置和设定后，按 Copy 键启动复制进程，复制主对话框提供复制信息、过程和操作信息。这些信息显示于对话框底部。点击 Copy 键后，将执行审核点，产生所有需要的映射文件，建立一个脚本文件，复制控制页，产生脚本文件等一系列进程。

①配置标签。

配置标签包含 3 个主要字段，即 Ovation 数据目录、目的位置和底图编号。用户仅需输入这些字段，这些字段如不设定，Ovation 不会执行复制工作。

Ovation 数据目录用于放置要被复制的控制页，一般设在服务器 D:\OvPtSvr 目录。然而 Ovation 复制控制可在任何目录下运行，这要求服务器的 Ovation 数据盘要安装在控制复制执行的机器中。

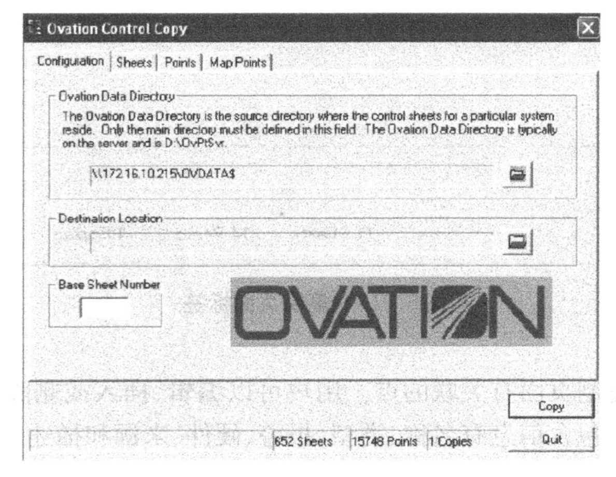

图 3.217　复制配置标签

在 Ovation 数据目录组对话框点击 Browse 按键,出现本地机器所有磁盘列表浏览对话框。注意服务器上典型数据目录 D:\OvPtSvr 可能为另一机器<X>\OvPtSvr。

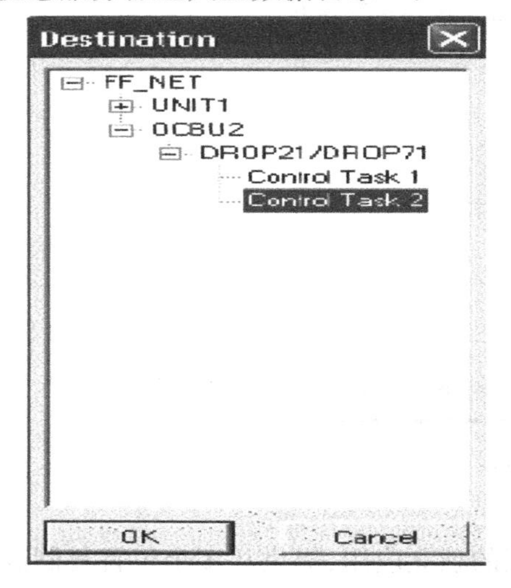

图 3.218　复制目的地位置

选择服务器的 Ovation 数据目录。一旦用户选择了 Ovation 数据目录,包含目录信息的记录会被登记,这就成了在同台机器执行 Ovation 控制编译的默认目录。

目的地位置字段定位复制控制页放置的地点。点击目的地位置组对话框 Browse 按键,显示有数据库层次(网络、单元、站、控制任务)的对话框出现。选择站或站内的控制任务,该字段定义控制页的去向。如果控制任务未设定,缺省值为控制任务 2。

底图编号字段用于定义复制控制页新页面的编号。用户给第一张新页面键入页编号,其他新页面将以底图编号为基数连续编码。在底图编号字段区域外点击左键即可完成设定。

②页面标签。

页面标签包含要被编译的页的列表,包含站编号、任务编号、页编号和页标题。可以在列表中插入或删除页面。

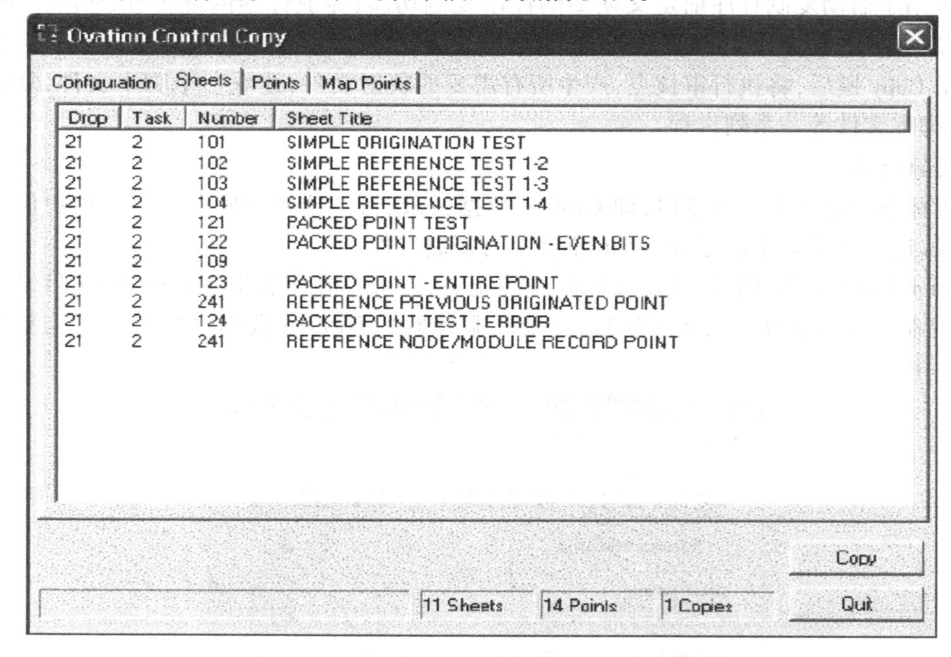

图 3.219　复制页面标签

③点标签。

点标签显示与被复制页面有关联的点。用户可以编辑、插入或删除标签里的点。修改后系统自动更新。每个点包含信息有名称、类型、报警、硬件、来源和描述。

④映射点标签。

由于没有点能够来自于两个不同的算法,每个控制复制操作必须为被拷贝页面所有点来

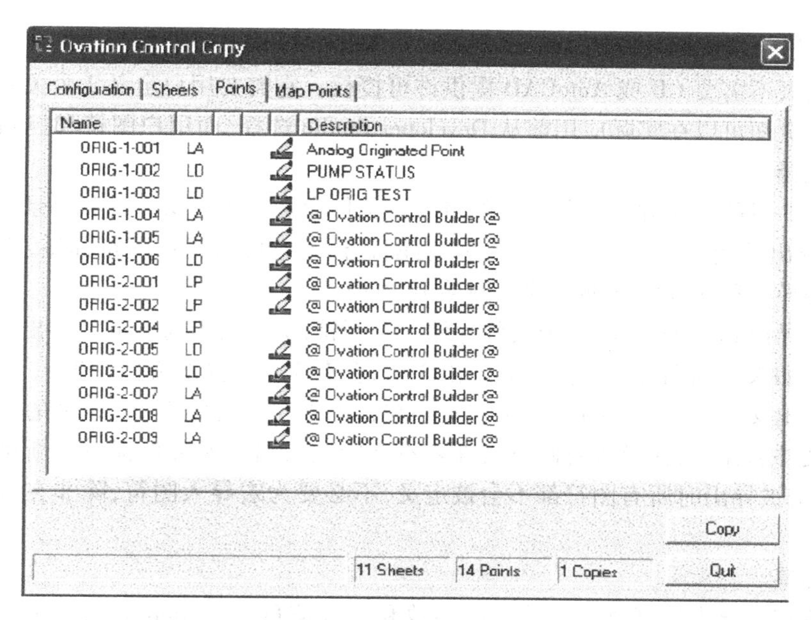

图 3.220　**复制点标签**

源定义点名称。映射点用于管理此任务。数据以电子数据表形式显示，第一列显示原始点名，第二列为复制页面用于替换原始点名的点名。最初，表格为第一次复制提供一空列（映射 1），这为缺省设定。第 1 列原始点名前图标指示新点是否会被拷贝或创建。

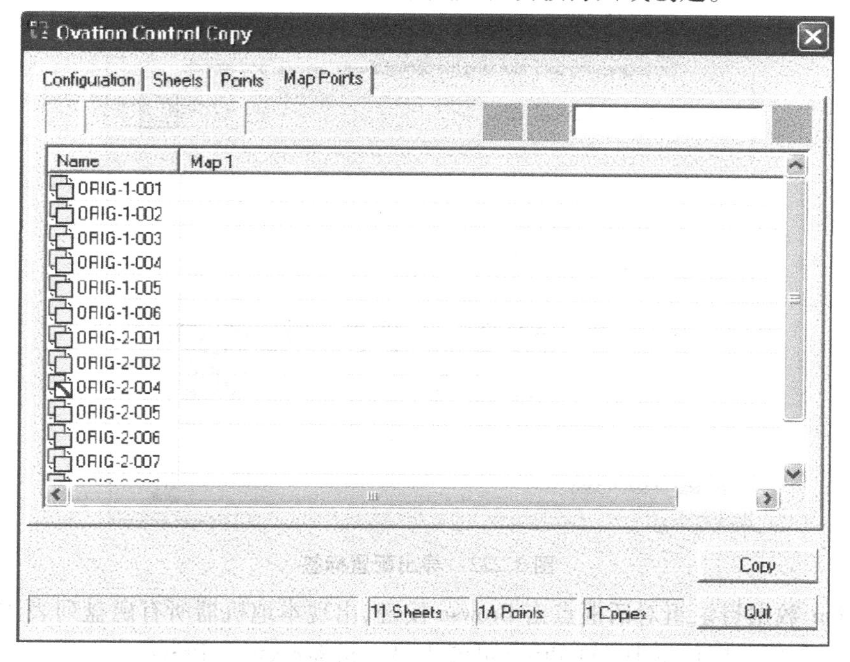

图 3.221　**复制映射点标签**

4）导出控制页

此应用从 Ovation 系统提取控制页、用户图符和控制宏。每个对象存储为带简易识别名称的文件，可在系统间传输。这是在系统间复制控制页的主要手段。导入控制页提供了复制对象到 Ovation 数据库的另一半操作。

导出控制页不需要 CB 或 AutoCAD 提供许可授权。它需要用户定义 2 个关键信息:

☆来源。页面可以在实际应用前从 Developer Studio 选择,而用户图符和控制宏只能在应用运行后再选择。

☆目的地。目的地为导出对象存放的目录。文件命名基于对象类型和目录早期内容。

Ovation 导出控制应用 GUI 包含 4 个标签:配置标签、页面标签、图符标签、宏标签。这些标签用于启动导出程序前定义期望的控制导出功能。

用户图符导出到一个目录,每个文件存储 1 个图符,文件后缀为. sym。导出的图符不会覆盖其他图符。如果相同图标被不同时间导出 3 次,会有 3 个不同的文件产生。

控制宏导出文件后缀为. cmr。如果宏文件在目的地目录已经存在,原来的文件将会被覆盖。宏名与文件名无关,在导入时修改文件名不会影响宏名。宏文件提供了新系统再建宏的必要信息,在宏被导出时所有图符都不会被定义,不必要为宏导入图符,除非在宏被导出后创建了图符。

①配置标签。

配置标签定义导出控制页需要的一般参数和详细信息。Ovation 数据目录字段为数据服务器的网络地址。Developer Studio 采用服务器 IP 地址方式定义驱动器位置。

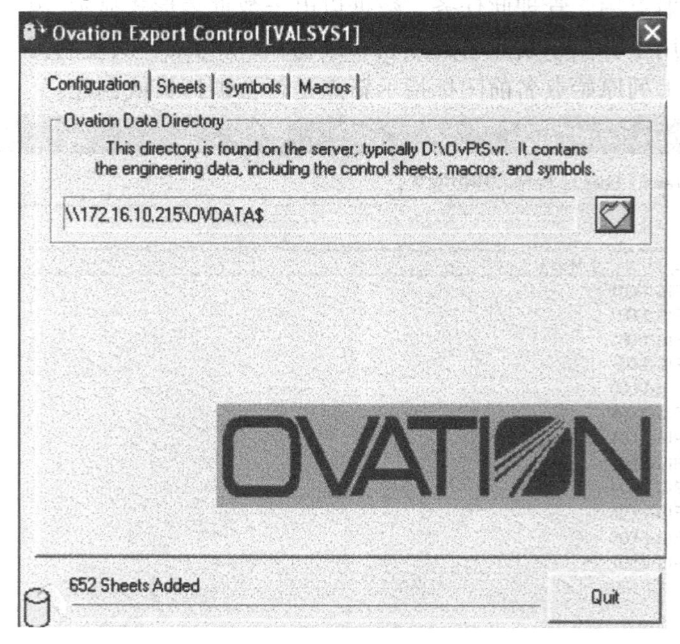

图 3.222　导出配置标签

在 Ovation 数据目录组对话框点击 Browse 按键,出现本地机器所有磁盘列表浏览对话框。注意服务器上典型数据目录 D:\OvPtSvr 可能为另一机器<X>\OvPtSvr。

选择服务器的 Ovation 数据目录。一旦用户选择了 Ovation 数据目录,包含目录信息的记录会被登记,这就成了在同台机器执行 Ovation 导出控制的默认目录。

②页面标签。

页面标签允许用户定义从系统导出的控制页对象,包含站编号、任务编号、页编号和页标题。可以在列表中插入或删除页面,创建映射文件,导出选择的控制页。

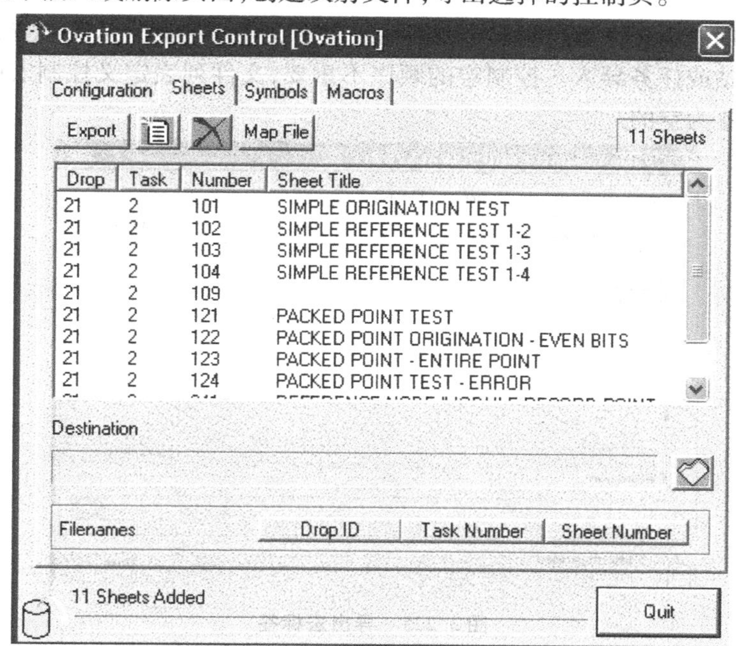

图3.223 导出页面标签

③图符标签。

图符标签允许用户定义从系统导出的用户图符。图符从系统导出,而不是从具体的网络、单元、站或任务导出。图符的顺序不重要,但会影响导出图符文件的标号分配。初始图符标签为空的。

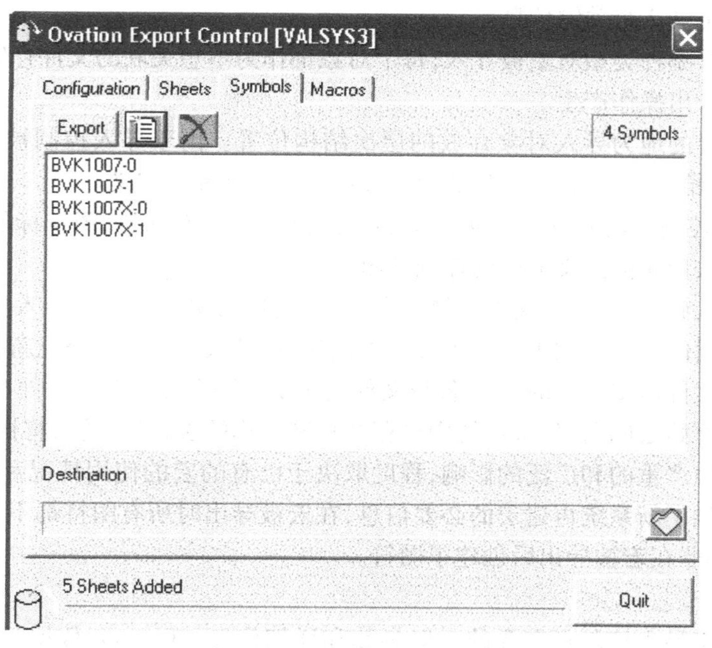

图3.224 导出图符标签

④宏标签。

宏标签允许用户定义作为控制宏导入到系统中的文件。控制宏从系统导出,而不是从具体的网络、单元、站或任务导入。控制宏的顺序不重要,文件列表定义控制宏的名称、图符标号。初始图符标签为空的。

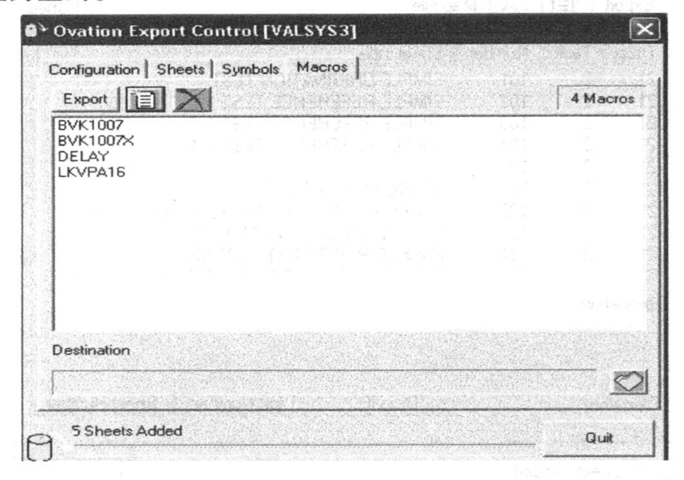

图 3.225 导出宏标签

5)导入控制页

此应用复制控制页、用户图符和控制宏到 Ovation 数据库系统,不会取代已有对象。内部对象名称可以略不同于原始对象名称。这是在系统间复制控制页的主要手段。导出控制页提供了导出对象为可传输文件的另一半操作。当导入完成,描述执行结果的日志会显示。导入控制页需要 AutoCAD 提供许可授权。

它需要用户定义 2 个关键信息:

☆来源。不管哪种类型对象被导入,每个对象都作为不想关联的文件存储在硬盘上,这些文件绝大部分由导出操作产生。

☆目的地。目的地为导入对象存放的层次结构位置。由于导入控制被设计为单独运行的,所以在导入开始前的任何时候,目的地址都可以被定义和再定义。

Ovation 导入控制应用 GUI 包含 4 个标签:配置标签、页面标签、图符标签、宏标签。这些标签用于启动导入程序前定义期望的控制导出功能。

用户图符导入到系统,每个文件存储 1 个图符,文件后缀为. sym。导入前不要重命名,导入应用会确定合适的名字。如果用户工具栏被创建后,导入图符会被分配新的 ID 编号。

控制宏导入文件后缀为. cmr。宏名与文件名无关,在导入时修改文件名不会影响宏名。导入的控制宏与原始宏同名,如果系统中已存在相同名称的宏,导入的宏将被重新定义。更换已有的宏将会产生严重的和广泛的影响,程度取决于已有的宏的使用情况和两个宏间的接口差异。宏文件提供了新系统再建宏的必要信息,在宏被导出时所有图符都不会被定义,不必要为宏导入图符,除非在宏被导出后创建了图符。

①配置标签。

配置标签定义导入控制页需要的一般参数和详细信息。Ovation 数据目录字段为数据服务器的网络地址。Developer Studio 采用服务器 IP 地址方式定义驱动器位置。

在 Ovation 数据目录组对话框点击 Browse 按键，出现本地机器所有磁盘列表浏览对话框。注意服务器上典型数据目录 D:\OvPtSvr 可能为另一机器<X>\OvPtSvr。

选择服务器的 Ovation 数据目录。一旦用户选择了 Ovation 数据目录，包含目录信息的记录会被登记，这就成了在同台机器执行 Ovation 导入控制的默认目录。

页详细信息字段包含导入控制页所需的目的地、映射文件名、第一页、创建未定义用户点等信息。

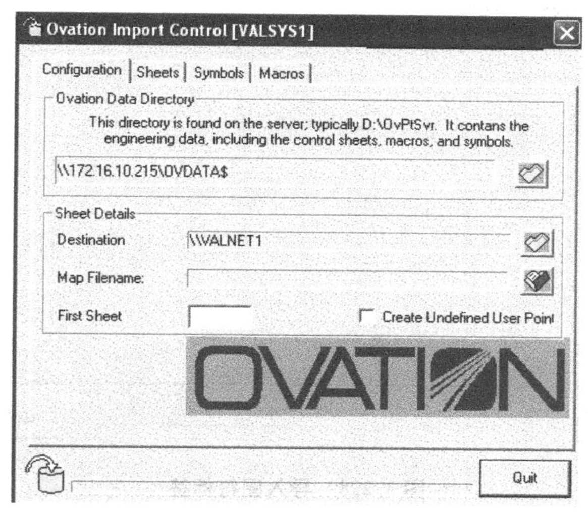

图 3.226 导入配置标签

②页面标签。

页面标签允许用户定义什么文件(页面)可以被导入到系统，包含文件名和文件存储的目录。可以在列表中进行控制页插入、删除、排序和移动操作。

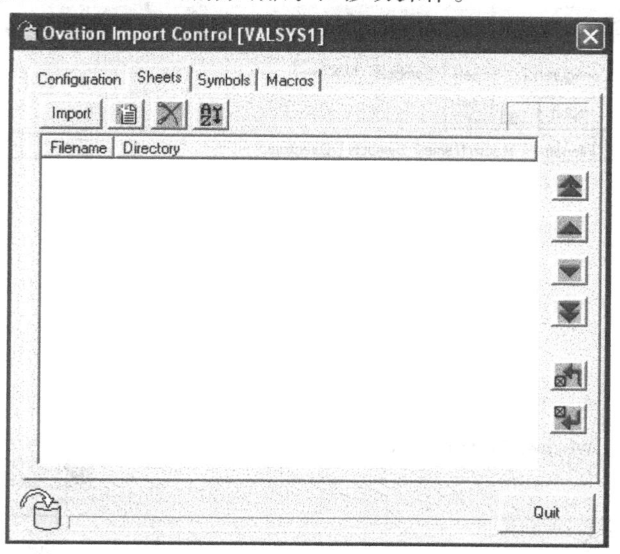

图 3.227 导入页面标签

③图符标签。

图符标签允许用户定义什么文件可以作为用户图符被导入到系统，如图 3.228 所示。文件后缀为.sym,由 Export Control utility 创建。图符导入到系统,而不是导入到具体的网络、单元、站或任务。图符的顺序不重要,但会影响导出图符文件的标号分配。

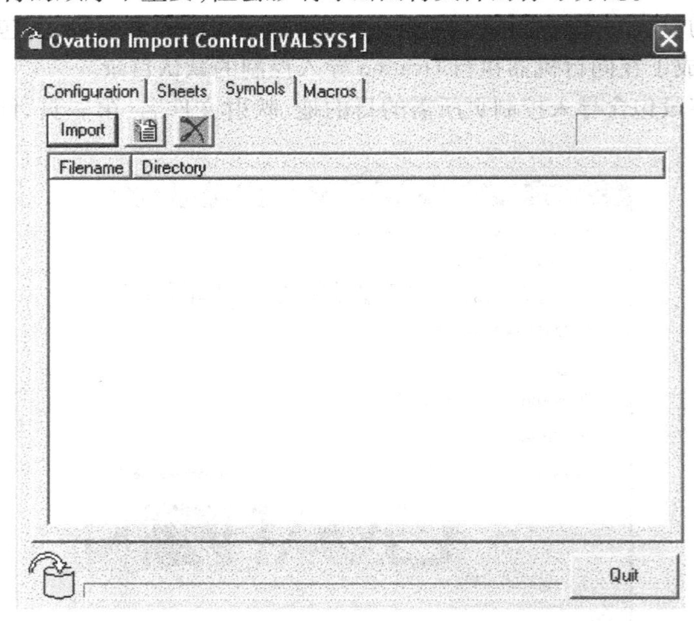

图 3.228 导入图符标签

④宏标签。

宏标签允许用户定义什么文件可以作为控制宏被导入到系统,如图 3.229 所示。文件后缀为.crm,由 Export Control utility 创建。控制宏导入到系统,而不是导入到具体的网络、单元、站或任务。控制宏的顺序不重要,文件列表定义控制宏的名称、图符编号。

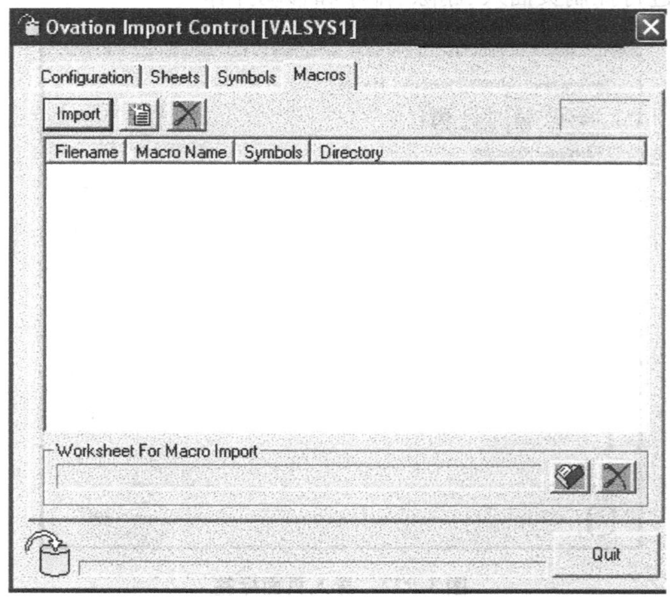

图 3.229 导入宏标签

6)控制页排序

此应用为用户提供了为任务中所有控制页定义执行顺序的友善接口。由于控制器任务执行是非同步的,所以不能跨控制任务区为控制页执行顺序排序。此应用提供了按页编码简单排序的手段,也提供了其他排序的方法。

表3.73　控制页排序功能按钮

图标或按键	描　述
	以文件名字母顺序排列页面
	撤销
	移动所选页面到列表顶部
	向前移动一位所选页面
	向后移动一位所选页面
	移动所选页面到列表底部
	选择(高亮)1页面。检查移动页面。按此键移动所有检查页面到高亮页面前。检查页面间维持原有排序
	选择(高亮)1页面。检查移动页面。按此键移动所有检查页面到高亮页面后。检查页面间维持原有排序
Ok	保存变更
Cancel	取消最后一次保存后的变更

7)图符建立器

图符建立器用于用户图符的创建,该应用需要AutoCAD许可授权,提供创建用户算法和宏图符的友好接口。图符包含算法主体和输入输出管脚。

①创建用户图符。

在图符建立器工具栏选择New Symbol图标,然后选择Algorithm Function图标,选择创建用户图符所需算法功能,放置功能名。使用AutoCAD绘图工具栏为新图符画架构,加入需要的管脚,添加标签,然后保存图符。

②编辑用户图符。

进入Windows Explorer,导航到服务器路径D:\OVPTSVR\<SYSTEM NAME>\CUSTOM SYMBOLS,选择制图文件(文件名格式<function name>_x.dwg),双击文件,使用Symbol Builder工具栏进行修改。保存图符。

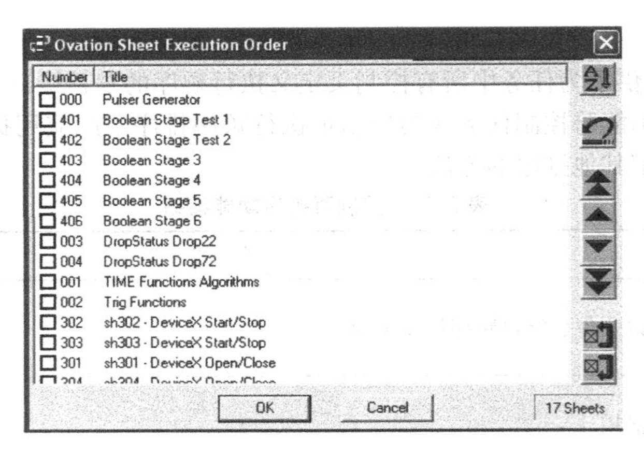

图 3.230 控制页执行顺序

③使用用户图符。

进入 CB,选择算法下拉菜单中 algorithm function,选择要用的用户图符。图符管脚可以像标准图符一样进行修改。

(6)OCB 故障处理

1)CANNOT ACCESS CONTROL BUILDER

☆如果用户不能从桌面进入 CB,检查是否是因为 AutoCAD 授权错误导致。

☆如果用户不能从 Developer Studio 进入 CB,排除下列可能的错误原因:

记录配置错误(ACAD_HOME);

系统路径变量删截。

2)CANNOT EDIT DRAWING

有时,当用户试图打开 CB 制图来编辑时,出现不能编辑只能查看的消息框,这时应:

☆确认该制图未被其他 CB 编辑。

☆确认该制图不是刚刚被关闭,GBNT 没有正在处理该制图。

☆检查任务管理器确认 GBNT 在处理完该制图后仍保持运行。如果仍运行,选择进程并点击 End Task 键。

3)CONTROL BUILDER DOES NOT RESPOND

☆确认没有 Ovation 授权错误,OCB 授权有效。

☆确认支持文件路径正确,C:\Ovation\OCB\support。

☆检查 OCB 开发环境(ARX),核实 OCBCORE. ARX 已被装入。如果已被装入,检查授权是否出错。

4)DIALOG BOX DOES NOT APPEAR AS EXPECTED

☆FILEDIA 和 CMDDIA 标志用于允许和禁止对话框,如果命令行提示符号出现 而不是预期的对话框,在命令行将 FILEDIA 和 CMDDIA 设定为“1”。

☆如果用户不想改变整个文件,又想出现一个对话框,在命令行输入波浪号(~)。

5)LOSS OF FUNCTIONALITY

☆如果 AutoCAD 没有足够运行空间运行,会出现多样化的错误,请检查 C 区是否满了。

6)CONTROL BUILDER TOOLBARS DO NOT APPEAR

☆在多用户系统,如果不是最初的 AutoCAD 安装用户,在使用 CB 时会出现 CB 工具栏不显现情况。当出现这种情况时,用户要执行特定程序配置正确的 AutoCAD 使用环境。

步骤1:关闭 CB。

步骤2:使用微软浏览器找到 C:\Ovation\ocb\support.,双击 UserInstall.bat 文件执行该程序。

步骤3:在程序执行完成后点击 Ok 键。

7)CANNOT ACCESS AUTOCAD

如果用户的 AutoCAD 授权服务器安装在运行有微软防火墙的 XP 机子上,用户想在客户工作站桌面打开 AutoCAD,可能出现 Error [1.5.-12]错误信息,按以下方式处理。

一旦在 AutoCAD 授权服务器或客户工作站已执行端口过滤,如果 Autodesk License Manager(AdLM)认为此端口封闭,产生此错误。AdLM 需要不受限制进入 TCP/IP 端口 2080 和端口 27000 ~27009 以保证 AutoCAD 授权服务器和客户工作站间持续通信。

在服务器命令提示窗口输入下面命令开通端口。用户需使用管理员权限执行下列命令:

netsh firewall set portopening TCP 2080"AutoCAD License Server"
netsh firewall set portopening TCP 27000"AutoCAD License Server"
netsh firewall set portopening TCP 27001"AutoCAD License Server"
netsh firewall set portopening TCP 27002"AutoCAD License Server"
netsh firewall set portopening TCP 27003"AutoCAD License Server"
netsh firewall set portopening TCP 27004"AutoCAD License Server"
netsh firewall set portopening TCP 27005"AutoCAD License Server"
netsh firewall set portopening TCP 27006"AutoCAD License Server"
netsh firewall set portopening TCP 27007"AutoCAD License Server"
netsh firewall set portopening TCP 27008"AutoCAD License Server"
netsh firewall set portopening TCP 27009"AutoCAD License Server"

3.3.1.7 流程图(工程图)建立器(GB,Graphics Builder)

Ovation 流程图建立器(GBNT)是生成和编辑生产流程图的工具。Ovation 系统在单台显示器上最多可以显示 8 幅主画面。GBNT 工具产生两种类型的程序文件,源文件和目标文件。源文件(.src)是一个 ASCII 文件,目标文件(.diag)是一个图形执行文件。

GBNT 运行需要分配许可证号。如果没有授权许可,CBNT 将不会启动。GBNT 也可运行于多网系统,此时所有网络上都要给 GBNT 赋予读写使用权限。有时,某些网络仅授予 GBNT 只读权限,用户不能够对流程图做任何改动,GBNT 只允许用户浏览远程工艺流程图。

在很多 GBNT 窗口都需要提供点记录信息,Ovation 图形语言使用的点包括:点建立器产生的过程点、未定义点、指针变量、记录字段、OPC 点。完整的点名格式为:name.unit@network,由 16 字符点名,6 字符单元名和 8 字符网络名组成。

GBNT 可以在 Ovation Developer Studio 上在线运行或作为独立的程序离线运行。当设计为在线运行,GBNT 作为 Ovation Developer Studio 的一部分安装到系统。如果设计为离线运行,需要单独的安装程序进行安装。如是离线运行,需要用 Ovation Developer Studio 中的 Import Graphics function 将离线图形和支持文件装载到数据库。GBNT 只有采用在线运行时,才与数据库进行通信,在存储宏文件时,只有在线版才会提示用户对所有使用该宏的图形进行编译。在线运行版的 GBNT 支持在 OPC 服务器上浏览 OPC 点名。离线版的 GBNT 选择 File

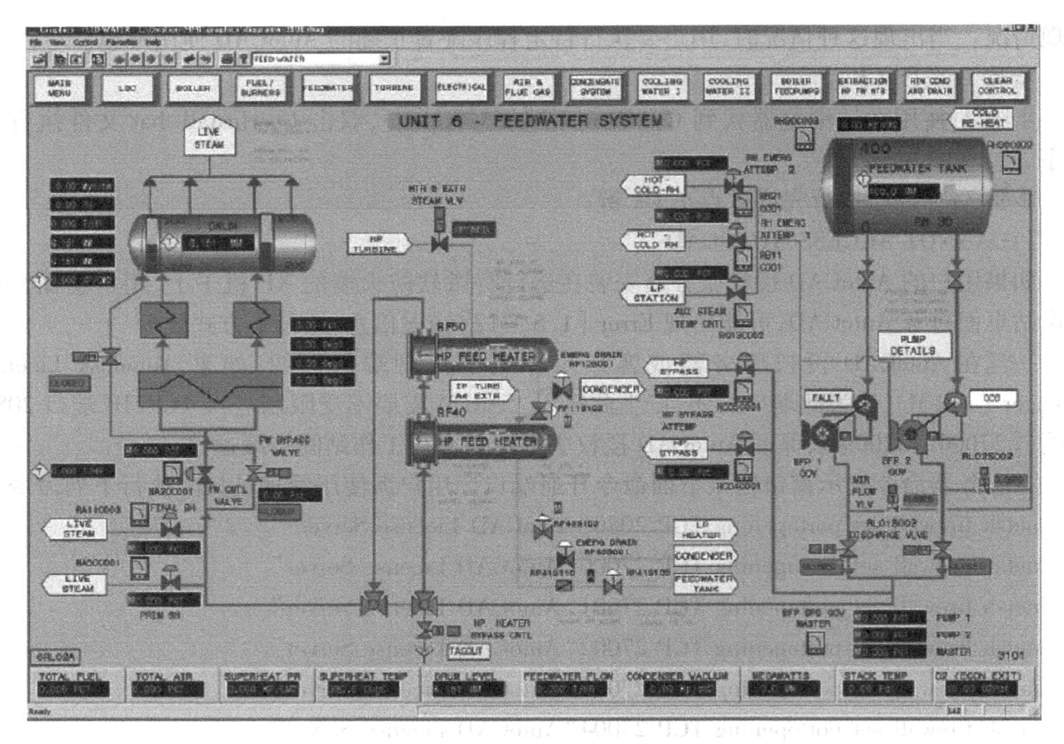

图 3.231　生产流程图

菜单下选项可以创建、打开、编译和保存画面，而在线版的 GBNT 必须用 Ovation Developer Studio 进行创建、打开、编译和保存。

(1)流程图创建、保存和编译

1)创建一个新流程图

从 Ovation Developer Studio 创建新图形，在系统树中点击展开 Graphics 文件夹，选择 Diagrams 或 Macros。下拉 Operation 菜单选择 Insert New，显示插入新图形向导。在输入字段键入名称，点击 Finish 键，不要键入. src 或. diag 文件扩展名。新图窗口显示。在描述输入字段键入图描述/标题，描述最多允许 60 个字符，包括空格。点击 Ok 键，在新图窗口输入要求的数据后，点击 Ok 或 Apply 键在数据库中创建新图形。在线 GBNT 加载新的空白图形. src 文件，在保存功能执行后，相应的. diag 文件也将被创建。

2)打开已存在的流程图

从 Ovation Developer Studio 打开图形，在系统树中点击展开 Graphics 文件夹，选择 Diagrams 或 Macros。可视图形列表出现在工作板窗口。选择要打开的图形，下拉 Operation 菜单并选择 Open(也可以在图形名称上双击鼠标左键打开图形)，Ovation Developer Studio 调用 GBNT 主窗口，并载入被选择画面。

3)编译流程图

从 Ovation Developer Studio 进入编译功能，在系统树中点击展开 Graphics 文件夹，选择 Diagrams 或 Macros。可视流程图列表出现在工作板窗口。选择要编译的图形，下拉 Operation 菜单并选择 Compile，Ovation Developer Studio 后台调用 GBNT 完成编译，GBNT 窗口不显示，但 GBNT 编译输出窗会出现并显示编译状态。所有编译输出都会写入窗口和列表文件内。

4)保存流程图

离线和在线版GBNT保存流程图的步骤是相同的。选择File菜单下的Save菜单项或在相应工具栏点击保存图标完成流程图保存。在线版GBNT通过保存流程图中使用的所有系统ID和宏来更新数据库。如果图形保存为宏,系统将提供再编译所有使用该宏流程图的选项。

离线和在线版GBNT"另存为"功能是有差别的。离线版GBNT"另存为"步骤为:选择File菜单下的Save as菜单项完成另存为的功能。在线版GBNT"另存为"功能只允许用户指定新文件名称,而不能指定新存储路径,新流程图文件只能存储在相同层级。

本部分为有一定GB使用经验的工程技术人员就GB的组态进行介绍,关于GBNT主窗口的使用介绍,请参阅Ovation GB使用手册OW240_90。

(2)绘图环境配置

1)图形组态窗口

图形组态窗口用于配置图形显示参数,在此配置的参数在操作员站中都有效。可在GBNT主窗口选择View下拉菜单中Diag Config选项,打开组态窗口。

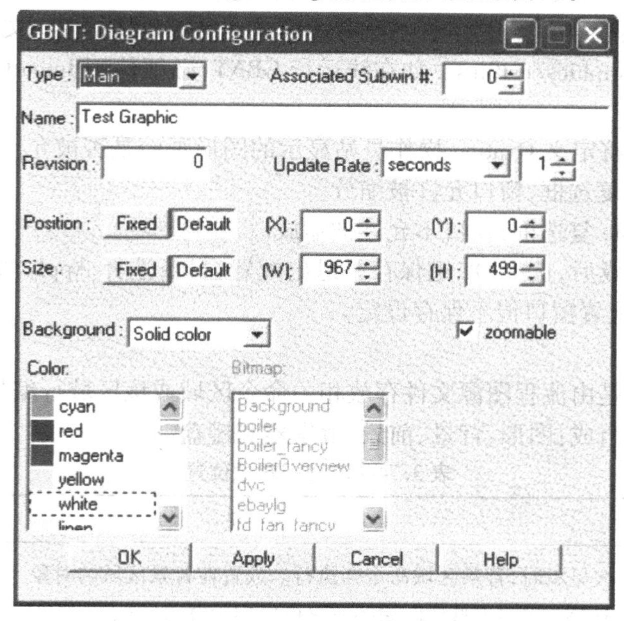

图3.232　GBNT下拉菜单中Diag Config选项

如要设定和修改图形组态参数,按下列操作进行:

①在Type下拉菜单中,在下列选项中选择一种图形类型:

☆主窗口图;

☆窗口图;

☆控制图(用户不适用)。

②在名称输入字段键入图形名称。

③在版本信息输入字段输入版本号。

④在Update Rate菜单中,选择以下一种选项。

☆在更新频率菜单中选择1种频率,用户可以选择某个带有小数的更新频率值,右边输入框将变灰。

☆如果更新频率为整秒,新频率菜单中选择 seconds,并在右边输入框输入秒数,此时使用位置选择按钮确定图形窗口的位置。

☆Fixed:图形窗口不在同一位置显示。需要输入 X 和 Y 坐标。

☆Default:图形窗口在同一位置显示。不需要输入 X 和 Y 坐标。

☆(x):该图形窗口在操作站屏幕显示时左上角的 X 坐标。

☆(y):该图形窗口在操作站屏幕显示时左上角的 Y 坐标。

⑤使用尺寸选择按钮确定图形窗口的尺寸。

☆Fixed:图形窗口不会以相同尺寸显示。需要输入 W 和 H 尺寸。

☆Default:图形窗口会以相同尺寸显示。不需要输入 W 和 H 尺寸。

☆(W):图形画布区域宽。

☆(H):图形画布区域高。

⑥在背景下拉菜单中,选择以下选项之一。

☆纯色(solid color):使用滚动条从 8 种标准颜色或任一用户定义颜色中选择。

☆位图(bitmap):位图背景文件名。当离线模式运行 GBNT ,这些文件保存路径为:[InstallationPath]/mmi/graphics/cstfiles。如在线运行 GBNT,必须使用 Import Graphics program 功能将这些文件导入。

⑦缩放锁定选项将定义 Ovation 操作员站显示的图形画面是否被允许缩放操作。

☆标记 zoomable 复选框,窗口允许被缩放。

☆不标记 zoomable 复选框,窗口不允许被缩放。

⑧在所有组态完成后,选择 Ok 键保存并退出配置窗口;选择 Apply 保存并不退出配置窗口;选择 Cancel 退出配置窗口但不保存设定。

2)位置定义

流程图对象位置是由流程图源文件存放相关命令区域或该区域行编号定义的。流程图文件由 5 个不同的区域组成:图形、背景、前景、触发器和键盘。

表 3.74 流程图对象位置

位　置	定　义
背景	当图形首次显示时,背景区域命令会执行。放置在背景区域的对象不会周期性更新 以下来自 GBNT 绘图工具栏的绘图对象可应用于背景区域: Arc, Rubberband Line/Arc, Line, Rubberband Line, Circle, Ellipse, Polygon, Rectangle, Dot, OL Rectangle, OL Gauge, OL Cylinder, Bar, Plot, XY Plot, Dynamic Line/Polygon, Trend, Time, Date, Group Text, Process Point, Text, Shape, Macro
图形	图形区域内命令只在图形初始显示时执行一次。图形初始化指令(如 POINTER, PTR_VALUE,DEF_QUAL 等)通常在此区域。显示对象不允许放置在这区域,但宏例外,宏的绘图对象是唯一可以放在图形区域的绘图对象。宏的显示对象分别放入前景、背景、触发器和键盘区域

续表

位置	定义
前景	前景区域内命令在图形初始显示和以GBNT定义的循环周期执行,对象(如process point, date, time等)需要选择前景并被更新 以下来自GBNT绘图工具栏的绘图对象可应用于前景区域: Arc, Rubberband Line/Arc, Line, Rubberband Line, Circle, Ellipse, Polygon, Rectangle, Dot, OL Rectangle, OL Gauge, OL Cylinder, Bar, Plot, XY Plot, Dynamic Line/Polygon, Trend, Time, Date, Group Text, Process Point, Text, Shape, Macro
触发器	触发器区域的指令只有在需要的时候才执行,触发器区域可调用应用程序(122-Exec Trigger)或RIG_ON命令。在需要的时候触发器区域指令执行一次,如果RIG_ON命令或122程序放置在前景区域,触发器就会周期性执行。最多可以有254个触发器,触发器标号附属在触发器区,该编号作为122程序和TRIG_ON指令的参数 以下来自GBNT绘图工具栏的绘图对象可应用于触发器区域: Arc, Rubberband Line/Arc, Line, Rubberband Line, Circle, Ellipse, Polygon, Rectangle, Dot, OL Rectangle, OL Gauge, OL Cylinder, Bar, Plot, XY Plot, Dynamic Line/Polygon, Trend, Time, Date, Group Text, Process Point, Text, Shape, Macro
键盘	键盘区域定义图形的操作员接口 以下来自GBNT绘图工具栏的绘图对象可应用于触发器区域: Macro, Poke Field, Entry Field, OL Slider, OL Check Box, OL Choice, OL Button, OL Event Menu, Function Key

Display/Set active位置下拉菜单和Line#字段用于当前和以后绘图操作的设定。变更位置键能帮助用户改变所选绘图对象的初始位置给定值。要改变位置,用户先选择想改变位置的对象,然后设定Display/Set active位置下拉菜单和/或Line#输入字段,按Change Place键,被选择的对象就会移动到希望放置的区域。

3)颜色设定

在流程图中有4类颜色需设定:前景颜色(FG)、背景颜色(BG)、擦出颜色(ER)和OL(3D对象)颜色。

从GBNT绘图属性工具栏选择Color按键,GBNT颜色窗口出现。4种颜色类型中均有一个Type下拉菜单,FG、BG和ER可以用$ COLORn指针替代颜色名称,OL可以用$ OL_COLORn替代颜色索引。$ COLORn和$ OL_COLORn为指针变量,用于输入参数到宏。在滚动列表中为4类颜色设定选择相应的颜色。如需定义有条件变化颜色,在选定颜色(FG、BG、ER、OL)右侧条件输入框中输入相应条件。在所有颜色和所需条件定义完成后按Ok或者Apply键。

4)字体属性设定

GBNT字体属性对话框用于为文本、时间、日期、多文本、组库文本、过程点、输入字段、OL事件菜单、OL选择和OL按键设定文本/字体属性。流程图有两类字型可以使用:位图文本和矢量文本。位图文本不能缩放调整大小,不受宽度属性影响。矢量文本可以缩放调整大小,并受宽度属性限制。两种类型都存在重叠选项,前景和背景字符单元共同组成字符串,称为叠加

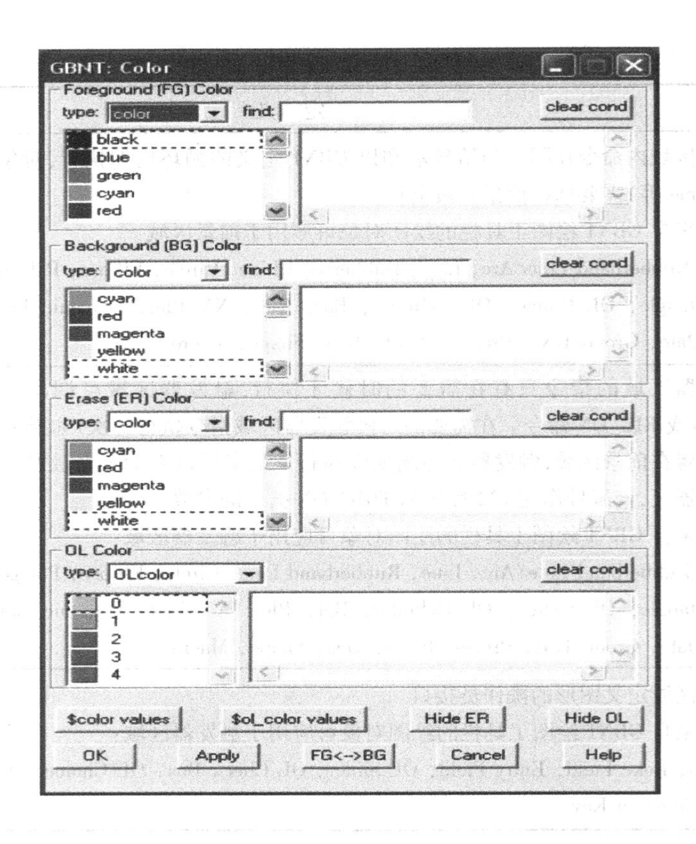

图 3.233　颜色设定

位图文本和叠加矢量文本。

①位图文本和叠加位图文本。

从 GBNT 绘图属性工具栏选择 Font 按键,显示 GBNT 字体属性窗口。下拉 Type 菜单选择 Bitmap。如果想让文本显示在前景和背景中,可在 overstrike 复选框打钩。如不打钩,文本仅显示在前景中。在尺寸(Size)下拉菜单中选择用户文件 fonts. txt 中定义的与点尺寸一致的数码,菜单中可供选择的数码为 1 ~8。类型和尺寸确认后,按 Ok 或 Apply 键确定。

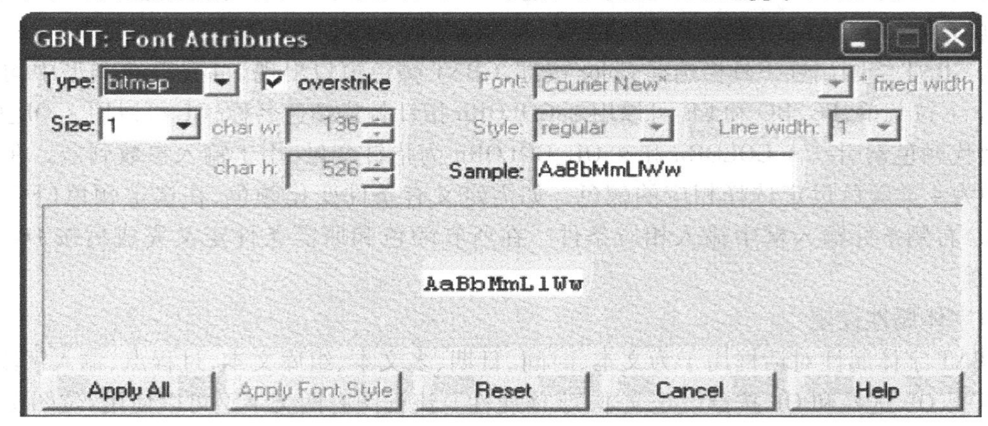

图 3.234　位图文本

②矢量文本。

从GBNT绘图属性工具栏选择Font按键,显示GBNT字体属性窗口。下拉Type菜单选择Vector。如果想让文本显示在前景和背景中,可在overstrike复选框打钩。如不打钩,文本仅显示在前景中。下拉Font菜单选择字体。在尺寸(Size)下拉菜单中选择用户文件fonts.txt中定义的与点尺寸一致的数码,菜单中可供选择的数码为1~8。键入文本字符高度和宽度,有效范围为3~16 383。然后在Style下拉菜单选择字体风格(粗体、斜体、规则和粗斜体)。以上各项均确认无误后,按Ok或Apply键确定。

③叠加矢量文本。

从GBNT绘图属性工具栏选择Font按键,显示GBNT字体属性窗口。下拉Type菜单选择Vector。如果想让文本显示在前景和背景中,可在overstrike复选框打钩。如不打钩,文本仅显示在前景中。下拉Font菜单选择Ovation Vector Font.。在尺寸(Size)下拉菜单中选择用户文件fonts.txt中定义的与点尺寸一致的数码,菜单中可供选择的数码为1~8。键入文本字符高度和宽度,有效范围为3~16 383。然后在Line width下拉菜单选择行宽(16种)。以上各项均确认后,按Ok或Apply键确定。

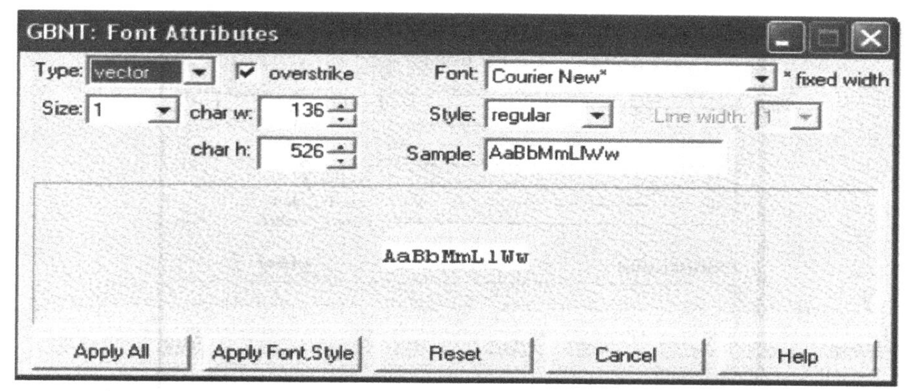

图3.235　**叠加矢量文本**

5)填充属性设定

GBNT填充样式对话框用于设定或变更流程图对象的填充样式。

在GBNT绘图属性工具栏中选择Fill项。在列表中选择想要填充的图案,缺省值为"不填充"(unfilled),如图3.236所示。定义填充条件,在条件区域写入相应的条件,相关规则参见《Ovation图形语言参考手册》。完成填充图形和图案变化条件后,点击Ok或者Apply键确定。

6)线属性设定

线属性包括线型和线宽。GBNT线型对话框有两种不同的运行模式,模式一用于编辑系统线型文件(添加、删除和变更用户线型);模式二用于为当前和以后的绘图设定或变更活动线型。使用窗口顶部Line patterns out for edit复选框选择模式。打钩为模式一,反之为模式二。

列表前9项为缺省线型。用户线型放置在最后,来自系统文件line_patterns.txt。

GBNT共有16中线宽,线宽单位为像素,编号1的为1像素,编号2~16的线宽值为2~30像素,步长为2。

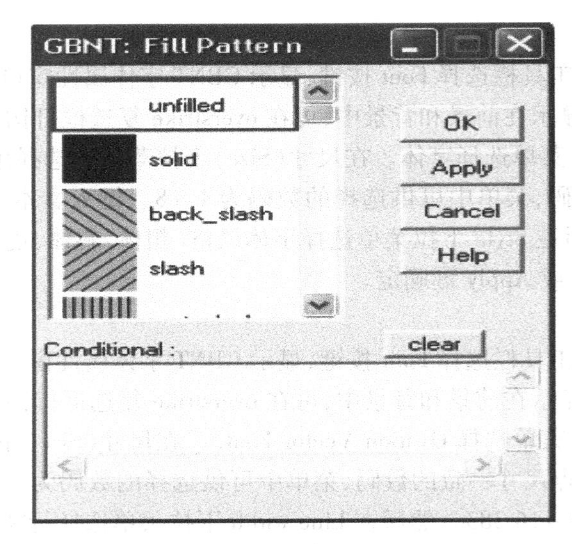

图 3.236 填充属性

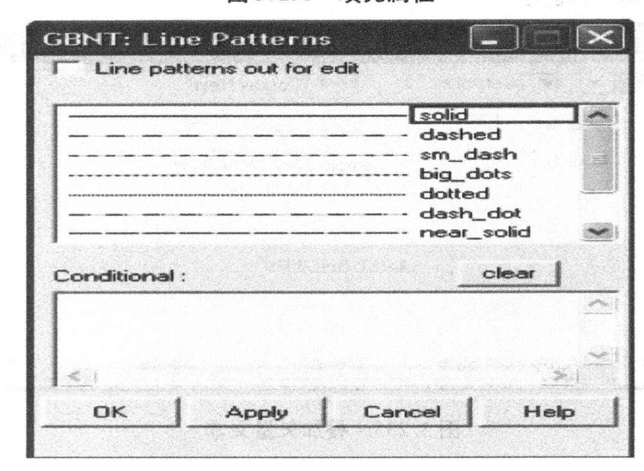

图 3.237 线属性选择

7)闪烁设定

在 GBNT 主窗口 Edit 下拉菜单中 Attributes 一项右侧选择 blink,出现 GBNT 闪烁定义窗口,该选项不在 GBNT 属性工具栏中。设置前景闪烁,选择前景复选框中的复选标记。缺省设置为闪烁设定关闭。设置背景闪烁,选择背景复选框中的复选标记。缺省设置为闪烁设定关闭。定义闪烁条件,在条件区域写入相应的条件,相关规则参见《Ovation 图形语言参考手册》。设定完后选择 Ok 或 Apply 键确定。

(3)绘图对象

1)建立与点无关的图形

在 GBNT 中,存在一些与点和控制无关的图形,这些图形可作为流程图的静态图形对象。这些对象通过选择 GBNT 绘图工具栏中的相应功能按键进行创建,绘制方式与绘制一般的图形一样。其包括:

☆Arc(弧线):可放置于前景、背景和触发区域。可选择填充样式。

☆Rubberband Line/Arc(橡皮筋线/弧线):可放置于前景、背景和触发区域。

☆Line(线段):可放置于前景、背景和触发区域。绘制直线或多线段。可选择线型。

☆Rubberband Line(橡皮筋线条):可放置于前景、背景和触发区域。可选择线型。

☆Circle(圆):可放置于前景、背景和触发区域。可选择填充样式和线型。

☆Ellipse(椭圆):可放置于前景、背景和触发区域。可选择填充样式和线型。

☆Polygon(多边形):可放置于前景、背景和触发区域。可选择填充样式和线型。

☆Rectangle(矩形):可放置于前景、背景和触发区域。可选择填充样式和线型。

☆Dot(点):可放置于前景、背景和触发区域。可选择小号、中号和大号3种类型的点。

☆OL RECTANGLE(三维矩形):可放置于前景、背景和触发区域。可定义为正常或激活状态。

☆TIME&DATE(时间和日期):用于显示当前时间和日期。

☆POINT GROUP TEXT STRINGS:在流程图中显示点组文本字符串。

☆TEXT:包括单行文本、多行文本和文本组的显示。单行文本少于80个字符,多行文本少于10个字符串,每个字符串少于30个字符。用户需定义文本内容和条件语句。

☆SHAPE(图形模板):用于放置模件库中的图形模板。用户需定义模板名称和条件语句。

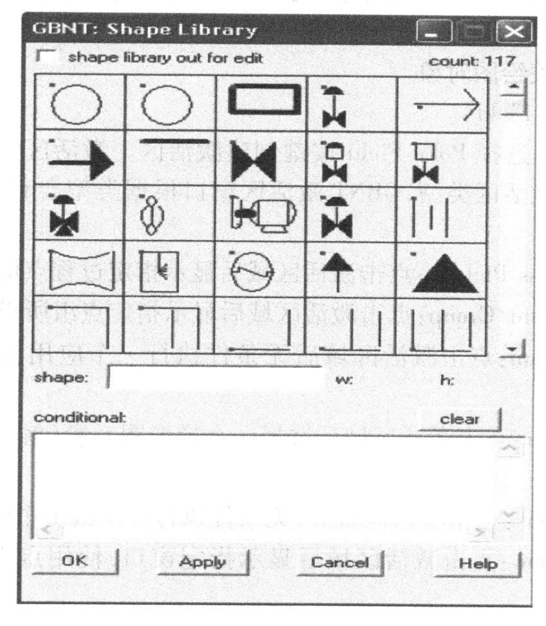

图3.238　静态图形库

2)建立与点相关的图形

在GBNT中,存在一些与点和控制相关的图形。这些图形作为流程图的动态图形对象,部分属性会根据关联过程点的过程值变化而变化。这些对象通过选择GBNT绘图工具栏中的相应功能按键进行创建。

☆OL GAUGE(三维标尺):从量程低限侧开始根据过程值大小进行填充,填充方向分为下到上、上到下、左到右、右到左和与中线偏差5种选择。创建OL GAUGE需定义点名、高限、低限和选择填充方向。

☆OL CYLINDER(棒图):也是根据过程点值进行部分填充,方向是下到上,底部是低限值,顶部是高限值。创建 OL CYLINDER 需定义点名、高限、低限。

☆BAR(条形图):是根据过程点值进行部分填充的矩形,填充方向可为下到上、上到下、左到右、右到左和与 0 值偏差 5 种选择。创建 Bar 需定义点名、高限、低限和选择填充方向。

☆PLOT(图表):用于在流程图显示过程点的当前数值,沿着直线标绘。标绘方向有向上、向下、向左、向右。创建 Plot 需定义点名、高限、低限和选择标绘方向。

☆XY PLOT(XY 坐标图):用于在流程图显示两个过程点的当前数值确定的 2 维坐标相对位置。一个点沿 X 轴方向,另一个值沿 Y 轴方向。创建 XY PLOT 需定义点名、高限、低限和更新频率。

☆DYNAMIC LINE/POLYGON(动态线/多边形):使用动态端点标示线或多边形。端点可以为整数、实常数和过程点。

☆TREND(趋势图):显示过程点当前值,需定义显示值的数量和取值间隔。可以将 X 或 Y 轴定义为时间轴,多个趋势曲线可以在同一个趋势图中显示。创建 TREND 需定义点名、高限、低限、间隔时间、样本编号和趋势方向(选项 1 水平轴为时间轴,选项 2 垂直轴为时间轴)。

☆PROCESS POINT:在流程图中显示点记录字段内容。创建 PROCESS POINT 需定义点名、记录字段、条件语句、显示字符数量、选择是否显示点质量状态、显示小数位数、字符串显示方向(水平或垂直)、格式类型和百分比显示选项。

3)创建操作面板相关绘图对象

①创建激活区(Poke Field)。

在 GBNT 绘图工具栏选择 Poke Field 按键创建激活区。激活区是流程图中有活性的、看不见的矩形区域。选择激活区类型,GBNT 激活区窗口根据类型会有不同的显示。激活区类型及功能如下:

☆Poke Type 0-Process Pt (0):点击激活区域后显示指定过程点信息。

☆Poke Type 2-Diagram/Group:点击激活区域后显示指定点组所指定流程图。

☆Poke Type 3-Program:点击激活区域后无条件执行一个应用程序,该程序由程序编号决定。

☆Poke Type 6-Ladder:点击激活区域后选择一个梯形图元素(触点/软继电器)进行控制。此为预留给艾默生专用。

☆Poke Type 7-Options:点击激活区域后,无条件执行一个或多个应用程序。

☆Poke Type 8-Window:点击激活区域后显示指定窗口,使用点组或点列表替代 MYMW 指针。

☆Poke Type 9-Application:点击激活区域后运行一个命令行定义的操作系统进程。

☆Poke Type 23-Control:点击激活区域后类似 Poke Type 7,有条件执行多个应用程序。

激活区触发的应用程序,参阅《Ovation 图形语言参考手册》。

②创建输入字段(ENTRY FIELD)。

输入字段定义流程图操作面板中显示操作员键入的或是从操作员站应用程序获取的信息的区域。每幅图只能允许有 254 个输入字段,用户可以选择矢量或位图字体的文本尺寸和文本。用户通过选择绘图工具栏 Entry Field 按键创建输入字段。从 Entry Fld#下拉菜单选择整数或 $ CONST,在右侧输入框键入输入字段编号,有效值为 1 ~ 254。如果选择 $ CONST,需输入编号,如 $ CONST2 输入“2”。从类型选择按钮选择 Operator、Program 或 Both。Operator 选项允许操作人员在输入字段输入数据，Program 允许图形应用程序输入数据到输入字段，Both 兼顾上述两种功能。选择状态选项按键，On 表示在操作员站显示流程图时激活输入字段，Off 表示在操作员站显示流程图时不激活输入字段。从格式类型下拉菜单中选择字符类型（ASCII、整数、实数、字节、16 进制数和指数），最后在#of Chars 输入框定义字符长度，按 Ok 或 Apply 键确认。移动鼠标到绘图画布，点击并按住鼠标左键，拉动鼠标，在放置输入字段的位置松开鼠标左键，创建过程完成。

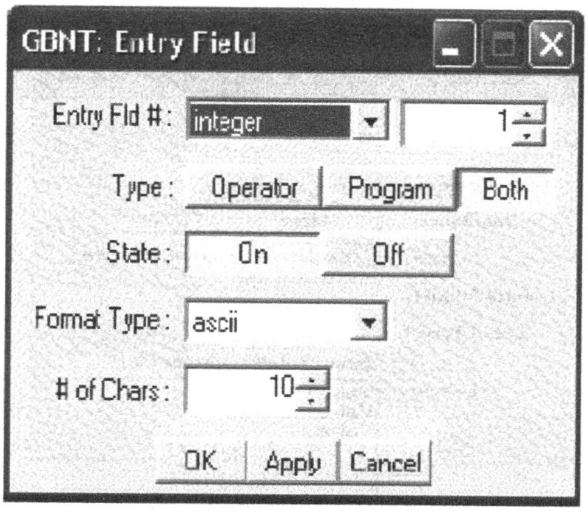

图 3.239 输入字段

③创建 OL SLIDER。

OL SLIDER 定义流程图中操作面板的滑动块。滑动块既是输入又是输出设备。显示/设定存储在暂存器中位于高限和低限之间的值。这些暂存器值在流程图更新时被系统读取，如果值变化，滑块位置也随之成比例变化。用户可通过移动滑块控制框手动改变暂存器中的值。另外，用户可以指定一个触发器（读出触发），在滑动控制移动时调用。指定唯一的触发器（控制触发），当滑动控制释放时执行。

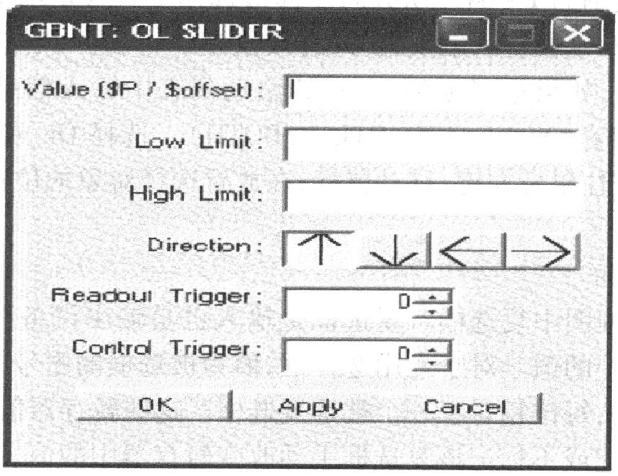

图 3.240 OL SLIDER 框

用户通过选择绘图工具栏 OL Slider 按键创建滑动块。在 Value（$P/$offset）输入区输入暂存器区域（值区域），这是存储滑动值的转存器地址。输入高限和低限值，选择滑动方向，在 Readout Trigger 和 Control Trigger 字段键入触发编号，有效值为 0～255。选择 Ok 或 Apply

键确认。

④创建 OL Choice 对象。

OL Choice 定义流程图中选择对象。选择对象既是输入也是输出设备。显示/设定存储在暂存器中当前选定的选择框中的值。对于专用选择框,值为被选对象的序号,从 0 开始。对于非专用的选择框,值为 1 位掩码,每位相对于一个被选择对象。这些暂存器值在流程图更新时被系统读取。用户可以通过选择或不选择该对象手动改变暂存器中的值。当选择或不选择该对象时,暂存器值被更新,控制触发被执行。

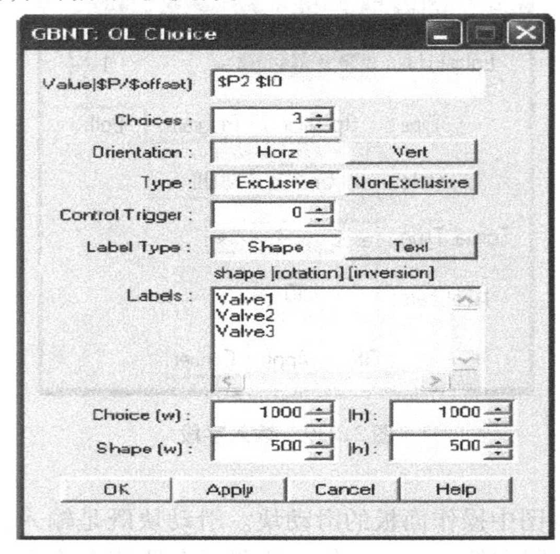

图 3.241　OL Choice 框

用户通过选择绘图工具栏 OL Choice 按键创建 OL 选择对象。在 Value($ P/ $ offset)输入区输入暂存器区域(值区域),这是读取或存储选择对象值的暂存器地址。选择包含于选择对象中选项数量,有效范围为 1 ~ 64。从方向选择键选择垂直或是水平。在 Type 选择按钮选择专用或非专用。Trigger 字段键入触发编号,有效值为 0 ~ 255。从标签类型选择按钮选择模型(Shape)或文本(Text),如果选择模型,在标签滚动列表中输入信息<shape><rot><inv>,包含模型名、旋转角度和倒置(NONE、TTB、RTL 和 BOTH)。选择 Ok 或 Apply 键确认。移动鼠标到绘图画布,点击并按住鼠标左键,移动鼠标,在放置选择对象的位置松开鼠标左键,创建过程完成。

⑤创建 OL CHECK 框。

OL CHECK 定义流程图中复选框。复选框是输入也是输出设备。显示/设定存储在暂存器中当前选定的复选框中的值。对于专用选择框,值为被选框的序号,从 0 开始。对于非专用的复选框,值为 1 位掩码,每位相对于一个被选复选框。这些暂存器值在流程图更新时被系统读取。用户可以通过标记或不标记该复选框手动改变暂存器中的值。当标记或不标记复选框时,暂存器值被更新,控制触发被执行。

用户通过选择绘图工具栏 OL CHECK BOX 按键创建 OL 复选框。在 Value($ P/ $ offset)输入区输入暂存器区域(值区域),这是读取或存储复选框值的暂存器地址。输入包含于复选框对象中框的数量,有效范围为 1 ~ 32。从方向选择键选择垂直或是水平。用 Type 选择按钮选择专用或非专用。Trigger 字段键入触发编号,有效值为 0 ~ 255。调整框间距,像素值为 0 ~

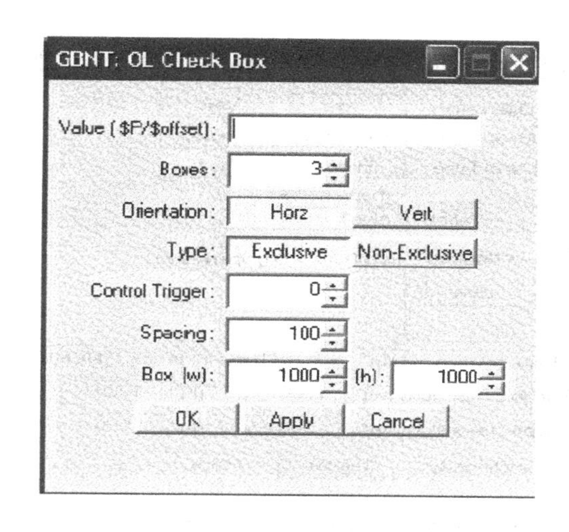

图3.242 OL CHECK 框

16 383。输入每个复选框尺寸。选择 Ok 或 Apply 键确认。移动鼠标到绘图画布,点击并按住鼠标左键,移动鼠标,在放置选择对象的位置松开鼠标左键,创建过程完成。

⑥创建 OL BUTTON。

OL 按钮定义流程图按钮,可用鼠标按键激活。该按钮在鼠标选择时凹下,当释放鼠标按键时弹起。

用户通过选择绘图工具栏 OL BUTTON 按键创建 OL 按钮。用方向选择键选择垂直或是水平。在 endcap 风格中选择圆形或方形,方形只在按钮尺寸大于默认尺寸时才起作用。对于默认尺寸,无论选择两者中的哪一个,显示都为圆形。从标签类型选择按钮选择模型(Shape)或文本(Text),如果选择模件,在标签滚动列表中输入信息<shape> <rot> <inv>,包含模件名、旋转角度和倒置(NONE、TTB、RTL 和 BOTH),条件语句可用于根据规定状态改变图形命令中参数的值。输入按钮或模件尺寸值。在功能选项中选择 Trigger 或 Poke,若选择 Trigger,输入触发编号;如果选择 Poke,在 Poke 下来菜单中选择 Poke 类型。选择 Ok 或 Apply 键确认。移动鼠标到绘图画布,点击并按住鼠标左键,移动鼠标,在放置选择对象的位置松开鼠标左键,创建过程完成。

⑦创建 OL EVENT MENU。

OL EVENT MENU 按钮用于定义运行事件列表或报警状态和文本信息的显示。最多32条报警/事件条件可以被定义。报警/事件条件用点名记录字段和状态字定义。

用户通过选择绘图工具栏 OL EVENT MENU 按键创建 OL 事件菜单。在事件输入字段输入报警/事件条件的数量,有效值为1~32。在滚动列表输入报警/事件条件和附属文本信息字符串,格式为:<pt name> <rec fld> <status word> <string(in quotes)>。报警/事件信息字符串最多有50个字符,并要用单引号或双引号括起来。移动鼠标到绘图画布,点击并按住鼠标左键,移动鼠标,在放置选择对象的位置松开鼠标左键,创建过程完成。

GBNT: OL Button
Orientation: Horz Vert
Endcap Style: Rounded Squared
Label Type: Shape Text
<shape name>
Label: valve1
Conditional: (A100 AV > 50) openvalve1
clear
Shape rotation: 180 Shape inversion: NONE
Button Dimensions (w): 1000 (h): 1000
Shape Dimensions (w): 500 (h): 500
Functionality: Trigger Poke
Poke Type: Diagram/Group (2)
Diag #: 0 Group #: 0
OK Apply Cancel Help

图 3.243 OL 按钮

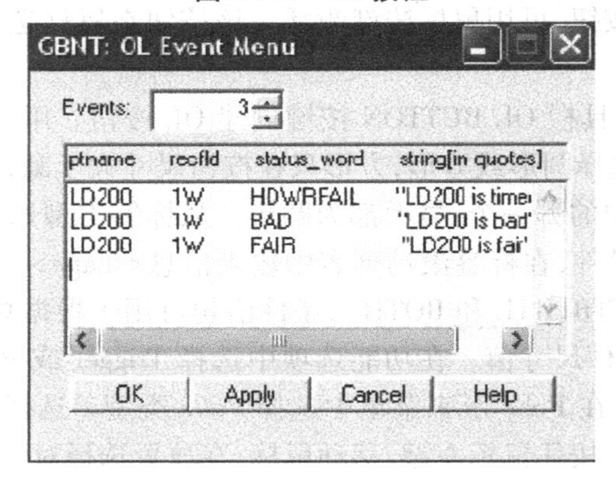

图 3.244 OL 事件菜单

⑧创建 FUNCTION KEY。

功能键命令用于 Ovation 操作员站操作面板上一个功能键(F1-F10)或薄膜面板可编程功能键(P 键)(P1-P10)运行 1 个或多个应用程序。用此命令可以为薄膜面板上的任一/所有键(P1-P10)进行编程。标准面板有 12 个可用功能键(F1-F12),前 10 个可以用此命令编程。功能键和 p 键功能上没有区别,唯一的区别就是存在的位置不同。

用户通过选择绘图工具栏 FUNCTION KEY 按键创建功能键。从 Function Key 下拉菜单选择 1 功能键,编号有效值为 1 ~ 10。从 State 选择按钮选择 On 或 Off,On 表示当流程图显示时功能键有效,Off 反之。在 List 中输入当前被创建/编辑程序的序号,或在浏览或编辑已定义程序时输入需要的程序序号。右侧大按键用于添加或删除列表。在 Prog #输入字段输入被 Poke 字段调用的程序编号。在 Diag#字段输入流程图编号,该编号可以是 0 ~ 65 535 的整数或 $ Pn $ Im 指针。在 Args 翻卷列表输入自变量(具体参见《Ovation 图形语言参考手册》),在输入完成后选择 Creat,翻卷列表消失。继续为其他程序输入上述信息,完成后选择 Ok 或 Apply 键确

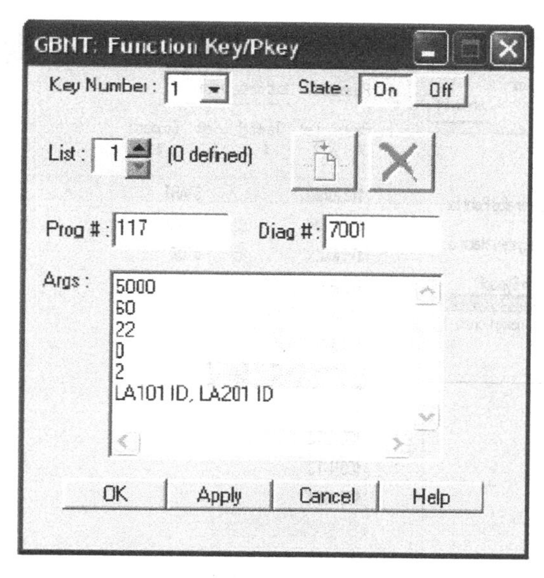

图3.245　Poke字段

认，创建过程完成。

4）宏图

宏图是用GBNT创建的可以放入其他流程图使用的，被整合一系列图形命令的图形文件。逻辑、条件、指针指令。显示对象都可以用于创建宏。宏图命名一般为macroN. diag或macroN. src（N从1到65535）。

宏图可以使用挂牌（Tagout）参数来用于宏装载到父图时传递数据。下列宏图变量可以使用：

☆ $ Dn：宏图点变量，$n=1\sim99$

☆ $ Tn：前景区字符串变量，$n=1\sim50$

☆ $ SETn：Set变量，$n=1\sim256$

☆ $ CONSTn：常数变量，$n=1\sim256$

☆ $ STATUSn：状态字变量，$n=1\sim256$

☆ $ COLORn：颜色变量，$n=1\sim100$

☆ $ OL_COLORn：OL颜色变量，$n=1\sim100$

在GBNT创建宏图和创建流程图一样，使用显示对象、逻辑、条件和挂牌参数，保存宏到宏文件目录下。一旦文件保存，用户就可以进入到宏注释/参数描述对话窗口，用于宏中的所有挂牌参数都会列在此窗口中。用户可以对挂牌参数进行定义修改，选择Ok键保存修改。

然后在GBNT绘图工具栏中选择Macro按键进入宏对话框，此时用户可在挂牌参数输入框内加入或选择参数值。选择Ok键确认。

（4）编辑流程图

一个对象画在GBNT主画布后，可能需要进行一些修改，就需要选择这些对象。有时需要把一组对象作为单个对象来处理，编组功能需要用到。一组对象被编组后，可以像单个对象一样选择和取消选择。

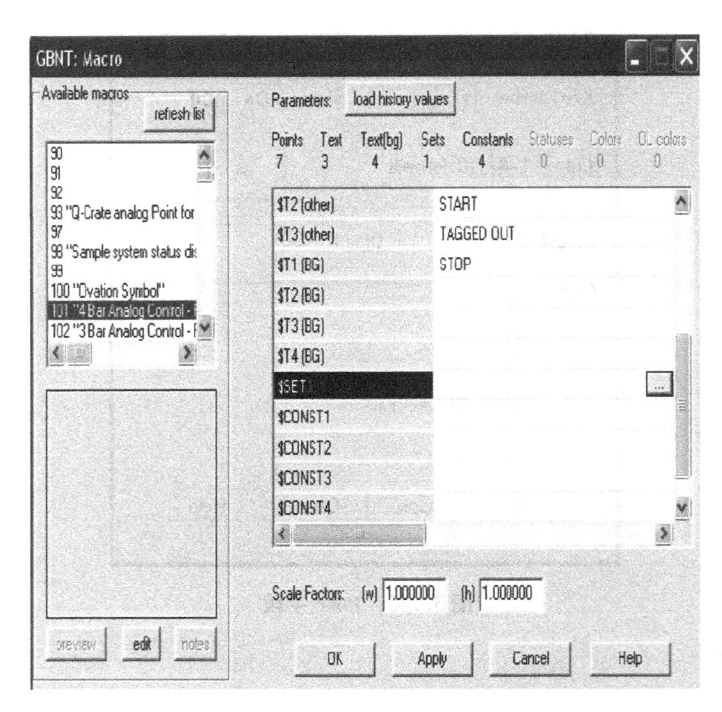

图 3.246　宏对话框

1)选择和取消选择

选择对象时用鼠标左键单击要选择对象的组成线,选择组合用相同的办法,用鼠标左键单击组合中任一对象的组成线。复选其他对象或组合使用组合键 Ctrl+左键点击相应对象。要取消选择单个对象或组合,则在该对象被选择后使用组合键 Ctrl+左键点击该对象。要取消所有选择对象,只需在空白处点击鼠标左键即可。确定对象的选定状态,用键 Ctrl+左键点击该对象,已选定的对象被取消选定,未被选定的对象被选定。如果要选择所有对象,在 Edit 下拉菜单中选择 elect All。选择包括特定区域的对象,可将鼠标放到指定区域的一侧上方,按住鼠标左键拖动光标到该区域的对角,将要选择的区域都覆盖,松开左键,完成选择操作。

选择被其他对象覆盖的对象,左键点击对象,GBNT 将选择偏差 5 像素内的第一个对象。如果所选对象不是目标对象,按下键盘上回车键进行切换,直到被选对象为用户想选择的对象时为止。

2)组合和取消组合

要组合两个以上对象,先选择被组合对象,然后在 Edit 菜单下选择 Group。要取消组合,选择想取消的组合,然后在 Edit 菜单下选择 Ungroup。

3)移动对象或组合

选择需要移动的对象和组合,用鼠标左键拖曳到新位置,松开鼠标即可。

4)重新定义对象或组合大小

选择需要更改的对象和组合,用鼠标左键点住对象或组合周围拖柄,拖曳对象和组合达到合适的尺寸,松开鼠标左键即可。

5)通过比例因数重新定义对象和组合的大小

选择需要更改的对象和组合,每次仅能选择一个。在 Option 下拉菜单中选择 Resize scale

factors,弹出GBNT比例因数窗口,在宽度和高度输入字段设定相应值,按Ok或Apply确认。在GBNTEdit下拉菜单中选择Resize-by-factor,选择要更改的对象或组合,设定指定的参数进行更改。

6)旋转、翻转对象和组合

选择相应的对象和组合,进入GBNT翻转/旋转工具栏,如果该工具栏不显示,选择主窗口View下拉菜单中的Toolbars,然后选择invert/rotate。

GBNT翻转/旋转窗口出现四个选项:从左往右翻,从下往上翻,顺时针90°旋转,逆时针90°旋转。选择相应选项达到翻转效果。

7)复制、粘贴、删除对象和组合

选择相应的对象和组合,在Edit下拉菜单中选择Copy或Delete选项,会复制或删除被选定对象和组合。在复制对象和组合后,可以在Edit下拉菜单中选择Paste选项,将被复制的对象和组合黏贴到需要的位置。

8)属性编辑

选择相应的对象(不能是组合),在Edit下拉菜单下选择Properties,选择对象的属性将显示在弹出的属性窗口中。编辑相应的属性条件,编辑过程与设定过程相同。

9)使用对齐网络选项

如要对齐所选的对象和组合,选定对象或组合,在Edit下拉菜单下选择Snap-to-grid,原有的对象或组合将靠近最近的网络节点。

练习题

1. Ovation组态软件是什么,包含哪些功能?

2. 什么是Ovation系统树,系统树层次结构是怎样的?

3. Ovation树形结构中“系统”功能是什么?

4. Ovation树形结构中“单元”功能是什么,每个网络最多可以配置多少个单元?

5. Ovation树形结构中“站点”功能是什么?

6. Ovation系统的“点”的定义是什么?

7. 简述Ovation系统软件组态流程。

8. Developer Studio有哪些功能?

9. 如何进行逻辑页下载到控制器?

10. 如何将一个控制页中的内容拷贝到另一逻辑页使用?

11. 如何创建系统?

12. 如何创建站点?

13. 如何创建点?

14. 如何设定控制器参数?

15. 如何向Ovation系统添加I/O模件?

16. 如何在I/O模件中定义新的测点?

17. 什么是点组,如何创建点组?

18. 什么是 OCB,OCB 有何功能?
19. 什么是控制逻辑页,每个控制器可以包含多少张控制逻辑页?
20. 控制逻辑页编号定义方式有哪些,区别是什么?
21. 制图编号作用是什么,格式及其含义是什么?
22. 什么是 Ovation 系统算法块?
23. 什么是控制宏?
24. 请列出页面连接器类型。
25. 如何下载监视图形画面?
26. 如何在线调整算法参数?
27. OCB 有哪些服务?
28. 什么是工程图建立器?
29. 在线版和离线版 GBNT 有何区别?

3.3.2 系统维护管理

3.3.2.1 软件系统安装

(1)硬件要求

Ovation 系统至少需要一台计算机作为域控制器,其硬件要求:

☆不低于 1 GHz 处理能力的标准英特尔奔腾计算机;
☆专用域控制器 RAM 不低于 512 MB;
☆和数据库服务器共用的专用域控制器 RAM 不低于 1 GB;
☆专用域控制器磁盘空间不低于 2 GB;
☆和数据库服务器共用的专用域控制器磁盘空间不低于 22 GB。

非域控制器的域成员,最低配置为:

☆不低于 1 GHz 处理能力的标准英特尔奔腾计算机;
☆域成员 RAM 不低于 256 MB;
☆和数据库服务器共用的域成员磁盘空间不低于 22 GB。

(2)软件要求

Ovation 系统至少需要一台计算机作为域控制器,其软件要求:

☆Windows Server 2003 操作系统;
☆创建为域控制器;
☆安装域名服务(DNS)。

域成员的软件配置为:

☆如果要运行 Ovation 2.4,需安装 Windows XP professional edition 操作系统或 Windows 2003 Server 操作系统;

☆如果不是作为 Ovation 站,安装 Windows 2000 或较晚的操作系统。

(3)许可证授权

在进行软件安装或升级前确认已获得有效的钥匙代码或许可证文件。下列软件包需要许可证:

①微软操作系统,产品钥匙由微软公司或艾默生软件及许可证包提供;

②Ovation 系统，安装数据库服务器或操作员/基站过程中需要提供钥匙代码，由艾默生公司提供；

③AutoCAD（仅在 Control Builder 应用中需要），安装 AutoCAD 过程中需要，由艾默生公司提供。

（4）定义站类型

准备安装软件到 Ovation 站前，需先确定站的类型。当在站上安装 Ovation 时，“Select Drop Type”窗口会提示用户选择希望的站类型。站类型选择决定了站需要安装的软件包，以及如何被组态。

☆Ovation 操作员站，安装 Developer Studio 软件包、Ovation 应用程序以及点管理服务。Ovation 应用程序包含操作员功能：Alarms、Error Log、Graphics、Historical Review、Point Information（PI）、Point Review、Trend 和 Viewer（此站类型不推荐同时作为域控制器）。

☆Ovation 基站，安装 Point Information、Error Log、Ovation 状态和配置工具，以及点管理服务。

☆Ovation 数据库服务器，安装 Developer Studio 软件包、Ovation 应用程序、点管理服务，以及 Oracle 数据库软件包。

☆专用 Ovation 域控制器，安装软件安全管理器，不安装 Ovation 应用程序。它不作为 Ovation 网络上的成员显示在 Developer Studio 树状目录上。

（5）从系统中删除软件

使用微软 Add/Remove 程序功能包可从计算机中添加/删除软件。

如果已安装 Ovation 2.4 系统软件，在稍后安装 Ovation 2.4X 时不必删除原来的系统文件。如果想要删除 Ovation 软件，按以下步骤进行操作：

步骤1：登录计算机。

步骤2：选择“Settings”→“Control Panel”→“Add/Remove Programs”命令。

步骤3：选择希望删除的 Ovation 软件并单击“Remove”按钮。

步骤4：出现指令窗口，显示“This will remove Ovation ×.× from your computer.”信息，选择“Yes”。

步骤5：出现进程窗口，当成功完成删除后出现信息提示，重启计算机。

（6）安装软件

1）创建域控制器站

创建域控制器站的具体步骤如下：

步骤1：安装和配置 Windows Server 2003 操作系统。

☆将 Windows Server 2003 安装 CD 插入 CDROM 驱动器。

☆重启计算机。

☆观察屏幕，当出现提示时立即按“F2”键进入 BIOS 窗口。

☆选择启动顺序配置，确认 CDROM 启动顺序在硬盘驱动器前面。

☆按两次“Escape”键退出 BIOS 窗口，选择“Save Changes and Exit”，重启计算机。

☆PC 重启时，快速按任意键进入 Windows Server 2003 CDROM。

☆出现 Welcome to Setup 窗口，按“Enter”键开始安装。

☆出现 Windows Licensing Agreement 窗口，按“F8”接受许可证协议。

☆出现 Partition 窗口,如不进行分区,选择“Enter”,继续进行安装。

☆出现 Regional Settings and Language 窗口,选择“Next”。

☆出现 Personalize Your Software 窗口,输入用户名字和组织名称,选择“Next”。

☆出现 Product Key 窗口,输入微软产品钥匙编号,选择“Next”。

☆如果出现许可证模式询问信息,选择“Per Server”模式。该模式提供同时连接的数量(缺省为5),这些连接每个都需要有自己的客户端进入许可证。

☆出现 Computer Name and Administrator Password 窗口,键入相关内容。计算机名可以与站名称相同,也可以不同。

☆Windows 安装对话框可能出现不同选项,如果安装框出现,选择“Yes”,并选择“Use the current password option”。

☆如果 Modem Dialog Information 窗出现,输入相应内容并按“Enter”键。

☆出现 Date and Time Settings 窗口,输入日期和时间,选择适当的时区,选择“Next”。

☆出现 Network Settings 窗口,选择“Typical”和“Next”。

☆出现 Workgroup or Computer Domain 窗口,选择“No”。输入工作组名称或接受缺省值,选择“Next”。

☆安装程序继续安装组件,系统提供信息显示安装进度。

☆结束 Windows Server 2003 安装向导出现,操作系统成功完成安装,拿出安装 CD 并选择 Finish,工作站将重启动。

☆系统重启动后要求用户登录 Windows Server 2003,使用 Administrator 身份进行登录。

☆推荐用 NTFS 格式格式化其他磁盘,右键单击“Start”→选择“Explore”→“My Computer”→右键单击“My Computer”→选择“Manage”→“Disk Management”。出现计算机管理窗口,格式化除 Windows Server 2003 安装分区外的其他所有分区。

☆在 Windows Server 2003 创立域控制器前,配置所有网络接口卡(NIC)的 IP 地址。选择“Start”→“Control Panel”→“Network Connections”。右键单击 Network Connections,选择“Open”。出现“Network Connections”窗口,本机所有有用的网络连接都显示在此窗口。右键单击一可用连接并选择“Properties”。属性窗口出现,选择 General 标签,选择“TCP/IP Connection”→“Properties”。出现“TCP/IP Properties”窗口,选择“Use the following IP Addresses”,在 IP 地址字段输入恰当的 IP 地址,选择“Ok”。

步骤2:安装“licensed Terminal Services”软件包,安装此软件包可提供多远程桌面连接。

☆安装终端服务器许可证服务器,插入“Microsoft Windows Server 2003CD”到光驱。

☆选择“Start”→“Control Panel”→“Add or Remove Programs”→“Add/Remove Windows Components”。

☆出现窗口组件向导。在终端服务器许可证复选框上标记。

☆出现窗口询问用户想选择连接哪个计算机组,选择适当的组。

☆出现“Configuring Components”窗口告诉用户安装过程。

☆安装结束后,选择“Finish”。

☆要激活终端服务器许可证服务器,选择“Start”→“Control Panel”→“Administrative Tools”→“Terminal Server Licensing”。

☆出现 Terminal Server Licensing 窗口,在窗口左侧右键单击安装了终端服务器许可证服务器软件的计算机,选择“Activate Server”。

☆出现激活服务向导,选择“Next”。

☆选择和微软联系的激活方式(自动连接、网页浏览器、电话)。

☆输入激活码。

☆要安装终端服务器许可证,选择“Start”→“Control Panel”→“Administrative Tools”→“Terminal Server Licensing”。

☆出现Terminal Server Licensing窗口,在窗口左侧右键单击安装了终端服务器许可证服务器软件的计算机,该计算机是已激活的。选择“Activate Serve Install Licenses”。

☆出现安装向导,选择“Next”。

☆跟随安装向导安装希望的终端服务器许可证。

☆要安装终端服务器软件,插入Microsoft Windows Server 2003 CD到光驱。

☆选择“Start”→“Control Panel”→“Add or Remove Programs”→“Add/Remove Windows Components”。

☆出现窗口组件向导,在终端服务器复选框上标记,当出现提示时选择“Yes”。

☆两次选择“Next”。

☆选择“Full Security”。

☆重启计算机。

步骤3:创立域控制器。

☆用赋有管理员权限的用户账号登录。

☆插入Microsoft Windows Server 2003 CD到光驱。

☆选择“Start”→“Control Panel”→“Administrative Tools”→“Manage Your Server”。

☆出现Manage Your Server窗口,选择“Add or Remove a Role”。出现Preliminary Steps窗口,选择“Next”。

☆出现服务器配置向导,选择“Custom Configuration”→“Next”。

☆出现Server Role窗口,选择“Domain Controller (Active Directory)”→“Next”。

☆出现Summary of Selection窗口,如果所列软件均正确,请选择“Next”。

☆出现激活目录安装向导,选择“Next”。

☆出现Operating System Compatibility窗口,选择“Next”。

☆出现Domain Controller Type窗口,选择“Domain Controller for a new domain”→“Next”。

☆出现Create New Domain窗口,输入完全限定域名(Fully Qualified Domain Name),推荐格式为<unique_name>. Ovation. <Company Name>. local,选择“Next”。

☆出现NetBIOS Domain Name窗口,选择“Next”。

☆出现Database and Log Folders窗口,选择“Next”。

☆出现Shared System Volume窗口,选择“Next”。

☆出现Permissions窗口,选择“Permissions Compatible only with Windows 2000 or Windows Server 2003 Operating Systems”。

☆出现Directory Services Restore Mode Administrator Password窗口,在“恢复模式口令”和“确认口令”中输入口令。

☆出现Summary窗口,选择“Next”。

☆出现 Completing the Active Directory Installation Wizard 窗口,选择“Finish”→“Restart Now”。

☆计算机重启,使用域管理者身份登录,出现服务器配置向导,选择 Finish。

☆配置域控制器。选择“Start”→“Settings”→“Control Panel”→“Network Connections”。右键单击“Network Connections”选择“Open”,出现 Network Connections 窗口,所有本机可用网络连接显示在此窗口,右键单击一可用连接并选择“Properties”。弹出属性窗口,选择 General 标签,再选择“TCP/IP Connection”→“Properties”。出现 TCP/IP Properties 窗口,选择“Use the following IP Addresses”,在“Preferred DNS Server”字段输入 127.0.0.1,选择“Ok”。如果在网络连接窗口列出一个以上连接器,会弹出现信息框,选择“No”。出现“Do you want to Save Configuration”窗口,选择“Yes”,再选择“Close”。重复上述过程设定所有可用连接。

☆提升域功能等级。选择“Start”→“Settings”→“Control Panel”→“Administrative Tools”→“Manage Your Server”。出现 Manage Your Server 窗口,选择 Manage Domains and Trusts,出现 Active Directory Domains and Trusts 窗口。在窗口左边右键点击 FQDN 并选择 Raise Domain Functional Level,从下拉菜单中选择 Windows Server 2003,选择“Raise”按钮并选择“Ok”。再次选择“Ok”,确认提示。

步骤 4:安装适当的安全补丁。

☆进入艾默生 Ovation/WDPF 用户组网站;

☆选择 Product Notification & Security Patches;

☆选择 Security Patches;

☆选择适合用户 Ovation 系统的安全补丁;

☆下载补丁,进行安装。

步骤 5:安装适当的驱动程序(见后面“安装配置 Ovation 驱动”部分)。

步骤 6:安装 Ovation,选择站类型(见后面“创建 Ovation 站”部分)。

步骤 7:如果要运行 Control Builder,请安装 AutoCAD。

2)创建域成员站

创建域成员站的步骤如下:

步骤 1:安装 Windows XP 操作系统或 Windows Server 2003 操作系统(若想该站作为远程桌面服务器)。以下介绍安装 Windows XP 操作系统操作步骤:

☆将 Windows XP Professional 安装碟插入 CDROM 驱动器。

☆重启计算机。

☆观察屏幕,当出现提示时立即按“F2”键进入安装菜单。

☆选择启动顺序配置,确认 CDROM 启动顺序在硬盘驱动器前面。

☆按两次“Escape”键退出 BIOS 窗口,选择 Save Changes and Exit。计算机自动重启。

☆计算机重启,快速按任意键进入 Windows XP CDROM。

☆出现 Welcome to Setup 窗口,按“Enter”键开始安装。

☆出现 Windows Licensing Agreement 窗口,按“F8”键接受许可证协议。

☆出现 Partition 窗口,如不进行分区,选择“Enter”,继续进行安装。

☆出现 Regional Settings and Language 窗口,选择“Next”。

☆出现 Personalize Your Software 窗口,输入用户名字和组织后,选择“Next”。

☆出现 Product Key 窗口,输入微软产品钥匙编号,选择“Next”。

☆出现 Computer Name and Administrator Password 窗口,键入相关内容。计算机名是 Active Directory 识别和使用的名字,选择“Next”。

☆如果 Modem Dialog Information 窗出现,请输入相应内容并按“Enter”键。

☆出现 Date and Time Settings 窗口,输入日期和时间,选择适当的时区,再选择“Next”。

☆出现 Network Settings 窗口,选择“Typical”和“Next”。

☆出现 Workgroup or Computer Domain 窗口,接受缺省值,选择“Next”。

☆安装程序继续安装组件,系统提供信息显示安装进度。

☆结束 Windows XP 安装向导出现,操作系统成功完成安装,取出安装碟并选择“Finish”,工作站将重启动。

☆系统重新启动后要求用户登录。如果在安装过程中,只有使用用户名和密码进行登录,则不能使用 Administrator 账号登录。

☆出现网络识别向导,选择“Next”。

☆允许 Windows XP 完成安装。

☆要改变登录选择到经典模式,进入“Start”→“Control Panel”→“User Accounts”→“Change the way users logon and logoff”。出现 Select logon and logoff options 窗口,在 Use the Welcome Screen 框取消标记,注销然后登录,现在用户可以改变登录选项到 Administrator。

☆使用管理员身份登录。推荐用 NTFS 格式格式化其他磁盘,右键单击“Start”,选择“Explore”→“My Computer”,右键单击“My Computer”,选择“Manage”→“Disk Management”。出现 Computer Management 窗口,格式化除 Windows XP 安装分区外的其他所有分区。

☆在计算机加入到域之前,配置本机所有网络接口卡(NIC)的静态 IP 地址。选择“Start”→“Control Panel”→“Network Connections”,右键单击“Network Connections”选择“Open”。出现 Network Connections 窗口,本机所有有用的网络连接都显示在此窗口。右键单击一可用连接并选择“Properties”,弹出属性窗口,选择“General”标签,选择“TCP/IP Connection”,再选择“Properties”。出现 TCP/IP Properties 窗口,选择“Use the following IP Addresses”,在 IP 地址字段输入恰当的 IP 地址,选择“Ok”。

步骤2:配置站成为域成员。

☆选择“Start”→“Control Panel”→“Network Connections”,右键单击“Network Connections”并选择“Open”。

☆出现 Network Connections 窗口,高亮适当的连接,右键单击并从下拉菜单中选择“Properties”。

☆出现属性窗口,选择“General”标签。

☆选择“Internet Protocol (TCP/IP)”项,再选择“Properties”。

☆出现 TCP/IP Properties 窗口,选择“Use the following IP Addresses”,在首选 DNS 服务器输入字段输入域控制器的实际 IP 地址。选择“Ok”,再选择“Close”。

☆重复上述过程,完成所有可用连接的配置。

☆选择“Start”→“Control Panel”→“System”。

☆出现 System Properties 窗口,选择“Computer Name”标签。

☆确认计算机名是小写的(如 drop200),选择“Change”加入域。

☆选择“Member of Domain”,输入域控制器的 FQDN,选择“Ok”。

☆提示输入域管理员用户名和密码,输入完成后选择“Ok”。

☆成为域成员信息出现,选择“Ok”,跟随信息提示重启计算机。

步骤 3:安装适当的 Windows 服务包。

☆从互联网微软网站下载 Service Pack 2 或插入包含 Microsoft Service Pack 2 的光盘。

☆出现欢迎向导,选择“Next”。

☆出现 License agreement 窗口,单击“I agree”,选择“Next”。

☆出现 Select Options 窗口,选择“Next”。

☆接受协议后选择“Install”。

☆所有 Service Pack 2 文件安装后,拿出 CD 碟,选择“Restart the computer to finish the installation”。

步骤 4:安装适当的安全补丁。

☆进入艾默生 Ovation/WDPF 用户组网站。

☆选择 Product Notification & Security Patches。

☆选择 Security Patches。

☆选择适合用户 Ovation 系统的安全补丁。

☆下载补丁,进行安装。

步骤 5:安装适当的驱动程序(见后面“安装配置 Ovation 驱动”部分)。

步骤 6:安装 Ovation,选择站类型(见后面“创建 Ovation 站”部分)。

步骤 7:如果要运行 Control Builder,需安装 AutoCAD。

3)安装配置 Ovation 驱动

①配置网络连接。如果用户有 1 个以上网络接口卡(NIC),用户需要正确安装 NIC 并连接到 Ovation 网络。具体操作步骤如下:

步骤 1:选择“Start”→“Control Panel”→“Network and Internet Connections”→“Network Connections”。弹出 Network Connections 窗口。

步骤 2:在 Network Connections 窗口中选择“Advanced”菜单。

步骤 3:选择“Advanced Settings”,弹出 Advanced Settings 窗口。

步骤 4:选择“Adaptors”和“Bindings”标签。

步骤 5:列出当前网络连接,用鼠标移动连接到 Ovation 网络的网络连接到列表顶部。

②安装配置快速以太网驱动。微软为 adaptec 62022 and 64022 LV NIC 提供了缺省的驱动,为了更好地支持冗余,Ovation 要求使用 Ovation 2.4 CD 提供的驱动。

③使用以下步骤更新 ADAPTEC 驱动。

步骤 1:插入 Ovation 2.4 CDROM。

步骤 2:选择“Start”→“Control Panel”→“Administrative Tools”→“Computer Management”。

步骤 3:打开 Computer Management 窗口,单击“Device Manager”。

步骤 4:选择“Network adapters”。

步骤 5:在列表中选择第一个 Adaptec 适配器。

步骤 6:右键单击适配器并选择“Properties”。

步骤 7:出现 Adapter Properties 窗口,选择“Driver”标签。

步骤8:选择“Update Driver”。

步骤9:出现硬件更新向导,选择从列表或指定地方安装,选择“Next”→“Don't search, I will choose the driver to install”→“Next”。再选择“Have Disk”,浏览CD中驱动路径“Ethernet”→“Adapter”→“WIN2000”,继而选择“Open”,在提示下分别选择“Ok”“Next”“Finish”“Close”。重复以上过程更新第二个Adaptec适配器。

④使用以下步骤配置Adaptec驱动。

步骤1:选择“Start”→“Control Panel”→“Other Control Panel Options”→“Adaptec Duralin”。

步骤2:出现Duralink 64窗口,选择“Configuration”标签。在Group(s)输入字段输入Group1;在链路聚合类型下选择“Adaptec's Fail Over”;在属性列表中选择“Connection Types”;在可用适配器通道下选择“ADPTSF1”;在数字下选择“100 Mbps TX/Full Duplex”。单击“Add”,ADPTFS1将出现在组通道列表中。在可用适配器通道下选择“ADPTFS1”;在数字下选择“100 Mbps TX/Full Duplex”。单击“Add”,ADPTSF2将出现在组通道列表中,选择“Ok”。

步骤3:选择“Start”→“Control Panel”→“Network and Internet Connections”→“Network Connections”。

步骤4:出现适配器列表,右键单击第一个Adaptec适配器并选择“Properties”。

步骤5:出现Local Area Connection Properties窗口,选择“Internet Protocol (TCP/IP)”下的“Properties”,选择“Ok”。

步骤6:选择“Use the following IP address”输入适当的IP地址,选择“Ok”。

步骤7:输入子网掩码,选择“Ok”。

步骤8:在首选DBS输入字段输入域控制器的IP地址,如果该站也是域控制器,则输入127.0.0.1。

步骤9:重复上述操作进行第二个适配器配置,使用相同的地址。选择“Ok”,再选择“Close”。

4)创建Ovation站

①创建Ovation操作员站/基站,具体操作步骤如下:

步骤1:确认时区和语言都选择“English (United States)”。

步骤2:插入第一张Ovation CDROM到光驱。进入Windows浏览器,执行CD中Ovation目录下Setup.exe文件。

步骤3:出现欢迎屏,选择“Next”。

步骤4:出现License Agreement窗口,单击“Yes”按钮。

步骤5:出现Select Drop Type窗口,选择“Ovation Operator Station”选项创建操作员站或Ovation Base Station创建基站,选择“Next”。

步骤6:出现Choose Network Adaptor窗口,显示计算机上网络接口卡(NIC)列表,选择与Ovation网络连接的适当的网络适配器。对Fast Ethernet系统,若使用Adaptec双网卡,选择Adaptec 62022或Adaptec 64022,选择“Next”。(若使用其他类型NIC,不支持冗余);对FDDI系统,选择“FDDI NIC”。

步骤7:出现Choose Drop Numbers窗口,输入站ID编号:<nnn>(1~254),输入软件服务器编号<NNN>(为Oracle载入站点编号),选择“Next”。

步骤8:出现 Choose Destination Location 窗口,选择“Next”。

步骤9:当前设定出现在 Start Copying Files 窗口,选择“Next”。

步骤10:开始安装,在安装过程中禁止关闭命令窗口。

步骤11:若 Java 运行环境要求的版本未安装,启动安装程序进行安装。弹出软件许可协议,选择“I accept”并选择“Next”。出现 Setup Type 窗口,选择“Typical”及“Next”。出现 Install Shield 窗口,选择“Finish”。

步骤12:出现重启请求窗口,选择“Yes, I want to restart my computer now”。选择“Finish”。计算机重启。

步骤13:以管理员身份登录系统。

步骤14:出现 Resuming Ovation Installation 窗口,选择“Next”。

步骤15:出现 Download Configuration 窗口,使数据服务器进入 Developer Studio。

步骤16:在 Studio 树目录右键单击正创建的站,选择“Download”。

步骤17:文件下载到站后,返回正创建的站在 Download Configuration 窗口,选择“Next”。Ovation 将开始启动并分配数据库。

步骤18:返回 Studio,右键单击站文件夹并选择“Load”。工作站原始点将会被装入工作站。

步骤19:出现 Consistency Analysis Summary 窗口,选择“Finish”。

②更新 Ovation 操作员站/基站,具体操作步骤如下:

步骤1:确认时区和语言都选择“English (United States)”。

步骤2:插入第一张 Ovation CD (version 2.4)到光驱。进入 Windows 浏览器,执行 CD 中 Ovation 目录下 Setup. exe 文件。

步骤3:出现欢迎屏,上面有修复或删除选项,选择“Repair”,再选择“Next”。

步骤4:出现 License Agreement 窗口,单击“Yes”按钮。

步骤5:如果安装了多个 NIC,出现 DDB Protocol Bindings 窗口,选择与 Ovation 网络连接的适当的网络适配器。对 Fast Ethernet 系统,若使用 Adaptec 双网卡,选择“Adaptec 62022”或“Adaptec 64022”,选择“Next”。(若使用其他类型 NIC,不支持冗余);对 FDDI 系统,选择“FDDI NIC”。

步骤6:开始安装,在安装过程中禁止关闭命令窗口。

步骤7:出现重启请求窗口,选择“Yes, I want to restart my computer now”。选择“Finish”。计算机重启。

步骤8:以管理员身份登录系统。

步骤9:出现 Resuming Ovation Installation 窗口,选择“Next”。

步骤10:出现 Download Configuration 窗口,去数据服务器进入 Developer Studio。

步骤11:在 Studio 树目录右键单击正更新的站,选择“Download”。

步骤12:文件下载到站后,返回正更新的站在 Download Configuration 窗口选择“Next”。Ovation 将开始启动并分配数据库。

步骤13:返回 Studio,右键单击站文件夹并选择“Load”。工作站原始点将会被载入工作站。

步骤14:出现 Consistency Analysis Summary 窗口,选择“Finish”。

③创建 Ovation 数据库服务器站,具体操作步骤如下:

步骤1:确认时区和语言都选择"English (United States)"。

步骤2:插入第一张 Ovation CDROM 到光驱。进入 Windows 浏览器,执行 CD 中 Ovation 目录下 Setup. exe 文件。

步骤3:出现 Ovation Setup Wizard 欢迎屏,选择"Next"。

步骤4:出现 License Agreement 窗口,单击"Yes"按钮。

步骤5:出现 Select Drop Type 窗口,选择"Ovation Database Server"选项创建数据库服务器站。选择"Next"。

步骤6:出现 Choose Network Adaptor 窗口,显示计算机上网络接口卡(NIC)列表,选择与 Ovation 网络连接适当的网络适配器。对 Fast Ethernet 系统,若使用 Adaptec 双网卡,选择"Adaptec 62022"或"Adaptec 64022",选择"Next"。(若使用其他类型 NIC,不支持冗余);对 FDDI 系统,选择"FDDI NIC"。

步骤7:出现 Choose Drop Numbers 窗口,输入站 ID 编号:<nnn>(编号值范围为1~254),选择"Next"。

步骤8:出现 Choose Destination Location 窗口,系统检查计算机硬件,确定可用磁盘编号、可用容量,然后基于可用空间容量为软件文件安装推荐安装路径,选择"Next"。列出第一批文件及其路径。

☆Ovation 软件(可执行 Ovation 应用文件,根据应用程序使用情况确定最小空间)。

☆Ovation 工程文件(如 graphics, Control Builder drawings,客户文件,最小需要 10 MB 空间)。

步骤9:选择 Next。列出第二批文件及其路径。

☆Oracle 数据库服务器软件(可执行 Oracle 应用文件,最少要求 3 GB 空间)。

☆Oracle 数据库数据文件(至少要 7 GB 空间)。

☆Oracle 数据库索引文件(至少要 5 GB 空间)。

☆至少 3 GB 临时空间用于运行系统。

步骤10:在启动复制文件窗口显示当前选择的设定概要,选择"Next"。

步骤11:开始安装,在安装过程中禁止关闭命令窗口。

步骤12:出现 Setup Status 窗口,显示安装进程指示条,在提示插入 Ovation Disk 2 时插入相应 CD,按提示依次插入 Ovation Disk 3~5.

步骤13:在所有碟都安装后,出现 Oracle Universal Installer 窗口,显示安装进程,此步骤将花费较长时间。

步骤14:若 Java 运行环境要求的版本未安装,启动安装程序进行安装。弹出软件许可协议,选择"I accept"及"Next"。出现 Setup Type 窗口,选择"Typical"及"Next"。出现 Install Shield 窗口,选择"Finish"。

步骤15:出现重启请求窗口,选择"Yes, I want to restart my computer now"。选择"Finish"。计算机重启。

步骤16:以管理员身份登录系统。

步骤17:出现重返安装过程条,显示约30 s,然后出现 Resuming Ovation 2.4 Setup 窗口,选择"Next"。

步骤 18:数据库将自动更新或创建。

步骤 19:指令窗口出现信息,最小化但不要关闭该窗口,此步骤会花费较长时间。

步骤 20:出现 License Setup 窗口,选择“Next”。出现 License Manager 窗口,选择“License Key”标签。

步骤 21:将许可证钥匙标签中锁定码发给艾默生获取激活码。

步骤 22:获得激活码后将其输入到 License Manager 窗口中的 Key Code 字段并选择“Add License”。许可证被激活。

步骤 23:出现 Download Configuration 窗口,选择“Next”,出现 Studio 窗口。

步骤 24:出现 Ovation Developer Studio 许可协议,选择“Yes”。

步骤 25:若是新的数据库,需要通过 Studio 树建立 Ovation 系统。在 Studio 树目录右键单击系统文件夹,插入新系统名称,选择“Finish”并选择“Ok”。在新系统下,右键单击 Networks 并插入网络名称,选择“Finish”并选择“Ok”。(网络首次创建时,Ovation 功能不可用,Ovation 系统被锁定,没有安全角色被分配,需用户创建管理员角色。打开 Ovation Security Manager,选择“Manage Users”任务,从用户列表选择希望的用户,选择“Properties”,新网络的角色被分配为“None”,为其选择角色(典型的为 Admin),继续创建系统。在新网络下右键单击 Units,插入新单元名称和值,选择“Finish”并选择“Ok”。在每个单元下插入 Drop,输入站 ID,选择站类型,选择“Finish”后出现 New Drops 对话框。输入站 IP 地址,选择“Ok”,新站被创建。使用站组态文件夹配置站,进入站点文件夹,定义站点)。

步骤 26:选择站文件夹,从下拉菜单中选择“Download”,选择“All”并选择“Ok”。

步骤 27:从文件下拉菜单中选择“Exit”,选择“Ok”。

步骤 28:出现启动 Ovation 窗口,选择“Next。Ovation”安装结束,数据库被分配。

步骤 29:打开 Studio,右键单击站文件夹并选择 Load,服务器原始点会被载入服务器。

步骤 30:出现 Consistency Analysis Summary 窗口,选择“Finish”。现在可用服务器上 Developer Studio 定义其他 Ovation 系统站类型。

④更新 Ovation 数据库服务器站,具体操作步骤如下:

步骤 1:确认时区和语言都选择 English (United States)。

步骤 2:插入第一张 Ovation CDROM (version 2.4.x)到光驱。进入 Windows 浏览器,执行 CD 中 Ovation 目录下 Setup.exe 文件。

步骤 3:出现欢迎界面,屏幕有修复或删除选项,选择“Repair”→“Next”。

步骤 4:出现 License Agreement 窗口,单击“Yes”按钮。

步骤 5:如果安装了多个 NIC,出现 DDB Protocol Bindings 窗口,选择与 Ovation 网络连接的适当的网络适配器。对 Fast Ethernet 系统,若使用 Adaptec 双网卡,选择 Adaptec 62022 或 Adaptec 64022,选择“Next”。(若使用其他类型 NIC,不支持冗余);对 FDDI 系统,选择“FDDI NIC”。

步骤 6:开始安装,在安装过程中禁止关闭命令窗口。

步骤 7:出现重启请求窗口,选择“Yes, I want to restart my computer now”。选择“Finish”。计算机重启。

步骤 8:以管理员身份登录系统。

步骤 9:出现 Resuming Ovation Installation 窗口,选择“Next”。

步骤10:出现 Download Configuration 窗口,去数据服务器进入 Developer Studio。

步骤11:数据库自动更新。

步骤12:指令窗口出现信息,不要关闭该窗口。

步骤13:出现 License Setup 窗口,选择“Next”。出现 License Manager 窗口,选择 License Key 标签,输入许可激活码后到 License Manager 窗口中的 Key Code 字段并选择 Add License。许可证被激活。

步骤14:出现 Download Configuration 窗口,选择“Next”,出现 Studio 窗口。

步骤15:在 Developer Studio 选择服务器的站文件夹,从下拉菜单中选择“Download”,选择“All”并选择“Ok”。

步骤16:从文件下拉菜单中选择“Exit”,再选择“Ok”。

步骤17:出现启动 Ovation 窗口,选择“Next”。Ovation 安装结束,数据库被分配。

步骤18:打开 Studio,右键单击站文件夹并选择“Load”,服务器原始点会被载入服务器。

步骤19:出现 Consistency Analysis Summary 窗口,选择“Finish”。

⑤创建 Ovation 专用域控制器站,具体操作步骤如下:

步骤1:确认时区和语言都选择 English (United States)。

步骤2:插入第一张 Ovation CDROM (Version 2.4.x)到光驱。进入 Windows 浏览器,执行 CD 中 Ovation 目录下 Setup.exe 文件。

步骤3:出现 Ovation 安装向导,选择“Next”。

步骤4:出现 License Agreement 窗口,单击“Yes”按钮。

步骤5:出现 Select Drop Type 窗口,选择“Dedicated Ovation Domain Controller”选项创建专用 Ovation 域控制器。选择“Next”。

步骤6:出现 Choose Destination Location 窗口,选择“Next”。

步骤7:在启动复制文件窗口显示当前选择的设定概要,选择“Next”。

步骤8:开始安装,在安装过程中禁止关闭命令窗口。

步骤9:出现 Setup Status 窗口,显示安装进程指示条。

步骤10:出现重启请求窗口,选择“Yes, I want to restart my computer now”。选择“Finish”。计算机重启。

步骤11:以管理员身份登录系统。

步骤12:出现重返安装过程条,显示约几秒,然后出现 Resuming Ovation 2.4 Setup 窗口,选择“Next”。

步骤13:出现 Setup Wizard 窗口,选择“Finish”。

3.3.2.2 软件系统备份及恢复

Ovation 系统允许4个程序进行文件备份和恢复操作:

☆Ovation 导出程序(OvPtExport),将 Ovation 数据从 Oracle 导出,生成纯文本文件存储在硬盘中。

☆Oracle 导出程序(exp),将整个 Oracle 数据库(数据和结构)导出,生成纯二进制文件存储在硬盘中。

☆微软 Windows 备份程序,拷贝硬盘文件到磁盘。

☆OvPtBackup 程序,执行实际备份和恢复。可将 Ovation 数据库从 Oracle 以二进制格式导出,将 Power Tools 数据库从 Oracle 以文本格式导出,将 Ovation 工程数据(控制页、流程图、资料库等)从指定系统导出,以及导出服务器系统文件(\etc\hosts 和\etc\bootptab 目录下的文件)。

(1)备份数据库文件

在备份数据库前,需关闭所有工程师工具,确认备份介质已就位,如图 3.247 所示。可使用以下步骤进行备份:

步骤 1:双击 C:\Ovation\OvationBase\OvPtBackup.exe 文件,启动备份/恢复程序,Ovation 备份/恢复窗口被打开。

步骤 2:按下 Backup Now 按钮,在将数据送往备份介质前,程序将备份文件到临时目录。在此过程出现 DOS 窗口。

步骤 3:出现备份工具窗,显示“Waiting for Tape”弹出框。

步骤 4:出现备份进程弹出框,会显示每个进程所需的大致时间。

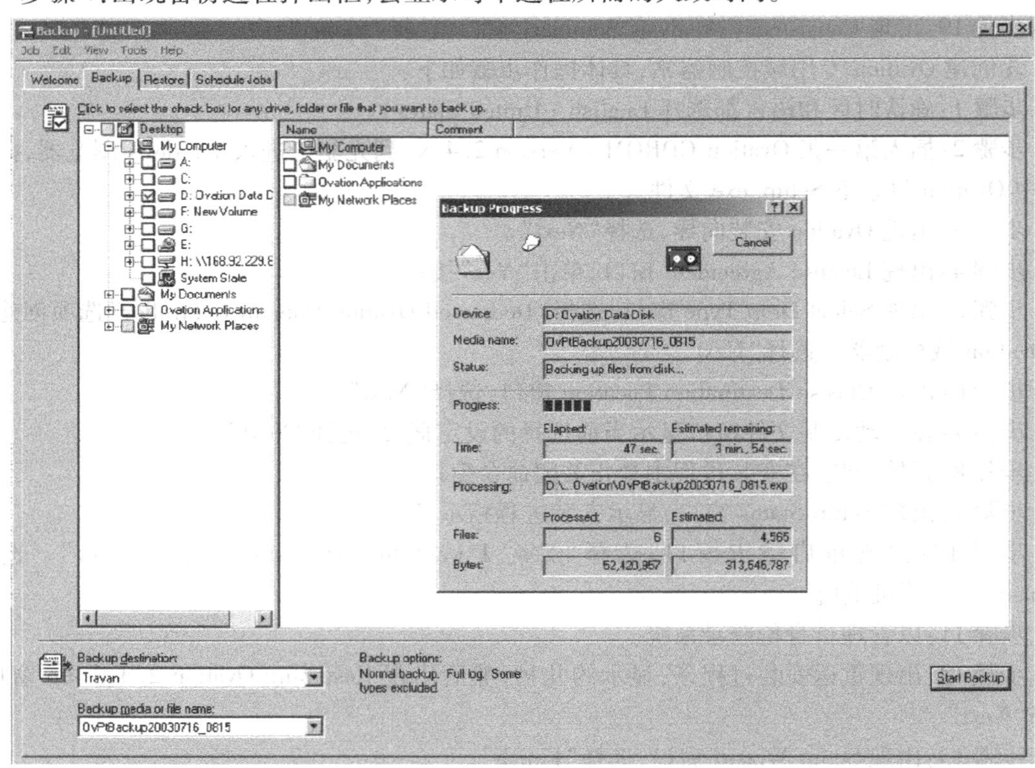

图 3.247　**备份数据库**

(2)恢复数据库文件

在恢复数据库前,需关闭所有工程师工具,待恢复完成后,需清除并装载 MMI,如果恢复时发生点和逻辑变更丢失,需清除和下载控制器。可使用以下步骤进行恢复:

步骤 1:双击 C:\Ovation\OvationBase\OvPtBackup.exe 文件,启动备份/恢复程序,Ovation 备份/恢复窗口被打开。

步骤 2:选择“Restore”标签。

步骤 3:展开备份目录,选择用于恢复的备份文件。

步骤4:在备份名称上右键单击,从下拉菜单选择“Catalog”。备份程序将从备份盘读取文件,将会持续数分钟时间。

步骤5:在要恢复的备份目录前打上复选标记,一般所有目录都需被恢复,可将复选标记放置在D:\drive前。

步骤6:文件可以被恢复到原来的驱动器或目录,在必要时可以改动目的地。

步骤7:按下Start Restore按键。

步骤8:文件开始恢复到硬盘,大约会花15 min或是更长时间。

步骤9:当恢复完成后,退出备份工具,OvPtBackup将自动重装Oracle数据库。

步骤10:打开Ovation Developers Studio,右键单击服务器站选择Clear清除该站。

步骤11:在服务器清除后,重启该站。

(3)备份域控制器

使用NTBackup(NTBackup.exe)对现有目录进行备份。

使用以下步骤进行备份:

步骤1:在Windows Server 2003域控制器选择“Start”→“All Programs”→“Accessories”→“System Tools”→“Backup”。

步骤2:按下Backup Now按钮,在将数据送往备份介质前,程序将备份文件到临时目录。在此过程中出现DOS窗口。

步骤3:出现向导窗口,选择“Advance Mode”改变备份设定。

步骤4:从高级模式选择Backup Wizard(Advance),选择“Next”。

步骤5:选择“only backup the System State data”,将备份COM/COM+类注册数据库、系统引导文件、证书服务数据库、注册表、簇数据库信息等。

步骤6:输入备份文件名称,选择Browse挑选保存备份文件的文件夹。选择“Next”。

步骤7:选择“Finish”,向导将被关闭,备份过程开始。

(4)恢复域控制器

使用以下步骤进行恢复:

步骤1:启动Windows Server 2003域控制器。

步骤2:在引导过程中,按“F8”键。

步骤3:出现Windows高级选项菜单,选择“Directory Services Restore Mode”。

步骤4:以域管理者身份登录,被要求拥有安全许可。

步骤5:选择“Start”→“All Programs”→“Accessories”→“System Tools”→“Backup”。

步骤6:出现向导窗口,选择Advance Mode改变恢复设定。

步骤7:从高级模式选择“Restore Wizard(Advance)”,再选择“Next”。

步骤8:选择用于恢复的备份文件。可在恢复向导对话框左边框内找到,或用Browse进行查找,选择“Next”。

步骤9:选择“Finish”,向导将被关闭,恢复过程开始。

3.3.2.3　软件安装故障排除

(1)Ovation不能启动

若Ovation安装后启动失败,应重新引导机器,使用Start菜单重启计算机。

(2)Studio 不启动

确认管理员控制服务器的 Ovation Power Tools 服务。选择“Start”→“Control Panel”→“Administrative Tools”,双击 Services 图标,出现 Services 窗口,检查是否 OvPtSvr 在运行。如果没有,选择 OvPtSvr,右键单击并选择“Start”。Ovation 服务器准备好运行。检查 Studio 得到许可。

(3)下载失败

如果下载文件时出现下载失败情况,首先确认用户想下载软件的机器中 ssquery 是否运行,如果未运行,键入以下命令 C:\ovation\ovationbase\ssquery. exe 运行该程序。其次确认 portsrv 进程已被安装并运行,如果未安装,键入以下命令 C:\ovation\ovationbase\portinst. exe rogui install auto tcp 安装该程序,重新引导计算机;如果已安装但未运行,选择“Start”→“Settings”→“Control Panel”→“Administrative Tools”→“Services”,双击 NobelNet Portmapper,将启动类型改成自动,按“Start”键,选择“Ok”。

3.3.3 功能码介绍

算法是规则集、程序或者数学公式,它定义了期望的控制或计算策略。通常随控制器一起提供,在系统扫描时应用特定算法。

使用 Ovation 算法,控制器可实现丰富的功能,从简单的数学运算到品质检查,甚至是复杂控制算法。

3.3.3.1 用户通用信息

(1)算法的硬件地址

对于 Ovation 卡或者是 Q-line 卡,算法中都要进行地址初始化。

对一个读出或写入、输入/输出卡中的点,硬件地址参数指示相关的输入/输出寄存器地址的偏移量。

①对于 Q-line,硬件地址就等于直接在卡内跨接的地址加上通道号码的偏移量(无需加倍)。

②对于 Ovation,地址是由 I/O 卡在输入/输出柜中的位置来决定的。有些算法要求将硬件地址写入硬件地址字段。例如,MASTATION 算法,使用以下方法来确定硬件地址:

☆通过点信息窗口查看模块记录;

☆选择硬件标签;

☆注意模块中“HD”字段中的硬件地址以 16 进制数表示;

☆算法需要基地址,因此选取基地址为“D”,对应相对地址为 0;

☆将地址值输入算法的硬件地址字段。

例如,如果一个回路的接口模块记录的 HD 字段是“0x9D”,那么,在 MASTATION 硬件地址字段中输入“0x90”。

(2)算法中点品质/跟踪变化率的传播

1)点品质传播

过程点可以有以下品质值,它们可由用户或系统指定:

GOOD=点的功能正确。

FAIR=一个典型的输入值。

POOR＝如果输入值有些是 BAD,有些是 GOOD 时,由特定算法产生的结果。

BAD＝点的功能不正确,典型的原因是传感器故障。

通常,对于每个标准算法,算法输入点的最差品质将传递给输出点。例如,一个输入传感器故障将使 BAD 品质传播给所有直接或间接使用该输入点的标准算法。这个 BAD 品质可能用来使某种算法不能回到手动方式(请参考独立的算法描述以获得完整信息)。

注意:当处于手动方式时,算法将传播 GOOD 品质。

2)跟踪变化率

当跟踪动作结束,正常控制开始时,算法使用在算法说明中给出的跟踪变化率(TRAT)。它是输出值衰减或跳跃至正常操作(非跟踪)下当前输入所对应输出值所用的时间,单位为 s,默认的跟踪变化率为 2.5。

(3)算法的跟踪信号

通常,我们需要定义多种控制策略(或“方式”)来控制一个过程。例如,需要手动和自动控制方式。可能需要多种自动控制类型,如流量控制、液位控制、单变量控制和串级控制方式。

当在控制策略间切换时(如从手动到自动控制方式),对于新选择的控制策略需要相关信息以保证无扰切换。这些信息可从当前控制策略获得并提供给其他可用的策略。这种在控制策略中信息的交换称为跟踪。

1)跟踪的用途

控制方式的切换存在潜在地干扰。例如,考虑一种情况:控制器在手动方式输出较小的值,而自动控制方案计算出较大的值。如果控制方式由手动改变为自动,控制量从小到大将产生一个“突变”。如果产生极端变化,结果将导致设备损坏。用于避免这种快速调整的方法称为“无扰切换”。

另外一种需要避免的情况是“积分饱和”。许多控制方案的输出值是基于多种分量的累加。例如,PID 控制方案将比例分量部分和积分分量部分相加。在某些情况下,输出值可能已经到达其限制(100%),而其中一个分量部分(如积分)仍然在增加。尽管输出值不会越过100%,也将需一定的时间使该分量的值回到合适的范围。在这个时间内,如果必须减小输出,这个很大的分量值将产生延时。为保持控制方案分量在适当的范围内,我们使用“抗积分饱和限制”的方法。

为确保无扰切换(从一种控制方式切换到另一种控制方式的过程中)和避免积分饱和,需要使用跟踪。例如,考虑这样一个输出,它受流量或液位控制方案的控制。当流量控制方案控制输出时,液位控制方案运行于跟踪方式,它使得液位控制方案的输出等于流量控制方案的输出。当使用液位控制方案时,所有的分量值将在适当的范围内,输出将不会发生大的变化(也就是说,不会发生跳变)。

仅跟踪算法支持通过双重目的的模拟量输入量和输出量进行跟踪(也就是说,跟踪值在 AV 字段中,方式状态在 3W 字段中)。跟踪算法一览表见表 3.75。

表 3.75　跟踪算法一览表

Algorithm	TRAT Ramping	TOUT to IN1	TRK1 to IN1	TRK2 to IN2	TRK3 to IN3	TRK4 to IN4	Accepts TRIN	Cascade Track Optimize	Switch-able Slewing	Switch-able Output Tracking
ANALOG DEVICE		×					×			
BALANCER	×	×					TRK01-TRK16			
DIVIDE	×	×					×			
FIELD		×								
FUNCTION	×	×					×			
GAINBIAS	×	×					×			
GASFLOW		×					×			
HISELECT	×		×	×	×	×	×			
LEADLAG	×	×					×			
LOSELECT	×		×	×	×	×	×			
MASTATION	×	×					×			
MULTIPLY	×	×					×			
PID	×	×					×	×		
PIDFF	×	×					×	×		
RATELIMIT		×					×			
SETPOINT		×					×			
SQUARE-ROOT	×	×					×			
SUM	×	×					×			
TRANSFER	×		×	×			×		×	×

2)跟踪问题

定义如下跟踪问题:

☆如果后续跟踪有多个来源,除非手动改变,否则按开始建立的顺序决定来源。一个例外是 BALANCER 算法,它可以接受来自 16 个后续算法的跟踪。

☆当移去信号线之后,跟踪将会中断。在 Windows 平台下,可通过清除跟踪图标完成。

☆如果非跟踪算法插入跟踪算法之间,设计者需对跟踪跨越“间隙”进行考虑。TRANSFER 算法常被用于在上述间隙插入用户计算的跟踪。

☆在下列情况下,跟踪算法将执行积分饱和限制:

- 对跟踪进行正确配置。

● 设置量程限制(TPSC 和 BTSC)以反应接受的信号范围。此外,在串级结构中,PID 和 PIDFF 算法提供增强的饱和限制。

☆页间跟踪可通过将跟踪点“向上”传递给同一页的连接器来实现,该连接器后续传递控制信号。在 Windows 平台下,可通过设置带有信号线的跟踪图标来完成。

3)跟踪方法

在 Ovation 系统中为实现跟踪,将跟踪信号在算法之间发送。这些信号告诉上级算法是否处于跟踪方式且为达到当前输出时下级算法需要什么值。

跟踪信号由控制生成器自动生成。控制生成器分配点来携带跟踪方式及跟踪值信息。跟踪逻辑的插入对用户是透明的(无须用户输入来实现)。用户可以选择关闭跟踪。

对每个具有一个 IN1 输入的算法,都要产生跟踪使用的一个输出点。在算法中所列出的输出定义为 TOUT。TOUT 包含了跟踪输出值、跟踪方式和串级 IN1 变量的状态输出信号。

有些算法对于输入 2、输入 3 和输入 4,具有 2 到 4 个附加的跟踪输出。它们是 TRK2、TRK3 和 TRK4。

根据以上章节概括的跟踪规则,跟踪输出通过上级算法成为输入 TRIN(跟踪输入点)。TRIN 包含了跟踪模拟量输入值和跟踪及限制方式输入信号。

跟踪值由正常算法函数进行逆运算而产生。也就是说,当算法正在控制过程时,它使用一个或多个输入计算输出。当处于跟踪方式时,输出值对算法来说已知,必须计算要获得该输出的相应输入值。这个值送入上级算法产生需要的输入。当有多个输入时,该值送往 IN1 输入。

并不是所有的算法都要使用跟踪(参考表表 3.75 跟踪算法列表)。每种算法都有不同的处理信号的方法。参考各种算法的说明以决定对于特殊的算法如何处理信号。

4)跟踪举例

①方式切换。跟踪通常使用在手动方式和自动方式切换时。在这种情况下,MASTATION 算法的上级算法必须跟踪当前 MASTATION 算法的输出。当方式变化的时刻,MASTATION 站的输入将与其输出相等,并且禁止产生跳变。

②求和算法。跟踪的另一个常见用途是对求和算法的一个输入进行跟踪。一个两输入求和算法通常将两个输入 A 和 B 相加产生一个输出。即 A+B=C。当算法处于跟踪方式时,C 由后续的跟踪要求所指定,然而其中的一个输入可能还随着过程条件的改变连续变化。因此,算法必须计算另一个输入值以使输入的和等于要求的输出。求和方程简单的代数操作揭示了非独立的输入必须跟踪所要求的输出 C 和独立输入的 B 之间的差,也即是 A=C-B。

③PID 算法。跟踪的另一种常见的用途是对参与 PID 算法偏差计算的输入进行跟踪。正如求和的例子,PID 的输出由后续的跟踪要求指定,过程变量作为独立的变量。然而,由于在该算法中包含了积分动作,跟踪的概念发生了改变。在此,当 PID 输出跟踪释放时,使用适当的技术在跟踪期间产生零误差使 PID 的输出与误差无关。

因此,PID 误差函数的非独立输入,即设定值,应该跟踪过程变量输入值以得到零误差状态。并且当系统的相关部分未处于控制中时,PID 输出也必须跟踪。以使积分动作不会因为设定值误差扰乱过程。正如前面所描述的一样,这种情况称为积分饱和。

④积分饱和。积分饱和的概念应用于常规控制方式和跟踪方式。不允许控制算法中积分动作按这样的方向移动,即将使控制变量超过其行程限制。一旦积分器超过其应该的值时,需要花费时间使其回到控制区域。这将导致控制延时并扰乱过程。解决方法是在使控制变量进

入控制区域之前,计算积分器的输出使后续要求维持在控制变量的限值。这种方法称为抗积分饱和限制。

⑤抗积分饱和。如果遇到下列两种情况,Ovation 跟踪功能将执行抗积分饱和限制函数。

必须使用 Ovation 表单跟踪规则配置表单。

设置算法的“量程上限”和“量程下限”参数,且必须反应实际控制变量范围、有用的控制器范围等。

算法处于量程上限或下限将用来产生信号抑制,上级算法在错误的方向上偏移太大。如果算法配置正确,将预防积分饱和。控制方式与手动方式相比在技术上更要考虑积分饱和。

5)块跟踪

跟踪将按如下方式锁定:

☆将算法放置在单独的页中。由于自动跟踪仅仅发生在一页之内,可有效锁定跟踪。

☆使用控制生成器将跟踪点从 TRIN 项字段中移除。

(4)设置算法的跟踪信号

数字量跟踪信号的设置和使用见表 3.76。

表 3.76 数字量跟踪信号的设置和使用

信　号	算法开始跟踪的动作	算法跟踪的实现
跟踪	由 PID 和 PIDFF 设置跟踪输出信号为 True	输出值设定为与跟踪输入值相等。设置一个内部的跟踪缓冲,预防在跟踪输入信号移除后产生扰动切换
	对于未选择的值,由 TRANSFER 设置跟踪输出信号为 True	
	在 MASTATION 首次通过读取硬件值之后,由它为一个回路设置跟踪输出信号为 True。当算法不处于自动方式时,由 MASTATION 设置跟踪输出信号为 True	
	当跟踪输入信号为 True 时,所有算法设置跟踪输出信号为 True	
若低则跟踪	仅当没有跟踪、若高则跟踪、若低则跟踪输入信号且输入值增益为正时,对于未选择的值,用 HISELECT 设置若低则跟踪输出信号为 True	若 PID 或者 PIDFF 的输出值比跟踪输入值小,负误差将使控制器从以前的值中动作,正误差将使控制器从跟踪输入值中动作
	仅当没有跟踪、若高则跟踪、若低则跟踪输入信号且输入值增益为负时,对于未选择的值,用 LOSELECT 设置若低则跟踪输出信号为 True	
	当没有跟踪输入信号并且: ①若高则跟踪输入信号为 True 且输入值增益为正时; ②若低则跟踪输入信号为 True 且输入值增益为负时。 所有算法设置若低则跟踪输出信号为 True	

续表

信　号	算法开始跟踪的动作	算法跟踪的实现
若高则跟踪	仅当没有跟踪、若高则跟踪、若低则跟踪输入信号且输入值增益为正时，对于未选择的值，用 LOSELECT 设置若高则跟踪输出信号为 True	若 PID 或者 PIDFF 的输出值比跟踪输入值大，正误差将使控制器从以前的值中动作，负误差将使控制器从跟踪输入值中动作
	仅当没有跟踪、若高则跟踪、若低则跟踪输入信号且输入值增益为负时，对于未选择的值，用 HISELECT 设置若高则跟踪输出信号为 True	
	当没有跟踪输入信号并且： ①若高则跟踪输入信号为 True 且输入值增益为正时； ②若低则跟踪输入信号为 True 且输入值增益为负时 所有算法设置若高则跟踪输出信号为 True	
降禁止	当算法处于串级方式，跟踪输入信号不存在并且： ①若低则跟踪输入信号为 True，并且设定值增益为正，对误差为 INDIRECT 动作，或者设定值增益为负，对误差为 DIRECT 动作 ②若高则跟踪输入信号为 True，并且设定值增益为负，对误差为 INDIRECT 动作，或者设定值增益为正，对误差为 DIRECT 动作 PID 和 PIDFF 设置降禁止输出信号为 True	禁止输出值减小，允许其增加
	跟踪输入信号不存在并且： ①输出值为指定的低限值，并且输入值增益为正； ②输出值为指定的高限值，并且输入值增益为负； ③降禁止输入信号为 True，并且输入值增益为正； ④升禁止输入信号为 True，并且输入值增益为负 所有算法设置降禁止输出信号为 True	
升禁止	当算法处于串级方式，跟踪输入信号不存在并且： ①若高则跟踪输入信号为 True，并且设定值增益为正，对误差为 INDIRECT 动作，或者设定值增益为负，对误差为 DIRECT 动作 ②若低则跟踪输入信号为 True，并且设定值增益为负，对误差为 INDIRECT 动作，或者设定值增益为正，对误差为 DIRECT 动作 PID 和 PIDFF 设置升禁止输出信号为 True	禁止输出值增加，允许其减小
	跟踪输入信号不存在并且： ①输出值为指定的高限值，并且输入值增益为正； ②输出值为指定的低限值，并且输入值增益为负； ③升禁止输入信号为 True，并且输入值增益为正； ④降禁止输入信号为 True，并且输入值增益为负 所有算法设置升禁止输出信号为 True	

(5)设置算法状态和方式

方式和状态数字信号设置见表 3.77。

表 3.77　方式和状态数字信号设置

信　号	动　作
自动方式	当算法处于自动方式时,MASTATION 设置自动方式输出信号为 True
高限值到	当输出为指定的高限值,且高限值到信号在扫描中未被移除时,所有算法的高限值到输出信号设置为 True
本地手动方式	当算法处于本地手动方式时,MASTATION 设置本地手动方式输出信号为 True
低限值到	当输出为指定的低限值,并且低限值到信号在扫描中未被移除时,所有算法的低限值到输出信号设置为 True
手动方式	当算法处于手动方式时,MASTATION 设置手动方式输出信号为 True

(6)算法从二进制到十六进制的转换

算法从二进制到十六进制的转换见表 3.78。

表 3.78　二进制、十六进制转换(字节=8 位,整型=16 位)

二进制	0101	0011	1100	0110	0101001111000110B
十六进制	5	3	C	6	0x53C6

例如,在 DIGDRUM 中,以上二进制数表示在某一步 16 个输出的状态。最右边一位表示输出 001,最左边一位表示输出 016。如想在第五步使输出上述这些状态的话,I05 应该初始化为 0x53C6。

(7)状态检查

1)算法的无效数字校验和品质校验

大多数算法都要对模拟量输入点进行无效数字校验。这些点包括跟踪输入。如检测到一个无效数字,站进入报警,问题通过故障代码 66 和故障号 3 进行表示。

对算法来说,故障参数 3 包含了检测无效数字算法页的号码。这些数字是十六进制值。为获得故障代码 66 的更多信息,请参考厂家文件“Ovation”错误代码和消息(文件编号:R3-1145)。

在例外情况下将产生一个无效数字。这种情况其中一个例子就是对负数求平方根。在每个算法说明的功能部分,给出了它们提供的附加检查以避免例外情况产生。

当算法的输入为无效数字时,通常算法的输出也将是无效的且用 BAD 品质标记。在以下的算法说明中,讨论了每个算法如何进行无效数字校验、处理无效数字和无效数字产生的结果。

无效数字有 3 种类型:不确定、NAN 和异常。

☆若一个数学运算得不到合理的结果,将产生一个不确定的无效数字。

☆一个 NAN(不是一个数字)无效数字是一种不承认的实数格式,应该避免产生 NAN。

☆当一个数学运算的结果太小了以至于不能用系统中的 32 位实数格式来表示时,将产生一个异常无效数字。若模拟量输入为异常无效数字,站被设置为报警且由故障代码 66 和故障号 3 表示。

然而，某些算法将异常值存入一个临时变量，将其转变为0并使用0进行算法计算。结果，这些算法计算出一个品质为GOOD的有效输出，同时站进入报警。

如果算法的输出是一个异常无效数字的话，那么，将输出值设置为0且不产生报警。这些无效数字在系统中显示为0。

由于无效数字可能导致系统的控制问题，一旦产生无效数字，应立即查找原因并更正。

除了无效数字校验之外，许多算法在输出中生成一个品质设置。在大多数情况下，输出的品质等于输入的品质。这就是常说的品质传播。例如，输入的品质传播到输出。然而，这种简单的传播并不是对所有的算法都是对的。参考算法的算法说明以获得其特定的品质传播信息。

2)算法的错误信息

在模拟或数字量过程点中的第二个状态字可能包含了算法在处理该点值时所生成的错误信息。

模拟和数字量点的2W记录字段包含了第二个状态字。如果某一位为True，则已检测到该位所指示的错误。如果某一位为False，那么是未检测到错误。

每个算法参考页列出了一个点记录的第二个状态字。

(8)算法功能

每个算法可能具有以下一种或多种功能，算法功能列表详见表3.79。

☆Arithmetic——运算功能。

☆Artificial I/O——点赋值。

☆Boolean——数字量点的布尔(逻辑)功能。

☆CRT I/O——操作员键盘和显示器接口。

☆Digital——主要使用数字量点。

☆Field I/O——I/O卡接口。

☆Foundation Fieldbus——处理现场总线算法。

☆High-Level Controller——将几个相关的控制功能组合为一个算法。

☆Limiter——对模拟量点限值。

☆Low-Level Controller——执行一种基本的控制功能。

☆Monitor——当达到某一条件时，监视一点或多点同时输出一个数字量点。

☆Quality——处理点的品质。

☆Selector——在某种条件下选择模拟量值。

☆Sequencer——执行顺序控制。

表3.79 算法功能列表

算法名称	功 能
AAFLIPFLOP——带复位的交替动作触发器	Boolean、Digital
ABSVALUE——输入量的绝对值	Arithmetic
ALARMMON——监视多达16个模拟量点或数字量点的报警状态	Monitor
ANALOG DEVICE(ADEVICE)——本地模拟回路控制器接口	Low-Level Controller

续表

算法名称	功　能
ANALOGDRUM——双模拟量输出或单模拟量输出的顺序控制器	Sequencer
AND——8 输入逻辑与门	Boolean、Digital
ANNUNCIATOR——计算报警状态	Monitor
ANTILOG——以 10 或自然数为底的输入的反对数	Arithmetic
ARCCOSINE——输入的反余弦(弧度)	Arithmetic
ARCSINE——输入的反正弦(弧度)	Arithmetic
ARCTANGENT——输入的反正切(弧度)	Arithmetic
ASSIGN——将一个过程量的值和品质传递给同类型的另一个过程量	Artificial I/O
ATREND——趋势化一个模拟量或数字量	Field I/O
AVALGEN——模拟量发生器	Artificial I/O
BALANCER——控制多达 16 个后继算法	Arithmetic、Low-Level Controller
BCDNIN——从 DIOB 中向功能处理器输入 N 位 BCD 数字	Field I/O
BCDNOUT——从功能处理器向 I/O 总线输出 N 位 BCD 数	Field I/O
BILLFLOW——气体流量计算	Monitor
CALCBLOCK——计算算法(模拟量)	Arithmetic
CALCBLOCKD——计算算法(数字量)	Arithmetic
COMPARE——浮点数比较	Arithmetic
COSINE——输入的余弦(弧度)	Arithmetic
COUNTER——递增/递减计数器接口	Digital
DBEQUALS——两个输入变量间偏差监视	Monitor
DEVICE——使系统数字量作为设备的 I/O 和命令	Digital
DEVICESEQ——使用 MASTER/DEVICE 的顺序控制	High-Level Controller、Digital
DEVICEX——组合命令以开启/关闭或启动/停止一个设备,并带有反馈信号用以指示命令完成	Digital
DIGCOUNT——带标志的数字计数器	Digital
DIGDRUM——具有 16 个数字输出的开关量顺序控制器	Sequencer
DIGITAL DEVICE——对 7 种类型的设备,SAMPLER、VALVE NC、MOTOR NC、MOTOR、MOTOR 2-SPD、MOTOR 4-SPD 和 VALVE 提供一个可设置的数字量报警位	Digital
DIVIDE——两个加增益和偏置的输入相除	Arithmetic
DROPSTATUS——站点状态记录监视	Monitor
DRPI——数字量标尺位置指示器	Monitor

续表

算法名称	功 能
DVALGEN——数字量发生器	Artificial I/O、Digital
FIELD——向 I/O 点写入数值	Field I/O
FIFO——处理队列:先入—先出	Artificial I/O、Digital
FFAI——基金会现场总线模拟量输入	Field I/O
FFAO——基金会现场总线模拟量输出	Field I/O
FFDI——基金会现场总线数字量输入	Field I/O
FFDO——基金会现场总线数字量输出	Field I/O
FFMAI——基金会现场总线多模拟量输入	Field I/O
FFPID——基金会现场总线 PID	Field I/O
FLIPFLOP——复位优先的 S-R 触发器	Artificial I/O、CRT I/O
FUNCTION——双段函数发生器	Arithmetic
GAINBIAS——限制有增益和偏置的输入	Limiter
GASFLOW — 气体质量流量或体积流量的压力温度补偿计算	Arithmetic
HIGHLOWMON——带复位死区和固定/可变限制的高低信号监视	Monitor
HIGHMON——带复位死区和固定/可变限制的高值信号监视	Monitor
HISELECT——选两个带增益和偏置输入中较大的一个	Selector
INTERP——提供线性插值功能	High-Level Controller
KEYBOARD——可编程/功能键接口—P1 ~ P16 控制键接口	CRT I/O
LATCHQUAL——闭锁点的品质	Quality
LEADLAG——超前/滞后补偿器	Low-Level Controller
LEVLECOMP——汽包水位的密度补偿计算	High-Level Controller
LOG——以 10 为底的对数和偏置	Arithmetic
LOSELECT——选 4 个带增益和偏置输入中较小的一个	Selector
LOWMON——带复位死区和固定/可变限制的低值信号监视	Monitor
MAMODE——与 MASTATION 连用的逻辑接口	Digital
MASTATION——软件手/自动站和功能处理器之间的接口	CRT I/O、Digital
MASTERSEQ——使用 MASTER/DEVICE 的主设备顺序控制器	High-Level、Digital
MEDIANSEL——监视模拟量变送器输入品质及输入之间的差值	Quality、Selector
MULTIPLY——两个带增益和偏置的输入相乘	Arithmetic
NLOG——带偏置的自然对数	Arithmetic
NOT——逻辑非门	Boolean、Digital

续表

算法名称	功　能
OFFDELAY——后延时	Digital
ONDELAY——前延时	Digital
ONESHOT——数字量单脉冲发生器	Digital
OR——8 个输入的逻辑或门	Boolean、Digital
PACK16——16 个数字量点转化成打包点	Artificial I/O、Digital
PID——比例积分微分控制器	High Level Controller
PIDFF——带前馈的比例积分微分控制器	High Level Controller
PNTSTATUS——点状态	Digital
POLYNOMIAL——五阶多元方程	Arithmetic
PREDICTOR——带补偿的纯滞后	High Level Controller
PULSECNT——脉冲计数器	Digital
QAVERAGE——N 个模拟量的平均值(去除坏品质的点;$N<9$)	Arithmetic、Quality
QPACMD——写一个命令字节到 QPA 卡	Field I/O
QPACMPAR——写一个比较器值到 QPA 卡	Field I/O
QPASTAT——从 QPA 卡输出数字状态	Field I/O
QSDDEMAND——写命令和方式到 QSD 卡	Field I/O
QSDMODE——QSD 卡方式指示	Field I/O
QSRMA——与 QSD 卡的手/自动站接口	Field I/O
QUALITYMON——输入的品质检查	Quality
QVP——到 QVP 卡接口	Field I/O
RATECHANGE——变化传输速度	Arithmetic
RATELIMIT——带固定速率限值和标志的速率限制	Limiter
RATEMON——带复位死区和固定/可变限制的速率监视	Monitor
RESETSUM——带复位的加法器	Arithmetic
RLICONFIG——回路接口卡配置	Field I/O
RPACNT——计算 RPA 卡的脉冲数	Field I/O
RPAWIDTH——测定 RPA 卡的脉冲宽度	Field I/O
RUNAVERAGE——采样数的平均值	Arithmetic
RVPSTATUS——读阀门位置卡的状态和信息	Field I/O
SATOSP——模拟量转成打包点	ArtificialI/O、Digital
SELECTOR——在 N 个模拟量输入量中选择,$N<8$	Selector
SETPOINT——带有 RLI 卡设定值接口的软与/或硬手动加载站	CRT I/O、Field I/O
SIMTIME——保留	N/A

续表

算法名称	功 能
SINE——输入的正弦(弧度)	Arithmetic
SLCAIN——从QLC/LC中读取模拟量输入	Field I/O
SLCAOUT——将模拟量输出写入QLC/LC	Field I/O
SLCDIN——从QLC/LC中读取数字量输入	Field I/O
SLCDOUT——将数字量输出写入QLC/LC	Field I/O
SLCPIN——从QLC/LC中读取打包数字量输入	Field I/O
SLCPOUT——将打包的数字量输出写入QLC/LC	Field I/O
SLCSTATUS——QLC/LC的状态值	Field I/O
SMOOTH——数值平滑变换	Arithmetic
SPTOSA——将打包数字量数值转换为模拟量记录	Artificial I/O、Digital
SQUAREROOT——带增益和偏置输入量的平方根	Arithmetic
STEAMFLOW——流量补偿	High Level
STEAMTABLE——计算水和蒸汽的热力学特性。包括以下算法：HSCLTP、VCLTP、HSLT、SSLT、VSLT、PSLT、TSLP、TSLH、PSVS、HSTVSVP、HSVSSTP	High Level
STEPTIME——自动步进定时器	Sequencer
SUM——4个带增益和偏置的输入量相加	Arithmetic
SYSTEMTIME——在模拟量中存储系统日期和时间	Monitor
TANGENT——输入量的正切(弧度)	Arithmetic
TIMECHANGE——时间改变	Monitor
TIMEDETECT——时间检测器	Monitor
TIMEMON——基于系统时间的脉冲数字量	Monitor
TRANSFER——根据标志选择一个带增益和偏置的输入	Selector
TRANSLATOR——翻译器	Selector、Sequencer
TRANSPORT——传送延时	Sequencer
TRANSFNDX——从同一输入中对应的64个输出中选择输出模拟量值	Selector
UNPACK16——将打包数字记录分解为16个数字量点值	Artificial I/O、Digital
XMA2——软手/自动站与QAM、QAA、QLI和功能处理器之间的接口	CRT I/O、Digital
XML2——带有QAM、QLI卡设定值接口的软与/或硬手动加载站	CRT I/O、Digital
XOR——异或门	Boolean、Digital
X3STEP——控制设备必须保持在某一容许偏差	Field I/O
2XSELECT——选择和监视两个变送器信号	Monitor、Quality、Selector

3.3.3.2 常用算法

每一算法说明包含以下部分:

☆说明。描述算法的操作。

☆无效实数和品质。说明如何设定品质。

☆功能符号。用图形格式阐述算法操作。

—▶=需要的模拟量输入或输出(实线和箭头)。

—▷=需要的数字量或打包数字量输入或输出(实线、空心箭头)。

--▶=可选的模拟量输入或输出(虚线、实心箭头)。

--▷=可选的数字量或打包数字量输入或输出(虚线、空心箭头)。

☆算法记录类型(若需要)。定义了算法必须由存储参数和其他信息产生的记录的类型和大小。

☆算法定义。给出了算法的以下信息:

a. 使用参数的名称。

b. 可调常数或数据初始化参数的算法记录字段,对该字段项的类型有所要求(整数型、字节型或实数型)。

c. 参数类型如下描述:

变量=输入或输出信号(也就是模拟量或数字量)。

可调常数=除非操作员站的用户或使用控制生成器来改变,否则该固定参数保持常数。

初始数据参数=固定常数,操作员站用户不能改变但可通过控制生成器改变。

可选的=可以是算法记录中的一个可调常数或一个点记录。

d. 定义参数是必需的还是可选的。如果参数为可选,且用户没有设定初始值,其缺省值为0。如果算法输入点为可选的且用户未设定初始值,则对模拟量其值为0,而对于数字量其值为 False。

e. 缺省值(如果可用)。

f. 参数的简单描述。

g. 每个变量所需最小点记录。每个算法定义了该算法输入或输出所使用的最小尺寸的点记录。

当遇到检测硬件故障时,点的品质设置为 BAD。这些信息可以用于控制策略中,或用于使用 QUALITYMON 系列算法通过检测 BAD 品质的报警中。

☆函数。解释算法的操作或数学方程。

☆应用实例。给出一个例子阐明算法的使用。

☆杂项部分。仅对特定的用法可用。

(1)AAFLIPFLOP

1)说明

仿真一个记忆设备的输出状态。每当 SRST 端信号为 True 时,输出状态翻转(也就是说,当输入 SRST 端信号由 False 变为 True 时,输出状态 OUT 将翻转)。任何时候当复位数字量输入信号 RSET 为 True 时,OUT 为 False。

2)功能符号

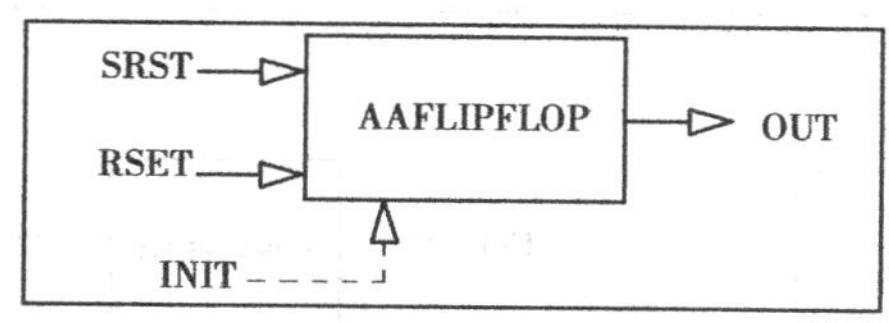

算法记录类型=LC

3)算法定义

名称	LC记录字段	类型	必需/可选的	缺省值	说明	最小点记录
INIT	—	变量	可选的	—	初始值	LD、LP
SRST	—	变量	必需的	—	输入(数字量)	LD、LP
RSET	—	变量	必需的	—	复位输入(数字量)	LD、LP
OUT	—	变量	必需的	—	输出(数字量)	LD、LP

4)函数

RSET	OLD SRST	SRST	OUT
0	0	0	S
0	0	1	T
0	1	0	S
0	1	1	S
1	×	×	0

注:×值为0或1。
S=输出保持或为原来状态。
T=输出由以前状态翻转。

OLD SRST=由函数处理器执行的上一周期SRST端输入值,开始时若RSET为True,则OUT设置为False。否则,OUT设置如下:

☆如果可选的INIT端输入由用户初始化,OUT设置为INIT的值。

☆如果INIT未初始化或初始为BAD,OUT保持状态。除非用户在编程中将OUT初始化为True,否则当上电或复位时OUT设置为False。

(2)ABSVALUE

1)说明

ABSVALUE算法的输出为输入IN1的绝对值。IN1的值将进行无效实数校验。如果IN1有效,IN1的品质传播到OUT的品质并且OUT的实数写入点记录。

2)无效数和品质

如果IN1值无效或计算的OUT值写入点记录无效,品质和原因设置为BAD。

3)功能符号

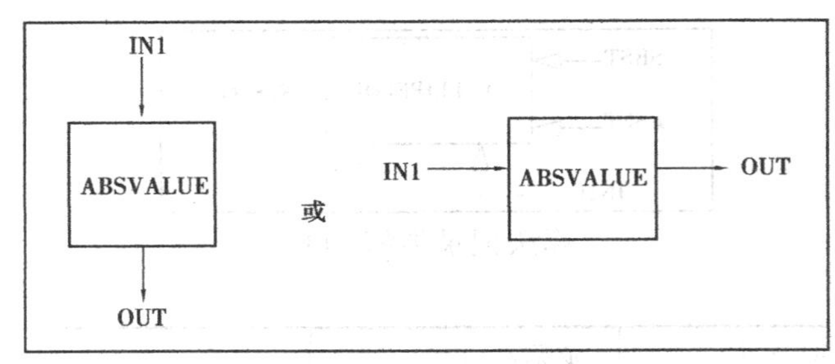

算法记录类型=NONE

4)算法定义

名称	LC 记录字段	类 型	必需/可选的	缺省值	说 明	最小点记录
IN1	—	变量	必需的	—	输入(模拟量)	LA
OUT	—	变量	必需的	—	输出(模拟量)	LA

5)函数:

OUT=ABS(IN1)

(3)ALARMMON

1)说明

如果任何输入处于报警状态(报警状态为 True)时,ALARMMON 算法将 OUT 设置为 True。如果点的第一个状态字中的未确认和报警位已经置位,或报警位为 True 且未确认为 False 时,OUT 设置为 True。

输入为1~16 的可选数字,可以是模拟量信号或数字量信号。ALARM 标志决定了算法将执行的报警检查类型。

如果报警标志为0(X1=0),且自上一次循环以后无输入进入报警限则可选输出(FOUT)设置为 False。如某次循环中输入进入报警限则 FOUT 设置为 True。

如果报警标志为1(X1=1),且一个或多个输入的未确认报警位设置为 True,则数字量输出(FOUT)设置为 True。

如果报警标志为2(X1=2),当任何一个输入处于报警时,OUT 点设置为 1。如果任何输入当前处于报警而上一个循环中不处于报警,则 FOUT 点设置为 1。

如果报警标志为3(X1=3),当任何输入点处于报警时,OUT 点设置为 True。任何输入点的"ALAR"和"unacknowledged"位设置为 True 时,FOUT 点设置为 True。

2)功能符号

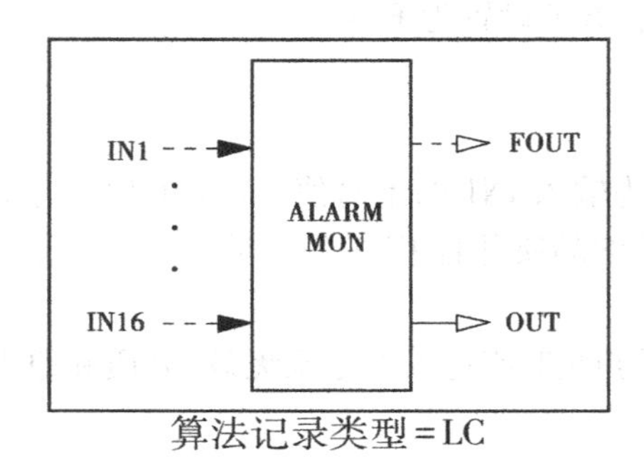

算法记录类型=LC

3)算法定义

名称	LC记录字段	类型	必需/可选的	缺省值	说明	最小点记录
DIAG	LU—整数	初始数据	必需的	16	可调的图表数值	—
ALRM	X1—字节	初始数据	可选的	0	报警检查类型 0 =新报警 1 =未确认的报警 2 =新报警/任何报警 3 =未确认的报警/任何报警	—
IN1 ⋮ IN16	—	变量	可选的	—	输入(模拟量或数字量)	LA、LD
OUT	—	变量	必需的	—	输出(数字量)	LD、LP
FOUT	—	变量	可选的	—	报警检查输出(数字量)	LD、LP

注:由于每次状态改变时报警状态将设置为True,因此不能使用状态改变点。这将是该算法不正确的使用。

(4)ANALOG DEVICE(ADEVICE)

1)说明

模拟量输出设备算法用于连接本地模拟回路控制器。在正常操作下,设备由模拟量算法控制。

当ANALOG DEVICE算法处于AUTO方式时,误差通过反馈减去设定值与灵敏度因子的乘积被计算出。缺省的灵敏度因子为1。若误差小于内部死区值,则模拟量输出为0。若误差大于外部死区值,则模拟量输出为误差值。若误差处于两者之间,通过标度变换使误差值为0~1的值。误差越接近外部死区值,标度因子就越接近1。误差越接近内部死区值,标度因子就越接近0。输出就等于误差乘以标度因子。输出被夹制在一个限制(MAX)。当不处于跟踪方式时,OUT的品质设置为两个输入中最差的品质。

继电器是数字量输入的复制。如果数字量输入为复位或跟踪输入中有跟踪信号,则跟踪输出等于跟踪输入。当处于跟踪时,品质设置为跟踪输入变量的品质。

2)跟踪信号

由模拟跟踪点第3个状态字的高16位传递的信号来实现跟踪。对数字量输入信号TRIN的信息,其算法将采取如下动作:

位	说 明	动 作	TOUT 信号
16	跟踪	执行	通过
17	若低跟踪	未动作	未使用
18	若高跟踪	未动作	未使用
19	降禁止	未动作	未使用
20	升禁止	未动作	未使用
21	条件跟踪	执行	通过
22	未使用	未动作	未使用
23	偏差报警	未动作	未使用
24	本地手动方式	未动作	未使用
25	手动方式	未动作	未使用
26	自动方式	未动作	未使用
27	未使用	未动作	未使用
28	未使用	未动作	未使用
29	未使用	未动作	未使用
30	低限值到	执行	通过
31	高限值到	执行	通过

3)功能符号

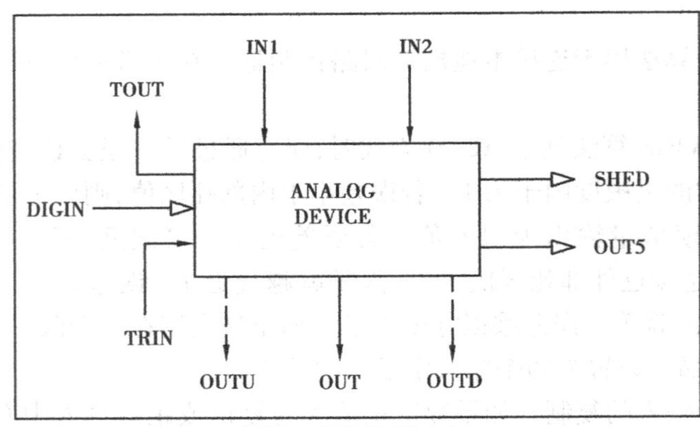

算法记录类型=LC

4)算法定义

名称	LC 记录字段	类 型	必需/可选的	缺省值	说 明	最小点记录
DIAG	LU-整数	初始数据	可选的	118	可调的图表数值	—
IN1G	R6	可调常数	必需的	1.0	指令增益	—
IN1B	R7	可调常数	必需的	0.0	指令偏置	—

续表

名称	LC记录字段	类　型	必需/可选的	缺省值	说　明	最小点记录
IN2G	R8	可调常数	必需的	1.0	反馈增益	—
IN2B	R9	可调常数	必需的	0.0	反馈偏置	—
TPSC	S1	可调常数	必需的	100.00	输出的上限标度	—
BTSC	S2	可调常数	必需的	0.0	输出的下限标度	—
DLAY	G0	可调常数	必需的	0.0	偏差延时	—
ODBN	R1	可调常数	必需的	0.0	外部死区	—
IDBN	R2	可调常数	必需的	0.0	内部死区	—
MAX	R3	可调常数	必需的	0.0	最大输出	—
SENS	R4	可调常数	必需的	1.0	灵敏度	—
DEVA	R5	可调常数	可选的	0.0	偏差死区	—
IN1	—	变量	必需的	—	指令	LA
TOUT	—	变量	必需的	—	跟踪输出	LA
IN2	—	变量	必需的	—	反馈	LA
IN3	—	变量	必需的	—	跟踪标志	LD
OUT	—	变量	必需的	—	模拟量输出	LA
TRIN	—	变量	必需的	—	跟踪输入	LA
OUT2	—	变量	必需的	—	继电器	LD
OUT3	—	变量	可选的	—	向上的模拟量	LA
OUT4	—	变量	可选的	—	向下的模拟量	LA
OUT5	—	变量	必需的	—	偏差报警	LD

(5)ANALOGDRUM

1)说明

ANALOGDRUM算法是具有一个模拟量输出值且最多为30步的软件顺序控制器,或者是具有两个模拟量输出值且最多为15步的软件顺序控制器。输出是由当前的步数和30/15的初始实数值列表来选择。当处于跟踪方式(TMOD=True)、增加(INC)或减小(DEC)时,当前步数可以跟踪选定步数(TRIN)。当INC和DEC由False向True转变时,当前步数增加或减小。必须要初始化最大步数。当步数大于最大值时,当前步数重置为1。

跟踪输入值(TRIN)和跟踪输出值(OUT)要进行无效实数校验。如果接受跟踪要求且TRIN为无效数字,则跟踪要求被忽略。然而,即使当TRIN为无效数字时,当前步数可增加(使用INC)或减小(使用DEC)。

如果算法计算出一个无效实数输出,则该值无效且品质设置为BAD。

2)功能符号

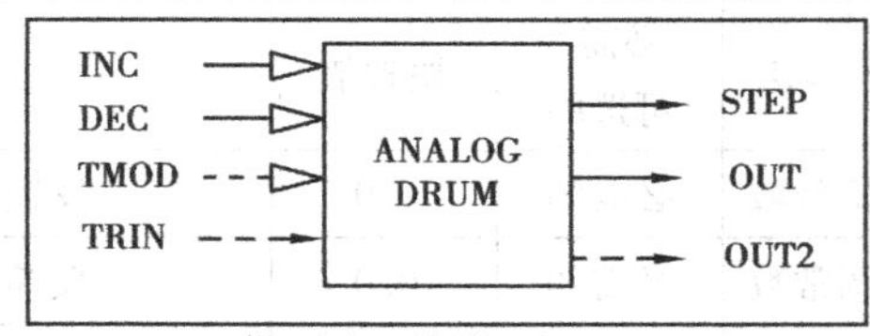

算法记录类型=LC

3)算法定义

名称	LC 记录字段	类 型	必需/可选的	缺省值	说 明	最小点记录
DIAG	LU-整数	初始数据	必需的	101	可调的图表数值	—
INC	—	变量	必需的	—	输入(数字量信号增加步数)	LD、LP
DEC	—	变量	必需的	—	输入(数字量信号减小步数)	LD、LP
TMOD	—	变量	可选的	—	输入(数字量信号);跟踪请求	LD、LP
TRIN	—	变量	可选的	—	输入(模拟量);使步数跟踪该值	LA
NMIN	X1-字节	可调常数	可选的	1	最大步数	—
R01	R1-实数	可调常数	可选的	0.0	第 1 步的输出值(+或-)	—
R02	R2-实数	可调常数	可选的	0.0	第 2 步的输出值(+或-)	—
R03	R3-实数	可调常数	可选的	0.0	第 3 步的输出值(+或-)	—
R04	R4-实数	可调常数	可选的	0.0	第 4 步的输出值(+或-)	—
R05	R5-实数	可调常数	可选的	0.0	第 5 步的输出值(+或-)	—
R06	R6-实数	可调常数	可选的	0.0	第 6 步的输出值(+或-)	—
R07	R7-实数	可调常数	可选的	0.0	第 7 步的输出值(+或-)	—
R08	R8-实数	可调常数	可选的	0.0	第 8 步的输出值(+或-)	—
R09	R9-实数	可调常数	可选的	0.0	第 9 步的输出值(+或-)	—
R10	S1-实数	可调常数	可选的	0.0	第 10 步的输出值(+或-)	—
R11	S2-实数	可调常数	可选的	0.0	第 11 步的输出值(+或-)	—
R12	S3-实数	可调常数	可选的	0.0	第 12 步的输出值(+或-)	—
R13	S4-实数	可调常数	可选的	0.0	第 13 步的输出值(+或-)	—
R14	S5-实数	可调常数	可选的	0.0	第 14 步的输出值(+或-)	—
R15	S6-实数	可调常数	可选的	0.0	第 15 步的输出值(+或-)	—
R16	S7-实数	可调常数	可选的	0.0	第 16 步的输出值(+或-)或第 1 步的输出值 2	—
R17	S8-实数	可调常数	可选的	0.0	第 17 步的输出值(+或-)或第 2 步的输出值 2	—

续表

名称	LC记录字段	类型	必需/可选的	缺省值	说明	最小点记录
R18	S9-实数	可调常数	可选的	0.0	第18步的输出值(+或-)或第3步的输出值2	—
R19	T1-实数	可调常数	可选的	0.0	第19步的输出值(+或-)或第4步的输出值2	—
R20	T2-实数	可调常数	可选的	0.0	第20步的输出值(+或-)或第5步的输出值2	—
R21	T3-实数	可调常数	可选的	0.0	第21步的输出值(+或-)或第6步的输出值2	—
R22	T4-实数	可调常数	可选的	0.0	第22步的输出值(+或-)或第7步的输出值2	—
R23	T5-实数	可调常数	可选的	0.0	第23步的输出值(+或-)或第8步的输出值2	—
R24	T6-实数	可调常数	可选的	0.0	第24步的输出值(+或-)或第9步的输出值2	—
R25	T7-实数	可调常数	可选的	0.0	第25步的输出值(+或-)或第10步的输出值2	—
R26	T8-实数	可调常数	可选的	0.0	第26步的输出值(+或-)或第11步的输出值2	—
R27	T9-实数	可调常数	可选的	0.0	第27步的输出值(+或-)或第12步的输出值2	—
R28	U1-实数	可调常数	可选的	0.0	第28步的输出值(+或-)或第13步的输出值2	—
R29	U2-实数	可调常数	可选的	0.0	第29步的输出值(+或-)或第14步的输出值2	—
R30	U3-实数	可调常数	可选的	0.0	第30步的输出值(+或-)或第15步的输出值2	—
STEP	—	变量	必需的	—	输出(模拟量);当前步数第一选择	LA
OUT	—	变量	必需的	—	输出(模拟量);由当前步数选择	LA
OUT2	—	变量	可选的	—	输出(模拟量);当前步数的第二选择	LA

(6)AND

1)说明

AND 算法是一个逻辑与门,最多可有 8 个输入。AND 算法的输出为 2 ~8 个输入的逻辑与(也即是,所有输入必须都为 True,输出才为 True)。AND 至少需要 2 个输入最多可有 8 个输入。

2)功能符号

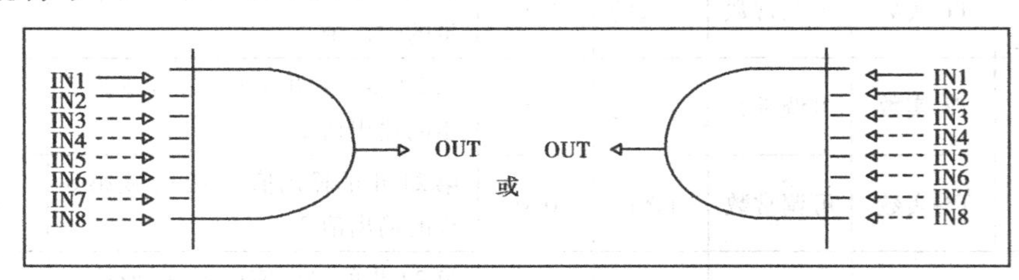

算法记录类型=NONE

3)算法定义

名称	LC 记录字段	类　型	必需/可选的	缺省值	说　明	最小点记录
IN1	—	变量	必需的	—	输入(数字量)	LD、LP
IN2	—	变量	可选的	—	输入(数字量)	LD、LP
IN3	—	变量	可选的	—	输入(数字量)	LD、LP
IN4	—	变量	可选的	—	输入(数字量)	LD、LP
IN5	—	变量	可选的	—	输入(数字量)	LD、LP
IN6	—	变量	可选的	—	输入(数字量)	LD、LP
IN7	—	变量	可选的	—	输入(数字量)	LD、LP
IN8	—	变量	可选的	—	输入(数字量)	LD、LP
OUT	—	变量	必需的/可选的	—	输出(数字量)	LD、LP

注:如果不是连接到 OR 或 AND,输出是必需的。

4)函数

OUT=IN1 AND IN2 AND IN3 AND IN4 AND IN5 AND IN6 AND IN7 AND IN8

(7)ANNUNCIATOR

1)说明

ANNUNCIATOR 算法根据报警逻辑(IN1)、以前的窗口状态(OUT)和来自操作员按钮接口(ACK、REST、TEST)的输入计算光字报警窗口状态。该算法也根据输入(PHRN 和 PCHM)、新窗口报警状态(OUT)和光字状态[FAST、SLOW、MDFY、STAT(开或关)]决定声响(HORN)和蜂鸣器(CHIME)的状态。

输入(IN1)可以是一个模拟量或一个数字量。如果是一个模拟量,它是窗口中报警的点数。如果 IN1 比 OUT 更差,使用修改的闪烁信号。当 IN1 恢复正常,OUT 已经确认,可用

RSET 复位时,设置为 SLOW。任何时候只要 OUT 维持报警则 STAT 为开。

2)无效数和品质

如果 IN1 值有效或写入点记录的 OUT 的计算值无效,OUT 的品质和原因设置为 BAD。

3)功能符号

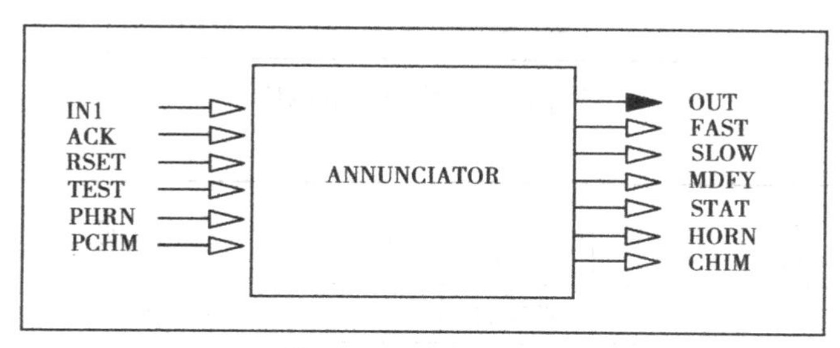

算法记录类型=LC

4)算法定义

名称	LC记录字段	类　型	必需/可选的	缺省值	说　明	最小点记录
IN1	—	变量	必需的	—	输入	LA、LD、LP
ACK	—	变量	必需的	—	确认输入(数字量)	LD、LP
RSET	—	变量	必需的	—	复位输入(数字量)	LD、LP
TEST	—	变量	必需的	—	测试输入(数字量)	LD、LP
PHRN	—	变量	必需的	—	以前的声响输入(数字量)	LD、LP
PCHM	—	变量	必需的	—	以前的蜂鸣器输入(数字量)	LD、LP
OUT	—	变量	必需的	—	输出(模拟量)	LA
FAST	—	变量	必需的	—	快闪输出(数字量)	LD、LP
SLOW	—	变量	必需的	—	慢闪输出(数字量)	LD、LP
MDFY	—	变量	必需的	—	修改的闪烁输出(输出量)	LD、LP
STAT	—	变量	必需的	—	窗口状态(开/关)输出(数字量)	LD、LP
HORN	—	变量	必需的	—	当前声响输出(数字量)	LD、LP
CHIM	—	变量	必需的	—	当前蜂鸣器输出(数字量)	LD、LP

(8)ARCCOSINE

1)说明

ARCCOSINE 算法实现数学上的反余弦函数。ARCCOSINE 有一个输入和一个模拟量输出点。算法执行时,如果输出处于扫描,它被设置为输入的反余弦值。该算法的输出为弧度。如果希望输出为度,将输出乘以 57.295 79 转换为度。如果算法输入为-1.0 ~ +1.0,超出该范围之外,则输出值无效且产生报警。

2)无效实数和品质

对模拟量输入进行无效实数校验,如果输入值无效,输出值无效且其品质设置为 BAD,输入的品质传播到输出。

3)功能符号

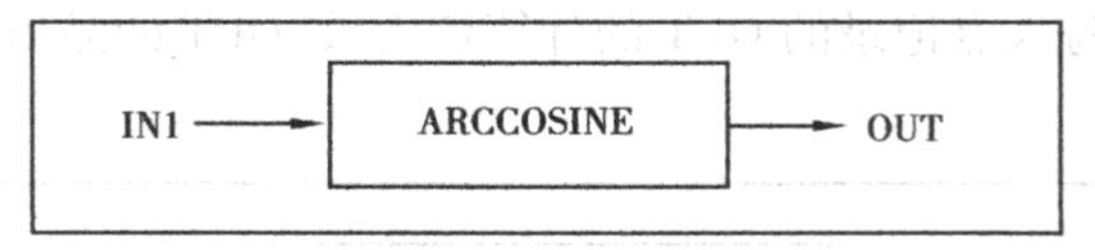

算法记录类型=NONE

4)算法定义

名称	LC 记录字段	类 型	必需/可选的	缺省值	说 明	最小点记录
IN1	—	变量	必需的	—	输入(模拟量)	LA
OUT	—	变量	必需的	—	输出(模拟量)	LA

5)函数

OUT=ARCCOSINE(IN1)

(9)ARCSINE

1)说明

ARCSINE 算法实现数学上的反正弦函数。ARCSINE 有一个输入和一个模拟量输出点。算法执行时,如果输出处于扫描,它被设置为输入的反正弦值。该算法的输出为弧度。如果希望输出为度,将输出乘以 57.295 79 转换为度。如果算法输入为-1.0 ~ +1.0,超出该范围之外,则输出值无效且产生报警。

3)无效实数和品质

对模拟量输入进行无效实数校验,如果输入值无效,输出值无效且其品质设置为 BAD,输入的品质传播到输出。

4)功能符号

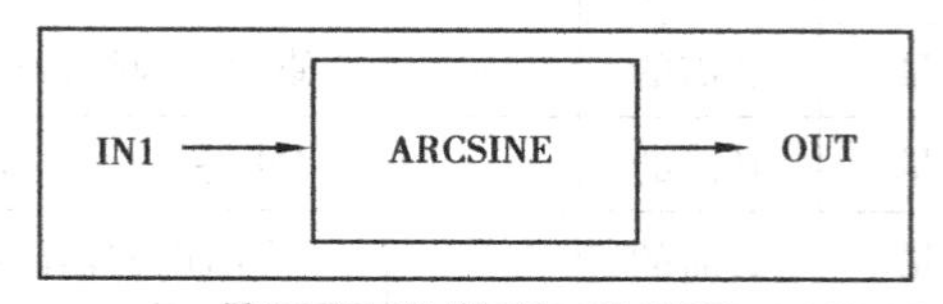

算法记录类型=NONE

5)算法定义

名称	LC 记录字段	类 型	必需/可选的	缺省值	说 明	最小点记录
IN1	—	变量	必需的	—	输入(模拟量)	LA
OUT	—	变量	必需的	—	输出(模拟量)	LA

6)函数

OUT=ARCSINE(IN1)

(10)ARCTANGENT

1)说明

ARCTANGENT算法实现数学上的反正切函数。ARCTANGENT有一个输入和一个输出点。算法执行时,如果输出处于扫描,它被设置为输入的反正切值。该算法的输出为弧度。如果希望输出为度,将输出乘以57.295 79转换为度。

2)无效实数和品质

对模拟量输入进行无效实数校验,如果输入值无效,输出值无效且其品质设置为BAD,若输入有效,输入的品质传播到输出。

3)功能符号

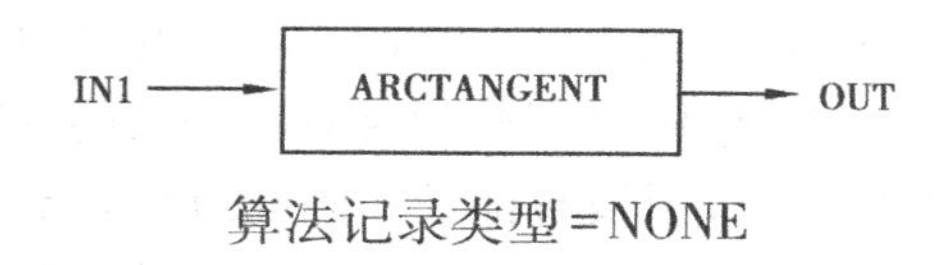

算法记录类型=NONE

4)算法定义

名称	LC记录字段	类　型	必需/可选的	缺省值	说　明	最小点记录
IN1	—	变量	必需的	—	输入(模拟量)	LA
OUT	—	变量	必需的	—	输出(模拟量)	LA

5)函数

OUT=ARCTANGENT(IN1)

(11)ASSIGN

1)说明

ASSIGN算法将一个点的值和品质传递给另一个同一记录类型的点。算法允许值和品质从一个模拟量点传递到另一个模拟量点,从一个数字量点传递到另一个数字量点或者从一个打包点传递到另一个打包点。必须指定输出点名称,不允许使用缺省点。

2)无效实数和品质

如果输入点为模拟量输入点,则该值将进行无效实数校验。如果输入值无效,输出值无效且其品质设置为BAD。

3)功能符号

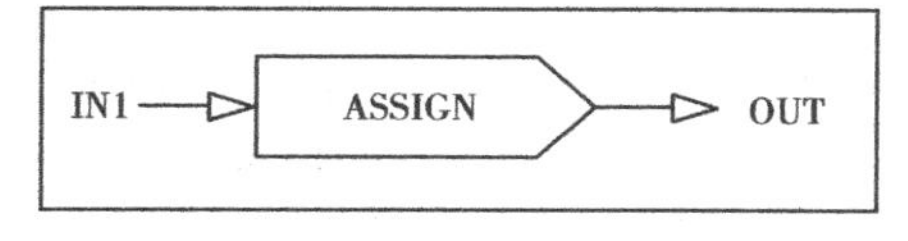

算法记录类型=NONE

4)算法定义

名称	LC记录字段	类　型	必需的/可选的	缺省值	说　明	最小点记录
IN1	—	变量	必需的	—	输入	LA、LD、LP
OUT	—	变量	必需的	—	输出	LA、LD、LP

(12)ATREND

1)说明

ATREND 算法将用户指定的点输出到带状图形记录仪记录趋势。通过整定算法,操作员可将记录趋向的点改变为系统数据高速公路上的任意一点。无论在控制器中该点是本地的或使用的,可以记录任何一个具有系统符号(也就是,LA/LD 记录大小或更大)的点。记录仪的输出设置为 5 s 0%,然后 10 s 100% 以表明正记录点或其标度已改变。整定图允许输入点的名称来改变正在记录趋势的点。

标度值的上限和下限也可以在线指定,用于将模拟量点当前值转化为满量程的百分比。数字量点的当前值输出为 25%(False)或 75%(True)。该转化值进行归一化输出到一个指定的模拟量输出点卡。每小时时间标签中,如果输出在算法记录的 X3 字段中已初始化,记录仪的输出在每小时的开始 5 s 里为 0。如果没有记录任何点,0 输出到 I/O 卡中。当记录一个点时,输出(TRND)设置为 True。如果未记录任何点,TRND 设置为 False。

2)功能符号

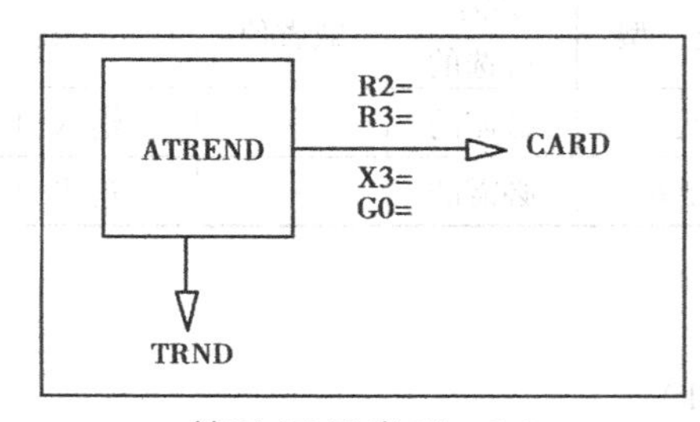

算法记录类型=LC

3)算法定义

名称	LC 记录字段	类　型	必需/可选的	缺省值	说　明	最小点记录
DIAG	LU-整数	初始数据	必需的	18	可调的图表数值	—
TYPE	X3-字节	初始数据	可选的	0	记录卡类型: 0=1~5 V 或 4~20 mA　Q-Line 1=0~10 V　Q-Line 2 =1~5 V 或 4~20 mA 具有小时标记的 Q-Line 3 =0~10 V 具有小时标记的 Q-Line	—
TRND	—	变量	必需的	—	输出(数字量)	LD、LP
CARD	—	变量	必需的	—	具有记录仪硬件地址的点(模拟量)	LA

续表

名称	LC记录字段	类 型	必需/可选的	缺省值	说 明	最小点记录
注意： 当记录一个特殊点时，使用算法记录中的以下字段。与算法整定相关的整定图允许用户初始化和整定这些字段。 LC Alg. 记录字段 类型 说明 R2-实数 可调常数 标度值上限 R3-实数 可调常数 标度值下限 G0-整数 可调常数 正在记录的点的系统标识。输入整定图中的点名称将自动转化为系统标识存储在该字段						

(13) AVALGEN

1) 说明

AVALGEN算法对模拟量点进行初始化，其输出为模拟量值存储在整定常数中(VALVE)。该值是其他算法的设定值或偏置。如果VALUE输入不正确或数据已损坏，算法生成一个无效数字。OUT值无效，其品质设置为BAD。

2) 功能符号

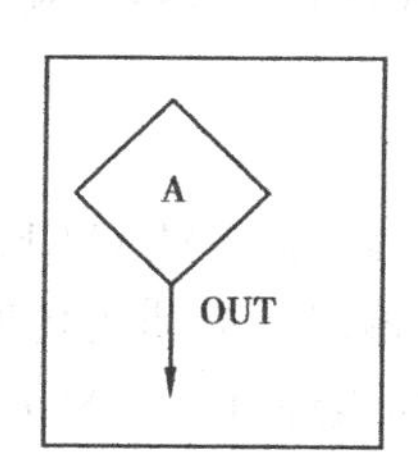

算法定义类型=LC

3) 算法定义

名 称	LC记录字段	类 型	必需/可选的	缺省值	说 明	最小点记录
DIAG	LU-整数	初始数据	必需的	65	可调的图表数值	—
VALU	R1-实数	可调常数	必需的	0	输出的模拟值(+或-)	—
OUT	—	变量	必需的	—	输出(模拟量)	LA

4) 函数

OUT=VALU

(14) BALANCER

1) 说明

BALANCER算法监视多达16个后继算法的状态，且当所有的后继算法需要上级算法跟踪时，能实现用户定义类型的跟踪。BALANCER算法的特定结构能用于平衡几个后继手动/

自动(M/A)站算法的输出。

后继算法的实际数目由用户进行初始化时决定。可将该算法的输出连接到任何一个后继算法的 IN1 输入,或连接到一个后继选择类型算法的 IN2 输入。当配置 BALANCER 算法时,可指定哪一个算法(在其他页与/或站)使用 BALANCER 算法的输出信号。BALANCER 算法检查反馈信号以观察有多少后继算法需要上级算法的跟踪(有多少处于手动方式)。利用这些信息和初始化的控制类型,计算送往这些后继算法输入的模拟量输出值。

注意:当 BALANCER 算法第一次执行,或发生复位/上电时,算法不会使用后继算法传回来的跟踪输入值,知道后继算法已经计算出跟踪输入。

2)功能符号

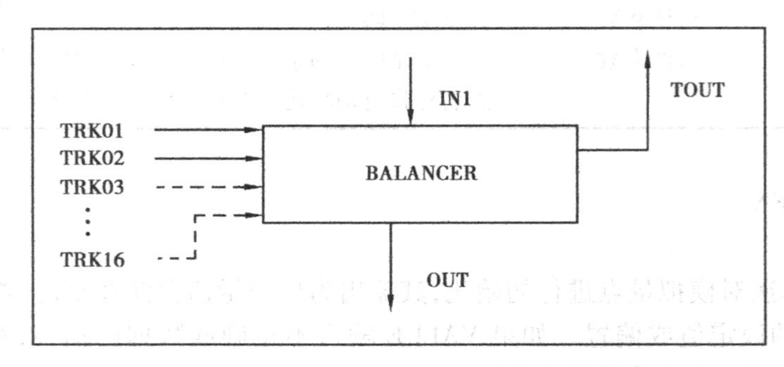

3)控制方式

控制方式有 NORMAL 和 MA BALANCER 两种控制类型。必须为两种控制类型选择一种跟踪类型(最高、最低或者平均)。

☆NORMAL。

如果所有后继算法都要求上级算法跟踪,BALANCER 算法的输出为由后继算法传回来的模拟跟踪信号的最高、最低或平均值。输出的品质为传回来的模拟跟踪信号中最差的品质。

如果没有后继算法要求上级算法的跟踪,BALANCER 算法的输出为加增益和偏置的模拟量输入值。输出的品质为输入值的品质。

后继算法可以是任何一种标准算法。当从模拟跟踪信号的最高、最低或平均值切换到加增益和偏置的输入值时,BALANCER 算法将执行内部跟踪。

☆MA BALANCER。

如果所有的后继 MA 算法需要上级算法跟踪,则 BALANCER 算法的输出为从后继算法传回来的模拟跟踪信号的最高、最低或平均值。

如果没有后继算法需要上级算法跟踪,则 BALANCER 算法的输出为一个值,它使所有后继算法输出的平均值等于加增益和偏置的输入值。

输出的品质为传回来的模拟跟踪信号中最差的品质。

这种类型的控制要能正确执行,后继算法必须为 MASTATION 且这些算法的增益和偏置必须分别等于 1.0 和 0.0。当从模拟跟踪信号的最高、最低或平局值切换到平衡后续算法输出的值时,BALANCER 算法将执行内部跟踪。无论品质如何,都将使用模拟跟踪信号。

4)无效实数和品质

如果算法生成一个无效输出值,输出为最后一个有效值,OUTPUT 点的品质设置为 BAD。此外,如果算法接收无效值作为输入,或者计算出无效输出,则站进入报警。

5)始化本算法

警告:

来自后继算法的反馈跟踪算法在下载到 BALANCER 算法之前必须初始化。如果反馈跟踪信号故障,将导致错误。

可以使用控制生成器输入或连接来自后继算法 TOUT 点的信号线。跟踪点反馈回去作为 BALANCER 算法的模拟量跟踪输入以计算正确的模拟量输出值。

6)跟踪信号

对于由后继算法传回来的模拟量跟踪信号的信息(第 3 个状态字段里),算法将采取以下动作:

位	说　明	动　作	跟踪信号
16	跟踪	执行	通过*
17	若低跟踪	无动作	通过**
18	若高跟踪	无动作	通过**
19	降禁止	无动作	通过***
20	升禁止	无动作	通过***
21	条件跟踪	无动作	未使用
22	未使用	无动作	未使用
23	偏差报警	无动作	未使用
24	本地手动方式	无动作	未使用
25	手动方式	无动作	未使用
26	自动方式	无动作	未使用
27	未使用	无动作	未使用
28	未使用	无动作	未使用
29	未使用	无动作	未使用
30	低限值到	无动作	低限值到
31	高限值到	无动作	高限值到

注:*　仅当所有来自后继算法的跟踪信号需要上级算法跟踪。

**　仅当没有来自后继算法的跟踪信号需要上级算法跟踪,且当所有后继信号需要这些信号。

***　仅当没有来自后继算法的跟踪信号需要上级算法跟踪,且当所有后继信号需要这些信号。根据设置跟踪信号的定义设置信号。

输出由用户指定的高限和低限进行限制。高限和低限标志与算法的跟踪信号输出到 TOUT 的第 3 个状态字段,可供显示和上级算法使用。

注意:

如果算法生成一个无效跟踪输出值,则跟踪输出值为 IN1 输入,除非 IN1 无效。如果计算的跟踪输出和 IN1 输入值无效,则跟踪输出值不更新。参见 MASTATION 算法说明以设置 MASTATION CNFG 参数。

算法记录类型=LC

7)算法定义

名　称	LC 记录字段	类　型	必需/可选的	缺省值	说　明	最小点记录
DIAG	LU-整数	初始数据	必需的	79	可调的图表数值	—
NMIN	X1-字节	初始数据	必需的	1	后继算法的数目(最多 16)	—
CNTL	G3-整数位 0	初始数据	必需的	NORMAL	执行的控制类型 NORMAL:正常控制方式 BALANCER: MA 平衡控制方式	—
TRK	G3-整数位 1 和 2	初始数据	必需的	HIGHEST	执行的跟踪类型: HIGHEST:最高值 LOWER:最低值 AVERAGE:平均值	—
GAIN	R1-实数	可调常数	必需的	1.0	输入变量增益。输入增益不能初始化为 0,否则,站被置为报警状态	—
BIAS	R2-实数	可调常数	可选的	0.0	输入变量的偏置	—
TPSC	R3-实数	可调常数	必需的	100.0	输出点的最大值	—
BTSC	R4-实数	可调常数	必需的	0.0	输出点的最小值	—
TRAT	R5-实数	可调常数	必需的	2.5	跟踪变化率(单位每秒)	—
IN1	—	变量	必需的	—	模拟量输入变量	LA
TOUT	—	变量	必需的	—	上级输入跟踪值,方式和算法的状态	LA
OUT	—	变量	必需的	—	模拟量输出变量	LA
TRK01	—	变量	必需的	—	来自后继算法的反馈跟踪信号,它包含跟踪值和跟踪信号(在模拟量跟踪点的第三个状态字段)	LA
TRK02	—	变量	必需的	—	来自后继算法的反馈跟踪信号,它包含跟踪值和跟踪信号(在模拟量跟踪点的第三个状态字段)	LA
TRK03 ⋮ TRK16	—	变量	可选的	—	来自后继算法的反馈跟踪信号,它包含跟踪值和跟踪信号(在模拟量跟踪点的第三个状态字段)	LA

(15)BCDNIN

1)说明

BCDNIN算法读取BCD码格式的打包点(IN),将其转化为实数,存储在输出记录(OUT)的AV字段中。必须指明对输入值采取什么类型的动作。直接动作将直接读取输入值。反动作将读取输入值并且在其使用之前取反(补码)。必须指定读取的BCD数字的位数和开始读取位的位置。

2)功能符号

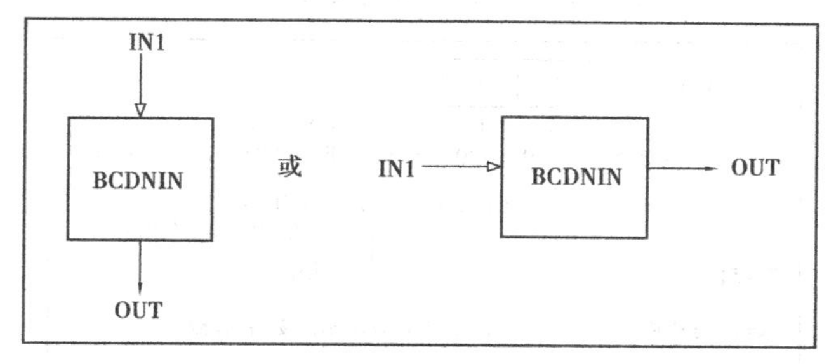

算法记录类型=LC

3)算法定义

名称	LC记录字段	类型	必需/可选的	缺省值	说明	最小点记录
DIAG	LU-整数	初始数据	必需的	94	可调的图表数值	—
BITP	X2-字节	可调常数	必需的	—	第一个数字位的位置	—
NDIG	X1-字节	初始数据	必需的	1	要读取的数字个数:1、2、3或4	—
CNTL	X3-字节	可调常数	可选的	直接的	控制动作指示: 值 说明 0 直接动作——从I/O总线上读取卡值并使用。当低为True时用于BCD显示 1 反动作——从I/O总线上读取卡值,将其取反后使用。当高为True时用于BCD显示	—
IN	—	变量	必需的	—	输入(打包点)	LP
OUT	—	变量	必需的	—	输出(模拟量)	LA

【例】 从第0位开始读取4个BCD数字:BITP=0;NDIG=4。

那么,OUT的当前值为6 281.0,如图3.248所示。

【例】 从第4位开始读取两个BCD数字:BITP=4;NDIG=2。

那么,OUT当前值为28,如图3.249所示。

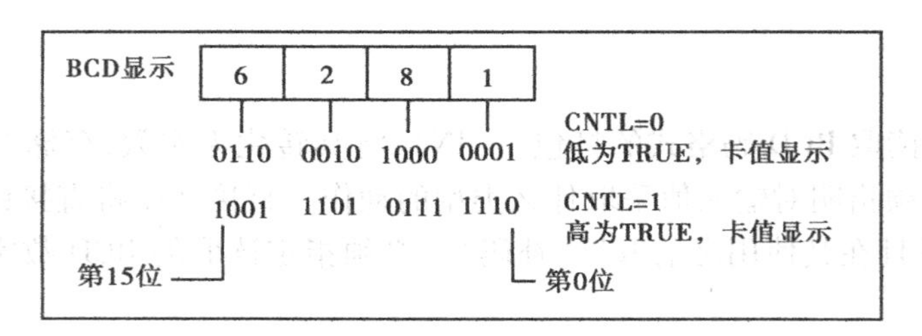

图 3.248　BCDNIN 转换实例图 1

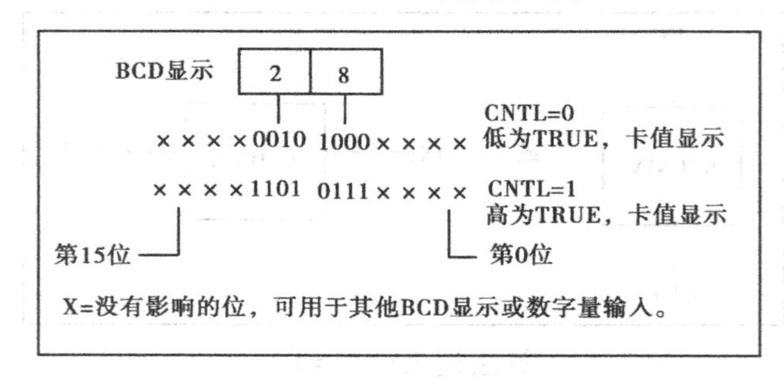

图 3.249　BCDNIN 转换实例图 2

(16)BCDNOUT

1)说明

BCDNOUT 算法从输入 IN 读取一个实数,将其转化为 BCD 码,并输出 BCD 数字到一个打包输出点。必须指明对输出值动作的类型。直接动作将直接写出输出值。反动作将值取反(补码)后写入输出点。必须指明要写的 BCD 数字个数和从那一位开始写。

2)无效数

对模拟量输入(IN)进行无效实数校验。如果 IN 输入为一个无效实数,不能将其写入输出点。

3)功能符号

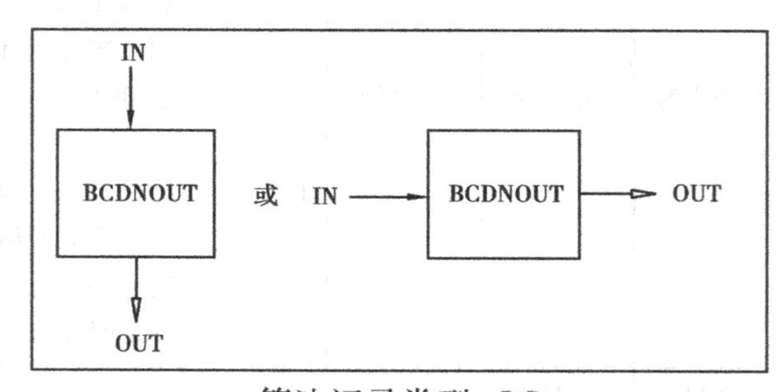

算法记录类型=LC

4)算法定义

名　称	LC 记录字段	类　型	必需/可选的	缺省值	说　明	最小点记录
DIAG	LU-整数	初始数据	必需的	95	可调的图表数值	—
BITP	X2-字节	可调常数	必需的	0	第一个数字位的位置	—

续表

名称	LC 记录字段	类　型	必需/可选的	缺省值	说　明	最小点记录
NDIG	X1-字节	初始数据	必需的	1	要读取的数字个数:1、2、3 或 4	—
CNTL	X3-字节	可调常数	可选的	直接的	控制动作指示: 值　说明 0　直接动作——从硬件读取卡值并使用。当低为 True 时用于 BCD 显示 1　反动作——从硬件读取卡值,将其取反后使用。当高为 True 时用于 BCD 显示	—
IN	—	变量	必需的	—	输入(模拟量)	LA
OUT	—	变量	必需的	—	输出(打包点)	LP

【例】 从位置 0 开始写入 4 个 BCD 数字,IN 当前值为 6 281.0,如图 3.250 所示。

BITP = 0

NDIG = 4

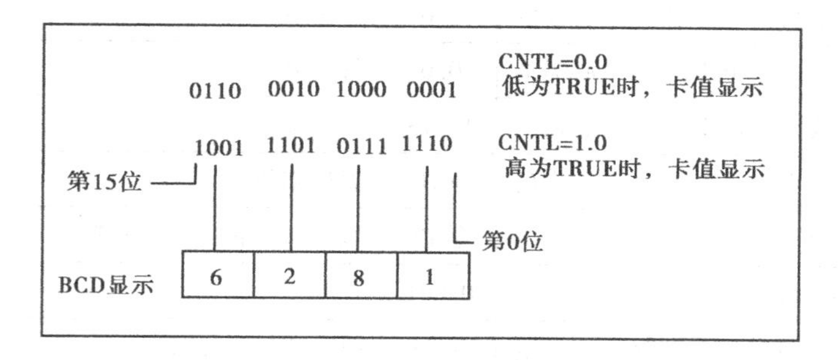

图 3.250　BCDNOUT 转换实例图 1

【例】 从第四位开始,写入两个 BCD 数字,IN 当前值为 28.0,如图 3.251 所示。

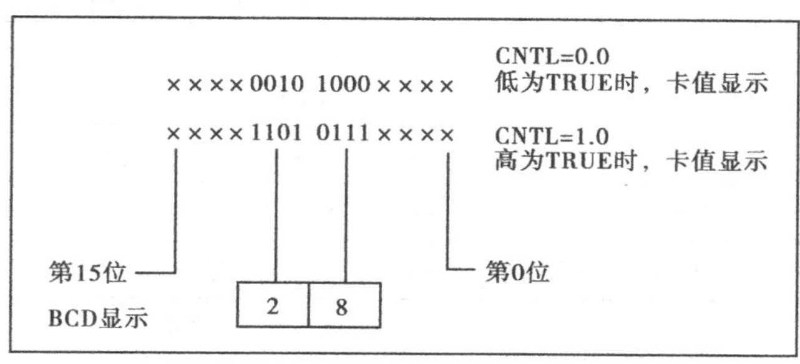

图 3.251　BCDNOUT 转换实例图 2

BITP = 4

NDIG = 2

(17) BILLFLOW

1) 说明

BILLFLOW 算法针对孔板生成一个 AGA3 气体流量计算。它可用于孔板上游和下游静态压力测量,也可用于角接和法兰孔板。

可压缩系数可用两种方法中的一种进行计算。该值可通过压缩系数点(SC)传递,或由算法使用来自 N_2 和 CO_2 整定字段的附加信息来计算。

2) 功能符号

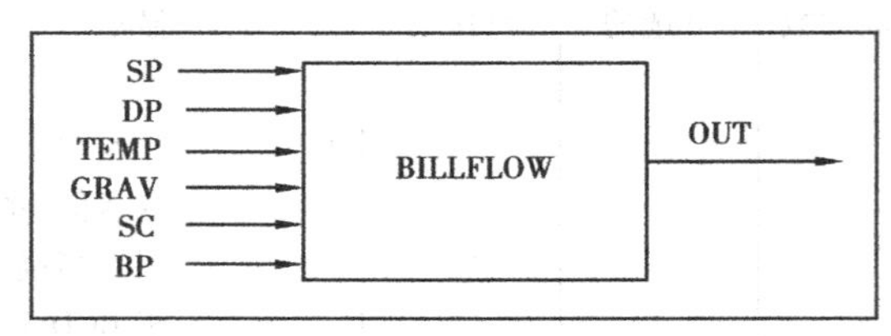

算法记录类型 = LC

3) 算法定义

名 称	LC 记录字段	类 型	必需/可选的	缺省值	说 明	最小点记录
DIAG	LU-整数	初始数据	必需的	115	可调的图表数值	—
FLOW	X2-字节	初始数据	必需的	上游	流量单元类型(下游或上游)	—
XDO	R1-实数	可调常数	必需的	0.0	孔板 ID	—
DI	R2-实数	可调常数	必需的	0.0	管道 ID	—
PB	R3-实数	可调常数	必需的	14.73	压力基值	—
TB	R4-实数	可调常数	必需的	60.0	温度基值	—
TAP	X1-字节	可调常数	必需的	管道	取压口位置(法兰或管道)	—
CU	R6-实数	可调常数	必需的	0.001	切除	—
C02	R7-实数	可调常数	必需的	0.75	CO_2 摩尔百分数	—
N2	R8-实数	可调常数	必需的	0.48	N_2 摩尔百分数	—
SP	—	变量	必需的	—	静态流体压力(PSIG)	LA
DP	—	变量	必需的	—	孔板差压 (IN WC)	LA
TEMP	—	变量	必需的	—	气体温度(华氏度)	LA
GRAV	—	变量	必需的	—	重力	LA
SC	—	变量	可选的	—	可压缩系数	LA
BP	—	变量	必需的	—	大气压力(PSIA)	LA
OUT	—	变量	必需的	—	气体流量输出(KCF/HR)	LA

(18)CALCBLOCK

1)说明

CALCBLOCK 算法允许用户在一个控制表单内求解复杂的数学方程。CALCBLOCK 算法支持以下列表中的所有操作。对于更复杂的方程,CALCBLOCK 算法可以级联。逻辑操作由 CALCBLOCKD 算法支持。

2)CALCBLOCK 操作

数学运算		标 准		科学运算	
Add 加法	(a + b)	* Square Root 平方根	(sqrt(a))	* Cosine	(cos(a))
Subtract 减法	(a - b)	* Reciprocal 倒数	(recip(a))	* Sine	(sin(a))
Multiply 乘法	(a * b)	Max 最大	(max(a,b))	* Tangent	(tan(a))
Divide 除法	(a / b)	Min 最小	(min(a,b))	* Arccos	(arccos(a))
Power 乘方	(a ^ b)	* Negate 取负	(-a)	* Arcsin	(arcsin(a))
* Square 平方	(square(a))	Remain 余数	(remain(a,b))	* Arctan	(arctan(a))
* Cube 立方	(cube(a))	* Round 四舍五入	(round a)	* Natural Log	(ln(a))
		* Truncate 截断	(trunc a)	* Log base 10	($\log_{10}$(a))
		* Absolute value 绝对值	(abs a)	* Antilog	(antilog(a))
				* Exp	(exp(a))
(*)=一元算子(只有一个自变量)					

每一个 CALCBLOCK 算法支持多达 18 个输入和 10 个浮点常数。

每一个 CALCBLOCK 算法支持多达 15 种上述运算(可任意组合)。每个算子具有两个自变量。

每个运算的中间结果将存储在算法记录的实数字段中(1 ~ 15)。这些中间结果可以在监视画面的整定窗口中显示且用户可使用它们调试计算。

定义计算的结果存储在 OUT 点。如果产生无效数字(例如,除以 0、ln(负数)、无穷大等),则有效地输出逻辑设置为 False。如果计算结果未产生无效数字,则有效地输出逻辑设置为 True。

QBAD 参数由用户初始化指明当计算产生无效数字时,OUT 点是否应该设置为坏品质。缺省值为"YES",在遇到无效数字时,输出设置为坏品质。

实数常数字段是算法中唯一可调整的字段。所有的编辑必须由控制生成器来实现。

可选 ENBL 输入允许算法有条件地执行。如果输入已连接,那么仅当 ENBL 输入为 True

时,才能进行计算。如果 ENBL 输入为 False,将不进行计算,输出为以前的值。

如果 ENBL 输入没有连接,则为无条件执行,且在每个循环中执行计算。

3)功能符号

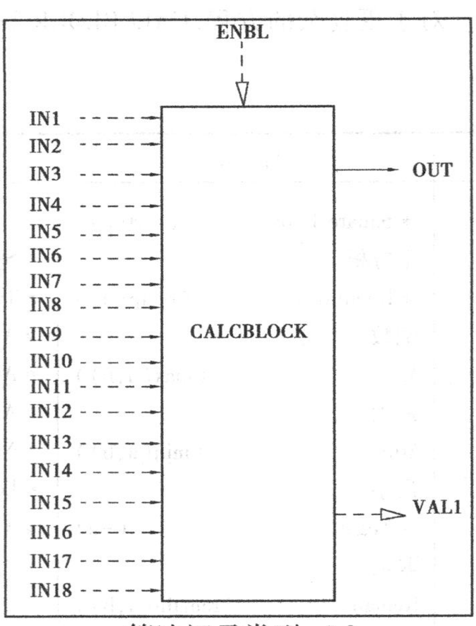

算法记录类型=LC

4)算法定义

名　称	LC 记录字段	类　型	必需/可选的	缺省值	说　明	最小点记录
DIAG	LU-整数	初始数据	可选的	46	可调的图表数值	—
QBAD	Y5-字节	初始数据	可选的	YES	出现无效数字时坏品质 YES=设置输出为坏品质 NO=输出不设置为坏品质	—
OPR1 ~ OP10	X0 ~ X9 字节	变量	必需的	—	操作数 #1 ~ 10	—
OPR11 ~ OP12	Y0 ~ Y4 字节	变量	可选的	—	操作数 #11 ~ 15	—
ARG1 ~ ARG9	G0 ~ G8 整数	变量	必需的	—	自变量 #1 ~ 9	—
AR10	G9 整数	变量	可选的	—	自变量 #10	—
AR11 ~ AR20	B0 ~ B9 整数	变量	可选的	—	自变量 #11 ~ 20	—
AR21 ~ AR29	C0 ~ C8 整数	变量	可选的	—	自变量 #21 ~ 29	—

续表

名　称	LC记录字段	类　型	必需/可选的	缺省值	说　明	最小点记录
AR30	YT-整数	变量	可选的	—	自变量 #30	—
RES1 ~ RES9	R1 ~ R9 实数	变量	—	—	运算结果 #1 ~ 9	—
RE10 ~ RE15	S1 ~ S6 实数	变量	—	—	运算结果 #10 ~ 15	—
CON1 ~ CON3	S7 ~ S9 实数	可调常数	可选的	—	常数 1 ~ 3	—
CON4 ~ CON10	T1 ~ T7 实数	可调常数	可选的	—	常数 4 ~ 10	—
ENBL	—	变量	可选的	—	允许计算	LD
IN1 ~ 18	—	变量	可选的	—	输入 1 ~ 18	LA
OUT	—	变量	必需的	—	计算结果值	LA
VALI	—	变量	可选的	—	有效输出标志	LD

【例】 下面以一个简单的计算为例进行说明(见图3.252)。

$$Y = \frac{T + 459\ 367}{1\ 164.83}$$

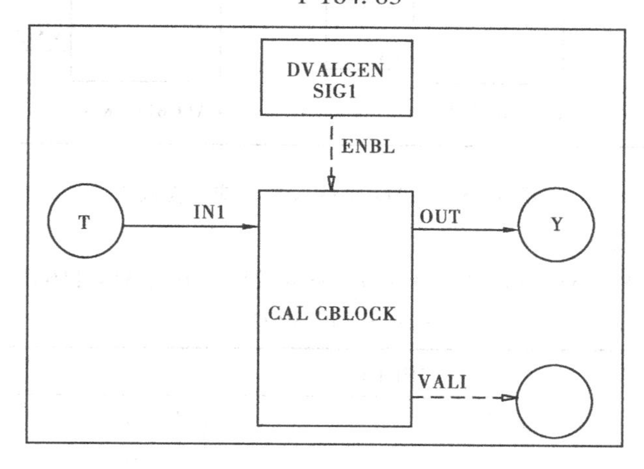

图3.252　CALCBLOCK 算法应用实例1

算法参数	数　值	步运算
IN1	T	不适用
ENBL	SIG1	不适用
CON1	459.67	不适用

续表

算法参数	数　值	步运算
CON2	1 164.83	不适用
OPR1	+	RES1 = IN1+CON1
OPR2	/	RES2 = RES1/CON2
OUT	Y	Y=RES2
VALI	SIG2	不适用

【例】 下面以一个多重计算为例说明。

$$\mu = \frac{2.62068 \times 10^{-5}}{0.000672}\exp\left(\begin{array}{l}-2.0296177 + 0.33158207Y + 1.7158422Y^2 + \\ 6.2354116Y^3 - 14.042987Y^4 + 7.3749399Y^5\end{array}\right)$$

这个计算通过使用两个 CALCBLOCK 算法被分成了两部分,如图 3.253 所示。

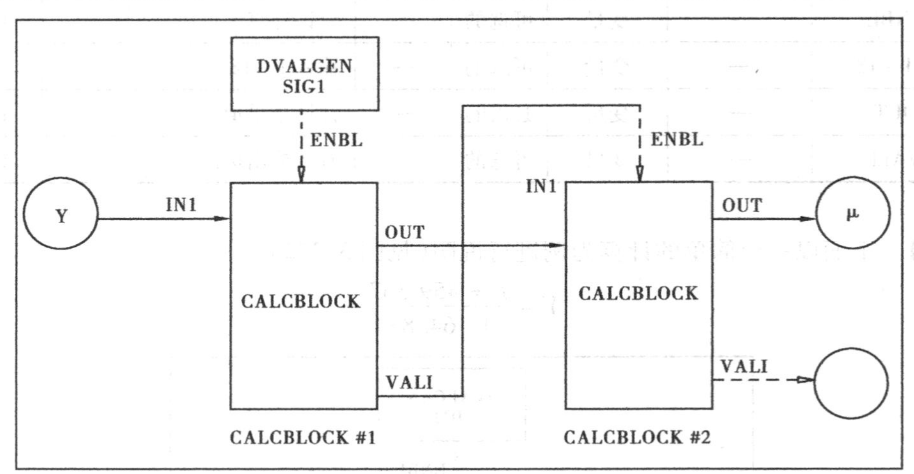

图 3.253　CALCBLOCK 算法应用实例 2

CALCBLOCK 1 求解方程:

$$(-2.0296177 + 0.33158207Y + 1.7158422Y^2 + 6.2354116Y^3 - 14.042987Y^4 + 7.3749399Y^5)$$

算法参数	数　值	中间步	步运算
IN1	Y	不适用	不适用
ENBL	SIG1	不适用	不适用
CON1	2.0 296 177	不适用	不适用
CON2	0.33 158 207	不适用	不适用
CON3	1.7 158 422	不适用	不适用
CON4	6.234 116	不适用	不适用
CON5	14.042 987	不适用	不适用

续表

算法参数	数　值	中间步	步运算
CON6	7.3 749 377	不适用	不适用
CON7	4	不适用	不适用
CON8	5	不适用	不适用
OPR1	幂	RES1 = 幂(IN1,CON8)	Y^5
OPR2	幂	RES2 = 幂(IN1,CON7)	Y^4
OPR3	立方	RES3 = 立方(IN1)	Y^3
OPR4	平方	RES4 = 平方(IN1)	Y^2
OPR5	*	RES5 = CON6 * RES1	7.374 * (Y^5)
OPR6	*	RES6 = CON5 * RES2	14.042 * (Y^4)
OPR7	*	RES7 = CON4 * RES3	6.235 * (Y^3)
OPR8	*	RES8 = CON3 * RES4	1.715 * (Y^2)
OPR9	*	RES9 = CON9 * IN1	0.331 * Y
OP10	负	RE10 = neg(CON1)	−2.209
OP11	+	RE11 = RE10+RES9	(−2.209+(0.331 * Y))
OP12	+	RE12 = RE11+RES8	((−2.209+(0.331 * Y))+(1.715 * (Y^2)))
OP13	+	RE13 = RE12+RES7	((−2.209+(0.331 * Y))+(1.715 * (Y^2))+6.235 * (Y^3)))
OP14	−	RE14 = RE13−RES6	(((−2.209+(0.331 * Y))+(1.715 * (Y^2))+6.235 * (Y^3))−(14.042 * (Y^4)))
OP15	+	RE15 = RE14+RES5	((((−2.209+(0.331 * Y))+(1.715 * (Y^2))+6.235 * (Y^3))−(14.042 * (Y^4)))+7.374 * (Y^5)))
OUT	OUT	OUT = RE15	不适用
VALI	VALI	不适用	不适用

CALCBLOCK 2 求解方程：

$$(2.620\,68\times10-5/0.000\,672)\exp(OUT1)$$

算法参数	数　值	中间步	步计算
IN1	OUT	不适用	不适用
ENBL	VALI	不适用	来自 CALCBLOCK 1 的 VALI 信号
CON1	0.038 998 214 3	不适用	$(2.620\ 68 * 10^{-5}/0.000\ 672)$
OPR1	exp	RES1 = exp(IN)	(expIN1)
OPR2	*	RES2 = CON1 * RES1	(0.038 998 214 3 * (expIN1))
OUT	OUT	OUT = RES2	不适用
VALI	VALI	不适用	不适用

(19)CALCBLOCKD

1)说明

CALCBLOCKD 算法是 CALCBLOCK 算法的数字量版本。CALCBLOCKD 算法只能实现逻辑功能(见表 3.80)。对于复杂的计算,CALCBLOCKD 算法可相互级联。

表 3.80　逻辑功能函数

逻　辑	
And(与)	(a&&b)
Nand(与非)	(a^&b)
Or(或)	(a||b)
Nor(或非)	(a^|b)
Xor(异或)	(a xor b)
Not(非)	(not a)

每个 CALCBLOCKD 算法最多可支持 18 个输入和 10 个浮点常数。

每个 CALCBLOCKD 算法最多可支持以上 15 种操作(可任意组合)。每个算子具有两个自变量。

每个运算的中间结果将存储在算法记录的实数字段中(1 ~ 15)。这些中间结果可以在监视画面的整定窗口中显示且用户可使用它们调试计算。

定义计算的结果存储在 OUT 点。如果产生无效数字,则 VALID 输出逻辑设置为 False。如果计算结果未产生无效数字,则 VALID 输出逻辑设置为 True。

QBAD 参数由用户初始化指明当计算产生无效数字时, OUT 点是否应该设置为坏品质。缺省值为“YES”,在遇到无效数字时,输出设置为坏品质。

实数常数字段是算法中唯一可调整的字段。所有的编辑必须由控制生成器来实现。

可选 ENBL 输入允许算法有条件地执行。如果输入已连接,那么仅当 ENBL 输入为 True 时,才能进行计算。如果 ENBL 输入为 False,将不进行计算,输出为以前的值。

如果 ENBL 输入没有连接,则为无条件执行,且在每个循环中执行计算。

2)功能符号

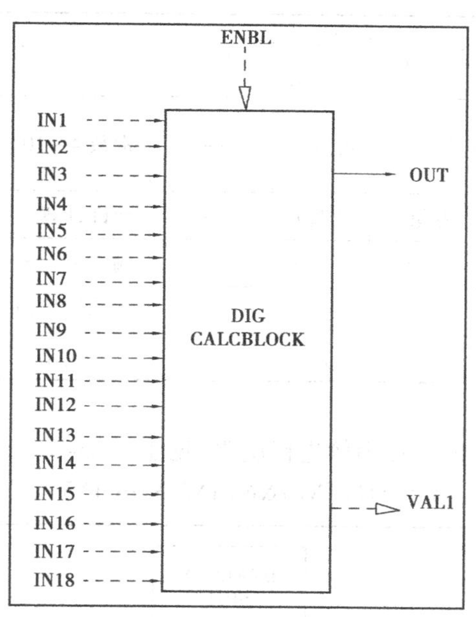

算法记录类型=LC

3)算法定义

名　称	LC记录字段	类　型	必需/可选的	缺省值	说　明	最小点记录
DIAG	LU-整数	初始数据	可选的	46	可调的图表数值	—
OPR1 ~ OPR10	X0 ~ X9 字节	变量	必需的	—	操作数 #1 ~ 9	—
OPR11 ~ OP12	Y0 ~ Y4 字节	变量	可选的	—	操作数 #11 ~ 15	—
ARG1 ~ ARG9	G0 ~ G8 整数	变量	必需的	—	自变量 #1 ~ 9	—
AR10	G9 整数	变量	可选的	—	自变量 #10	—
AR11 ~ AR20	B0 ~ B9 整数	变量	可选的	—	自变量 #11 ~ 20	—
AR21 ~ AR29	C0 ~ C8 整数	变量	可选的	—	自变量 #21 ~ 29	—
AR30	YT-整数	变量	可选的	—	自变量 #30	—
RES1 ~ RES9	R1 ~ R9 实数	变量	—	—	运算结果 #1 ~ 9	—
RE10 ~ RE15	S1 ~ S6 实数	变量	—	—	运算结果 #10 ~ 15	—
CON1 ~ CON3	S7 ~ S9 实数	可调常数	可选的	—	常数 1 ~ 3	—

续表

名　称	LC 记录字段	类　型	必需/可选的	缺省值	说　明	最小点记录
CON4 ~ CON10	T1 ~ T7 实数	可调常数	可选的	—	常数 4 ~ 10	—
ENBL	—	变量	可选的	—	允许计算	LD
IN1 ~ 18	—	变量	可选的	—	输入 1 ~ 18	LA
OUT	—	变量	必需的	—	计算结果值	LA
VALI	—	变量	可选的	-	有效输出标志	LD

【例】 下面以一个简单的计算为例进行说明(见图 3.254)。

A = NOT(IN1)&&(IN2 XOR IN3)

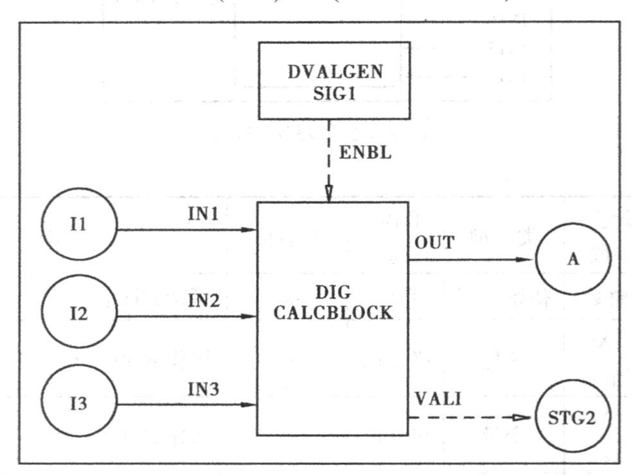

图 3.254　CALCBLOCKD 算法应用实例

算法参数	数　值	步运算
IN1	I1	不适用
IN2	I2	不适用
IN3	I3	不适用
ENBL	SIG1	不适用
OPR1	NOT	RES1 = not(IN1)
OPR2	XOR	RES2 = xor(IN2,IN3)
OPR3	AND	RES3 = and(RES1,RES2)
OUT	A	A = RES3
VALI	SIG2	不适用

(20)COMPARE

1)说明

COMPARE 算法将 IN1 的值和 IN2 的值进行比较,使相应的输出为 True。

2)无效实数

对模拟输入量要进行无效实数校验。如果输入量是无效的，输出点设为 False。

3)功能符号

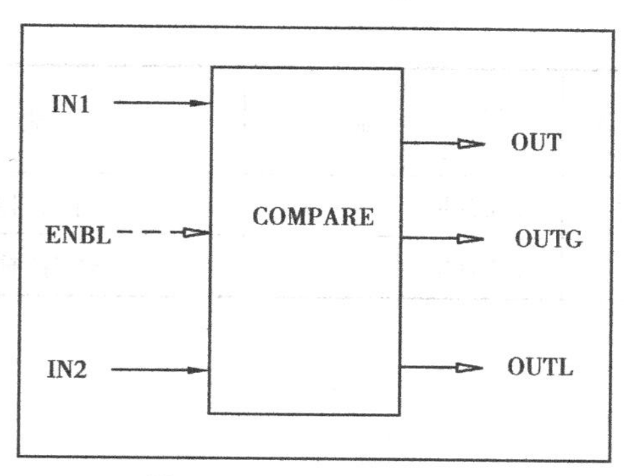

算法记录类型=NONE

4)算法定义

名　称	LC记录字段	类　型	必需/可选的	缺省值	说　明	最小点记录
IN1	—	变量	必需的	—	输入1(模拟量)	LA
IN2	—	变量	必需的	—	输入2(模拟量)	LA
OUT	—	变量	必需的	—	IN1=IN2(数字量)	LD
OUTG	—	变量	必需的	—	IN1>IN2(数字量)	LD
OUTL	—	变量	必需的	—	IN1<IN2(数字量)	LD
ENBL	—	输入	可选的	—	当此输入为 True 时,IN1 和 IN2 比较,相应输出设置为 True	LD

(21)COSINE

1)说明

COSINE 算法实现数学上的余弦函数。COSINE 有一个输入模拟量和一个输出模拟量。算法每次被执行时,如果扫描输出,它是对输入取余弦。这个算法的输入是弧度单位,如果一个输入仅给出度数,需要乘以 0.017 453 29 变为弧度。

2)无效实数和品质

对模拟输入量要进行无效实数校验。如果输入量为无效值,则输出值无效,而且品质设为 BAD。如果输入为有效的,则输入的品质传递给输出。

3)功能符号

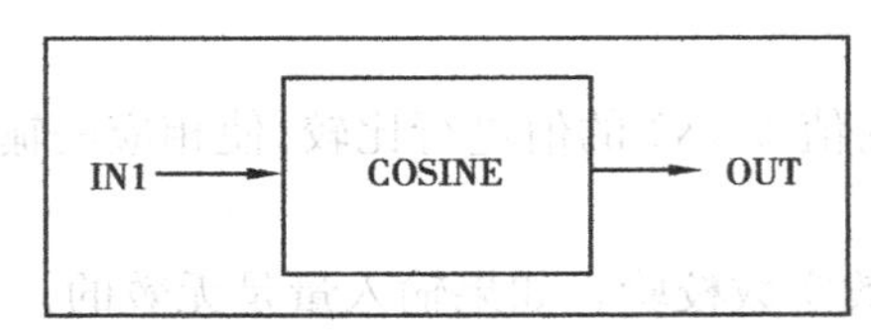

算法记录类型=NONE

4)算法定义

名　称	LC 记录字段	类　型	必需/可选的	缺省值	说　明	最小点记录
IN1	—	变量	必需的	—	输入(模拟量)	LA
OUT	—	变量	必需的	—	输出(模拟量)	LA

5)函数

OUT=CONSINE(IN1)

(22)COUNTER

1)说明

COUNTER 算法将根据输入的 DIRECTION 命令增加或减少计数,如果 DIRECTION(DRCT)是 1,计数器将增加,否则将减少。当 ENABLE(ENBL)为 True,每次扫描 IN1 的输入为 True 时计数器增加或减少 1。

如果 COUNTER 开始增加,即使 ACTUAL(ACT)大于 TARGET(TARG),它还会持续增加。如果存储在 ACT 中的值达到了最大值(3.4E+38),它就保持不变。当 ACT 等于或大于 TARG 时 OUT 被设置为 True。

如果 COUNTER 减小,它将从 TARG 的值开始减小。如果存储在 ACT 中的值达到最小值(-3.4E+38),它将忽略 IN1 的输入而保持在最小值。当 ACT 小于或等于 0 时,OUT 被设置为 True。

如果 TARG 或 ACT 有一个是无效的,不产生操作且 OUT 为 False。如果 ENBL 是 False,则当 COUNTER 算法被设定为计数增加或设为预置时 ACT 就被设置为 0。

2)功能符号

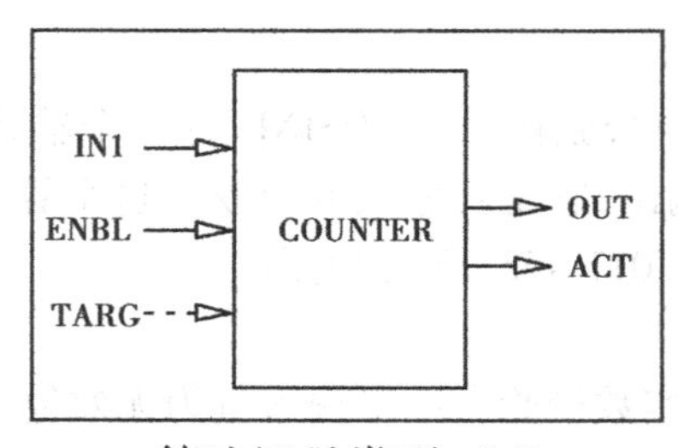

算法记录类型=LC

3)算法定义

名　称	LC记录字段	类　型	必需/可选的	缺省值	说　明	最小点记录
DIAG	LU-整数	初始数据	必需的	1	可调的图表数值	—
IN1	—	变量	必需的	—	起始输入数据	LD、LP
ENBL	—	变量	必需的	—	允许输入数据	LD、LP
DRCT	X1-字节	初始数据	必需的	0	记数方向: 0=减小 1=增加	—
TARG	R1-实数	可选择的	必需的	0.0	记数目标值	LA
ACT	R2-实数	可选择的	必需的	0.0	实际计数输出	LA
OUT	—	变量	必需的	—	计数完成输出	LD、LP

【例】　COUNTER算法应用实例如图3.255所示。

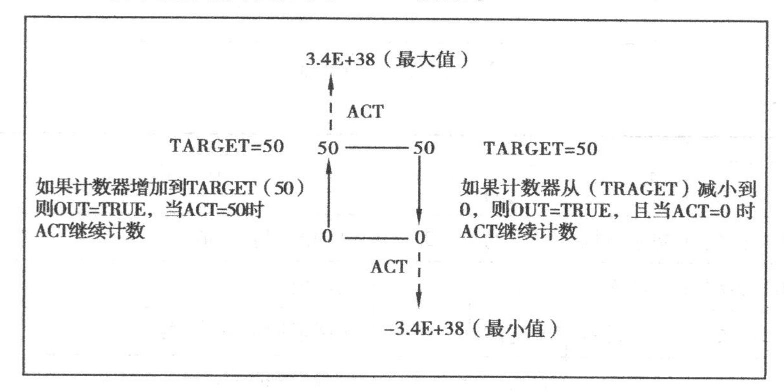

图3.255　COUNTER算法应用实例

4)函数

```
IF DRCT=INCREAMENT(↑)AND TARG=X
    THEN OUT="TRUE" IF ACT ≥ X
ELSE
    OUT="FALSE"
    ACT=ACT+1
IF DRCT=DECREMENT(↓)AND TARG=X
THEN OUT="TRUE" IF ACT ≤ 0
ELSE
     OUT="FALSE"
     ACT=ACT-1
```

(23) DBEQUALS

1) 说明

DBEQUALS 高/低比较算法监控两个模拟量输入值。如果两个信号差的绝对值超过了死区值,则数字量输出为 True。如果两信号差的绝对值小于 DBAN 和 RTRN 差的绝对值,则输出为 False。

2) 无效实数和品质

对两个模拟输入量都要进行无效实数校验。如果其中一个输入值是无效的,输出值就是无效的且品质设为 BAD。如果输入都是无效的,输入中的较差的品质被传递到输出。

3) 功能符号

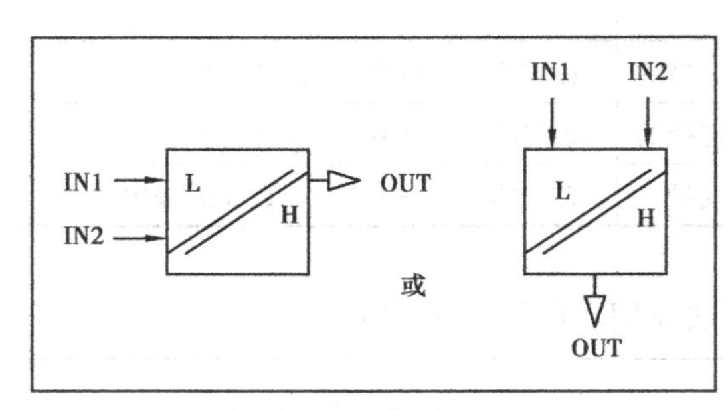

算法记录类型=LC

4) 算法定义

名　称	LC 记录字段	类　型	必需/可选的	缺省值	说　明	最小点记录
DIAG	LU-整数	初始数据	必需的	23	可调的图表数值	—
DBAN	R1-实数	可调常数	必需的	0	死区值	—
RTRN	R2-实数	可调常数	可选的	0	死区返回的 delta 参数	—
IN1	—	变量	必需的	—	输入(模拟量)	LA
IN2	—	变量	必需的	—	输入(模拟量)	LA
OUT	—	变量	必需的	—	输出(数字量)	LD、LP

5) 函数

```
TEMP=IN1-IN2
IF ABS(TEMP)> DBAN
    THEN OUT="TRUE"
IF OUT="TRUE"
    THEN IF ABS (TEMP) < ABS (DBAN-RTRN)
        THEN OUT="FALSE"
```

这里:TEMP=本地,临时,实变量。

(24) DEVICE

1) 说明

DEVICE 算法包含了对一个带有反馈信号设备的打开/关闭/停止或启动/停止命令,这些反馈信号指明了命令完成。该设备允许受控设备的存取，并简化设备的操作。例如，当操作员想关闭一个大电动阀门时，可以查看开/关检验用的触点信号，并且手动切换关闭触点输出，直到收到关闭证实信号，或已过去很长的时间。从另一方面来讲，如果控制器代替操作员，命令就简化了（也就是用控制器关闭阀门）。这个算法提供数字量输出，它能反映设备的 I/O 输出保持的状态以及设备不同状态或方式情况。

DEVICE 算法响应以下信号组合：

①一个数字量输出且没有反馈。对于有一个输出没有反馈，当设备收到命令时 DEVICE 算法把设备设置为一个确定的状态（on、off、start、stop、open、close ）。

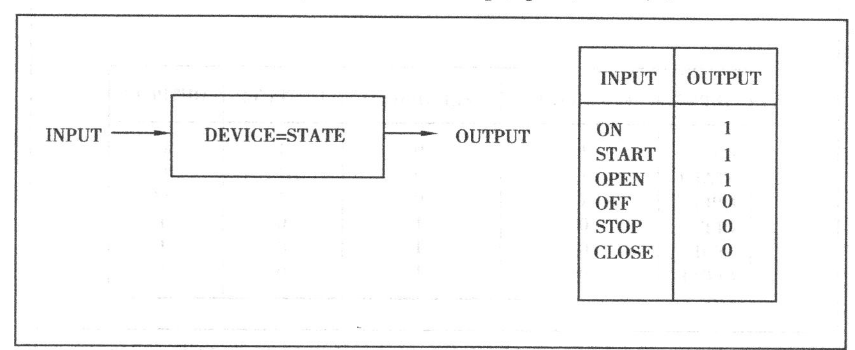

②一个数字量输出和一个数字量反馈。对于有一个输出和一个反馈，DEVICE 算法能把输出设置为确定的状态，设置“内部转换”位（设备记录中 A2 字段的第 1 位）并监视输入。如果输入的状态在用户设定时间内不能与输出相匹配，该设备将显示操作失败。如果反馈显示在用户设定时间内已达到预定状态，该设备将把当前状态字段设置为适当的值。在任何一种情况下，操作结束后转换位将复位。

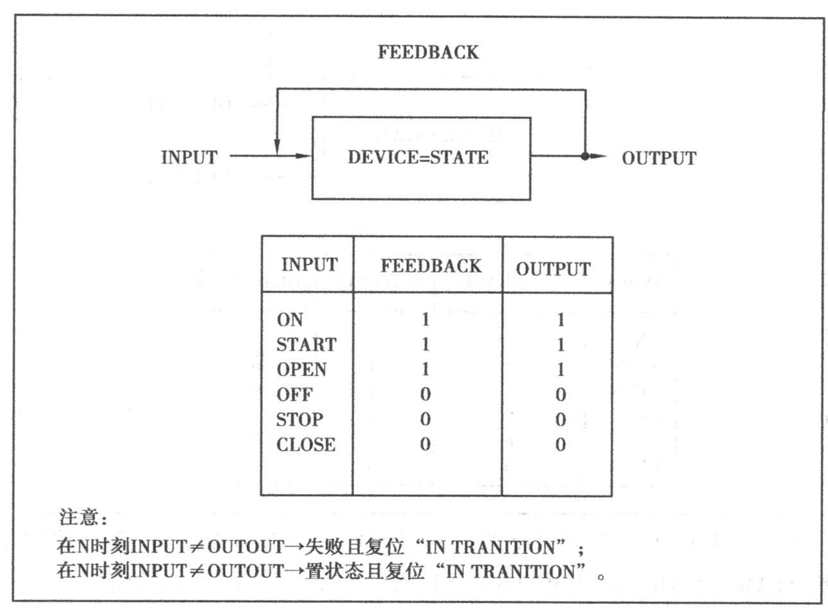

③两个数字量输出和两个数字量反馈。对于有两个数字量输出和两个数字量反馈，DEVICE 算法把相应的输出设置为 1 或 ON，并等待相应反馈为真。当相应反馈为真时，该设

备把当前状态字段设置为相应状态。如果反馈在用户设定时间内不能达到相应状态,该设备状态指出操作失败。

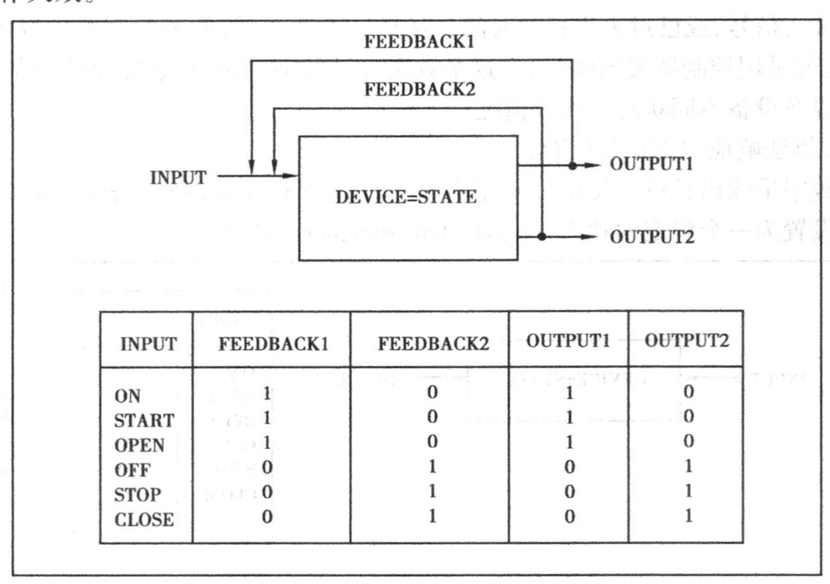

INPUT	FEEDBACK1	FEEDBACK2	OUTPUT1	OUTPUT2
ON	1	0	1	0
START	1	0	1	0
OPEN	1	0	1	0
OFF	0	1	0	1
STOP	0	1	0	1
CLOSE	0	1	0	1

④两个数字量输出和一个数字量反馈。对于有两个数字量输出和一个数字量反馈,DEVICE 算法把相应的输出设置为“1”或“ON”,并等待反馈达到期望状态。当反馈显示新状态时,该设备把当前状态字段设置为相应状态。如果反馈在用户设定时间内不能显示已达到相应状态,该设备就指出操作失败。

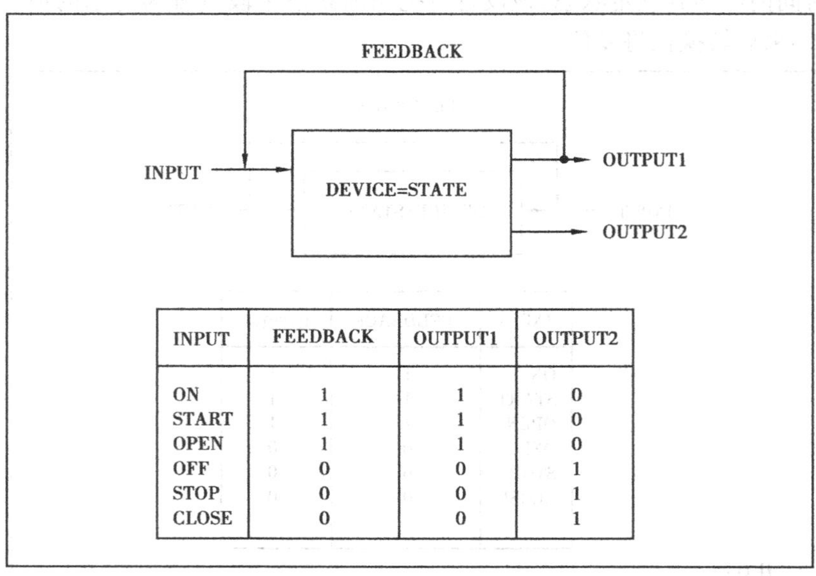

INPUT	FEEDBACK	OUTPUT1	OUTPUT2
ON	1	1	0
START	1	1	0
OPEN	1	1	0
OFF	0	0	1
STOP	0	0	1
CLOSE	0	0	1

⑤三个数字量输出和两个数字量反馈。对于有三个数字量输出和两个数字量反馈,根据 OPEN/CLOSE、START/STOP 或 STOP TRAVEL 的命令请求,该算法把相应的输出设置为 1。如果请求是一个 OPEN 或 CLOSE 命令,反馈就监视新状态是否到达。当反馈显示新状态,该设备的当前状态位就更新为相应状态。如果反馈在用户设定时间内不能显示相应状态,该设备指出操作失败。如果该命令是一个 STOP OPERATION 请求,则算法将给 STOP TRAVEL(停

止运行)输出写入一个“1”并指明设备停止。

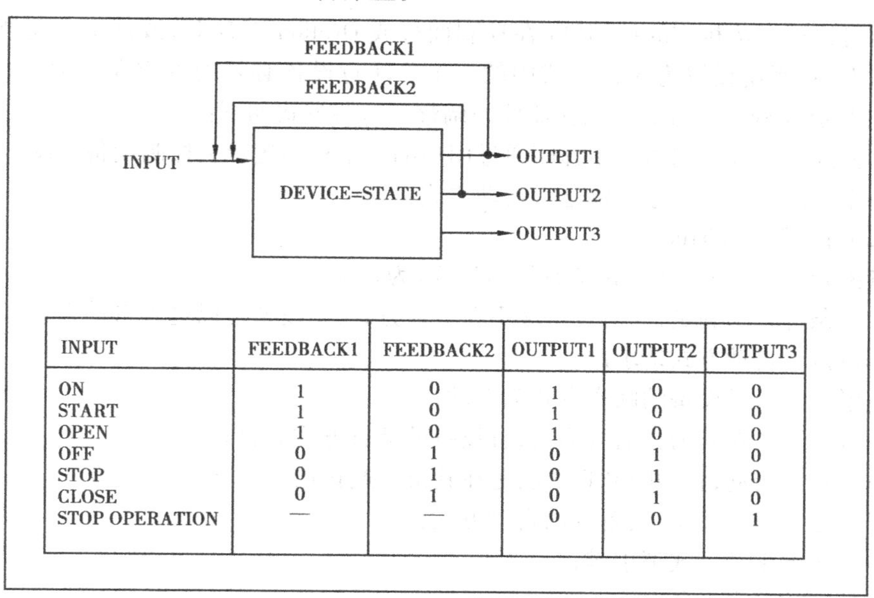

INPUT	FEEDBACK1	FEEDBACK2	OUTPUT1	OUTPUT2	OUTPUT3
ON	1	0	1	0	0
START	1	0	1	0	0
OPEN	1	0	1	0	0
OFF	0	1	0	1	0
STOP	0	1	0	1	0
CLOSE	0	1	0	1	0
STOP OPERATION	—	—	0	0	1

2)控制操作

如果 I/O 状态是不确定的(也就是说,当两个输入状态位都等于 1,或是都等于 0,且设备没有被命令到其他状态),传感器失效位(在 DVCE 点的 1W 字段中的第 2 位和第 3 位)被设置。注意,一旦设备被命令到其他状态,当算法开始驱动设备到命令状态时“内部转换”位被置 1。当设备的反馈指出新状态时“内部转换”位复位,操作成功。如果操作失败且设备指出不能打开也不能关闭(反馈位是 1 或 0),“内部转换”位将保持置位状态,输入传感器失效位将不被置位。然而,操作失败位(在 DVCE 点的 A2 字段中的第 2 位)将被置位。

带两个反馈的设备也可以被组态以显示一个“响应失败”的状态。如果给该设备组态一个响应时间,在设定的响应时间内若两个反馈都不能到 0 状态,将会出现失败。如果“响应失败”发生了,就不会出现“操作失败”,因为响应失败后算法将等待新的命令去处理后面的响应失败。

在“响应失败”中,OUTPUT1、OUTPUT2 和 OUTPUT3 将都等于 0。这样,OUTPUT1 代表 OPEN/START/ON 位,OUTPUT2 代表 CLOSE/STOP/OFF 位,OUTPUT3 代表 STOP(TRAVEL)位。

在“操作失败”中,OUTPUT1、OUTPUT2 和 OUTPUT3 将都等于 0,如同“响应失败”。在“操作失败”或是“响应失败”后,OUTPUT 总是为 0。

DEVICE 算法使用的数字量输入和输出可以是从 I/O 卡中读取的信号,也可以是写入 I/O 卡中的信号,包含在系统中的其他数字量处理点或是二者的结合。

每当设备经历一个操作失败(或是响应失败),它可忽略额外请求或是继续服务于这些请求,这取决于设备的配置(MODE 参数的第 4 位)。在一个设备失败后,可以让 DEVICE 算法忽略进一步的请求,以便于防止对设备的进一步损害。不管一个设备怎样配置,在运行状态的每一个改变后它将至少服务于一个请求(如自动方式到手动方式)。如果设备被配置为在一个失败后忽略请求,它在操作失败(或响应失败)发生后会显示状态“LOCKOUT”。

3)控制方式

操作员可以通过按相应的控制键(在控制面板或 Ovation 键盘上)或规定的功能键(在一个标准键盘上)把系统设置为 3 种方式中的一个。注意设备必须配置成在某种方式下运行。因此,DEVICE 有 3 种操作方式可以在监控中调整。这些方式如下:

①自动方式。允许控制器应用程序通过用户的可编程序逻辑去控制设备。设备仅当以下条件中的一个或两个成立时才可以进入自动方式:

☆"自动许可"位为 True;

☆设备配置的缺省方式(方式参数的第 7 位)为自动。

一旦以上条件之一满足,同时设备又不在本地方式,则设备可以进入自动方式,如果:

☆操作员按下自动方式请求键;

☆发生紧急超驰且设备的缺省方式为自动;

☆本地方式输入在其为真后变为假,且设备的缺省方式为自动;

☆缺省方式为自动,且 DEVICE 算法是在其第一遍扫描。

每当以下之一条件发生,设备退出自动方式:

☆操作员按下手动方式请求键;

☆操作员标签移出设备;

☆"自动允许"位(命令字中 C5 字段的第 5 位)变为 False 且缺省方式不是自动方式(该设备将进入手动方式)。

☆通过可选的 LRE 输入指定为本地方式。

☆发生紧急超驰且设备的缺省方式为手动(产生一个超驰将强制转为手动方式)。

当输入一个改变状态命令时,设备可以被配置(MODE 参数的第 6 位)进入手动方式。如果这样,按以下控制键将使设备进入手动方式:

☆启动/打开/跳闸;

☆停止/关闭/复位;

☆停止运行 (停止操作运行)。

在自动方式时,DEVICE 算法将接受通过 DEVICE 算法与设备相连接的数字量过程点的命令。这些命令可能是:

☆停止/关闭/复位;

☆启动/打开/跳闸;

☆停止运行(停止操作运行);

☆紧急 OPEN/START 超驰;

☆紧急 CLOSE/STOP 超驰。

②手动方式。允许操作员用控制键控制设备。设备在下列条件之一发生时进入手动方式:

☆操作员按下手动方式请求键请求手动方式;

☆在自动方式时,"自动允许"位(命令字中 C5 字段的第五位)为 False,且缺省方式不是自动方式;

☆控制器启动时,如果设备缺省方式为手动;

☆发生紧急超驰且设备的缺省方式为手动或本地方式,硬件输入字段错误,设备的缺省方式为手动。

当工程师站或操作员站输入改变状态命令时,设备可被配置进入手动方式,如果是这样,按以下控制键将使设备进入手动方式:

☆启动/打开/跳闸;

☆停止/关闭/复位;

☆停止运行(停止操作运行)。

每当以下条件之一发生,设备退出手动方式:

☆通过可选的LRE(抑止本地方式)输入命令为本地方式;

☆操作员请求自动方式(且自动允许位被设置或自动方式是设备的缺省方式),或是操作员用相应控制键请求设备标签移出。

在手动方式,仅当设备被配置(见MODE参数的0位)使得超弛优先于操作员的命令时,DEVICE算法才执行紧急超弛。

③本地方式是设备最低级的操作方式。一个设备仅在发生以下两种情况时才进入本地方式:

☆该设备被配置为监控LRE输入,这个输入表明本地方式被激活;

☆LRE点为设置(真)的状态。

当这个点为True时,设备将立即进入本地方式并保持本地方式直到下面情况发生:

☆LRE点复位(变为False)。

只要LRE点为True,设备就不会接受任何自动和手动方式的命令。但它将报告设备当前的状态。设备跳闸、传感器失败和操作失败在本地方式不能确定;因此,在本地方式时这些情况不能被检测或报告。

当设备进入本地方式,输入可以被读取,输出不被激励;它们保持设备进入本地方式时的状态。当设备离开本地方式,设备将进入它的缺省方式AUTO或MANUAL,这由MODE参数的第七位确定。如果输入传感器不能确定(都是0,或都是1)而且设备没有被命令改变状态,则三个输出都为0。

4)方式独立命令

如果设备在自动或手动方式时,有一些命令需要用按键请求且执行。这些命令是:

☆设置"超弛失败"标志(禁止闭锁);

☆清除"超弛失败"标志(允许闭锁);

☆标签移出设备;

☆确认跳闸;

☆自动方式请求;

☆手动方式请求。

然而,在本地方式或标签被移出时,设备不接受这些命令。

5)维护方式

①标签移出(TAG OUT)。标签移出方式,除了"清除标签"命令,设备将忽略所有其他命令。清除标签方式后设备将进入它的缺省方式。

②闭锁(LOCK OUT)。TAG OUT方式的一个子集是"LOCK OUT"方式。当设备被设置(MODE参数的第四位)为忽略操作失败后出现的改变状态命令时,出现闭锁。也就是说,在

特定方式下设备只有一次改变状态的机会。如果操作失败,在闭锁方式下 DEVECE 算法将不接受任何 OPEN/START 或 CLOSE/STOP 命令。

通过以下任何一个操作,设备可退出闭锁方式:

☆按下自动或手动方式请求键;

☆通过相应按键设置“超驰失败”标志(禁止闭锁);

☆标签移出设备;

☆控制转移到本地方式(LRE 点变为 True)。

当从闭锁方式返回时,OUT1、OUT2 和 OUT3 都等于 0。

6)状态改变

通常,状态改变命令持续运行到设备达到一个新状态或是发生超时为止。以下情况将导致一个进行中的操作中断:

☆设备是标签移出状态,导致输入可以被读取,输出不被激励,它们保持着闭锁时的状态。

☆设备进入本地方式,导致输入可以被读取,输出不被激励,它们保持着设备进入本地方式时的状态。

☆通过当前控制方式请求停止命令(中断操作),且没有紧急超驰。如果设备位于手动方式,而它被配置为手动方式下紧急超驰的优先级不高于手动命令,则一个手动停止请求将超驰紧急命令。

要执行一个状态改变命令,它固有的允许位必须为 True。例如,一个手动的 CLOSE/STOP 命令仅当 CLOSE/STOP 允许位为 True 时才被执行。紧急超驰和停止(中断操作)命令在执行时不需要设置任何允许位。

设备允许位在启动时被置为 True,而且保持为 True 直到 DEVICE 算法去更新它们。

用户可以设置一个设备在接收命令后改变状态所用的时间值。这就需规定时间单位(0.1 s、s 或 min)来测量转换时间,需要规定到达设置和复位状态的最大时间单位值。也可以指定设备响应命令的一个时间极限。

对带反馈的设备,也可以设置 DEVICE 算法把相应输出置为“ON”的时间。它支持以下方式:

☆在用户定义时间段内(小于过渡时间),或者直到到达新状态,无论哪个条件先出现都把输出置为 ON(设置 MODE 参数的第一位来指明这个方式)。

☆在用户定义时间段内(等于过渡时间),或者直到到达新状态,无论哪个条件先出现都把输出置为 ON(设置 MODE 参数的第二位来指明这个方式)。

☆持续保持输出为 ON,直到给出新命令。这个方式有一个超时现象,但当超时发生时脉冲继续产生。如果操作失败(设备不能到达指定状态),操作将被标志为失败,脉冲将中断直到给出新命令(这个方式由 MODE 参数的第三位指出)。

对只有一个输出的设备(没有反馈),根据请求命令输出将被持续置为“ON”(或“OFF”),这种情况没有超时。

当有一个新的状态改变命令,无论输入状态是什么设备总是写到输出。如果设备命令来自其他应用程序逻辑,就要注意确保命令像所需要的那样是持续的或是脉冲激发的。

当设备没有执行命令时,它就持续校验状态改变命令。当状态改变命令首次置为 ON 时,设备将执行它。如果设备首次设置为“ON”,它将执行状态命令的改变。如果命令保持为

“ON”,当执行完最后一个命令,设备将把它看成是一个新命令。因为新命令的出现设备将写入输出,如果以下情况成立,它的输出将在ON和OFF之间连续循环:

☆状态改变命令为ON且与设备输出相匹配。

☆设备被设置为在某一段时间内把输出设置为ON,然后设置为OFF。

7)紧急超驰

除了状态改变命令,在每个操作方式下有两个其他命令:紧急启动/打开/跳闸和紧急停止/关闭/复位。

这两个命令由控制器的外部逻辑产生,可以超驰其他所有命令,包括停止运行。

每当紧急打开或是紧急关闭输入为真时,DEVICE算法将迫使设备的缺省状态转为它的缺省状态,且尝试获得设备的命令状态(如果DEVICE算法没有被配置成忽略失败,紧急命令仅能执行一次)。如果两个紧急超驰命令同时置True,设备将保持在当前的行为过程。任何超驰都将迫使设备转为缺省方式。

只要任何一个紧急输入被设置,DEVICE算法将忽略驱动该设备的所有自动命令。设备也可以设置为用紧急输入超驰手动命令或是手动命令超驰紧急输入。紧急超驰消除,设备将返回服务于它的缺省方式。

注意:像其他命令一样,在设备被标签移出或是本地方式时,紧急超驰命令将被忽略。

8)报警

DEVICE算法支持7种类型的报警。除了跳闸外所有这些报警都要求操作员确认。可能导致设备报警的条件是:

①操作失败。如果配置了操作失败报警,每当设备不能完成一个状态改变命令时,DEVICE算法将使设备报警(例如,如果命令打开一个阀门,但它在用户规定时间内不能打开)。一个操作失败报警将在设备收到下一个OPEN、CLOSE或STOP命令时清除。

②响应失败。如果配置了响应失败报警,若反馈在用户规定的回路数内不能反映一个“内部转换”状态,DEVICE算法将使设备报警。“内部转换”状态必须是两个反馈都是0。

③跳闸。如果设置了跳闸报警,每当设备意外的改变状态时(如断路器跳闸打开),DEVICE算法将使设备报警。当命令设备进入跳闸状态而确认跳闸时使该报警清除。跳闸报警返回不需要用户确认。

④报警状态。设备可以根据用户规定状态被配置进入报警状态。当设备返回无报警状态时,报警将清除。这些报警必需被用户确认。

⑤传感器失败。存在以下两种情况或其中之一的将导致传感器失败:

☆设备反馈是不确定的(也就是,都显示为00或是11)而且设备不在转换过程。这是一个输入传感器报警。

☆输出不能反映写入给它们的值(输出传感器报警)。

⑥紧急超驰。每当超驰发生而设备又不在超驰状态时就会产生紧急超驰报警。例如,如果设备是关闭的,紧急打开命令就会引发报警。如果两个超驰输入同时发生,不论设备状态如何都会引发报警。

⑦注意。设备的不同配置产生不同的条件会导致注意(故障)报警。目前,标准的DEVICE算法不会导致ATTENTION报警。

如果设备被设置为对一个组合条件报警,当任意一个或更多报警条件存在时点就进入报

警。下面列出可能的报警选项:

☆无报警;

☆操作失败、传感器失败、跳闸、响应失败、注意情况和紧急超驰。

☆操作失败、传感器失败、跳闸、响应失败、注意情况、紧急超驰和报警状态。

⑧清除报警。在标签移出、扫描消除或是把设备设置为本地方式时,以下报警将被清除:操作失败;响应失败;传感器失败;跳闸;注意。

但是,以上任何一种情况都不能清除状态报警。必须通过设备命令来清除状态报警。

标签移出或进入本地方式可清除当前的任何一个紧急超驰。

9)设备状态报告

设备记录保存了对应于当前状态的信息。根据设备的状态,它的显示状态包括以下情况的组合:当前状态、内部转换、操作失败、响应失败、跳闸、停止、紧急关闭、紧急打开、当前方式、超驰失败、扫描消除、报警检查关、标签移出、闭锁、品质。

以上提到的状态信息来自打包点和算法记录的确定字段的不同标志位。

打包点(DVCE)的 A2 字段有以下信息:

位	说　明
第 0 位	**当前状态**。这一位指出了反馈信号的当前状态。要是反馈信号给出了互相矛盾的数据,就报告最后的已知状态。当扫描消除时,将报告最后的命令状态
第 1 位	**内部转换**。这一位指出了设备算法正在试图改变它的设备的状态。当设备开始执行一个命令时这一位将被置为 True。当反馈信号指出操作完成或是操作失败时它将复位
第 2 位	**操作失败**。在任何一次试图改变设备状态失败后这一位将被置位。它将保持置位直到下一次尝试改变设备状态。如果扫描断开就不能指示操作失败
第 3 位	**跳闸**。每当设备不通过算法而自己改变状态时这一位就被置位。它将保持置位直到收到跳闸确认命令。如果没有被确认,在任何方式下都不能执行任何状态改变操作。当设备位于标签移出或是扫描消除时跳闸位不会被设置
第 4 位	**停止**。每当设备被命令停止时这一位被置位,并保持该状态到设备下一次尝试改变设备的状态
第 5 位	**紧急关闭**。这一位反映了设备超驰输入时的状态
第 6 位	**紧急打开**。这一位反映了设备超驰输入时的状态
第 7 位	**最后命令状态**。这一位反映了设备最后的已知状态
第 8 位	**本地方式**。这一位指出设备位于本地方式
第 9 位	**手动方式**。这一位指出设备位于手动方式
第 10 位	**自动方式**。这一位指出设备位于自动方式
第 11 位	**保留位**
第 12 位	**注意**。这一位指出当前有确定的错误
第 13 位	**响应失败**。这一位指出设备对命令没有响应
第 14 位	**闭锁**。这一位指出设备状态被锁定
第 15 位	**标签移出**。这一位指出设备状态是标签移出

设备算法的 C5 字段保存了命令字。这个命令字是一个控制器和一个设备间的接口。该字段具有以下信息：

位	说　明
第 0 位	紧急关闭/停止
第 1 位	紧急打开/启动
第 2 位	自动关闭/停止/复位
第 3 位	自动打开/启动/置位
第 4 位	停止
第 5 位	自动允许
第 6 位	输入 1(打开/启动)的当前状态
第 7 位	输入 2(关闭/停止)的当前状态
第 8 位	输入 3(停止)的当前状态
第 9 位	写入输出 1(打开/启动)的当前值
第 10 位	写入输出 2(关闭/停止)的当前值
第 11 位	写入输出 3(停止)的当前值
第 12 位	关闭/停止允许
第 13 位	打开/启动允许
第 14 位	本地抑止

10)设备参数设置

报警：

打包点(DVCE)的以下字段必须设置用于报警。

报警类型	设置的字段
无报警	设置 E0 和 E1 为 0
操作、传感器、跳闸、超驰和注意	设置 E0 和 E1 为 0x386c
操作、传感器、跳闸、超驰和注意，状态设置(1)	设置 E0 和 E1 为 0x386d
操作、传感器、跳闸、超驰和注意，状态设置(2)	设置 E0 为 0x386d，设置 E1 为 0x386c

算法记录中的 C4 字段定义了方式结构。C4 字段的各个位定义如下：

位	方式	说　明
第 0 位	Off	紧急打开/启动和关闭/停止命令超驰自动命令
	On	紧急打开/启动和关闭/停止命令超驰所有其他命令

续表

位	方式	说　明
第1位	On	在配置的时间段内(小于超时时间)把输出置为 ON。如果这一位被设置,算法将在脉冲时间内或是直到操作成功时给回路数保持相应的输出,那个时间早发生就取决于那一个
第2位	On	把输出置为"ON"直到用户配置时间超时(或是操作成功)。设备设置和复位的时间进入设置超时和复位超时字段
第3位	On	持续把输出设置为"ON",直到有新命令输入
第4位	On	禁止闭锁,如果这一位被设置,当操作失败发生时设备将不能进入闭锁方式
第5位	On	不执行 STOP TRAVEL 命令
第6位	Off	手动打开/关闭/停止命令强迫设备进入手动方式
	On	手动打开/关闭/停止命令仅当设备在手动方式时才被执行
第7位	Off	设备缺省方式是手动方式
	On	设备缺省方式是自动方式

算法记录中的 C7 字段定义了紧急打开/关闭组态。该字段的各个位定义如下:

位	方式	说　明
第1位	Off	把 DEVICE 算法置为本地方式,当: LRE 点为 True; C7 字段的第2位是1且 LRE 为 True
	On	把 DEVICE 算法置为本地方式,当: LRE 点为 False; C7 字段的第2位是1且 LRE 为 True
第2位	Off	LOC 点指明设备在本地方式
	On	LRE 点用作"本地方式请求"
第3位	Off	EMOP(紧急打开)输入不可反向
	On	EMOP(紧急打开)输入可反向
第4位	Off	EMCL(紧急关闭)输入不可反向
	On	EMCL(紧急关闭)输入可反向
第5位	Off	根据当前反馈状态,跳闸确认操作给输出一个命令
	On	跳闸确认操作不能给输出一个命令
第6位	Off	OPRM(打开允许)不能应用于 EMOP(紧急打开)输入
	On	OPRM(打开允许)能应用于 EMOP(紧急打开)输入
第7位	Off	CPRM(关闭允许)不能应用于 EMCL(紧急关闭)输入
	On	CPRM(关闭允许)能应用于 EMCL(紧急关闭)输入

11)功能符号

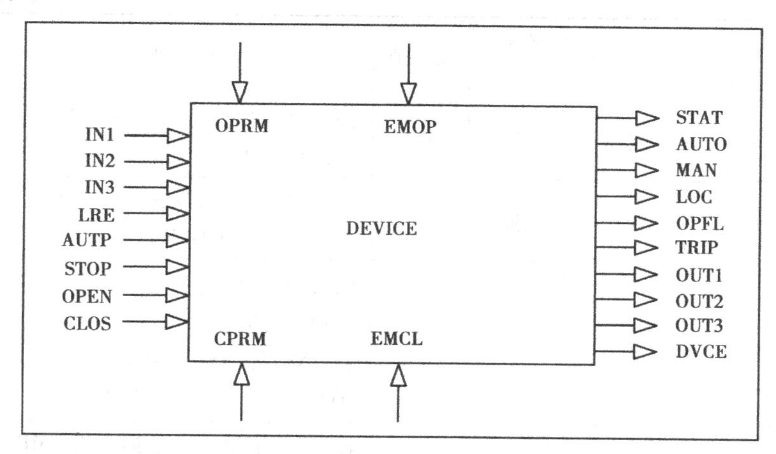

算法记录类型=NONE

12)算法定义

名　称	LC记录字段	类　型	必需/可选的	缺省值	说　明	最小点记录
DIAG	LU-整数	初始数据	必需的	121	可调的图表数值	—
SET	D2-整数	可调	必需的	20	超时设定(若单位是0.1 s或s最大为255。如果单位是分钟最大值是100 min)	—
RESET	YT-整数	可调	必需的	20	超时复位(若单位是0.1 s或s最大为255,如果单位是分钟最大值是100 min)	—
MODE	C4-整数	可调	必需的	9	方式信息	—
EMRG	C7-整数	可调	必需的	—	紧急打开/关闭	—
PT	D4-整数	可调	必需的	—	脉冲时间	—
TR	YP-整数	可调	必需的	0	响应时间	—
TU	DO-整数	可调	必需的	1	超时单位。时间单位值: 0=0.1 s 1=s 2= min	—
TYPE	C8-整数	可调	必需的	打开/关闭	设备类型。备选为: 打开/关闭;启动/停止	—
OPRM	—	变量	必需的	—	输入(数字量);打开允许,允许OPEN/STOP命令兑付	LD、LP
CPRM	—	变量	必需的	—	输入(数字量);关闭允许,允许CLOSE/STOP命令兑付	LD、LP

续表

名　称	LC 记录字段	类　型	必需/可选的	缺省值	说　明	最小点记录
IN1	—	变量	可选的	—	输入(数字量);反馈。若此值为 1,设备是 OPEN/ON	LD、LP
IN2	—	变量	可选的	—	输入(数字量);反馈,若值为 1,设备是 CLOSED/OFF	LD、LP
IN3	—	变量	可选的	—	输入(数字量): 自动方式请求; 若 IN3 为 True, AUTP 为 True, DVCE 点将进入自动方式	LD、LP
LRE	—	变量	可选的	—	输入(数字量);本地抑止当 EMRG 的第 2 位 = 1 时该点用做“本地方式请求”	LD、LP
AUTP	—	变量	可选的	—	输入(数字量);AUTO 允许;允许设备在 AUTO 方式操作	LD、LP
STOP	—	变量	可选的	—	输入(数字量); AUTO STOP TRAVEL 命令	LD、LP
OPEN	—	变量	可选的	—	输入(数字量); AUTO OPEN/START 命令	LD、LP
CLOS	—	变量	可选的	—	输入(数字量); AUTO CLOSE/STOP 命令	LD、LP
EMOP	—	变量	可选的	—	输入(数字量);紧急 OPEN/START 命令	LD、LP
EMCL	—	变量	可选的	—	输入(数字量);紧急 CLOSE/STOP 命令	LD、LP
DVCE	—	变量	必需的	—	输出设备	LP
OUT1	—	变量	可选的	—	输出(数字量);当设备将要进入或保持 OPEN/START 状态时为 True	LD、LP
OUT2	—	变量	可选的	—	输出(数字量);当设备将要进入或保持在 CLOSED/STOP 状态时为 True	LD、LP
OUT3	—	变量	可选的	—	输出(数字量);当设备操作停止时为 True	LD、LP
LOC	—	变量	可选的	—	输出(数字量);当 EMRG 的第 2 位=0 时,设备在本地方式下运行时把 LOC 设置为 True	LD、LP

续表

名称	LC记录字段	类型	必需/可选的	缺省值	说明	最小点记录
MAN	—	变量	可选的	—	输出(数字量);当设备在手动方式下运行时为True	LD、LP
AUTO	—	变量	可选的	—	输出(数字量);当设备在自动方式下运行时为True	LD、LP
OPFL	—	变量	可选的	—	输出(数字量);当发生操作失败或响应失败时为True	LD、LP
TRIP	—	变量	可选的	—	输出(数字量);当设备跳闸时(也就是在没有状态改变命令时改变了状态)为True	LD、LP
STAT	—	变量	可选的	—	输出(数字量);设备的当前状态 1=OPEN/ON 0=CLOSED/OFF	LD、LP

(25)DEVICESEQ

1)说明

DEVICESEQ算法提供了一个控制逻辑函数和MASTERSEQ(主设备顺序控制器)算法之间的接口。在最常见的应用程序组态中,逻辑控制用来控制一些特别的设备。在这个组态中,MASERSEQ算法提供了典型的对组合设备的监控功能。详细的介绍请参阅MASTERSEQ算法操作中的MASTERSEQ相关页。

DEVICESEQ算法通过一个打包组点的状态点与关联的MASTERSEQ算法通信。DEVICESEQ算法通过专用的输入和输出与控制逻辑连接。关于算法输入、输出和组态参数详细的介绍可参看标准定义表。

2)功能符号

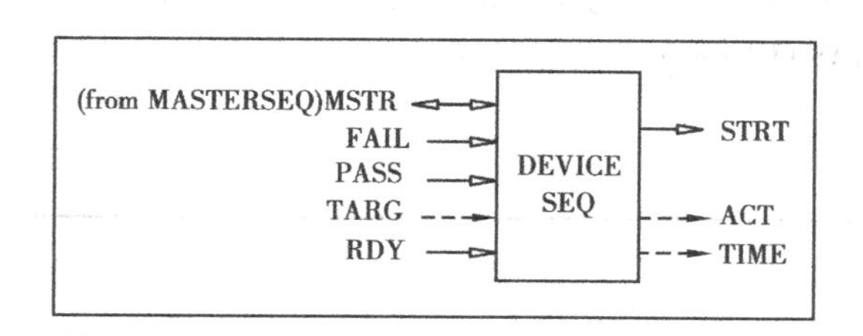

3)操作细节

DEVICESEQ算法给MASTERSEQ提供了相关设备的状态信息。该状态信息由后面的状态信息段落中描述。DEVICESEQ算法也把状态点的GO位的值传送到输出STRT。只要状态点的GO位为True,就认为相关设备正在运行。

该算法也可以被配置为运用一个内部故障计时器。该计时器将监视设备运行时经过的时间量。当输入PASS或是FAIL为True时计时器停止计时。在算法的每个执行周期内实测时间与TARG参数的值相比较。当累积时间大于等于TRAG参数值,且大于0时内部计时器终止。如果故障计时器在任何时候都能操作,TARG参数的值就大于0。如果故障计时器能操作,累积时间总是存储在算法的 R3 字段。另外,累积时间也可以存储在可选的 ACT 输出点。

该算法也包含一个额外的内部计时器,它可以存储设备运行时逝去的时间。这个计时器的值存储在可选的 TIME 输出和算法记录字段的 R4 字段。这个计时器的值与内部故障计时器无关,不管内部故障计时器应用与否它总是保持更新。两个计时器的累积时间都根据回路时间运算。

在控制器的第一次传送方式中,当状态点(MSTR)的 RESET 位为 True 时,DEVICESEQ 算法把实测时间设置给两个步进计时器,且把内部故障计时器设置 0。

4)状态信息

DEVICESEQ 算法给附加的 MASTERSEQ 算法提供了以下状态信息:

☆它提供了一个相关设备准备遥控启动的指示。当 RDY 输入为 True 时,表示该设备遥控启动准备好。在算法的每个执行周期,RDY 输入的值传送到状态点的 READY 位。

☆它提供了一个相关设备失效的指示。当 FAIL 输入为 True 时,表示设备失效。在算法的每个执行周期,FAIL 输入的值传送到状态点的 FAILED 位。

☆当 PASS 输入为 True 时,它提供一个相关设备已完成的指示。在算法的每个执行周期,PASS 输入的值传送到状态点的 SUCCESS 位。

5)冻结方式

冻结方式的目的是当设备完成操作后保存算法的操作状态。当算法被附加的 MASTERSEQ 选择后,该算法可以被组态为冻结状态点的值。结果,这就使用户可以及时的根据一个最近点判定和评价设备的性能。当状态点的 INSTEP 位为 True 时,DEVICESEQ 算法就被选择。如果算法的 FRZ 字段已被初始化为"FREEZE",当 INSTEP 位由 True 转为 False 后算法将不会更新状态点。这样,DEVICESEQ 产生的状态点将保持它以前的值。这个状态被命名为冻结方式。

在冻结方式,算法将把状态点的 FROZEN 位设置为逻辑 1。要清除冻结方式条件,附加的 MASTERSEQ 算法必须复位。这将使状态点的 RESET 位变为 True,DEVICESEQ 将根据在初始状态和复位部分的规则复位。

注意:当 MASTERSEQ 算法在优先方式运行时,爱默生不推荐使用冻结方式。有关优先方式操作的细节请参看 MASTERSEQ 中的相关页。

算法记录类型=LC

6)算法定义

名 称	LC 记录字段	类 型	必需/可选的	缺省值	说 明	最小点记录
DIAG	LU-整数	初始数据	必需的	5	可调的图表数值	—
MSTR	—	变量	必需的	—	与 MASTERSEQ 通信的状态点	LP
FAIL	—	变量	必需的	—	设备逻辑功能的输入,指示有故障发生	LD、LP
PASS	—	变量	必需的	—	设备逻辑功能的输入,指示设备执行已经成功完成	LD、LP

续表

名　称	LC记录字段	类　型	必需/可选的	缺省值	说　明	最小点记录
RDY	—	变量	必需的	—	设备逻辑功能的输入，指示设备准备接受启动命令	LD、LP
BASE	R1-实数	初始数据	必需的	1.0	以s为单位的时基。它决定内部故障计时器将要显示的累计时间的单位(典型值是1.0或0.1 s)	—
TARG	R2-实数	可选择的	必需的	0.0	延迟时间。设备运行时，DEVICESEQ算法把状态点的失效位设置为逻辑延迟时间1之前，确定流逝的时间量。如果参数值是0.0，内部故障计时器被禁止	LA
FRZ	X1-字节	初始数据	必需的	未冻结	更新冻结标志。允许或禁止冻结方式	—
STRT	—	变量	必需的	—	启动设备	LD、LP
ACT	—	变量	可选的	—	内部故障计时器输出值	LA
TIME	—	变量	可选的	—	步进计时器输出值。代表设备已经运行的时间量	LA

7)状态位定义

位数	起　源	信号名称	说　明
0	MASTERSEQ	GO	设备开始步信号
1	DEVICESEQ	FAILED	当前步遇到故障，给MASTERSEQ的信号
2	DEVICESEQ	SUCCESS	当前步成功完成，给MASTERSEQ的信号
3	DEVICESEQ	READY	低电平逻辑准备好接收遥控启动命令时，给MASTERSEQ的信号
4	MASTERSEQ	INSTEP	来自MASTERSEQ的当前步正在被执行信号
5	MASTERSEQ	OVERRIDE	为True时，指示OVRD输入是用来增加步
6	MASTERSEQ	RESET	当复位输入为True时，MASTERSEQ把这一位设置为逻辑1
7	DEVICESEQ	FROZEN	当DEVICESEQ冻结对状态点的更新时，这一位为True，见DEVICESEQ部分的数据
8~15	备用	—	—

(26)DIGCOUNT

1)说明

当有M个输入为True或是多于N个数字量输入为True时(N≤12，M和N都是常数)，

DIGCOUNT 算法把输出 FLAG 设置为 True。输出模拟量记录值是当前输入为 True 的个数。

2)功能符号

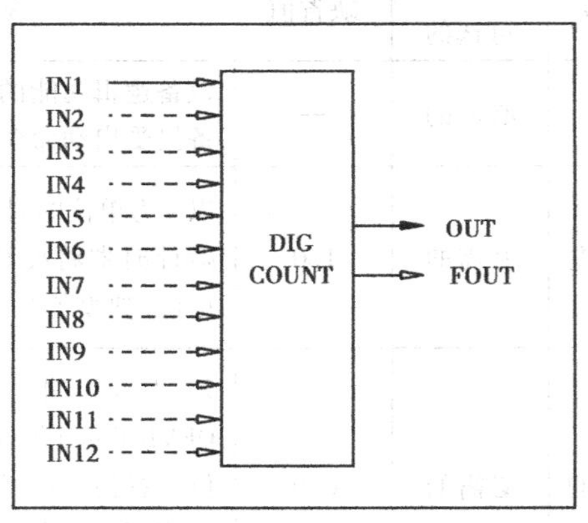

算法记录类型=LC

3)算法定义

名　称	LC 记录字段	类　型	必需/可选的	缺省值	说　明	最小记录点
DIAG	LU-整数	初始数据	必需的	85	可调的图表数值	—
NMIN	G4-整数	初始数据	必需的	0	数字量输入的总数(N)	—
MTRU	X1-字节	可调常数	必需的	0	输入为 True 的最大个数(M)	—
IN1	—	变量	必需的	—	输入(数字量)	LD、LP
IN2 ⋮ IN12	—	变量	可选的	—	输入(数字量)	LD、LP
OUT	—	变量	必需的	—	输出(模拟量)	LA
FOUT	—	变量	必需的	—	输出(数字量标志位)	LD、LP

(27)DIGDRUM

1)说明

DIGDRUM 算法是一个有多至 32 个数字量输出和 50 步的软凸轮控制器。根据当前步数和 50 个初始整数值,输出有选择的被设置为 True。这些整数是包含 32 位的数据,它们对应着 32 个数字量输出。在每一步中,通过把一组 32 位的字符串转换为一个十六进制数,可以对任一或全部 32 个输出初始化为任何包含 True 和 False 状态。

2)功能符号

这 50 个整数以 16 进制数形式输入(如 0X1234)。参看 3.3.3.1(6)部分的二进制到十六进制转换表中的关于如何从 16 位产生十六进制数的内容。

在跟踪方式(TMOD="TRUE")时,当前步数可以跟踪一个选择步(TRIN),也可以增加(INC)或减小(DEC)当前步。当前步数的增减只取决于 INC 和 DEC 的 False 到 True 的转换。必需预置最大步数。当前步数超过最大步数时,则复位到第一步。如果 TRIN 是非整数值,算

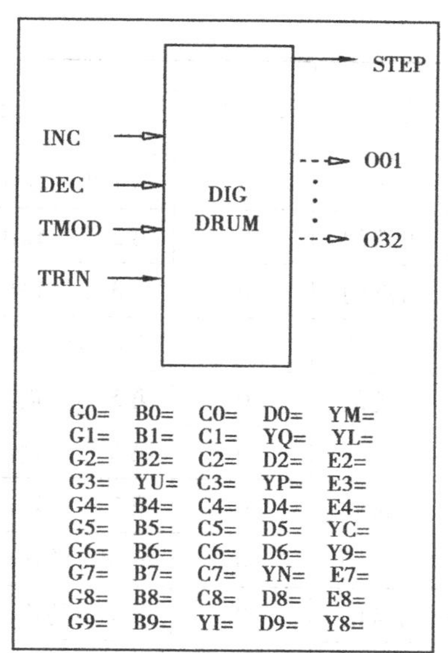

法把它舍位为最近的整数。任何TRIN的值不在1到NMIN的范围内,该算法就把它转换为1。

跟踪输入值(TRIN)和输出值(OUT)要做无效实数校验。如果收到跟踪请求而TRIN是一个无效数,跟踪请求就被忽略。但是,即使TRIN是无效数,当前步仍然可以被增加(用INC)或减小(用DEC)。

如果算法计算出一个无效实数输出,这个值是无效的,品质被设置为BAD。

算法记录类型=LC

3)算法定义

名　称	LC记录字段	类　型	必需/可选的	缺省值	说　明	最小点记录
DIAG	LU-整数	初始数据	必需的	102	可调的图表数值	—
INC	—	变量	必需的	0	输入(增加步数的数字量信号)	LD、LP
DEC	—	变量	必需的	0	输入(减小步数的数字量信号)	LD、LP
TMOD	—	变量	必需的	0	输入(数字量信号);跟踪请求	LD、LP
TRIN	—	变量	必需的	0	输入(模拟量信号);跟踪步数到此数值	LA
NMIN	X1-字节	可调常数	必需的	0	最大步数	—
TYPE	X2-字节	初始数据	可选的	长	步长是长或短 长=步1~50步,规定最大32个输出 短=偶数步到100步。因为参数"I/01"在低16位包含步1的数值,而在高16位包含步2的数值。因此,最多可用到16个输出	—

续表

名　称	LC 记录字段	类　型	必需/可选的	缺省值	说　明	最小点记录
I01	G0-整数	可调常数	可选的	0	第 1 步的输出值	—
I02	G1-整数	可调常数	可选的	0	第 2 步的输出值	—
I03	G2-整数	可调常数	可选的	0	第 3 步的输出值	—
I04	G3-整数	可调常数	可选的	0	第 4 步的输出值	—
I05	G4-整数	可调常数	可选的	0	第 5 步的输出值	—
I06	G5-整数	可调常数	可选的	0	第 6 步的输出值	—
I07	G6-整数	可调常数	可选的	0	第 7 步的输出值	—
I08	G7-整数	可调常数	可选的	0	第 8 步的输出值	—
I09	G8-整数	可调常数	可选的	0	第 9 步的输出值	—
I10	G9-整数	可调常数	可选的	0	第 10 步的输出值	—
I11	B0-整数	可调常数	可选的	0	第 11 步的输出值	—
I12	B1-整数	可调常数	可选的	0	第 12 步的输出值	—
I13	B2-整数	可调常数	可选的	0	第 13 步的输出值	—
I14	YU-整数	可调常数	可选的	0	第 14 步的输出值	—
I15	B4-整数	可调常数	可选的	0	第 15 步的输出值	—
I16	B5-整数	可调常数	可选的	0	第 16 步的输出值	—
I17	B6-整数	可调常数	可选的	0	第 17 步的输出值	—
I18	B7-整数	可调常数	可选的	0	第 18 步的输出值	—
I19	B8-整数	可调常数	可选的	0	第 19 步的输出值	—
I20	B9-整数	可调常数	可选的	0	第 20 步的输出值	—
I21	C0-整数	可调常数	可选的	0	第 21 步的输出值	—
I22	C1-整数	可调常数	可选的	0	第 22 步的输出值	—
I23	C2-整数	可调常数	可选的	0	第 23 步的输出值	—
I24	C3-整数	可调常数	可选的	0	第 24 步的输出值	—
I25	C4-整数	可调常数	可选的	0	第 25 步的输出值	—
I26	C5-整数	可调常数	可选的	0	第 26 步的输出值	—
I27	C6-整数	可调常数	可选的	0	第 27 步的输出值	—
I28	C7-整数	可调常数	可选的	0	第 28 步的输出值	—
I29	C8-整数	可调常数	可选的	0	第 29 步的输出值	—
I30	YT-整数	可调常数	可选的	0	第 30 步的输出值	—
I31	D0-整数	可调常数	可选的	0	第 31 步的输出值	—

续表

名　称	LC记录字段	类　型	必需/可选的	缺省值	说　明	最小点记录
I32	YQ-整数	可调常数	可选的	0	第32步的输出值	—
I33	D2-整数	可调常数	可选的	0	第33步的输出值	—
I34	YP-整数	可调常数	可选的	0	第34步的输出值	—
I35	D4-整数	可调常数	可选的	0	第35步的输出值	—
I36	D5-整数	可调常数	可选的	0	第36步的输出值	—
I37	D6-整数	可调常数	可选的	0	第37步的输出值	—
I38	YN-整数	可调常数	可选的	0	第38步的输出值	—
I39	D8-整数	可调常数	可选的	0	第39步的输出值	—
I40	D9-整数	可调常数	可选的	0	第40步的输出值	—
I41	YM-整数	可调常数	可选的	0	第41步的输出值	—
I42	YL-整数	可调常数	可选的	0	第42步的输出值	—
I43	E2-整数	可调常数	可选的	0	第43步的输出值	—
I44	E3-整数	可调常数	可选的	0	第44步的输出值	—
I45	E4-整数	可调常数	可选的	0	第45步的输出值	—
I46	YC-整数	可调常数	可选的	0	第46步的输出值	—
I47	Y9-整数	可调常数	可选的	0	第47步的输出值	—
I48	E7-整数	可调常数	可选的	0	第48步的输出值	—
I49	E8-整数	可调常数	可选的	0	第49步的输出值	—
I50	Y8-整数	可调常数	可选的	0	第50步的输出值	—
STEP	—	变量	必需的	—	输出(模拟量);当前步数	LA
O01	—	变量	可选的	—	输出(数字量信号);最低有效位;按照当前步数选择的整数位进行置位或复位	LD,LP
O02 ⋮ O31	—	变量	可选的	—	输出(数字量信号);按照当前步数选择的整数位进行置位或复位	LD、LP
O32	—	变量	可选的	—	输出(数字量信号);最高有效位;按照当前步数选择的整数位进行置位或复位。	LD、LP

(28) DIGITAL DEVICE

1)说明

数字量设备算法为以下七种类型的设备提供了控制逻辑:

☆SAMPLER(可控采样器);

☆VALVE NC(不可控阀);

☆MOTOR NC(不可控马达);

☆MOTOR(简单可控马达);

☆MOTOR 2-SPD(双速或双向可控马达);

☆MOTOR 4-SPD(双速双向可控马达);

☆VALVE(可控阀门)。

数字量设备算法给可用设备提供了一个数字量报警位。本算法为每一个需要的设备提供了时间延迟,这将使设备在执行命令时避免失败。控制生成器可以独立的调节每一个设备的时间延迟。

数字量设备算法有3种适用方式,即自动方式、手动方式和关闭方式。当设备在自动方式,设备仅响应控制逻辑;在手动方式,设备仅响应操作员键盘上的程序键(参看"操作员键盘接口键"列表);当设备在关闭方式,算法只能跟踪输入值,不能响应任何的控制逻辑或是操作员命令。

要使一个设备响应命令,该设备必须是可用的,没有故障并且位于手动方式或是自动方式。在应用时,算法可以通过远程复位设备点或通过操作员键盘复位。当设备复位后,报警输出点和打包状态报警点总是复位的。当一个设备在失败或是不可用情况下时,它将保持在关闭方式直到问题被解决,且设备复位。当设置复位且设备为 READY 时,设备总是进入手动方式。在任何方式下,算法都将响应远程复位和操作员复位。

一个供马达和采样设备使用的运行计数器也可以由操作员键盘复位。算法将以 h、min 或 s 的形式把计数值保存在本地存储器,并作为一个模拟量输出保存。

2)操作员键盘的接口键

程序键	说 明
P1	关闭/停止
P2	打开/启动/快速正向启动/正向启动/快速启动
P3	缓慢正向启动/反向启动/ 缓慢启动
P4	快速反向启动
P5	缓慢反向启动
P6	总行程时间复位
P7	设备算法复位

①SAMPLER(可控采样器)。

A. 说明。可控采样器设备可选择操作员键盘的打开或关闭。优先级由控制生成器设置且只能由控制生成器来改变。输入输出列表可在算法定义表中找到。

如果操作员键盘是关闭的,键盘不可用,设备的输出(OUT1)就跟随输入(IN1)。当操作键盘打开后,输出跟随输入,一直到操作员用 STOP 或是 START 键手动改变输出。一旦输入有变化,输出将再跟随输入。

当输出被设置时，运行时间计数。不论设置哪种优先级，操作员都有权对运行时间复位。可控的采样器没有方式、时间延迟或报警。运行时间可通过改变控制生成器中的 RUNT 参数来调整。

B. 功能符号

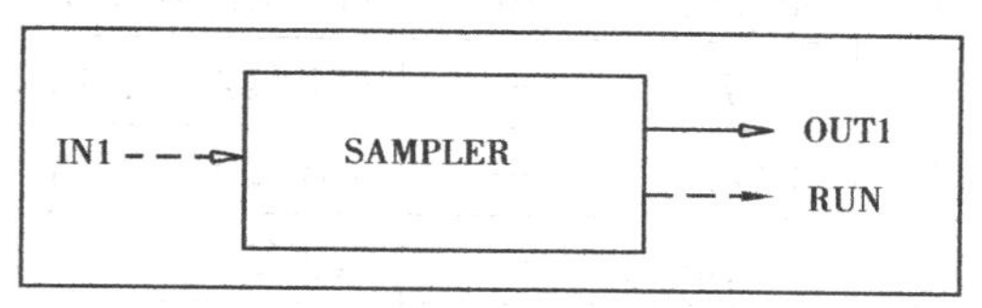

算法记录类型 = LC

C. 算法定义

名　称	LC 记录字段	类　型	必需/可选的	缺省值	说　明	最小点记录
DIAG	LU-整数	初始数据	必需的	30	可调的图表数值	—
SPRI	X2-字节	初始数据	必需的	0	采样复位优先级 0 = 操作键盘打开 1 = 操作键盘关闭	—
BASE	C6-整数	可调常数	可选的	0	总行程时基： 0 = h 1 = min 2 = s	—
RUNT	R1-实数	初始数据	必需的	0	调整总的运行时间值	—
IN1	—	变量	可选的	—	远程操作（数字量）	LD
OUT1	—	变量	必需的	—	运行输出（数字量）	LD
RUN	—	变量	可选的	—	总运行时间（模拟量）	LA

②VALVE NC（不可控阀门）。

A. 说明

不可控阀门不接受来自控制逻辑或是操作员的控制信息（参看算法定义表中的输入和输出部分）。在失败状态时算法就激活数字量报警位（参看阀门状态的真值表）。这个设备没有方式、时间延迟或运行时间。

B. 功能符号

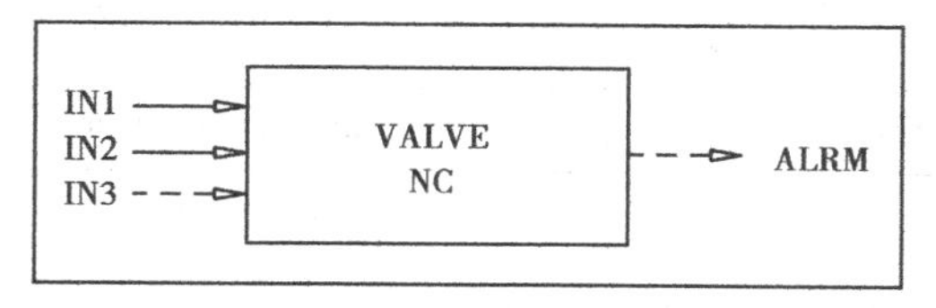

算法记录类型 = LC

C. 算法定义

名　称	LC 记录字段	类　型	必需/可选的	缺省值	说　明	最小点记录
DIAG	LU-整数	初始数据	必需的	30	可调的图表数值	—
IN1	—	变量	必需的	—	打开接点(数字量)	LD
IN2	—	变量	必需的	—	关闭接点(数字量)	LD
IN3	—	变量	可选的	—	远程复位(数字量)	LD
ALRM	—	变量	可选的	—	设备报警(数字量)	LD

D. 真值表

打开状态	闭合状态	阀门状态
置位	置位	移动
置位	复位	打开
复位	置位	关闭
复位	复位	失败

③MOTOR NC(不可控马达)。

A. 说明:不可控马达不接受来自控制逻辑或是操作员的控制信息(参看算法定义表中的输入和输出部分)。当马达在失败状态或是在不可用状态报警位将被置位(参看马达状态的真值表)。不可控马达有一个模拟量的运行时间输出,它可以被操作员复位。运行时间值可以由控制生成器调整。这个设备没有方式或是时间延迟。

B. 功能符号

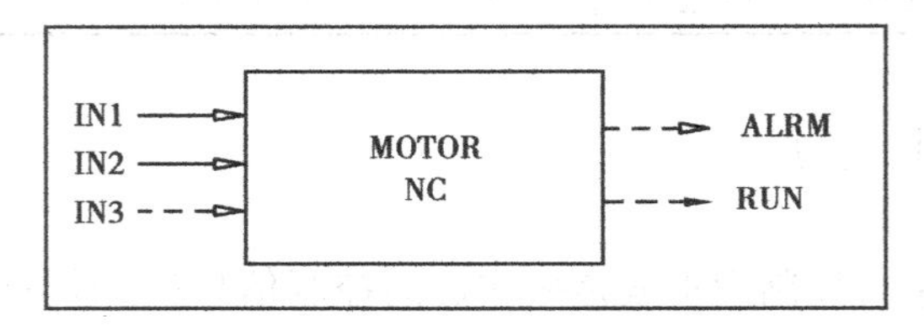

算法记录类型=LC

C. 算法定义

名　称	LC 记录字段	类　型	必需/可选的	缺省值	说　明	最小点记录
DIAG	LU-整数	初始数据	必需的	30	可调的图表数值	—
BASE	C6-整数	可调常数	可选的	0	总行程时基: 0=h 1=min 2=s	—

续表

名　称	LC记录字段	类　型	必需/可选的	缺省值	说　明	最小点记录
RUNT	R1-实数	初始数据	必需的	0	调整总的运行时间值	—
IN1	—	变量	必需的	—	就绪触点(数字量)	LD
IN2	—	变量	必需的	—	运行触点(数字量)	LD
IN3	—	变量	可选的	—	远程设备复位(数字量)	LD
ALRM	—	变量	可选的	—	设备报警(数字量)	LD
RUN	—	变量	可选的	—	总运行时间(模拟量)	LA

D.真值表

准备状态	运行状态	马达状态
置位	置位	运行
置位	复位	就绪
复位	置位	失败
复位	复位	不可用

④MOTOR(简单可控马达)。

A.说明:简单可控马达在操作中以一个速度单向运行。马达可以接受来自控制逻辑或是操作员的启动或停止命令。

当设备在自动方式,算法接受来自远程启动(IN3)和远程停止(IN4)输入的控制命令;当设备在手动方式,算法接受来自操作键盘的停止和启动控制命令。无论命令在自动或是手动方式下执行,都是根据在控制生成器预先设定的时间延迟的持续时间来设置输出(OUT1和OUT2)。

停止允许位(IN8)必须被设置为允许马达停止。当IN8没有输入时,停止允许位就自动设置。参看算法定义表中的输入输出列表。

当以下情况发生时数字量报警位被置位:

☆设备在失效状态;

☆设备在不可用状态;

☆设备没有收到命令而改变运行状态;

☆设备启动或停止失败。

当设备启动或停止失败时,将引发报警,但是设备保持在当前方式,并持续寻找运行和就绪的正确组合。当这个组合被检测到,报警就被复位,设备继续在正常状态下运行。所有其他的报警将使设备进入关闭方式。请参看马达状态真值表。

简单可控马达还有一个状态打包点,它可以显示哪一个报警被置位、最后的命令和当前位于哪个状态。请参看状态位列表的输出状态位。

B. 功能符号

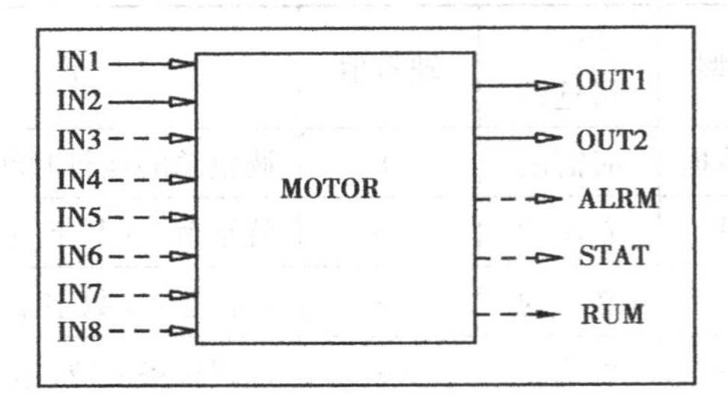

算法记录类型=LC

C. 算法定义

名 称	LC 记录字段	类 型	必需/可选的	缺省值	说 明	最小点记录
DIAG	LU-整数	初始数据	必需的	30	可调的图表数值	—
DLY1	C0-整数	可调常数	必需的	0	停止后的就绪时间	—
DLY2	C1-整数	可调常数	必需的	1	停止时间	—
DLY3	C2-整数	可调常数	必需的	1	启动时间	—
BASE	C6-整数	可调常数	可选的	0	总行程时基 0=h 1=min 2=s	—
IN1	—	变量	必需的	—	就绪触点(数字量)	LD
IN2	—	变量	必需的	—	运行触点(数字量)	LD
IN3	—	变量	可选的	—	远程启动(数字量)	LD
IN4	—	变量	可选的	—	远程停止(数字量)	LD
IN5	—	变量	可选的	—	远程自动(数字量)	LD
IN6	—	变量	可选的	—	远程手动(数字量)	LD
IN7	—	变量	可选的	—	远程设备复位(数字量)	LD
IN8	—	变量	可选的	—	停止允许位(数字量)	LD
OUT1	—	变量	必需的	—	启动输出(数字量)	LD
OUT2	—	变量	必需的	—	停止输出(数字量)	LD
ALRM	—	变量	可选的	—	设备报警(数字量)	LD
STAT	—	变量	可选的	—	报警和方式状态(打包点)	LP
RUN	—	变量	可选的	—	总运行时间(模拟量)	LA

D. 真值表

准备状态	运行状态	马达状态
置位	置位	运行
置位	复位	就绪
复位	置位	失败
复位	复位	不可用

E. 输出状态位

位数	描　述
0	停止失败
1	启动失败
2	未使用
3	未使用
4	未使用
5	设备不可用
6	设备偏差
7	设备失效
8	最后停止命令
9	最后启动命令
10	未使用
11	未使用
12	未使用
13	设备关闭
14	设备位于手动方式
15	设备位于自动方式

⑤MOTOR 2-SPD(双速或双向可控马达)。

A. 说明:双速或双向可控马达在运行中可以快速运行或慢速运行,正向运行或是反向运行。马达可接收来自控制逻辑或是操作员的启动或停止命令。

当设备在自动方式,算法将接收来自远程快速/正向启动(IN4)、远程慢速/反向启动(IN5)和远程停止输入(IN6)的控制命令。当设备在手动方式,算法将接收来自操作员键盘的停止、快速/正向启动和慢速/反向启动控制命令。无论命令在自动或手动方式下执行,都根据在控制生成器预先设定的时间延迟持续时间来设置输出(OUT1、OUT2 和 OUT3)。

停止允许位(IN10)必须被设置为允许马达停止。当 IN10 没有输入时,停止允许位就自动设置。马达可在没有停止的情况下被命令改变方向和速度。参看算法定义表中的输入输出列表。

当以下情况之一发生时数字量报警位被置位:

☆设备在失效状态;

☆设备在不可用状态;

☆设备没有收到命令而改变运行状态;

☆设备启动或停止失败。

当设备启动或停止失败时,将引发报警,但是设备保持在当前方式,并持续寻找运行和就绪的正确组合。当这个组合被检测到时,报警就被复位,设备继续在正常状态下运行。所有其他的报警将使设备进入关闭方式。参看马达状态真值表。

双速或双向可控马达也有一个状态打包点,它可以显示那一个报警被置位、最后的命令和当前位于那种状态。请参看状态位列表的输出状态位。

B. 功能符号:

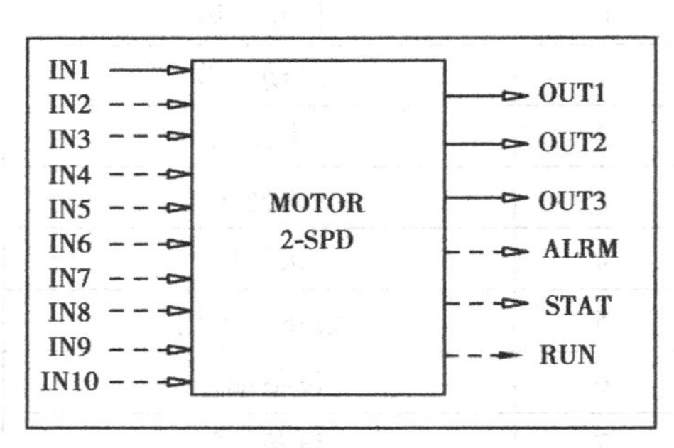

算法记录类型=LC

C. 算法定义:

名　称	LC 记录字段	类　型	必需/可选的	缺省值	说　明	最小点记录
DIAG	LU-整数	初始数据	必需的	30	可调的图表数值	—
DLY1	C0-整数	可调常数	必需的	0	停止后的就绪时间	—
DLY2	C1-整数	可调常数	必需的	1	停止时间	—
DLY3	C2-整数	可调常数	必需的	1	快速/正向启动时间	—
DLY4	C3-整数	可调常数	必需的	1	慢速/反向启动时间	—
BASE	C6-整数	可调常数	可选的	0	总行程时基: 0=h 1=min 2=s	—
IN1	—	变量	必需的	—	就绪触点(数字量)	LD
IN2	—	变量	必需的	—	快速/正向运行触点(数字量)	LD
IN3	—	变量	必需的	—	慢速/反向运行触点(数字量)	LD
IN4	—	变量	可选的	—	远程快速/正向启动(数字量)	LD
IN5	—	变量	可选的	—	远程慢速/反向启动(数字量)	LD

续表

名　称	LC记录字段	类　型	必需/可选的	缺省值	说　明	最小点记录
IN6	—	变量	可选的	—	远程停止(数字量)	LD
IN7	—	变量	可选的	—	远程自动(数字量)	LD
IN8	—	变量	可选的	—	远程手动(数字量)	LD
IN9	—	变量	可选的	—	远程设备复位(数字量)	LD
IN10	—	变量	可选的	—	停止允许位(数字量)	LD
OUT1	—	变量	必需的	—	快速/正向启动输出(数字量)	LD
OUT2	—	变量	必需的	—	慢速/反向启动输出(数字量)	LD
OUT3	—	变量	必需的	—	停止输出(数字量)	LD
ALRM	—	变量	可选的	—	设备报警(数字量)	LD
STAT	—	变量	可选的	—	报警和方式状态(打包点)	LP
RUN	—	变量	可选的	—	总运行时间(模拟量)	LA

D. 真值表：

准备状态	快速/正向运行状态	缓慢/反向运行状态	马达状态
置位	置位	置位	未使用
置位	置位	复位	快速或正向运行
置位	复位	置位	慢速或反向运行
置位	复位	复位	就绪
复位	置位	置位	失败
复位	置位	复位	失败
复位	复位	置位	失败
复位	复位	复位	不可用

E. 输出状态位：

位	说　明
0	停止失败
1	快速/正向启动失败
2	慢速/反向启动失败
3	未使用
4	未使用
5	设备不可用

续表

位	说　明
6	设备偏差
7	设备失败
8	最后停止命令
9	最后快速/正向启动命令
10	最后慢速/反向启动命令
11	未使用
12	未使用
13	设备关闭
14	设备位于手动方式
15	设备位于自动方式

⑥MOTOR 4-SPD(双速双向可控马达)。

A. 说明:

双速双向可控马达可以接收来自控制逻辑或是操作员的启动或停止命令。这个马达可以在以下 4 种状态的任何一种运行:快速正向、快速反向、慢速正向、慢速反向。

当设备在自动方式,算法将接收来自远程快速/正向启动(IN6)、远程慢速/正向启动(IN7)、远程快速反向启动(IN8)、远程慢速反向启动(IN9)和远程停止(IN10)输入的控制命令。

当设备在手动方式,算法将接收来自操作键盘的停止、快速正向启动、慢速正向启动、快速反向启动和慢速反向启动控制命令。无论在自动或手动方式执行命令,都根据在控制生成器预先设定的时间延迟的持续时间来设置输出(OUT1、OUT2、OUT3、OUT4 和 OUT5)。

停止允许位(IN14)必须被设置为允许马达停止。当 IN14 没有输入时,停止允许位就自动设置。马达可能在没有先停止的情况下被命令改变方向和速度。参看算法定义表中的输入输出列表。

当以下情况之一发生时报警位被置位:

☆设备在失效状态;

☆设备在不可用状态;

☆设备没有收到命令而改变运行状态;

☆设备启动或停止失败。

当设备启动或停止失败时,将引发报警,但是设备保持在当前方式,并持续寻找运行和就绪的正确组合。当这个组合被检测到,报警就被复位,设备将继续在正常状态下运行。所有其他的报警将使设备进入关闭方式。参看马达状态真值表。

双速双向可控马达也有一个状态打包点,它可以显示那一个报警被置位、最后的命令和当前位于那种状态。参看状态位列表的输出状态位。

B. 功能符号：

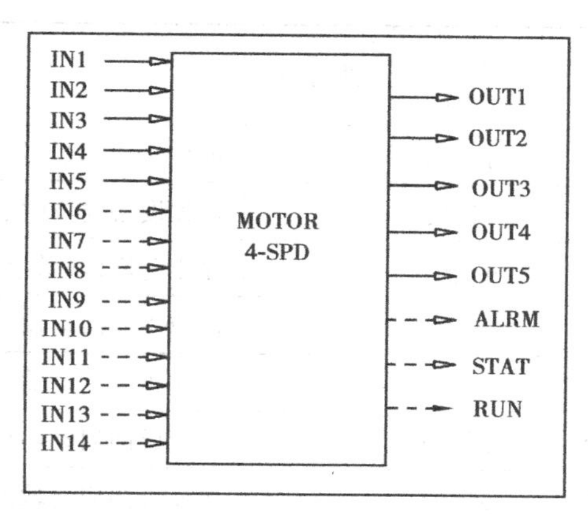

算法记录类型=LC

C. 算法定义：

名称	LC记录字段	类型	必需/可选的	缺省值	说　明	最小点记录
DIAG	LU-整数	初始数据	必需的	30	可调的图表数值	—
DLY1	C0-整数	可调常数	必需的	0	停止后的就绪时间	—
DLY2	C1-整数	可调常数	必需的	1	停止时间	—
DLY3	C2-整数	可调常数	必需的	1	快速正向启动时间	—
DLY4	C3-整数	可调常数	必需的	1	慢速正向启动时间	—
DLY5	C4-整数	可调常数	必需的	1	快速反向启动时间	—
DLY6	C5-整数	可调常数	必需的	1	慢速反向启动时间	—
BASE	C6-整数	可调常数	可选的	0	总行程时基： 0=h 1=min 2=s	—
IN1	—	变量	必需的	—	就绪触点(数字量)	LD
IN2	—	变量	必需的	—	快速正向运行触点(数字量)	LD
IN3	—	变量	必需的	—	慢速正向运行触点(数字量)	LD
IN4	—	变量	必需的	—	快速反向运行触点(数字量)	LD
IN5	—	变量	必需的	—	慢速反向运行触点(数字量)	LD
IN6	—	变量	可选的	—	远程快速正向启动(数字量)	LD
IN7	—	变量	可选的	—	远程慢速正向启动(数字量)	LD
IN8	—	变量	可选的	—	远程快速反向启动(数字量)	LD
IN9	—	变量	可选的	—	远程慢速反向启动(数字量)	LD
IN10	—	变量	可选的	—	远程停止(数字量)	LD
IN11	—	变量	可选的	—	远程自动(数字量)	LD

续表

名称	LC 记录字段	类型	必需/可选的	缺省值	说 明	最小点记录
IN12	—	变量	可选的	—	远程手动(数字量)	LD
IN13	—	变量	可选的	—	远程设备复位(数字量)	LD
IN14	—	变量	可选的	—	停止允许位(数字量)	LD
OUT1	—	变量	必需的	—	快速正向启动输出(数字量)	LD
OUT2	—	变量	必需的	—	慢速正向启动输出(数字量)	LD
OUT3	—	变量	必需的	—	快速反向启动输出(数字量)	LD
OUT4	—	变量	必需的	—	慢速反向启动输出(数字量)	LD
OUT5	—	变量	必需的	—	停止输出(数字量)	LD
ALRM	—	变量	可选的	—	设备报警(数字量)	LD
STAT	—	变量	可选的	—	报警和方式状态(打包点)	LP
RUN	—	变量	可选的	—	总运行时间(模拟量)	LA

D. 真值表:

就绪状态	快速正向运行状态	慢速正向运行状态	快速反向运行状态	慢速反向运行状态	马达状态
置位	置位	置位	置位	置位	未使用
置位	置位	置位	置位	复位	未使用
置位	置位	置位	复位	置位	未使用
置位	置位	置位	复位	复位	未使用
置位	置位	复位	置位	置位	未使用
置位	置位	复位	置位	复位	未使用
置位	置位	复位	复位	置位	未使用
置位	置位	复位	复位	复位	快速正向运行
置位	复位	置位	置位	置位	未使用
置位	复位	置位	置位	复位	未使用
置位	复位	置位	复位	置位	未使用
置位	复位	置位	复位	复位	慢速正向运行
置位	复位	复位	置位	置位	未使用
置位	复位	复位	置位	复位	快速反向运行
置位	复位	复位	复位	置位	慢速反向运行
置位	复位	复位	复位	复位	就绪

续表

就绪状态	快速正向运行状态	慢速正向运行状态	快速反向运行状态	慢速反向运行状态	马达状态
复位	置位	置位/复位	置位/复位	置位/复位	失败
复位	置位/复位	置位	置位/复位	置位/复位	失败
复位	置位/复位	置位/复位	置位	置位/复位	失败
复位	置位/复位	置位/复位	置位/复位	置位	失败
复位	复位	复位	复位	复位	不可用

E. 输出状态点：

位	说 明
0	停止失败
1	快速正向启动失败
2	慢速正向启动失败
3	快速反向启动失败
4	慢速反向启动失败
5	设备不可用
6	设备偏差
7	设备失败
8	最后停止命令
9	最后快速正向启动命令
10	最后慢速正向启动命令
11	最后快速反向启动命令
12	最后慢速反向启动命令
13	设备关闭
14	设备位于手动方式
15	设备位于自动方式

⑦VALVE(可控阀门)。

A. 说明：

可控阀门可以接收来自控制逻辑或是操作员的命令。

当设备在自动方式，算法将接收来自远程打开(IN3)和远程关闭(IN4)输入的控制命令。当设备在手动方式，算法将接收来自操作员键盘的关闭和打开命令。无论命令在自动或手动方式执行，都根据在控制生成器预先设定的时间延迟持续时间来设置输出(OUT1 和 OUT2)。

打开和关闭允许位(IN8 和 IN9)必须被设置为允许阀门打开和关闭。当 IN8 和 IN9 没有输入时,打开和关闭允许位就自动设置。参看算法定义表中的输入输出列表。

当以下情况之一发生时数字报警位被置位:

☆设备在失效状态;

☆设备没有收到命令而打开或关闭。

☆设备打开或关闭失败。

当设备打开或关闭失败时,将引发报警,但是设备保持在当前方式,并持续寻找打开和关闭的正确组合。当这个组合被检测到,报警就被复位,设备继续在正常状态下运行。所有其他的报警将使设备进入关闭方式。参看阀门状态真值表。

可控阀门还有一个状态打包点,它可以显示那一个报警被置位、最后的命令和当前位于那种状态。参看状态位列表的输出状态位。

B. 功能符号:

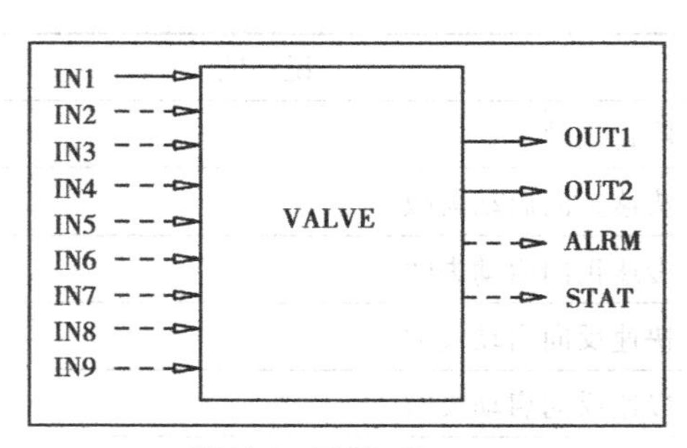

算法记录类型=LC

C. 算法定义:

名称	LC 记录字段	类型	必需/可选的	缺省值	说　明	最小点记录
DIAG	LU-整数	初始数据	必需的	30	可调的图表数值	—
DLY1	C0-整数	可调常数	必需的	1	关闭时间(应大于回路时间)	—
DLY2	C1-整数	可调常数	必需的	1	打开时间(应大于回路时间)	—
BASE	C6-整数	可调常数	可选的	0	总行程时基: 0=h 1=min 2=s	—
IN1	—	变量	必需的	—	打开接点(数字量)	LD
IN2	—	变量	必需的	—	关闭接点(数字量)	LD
IN3	—	变量	可选的	—	远程打开(数字量)	LD
IN4	—	变量	可选的	—	远程关闭(数字量)	LD
IN5	—	变量	可选的	—	远程自动(数字量)	LD
IN6	—	变量	可选的	—	远程手动(数字量)	LD
IN7	—	变量	可选的	—	远程设备复位(数字量)	LD

续表

名称	LC记录字段	类型	必需/可选的	缺省值	说　明	最小点记录
IN8	—	变量	可选的	—	打开允许位(数字量)	LD
IN9	—	变量	可选的	—	关闭允许位(数字量)	LD
OUT1	—	变量	必需的	—	打开输出(数字量)	LD
OUT2	—	变量	必需的	—	关闭输出(数字量)	LD
ALRM	—	变量	可选的	—	设备报警(数字量)	LD
STAT	—	变量	可选的	—	报警和方式状态(打包点)	LP

D. 真值表：

打开状态	关闭状态	阀门状态
置位	置位	移动
置位	复位	打开
复位	置位	关闭
复位	复位	失败

E. 输出状态位：

位	说　明
0	关闭失败
1	打开失败
2	未使用
3	未使用
4	未使用
5	未使用
6	设备偏差
7	设备失败
8	最后关闭命令
9	最后打开命令
10	未使用
11	未使用
12	未使用
13	设备断开
14	设备位于手动方式
15	设备位于自动方式

(29)DIVIDE

1)说明

DIVIDE 算法对两个带增益和偏置的输入做除法运算。除法算法的输出是带增益和偏置的输入 IN1 除以带增益和偏置的输入 IN2 所得的结果。如果输入 IN2 为 0,或是无效实数,则输出根据 IN1 的信号可以是最大值或最小值。

注意:若该算法接收一个无效数作为输入,或是计算出一个无效数作为输出,站置为报警。

2)功能符号:

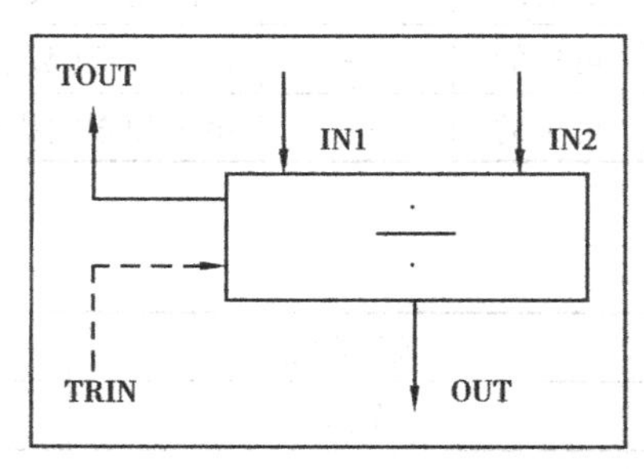

3)跟踪信号

该算法是通过模拟点第三状态字段传递的信号进行跟踪和限制。算法对输入信号 TRIN 中的信息会作出以下响应:

位	说　明	动　作	TOUT 信号
16	跟踪	执行	通过
17	若低则跟踪	无动作	通过 *
18	若高则跟踪	无动作	通过 *
19	降禁止	无动作	通过 * *
20	升禁止	无动作	通过 * *
21	条件跟踪	执行	通过 * * *
22	未使用	无动作	未使用
23	偏差报警	无动作	未使用
24	本地手动方式	无动作	未使用
25	手动方式	无动作	未使用
26	自动方式	无动作	未使用
27	未使用	无动作	未使用
28	未使用	无动作	未使用
29	未使用	无动作	未使用
30	低限值到	无动作	低限值到
31	高限值到	无动作	高限值到

注:*　仅当跟踪信号没有出现时。

* *　仅当跟踪信号没有出现时;信号是根据设置跟踪信号中给出的定义设置的。

* * *　若算法被告知跟踪,则条件跟踪位被忽略。否则,条件跟踪位的值被传递到所有的跟踪输出点。若条件跟踪位设置在跟踪输入点,所有输出跟踪点的模拟量值是基于跟踪输入点的值计算出来的。

来自该算法的高、低限标志和跟踪信号输出到TOUT，可以显示和由一个上级算法来使用。如果输出值是无效的，OUT的品质将设置为BAD，否则，当不在跟踪方式时，其品质将为两个输入中较差一个的品质。当处于跟踪状态时，即为跟踪输入变量的品质。

注意：如果算法产生一个反向的跟踪输出，则IN1的值被用做跟踪输出，除非该值是无效的。如果计算跟踪输出和IN1输入值都是反向的，则跟踪输出值不更新。

算法记录类型=LC

4）算法定义

名称	LC记录字段	类型	必需/可选的	缺省值	说明	最小点记录
DIAG	LU-整数	初始数据	必需的	81	可调的图表数值	—
IN1G	R1-实数	可调常数	必需的	1.0	输入1的增益(+或-)	—
IN1B	R2-实数	可调常数	可选的	0.0	输入2的偏置(+或-)	—
IN2G	R3-实数	可调常数	必需的	1.0	输入2的增益	—
IN2B	R4-实数	可调常数	可选的	0.0	输入2的偏置	—
TPSC	R5-实数	可调常数	必需的	100.0	输出点的最大值	—
BTSC	R6-实数	可调常数	必需的	-100.0	输出点的最小值	—
TRAT	R7-实数	可调常数	必需的	2.5	跟踪斜率(单位每秒)	—
IN1	—	变量	必需的	—	输入(模拟量)	LA
TOUT	—	变量	必需的	—	跟踪输出值，为输入变量的方式和状态。	LA
IN2	—	变量	必需的	—	输入(模拟量)	LA
OUT	—	变量	必需的	—	输出(模拟量)	LA
TRIN	—	变量	可选的	—	跟踪模拟量，跟踪和限制方式信号输入变量。	LA

5）函数

```
IN2GB=(IN2×IN2 GAIN)+IN2 BIAS
IN1GB=(IN1×IN1 GAIN)+IN1 BIAS
IF IN2GB ≠ 0 THEN
  OUT=IN1GB / IN2GB
ELSE
IF IN1GB ≥ 0 THEN
  OUT= TPSC
ELSE
  OUT=BTSC
IF OUT ≥ TPSC
OUT=TPSC
```

ELSE

IF OUT ≤ BTSC THEN

OUT=BTSC

(30)DVALGEN

1)说明

DVALGEN 算法初始化一个数字量点。DVALGEN 算法的输出是存储在可调常数中的数字量值(VALU)。这个值可用来强制使任何数字量输入到任意算法中,保持固定的 True 或 False 信息,直到被一个调整功能所改变。

2)功能符号

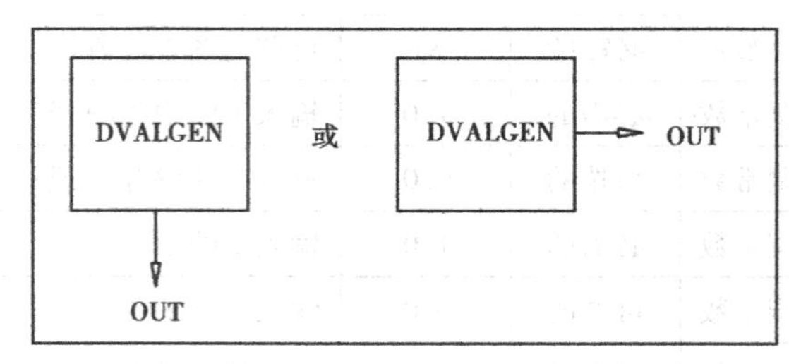

算法记录类型=NONE

3)算法定义

名称	LC 记录字段	类型	必需/可选的	缺省值	说　明	最小点记录
DIAG	LU-整数	初始数据	必需的	69	可调的图表数值	—
VALU	R1-实数	可调常数	必需的	1.0	实数值(0.0="FALSE";1.0 或其他任何非 0 实数="TRUE")	—
OUT	—	变量	必需的	—	输出(数字量)	LD、LP

4)函数

OUT=VALUE

(31)FIELD

1)说明

FIELD 算法仅用于硬件模拟输出变量点。这个算法将对照 I/O 卡限值校准此值,并在输出跟踪点中设置恰当的位。在包含接口控制单元的应用中,它用来取代"输出模拟量硬件"I/O 连接器(如阀门和挡板)。

当 FIELD 算法在 I/O 卡上检测到一个硬件错误时,输出数字量点(FAIL)将为 True。

FIELD 算法设计用于读取来自点记录和第一通道的输出值 TOUT。

2）功能符号

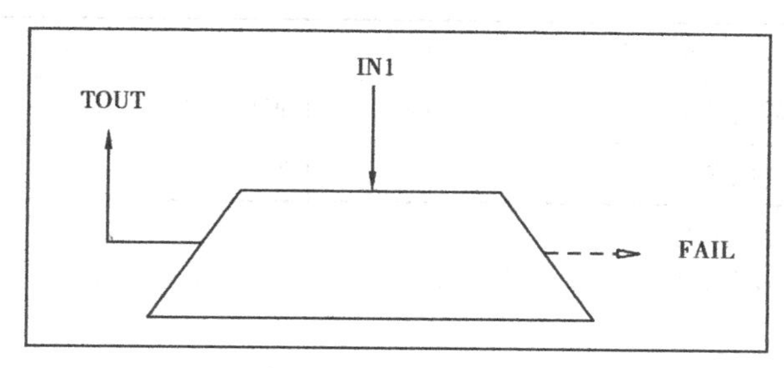

算法记录类型 = LC

3）算法定义

名称	LC 记录字段	类型	必需/可选的	缺省值	说　明	最小点记录
IN1	—	变量	必需的	—	输入（模拟量）	LA
TOUT	—	变量	必需的	—	输入变量（模拟量）的跟踪输出值方式和状态	LA
HWPT	—	变量	可选的	—	硬件输出（模拟量）	LA
FAIL	—	变量	可选的	—	硬件错误点（数字量）	LD、LP

4）跟踪信号

来自算法的高、低限标志和跟踪信号被输出至 TOUT，用来显示和被一个上级算法使用。以下是这个算法中 TOUT 信号的输出信息。

位	说　明	动　作	TOUT 信号
16	跟踪	执 行	输出值为卡的低限值时为 True
17	若低则跟踪	无动作	通过 *
18	若高则跟踪	无动作	通过 *
19	降禁止	执 行	输出值为卡的低限值时为 True * *
20	升禁止	执 行	输出值为卡的高限值时为 True * *
21	条件跟踪	无动作	未使用
22	未使用	无动作	未使用
23	偏差报警	无动作	未使用
24	本地手动方式	无动作	未使用
25	手动方式	无动作	未使用
26	自动方式	无动作	未使用
27	监控方式	无动作	未使用
28	级联方式	无动作	未使用
29	DDC 方式	无动作	未使用

续表

位	说　明	动　作	TOUT 信号
30	低限值到	执 行	低限值到
31	高限值到	执 行	高限值到

注：*　仅当跟踪信号没有出现时。
　　**　仅当跟踪信号没有出现时；信号是根据设置跟踪信号中给出的定义设置的。

(32) FLIPFLOP

1)说明

FLIPFLOP 算法是一个记忆装置。其输出状态由真值表定义，由下面的"Function for Reset Override"和"Function for Set Override"表中给出。

2)功能符号

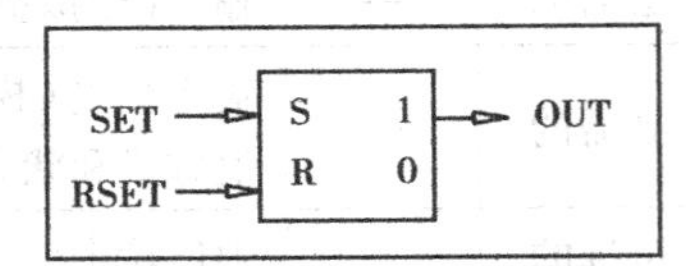

算法记录类型 = LC

3)算法定义

名称	LC 记录字段	类型	必需/可选的	缺省值	说　明	最小点记录
TYPE	X1-字节	初始数据	必需的	0	触发器类型： 1——带置位超驰的触发器 0——带复位超驰的触发器	—
SET	—	变量	必需的	—	输入(数字量)；置位	LD、LP
RSET	—	变量	必需的	—	输入(数字量)；复位	LD、LP
OUT	—	变量	必需的	—	输出(数字量)	LD、LP

①Function for Reset Override(复位超驰功能)。

SET	RESET	OUT
0	0	S
0	1	0
1	0	1
1	1	0

注：S = 输出保持不变或以前的状态。

在控制器加电或复位状态，OUT 依照真值表设置，除非 SET 和 RSET 均为 False。

②Function for Set Override(置位超驰功能)。

SET	RESET	OUT
0	0	S
0	1	0
1	0	1
1	1	1

注:S=输出保持不变或以前的状态。

在控制器加电或复位状态,OUT依照真值表设置,除非SET置为False。

(33)FUNCTION

1)说明

FUNCTION算法产生一个分段线性函数,它是由12个X~Y断点数组元素确定的。每个Y阵列元素(相关变量)都各自有一个X阵列元素(独立变量)对应,这样就描绘出了期望的函数。断点数规定了阵列的大小。

如果输入值无效或小于X阵列元素的最小部分,输出值则采用相应的Y阵列元素值。同样,如果输入值大于X阵列的最大元素,则输出采用相应的Y阵列元素值。若某一特定输入值(X阵列)不止一个输出值(Y阵列),则输出将是所遇到的Y阵列的第一个元素。

算法定义的TPSC和BTSC必须与函数定义的最大和最小Y阵列值相匹配,以确保跟踪正确的执行。如果极限值不同,算法则跟踪数值。但一旦解除,它将返回计算的输出值。

注意:若该算法接收一个无效数作为输入,或是计算出一个无效数作为输出,站置为报警。

2)功能符号

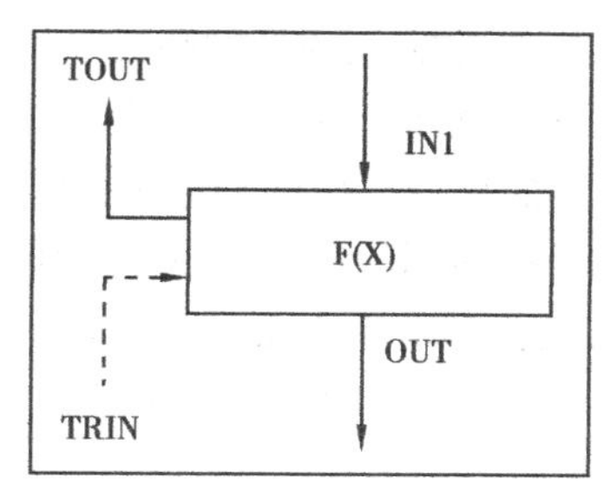

3)跟踪信号

通过模拟量第三状态字上的高16位已被传递的信号进行跟踪和限制。本算法对输入信号TRIN中的信息会作出以下响应:

位	说　明	动　作	TOUT信号
16	跟踪	执行	通过
17	若低则跟踪	无动作	通过*
18	若高则跟踪	无动作	通过*
19	降禁止	无动作	通过**
20	升禁止	无动作	通过**
21	条件跟踪	执行	通过***

续表

位	说　明	动　作	TOUT 信号
22	未使用	无动作	未使用
23	偏差报警	无动作	未使用
24	本地手动方式	无动作	未使用
25	手动方式	无动作	未使用
26	自动方式	无动作	未使用
27	未使用	无动作	未使用
28	未使用	无动作	未使用
29	未使用	无动作	未使用
30	低限值到	无动作	低限值到
31	高限值到	无动作	高限值到

注：*　仅当跟踪信号没有出现时。

**　仅当跟踪信号没有出现时；信号是根据设置跟踪信号中给出的定义设置的。

***　若算法被告知跟踪，则条件跟踪位被忽略。否则，条件跟踪位的值被传递到所有的跟踪输出点。

若条件跟踪位设置在跟踪输入点，所有输出跟踪点的模拟量值是基于跟踪输入点的值计算出来的。

来自该算法的高、低限标志和跟踪信号输出到 TOUT，用来显示和被一个上级算法使用。若输出值是无效的，则 OUT 的品质设置为 BAD。否则，当不在跟踪方式时，OUT 的品质即为输入的品质。跟踪时，其品质设置为跟踪输入变量的品质。

FUNCTION 算法正在跟踪时，它迫使上级算法跟踪与 Y 阵列值相关的 X 阵列值，该 Y 阵列值是 FUNCTION 被告知跟踪的。然而，若存在不止一个与规定的 Y 阵列值相关的 X 阵列值，FUNCTION 算法强制上级算法跟踪遇到的第一个 X 阵列值。

注意：如果该算法产生一个无效的跟踪输出值，则输入值用作跟踪输出，除非它是无效的。如果计算出的跟踪输出和输入值均无效则跟踪输出值不更新。

算法记录类型 = LC

4)算法定义

名称	LC 记录字段	类型	必需/可选的	缺省值	说　明	最小点记录
DIAG	LU-整数	初始数据	必需的	105	可调的图表数值	—
GAIN	T7-实数	可调常数	必需的	1.0	输入增益不应初始化为 0；否则，站置为报警	—
BIAS	T8-实数	可调常数	必需的	0.0	输入偏置	—
TPSC	T9-实数	可调常数	必需的	100.0	输出点的最大值	—
BTSC	U1-实数	可调常数	必需的	0.0	输出点的最小值	—
TRAT	U2-实数	可调常数	必需的	2.5	跟踪斜率(单位每秒)	—

续表

名称	LC记录字段	类型	必需/可选的	缺省值	说明	最小点记录
BPTS	X1-字节	可调常数	必需的	2.0	断点数[(x,y)坐标对数]	—
X-1	R1-实数	可调常数	必需的	-100.0	X-坐标1	—
Y-1	S4-实数	可调常数	必需的	-100.0	Y-坐标1	—
X-2	R2-实数	可调常数	必需的	100.0	X-坐标2	—
Y-2	S5-实数	可调常数	必需的	100.0	Y-坐标2	—
X-3	R3-实数	可调常数	可选的	0.0	X-坐标3	—
Y-3	S6-实数	可调常数	可选的	0.0	Y-坐标3	—
X-4	R4-实数	可调常数	可选的	0.0	X-坐标4	—
Y-4	S7-实数	可调常数	可选的	0.0	Y-坐标4	—
X-5	R5-实数	可调常数	可选的	0.0	X-坐标5	—
Y-5	S8-实数	可调常数	可选的	0.0	Y-坐标5	—
X-6	R6-实数	可调常数	可选的	0.0	X-坐标6	—
Y-6	S9-实数	可调常数	可选的	0.0	Y-坐标6	—
X-7	R7-实数	可调常数	可选的	0.0	X-坐标7	—
Y-7	T1-实数	可调常数	可选的	0.0	Y-坐标7	—
X-8	R8-实数	可调常数	可选的	0.0	X-坐标8	—
Y-8	T2-实数	可调常数	可选的	0.0	Y-坐标8	—
X-9	R9-实数	可调常数	可选的	0.0	X-坐标9	—
Y-9	T3-实数	可调常数	可选的	0.0	Y-坐标9	—
X-10	S1-实数	可调常数	可选的	0.0	X-坐标10	—
Y-10	T4-实数	可调常数	可选的	0.0	Y-坐标10	—
X-11	S2-实数	可调常数	可选的	0.0	X-坐标11	—
Y-11	T5-实数	可调常数	可选的	0.0	Y-坐标11	—
X-12	S3-实数	可调常数	可选的	0.0	X-坐标12	—
Y-12	T6-实数	可调常数	可选的	0.0	Y-坐标12	—
IN1	—	变量	必需的	—	IN1变量模拟量输入	LA
TOUT	—	变量	必需的	—	跟踪输出值,输入变量方式和状态信号	LA
OUT	—	变量	必需的	—	模拟输出变量	LA
TRIN	—	变量	可选的	—	跟踪模拟量值,输入变量跟踪和限值方式信号	LA

(34)GAINBIAS

1)说明

GAINBIAS 算法完成模拟量输入乘以内部增益,加上偏置并限制输出值,其算法输出曲线如图 3.256 所示。

为使输出和输入成比例,增益和偏置按以下公式进行计算。

$$Gain=\frac{OUT_{max}-OUT_{min}}{IN_{max}-IN_{min}}$$

$$Bias=OUT_{min}-Gain*IN_{min}$$

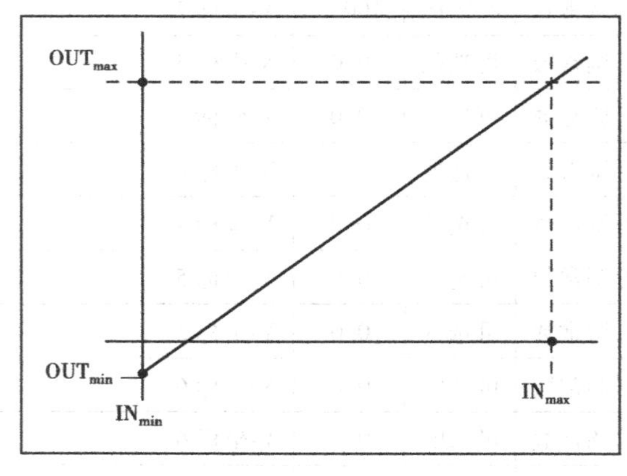

图 3.256 GAINBIAS 算法输出曲线

注意:若该算法接收一个无效数作为输入,或是计算出一个无效数作为输出,站置为报警。

2)功能符号

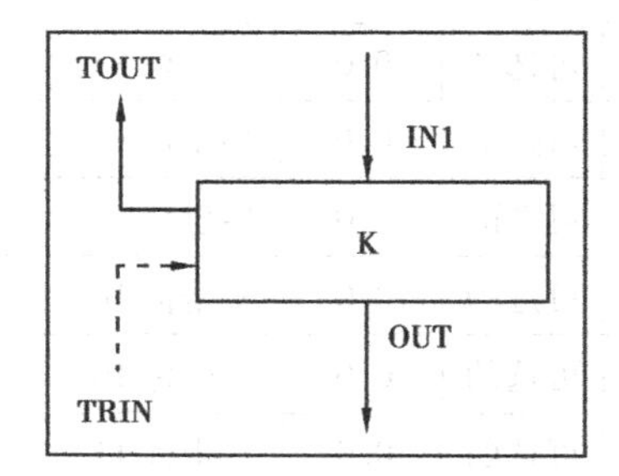

3)跟踪信号

通过模拟量第三状态字上的高 16 位已被传递的信号进行跟踪和限制。本算法对输入信号 TRIN 中的信息会作出以下响应:

位	说　明	动　作	TOUT 信号
16	跟踪	执 行	通过
17	若低则跟踪	无动作	通过 *
18	若高则跟踪	无动作	通过 *
19	降禁止	无动作	通过 * *
20	升禁止	无动作	通过 * *

续表

位	说　明	动　作	TOUT 信号
21	条件跟踪	执 行	通过***
22	未使用	无动作	未使用
23	偏差报警	无动作	未使用
24	本地手动方式	无动作	未使用
25	手动方式	无动作	未使用
26	自动方式	无动作	未使用
27	未使用	无动作	未使用
28	未使用	无动作	未使用
29	未使用	无动作	未使用
30	低限值到	无动作	低限值到
31	高限值到	无动作	高限值到

注:*　仅当跟踪信号没有出现时。

**　仅当跟踪信号没有出现时;信号是根据设置跟踪信号中给出的定义设置的。

***　若算法被告知跟踪,则条件跟踪位被忽略。否则,条件跟踪位的值被传递到所有的跟踪输出点。若条件跟踪位设置在跟踪输入点,所有输出跟踪点的模拟量值是基于跟踪输入点的值计算出来的。

来自该算法的高、低限值标志和跟踪信号输出到TOUT,用来显示和被一个上级算法使用。若OUT值是无效的,则OUT的品质设置为BAD。否则,如果品质传递(PROQ)选项为ON,当不在跟踪方式时,OUT的品质被设置为输入的品质。当跟踪时,其品质被设置为跟踪输入变量的品质。如果PROQ选项是OFF,OUT的品质被设置为GOOD。

注意:

①如果该算法产生一个无效的跟踪输出值,则输入值用作跟踪输出,除非它是无效的。

②如果计算出的跟踪输出和输入值均无效则跟踪输出值不更新。

算法记录字段=LC

4)算法定义

名称	LC记录字段	类型	必需/可选的	缺省值	说　明	最小点记录
DIAG	LU-整数	初始数据	必需的	76	可调的图表数值	—
GAIN	R1-实数	可调常数	必需的	1.0	输入增益不应初始化为0;否则,站置为报警	—
BIAS	R2-实数	可调常数	可选的	0.1	输入偏置	—
TPSC	R3-实数	可调常数	必需的	100.0	输出点的最大值	—
BTSC	R4-实数	可调常数	必需的	-100.0	输出点的最小值	—
TRAT	R5-实数	可调常数	必需的	2.5	跟踪斜率(单位每秒)	—

续表

名称	LC 记录字段	类型	必需/可选的	缺省值	说　明	最小点记录
PROQ	X1-字节位 1	初始数据	必需的	ON	品质传递选项： ON:正常品质选择 OFF:除了 OUTPUT 不是一个有效实数外，输出的品质常为 GOOD	—
IN1	—	变量	必需的	—	输入模拟量	LA
TOUT	—	变量	必需的	—	跟踪输出值，输入变量方式和状态信号	LA
OUT	—	变量	必需的	—	模拟输出变量	LA
TRIN	—	变量	可选的	—	跟踪模拟值，输入变量跟踪和限值方式信号	LA

5）函数

OUT=(IN1×GAIN) + BIAS

IF OUT ≥ TPSC THEN

OUT=TPSC

ELSE

IF OUT ≤ BTSC THEN

OUT= BTSC

(35) GASFLOW

1）说明

GASFLOW 算法可进行理想气体质量流量或体积流量的压力温度补偿计算。

①质量流量按以下公式计算。

$$OUT=GAIN\times\sqrt{PDIF\times\frac{PACT+ABSPRES}{PREF+ABSPRES}\times\frac{TREF+ABSTEMP}{TACT+ABSTEMP}}$$

②体积流量按以下公式计算。

$$OUT=GAIN\times\sqrt{PDIF\times\frac{PREF+ABSPRES}{PACT+ABSPRES}\times\frac{TACT+ABSTEMP}{TREF+ABSTEMP}}$$

可以禁止压力补偿和温度补偿。没有压力补偿，必须指定一个负的压力参考(PRES)值。没有温度补偿，必须指定一个负的温度参考(TEMP)值。

TPSC 和 BTSC 参数用来限制算法的输出值。

2）功能符号

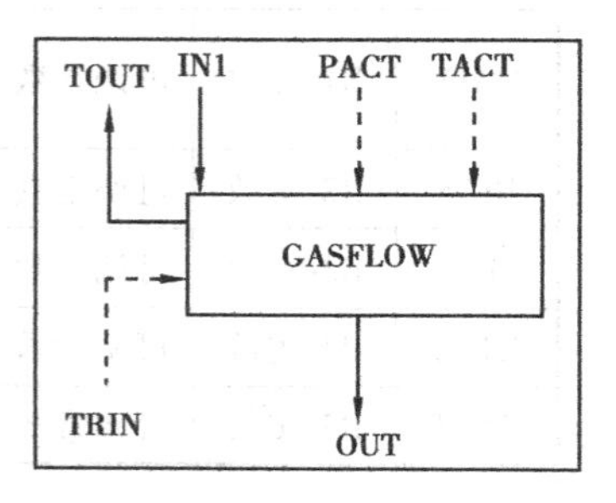

3）跟踪信号

通过模拟量第三状态字上的高 16 位已被传递的信号进

行跟踪和限制。本算法对输入信号 TRIN 中的信息会作出以下响应：

位	说　明	动　作	TOUT 信号
16	跟踪	忽略	未使用
17	若低则跟踪	忽略	未使用
18	若高则跟踪	忽略	未使用
19	降禁止	忽略	未使用
20	升禁止	忽略	未使用
21	条件跟踪	无动作	未使用
22	未使用	无动作	未使用
23	偏差报警	无动作	未使用
24	本地手动方式	无动作	未使用
25	手动方式	无动作	未使用
26	自动方式	无动作	未使用
27	未使用	无动作	未使用
28	未使用	无动作	未使用
29	未使用	无动作	未使用
30	低限值到	无动作	低限值到
31	高限值到	无动作	高限值到

高、低限标志被输出到 TOUT 用于显示。指定模拟量输入中最差的品质分配给输出。

算法记录类型＝LC

4）算法定义

名 称	LC 记录字段	类型	必需/可选的	缺省值	说　明	最小点记录
DIAG	LU-整数	初始数据	必需的	78	可调的图表数值	—
CALC	G3-整数位 5	初始数据	必需的	质量流量	流量计算类型： MASSFLOW：质量流量 VOLFLOW：体积流量	—
GAIN	R3-实数	可调常数	必需的	1.0	基本运行条件下的计算流量系数	—
PRES	R4-实数	可调常数	必需的	2 400.0	参考压力；用于流量系数 GAIN 计算的基本运行压力	—
TEMP	R5-实数	可调常数	必需的	1 000.0	参考温度；用于流量系数 GAIN 计算的基本运行温度	—

续表

名 称	LC 记录字段	类型	必需/可选的	缺省值	说 明	最小点记录
PABS	G3-整数位 2	初始数据	必需的	YES	转换压力值为绝对压力选项: YES:输入和参考压力值转换成绝对压力 NO:输入和参考压力值没有转换成绝对压力	—
PUNT	G3-整数位 0 和 1	初始数据	必需的	PSI	压力转换类型 类型 绝对压力转换数值 PSI 14.696 INH20 406.800 KGCM2 1.033 KPA 101.325	—
TABS	G3-整数位 4	初始数据	必需的	YES	转换温度值为绝对温度选项: YES:输入和参考温度值转换成绝对温度 NO:输入和参考温度值没有转换成绝对温度	—
TUNT	G3-整数位 3	初始数据	必需的	FAHR	温度转换类型 类型 绝对温度转换数值 FAHR 459.67 CENT 273.15	—
TPSC	R1-实数	可调常数	必需的	100.0	输出的最大值	—
BTSC	R2-实数	可调常数	必需的	0.0	输出的最小值	—
PNEG	G3-整数位 6	初始数据	必需的	NO-CHECK	负压和温度校验的参考值: NOCHECK:若指定 PACT(C)和 TACT(C)输入,不作校验。负的 PRES REF 或 TEMP REF 值将引起相关项从方程中省略掉 CHECK:检查 PACT(C)和 TACT(C)输入是否被指定。若有一个输入没有被指定,相关项将会从方程中省略。若输入被指定,PRES REF 和 TEMP REF 将被用到而不考虑它们的符号	

续表

名 称	LC 记录字段	类型	必需/可选的	缺省值	说　明	最小点记录
PSEL	G3-整数位 7	初始数据	必需的	STAN-DARD	选择压力转换类型: STANDARD:使用由 PRES UNIT 定义的压力转换值 USER :使用由 USER PRES 定义的压力转换值	
PUSR	R6-实数	可调常数	必需的	0.000 0	用户指定的压力转换值	—
TYPE	X1-字节	初始数据	必需的	DEL-TAP	流量微分或 DELTAP 缺省值:DELTAP	—
IN1	—	变量	必需的	—	差压模拟量输入	LA
TOUT	—	变量	必需的	—	跟踪输出值和状态输出信号	LA
PACT	—	变量	可选的	—	实际压力模拟量输入	LA
TACT	—	变量	可选的	—	实际温度模拟量输入	LA
OUT	—	变量	必需的	—	模拟输出变量	LA
TRIN	—	变量	可选的	—	跟踪值,跟踪及限制方式。模拟量输入	LA

5)函数:

```
IF ((PNEG=NOCHECK) AND (PRES REF <0 )) OR
   ((PNEG=CHECK) AND (PACT=UNDEFINED))
THEN
   P1=P2=1
ELSE
   P1=PACT + ABSPRES
   P2=PRES REF+ ABSPRES
IF ((TNEG=NOCHECK) AND (TEMP REF <0 )) OR
   ((TNEG=CHECK) AND (TACT=UNDEFINED))
THEN
   T1=T2=1
ELSE
   T2=TACT+ ABSTEMP
   T1=TEMP REF+ ABSTEMP
IF MASSFLOW THEN
   IF(P2=0)OR(T1=0)THEN
        OUTVAL=0
ELSE
```

```
        IF DELTAP
            OUTVAL=PDIF * (P1/P2) * (T1/T2)
        ELSE
            OUTVAL =(P1/P2) * (T1/T2)
ELSE
  IF(P1=0)OR(T2=0)THEN
  OUTVAL=0
ELSE
  IF DELTAP
      OUTVAL=PDIF * (P2/P1) * (T2/T1)
  ELSE
      OUTVAL =(P2/P1)×(T2/T1)
IF OUTVAL < 0 THEN
  OUT=0
ELSE
  IF DELTAP
      OUT=GAIN * SQUARE ROOT OF OUTVAL
  ELSE
      OUT =(GAIN * PDIF) * SQUARE ROOT OF OUTVAL
```

这里:

P1、P2、T1、T2、OUTVAL=本地,临时的,实变量

ABSPRES、ABSTEMP=配置到算法里的从压力和温度转换表中得到的常数。

(36)HIGHLOWMON

1)说明

HIGHLOWMON 算法是一个带有复位死区和固定/可变限值的高低信号监视器。对于 HIGHLOWMON 算法,如果输入值(IN1)大于高设定值或小于低设定值,数字量输出标志被设置为 True。为使标志复位,输入必须小于高设定值减去高设定值死区,并且大于低设定值加上低设定值死区。

2)功能符号

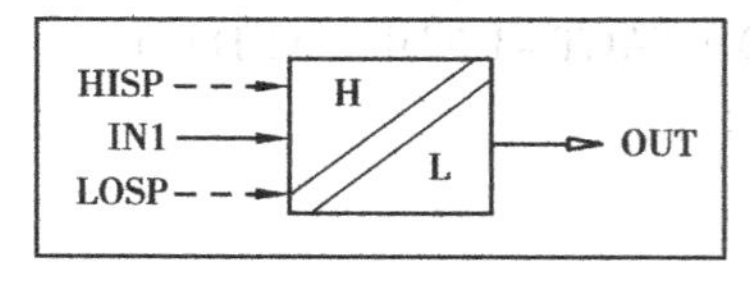

算法记录字段=LC

3)算法定义

名称	LC 记录字段	类型	必需/可选的	缺省值	说　明	最小点记录
DIAG	LU-整数	初始数据	必需的	74	可调的图表数值	—
HISP	R1-实数	可选择的	必需的	0.0	高设定值	LA

续表

名称	LC 记录字段	类型	必需/可选的	缺省值	说 明	最小点记录
HIDB	R2-实数	可调常数	可选的	0.0	高设定值死区	—
LOSP	R3-实数	可选择的	必需的	0.0	低设定值	LA
LODB	R4-实数	可调常数	可选的	0.0	低设定值死区	—
IN1	—	变量	必需的	—	输入(模拟量)	LA
OUT	—	变量	必需的	0.0	输出(数字量)	LD

4)函数

IF IN1 > HISP OR IN1 < LOSP

THEN OUT="TRUE"

ELSE

IF IN1 <(HISP-HIDB)AND IN1 >(LOSP+LODB)

THEN OUT= "FALSE"

(37)HIGHMON

1)说明

HIGHMON 算法是一个带有复位死区和固定/可变限值的高信号监视器。对于 HIGHMON 算法,如果输入值(IN1)超过固定的设定值,数字量标志被设置为 True。为了清除标志,IN1 必须小于设定值减去死区。IN1 的值要做无效实数校验。如果 IN1 为无效数,OUT 保持它的最后有效值,且 OUT 品质设置为 BAD。IN1 的品质不被传送。

2)功能符号

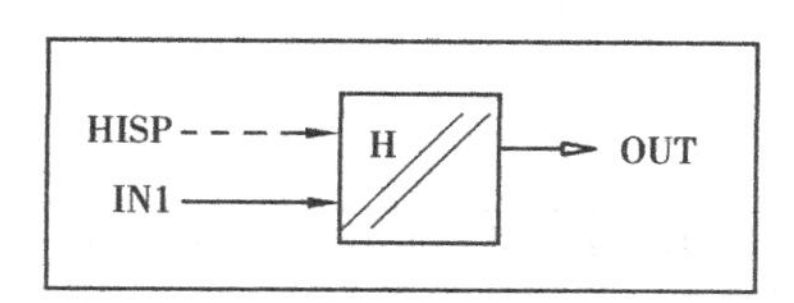

算法记录字段=LC

3)算法定义

名称	LC 记录字段	类型	必需/可选的	缺省值	说 明	最小点记录
DIAG	LU-整数	初始数据	必需的	63	可调的图表数值	—
HISP	R1-实数	可选择的	必需的	0.0	高信号监视器跳闸点设定值	LA
HIDB	R2-实数	可调常数	必需的	0.0	死区	—
OUT	—	变量	必需的	—	输出(数字量)	LD、LP
IN1	—	变量	必需的	—	输入(模拟量)	LA

4)函数

```
IF IN1 > HISP
  THEN OUT="TRUE"
ELSE
  IF IN1 <(HISP-HIDB)
THEN OUT="FALSE"
```

(38)HISELECT

1)说明

HISELECT 算法在 4 个输入上执行增益和偏置运算。根据品质(QUAL)参数,输出等于 4 个数值中的较大的一个。

品质参数(QUAL)包含两个选项,这两个选项允许选择输出点接收的数值和品质的类型。WORST 选项为输出点选择较大的值,独立于两个输入点的品质。输出点指定为 4 个输入点中最差的品质。

SELECTED 选项也选择较大的值,独立于 4 个输入点的品质。输出点指定为所选的输入点的数值和品质。然而,若任何 4 个增益和偏置值相等,输出点指定为较好的品质。

注意:

①若该算法在使用一个增益和偏置输入计算时,出现了一个无效的输出值,则将其他 3 个值作为输出。另外,对于 NOTBAD 选项,若 4 个输入点的品质均为 BAD,只有一个输入是一个有效值,算法将选择带有效增益和偏置的输入作为输出,并且设置输出点的品质为 BAD。

②如果计算出跟踪输出无效,则 IN2 输出等于 IN1 输入,并且级联的跟踪输出等于 IN1 输入,此时输入应该是有效的。若计算跟踪输出和输入均无效,则 IN1 和 IN1 跟踪输出不会更新。

③如果该算法收到一个无效值作为输入,或计算出一个无效值作为输出,站被设置为报警。

2)功能符号

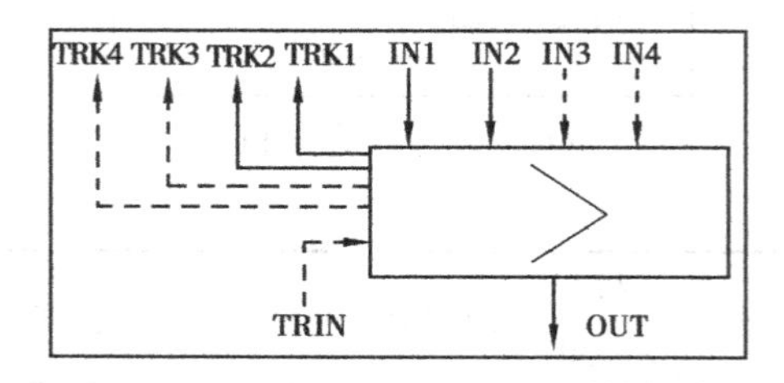

3)跟踪信号

通过模拟量第三状态字上的高 16 位已被传递的信号进行跟踪和限制。本算法对模拟量输入信号 TRIN 中的信息会作出以下响应:

位	说 明	动 作	TRK1 信号
16	跟踪	执行并通过。当 IN1 输入没被选中且 IN1 增益>0 * 时通过或设置为 True	执行并通过。当 IN2 输入没被选中且 IN2 增益>0 * 时通过或设置为 True
17	若低则跟踪		

续表

位	说　明	动　作	TRK1 信号
18	若高则跟踪	当 IN1 输入没被选中且 IN1 增益 >0 * 时通过或设置为 True	当 IN2 输入没被选中且 IN2 增益 >0 * 时通过或设置为 True
19	降禁止	通过 * *	通过 * *
20	升禁止	通过 * *	通过 * *
21	条件跟踪	执行	通过 * * *
22	未使用	未使用	未使用
23	偏差报警	未使用	未使用
24	本地手动方式	未使用	未使用
25	手动方式	未使用	未使用
26	自动方式	未使用	未使用
27	未使用	未使用	未使用
28	未使用	未使用	未使用
29	未使用	未使用	未使用
30	低限值到	低限值到	未使用
31	高限值到	高限值到	未使用

注：*　仅当跟踪信号没有出现时。

* *　仅当跟踪信号没有出现时；信号是根据设置跟踪信号中给出的定义设置的（表 3.76）。

* * *　若算法被告知跟踪，则条件跟踪位被忽略。否则，条件跟踪位的值被传递到所有的跟踪输出点。若条件跟踪位设置在跟踪输入点，所有输出跟踪点的模拟量值是基于跟踪输入点的值计算出来的。

来自算法的高、低限值标志和跟踪信号输出到 TRK3 和 TRK4，用来显示和被一个上级算法使用。若输出值无效，则 OUT 的品质设置为 BAD。否则，OUT 的品质依照品质（QUAL）参数设置。当跟踪时，其品质被设置为跟踪输入变量的品质。

算法记录字段 = LC

4）算法定义

名称	LC 记录字段	类型	必需/可选的	缺省值	说　明	最小点记录
DIAG	LU-整数	初始数据	必需的	83	可调的图表数值	—
IN1G	R1-实数	可调常数	必需的	1.0	输入 1 增益不应初始化为 0；否则，站置为报警	—
IN1B	R2-实数	可调常数	可选的	0.0	输入 1 偏置	—
IN2G	R3-实数	可调常数	必需的	1.0	输入 2 增益不应初始化为 0；否则，站置为报警	—
IN2B	R4-实数	可调常数	可选的	0.0	输入 2 偏置	—

续表

名称	LC 记录字段	类型	必需/可选的	缺省值	说　明	最小点记录
IN3G	R8-实数	可调常数	可选的	1.0	输入 3 增益不应初始化为 0;否则,站置为报警	—
IN3B	R9-实数	可调常数	可选的	0.0	输入 3 偏置	—
IN4G	S1-实数	可调常数	可选的	1.0	输入 4 增益不应初始化为 0;否则,站置为报警	—
IN4B	S2-实数	可调常数	可选的	0.0	输入 4 偏置	—
TPSC	R5-实数	可调常数	必需的	100.0	输出点的最大值	—
BTSC	R6-实数	可调常数	必需的	0.0	输出点的最小值	—
TRAT	R7-实数	可调常数	必需的	2.5	跟踪斜率(单位每秒)	—
QUAL	X1-字节位 0 和 1	初始数据	必需的	WORSE	输出品质类型: WORSE:所选四个输入中的最差品质。 SELECTED:输出点指定为选择的输入点的品质 如果输入值相等,则选择最好的品质	—
IN1	—	变量	必需的	—	模拟量输入 1	LA
TRK1	—	变量	必需的	—	输入 1 变量的跟踪输出值方式和状态信号	LA
IN2	—	变量	必需的	—	模拟量输入 2	LA
TRK2	—	变量	必需的	—	输入 2 变量的跟踪输出值方式和状态信号	LA
IN3	—	变量	可选的	—	模拟量输入 3	LA
TRK3	—	变量	可选的	—	输入 3 的跟踪输出值方式信号	LA
IN4	—	变量	可选的	—	模拟量输入 4	LA
TRK4	—	变量	可选的	—	输入 4 的跟踪输出值方式信号	LA
OUT	—	变量	必需的	—	模拟输出变量	LA
TRIN	—	变量	可选的	—	模拟输入变量跟踪和信号	LA

5)函数

IN1GB=(IN1×IN1G) + IN1B

IN2GB=(IN2×IN2G) + IN2B

IN3GB=(IN3×IN3G) + IN3B

IN4GB=(IN4×IN4G) + IN4B

IF IN2GB ≥ IN1GB THEN

```
  OUT=IN2GB
ELSE
  OUT=IN1GB
IF IN3G ≥ OUT
  OUT=IN3G
IF IN4G ≥ OUT
  OUT=IN4G
IF OUT ≥ TPSC THEN
  OUT=TPSC
ELSE
  IF OUT ≤ BTSC THEN
    OUT=BTSC
```

(39) HSCLTP

1) 说明

HSCLTP 算法计算可压缩流体在给定温度和压力下的焓(H)和熵(S)。它是 STEAMTABLE 算法的函数之一。

2) 功能符号

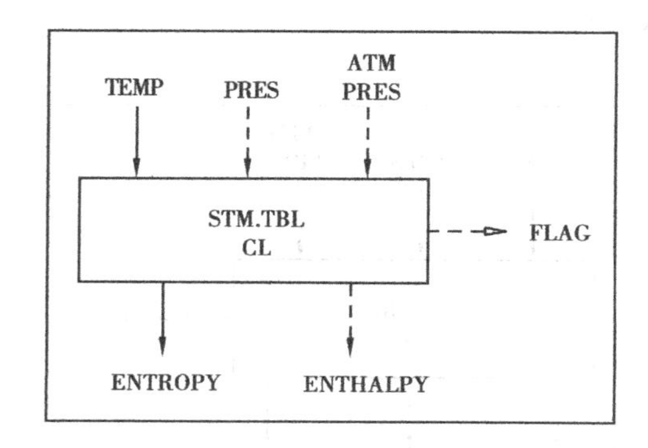

(40) HSLT

1) 说明

HSLT 算法计算饱和流体在给定温度下的焓(H)。它是 STEAMTABLE 算法的函数之一。

2) 功能符号

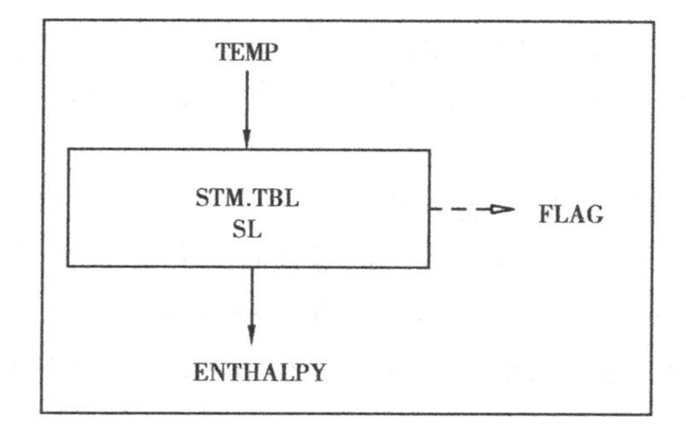

(41)HSTVSVP

1)说明

HSTVSVP 算法计算饱和蒸汽在给定压力下的焓(H)、熵(S)、温度和特定容积。它是STEAMTABLE 算法的函数之一。

2)功能符号

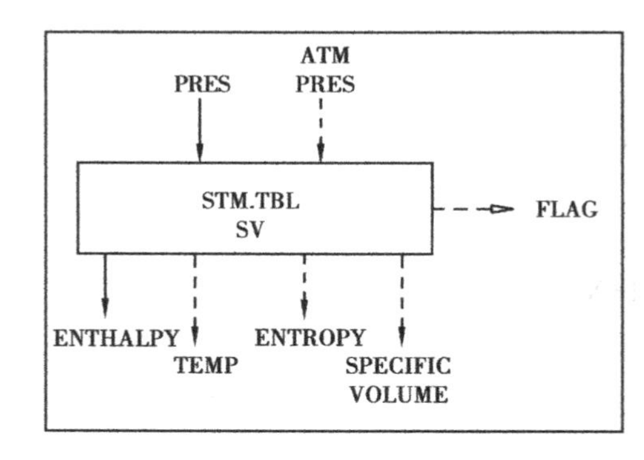

(42)HSVSSTP

1)说明

HSVSSTP 算法计算过热蒸汽在给定温度和压力下的焓(H)、熵(S)和特定容积。它是STEAMTABLE 算法的函数之一。

2)功能符号

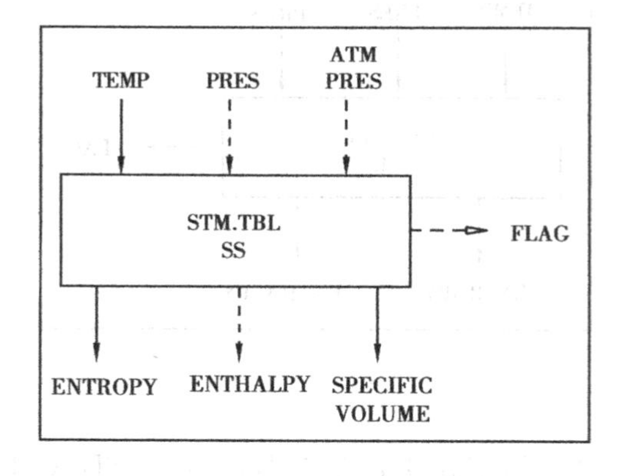

(43)INTERP

1)说明

INTERP 算法提供线性查表和内插功能。该算法提供了一个基于独立变量(X)值的相关变量(Y)值的查询表。实际值 X(XIN)与最多 10 个参考 Y 值(Y1 ~ Y10)及相应的 X 值(X1 ~ X10)一起输入到算法。

若 XIN 值不完全等于 X1 到 X10 输入中的任何一个值,则 YOUT 的结果要使用与输入 XIN 最接近的两个值(即 Xn、Xn+1)通过线性内插法计算得到。计算 YOUT 的公式如下:

YOU=[Yn +(Yn+1-Yn)] * [(XIN-Xn)/(Xn+1-Xn)]

YOUT 的值由用户定义的高、低限值限制。参看举例说明中内插流程中的相关数据。

2)功能符号

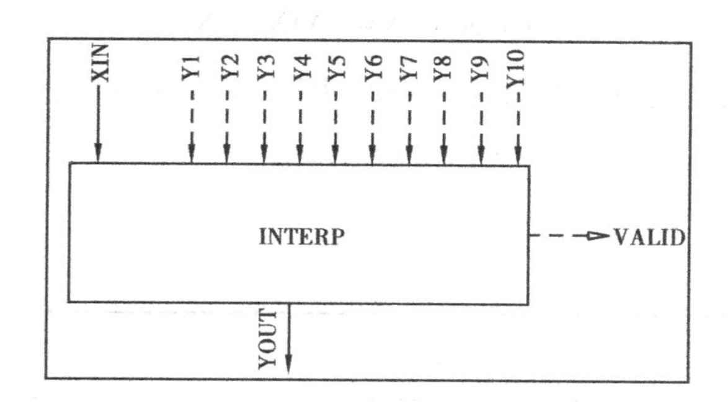

3)品质

算法将传递在XIN输入和用于确定YOUT值的相关Y输入之间的最差品质。如果输出是一个确切的Y输入,则YOUT的品质将是XIN输入和那个特定Y输入中最差品质的一个。

4)用户组态

X1～X10的值必须是单调增加(即$X_{n+1}>X_n$)。如果XIN的值为X1～X10,则VALID输出被设置为逻辑1。如果X1～X10的单调性不是递增的,则该算法可能得到一个不可预测的结果。若该算法可以确定查询表不是单调递增,则YOUT将设置为Y10且VALID输出将被设置为逻辑0。

如果XIN>X10,则YOUT将设置为Y10。如果XIN<X1,则YOUT将设置为Y1。在这两种情况中,VALID输出都被设置为逻辑0。若算法计算出一个无效的数字,则YOUT将被设置为最后GOOD值且品质设置为BAD。

如果YOUT是通过在Y_n和Y_{n+1}之间内插计算得到的,则YOUT的品质将是XIN、Y_n和Y_{n+1}输入中最差的品质。

5)内插举例

INTERP算法内插输出曲线如图3.257所示。

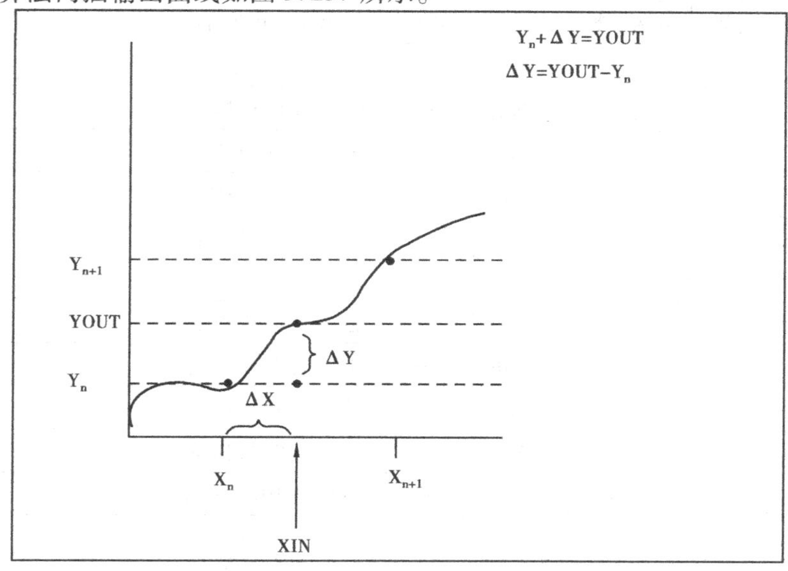

图3.257 INTERP算法内插输出曲线

$$\% \text{ change in } X = \left| XIN - X_n \right|$$

假定 X 一个 K% 的变化引出 Y 的 K% 变化。因而,根据全量程的百分比,ΔX=ΔY。

$$\Delta Y = \left| YOUT - Y_n \right|$$

算法记录字段= LC

6)算法定义

名称	LC 记录字段	类型	必需/可选的	缺省值	说　明	最小点记录
DIAG	LU-整数	初始数据	必需的	113	可调的图表数值	—
TYPE	X2-字节	初始数据	必需的	Linear	内插类型。目前仅支持线性	—
NUMR	X1-字节	初始数据	必需的	0	X 值的数目	—
X1	R1-实数	可调常数	必需的	0.0	对应于 Y1 值的 X 值	—
X2	R2-实数	可调常数	必需的	0.0	对应于 Y2 值的 X 值	—
X3	R3-实数	可调常数	必需的	0.0	对应于 Y3 值的 X 值	—
X4	R4-实数	可调常数	必需的	0.0	对应于 Y4 值的 X 值	—
X5	R5-实数	可调常数	必需的	0.0	对应于 Y5 值的 X 值	—
X6	R6-实数	可调常数	必需的	0.0	对应于 Y6 值的 X 值	—
X7	R7-实数	可调常数	必需的	0.0	对应于 Y7 值的 X 值	—
X8	R8-实数	可调常数	必需的	0.0	对应于 Y8 值的 X 值	—
X9	R9-实数	可调常数	必需的	0.0	对应于 Y9 值的 X 值	—
X10	S1-实数	可调常数	必需的	0.0	对应于 Y10 值的 X 值	—
TPSC	S2-实数	可调常数	必需的	100.0	输出量程的顶部	—
BTSC	S3-实数	可调常数	必需的	0.0	输出量程的底部	—
XIN	—	变量	必需的	—	X 变量实际值(模拟量)	LA
Y1	—	变量	可选的	—	输出值 1(模拟量)	LA
Y2	—	变量	可选的	—	输出值 2(模拟量)	LA
Y3	—	变量	可选的	—	输出值 3(模拟量)	LA
Y4	—	变量	可选的	—	输出值 4(模拟量)	LA
Y5	—	变量	可选的	—	输出值 5(模拟量)	LA
Y6	—	变量	可选的	—	输出值 6(模拟量)	LA
Y7	—	变量	可选的	—	输出值 7(模拟量)	LA
Y8	—	变量	可选的	—	输出值 8(模拟量)	LA
Y9	—	变量	可选的	—	输出值 9(模拟量)	LA
Y10	—	变量	可选的	—	输出值 10(模拟量)	LA
YOUT	—	变量	必需的	—	输出 Y 值(模拟量)	LA
VALID	—	变量	可选的	—	当 XIN 值落在表中两个 X 值之间时等于逻辑 1(数字量)	LD

(44)KEYBOARD

1)说明

KEYBOARD(键盘接口)算法以最基本的方式将10个控制键(启动/打开、停止/关闭、自动、手动、↑、↓、△、▽)连接至控制器。一旦该算法通过控制选择命令被激活则每个键的输出都可用。

KEYBOARD算法以最基本的方式将操作员站可编程键(P1~P10)连接至控制器。一旦该算法通过控制选择键被激活则每一个可编程键可用。当使用这一算法时,10个控制键都不会用作被激活的控制选择号。

对于△和▽,↑和↓键,只要键被按下,输出将保持为True信号。对于所有其他键,该算法的输出是一个变量长度的脉冲(True信号)。脉冲长度决定于LENGTH(LENG)参数,该参数定义了循环中脉冲长度。如果LENGTH等于0或1,脉冲将为1个循环的长度。LENGTH参数可定义一个脉冲长度最多为255个循环。

注意:P9和P10键等同于开和关键。

2)功能符号

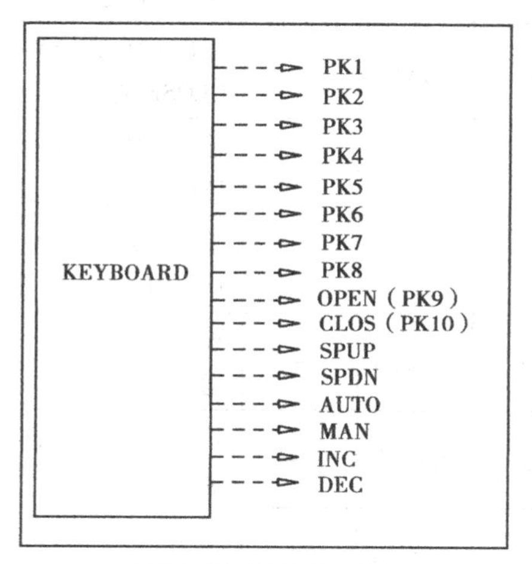

算法记录字段=LC

3)算法定义

名称	LC记录字段	类型	必需/可选的	缺省值	说明	最小点记录
DIAG	LU-整数	初始数据	必需的	128	可调的图表数值	—
LENG	X2-字节	初始数据	可选的	1	循环中输出脉冲长度	—
PK1	—	变量	可选的	—	输出(数字量);从功能键F1或可编程键P1通过	LD、LP
PK2	—	变量	可选的	—	输出(数字量);从功能键F2或可编程键P2通过	LD、LP
PK3	—	变量	可选的	—	输出(数字量);从功能键F3或可编程键P3通过	LD、LP

续表

名称	LC 记录字段	类型	必需/可选的	缺省值	说 明	最小点记录
PK4	—	变量	可选的	—	输出(数字量);从功能键 F4 或可编程键 P4 通过	LD、LP
PK5	—	变量	可选的	—	输出(数字量);从功能键 F5 或可编程键 P5 通过	LD、LP
PK6	—	变量	可选的	—	输出(数字量);从功能键 F6 或可编程键 P6 通过	LD、LP
PK7	—	变量	可选的	—	输出(数字量);从功能键 F7 或可编程键 P7 通过	LD、LP
PK8	—	变量	可选的	—	输出(数字量);从功能键 F8 或可编程键 P8 通过	LD、LP
OPEN	—	变量	可选的	—	输出(数字量);从键盘 START/OPEN 通过	LD、LP
CLOS	—	变量	可选的	—	输出(数字量);从键盘 STOP/CLOSE 通过	LD、LP
SPUP	—	变量	可选的	—	输出(数字量);从键盘设定点 INCREASE(↑)通过	LD、LP
SPDN	—	变量	可选的	—	输出(数字量);从键盘设定点 DECREASE(↓)通过。	LD、LP
AUTO	—	变量	可选的	—	输出(数字量);从键盘 AUTO 通过	LD、LP
MAN	—	变量	可选的	—	输出(数字量);从键盘 MANUAL 通过	LD、LP
INC	—	变量	可选的	—	输出(数字量);从键盘输出增加(△)通过	LD、LP
DEC	—	变量	可选的	—	输出(数字量);从键盘输出减少(▽)通过	LD、LP

(45)LEADLAG

1)说明

LEADLAG 是一个非线性超前/滞后函数。输出值为旧输出、旧输入、新输入、增益、超前和滞后时间常数的函数。在稳定状态,OUT=IN1×GAIN(被限值时除外)。输出将在 5 倍时间常数内达到期望稳定输出值的 98%。

注意:如果算法收到一个无效数作为输入,或是计算出无效值作为输出,站被设置为报警。

2）功能符号

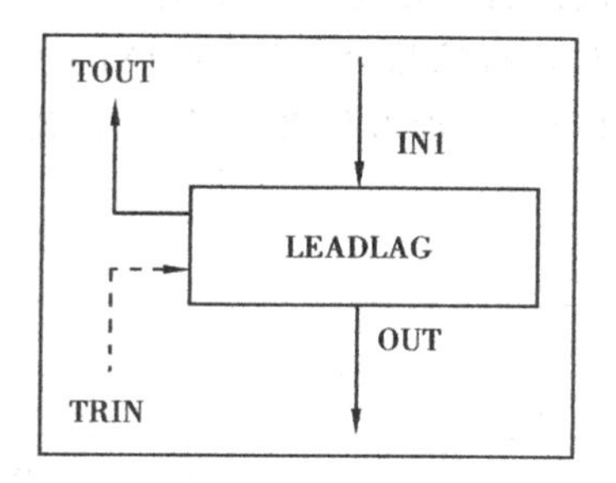

3）跟踪信号

通过模拟量跟踪点第三状态字上的高16位已被传递的信号进行跟踪和限制。本算法对模拟量输入信号TRIN中的信息会作出以下响应：

位	说　明	动　作	TOUT信号
16	跟踪	执行	通过
17	若低则跟踪	无动作	通过 *
18	若高则跟踪	无动作	通过 *
19	降禁止	执行	通过 * *
20	升禁止	执行	通过 * *
21	条件跟踪	无动作	未使用
22	未使用	无动作	未使用
23	偏差报警	无动作	未使用
24	本地手动方式	无动作	未使用
25	手动方式	无动作	未使用
26	自动方式	无动作	未使用
27	未使用	无动作	未使用
28	未使用	无动作	未使用
29	未使用	无动作	未使用
30	低限值到	无动作	低限值到
31	高限值到	无动作	高限值到

注：*　仅当跟踪信号没有出现时。

* *　仅当跟踪信号没有出现时；信号是根据设置跟踪信号中给出的定义设置的（见表3.76）。

来自该算法内的高、低限标志和跟踪信号输出到TOUT，用来显示和被一个上级算法使用。若输出值无效，则OUT的品质设置为BAD。否则，不在跟踪方式时，OUT的品质被设置为输入的品质。跟踪时,其品质被设置为跟踪输入变量的品质。

注意:如果该算法产生一个无效的跟踪输出值,则 IN1 的输入值用作跟踪输出,除非它也是无效的。若计算出的跟踪输出和 IN1 输入值都无效,则跟踪输出值不更新。

算法记录字段=LC

4)算法定义

名称	LC 记录字段	类型	必需/可选的	缺省值	说　明	最小点记录
DIAG	LU-整数	初始数据	必需的	33	可调的图表数值	—
IN1G	R3-实数	可调常数	必需的	1.0	输入增益不应初始化为 0;否则,站置为报警	—
TPSC	R1-实数	可调常数	必需的	100.0	输出点的最大值	—
BTSC	R2-实数	可调常数	必需的	0.0	输出点的最小值	—
LEAD	R4-实数	可调常数	必需的	0.0	超前时间常数(s)	—
LAG	R5-实数	可调常数	必需的	30.0	滞后时间常数(s) 注意:其大致为设定总时间的 1/5。例如,总时间为 1 min,设置 LAG 为 12 s	—
TYPE	X2-字节	可调常数	必需的	LEADLAG	函数类型。选择:LEADLAG 或 LEAD-ONLY 缺省值=LEADLAG	—
TRAT	R6-实数	可调常数	必需的	2.5	跟踪斜率(单位每秒)	—
IN1	—	变量	必需的	—	模拟输入变量	LA
TOUT	—	变量	必需的	—	跟踪输出值,输入 1 变量的方式和状态信号	LA
OUT	—	变量	必需的	—	模拟输出变量	LA
TRIN	—	变量	可选的	—	跟踪 & 限值方式信号和跟踪值;模拟输入变量	LA

5)函数

LEADLAG:

OUT=(K1×IN1)+(K2×OLDIN1)+(K3×OLDOUT)

这里:

OLDOUT = 前一个输出

IN1 = 当前输入

OLDIN1 = 前一个输入

K1 = GAIN×(H+2×LEAD)/(H+2×LAG)

K2 = GAIN×(H−2×LEAD)/(H+2×LAG)

K3 =(2×LAG−H)/(2×LAG+H)

H = 采样时间(回路时间)

LEAD-ONLY:

$$OUT=\frac{[Gain*(Input-PreviousInput)]+K1*OldOutput}{K1+1}$$

这里:

GAIN =用户增益*(1+K1)

K1 =超前常数/采样时间(回路时间)

(46)LEVELCOMP

1)说明

LEVELCOMP 算法实现汽包水位的密度补偿计算。这种补偿采取一个差压变送器输入未处理的水位信号。变送器的一边连接到一个冷凝水容器上,其水位为变送器的最高水位。变送器的另一边连接到确定的变送器最低水位点。这两个连接点间的距离就是变送器的量程“D”。管道结构的更多细节如图3.258所示。

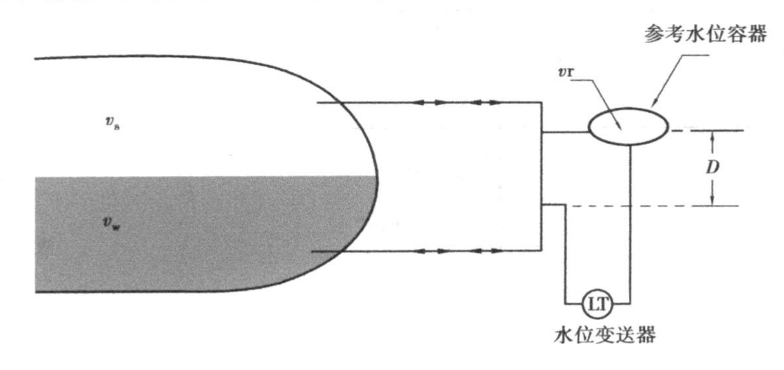

图3.258 汽包水位测量原理图

汽包内的蒸汽和水都处在饱和状态。冷凝水容器中的水是加压水。LEVELCOMP 算法利用汽包内蒸汽的比容(v_s),汽包内水的比容(v_w),参考管路中水的比容(v_r)和标定条件下水的比容(v_{cal})来计算补偿水位。基于输入点温度和压力,LEVELCOMP 算法利用蒸汽表计算得到v_s、v_w和v_r的值。v_r的得出要求对冷凝水参考柱内的平均温度进行估计。温度可以是一个变量点或作为可调常数引入。标定流体比容(v_{cal})是作为一个可调常数引入的估计值。

未处理的汽包水位输入正常变化是从负的最低水位到正的最高水位,在0 inwc 位是正常水位,最大可达到+20 inwc。最高(MAX)和最低(MIN)值不用于补偿计算。算法的输出与输入有相同的量程。

2)无效实数和品质

如果输出值无效,OUT的品质被设置为BAD。如果压力(PRES)或温度(TEMP)值超出了压缩液体、饱和液体或是饱和蒸汽区的范围,OUT的品质被设置为BAD。否则,OUT的品质被设置为输入的最差品质。

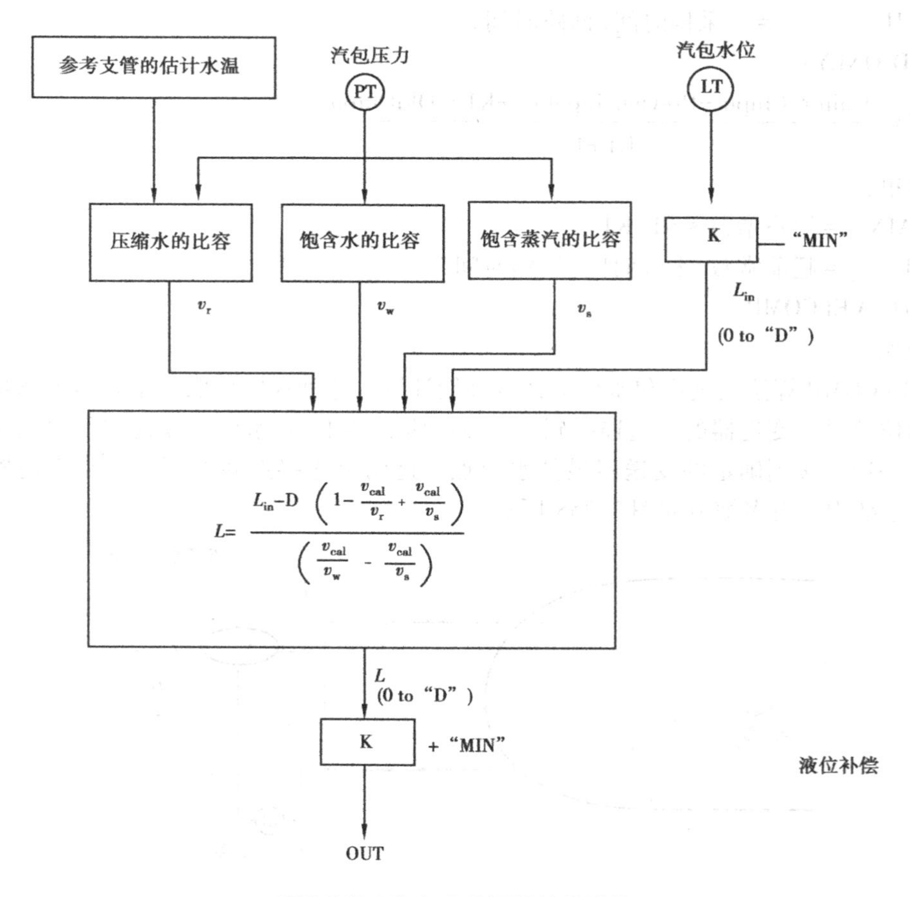

图 3.259 汽包水位测量补偿计算

3)功能符号

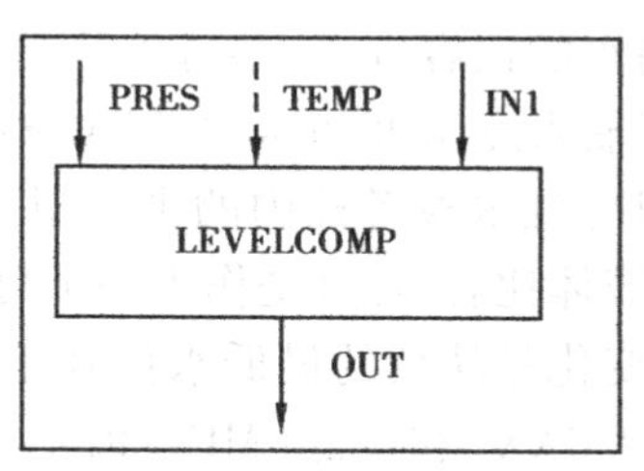

算法记录字段=LC

4)算法定义

名称	LC 记录字段	类型	必需/可选的	缺省值	说　明	最小点记录
DIAG	LU-整数	初始数据	必需的	112	可调的图表数值	—
VCAL	R1-实数	可调常数	必需的	0.016 049	标定液体的比容(lbs per ft^3)	—
MAX	R2-实数	可调常数	必需的	1.0	最高水位限	—
MIN	R3-实数	可调常数	必需的	0.0	最低水位限	—

续表

名称	LC记录字段	类型	必需/可选的	缺省值	说　明	最小点记录
TEMP	R4-实数	可选择的	必需的	—	参考管路中水温度(F)	LA
PRES	—	变量	必需的	—	汽包压力(模拟量)(PSI)	LA
IN1	—	变量	必需的	—	汽包水位变送器(模拟量)	LA
OUT	—	变量	必需的	—	输出变量(模拟量)	LA

5)函数

$$OUT = \frac{L_{in} - D\left(1 - \frac{v_{cal}}{v_s} + \frac{v_{cal}}{v_r}\right)}{\left(\frac{v_{cal}}{v_w} - \frac{v_{cal}}{v_s}\right)} + M_{in}$$

这里,D=最高水位-最低水位

L_{in}=IN1-M_{in}

(47)LOG

1)说明

LOG算法执行数学对数运算功能。对于LOG算法,输出等于以10为底的输入值的对数加上偏置。如果输入值小于或等于0,输出设置为一个很大的负数值(-3.4×1038)。IN1的值要做无效实数校验。若IN1是有效的,则IN1的品质传递到OUT成为它的品质,且OUT的实数值被写入点记录。如果IN1的值无效或写到点记录的OUT计算值是无效的,OUT的品质被设置为BAD。

注意:其他对数算法为ANTILOG和NLOG。

2)功能符号

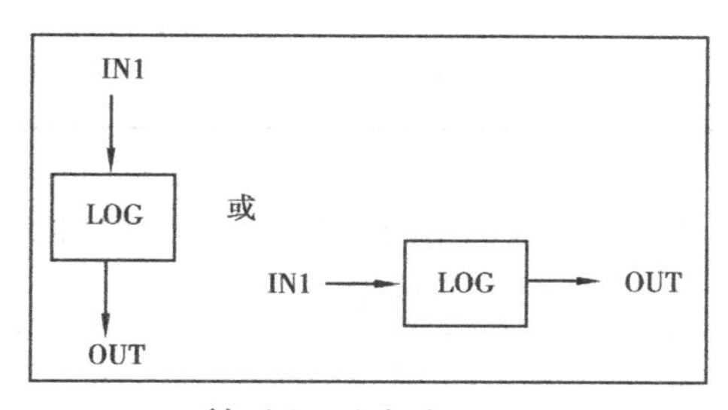

算法记录字段=LC

3)算法定义

名称	LC记录字段	类型	必需/可选的	缺省值	说　明	最小点记录
DIAG	LU-整数	初始数据	必需的	68	可调的图表数值	—
BIAS	R1-实数	可调常数	可选的	0.0	偏置系数(+或-)	—
IN1	—	变量	必需的	—	输入(模拟量)	LA
OUT	—	变量	必需的	—	输出(模拟量)	LA

4)函数

$$OUT = LOG_{10}(IN1) + BIAS$$

(48)LOSELECT

1)说明

LOSELECT 算法在 4 个输入上执行增益和偏置运算。输出根据品质(QUAL)参数等于 4 个数值中的最小的一个。

品质参数(QUAL)包含两个选项,这两个选项可使用户选择收到的输出点的数值和品质类型。WORSE 选项为输出点选择较小的值,独立于两个输入点的品质。输出点指定为 4 个输入点中最差的品质。

SELECTED 选项也选择最小的值,独立于 4 个输入点的品质。输出点指定为所选的输入点的数值和品质。然而,如果任何 4 个增益和偏置值相等,输出点指定为最好品质。

注意:

①若算法在使用一个增益和偏置输入计算时,出现了一个无效的输出值,则将其他 3 个值作为输出。

②如果计算出跟踪输出无效,则 IN2 跟踪输出等于 IN2 输入,且 IN1 跟踪输出等于 IN1 输入,这时输入是有效的。如果计算出的跟踪输出和输入值均无效,则 IN2 和 IN1 跟踪输出不更新。

③如果算法收到一个无效值作为输入,或计算出一个无效值作为输出,站被置为报警。

2)功能符号

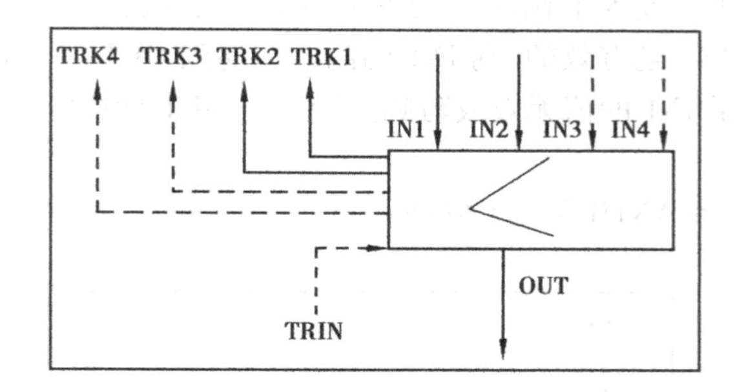

3)跟踪信号

通过模拟量跟踪点第三状态字上的高 16 位已被传递的信号进行跟踪和限制。本算法对模拟量输入信号 TRIN 中的信息会作出以下响应:

位	说 明	动 作	TRK1 信号
16	跟踪	执行并通过。当 IN1 输入没被选中且 IN1 增益> 0 * 时,通过或设置为 True	执行并通过。当 IN2 输入没被选中且 IN2 增益> 0 * 时,通过或设置为 True
17	若低则跟踪		
18	若高则跟踪	当 IN1 输入没被中选且 IN1 增益 > 0 * 时,通过或设置为 True	当 IN2 输入没被选中且 IN2 增益 > 0 * 时,通过或设置为 True
19	降禁止	通过 * *	通过 * *
20	升禁止	通过 * *	通过 * *
21	条件跟踪	执行	通过 * * *

续表

位	说 明	动 作	TRK1 信号
22	未使用	未使用	未使用
23	偏差报警	未使用	未使用
24	本地手动方式	未使用	未使用
25	手动方式	未使用	未使用
26	自动方式	未使用	未使用
27	未使用	未使用	未使用
28	未使用	未使用	未使用
29	未使用	未使用	未使用
30	低限值到	低限值到	未使用
31	高限值到	高限值到	未使用

注：* 仅当跟踪信号没有出现时。

** 仅当跟踪信号没有出现时；信号是根据设置跟踪信号中给出的定义设置的（见表3.76）。

*** 若算法被告知跟踪，则条件跟踪位被忽略。否则，条件跟踪位的值被传递到所有的跟踪输出点。若条件跟踪位设置在跟踪输入点，所有输出跟踪点的模拟量值是基于跟踪输入点的值计算出来的。

来自算法的高、低限值标志和跟踪信号输出到TRK2、TRK3和TRK4，用来显示和被一个上级算法使用。若输出值无效，则OUT的品质设置为BAD。否则，OUT的品质依照品质（QUAL）参数设置。当跟踪时，其品质被设置为跟踪输入变量的品质。

算法记录字段=LC

4）算法定义：

名称	LC记录字段	类型	必需/可选的	缺省值	说 明	最小点记录
DIAG	LU-整数	初始数据	必需的	80	可调的图表数值	—
IN1G	R1-实数	可调常数	必需的	1.0	输入1增益不应初始化为0；否则，站置为报警	—
IN1B	R2-实数	可调常数	可选的	0.0	输入1偏置	—
IN2G	R3-实数	可调常数	必需的	1.0	输入2增益不应初始化为0；否则，站置为报警	—
IN2B	R4-实数	可调常数	可选的	0.0	输入2偏置	—
IN3G	R8-实数	可调常数	可选的	1.0	输入3增益不应初始化为0；否则，站置为报警	—
IN3B	R9-实数	可调常数	可选的	0.0	输入3偏置	—
IN4G	S1-实数	可调常数	可选的	1.0	输入4增益不应初始化为0；否则，站置为报警	—

续表

名称	LC 记录字段	类型	必需/可选的	缺省值	说明	最小点记录
IN4B	S2-实数	可调常数	可选的	0.0	输入4偏置	—
TPSC	R5-实数	可调常数	必需的	100.0	输出点的最大值	—
BTSC	R6-实数	可调常数	必需的	0.0	输出点的最小值	—
TRAT	R7-实数	可调常数	必需的	2.5	跟踪斜率(单位每秒)	—
QUAL	X1-字节位0	初始数据	必需的	WORSE	输出品质类型: WORSE:所选4个输入中的最差品质 SELECTED:输出点指定为所选输入的品质。如果输入点值相等,则选最好的品质	—
IN1	—	变量	必需的	—	输入1(模拟量)	LA
TRK1	—	变量	必需的	—	输入1的跟踪输出值方式 & 状态信号	LA
IN2	—	变量	必需的	—	输入2(模拟量)	LA
TRK2	—	变量	必需的	—	输入2变量的跟踪输出值方式 & 状态信号	LA
IN3	—	变量	可选的	—	输入3(模拟量)	LA
TRK3	—	变量	可选的	—	输入3的跟踪输出值方式 & 状态信号	LA
IN4	—	变量	可选的	—	输入4(模拟量)	LA
TRK4	—	变量	可选的	—	输入4的跟踪输出值方式 & 状态信号	LA
OUT	—	变量	必需的	—	模拟输出变量	LA
TRIN	—	变量	可选的	—	跟踪 & 限值方式信号和模拟输入变量跟踪值	LA

5)函数

```
IN1GB=(IN1×IN1 GAIN ) + IN1 BIAS
IN2GB=(IN2×IN2 GAIN ) + IN2 BIAS
IN3GB=(IN3×IN3 GAIN ) + IN3 BIAS
IN4GB=(IN4×IN4 GAIN ) + IN4 BIAS
IF IN2GB ≤ IN1GB THEN
  OUT=IN2GB
ELSE
```

```
  OUT=IN1GB
IF IN3G ≤ OUTPUT
  OUT=IN3G
IF IN4G ≤ OUTPUT
  OUT=IN4G
IF OUT ≥ TPSC THEN
OUT=TPSC
ELSE
  IF OUT ≤ BTSC THEN
    OUT=BTSC
```

(49) LOWMON

1) 说明

LOWMON 算法是一个带有复位死区和固定变量限值的低信号监视器。对于 LOWMON(低信号监视器,复位死区)算法,如果输入值(IN1)低于固定点设定值(LOSP),数字量输出被设置为 True。为了清除输出,IN1 必须大于设定点值加上死区。IN1 的值要做无效实数校验。如果 IN1 无效,OUT 保持为它上一次的有效值,且 OUT 的品质被设置为 BAD。IN1 的品质不传递。

2) 功能符号

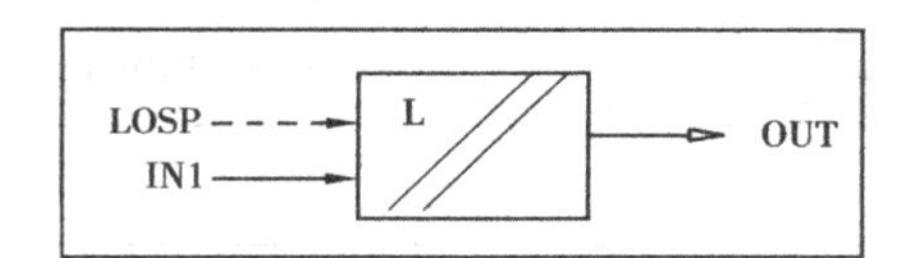

算法记录字段=LC

3) 算法定义

名称	LC 记录字段	类型	必需/可选的	缺省值	说　明	最小点记录
DIAG	LU-整数	初始数据	必需的	60	可调的图表数值	—
IN1	—	变量	必需的	—	输入(模拟量)	LA
LOSP	R1-实数	可选择的	必需的	0.0	低信号监视器跳闸点的设定值	LA
LODB	R2-实数	可调常数	必需的	0.0	死区	—
OUT	—	变量	必需的	—	输出(数字量)	LD,LP

4) 函数

```
IF IN1 < LOSP
  THEN OUT="TRUE"
ELSE
IF IN1 >(LOSP + LODB)
  THEN OUT="FALSE"
```

(50) MAMODE

1) 说明

MAMODE 算法用于和一个 MASTATION 算法的连接。这个算法用来发送优先权(升高/降低)、禁止(升高/降低)、拒绝(人工/自动)、跟踪位和回转偏置命令到 MASTATION。如果偏置为 True,则 MASTATION 可以升高/降低偏置值。如果偏置为 False,则偏置值回转到 0 且不允许升高或降低。

基于连接到本算法的 MASTATION 的跟踪点、输出 TRK、AUTO、MAN 和 LOC 点都被设置为 True。

升/降禁止和优先权按以下方式工作:

☆当升禁止和降禁止发生在同一时间,MASTATION 将忽略这个命令;

☆当优先权升高和降低发生在同一时间,MASTATION 将忽略这个命令;

☆当升禁止和升高优先权发生在同一时间,MASTATION 的输出将被锁住;

☆当降禁止和降低优先权发生在同一时间,MASTATION 的输出将被锁住。

2) 功能符号

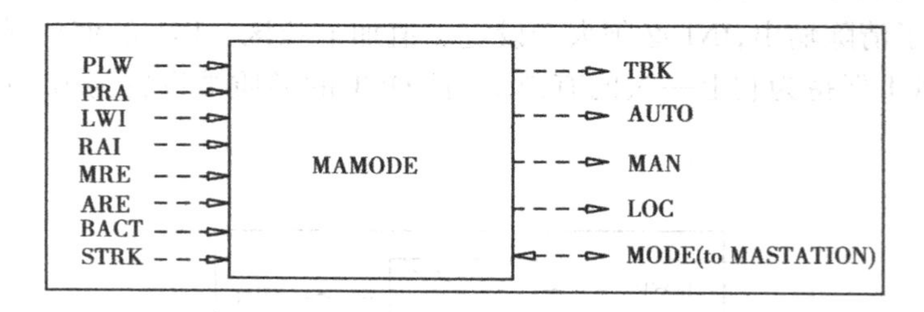

方式位:

位进 0	优先权降低
位进 1	优先权升高
位进 2	降禁止
位进 3	升禁止
位进 4	手动抑制
位进 5	自动拒绝
位进 6	偏置激活
位进 7	设置跟踪位
位进 8	指示降禁止
位进 9	指示升禁止
位进 10	本地方式
位进 11	MASTATION 在手动方式
位进 12	MASTATION 在自动方式
位进 13	MASTATION 被告知跟踪
位进 14	RLI 优先权降低
位进 15	RLI 优先权升高

算法记录字段=LC

3)算法定义

名称	LC记录字段	类型	必需/可选的	缺省值	说 明	最小点记录
PLW	—	变量	可选的	—	优先权降低输入	LD、LP
PRA	—	变量	可选的	—	优先权升高输入	LD、LP
LWI	—	变量	可选的	—	降禁止输入	LD、LP
RAI	—	变量	可选的	—	升禁止输入	LD、LP
MRE	—	变量	可选的	—	人工拒绝输入	LD、LP
ARE	—	变量	可选的	—	自动拒绝输入	LD、LP
BACT	—	变量	可选的	—	偏置激活输入	LD、LP
STRK	—	变量	可选的	—	设置MASTATION跟踪位	LD、LP
TRK	—	变量	可选的	—	基于TRIN点的MASTATION	LD、LP
AUTO	—	变量	可选的	—	自动方式输出	LD、LP
MAN	—	变量	可选的	—	手动方式输出	LD、LP
LOC	—	变量	可选的	—	本地方式输出	LD、LP
MODE	—	变量	可选的	—	输出至MASTATION	LP

(51)MASTATION

1)说明

MASTATION算法连接一个基于CRT的软手动/自动站和一个可选的、带有功能处理器的Ovation回路接口模块卡。以下方式可用:自动、手动和本地。

用户可选择下列带有TYPE算法字段接口中的任一个:

☆SOFT——仅是软手动/自动站;

☆RLI——Ovation回路接口模块;

☆RVP——Ovation阀门位置模块。

2)功能符号

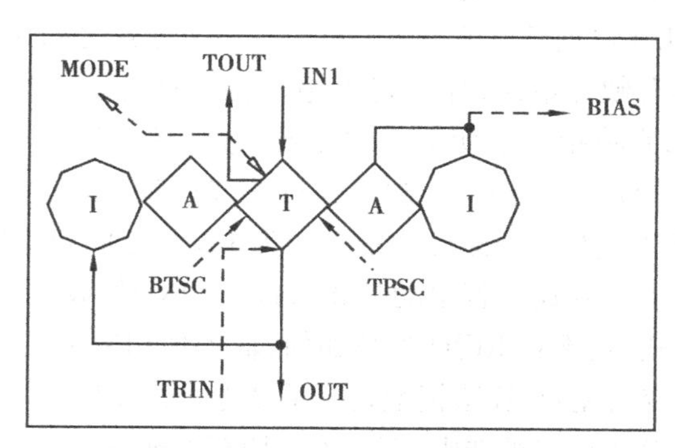

如果一个Ovation回路接口模块被设置在TYPE并且控制器复位、加电或中断,输出

从 Ovation 回路接口模块卡读取并使用最初在算法 OUT 字段中的值。在算法或操作员采取任何措施之前,它报告了设备字段状态。

注意:TPSC 和 BTSC 参数用于限制算法的输出值。当一个 SLIM 单独连接到一个 Ovation 回路接口模块卡时,这些值必须总是 100% 和 0%。

①自动方式。输出等于输入值的增益和偏置加上偏置棒值(OUT=(IN1×IN1 GAIN)+ IN1 BIAS + BIAS BAR),除了:

☆当算法被告知跟踪,在跟踪信号出现时输出等于跟踪输入。当跟踪信号解除时,输出将以一定速率从跟踪输入返回到增益和偏置输入。

☆当一个升禁止或降禁止信号出现时,可能阻止输出跟随输入。

偏置棒值作为一个模拟量值输出,也可以被操作员键盘上的 Increase/Decrease 设置键(箭头向上/箭头向下)升高或降低。这个值仅在自动方式时才加到输出值;在手动或本地方式时它对输出没有影响(但仍可被升高或降低)。

若一个 Ovation 回路接口模块被选中,则输出值写入这块卡内。在这种方式下,操作员键盘上的 Increase/Decrease 输出键对它没有影响。

②手动方式。通过 Increase/Decrease 输出请求,输出被升高或降低。升禁止和降禁止信号超驰操作员键盘上的 Increase/Decrease 输出请求。跟踪信号将导致输出等于跟踪输入,不管升/降禁止信号和 Increase/Decrease 输出请求是否存在。偏置棒值不影响输出,但仍可以被升高或降低。

如果一个 LI 接口被选中,则输出值写入这块卡内。在这种方式下,输出值也可以从回路接口模块(SLIM)上升高或降低。

③本地方式。这种方式仅在一个 LI 模块、TYPE 接口已被选中时才可用。SLIM 中的 Increase/Decrease 命令直接控制处于本地方式的 LI 卡。算法读取 LI 上的命令计数器,使它的输出跟踪卡的值。在这种跟踪方式下,所有功能处理器中的定向命令(如变量输入、升禁止和降禁止)和操作员的/报警控制台中的定向命令(如 Increase、Decrease)对算法没有影响。

④方式切换。算法在自动、手动、本地方式之间按如下方式进行切换:

☆MAMODE 算法中的数字量拒绝信号将拒绝该算法从自动切到手动方式或从自动切到本地方式(当手动禁止特性为 ON 时)。

☆如果算法不在本地方式,来自于操作员键盘上的 AUTO 和 MAN 方式请求键的自动请求和手动请求信号将切换该算法至期望的方式。

☆如果 LI 被选中,SILM 可使算法在自动、手动和本地方式之间切换。

☆如果 LI 被选中,且有硬件错误,算法将拒绝切至本地方式。如果卡确定了在本地方式时有一个 SLIM 通信错误,它将拒绝卡切至手动方式。算法将切至手动方式。

☆如果品质拒绝(REJQ)特性是 OFF,则当在自动方式时不对输入执行品质校验。若算法处于自动方式且依据品质拒绝标志,输入的品质变为 BAD 或非 GOOD,则只要手动禁止特性是 OFF 时,算法拒绝切至手动方式。若手动禁止特性是 ON 时,算法拒绝切至本地方式。

☆当输入处于自动方式时,不管 REJO 参数如何,输入值(IN1)将进行无效值校验。如果算法处在自动方式且输入值变为无效,算法拒绝切至手动方式,同时将手动禁止特性设为 OFF。如果手动禁止特性是 ON,若 RLI 接口被选中,算法拒绝切至本地方式。当输入值无效时,若算法不在自动方式而操作员试图选择自动方式,算法将保持同样方式且不拒绝切至手动方式。

☆当算法被告知跟踪时,跟踪输入值也将做无效实数校验。在自动方式时,如果算法被告知跟踪且跟踪输入值无效,算法拒绝切至手动方式,同时将手动禁止特性设为OFF。在所有的方式中,当跟踪输入值无效时,跟踪请求被忽略。

☆如果LI接口被选中,在复位/加电时,算法处在本地方式。如果一个软接口被选中,则算法跳至首次通过(FP)方式参数初始化的方式中,除非那个方式被手动禁止特性锁住。

☆若LI接口被选中且RLI优先权(PRLI)为YES,在LI卡复位/加电时,算法被设置为本地方式且输出值是0。若LI接口被选中且RLI优先权(PRLI)为NO,则算法在卡失电以前,改变RLI卡从本地方式到上一个方式。在卡被关闭前,LI模拟量输出值将被初始化为上次输出值。

注意:手动禁止特性开启时阻止算法进入手动方式,因此导致算法担当输入值的一个拒绝者。

A. 操作员键盘上的接口键如下:

键	用　途
AUTO Function Key	自动方式请求
MAN Function Key	手动方式请求
Set Point Increase Function Key	升高偏置棒(↑)
Set Point Decrease Function Key	降低偏置棒(↓)
Output Increase Function Key	升高输出(△)
Output Decrease Function Key	降低输出(▽)

B. 手动抑制输出点:在MRET参数指定的时间范围,MRE点将变为True。当算法进入手动方式时将点设置为True(除非被操作员请求指定)。

C. 操作符号:以一个SAMA图形式描述了MASTATION的运行情况。

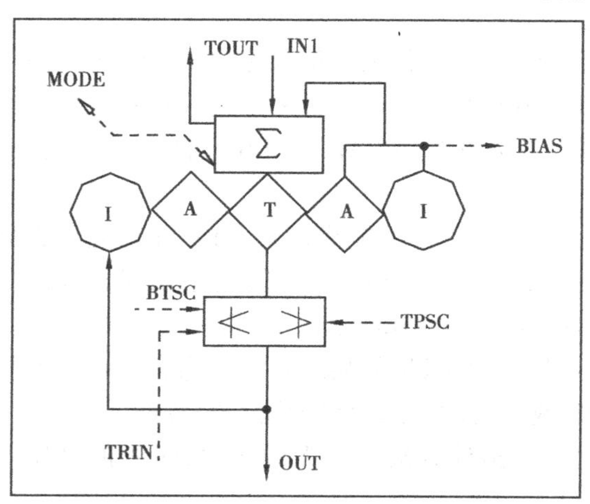

D. 跟踪信号:通过模拟量跟踪点第三状态字上的高16位已被传递的信号进行跟踪和限制。本算法对模拟量输入信号TRIN中的信息会作出以下响应:

位	说　明	动　作	TOUT 信号
16	跟踪	执行	通过,在第一通道设置 True 以读取硬件,或不在自动方式时置 True
17	若低则跟踪	无动作	通过 *
18	若高则跟踪	无动作	通过 *
19	降禁止	执行 *	通过 *
20	升禁止	执行	通过 * * *
21	条件跟踪	执行	通过 * * *
22	未使用	无动作	未使用
23	偏差报警	无动作	未使用
24	本地手动方式	无动作	本地方式
25	手动方式	无动作	手动方式
26	自动方式	无动作	自动方式
27	未使用	无动作	未使用
28	未使用	无动作	未使用
29	未使用	无动作	未使用
30	低限值到	无动作	低限值到
31	高限值到	无动作	高限值到

注:* 　仅当跟踪信号没有出现时。

** 　仅当跟踪信号没有出现时;信号是根据设置跟踪信号中给出的定义设置的(见表 3.76)。

*** 　若算法被告知跟踪,则条件跟踪位被忽略。否则,条件跟踪位的值被传递到所有的跟踪输出点。

若条件跟踪位设置在跟踪输入点,所有输出跟踪点的模拟量值是基于跟踪输入点的值计算出来的。

来自算法的高、低限值标志、方式和跟踪信号输出到 TOUT,用来显示和被一个上级算法使用。这个算法使用的组态必须由用户指定用来正确执行跟踪特性。如果上级算法是 BALANCER,则组态必须表明本算法正在和 BALANCER 算法一起使用。否则,组态指定为 NORMAL。

如果一个 BAD 硬件状态错误使算法拒绝切至本地,输出品质将保持为 BAD 且算法留在本地方式直到错误被清除。如果一个写错误使算法拒绝切至本地,输出品质将变为 GOOD 且算法留在本地方式直到本地方式经由 SLIM 退出。

如果没有硬件错误,在跟踪时,OUT 的品质被设置为跟踪输入变量的品质。否则,在手动方式 OUT 的品质为 GOOD 或在自动方式设置为输入的品质。

如果算法在自动方式时输出计算出一个无效实数,OUT 的品质设置为 BAD 且站被置为报警。

注意:如果算法产生一个无效跟踪输出值,则 IN1 输入值用作跟踪输出,除非它也是无效的。如果计算出的跟踪输出值和 IN1 输入值都无效,则跟踪输出值不会更新。

TPSC 和 BTSC 参数用来限制算法的输出值。当算法连接至一个 LI 卡且该卡连到一个

SLIM 时，这些值必须总是分别为 100% 和 0% 。

当 LI 处在中断本地方式时，从操作员站来的任何输出升或降请求被直接送到组态为一个电气驱动卡类型的 LI。LI 以任意 SLIM 升高或降低请求为输出，然后输出任意控制器升高或降低请求到为输出数字量升高或降低的输出上。

当一个组态是一个电气驱动卡类型的 LI 位置反馈信号中断时，LI 进入中断本地方式且输出点值即为从设备来的反馈信号。输出棒 SLIM 将在 0 ~ 100% 闪动以指明为中断本地方式。

LI 卡上的电气驱动回转和/或接口选项需通过 I/O 生成器进行组态。

算法记录类型 = LC

3）算法定义

名称	LC 记录字段	类型	必需/可选的	缺省值	说　明	最小点记录
DIAG	LU-整数	初始数据	必需的	10	可调的图表数值	—
IN1G	R5-实数	可调常数	必需的	1.0	输入增益。级联增益不应初始化为 0；否则，站被设置为报警	—
IN1B	R6-实数	可调常数	可选的	0.0	输入增益	—
TPSC	R7-实数	可选择的	必需的	100.0	输出点的最大值	LA
BTSC	R8-实数	可选择的	必需的	0.0	输出点的最小值	LA
TPBS	R2-实数	可调常数	必需的	0.0	偏置棒的最大值	—
BTBS	R3-实数	可调常数	必需的	0.0	偏置棒的最小值	—
PCNT	X1-字节	可调常数	必需的	4	第一个 4S 的百分比变化	—
TIME	X2-字节	可调常数	必需的	25	全量程变化的 S 数	—
FP	G0-整数位 8	初始数据	必需的	MANUAL	首次通过方式。复位/加电使算法进入这种方式： MANUAL：手动方式 AUTO：自动方式	—
TYPE	G0-整数位 0 和 1	初始数据	可选的	SOFT	接口卡类型： SOFT：仅为软 M/A RLI：LI 卡 RVP：VP 卡	—
DRVE	G0-整数位 9	初始数据	可选的	NO	电气驱动： NO YES	—
CARD	X5-字节	初始数据	可选的	0	PCI 卡数目（1、2）	—
HWAD	B2-整数	初始数据	可选的	0	任意硬件接口卡的地址（十进制位） 详见 3.3.3.1（1）	—

续表

名称	LC 记录字段	类型	必需/可选的	缺省值	说明	最小点记录
RDNT	X3-字节位 0	初始数据	必需的	NO	冗余 RVP 卡: NO YES	—
HWA2	Y0-整数	初始数据	必需的	0	冗余 RVP 卡硬件地址	—
PRLI	G0-整数位 2	初始数据	必需的	YES	RLI 优先权: YES NO	—
PRAR	S1-实数	可调常数	可选的	2.5	升速率优先	—
PRAT	S2-实数	可调常数	可选的	100.0	升目标优先	—
PLWR	S3-实数	可调常数	可选的	2.5	降速率优先	—
PLWT	S4-实数	可调常数	可选的	0.0	降目标优先	—
REJQ	G0-整数位 6 和 7	初始数据	必需的	BAD	品质拒绝类型(仅在手动禁止方式为 OFF 时有意义): BAD:当 IN1 输入的品质为 BAD 且算法在自动方式,算法拒绝切至手动方式 NOTGOOD:当 IN1 输入的品质为 NOT GOOD 且算法在自动方式时,算法拒绝切至手动方式 OFF:当算法在自动方式时,IN1 输入的品质不被校验或不用来拒绝算法切至手动方式	—
CNFG	G0-整数位 5	初始数据	必需的	NORMAL	组态类型: NORMAL:上级算法不是 BALANCER BALANCER:上级算法是 BALANCER	—
TRAT	R1-实数	可调常数	必需的	2.5	跟踪斜率	—
MRET	G1	可调常数	可选的	5	手动抑制时间	—
MRE	—	变量	可选的	—	手动抑制点	LD
IN1	—	变量	必需的	—	模拟输入 1 变量	LA
TOUT	—	变量	必需的	—	输入 1 变量跟踪输出值方式或状态信号	LA
MODE	—	变量	可选的	—	来自 MAMODE 算法的输出点	LP

续表

名称	LC记录字段	类型	必需/可选的	缺省值	说　明	最小点记录
OUT	—	变量	必需的	—	模拟输出变量	LA
TRIN	—	变量	可选的	—	跟踪/限值方式信号/跟踪值;模拟输入变量	LA
BIAS	—	变量	可选的	—	模拟偏置棒变量输出	LA

(52) MASTERSEQ

1) 说明

MASTERSEQ(顺序控制器,主设备)算法为具有控制功能的控制顺序执行提供了一种管理算法。此算法使用单独的DEVICESEQ给顺序中执行的每一步提供一个接口。每个MASTERSEQ算法最多可带30个附属DEVICESEQ算法。每个单独的DEVICESEQ算法称为一个设备。若所需的设备多于30个,则多个MASTERSEQ算法可级联在一起使用。

本算法通过一个打包组点监视与每一步相对应的设备。这种打包组点称为状态点。每个设备对应唯一的状态点。根据附表中的位定义,状态点既作为MASTERSEQ和DEVICESEQ的输入,也作为它们的输出。在相连的打包组状态点中,位0等于逻辑1,可认为设备处于"开"或"运行"状态。同样,当位0等于逻辑0时,可认为设备是在"关"或"停止"状态。

2) 功能符号

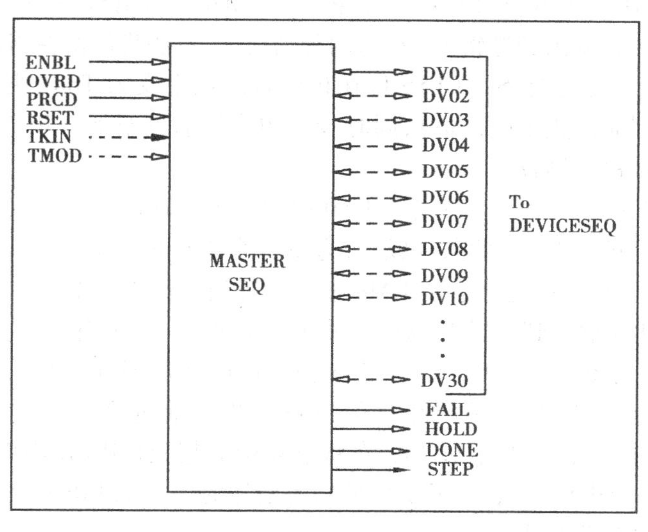

①用户配置:附属设备从1~30顺序排号,相关连的缺省状态点分别为DV01~DV30。这30个设备可在任何用户定义的顺序下排序。算法模板(ST01~ST30)中的30个整数字段与30个可能的步相对应。步按顺序编号。为使一个专门的设备与一个步号相连,设备号包括在与步号相对应的整数字段中。一个专门的设备可属于顺序中的多个步。MASTERSEQ的当前步号被存储在步(STEP)的输出中。

在下面部分,当某步的DEVICESEQ算法指示执行成功或故障,或用户由OVRD的输入超驰此步时,则本步完成。若某步对应的设备不存在或以 0 作为设备号,使它与一特殊步相对应,则跳过此步,算法中步前进。

MASTERSEQ 可在正常方式和优先方式下运行。在正常方式下,步号顺序增加,与之对应的设备相应的执行。在优先方式下,与要执行的设备相对应的步通过 TKIN 的输入作为算法的输入。当 TMOD 的输入为 True 时,此步可执行。步的次序不需要是顺序的。根据特殊应用的需要,允许顺序有动态自适应性能。

无论处于何种运行方式下,当 RSET 输入为 True 时,算法被复位到初始状态。只要 RSET 输入为 True,则清除状态点中的所有的位,停止当前运行的所有设备,置当前步为 0。当 RSET 输入为 True 时,完成动作的情况可参考复位流程图。

②初始状态:启动时,初始步为 0。在 0 步,任何设备都不动作。在正常方式下,若 ENBL=1,则顺序可执行第一步。若 ENBL=0,任何设备都不动作且保持先前的状态,算法不起作用。若与某步相对应的设备号和 MASTERSEQ 相连的某个 DEVICESEQ 算法相对应,则此步可执行。若此设备号无效,设备将按下面部分给出的规则执行。若 ENBL=0,任何运行方式下,算法不起作用。

③正常方式下的步执行和控制:正常运行方式下,相连设备的顺序执行是通过 PRCD 和 OVRD 输入到算法的值控制。PRCD 输入的作用相当于一个"开始"按钮。若 PRCD 输入为 True,则从相连状态点读出 READY 和 FAILED 位的值。有关状态点中 READY 和 FAILED 位初始化的细节请参考 DEVICESEQ 算法中的说明。若相连设备是 READY 且无 FAILED,对于逻辑 1 状态,算法将设置与设备相对应的状态点中的位 1 为 0。

a. 若状态点中 READY 位为 False,算法将设置 HOLD 输出到逻辑 1。若 FAILED 位是 True,算法将设置 HOLD 输出到逻辑 1。在这两种情况下,算法将停留在当前步。

b. 若一个设备正在运行时,SUCCESS 位在相应状态点中变为 True,则算法在状态点中将设置位 0 到逻辑 1(因而停止了此设备),同时步按顺序号前进至下一步。直到 PRCD 输入变为 True 时,下一个设备才可启动。

c. 若一个设备正在运行时,状态点的 FAILED 位变为 True,则不增加步号,且 HOLD 和 FAIL 输出都被设置到逻辑 1。若此条件成立,为使步前进至下一步,下列动作之一必须满足:

☆FAIL 条件必须被清除,这样会使 FAIL 输出设置到逻辑 0 且步号增至下一个顺序号。

☆必须设置 OVRD 输入到逻辑 1,这样会使步号增至下一个顺序号。

在执行期的任意时刻,若 OVRD 输入变为逻辑 1,则增加当前步号。若在执行某特别步时,OVRD 输入变为逻辑 1,则将关闭相应的设备且步号前进到下一个可用的步号。由于 OVRD 输入的影响,步在任意时刻将增加,在状态点中的超驰(OVERRIDE)位将被设置为 1。这为每步提供了一个历史特征,表明了步号是如何增加的。如果 PRCD 和 OVRD 的输入同时等于逻辑 1,则 OVRD 优先权占优。

当顺序中的最后一步执行完毕,则算法设置 DONE 输出逻辑为 1。算法必须复位以使操作重新开始。

运行在正常方式时,算法动作的说明可参考正常方式下的流程图。

优先方式下的步的执行和控制:

在优先方式下,要执行的步号由 TKIN 输入的模拟量值决定。数值上位于十进制小数点右边的小数应舍去。这样就可以动态的调整算法到顺序中任何希望的步。仅当TMOD的输入为True,TKIN的值才作为步号,因此,当步号由TKIN决定时,算法就工作在优先方式。如同在正常方式下一样,只有PRCD输入为True时,步才开始执行。

若TKIN值等于与某一有效设备相对应的步号,TMOD输入为True且PRCD输入为False,则TKIN值等于当前步号。但只有在PRCD输入变为True时才执行该步。当运行在优先方式下,算法将忽略OVRD输入。若TKIN值所对应的设备不存在,算法则停留在前一步。若某一设备在运行,则忽略TKIN和TMOD输入,直到该步执行完为止。

若MODE参数是可查询的,则TKIN必须小于最大的步数(NMIN)。若MODE参数是优先的,TKIN必须小于30(总的允许步)。只仅仅适用于优先方式。无论设置优先MODE为何数值,所有其他有效设备的检查也是适用的。

若状态点中的READY位是True,且FAILED位是False,算法将启动相连设备。这可在状态点中通过设置位0为逻辑1来实现。

若状态点中的READY位是False,算法将HOLD输出设置为逻辑1。若FAILED位是True,算法将HOLD和FAIL的输出设置为逻辑1。在这两种情况下,算法保持当前步。

如果一个设备正在运行,与之相应的状态点SUCCESS变为True,在状态点中算法将设置位0为逻辑0(因而设备停止)。若此步为有效步,则设置此步为TKIN的输入值。只有在PRCD输入为True时,下一个设备才启动。

如果一个设备正在运行,状态点中FAILED位变为True,则HOLD和FAIL输出将被设置为逻辑1。当此条件满足时,当前步可由TKIN和TMOD输入改变。

运行在优先方式时,算法动作的说明可参考优先方式下的流程图。

若在优先方式运行期间的任意时刻,TMOD输入变为False,算法将转为正常运行方式。混合方式部分概括了优先方式和正常方式相结合的一种算法的操作。

④混合方式运行:算法可以运行在混合方式下。在此方式中,有些步在正常方式下执行,其他的则在优先方式下执行。方式转换由TMOD输入的数字量值来控制,因此可动态的完成转换。当运行于正常方式时,则应用上面所说的正常方式规则。当运行于优先方式时,则应用上面所说的优先方式规则。

算法记录类型=LC

3)算法定义

名称	LC记录字段	类型	必需/可选的	缺省值	说　明	最小点记录
DIAG	LU-整数	初始数据	必需的	3	可调的图表数值	—
MODE	X2-字节	初始数据	必需的	可查询的	运行方式:可查询 优先	—
NMIN	X1-字节	可调常数	必需的	0	步号	—
ST01	G0-整数	可调常数	必需的	0	步1的设备号	—
ST02	G1-整数	可调常数	可选的	0	步2的设备号	—
ST03	G2-整数	可调常数	可选的	0	步3的设备号	—

续表

名称	LC 记录字段	类型	必需/可选的	缺省值	说　明	最小点记录
ST04	G3-整数	可调常数	可选的	0	步 4 的设备号	—
ST05	G4-整数	可调常数	可选的	0	步 5 的设备号	—
ST06	G5-整数	可调常数	可选的	0	步 6 的设备号	—
ST07	G6-整数	可调常数	可选的	0	步 7 的设备号	—
ST08	G7-整数	可调常数	可选的	0	步 8 的设备号	—
ST09	G8-整数	可调常数	可选的	0	步 9 的设备号	—
ST10	G9-整数	可调常数	可选的	0	步 10 的设备号	—
ST11	B0-整数	可调常数	可选的	0	步 11 的设备号	—
ST12	B1-整数	可调常数	可选的	0	步 12 的设备号	—
ST13	B2-整数	可调常数	可选的	0	步 13 的设备号	—
ST14	YU-整数	可调常数	可选的	0	步 14 的设备号	—
ST15	B4-整数	可调常数	可选的	0	步 15 的设备号	—
ST16	B5-整数	可调常数	可选的	0	步 16 的设备号	—
ST17	B6-整数	可调常数	可选的	0	步 17 的设备号	—
ST18	B7-整数	可调常数	可选的	0	步 18 的设备号	—
ST19	B8-整数	可调常数	可选的	0	步 19 的设备号	—
ST20	B9-整数	可调常数	可选的	0	步 20 的设备号	—
ST21	C0-整数	可调常数	可选的	0	步 21 的设备号	—
ST22	C1-整数	可调常数	可选的	0	步 22 的设备号	—
ST23	C2-整数	可调常数	可选的	0	步 23 的设备号	—
ST24	C3-整数	可调常数	可选的	0	步 24 的设备号	—
ST25	C4-整数	可调常数	可选的	0	步 25 的设备号	—
ST26	C5-整数	可调常数	可选的	0	步 26 的设备号	—
ST27	C6-整数	可调常数	可选的	0	步 27 的设备号	—
ST28	C7-整数	可调常数	可选的	0	步 28 的设备号	—
ST29	C8-整数	可调常数	可选的	0	步 29 的设备号	—
ST30	YT-整数	可调常数	可选的	0	步 30 的设备号	—
ENBL	I—	变量	必需的	—	本信号为 False 时,MASTERSEQ 是不起作用的	LD、LP
OVRD	—	变量	必需的	—	跳过此步,执行下一步	LD、LP
PRCD	—	变量	必需的	—	执行当前步	LD、LP

续表

名称	LC记录字段	类型	必需/可选的	缺省值	说明	最小点记录
RSET	—	变量	必需的	—	重新初始化,算法回到0步	LD、LP
TKIN	—	变量	可选的	—	动态步数	LA
TMOD	—	变量	可选的	—	启动优先级方式	LD、LP
FAIL	—	变量	必需的	—	当一个DEVICESEQ算法报告故障时为True	LD、LP
HOLD	—	变量	必需的	—	算法保持在某步时为True	LD、LP
DONE	—	变量	必需的	—	全部顺序结束时为True(可用来级联多个MASTERSEQ)	LD、LP
STEP	—	变量	必需的	—	当前的步号(1~30)	LA
DV01	—	变量	必需的	—	与设备算法1通信(见位定义)	LP
DV02	—	变量	可选的	—	与设备算法2通信(见位定义)	LP
DV03	—	变量	可选的	—	与设备算法3通信(见位定义)	LP
DV04	—	变量	可选的	—	与设备算法4通信(见位定义)	LP
DV05	—	变量	可选的	—	与设备算法5通信(见位定义)	LP
DV06	—	变量	可选的	—	与设备算法6通信(见位定义)	LP
DV07	—	变量	可选的	—	与设备算法7通信(见位定义)	LP
DV08	—	变量	可选的	—	与设备算法8通信(见位定义)	LP
DV09	—	变量	可选的	—	与设备算法9通信(见位定义)	LP
DV10	—	变量	可选的	—	与设备算法10通信(见位定义)	LP
DV11	—	变量	可选的	—	与设备算法11通信(见位定义)	LP
DV12	—	变量	可选的	—	与设备算法12通信(见位定义)	LP
DV13	—	变量	可选的	—	与设备算法13通信(见位定义)	LP
DV14	—	变量	可选的	—	与设备算法14通信(见位定义)	LP
DV15	—	变量	可选的	—	与设备算法15通信(见位定义)	LP
DV16	—	变量	可选的	—	与设备算法16通信(见位定义)	LP
DV17	—	变量	可选的	—	与设备算法17通信(见位定义)	LP
DV18	—	变量	可选的	—	与设备算法18通信(见位定义)	LP
DV19	—	变量	可选的	—	与设备算法19通信(见位定义)	LP
DV20	—	变量	可选的	—	与设备算法20通信(见位定义)	LP
DV21	—	变量	可选的	—	与设备算法21通信(见位定义)	LP
DV22	—	变量	可选的	—	与设备算法22通信(见位定义)	LP

续表

名称	LC 记录字段	类型	必需/可选的	缺省值	说　明	最小点记录
DV23	—	变量	可选的	—	与设备算法 23 通信(见位定义)	LP
DV24	—	变量	可选的	—	与设备算法 24 通信(见位定义)	LP
DV25	—	变量	可选的	—	与设备算法 25 通信(见位定义)	LP
DV26	—	变量	可选的	—	与设备算法 26 通信(见位定义)	LP
DV27	—	变量	可选的	—	与设备算法 27 通信(见位定义)	LP
DV28	—	变量	可选的	—	与设备算法 28 通信(见位定义)	LP
DV29	—	变量	可选的	—	与设备算法 29 通信(见位定义)	LP
DV30	—	变量	可选的	—	与设备算法 30 通信(见位定义)	LP

4)状态位定义

位 号	源	信号名称	说　明
0	MASTERSEQ	GO	发信号给设备开始步
1	DEVICESEQ	FAILED	发信号给 MASTERSEQ 表示当前步故障
2	DEVICESEQ	READY	发信号给 MASTERSEQ 表示低电平逻辑准备接收远距离的开始命令
3	DEVICESEQ	SUCCESS	发信号给 MASTERSEQ 表示当前步执行成功
4	MASTERSEQ	INSTEP	Master 发信号表示步正在执行
5	MASTERSEQ	OVERRIDE	为 True 时表示 OVRD 输入是用来增加步
6	MASTERSEQ	RESET	当复位输入为 True 时,MASTE-RSEQ 置本位为逻辑 1
7	DEVICESEQ	FROZEN	当 DEVICESEQ 冻结更新状态点,本位为 True(见 DEVICESEQ 数据部分)
8 ~ 15	留待以后使用	—	—

MASTERSEQ 算法优先方式和正常方式执行顺序分别如图 3.260 和图 3.261 所示。

(53)MEDIANSEL

1)说明

MEDIANSEL(中值选择器,品质和偏差校验)算法监视模拟量变送器输入的品质和彼此间的偏差。只要无品质或偏差报警,输出(OUT)就是这 3 个模拟输入量的中值。否则,算法则选

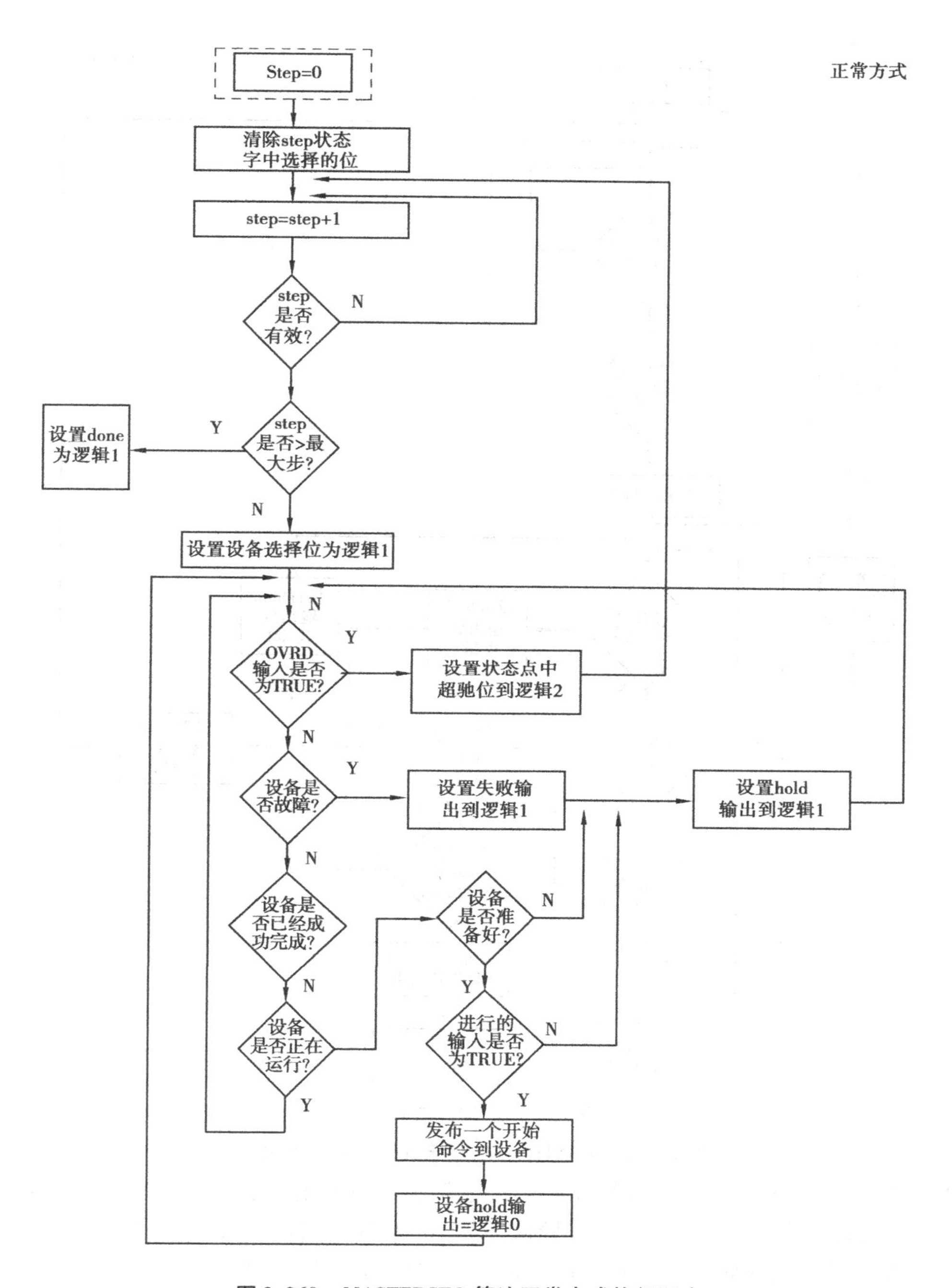

图3.260　MASTERSEQ算法正常方式执行顺序

择3个中最好的或最有可能的正确输入或取3个的平均值来作为输出值。除了输出(OUT)信号,还有一个高报警模拟量输出(HI),一个低报警模拟量输出(LO)和12个能表明输入状态的数字量信号。这些数字量信号可以以单独数字量点或一个打包数字量记录的形式作为输出。

2)功能符号

输入的品质类型本身设置了品质报警,由控制指示字预置。当两点间的偏差大于用户预

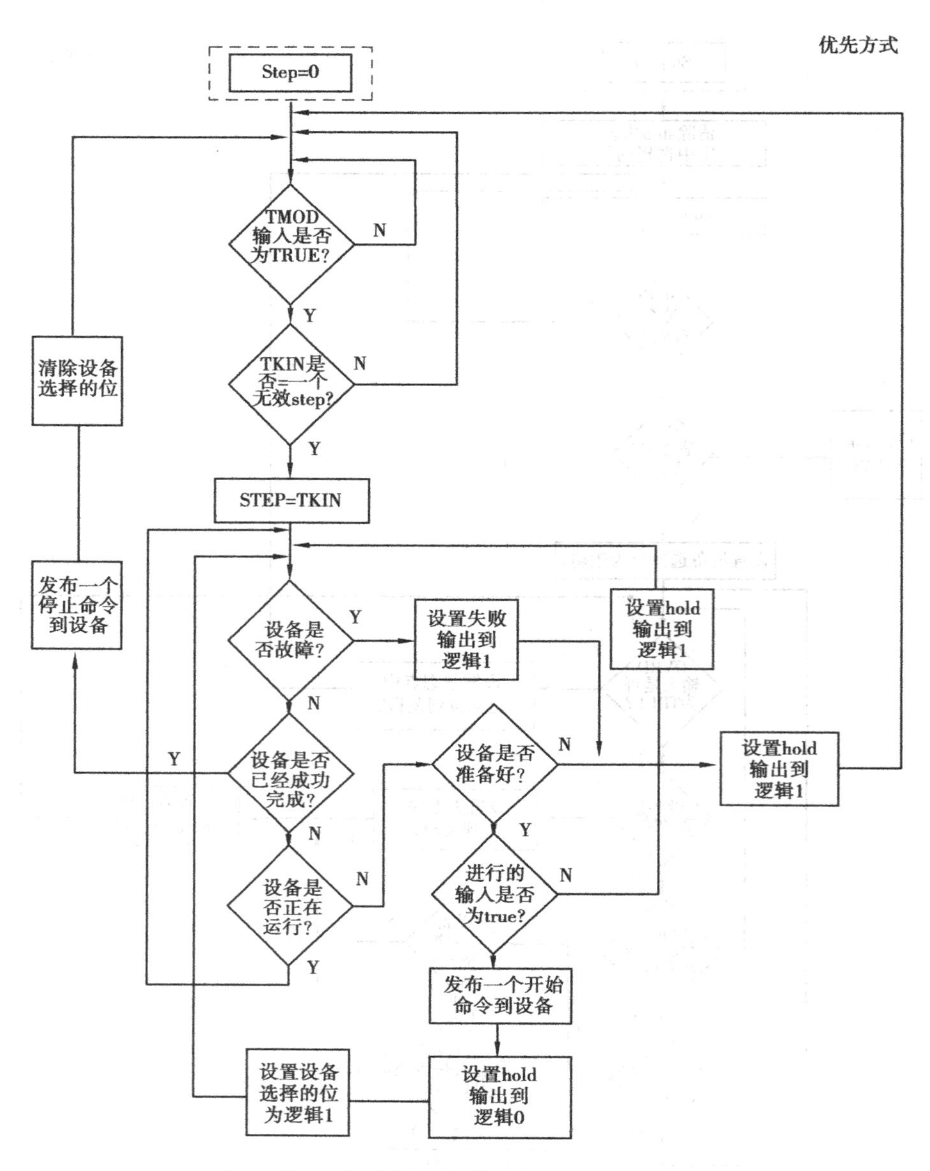

图 3.261 MASTERSEQ 算法优先方式执行顺序

置的控制误差死区(CNDB),且两点均无品质报警,控制偏差报警数字量输出信号为 True。同样,当两点间的偏差大于用户预置的报警误差死区(ALDB),且均无品质报警,则报警偏差报警数字量输出信号为 True。为使算法准确运行,ALDB 应小于 CNDB。

若所有 3 个变送器均有品质报警,输出为上一个的 GOOD 值。另外,若 3 个变送器均有品质报警或输出的值无效,输出的品质设置为 BAD。

若两个变送器有品质报警,输出值就等于另外那个没有品质报警的变送器的输出值。

若一个变送器有品质报警,而另外两个变送器无品质报警且二者之间无控制偏差报警,则输出值为这两个变送器输出的平均值。

若一个变送器有品质报警,而另外两个变送器无品质报警但二者之间有控制偏差报警,则输出值为:

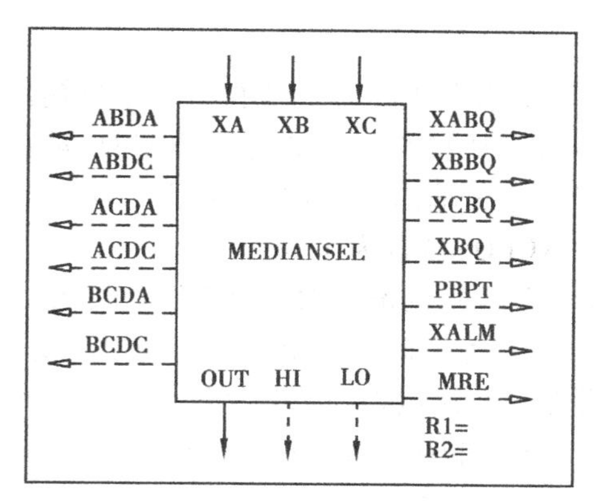

☆这两个无品质报警变送器输出值中的高值，此时输出中的高值大于高报警监视值（HMTR），输出中的低值大于低报警监视值（LMTR）。

或

☆这两个无品质报警变送器输出值中的低值，此时输出中的低值小于低报警监视值而高值小于高报警监视值。

或

☆既可以是这两个无品质报警变送器输出值中的高值也可以是低值，这取决于控制指示字预置的高/低输出参数。

若所有三个变送器均无品质报警，但彼此间存在控制偏差，输出值为：

☆所有变送器输出值中最大的值，此时这个最大值大于高报警监视值（HMTR）和低报警监视值（LMTR）。

或

☆所有变送器输出值中最小的值，此时这个最小值小于低报警监视值（LMTR）而输出最大值不大于高报警监视值（HMTR）。

或

☆既可以是这3个变送器输出值中的最大值也可以是最小值，这取决于控制指示字预置的高/低输出参数。

若3个变送器均无品质报警，但其中一个变送器与另外两个有控制偏差，而这两个控制器间无控制偏差报警，输出值为这两个无控制偏差报警输出的平均值。若3个变送器均无品质报警，但其中两个变送器间有控制偏差报警而与另外一个无控制偏差报警，则输出值为这个无控制偏差报警的变送器的输出值。

若3个变送器均无品质报警或没有控制偏差报警，且3个变送器两两之间均无报警偏差，则输出是这3个变送器输出值的中值。

若3个变送器均无品质报警或没有控制偏差报警，但其中一个与另外两个之间有报警偏差而这两个之间没有报警偏差，则输出是这两个变送器输出值的平均值。

若3个变送器均无品质报警或没有控制偏差报警，且其中两个之间有报警偏差但均与第3个间无偏差报警，则输出值为这第3个变送器的输出值。

若3个变送器两两间均无控制偏差报警，则高报警输出值和低报警输出值均等于输出值。否则，高报警输出值等于无品质报警变送器输出值中最大值，低报警输出值等于无品质报警变送器输出值中最小值。

所有 3 个变送器都有品质报警时,变送器品质报警数字量输出(XBQ)被置为 True。当 A 变送器有品质报警时,变送器 A 品质报警数字量输出(XABQ)被置为 True。当 B 变送器有品质报警时,变送器 B 品质报警数字量输出(XBBQ)被置为 True。当 C 变送器有品质报警时,变送器 C 品质报警数字量输出(XCBQ)被置为 True。

当变送器 A 输出与变送器 B 输出的偏差大于控制误差死区时,变送器 A—变送器 B 控制偏差报警数字量输出(ABDC)被置为 True。当变送器 A 输出与变送器 C 输出的偏差大于控制误差死区时,变送器 A—变送器 C 控制偏差报警数字量输出(ACDC)被置为 True。当变送器 B 输出与变送器 C 输出的偏差大于控制误差死区时,变送器 B—变送器 C 控制偏差报警数字量输出(BCDC)被置为 True。

当变送器 A 输出与变送器 B 输出的偏差大于报警误差死区时,变送器 A—变送器 B 报警偏差报警数字量输出(ABDA)被置为 True。当变送器 A 输出与变送器 C 输出的偏差大于报警误差死区时,变送器 A—变送器 C 报警偏差报警数字量输出(ACDA)被置为 True。当变送器 B 输出与变送器 C 输出的偏差大于报警误差死区时,变送器 B—变送器 C 报警偏差报警数字量输出(BCDA)被置为 True。

当 3 个变送器中有一个信号品质报警,或任意两个变送器的偏差大于控制误差死区或报警误差死区时,变送器故障报警数字量输出(XALM)被置为 True。

手动抑制数字量输出(MRE)被置为 True:

☆3 个变送器均有品质报警;

或

☆一个有品质报警,另外两个无品质报警的变送器间有控制偏差报警;

或

☆所有变送器两两间有控制偏差报警。

MRE 的输出可以是一个单触发信号或一个保持的输出信号。这由控制指示字设置的 MRE 输出类型来定。

打包输出信号(PBPT)包括了所有 3 个变送器的手动抑制输出、变送器故障报警、品质报警、控制偏差报警和报警偏差报警。

当手动抑制产生时,保持(HOLD)参数将保持输出的值和品质是回路期望的一个数目。

①操作员键盘上的接口键:

功能键	用　途
P1	中值方式请求
P2	变送器 A 方式请求
P3	变送器 B 方式请求
P4	变送器 C 方式请求
P5	MRE 输出触发禁止控制偏差报警检验

注:若所选变送器输出品质变为 BAD,则算法将转变为中值方式。

②无效数和品质:输入到算法的变送器的输入值要进行无效实数校验。若输入值中含有

一个无效实数,则算法不能将它用于输出。如果输入值是无效的,变送器品质报警数字量输出点被置为True。

若算法计算了一个无效实数,则输出品质被置为BAD,且输出值无效。

算法记录类型=LC

3)算法定义

名称	LC记录字段	类型	必需/可选的	缺省值	说　明	最小点记录
DIAG	LU-整数	初始数据	必需的	62	可调的图表数值	—
CNTL	X1-字节	初始数据	可选的	0	控制指示字 位0=MRE输出类型 0=单脉冲信号 1=复合信号 位1=高/低输出 0=选高值GOOD品质输出 1=选低值GOOD品质输出 位2=品质报警类型 0=BAD品质报警 1=非GOOD品质报警	—
ALDB	R1-实数	可调常数	必需的	0.0	报警误差死区	—
CNDB	R2-实数	可调常数	必需的	0.0	控制误差死区	—
HMTR	R3-实数	可调常数	必需的	0.0	高报警监视值	—
LMTR	R4-实数	可调常数	必需的	0.0	低报警监视值	—
HOLD	X7-字节	初始数据	必需的	0	手动抑制时保持输出(基于循环时间的数)	—
XA	—	变量	必需的	—	输入(模拟量):变送器A	LA
XB	—	变量	必需的	—	输入(模拟量):变送器B	LA
XC	—	变量	必需的	—	输入(模拟量):变送器C	LA
OUT	—	变量	必需的	—	输出(模拟量):中值	LA
HI	—	变量	可选的	—	输出(模拟量):高报警监视值	LA
LO	—	变量	可选的	—	输出(模拟量):低报警监视值	LA
XBQ	—	变量	可选的	—	输出(数字量):所有变送器均有品质报警	LD、LP
XABQ	—	变量	可选的	—	输出(数字量):变送器A品质报警	LD、LP
XBBQ	—	变量	可选的	—	输出(数字量):变送器B品质报警	LD、LP

续表

名称	LC 记录字段	类型	必需/可选的	缺省值	说 明	最小点记录
XCBQ	—	变量	可选的	—	输出(数字量):变送器 C 品质报警	LD、LP
ABDC	—	变量	可选的	—	输出(数字量):A、B 变送器间的控制偏差报警	LD、LP
ABDA	—	变量	可选的	—	输出(数字量):A、B 变送器间的报警偏差报警	LD、LP
ACDC	—	变量	可选的	—	输出(数字量):A、C 变送器间的控制偏差报警	LD、LP
ACDA	—	变量	可选的	—	输出(数字量):A、C 变送器间的报警偏差报警	LD、LP
BCDC	—	变量	可选的	—	输出(数字量):B、C 变送器间的控制偏差报警	LD、LP
BCDA	—	变量	可选的	—	输出(数字量):B、C 变送器间的报警偏差报警	LD、LP
XALM	—	变量	可选的	—	输出(数字量):变送器故障报警	LD、LP
MRE	—	变量	可选的	—	输出(数字量):手动抑制	LD、LP
PBPT	—	变量	可选的	—	输出(打包数字量) 位 说明 0 手动抑制 1 变送器故障 2 所有变送器品质报警 3 变送器 A 品质报警 4 变送器 B 品质报警 5 变送器 C 品质报警 6 A、B 变送器间的报警偏差 7 A、C 变送器间的报警偏差 8 B、C 变送器间的报警偏差 9 A、B 变送器间的控制偏差 10 A、C 变送器间的控制偏差 11 B、C 变送器间的控制偏差 12 MRE 输出的禁止控制偏差校验 13 变送器 A 方式 14 变送器 B 方式 15 变送器 C 方式	LP

(54) MULTIPLY

1)说明

MULTIPLY 算法是将两个带有增益和偏差的输入量相乘。算法的输出就是这两个单独的带增益和偏差输入量的乘积。

注意:若算法接收到一个无效值作为输入或计算出一个无效值作为输出,站被置为报警。

2)功能符号

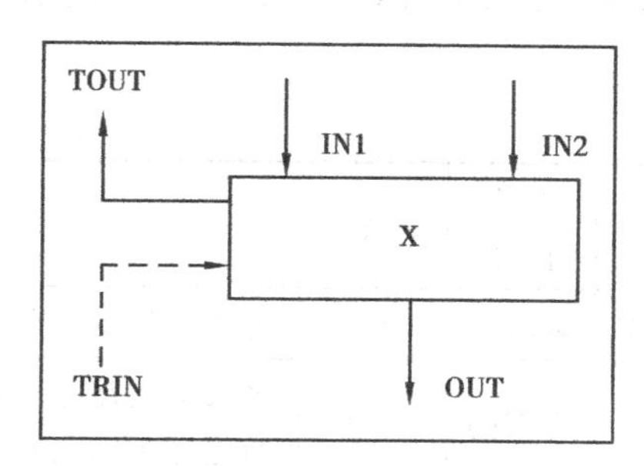

3)跟踪信号

通过模拟量第三状态字上的高16位已被传递的信号进行跟踪和限制。本算法对输入信号 TRIN 中的信息会作出以下响应:

位	说　明	作　用	TOUR 信号
16	跟踪	执行	通过
17	若低则跟踪	没有作用	通过*
18	若高则跟踪	未使用	通过*
19	降禁止	未使用	通过**
20	升禁止	未使用	通过**
21	条件跟踪	执行	通过***
22	未使用	未使用	未使用
23	偏差报警	未使用	未使用
24	本地手动方式	未使用	未使用
25	手动方式	未使用	未使用
26	自动方式	未使用	未使用
27	未使用	未使用	未使用
28	未使用	未使用	未使用
29	未使用	未使用	未使用
30	低限值到	未使用	低限值到
31	高限值到	未使用	高限值到

注:*　仅当跟踪信号没有出现时。

**　仅当跟踪信号没有出现时;信号是根据设置跟踪信号中给出的定义设置的。

***　若算法被告知跟踪,则条件跟踪位被忽略。否则,条件跟踪位的值被传递到所有的跟踪输出点。若条件跟踪位设置在跟踪输入点,所有输出跟踪点的模拟量值是基于跟踪输入点的值计算出来的。

来自该算法中的高、低限标志和跟踪信号输出到了 TOUT,用来显示和被上级算法使用。若输出值是无效的,OUT 品质被设置为 BAD。否则,设置 OUT 的品质为非跟踪方式下的两个输入品质中较差的一个。在跟踪时,品质为跟踪输入变量的品质。

注意:若算法生成了一个无效的跟踪输出值,IN1 输入值被用作这个跟踪输出,除非这个输入是无效的。若计算出的跟踪输出值和 IN1 输入值均无效,则跟踪输出值不更新。

算法记录类型=LC

4)算法定义

名称	LC 记录字段	类型	必需/可选的	缺省值	说　明	最小点记录
DIAG	LU-整数	初始数据	必需的	82	可调的图表数值	—
IN1G	R1-实数	可调常数	必需的	1.0	输入 1 的增益。此增益不能初始化为 0;若为 0,站置为报警	—
IN1B	R2-实数	可调常数	可选的	0.0	输入 1 的偏置	—
IN2G	R3-实数	可调常数	必需的	1.0	输入 2 的增益	—
IN2B	R4-实数	可调常数	可选的	0.0	输入 2 的偏置	—
TPSC	R5-实数	可调常数	必需的	100.0	最大的输出值	—
BTSC	R6-实数	可调常数	必需的	0.0	最小的输出值	—
TRAT	R7-实数	可调常数	必需的	2.5	跟踪斜率(单位每秒)	—
IN1	—	变量	必需的	—	模拟量输入 1	LA
TOUT	—	变量	必需的	—	跟踪输出值方式及输入 1 变量的状态信号	LA
IN2	—	变量	必需的	—	模拟量输入 2	LA
OUT	—	变量	必需的	—	跟踪输出变量	LA
TRIN	—	变量	可选的	—	跟踪及限制方式信号和跟踪值;模拟输入变量	LA

5)函数

```
IN1GB=(IN1×IN1G)+IN1B
IN2GB=(IN2×IN2G)+IN2B
OUT=IN2GB×IN1GB
IF OUT≥TPSC THEN
   OUT=TPSC
ELSE
   IF OUT ≤BTSC THEN
         OUT=BTSC
```

(55)NOT

1)说明

NOT算法是一个逻辑的非门。对于NOT算法,输出就是输入的逻辑非。

2)功能符号

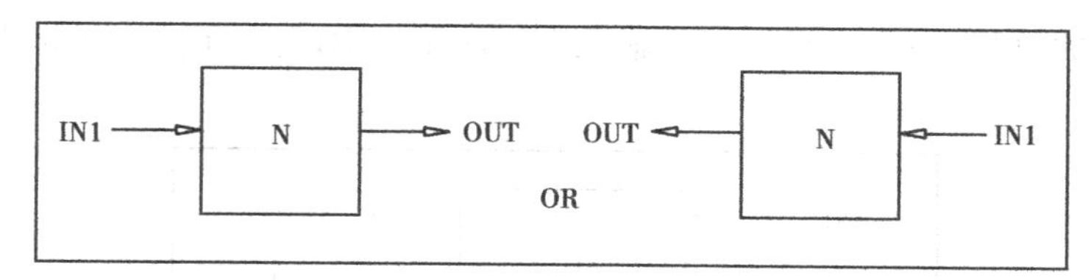

算法记录类型=NONE

3)算法定义

名称	LC记录字段	类型	必需/可选的	缺省值	说　明	最小点记录
IN1	—	变量	必需的	—	输入(数字量)	LD、LP
OUT	—	变量	必需的/可选的	—	输出(数字量)	LD、LP

注:若不与OR门或AND门相连,输出是必需的。

4)函数

IF IN1 =“TRUE”

　THEN OUT =“FALSE”

ELSE

　OUT =“TRUE”

(56)OFFDELAY

1)说明

OFFDELAY算法延长输出为True的时间。当IN1(脉冲扩展器)的状态电平从0变到1(False到True)时,则定时器ACTUAL(ACT)置为0,且OUT输出为True。

当IN1的状态电平在下一个1变为0时,ACT开始累加时间。当ACTUAL(ACT)等于TARGET(TARG),累加结束,OUT输出置为False,同时ACTUAL(ACT)保持数据直到IN1的状态电平在下一个0~1(False到True)时使其复位。

若TARGET(TARG)值指定的时间小于或等于页扫描时间,在同样的扫描期内IN1输入由True变化到False,允许OUT输出设置为False。

定时器可重新触发[也就是在ACTUAL(ACT)未达到TARGET(TARG)前,ACT可以被复位]。

若ACT≥TARG,则OUT输出失电。

若TARGET(TARG)或ACTUAL(ACT)的操作数中含有一个负数或无效数,则OUT被置为False,但没有其他操作发生。

当一个控制器复位时,若IN1是False,则ACTUAL(ACT)保持不变且由ACTUAL(ACT)与TARGET(TARG)的比较可知OUT输出为True。但是,若ACTUAL(ACT)有一个初始值,则用ACTUAL

(ACT)的初始值与 TARG 比较。若 IN1 为 True,则置 ACTUAL(ACT)为 0 且 OUT 为 True。

在冗余控制器的中断(Fail)结束期间,若 IN1 为 False,则 ACTUAL(ACT)保持不变,且由 ACTUAL(ACT)与 TARGET(TARG)的比较可知,两个输出全为 True。若 IN1 为 True,则置 ACT 为 0 且 OUT 是 True。

一个可选择的时基(最小为 0.1 s)可输入在算法记录 R1 字段内,时基的缺省值为 1 s。

2)功能符号

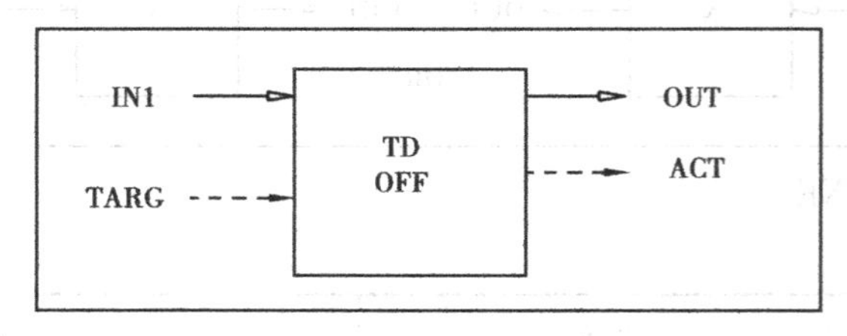

算法记录类型=LC

3)算法定义

名称	LC 记录字段	类型	必需/可选的	缺省值	说　明	最小点记录
DIAG	LU-整数	初始数据	必需的	97	可调的图表数值	—
BASE	R1-实数	初始数据	可选的	1.0	s 时基(最小为 0.1 s,缺省值 1.0 s)	—
IN1	—	变量	必需的	—	输入(数字量)	LD、LP
TARG	R2-实数	可选择的	必需的	0.0	延迟时间数值(模拟量)	LA
ACT	R3-实数	可选择的	必需的	0.0	输出(模拟量)	LA
OUT	—	变量	必需的	—	输出(数字量)	LD、LP

4)函数

OFFDELAY 算法输入输出时序图如图 3.262 所示。

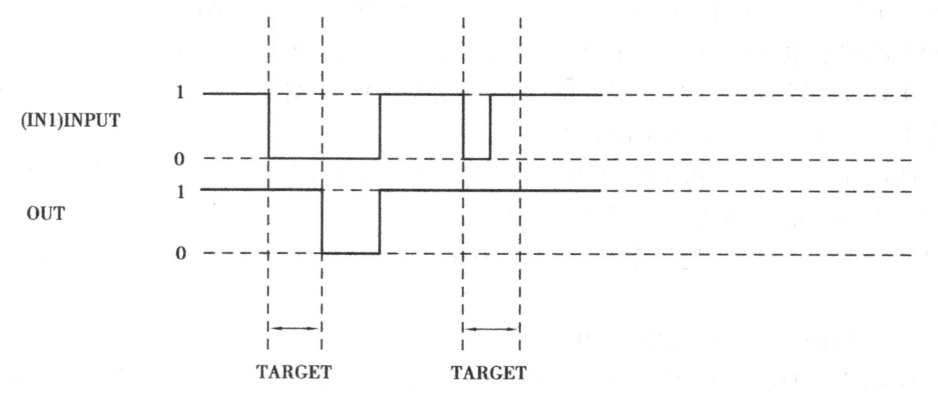

图 3.262　OFFDELAY 算法输入输出时序图

(57)ONDELAY

1)说明

ONDELAY 算法延迟输出将要变为 True 的时间。当 IN1 为 True 且本算法允许时,定时器 ACTUAL(ACT)按指定的时基 BASE(BASE)累积时间直到等于定时器 TARGE(TARG)。此时,定时器 ACT 停止累积且其值保持为 TARGET(TARG)数值,OUT 变为 True。

当定时器允许(ENBL)时,若 IN1 由 True 变为 False,则 ACTUAL(ACT)保持当前值。当 IN1 输入变回 True 状态,ACTUAL(ACT)继续累积时间。

通过置 ENBL 输入为 False,在任意时刻可置 ACTUAL(ACT)为0:这将使 OUT 变为 False。一般来说,若 IN1 和 ENBL 输入连接在一起,ONDELAY 的作用相当于一个“传统的”定时器。

若 ACTUAL(ACT)值等于或大于 TARGET(TARG)值,IN1 的输入变化将不起作用。

TARGET(TARG)等于0是需特殊考虑的情况。在这种情况下,只要定时器是允许的,OUT 的输出一直等于 IN1 的输入。

若 TARGET(TARG)值指定的时间小于或等于页扫描时间,在第一次扫描且 IN1 和 ENBL 输入为 True,允许 OUT 输出设置为 True。

若 TARGET(TARG)或 ACTUAL(ACT)的操作数中含有一个负数或无效数,则 OUT 被置为 False,但无其他操作发生。

当一个控制器复位,若 ENBL 为 True,ACT 保持不变且由 ACTUAL(ACT)和 TARGET(TARG)的比较可知 OUT 输出得电。但是,若 ACT 有初始值,则用 ACT 的初始值与 TARG 比较。若 ENBL 为 False,则设置 ENBL 为0且 OUT 是 False。

冗余控制器中断结束期间,若 ENBL 得电,则 ACTUAL(ACT)保持不变,且由 ACTUAL(ACT)与 TARGET(TARG)的比较可知两个输出全得电。若 ENBL 为 False,则置 ACTUAL(ACT)为0且 OUT 是 False。

一个可选择的时基(最小为0.1 s)可输入在算法记录 R1 字段内,时基的缺省值为1 s。

2)功能符号

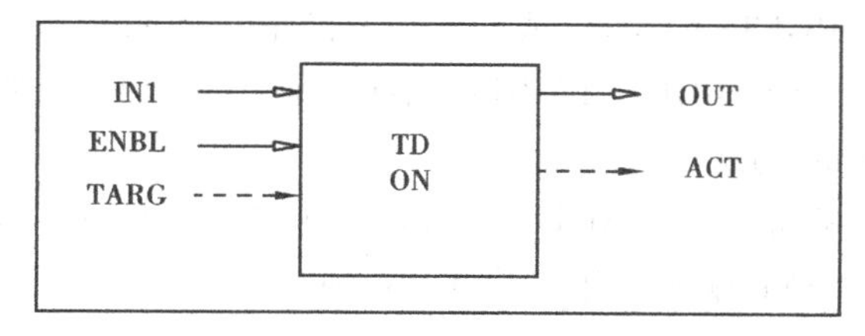

算法记录类型=LC

3)算法定义

名称	LC 记录字段	类型	必需/可选的	缺省值	说　明	最小点记录
DIAG	LU-整数	初始数据	必需的	96	可调的图表数值	—
BASE	R1-实数	初始数据	可选的	1.0	S 时基(最小为0.1 s,缺省值1.0 s)	—
IN1	—	变量	必需的	—	输入(数字量)	LD、LP
ENBL	—	变量	必需的	—	输入(数字量)	LD、LP

续表

名称	LC 记录字段	类型	必需/可选的	缺省值	说 明	最小点记录
TARG	R2-实数	可选择的	必需的	0.0	延迟时间数值(模拟量)	LA
ACT	R3-实数	可选择的	必需的	0.0	输出(模拟量)	LA
OUT	—	变量	必需的	—	输出(数字量)	LD、LP

4)函数

ONDELAY 算法输入输出时序图如图 3.263 所示。

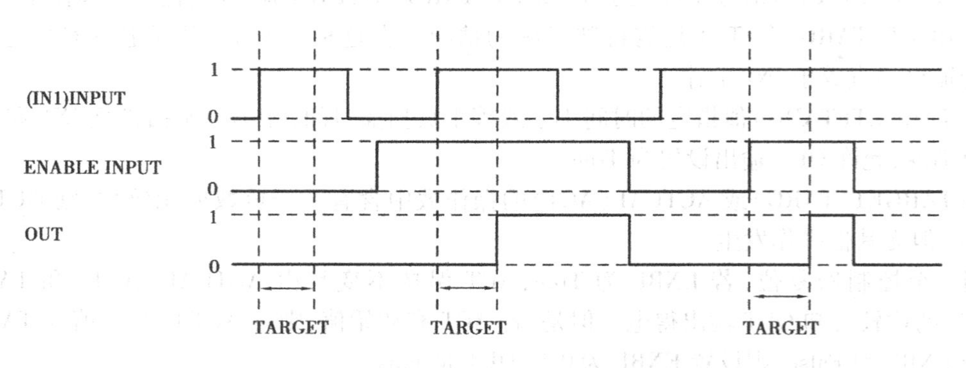

图 3.263 ONDELAY 算法输入输出时序图

(58)ONESHOT

1)说明

ONESHOT 算法在一个指定时间段内的一次跃变时设置输出为 True。当 IN1 输入产生由 False 到 True 跃变时,OUT 输出得电。ACTUAL(ACT)复位到 0 并且立即开始累积时间,且继续累积直到 ACT 等于 TARGET(TARG),或 IN1 输入的下一个 False 到 True 的跃变产生为止。

当 ACTUAL(ACT)等于 TARGET(TARG)时,OUT 输出失电且 ACTUAL(ACT)保持其数值直到 IN1 发生 False 到 True 的跃变。

操作可重新触发[也就是说,在 ACTUAL(ACT)达到 TARGET(TARG)值前,若 ACTUAL(ACT)正在累积时间同时 IN1 输入产生一个 False 到 True 的跃变,则操作可重新设置且从 0 时刻开始累积]。

若 ACTUAL(ACT)大于 TARGET(TARG),停止累积,OUT 输出将失电。

若 TARGET(TARG)等于 0,OUT 输出一直失电。

若 TARGET(TARG)或 ACTUAL(ACT)操作数中含有一个负数或无效数,则 OUT 失电,但无其他操作发生。

当一个控制器复位时,无论 IN1 处于什么状态,ACTUAL(ACT)保持不变,由 ACTUAL(ACT)与 TARGET(TARG)的比较可知 OUT 输出得电。但是,若 ACTUAL(ACT)有初始值,则用 ACTUAL(ACT)的初始值与 TARGET(TARG)比较。

冗余控制器的中断结束期间,无论 IN1 处于什么状态,ACTUAL(ACT)保持不变,且由 ACTUAL(ACT)与 TARGET(TARG)的比较可知 OUT 得电。

一个可选择的时基(最小为 0.1 s)可输入在算法记录 R1 字段内。若没有数值输入到 BASE(R1),时基的缺省值定为 1 s。

2)功能符号

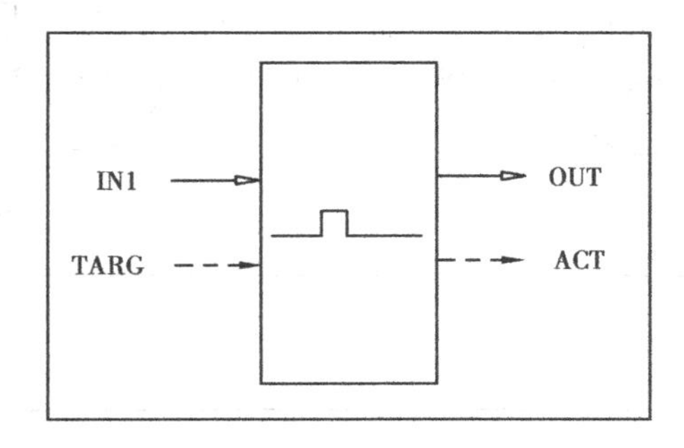

算法记录类型=LC

3)算法定义

名称	LC 记录字段	类型	必需/可选的	缺省值	说　明	最小点记录
DIAG	LU-整数	初始数据	必需的	98	可调的图表数值	—
BASE	R1-实数	初始数据	可选的	1.0	S 时基(最小为 0.1 s,默认值 1.0 s) (0 代表 1.0 s)	—
IN1	—	变量	必需的	—	输入(数字量)	LD、LP
TARG	R2-实数	可选择的	必需的	0.0	脉冲时间数值(模拟量)	LA
ACT	R3-实数	可选择的	必需的	0.0	输出(模拟量)	LA
OUT	—	变量	必需的	—	输出(数字量)	LD、LP

4)函数

DNESHOT 算法输入输出时序图如图 3.264 所示。

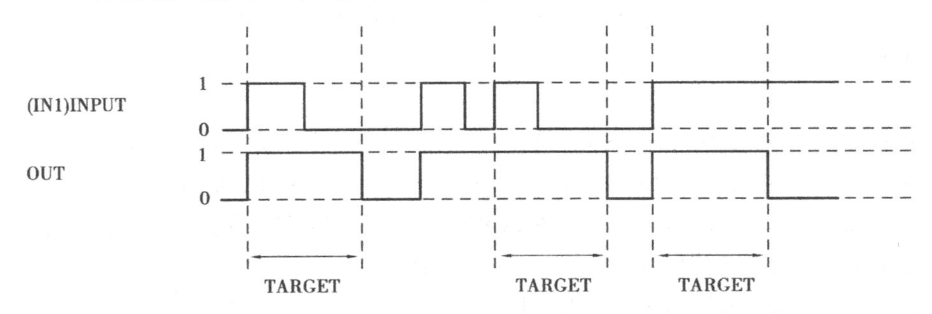

图 3.264　ONESHOT 算法输入输出时序图

(59)OR

1)说明

OR(逻辑或门最多带 8 个数字量输入)算法是基于输入改变输出的 Boolean(布尔类型)。输出等于 2 ~ 8 个输入的逻辑或(也就是,至少有一个输入为 True 时,输出才为 True)。

2)功能符号

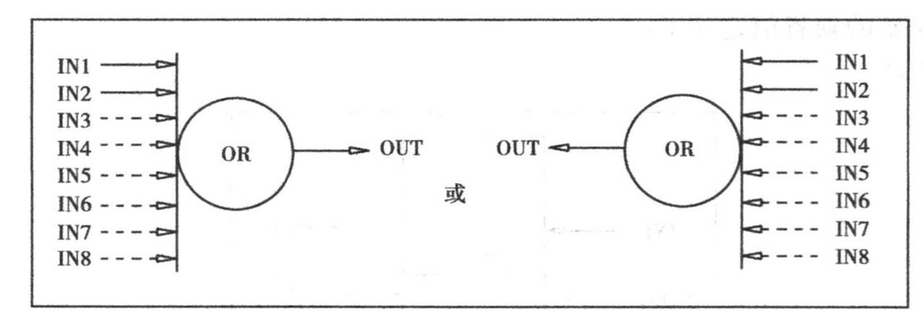

算法记录类型=NONE

3)算法定义

名称	LC 记录字段	类型	必需/可选的	缺省值	说　明	最小点记录
IN1	—	变量	必需的	—	输入(数字量)	LD、LP
IN2	—	变量	必需的	—	输入(数字量)	LD、LP
IN3	—	变量	可选的	—	输入(数字量)	LD、LP
IN4	—	变量	可选的	—	输入(数字量)	LD、LP
IN5	—	变量	可选的	—	输入(数字量)	LD、LP
IN6	—	变量	可选的	—	输入(数字量)	LD、LP
IN7	—	变量	可选的	—	输入(数字量)	LD、LP
IN8	—	变量	可选的	—	输入(数字量)	LD、LP
OUT	—	变量	必需的/可选的	—	输出(数字量)	LD、LP

注:若不与其他的 OR 或 AND 门相连,输出是必需的。

4)函数

OUT=IN1 OR IN2 OR IN3 OR IN4 OR IN5 OR IN6 OR IN7 OR IN8

(60)PACK16

1)说明

PACK16 算法最多可指定 16 个可选的数字量值作为输入,这些输入被放置在 LP 的 A2 记录字段中或更大地点记录中相应的位置。输入的大小没有限制(即 LD 或 DD)。变量 PBPT 的功能相当于输出一个 LP 点记录,它在数据总线上广播可以被其他站所使用。需要时,PBPT 也可作为输入,以便从多个算法中打包 LP 记录。这些其他的算法可以是另外的 PACK16 算法或其他类型的算法。例如,用户可以用算法“X”打包位 0 ~ 位 10,用算法“Y”打包位 11 ~ 位 15。若需要,位地址可不打包,留作备用。

注意:若数字量输入有坏品质,则打包点(PBPT)位保持不变。

2）功能符号

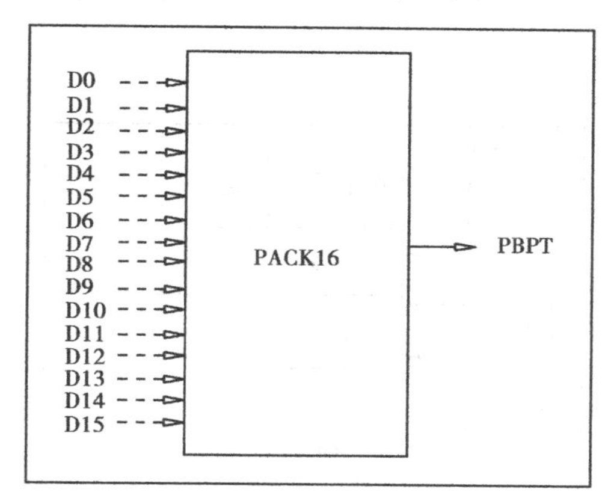

算法记录类型=NONE

3）算法定义

名称	LC 记录字段	类型	必需/可选的	缺省值	说　明	最小点记录
D0	—	变量	可选的	—	位 0 输入（数字量）	LD
D1	—	变量	可选的	—	位 1 输入（数字量）	LD
D2	—	变量	可选的	—	位 2 输入（数字量）	LD
D3	—	变量	可选的	—	位 3 输入（数字量）	LD
D4	—	变量	可选的	—	位 4 输入（数字量）	LD
D5	—	变量	可选的	—	位 5 输入（数字量）	LD
D6	—	变量	可选的	—	位 6 输入（数字量）	LD
D7	—	变量	可选的	—	位 7 输入（数字量）	LD
D8	—	变量	可选的	—	位 8 输入（数字量）	LD
D9	—	变量	可选的	—	位 9 输入（数字量）	LD
D10	—	变量	可选的	—	位 10 输入（数字量）	LD
D11	—	变量	可选的	—	位 11 输入（数字量）	LD
D12	—	变量	可选的	—	位 12 输入（数字量）	LD
D13	—	变量	可选的	—	位 13 输入（数字量）	LD
D14	—	变量	可选的	—	位 14 输入（数字量）	LD
D15	—	变量	可选的	—	位 15 输入（数字量）	LD
PBPT	—	变量	必需的	—	输出（打包点）	LP

（61）PID

1）说明

PID 算法提供一个比例、积分、微分控制器函数。算法是一种并行的 PID 处理过程，利用积分跟踪信号实现无冲击切换。输出值由用户定义的限值来限制其大小,且抗积分饱和是由内部处理的。

2)功能符号

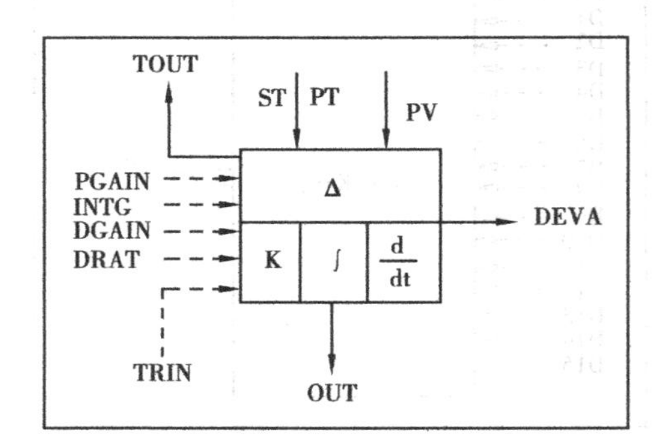

①指导:

注意:

PV=过程变量

STPT=设定值

☆PV GAIN 和 PV BIAS 必须用来归一化过程变量的输入为 0~100% 的值。(PV × PV GAIN) + PV BIAS =PV%。因此:

$$G_{PV}=\frac{100}{PV_{top}-PV_{bot}}$$

$$B_{pv}=-G_{pv}\cdot PV_{bot}$$

☆STPT GAIN 和 STPT BIAS 必须用来归一化设定值为 0~100% 的值。如果设定值输入单位不是 0~100%,那么(STPT × STPT GAIN) + STPT BIAS=设定值%。因此:

$$G_{sp}=\frac{100}{SP_{top}-SP_{bot}}$$

$$BSP=-G_{sp}\cdot SP_{bot}$$

☆用下面的公式来确定设定值的高限和低限:

设定值的高限=(100 - STPT BIAS)/STPT GAIN

设定值的低限=(0 - STPT BIAS)/STPT GAIN

②输出计算:输出(具有工程单位或百分值,受给定高低限的限制)等于 PID 方程的计算结果。以下情况例外:

☆在跟踪时,输出就等于跟踪信号出现时的跟踪输入。当跟踪信号撤销时,输出将以用户给定的跟踪速率从跟踪的输入值返回到被控值。

☆当出现升禁止或降禁止信号时,将阻止 PID 控制器控制。

☆若算法计算出一个无效实数作为输出,则输出品质被设置为 BAD。因此,若算法输入的是一个无效数值或算法生成了一个无效数值作为输出,则站置为报警。这两种情况下,输出的都是上一个 GOOD 值。

☆若算法生成一个无效跟踪输出值,且设定点输入值有效,则跟踪输出值就是设定点输入值。若计算出的跟踪输出值和设定值均无效,则跟踪输出值不更新。

③误差死区和死区增益:算法可以组态为在控制器误差信号中运用一个死区区域。这个

死区区域用来修正出现于PID方程的误差信号。

控制器的误差信号是归一化的过程量与归一化的设定值之差，且作为PID方程的输入。若算法能组态运用误差死区且误差在死区限内，则加到PID方程的误差为：Error = Error×Error Deadband Gain。

当算法组态时使用了死区，通过利用一个保持和跟踪操作，可使进、出死区区域的过渡是内平滑的。在这个过渡周期内，控制器输出等于先前值，同时因新区域比例增益显著的变化，积分项需重新计算。这就有效消除了由死区过渡给比例项带来的突变。当算法用于死区区域时，微分不起作用。若不希望有死区作用，则内部死区限DBND应设置为0。

A. 单死区。单死区方式通过预置内部死区限（DBND字段）等于一个非0值来实现组态。这个值表示用作死区区域限值的归一化的控制器误差信号。死区关于0点对称。例如，DBND字段等于5，则死区区域为-5% ~ +5%。若控制器误差信号在死区内，则给PID方程的实际误差就等于误差信号与误差死区增益的乘积。ERRD字段包括了误差死区增益值。这个字段的有效值是0 ~ 1的任意实数。

作为一个例子，考虑以下情况：DBND等于5，ERRD等于0.5。对于一个2%归一化的控制器误差信号，用于给PID方程的实际误差信号为2% ×0.5 = 1%。其结论是，对此例中的DBND和ERRD的值，任何一个-5% ~ +5%的归一化的误差信号在给PID方程前将减少50%。当算法用于死区区域内时，微分不起作用。

B. 双死区。双死区的组态使用了两个死区限，即内死区限（DBND）和外死区限（ODBND）。一旦误差信号的绝对值小于或等于内死区，则应用死区增益。使用死区增益直到误差信号的绝对值大于外死区。

双死区方式通过预置大于内死区限（DBND）的外死区字段（ODBND）的值来实现组态。设计双死区方式的目的是噪声过程变量存在时使用。当噪声出现在过程变量信号中，将会导致误差信号的振幅波动。在使用一个单死区时，误差信号会在连续执行回路中的DBND内外波动。严重情况下，PID算法的性能将下降。图3.265给出了这种情况的一个例子。

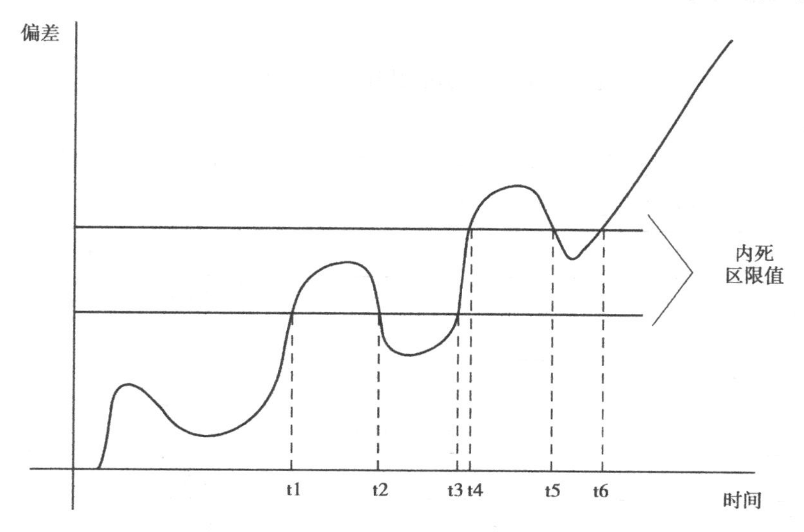

图3.265　进出内死区区域的信号

在图 3.265 中,t1 时刻,信号进入内死区区域。在 t2 时刻,噪声使信号超出内死区区域,而在 t3 时刻信号又回到了内死区区域。因同样的原因,信号又超出了内死区区域。t4、t5、t6 时刻进出死区区域的原理同上。

每次进出死区的过渡过程,算法都执行了一个跟踪和保持的操作。这就阻止了由比例项的突变带来的输出尖峰信号。

在单死区方式,进出死区区域后续的过渡都可能导致 PID 算法性能的下降。

为防止出现这种情况,用户可另定义一个外死区区域(ODBND),外死区区域应大于内死区区域(见图 3.266)。更明确地说,就是外死区区域应该大于或等于内死区区域中出现的噪音。

例如,若 DBND 字段等于 5,则内死区区域为-5% ~ +5%。一旦控制器的误差信号达到内死区区域的+5%或-5%值,一个信号中具有峰值为+3%或-3%的噪声会在下一个扫描将误差信号推出内死区区域,最高可达+8%或-8%。因此,为补偿噪声,外死区区域应大于+8%或-8%。在图 3.266 上,外死区区域设为±10。若外死区区域小于内死区区域,则置外死区区域等于内死区值。

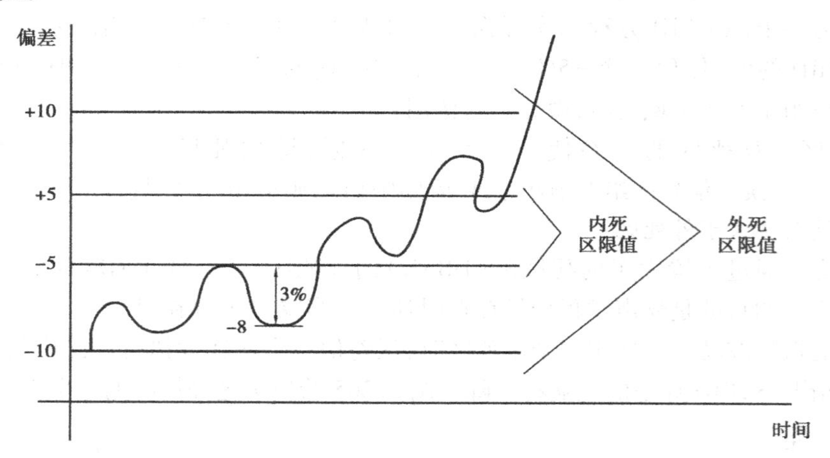

图 3.266 进出内、外死区区域的信号

3)跟踪信号

外部跟踪和限制是通过模拟量跟踪点第三个状态字的高 16 位送出的信号来实现的。算法对输入信号 TRIN 中的信息会作出以下响应:

位	说 明	作 用	TOUT 信号
16	跟踪	执行	当不在串级方式时,通过或设置为 True
17	若低则跟踪	处于非手动方式 * 时执行	未使用
18	若高则跟踪	处于非手动方式 * 时执行	未使用
19	降禁止	执行 *	通过 * *
20	升禁止	执行 *	通过 * *
21	条件跟踪	见串级方式说明	若在串级方式时通过

续表

位	说　明	作　用	TOUT信号
22	未使用	无动作	未使用
23	偏差报警	无动作	未使用
24	本地手动方式	无动作	未使用
25	手动方式	无动作	手动方式
26	自动方式	无动作	自动方式
27	未使用	无动作	未使用
28	未使用	无动作	未使用
29	未使用	无动作	未使用
30	低限值到	无动作	低限值到
31	高限值到	无动作	高限值到

注：*　仅在跟踪信号不出现时。

**　仅在跟踪信号不出现时；由已给出的设置跟踪信号2.5节的定义来设置信号。

来自该算法中的高、低限标志、方式和跟踪信号被输出到TOUT，用来显示和被上级算法使用。

算法记录类型=LC

4）算法定义

名称	LC记录字段	类型	必需/可选的	缺省值	说　明	最小点记录
DIAG	LU-整数	初始数据	必需的	38	可调的图表数值	—
SPTG	R3-实数	可调常数	必需的	1.0	设定值增益。此增益初始化时不能置为0	—
SPTB	R4-实数	可调常数	可选的	0.0	设定值偏置	—
PVG	R1-实数	可调常数	必需的	1.0	输入过程变量的增益。此增益初始化时不能置为0	—
PVB	R2-实数	可调常数	可选的	0.0	输入过程变量的偏置	—
TPSC	R5-实数	可调常数	必需的	100.0	输出点的最大值	—
BTSC	R6-实数	可调常数	必需的	0.0	输出点的最小值	—
TYPE	X5-字节位1和0	初始数据	必需的	NORMAL（正常）	PID控制器的类型： NORMAL：常规PID控制 ESG：比例增益项带有误差平方的PID控制 ESI：积分项带有误差平方的PID控制	—

续表

名称	LC 记录字段	类型	必需/可选的	缺省值	说 明	最小点记录
ACTN	X5-字节位 2	初始数据	必需的	间接的	方向标志位: 间接的:误差 = 设定值 - 过程变量 直接的:误差 = 过程变量 - 设定值	—
CASC	X5-字节位 3	初始数据	必需的	NORMAL(正常)	在串级组态中控制器是下级的 NORMAL:常规 PID 作用 CASCADED:见串级方式和条件跟踪说明	—
DACT	X5-字节位 4	初始数据	必需的	NORMAL(正常)	微分作用类型: NORMAL :用于偏差变化的微分 SET POINT:用于给定值变化的微分 PROCESS:用于过程变量变化的微分	—
DBND	S3-实数	可调常数	必需的	0.0	* PID 误差死区	—
ODBND	S7-实数	可调常数	必需的	0.0	* * PID 外部误差死区	LA
ERRD	S4-实数	可调常数	必需的	0.0	PID 误差死区增益	—
PGAIN	R8-实数	可选择的	必需的	1.0	PID 比例增益。若比例增益为 0,输出中不含比例项	LA
INTG	R9-实数	可选择的	必需的	10.0	以 s 为单位的 PID 积分时间。若积分时间为 0,输出中不含积分项	LA
DGAIN	S1-实数	可选择的	必需的	0.0	PID 微分增益。若此增益为 0,输出中不含微分项	LA
DRAT	S2-实数	可选择的	必需的	0.0	以 s 为单位的 PID 偏差速率衰减常数	LA
TRAT	R7-实数	可选择的	必需的	2.5	跟踪斜率(单位每秒)	—
PV	—	变量	必需的	—	过程变量模拟输入	LA
STPT	—	变量	必需的	—	设定点模拟量输入	LA
TOUT	—	变量	必需的	—	跟踪输出值	LA
OUT	—	变量	必需的	—	模拟量输出值	LA
TRIN	—	变量	可选的	—	跟踪模拟输入变量	LA

续表

名称	LC记录字段	类型	必需/可选的	缺省值	说　明	最小点记录
DEVA	—	变量	必需的	—	PID过程变量与设定值的误差。这由归一化的设定值PVAR来计算	LA

注：*　这个字段中的0值将使所有死区动作禁止。

**　只要这个字段的值大于内死区区域(DBND)，则产生双死区动作。若期望单死区作用，则设置此值为0。

PID算法函数运算如图3.267所示。

PID控制器输入误差以下列两种方法之一计算：

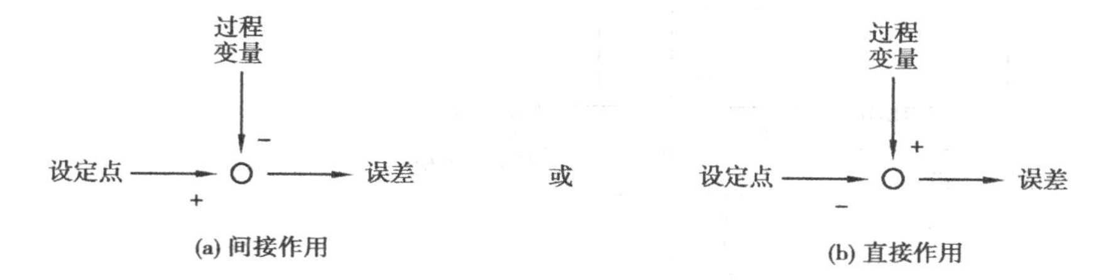

这里：

过程变量=(IN2 × IN2 GAIN)+IN2 BIAS
设定点=(IN1 × IN1 GAIN)+IN1 BIAS;

用此方程定义PID控制器：

$$OUT=(K_P \times Error)+\frac{1}{\tau_i}\int Error\,dt+\left(K_d \times \frac{d(din)^*}{dt}\right)e^{\tau}d$$

*din可以是
1.误差；
2.设定点；
3.过程变量

用拉氏变换的形式表示此方程的结构为：

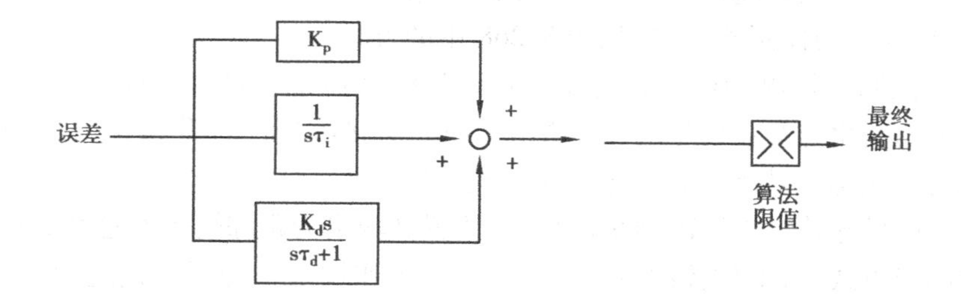

这里：

K_P=比例增益（PGAIN）
τ_i=积分时间（INTG）
K_d=微分增益（DGAIN）
τ_d=偏差速率时间常数（DRATE）
S=拉氏算子

注意：
输出由算法限值限制。

图3.267　PID算法函数运算

①串级方式和条件跟踪:

当用串级控制器实现控制策略时,使用条件跟踪是对过程变量更严密控制的一个方案。特别是在下级控制器处于饱和状态时,若过程变量与设定值间的误差发生变化,条件跟踪方案允许上级控制器立即对最终的输出产生作用。当下级控制器(图 3.268 中控制器"B")运行在串级方式,条件跟踪被并入。

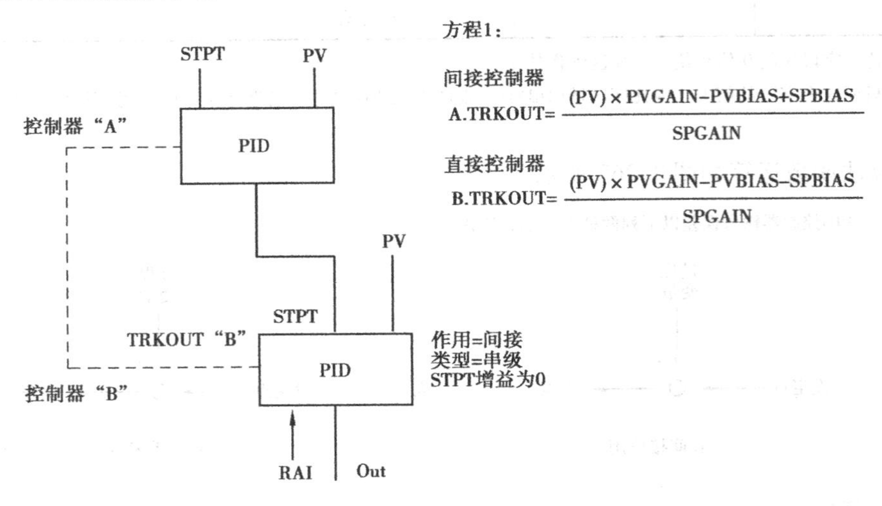

图 3.268 PID 算法串级应用

串级方式的目的是在串级组态中允许使用两个 PID 算法,这里,一个 PID 的输出是另一个 PID 的设定值输入。当在这种组态中使用两个 PID 控制器,仅需要设置下级控制器的参数类型为串级。串级组态中没有必要对上位控制器组态。

在串级方式组态下级控制器时,只要控制器处于非饱和状态,控制器就作为一个常规 PID 控制器使用。然而,若控制器输出在高限或低限的饱和状态,或控制器从下级算法接收到一个禁止信号时,级联的两个控制器的动作如下:

a. 下级控制器(图 3.268 中控制器"B")会按可使用的限制位或禁止位确定出输出跟踪点的条件跟踪信号。下级控制器也计算出一个跟踪输出值。若此跟踪输出值作为一个设定值输入,将产生一个为 0 的控制器误差(见图 3.268 中的方程 1)。

b. 当上级控制器检测到已预置的条件跟踪位时,将对输出作以下的校正:若误差信号导致控制器输出的变化与禁止信号的要求相反(如算法接收到一个升禁止信号,而输出试图增加),则算法置输出等于从下位接收来的跟踪输入信号。

c. 若误差信号导致输出远离禁止信号,算法置其输出为跟踪输入值且开始控制。

d. 不在串级方式下,上位控制器会在对过程产生作用前首先要迅速地使下位控制器的误差为 0。这就会给控制器响应带来额外的滞后时间,在动态过程较慢的情况(如温度控制)这个额外的滞后时间也是很值得注意的。

e. 仅在 PID 算法组态为串级方式时支持额外的条件跟踪位。上级控制器(图 3.268 中控制器"A")在它的跟踪输出中不传递条件跟踪位。

(62)PSLT

1)说明

PSLT用来计算给定温度下饱和液体的压力。它是STEAMTABLE算法函数之一。

2)功能符号

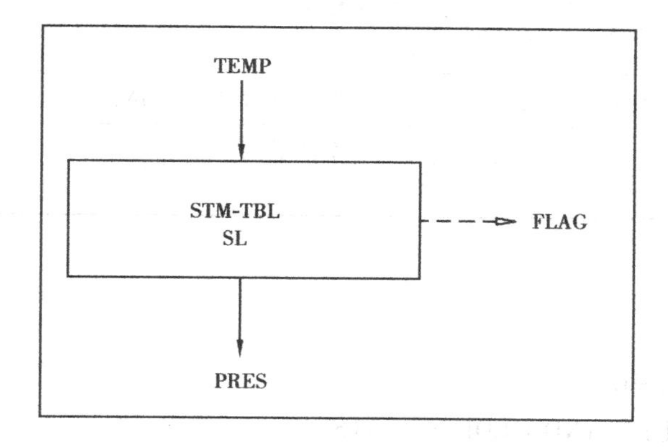

(63)PSVS

1)说明

PSVS用来计算给定熵下饱和蒸汽的压力。它是STEAMTABLE算法函数之一。

2)功能符号

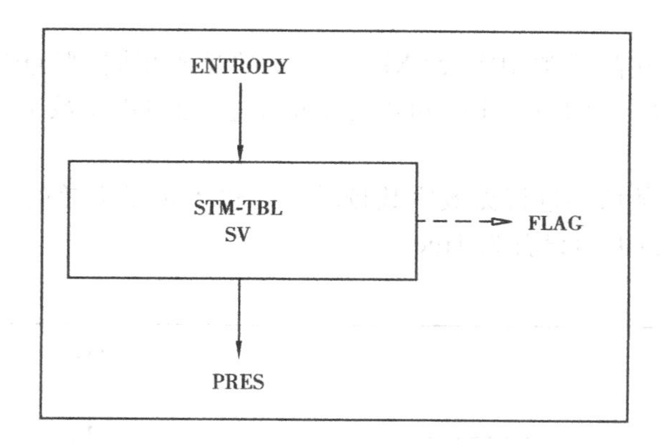

(64)PULSECNT

1)说明

PULSECNT算法用来对数字量输入点从False到True转换的次数进行记数。若Reset标志是True,则数字量在检查前输出设置为0。

2)功能符号

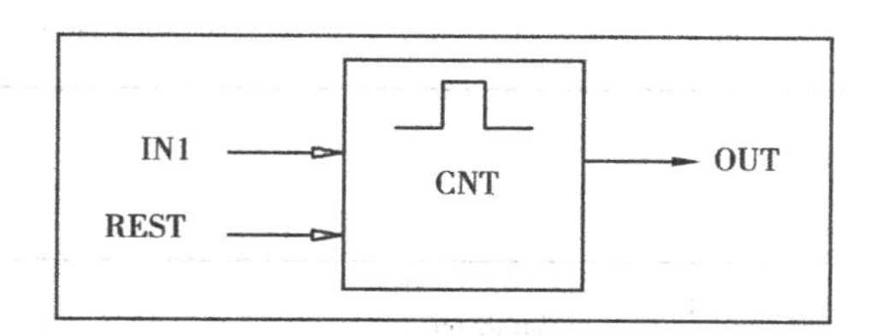

算法记录类型=LC

3)算法定义

名称	LC 记录字段	类型	必需/可选的	缺省值	说　明	最小点记录
RSET	—	变量	必需的	输入(数字量):复位标志	复位	LD、LP
IN1	—	变量	必需的	输入(数字量信号)	IN1	IN1
OUT	—	变量	必需的	输出(模拟量);计数	OUT	LA

4)函数

```
IF RSET
   THEN OUT=0
IF IN1="TRUE" AND OLDIN="FALSE"
   THEN OUT=OUT + 1
```

这里:OLDIN=本地保留的变量。

(65)QUALITYMON

1)说明

若输入量(IN1)与在品质类型字段(X1)所选定的品质相同,则 QUALITYMON 算法将数字量输出信号(OUT)设定为 True。IN1 可以是模拟变量,也可以是数字变量。

2)无效数和品质

算法的输入(IN1)数值要进行无效实数校验。若输入量是无效的,则认为输入的品质为 BAD,并且数字量输出(OUT)设置为 True。

3)功能符号

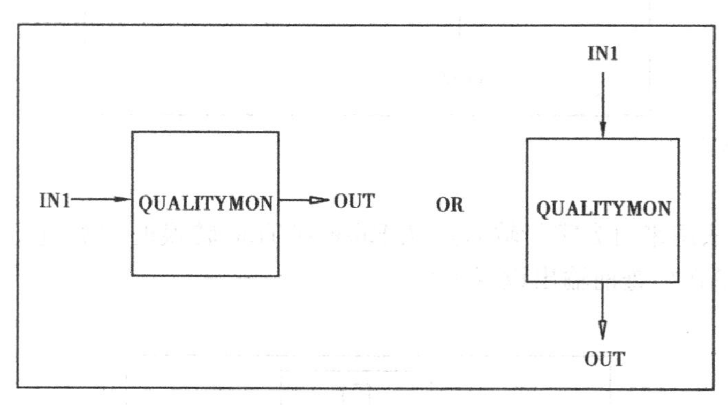

算法记录类型=LC

4)算法定义

名称	LC 记录字段	类型	必需/可选的	缺省值	说　明	最小点记录
DIAG	LU-整数	初始数据	必需的	92	可调的图表数值	—

续表

名称	LC记录字段	类型	必需/可选的	缺省值	说　明	最小点记录
CHK	X1-字节	初始数据	必需的	BAD	品质检查类型： BAD、FAIR、NOT GOOD、GOOD	—
IN1	—	变量	必需的	—	输入(模拟或数字量)	LA、LD
OUT	—	变量	必需的	—	输出(数字量)	LD、LP

5)函数

如果IN1的品质是选定的品质类型,或它的值没有被更新,则

THEN OUT="TRUE"

　　ELSE

OUT="FALSE"

(66)RATECHANGE

1)说明

RATECHANGE算法计算平滑输入(IN1)的变化率或速率的大小,作为其模拟量输出值。IN1每循环采样一次。

每循环计算的一个OUT,可表示为每秒输入量数值变化的速率。若IN1增加,OUT为正,IN1下降,OUT为负。若平滑时间常数小于或等于0,则输出等于实际输出的变化率。若平滑时间常数小于0或输出是无效的,则输出品质设为BAD。否则,输入的品质传递到输出。

对IN1的数值要进行无效实数校验。若输出的计算值为无效的,OUT的品质设为BAD;否则,IN1的品质传递到输出。

注意:若新的值是一个无效的实数,则包含实数值的算法记录字段未被更新。

2)功能符号

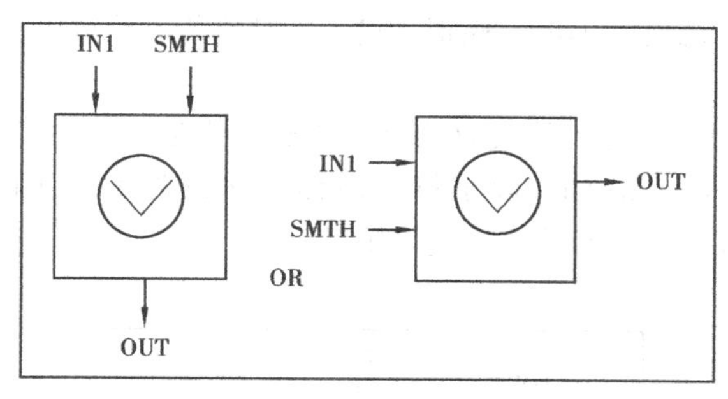

算法记录类型=LC

3)算法定义

名称	LC记录字段	类型	必需/可选的	缺省值	说　明	最小点记录
DIAG	LU-整数	初始数据	必需的	71	可调的图表数值	—

续表

名称	LC 记录字段	类型	必需/可选的	缺省值	说　明	最小点记录
SMTH	R1-实数	可选的	必需的	0.0	以 s 为单位的平滑时间常数。注意:这大约是设定的总时间的 1/5。例如,总时间是 1 min,则设置 SMTH 为 12 s	LA
IN1	—	变量	必需的	—	输入(模拟量)	LA
OUT	—	变量	必需的	—	输出(模拟量)	LA

4)函数

$$OUT=\frac{S(N)-SS(N)}{\text{loop time}}\times\frac{\text{alpha}}{\text{beta}}$$

这里:

S(N)　= 模拟变量的平滑值(alpha×IN1)+(beta×上次平滑值)

SS(N)　=模拟变量的双倍平滑值[alpha×S(N)]+(beta×上次双倍平滑值)

alpha　$= 1-E^{(-\text{loop time/SMTH})}$

beta　$= E^{(-\text{loop time/SMTH})}$

loop time =采样时间(循环时间)

(67)RATELIMIT

1)说明

当速率超出限制值时,RATELIMIT 算法是一个具有固定速率限制和标志的速率限制器。对于 RATELIMIT 算法来说,若输出的变化率小于或等于速率限制值时,则输出等于输入,并且数字量输出标志设为 False。若输出的变化率大于速率限制值时,则输出的变化限定在速率限制值上,且数字量输出标志设为 True。模拟量输入的品质传递给输出。

2)无效数和品质

算法的输入值(IN1)要进行无效实数校验。若输入值是无效的,输出也无效且输出品质设为 BAD。同样,若输入是无效的,数字量输出标志保持为上一次的数值,且其品质设为 BAD。若输入值是有效的,输入的品质传递给输出。

3)功能符号

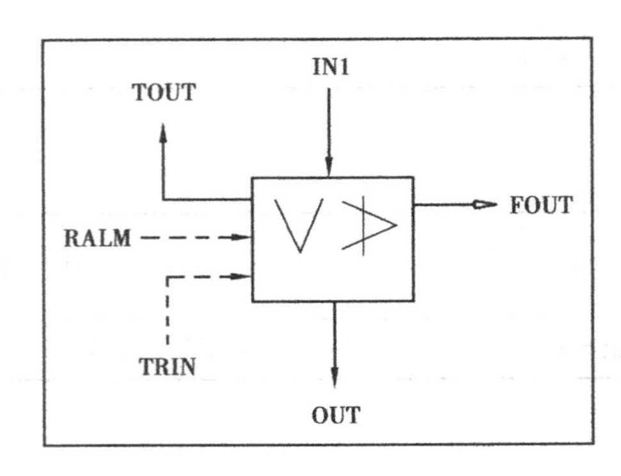

4)跟踪信号

通过模拟量跟踪点第三状态字上的高16位已被传递的信号进行跟踪和限值。本算法对模拟量输入信号TRIN中的信息会作出以下响应:

位	说　明	动　作	TOUT信号
16	跟踪	执行	通过
17	若低则跟踪	无动作	通过*
18	若高则跟踪	无动作	通过*
19	禁止降低	执行	通过**
20	禁止升高	执行	通过**
21	条件跟踪	无动作	未使用
22	未使用	无动作	未使用
23	偏差报警	无动作	未使用
24	本地手动方式	无动作	未使用
25	手动方式	无动作	未使用
26	自动方式	无动作	未使用
27	未使用	无动作	未使用
28	未使用	无动作	未使用
29	未使用	无动作	未使用
30	低限值到	无动作	低限值到
31	高限值到	无动作	高限值到

注:*　仅在跟踪信号未出现时。

**　仅在跟踪信号未出现时;信号按照设定跟踪信号(见表3.76)给出的定义加以设置。

来自算法的高、低限标志及跟踪信号输出到TOUT,用来显示和上级算法使用。若输出值是无效的,OUT的品质设定为BAD。否则,当不在跟踪方式时,OUT的品质设为输入的品质。当处于跟踪方式时,OUT的品质设为跟踪输入变量的品质。

注意:若算法产生一个无效跟踪输出值,IN1输入值可用作跟踪输出,除非它是无效的。若算法的跟踪输出和IN1输入值均为无效的,则跟踪输出值不更新。

算法记录类型=LC

5)算法定义

名称	LC记录字段	类型	必需/可选择	缺省值	说　明	最小点记录
DIAG	LU-整数	初始数据	必需的	20	可调的图表数值	—
TPSC	R2-实数	可调常数	必需的	100	输出点的最大值	—
BTSC	R3-实数	可调常数	必需的	0.0	输出点的最小值	—

续表

名称	LC 记录字段	类型	必需/可选择	缺省值	说　明	最小点记录
RALM	R1-实数	可选择的	必需的	0.0	以每秒为单位的速率变化的限制值	LA
IN1	—	变量	必需的	—	输入(模拟量)	LA
TOUT	—	变量	必需的	—	跟踪输出值;对输入的方式和状态信号	LA
OUT	—	变量	必需的	—	输出(模拟量)	LA
TRIN	—	变量	可选的	—	跟踪和限制方式信号及跟踪值	LA
FOUT	—	变量	必需的	—	输出(数字量)	LD、LP

6)函数

```
PLR=RALM * (TS/1000)
TEMP=(IN1-OLDOUT)
IF ABS(TEMP) ≤ PLR
    THEN OUT=IN1
    FOUT="FALSE"
ELSE
    IF TEMP > 0.0
        THEN OUT=OLDOUT + RALM
    ELSE
        OUT=OLDOUT - RALM
    FOUT="TRUE"
IF OUT ≥ TPSC
    OUT=TPSC
ELSE
    IF OUT ≤ BTSC
        OUT=BTSC
```

这里:

PLR　　=每次循环速率;

OLDOUT = 本地保留的变量;

TEMP　= 本地临时变量;

TS　　= 采样时间(回路时间)。

(68)RATEMON

1)说明

RATEMON 算法是一个带有可重新设定死区和固定/变化速率限制的速率变化监视器。

对于RATEMON算法,若输入量(IN1)的增加速率比用户设定的正方向速率变化快,或降低速率比用户设定的负方向速率变化快,则数字量输出标志(OUT)设为True。为了复位输出标志,输入量的增加速率要比正方向的速率变化限制减去正方向速率变化限制上的死区慢,或比负方向的速率变化限制减去负方向速率变化限制上的死区慢。

2)无效数和品质

对输入量(IN1)要进行无效实数检验。若IN1是无效的,则数字量标志保持为它上一次的数值,且品质设为BAD。

3)功能符号

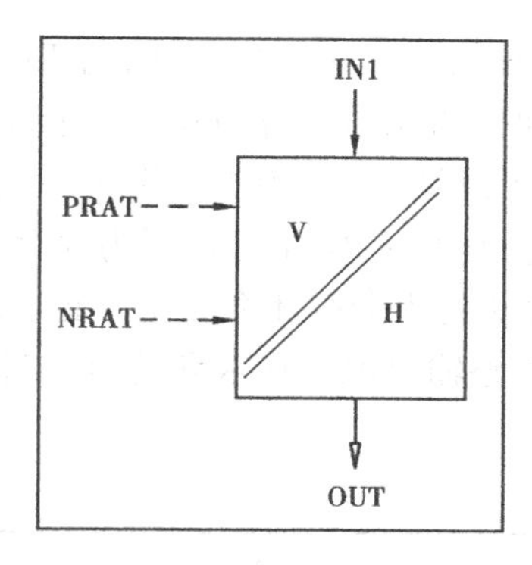

算法记录类型=LC

4)算法定义

名称	LC记录字段	类型	必需/可选的	缺省值	说　明	最小点记录
DIAG	LU-整数	初始数据	必需的	75	可调的图表数值	—
PRAT	R1-实数	可选择的	必需的	0.0	正方向速率变化限制(绝对值)	LA
PDB	R2-实数	可调常数	可选的	0.0	在正向速率变化限制上的死区(绝对值)	—
NRAT	R3-实数	可选择的	必需的	0.0	负方向速率变化限制(绝对值)	LA
NDB	R4-实数	可调常数	可选的	0.0	在负向速率变化限制上的死区(绝对值)	—
IN1	—	变量	必需的	—	输入值(模拟量)	LA
OUT	—	变量	必需的	—	输出值(数字量)	LD、LP

5)函数

```
RATE =(IN1-OLDIN)/TS
IF (RATE>PRAT)
OR(RATE<(0-NRAT))
  THEN OUT="TRUE"
ELSE
  IF(RATE<(PRAT-PDB))
```

AND(RATE >(0-(NRAT-NDB)))
THEN OUT="FALSE"

这里:

RATE = 本地的临时变量;

OLDIN =本地保留的实变量;

TS =采样时间(控制任务循环时间)。

(69)RESETSUM

1)说明

RESETSUM 算法是带复位的加法器。对于本算法,若 Run(运行)标志为 True,则输出值(OUT)是带增益的输入值(IN1)加原输出值。若 Freeze(冻结)标志为 True,则输出值被保存在冻结输出端(FOUT)。如果 OUT 继续和 IN1 相加,当 Freeze 标志复归到 False 时,FOUT 的值被冻结。如果 Reset(复位)端标志为 True,OUT 被设置为保存在本算法记录 R1 字段内的复位数值。如果 RUN 标志为 False,算法将不会有什么变化。通过设置算法记录 R3 字段内的一些非 0 值,允许用户在任何情况下调整输出值。在求和前,首先检查 R3 的值,接着再检查 Reset 标志。

2)功能符号

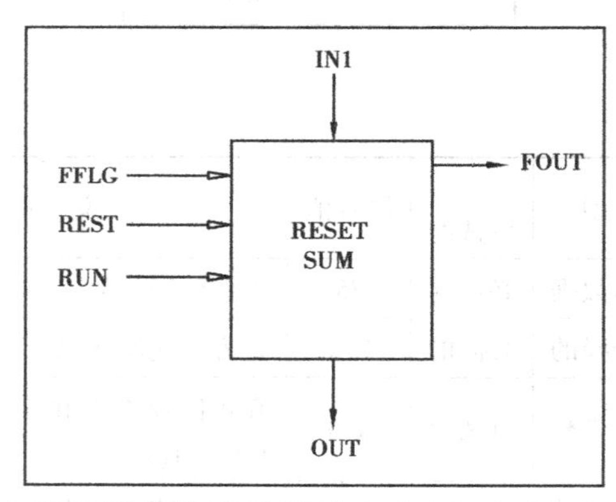

在下列情况发生时输入的品质被传递给了输出点(OUT 和 FOUT):

☆RUN 标志是 True;

☆输出值没有停止扫描;

☆输入和输出值是有效的实数;

☆当输出(OUT)端的品质被更新时,RSET 标志必须是 False。但是,如果 RSET 标志是 True,输出保持它上一次的品质值。

☆当冻结点(FOUT)的品质被更新时,冻结标志(FFLG)必须是 True。但是,如果冻结标志是 False 时,冻结输出(FOUT)端依然保持它上一次的品质值。

无论是通过 R3 记录字段调整输出的数值还是通过设置 RSET 标志为 True,输出的品质不受任何影响。

品质传递受到无效实数的支配。如果输入(IN1)包含一个无效的实数,只要点没有停止扫描,同时 RUN 标志是 True,输出(OUT)的品质被设置为 BAD。如果这个点没有停止扫描而冻结标志(FFLG)是 True,冻结输出点(FOUT)的品质也被设置为 BAD。

3）无效数和品质

输入（IN1）的数值要进行无效实数校验。若输入值是无效的，输出（OUT）依然保持它上次的有效值。若输入值是有效的，IN1 的品质被传递给 OUT。

如果 FFLG 标志是 True，同时输入是无效的，冻结输出（FOUT）的值等于输出值（OUT）。

如果输入是无效的，任何通过 RSET 标志来复位输出值（OUT）的数字量请求均被拒绝。

算法记录类型=LC

4）算法定义

名称	LC记录字段	类型	必需/可选的	缺省值	说　明	最小点记录
DIAG	LU-整数	初始数据	必需的	4	可调的图表数值	—
RCNT	R1-实数	可调常数	必需的	0.0	复位计数	—
GAIN	R2-实数	可调常数	必需的	0.0	输入增益	—
TRST	R3-实数	可调常数	可选的	0.0	可调的复位计数	—
IN1	—	变量	必需的	—	输入（模拟量）	LA
FFLG	—	变量	必需的	—	输入（数字量）；冻结标志	LD、LP
RSET	—	变量	必需的	—	输入（数字量）；复位标志	LD、LP
RUN	—	变量	必需的	—	输入（数字量）；运行标志	LD、LP
OUT	—	变量	必需的	—	输出（模拟量）	LA
FOUT	—	变量	必需的	—	输出（模拟量）；冻结值	LA

5）函数

```
IF R3 ≠ 0
   THEN OUT=R3
IF RUN="TRUE"
   THEN TEMP=OUT+(GAIN×IN1)
IF FFLG="TRUE"
   THEN FOUT=TEMP
IF RSET="TRUE"
   THEN OUT=R1
ELSE
   OUT=TEMP
```

这里：TEMP=本地临时实变量。

（70）SELECTOR

1）说明

SELECTOR 算法在 N 个模拟量输入间进行变换。对于 SELECTOR 算法，输出等于 N 个模拟量输入中的一个，这里 N 为小于 8 的整数。所选择的输入是由 3 个数字量输入按表形成的二进制地址确定。若选定的地址为 000 或一个比 N 大的地址，输出信号将为 0。

所选的输入号	数字量输入状态		
	DIN1	DIN2	DIN3
无	0	0	0
1	1	0	0
2	0	1	0
3	1	1	0
4	0	0	1
5	1	0	1
6	0	1	1
7	1	1	1

2)无效数和品质

被选定的输入量要进行无效实数校验。若输入量是无效的,输出量也是无效的且输出品质设置为 BAD。否则,已选定输入的品质传递到输出。

3)功能符号

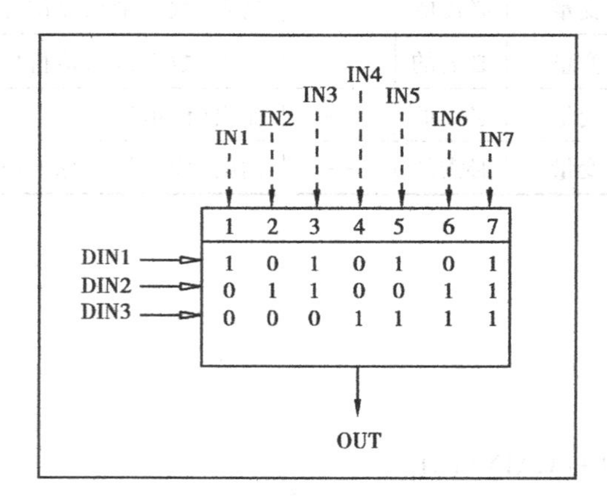

算法记录类型=LC

4)算法定义

名称	LC 记录字段	类型	必需/可选的	缺省值	说　明	最小点记录
DIAG	LU-整数	初始数据	必需的	89	可调的图表数值	—
NMIN	X1-字节	初始数据	必需的	0	输入的数目	—
IN1 ⋮ IN7	—	变量	可选的	—	输入(模拟量)	LA
DIN1	—	变量	必需的	—	输入(数字量):输入地址 1	LD、LP
DIN2	—	变量	必需的	—	输入(数字量):输入地址 2	LD、LP

续表

名称	LC记录字段	类型	必需/可选的	缺省值	说　明	最小点记录
DIN3	—	变量	必需的	—	输入(数字量):输入地址3	LD、LP
OUT	—	变量	必需的	—	输出(模拟量)	LA

(71)SETPOINT

1)说明

SETPOINT(设定值)算法实现了一个手动加载器功能。该算法提供了一个到控制生成器或操作员站的图形接口。Ovation回路接口(LI)卡中的硬设定值部分可进行初始化。若LI硬件地址被初始化,则算法读取保存于LI设定值计数器中的数值,并以此作为它的输出值。若LI或硬件地址未被初始化,该算法使用它的最后输出值作为其输出值。

2)功能符号

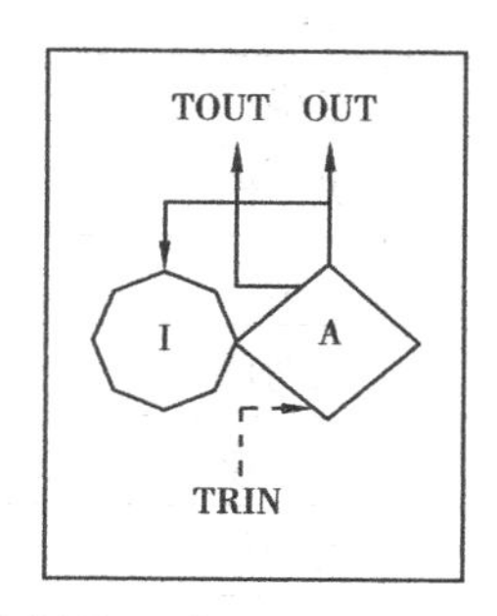

算法的输出可以通过SLIM站或操作员软站图形增加和/或减小。

操作员站用于设定值增/减请求的设定值增/减功能键不断地被检测。若同时接收到来自硬站和软站的请求,则站触点优先于操作员键盘。在控制器上电或复位时,若LI未被初始化,则输出为算法输出(缺省值=0.0)的初始化值。否则,输出为存于LI设定值计数器中的当前值。

在TYPE算法字段选定LI卡且控制器复位、上电或中断时,设定值从LI卡中读取,并且首次使用时为算法的OUT字段。这就显示了算法或操作员采取任何动作前区域设备的状态。

操作员键盘上的相关键为:

键	用　途
设定值增加功能键(控制向上箭头)	增加输出
设定值减小功能键(控制向下箭头)	减小输出

注意:若标定上限和标定下限相等,则设置高限标志且输出值等于标定上限;若算法被告知跟踪而跟踪输入是无效的,那么,跟踪请求忽略且站置为报警。

若LI硬件地址被初始化,这个数值将被写入指定卡中的设定值计数器中。

若算法与LI卡一起正在运行,且LI卡处于本地方式,算法输出不能通过操作员站进行改变。在这种情况下,算法输出仅能通过SLIM站改变。

若 SETPOINT 算法是将设定值写到 LI 卡上,那么设定值的改变(如跟踪、控制生成器或操作员站增/减请求等)可利用前面说明的方法加以实现。

SETPOINT 算法监视 LI 卡的来自 SLIM 的任意增/减请求。来自 SLIM 的增/减请求优先于算法收到的任何其他设定值改变请求(如跟踪、操作员站增/减请求等)。若无 SLIM 请求,则设定值的改变如前所述。设定值仅写入到输出点。

3)跟踪信号

通过模拟量跟踪点第三状态字上的高 16 位已被传递的信号进行跟踪和限值。算法对模拟量输入信号 TRIN 中的信息会作出以下响应:

位	描　述	动　作	TOUT 信号
16	跟踪	执行	未使用
17	若低则跟踪	忽略	未使用
18	若高则跟踪	忽略	未使用
19	降禁止	忽略	未使用
20	升禁止	忽略	未使用
21	条件跟踪	无动作	未使用
22	未使用	无动作	未使用
23	偏差报警	无动作	未使用
24	本地手动方式	无动作	未使用
25	手动方式	无动作	未使用
26	自动方式	无动作	未使用
27	未使用	无动作	未使用
28	未使用	无动作	未使用
29	未使用	无动作	未使用
30	低限值到	无动作	低限值到
31	高限值到	无动作	高限值到

算法的高、低限标志和跟踪信号输出到 TOUT 进行显示。若 LI 硬件地址被初始化,当有任何 LI 硬件错误,OUT 的品质为 BAD。否则,在无跟踪或跟踪时设为跟踪输入变量的质量,OUT 的质量为 GOOD。

算法记录类型=LC

4)算法定义

名称	LC 记录字段	类型	必需/可选的	缺省值	说　明	最小点记录
DIAG	LU-整数	初始数据	必需的	9	可调的图表数值	—
TPSC	R2-实数	可调常数	必需的	100.0	点的最大值	—

续表

名称	LC记录字段	类型	必需/可选的	缺省值	说 明	最小点记录
BTSC	R3-实数	可调常数	必需的	0.0	点的最小值	—
PCNT	X1-字节	可调常数	必需的	4	在首个4 s里输出的百分比变化	—
TIME	X2-字节	可调常数	必需的	25	全量程斜坡保持状态的s数	—
CARD	X3-字节	初始数据	必需的	SOFT	卡的类型: SOFT:无硬件接口 RLI:Ovation回路接口卡	—
CNUM	X5-字节	初始数据	可选的	1	PCI卡数目(1、2)	—
HWAD	B2-整数	初始数据	可选的	0	卡的硬件地址	—
OUT	—	变量	必需的	—	模拟输出变量	LA
TRIN	—	变量	可选的	—	跟踪与限值方式信号及跟踪值; 模拟量输入变量	LA
TOUT	—	变量	必需的	—	输出信号的方式和状态	LA

(72)SLCAIN

1)说明

SLCAIN算法最多从一个组(Group)1 QLC卡或Ovation连接控制器(LC)卡(或Group 1 QLC卡的冗余对)中读取16个模拟量。

2)功能符号

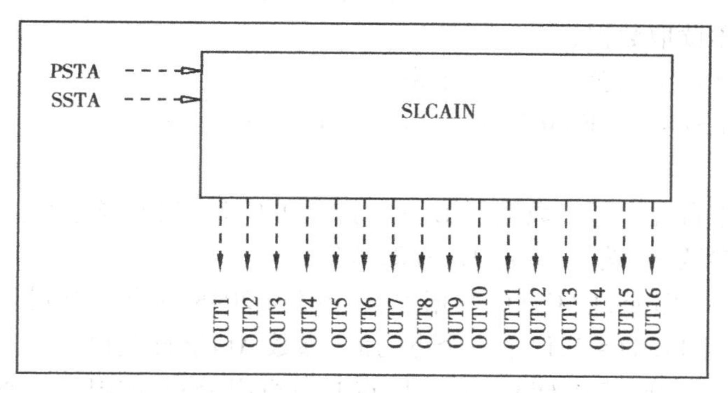

①主要的和辅助的QLCS/LCS:主QLC/LC卡和辅QLC/LC卡的硬件地址由PHW和SHW参数给定(若不使用辅QLC/LC,SHW设为0)。

PSTA和SSTA的数字量输入决定是否从主QLC/LC或辅QLC/LC中读取点,具体如下:

☆若PSTA="TRUE",从主QLC/LC中读取点(与SSTA的状态无关);

☆若PSTA="FALSE"而SSTA="TRUE",从辅QLC中读取点;

☆若PSTA="FALSE"且SSTA="FALSE",点的数值不更新且点的品质为BAD;

☆若PSTA="FALSE"而SSTA未定义,点的数值不更新且点的品质为BAD;

☆若PSTA和SSTA均未定义,点的数值不更新且点的品质为BAD。

注意:虽然 PSTA 和 SSTA 均是任选的参数,但为了点的更新,至少必须定义其中一个参数。

②点数据格式:FRMT 参数用于指定从 QLC/LC 寄存器中读取模拟量点数据的格式。有以下 4 种可用格式。

FRMT	格　式	说　明
0	整数	整数值的范围:-32 768 ~ +32 767。每个点占用一个数据寄存器
1	Intel 实数	浮点实数。每个点占用两个数据寄存器
2	带状态的 Intel 实数	带有浮点实数的状态字。每个点占用三个数据寄存器
3	带品质的 Intel 实数	带有浮点实数的状态字。每个点占用三个数据寄存器

注:当 FRMT=2,下列位被置入模拟量点记录中的 1 W 字段。

位 4——未定义。

位 8 和 9——品质。

位 12——限值检查关闭。

位 13——报警检查关闭。

当 FRMT=3,仅有模拟量点记录 1 W 字段中表示品质的位 8 和 9 被更新。

1W 区域中的其余位用于报警状态、操作员登录和数据总线状态信息。详细说明见厂家手册“Ovation 记录类型参考手册”(文件编号:R3_1140)。

③QLC/LC 数据寄存器:点数据保存在相邻的 QLC/LC 数据寄存器中,由参数 REG1 指定的寄存器开始。根据选定的格式,16 个模拟量点需要的总区域可以是 16、32 或 48 个寄存器。

即使一些点从函数表中忽略,点参数(OUT1 ~ OUT16)也是与相邻的 QLC/LC 数据寄存器对应。例如,若 REG1 = 4,FRMT = 1,且 OUT1 点忽略,则 OUT2 将从数据寄存器 6 开始读取(数据寄存器 4 和 5 中不读取数据)。

需读点的地址使用下列公式可计算出来:

point_address = REG1 +(FRMT +1) * (point_number - 1)

这里:

point_address:来自此点包含数据的第一个字的 QLC/LC 数据寄存器。

point_number:参数 A1 为 1,参数 A2 为 2,等等。

任何超出(全部或部分)QLC/LC 数据寄存器终值 2048 的点将被设置为 BAD 品质。例如,若 REG1 = 2044 且 FEMT = 2,仅第一个点的值(参数 AI)能被获得。

④模拟量点记录类型:若从 QLC/LC 读取点时执行报警和/或限值检查,点记录类型为长模拟量(LA)。

算法记录类型=LC

3)算法定义

名 称	LC记录字段	类 型	必需/可选的	缺省值	说 明	最小点记录
DIAG	LU-整数	初始数据	必需的	11	可调的图表数值	—
FRMT	B0-整数	初始数据	必需的	0	QLC/LC数据格式	—
REG1	B1-整数	初始数据	必需的	0	第一个QLC/LC数据寄存器	—
PHW	B2-整数	初始数据	必需的	0	主QLC硬件地址或LC地址	—
SHW	YU-整数	初始数据	必需的	0	辅QLC硬件地址或LC地址	—
CARD	X4-字节	初始数据	必需的	1	PCI卡数目(1、2)	—
TYPE	X1-字节	初始数据	必需的	QLC	接口卡类型: QLC RLC	—
OUT1 ⋮ OUT16	—	变量	可选的	—	来自于QLC/LC寄存器的输入(模拟量)	LA
PSTA	—	变量	可选的	—	主QLC/LC状态输入(数字量)	LD、LP
SSTA	—	变量	可选的	—	辅QLC/LC状态输入(数字量)	LD、LP

(73)SLCAOUT

1)说明

SLCAOUT算法最多将16个模拟量点写入到一个组1 QLC或LC卡中(或组1 QLC卡的冗余对)。

2)功能符号

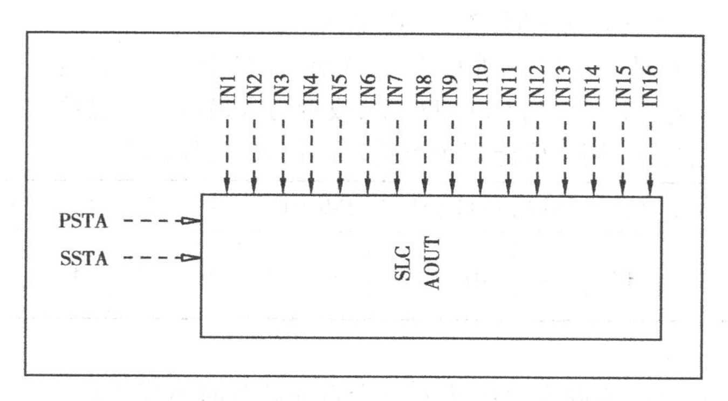

①主要的和辅助的QLCS/LCS:主QLC/LC卡和辅QLC/LC卡的硬件地址由PHW和SHW参数给定(若不使用辅QLC/LC,SHW设为0)。

PSTA和SSTA的数字量输入决定是否写点到主QLC/LC或辅QLC/LC中,具体如下:

☆若PSTA="TRUE",写点到主QLC/LC中(与SSTA的状态无关);

☆若PSTA="FALSE"而SSTA="TRUE",写点到辅QLC中;

☆若 PSTA =“FALSE”且 SSTA =“FALSE”,点的数值不输出;

☆若 PSTA =“FALSE”而 SSTA 未定义,点的数值不输出;

☆若 PSTA 和 SSTA 均未定义,点的数值不输出。

注意:虽然 PSTA 和 SSTA 均是可选的参数,为得到输出必须至少定义其中一个参数。

②点数据格式:FRMT 参数用于把指定格式的模拟量点数据写到 QLC/LC 寄存器中。有以下 3 种可用的格式:

FRMT	格　式	说　明
0	整数	整数值范围:-32 768 ~ +32 767。每个点占用一个数据寄存器
1	Intel 实数	浮点实数。每个点占用两个数据寄存器
2	带状态的 Intel 实数	带有浮点实数的状态字,每个点占用 3 个数据寄存器

③QLC/LC 数据寄存器:点数据写入相邻的 QLC/LC 数据寄存器中,由参数 REG1 指定的寄存器开始。根据选定的格式,16 个模拟量点需要的总区域可以是 16、32 或 48 个寄存器。即使一些点从函数表中忽略,点参数(A1 ~ A16)也是与相邻的 QLC/LC 数据寄存器对应。例如,若 REG1 = 4,FRMT = 1,且 A1 点忽略,则 A2 将从数据寄存器 6 开始写入(没有数据写到数据寄存器 4 和 5 中)。

需写点的地址使用下列公式可计算出来:

point_address = REG1 + (FRMT+1) * (point_number-1)

这里:

point_address:来自此点包含数据的第一个字的 QLC/LC 数据寄存器。

point_number:参数 A1 为 1,参数 A2 为 2,等等。

任何超出有效范围(0 ~ 2 047)的数据将不能写到数据寄存器。部分超出寄存器有效范围的点将被写到可能的部分;完全超出寄存器有效范围的点将不能被写入。例如,若 REG1 = 2044 且 FEMT = 2,仅第一个点的值(参数 AI)能写入。

④超时点:当一个接收点(写入到 QLC/LC)超时,TIME 参数决定采取的动作。选定的 TIME 设置不同,该点或者不写入到 QLC/LC 中,或者写入最后一个已接收的值。

TIME 可看作位的标志,用以确定每个点选定的设置,具体如下:

点→	IN16	IN15	IN14	IN13	IN12	IN11	IN10	IN9	IN8	IN7	IN6	IN5	IN4	IN3	IN2	IN1
TIME bit→	15	14	13	12	11	10	9	8	7	6	5	4	3	2	1	0

☆对于每个点,相应位的数值为 0,表示这个点在超时时不写入;

☆对于每个点,相应位的数值为 1,表示这个点在超时时写入最后一个接收到的值。

算法记录类型 = LC

3)算法定义

名 称	LC记录字段	类 型	必需/可选的	缺省值	说 明	最小点记录
DIAG	LU-整数	初始数据	必需的	12	可调的图表数值	—
FRMT	B0-整数	初始数据	必需的	0	QLC/LC数据格式	—
REG1	B1-整数	初始数据	必需的	0	第一个QLC/LC数据寄存器	—
PHW	B2-整数	初始数据	必需的	0	主QLC/LC硬件地址	—
SHW	B3-整数	初始数据	必需的	0	辅QLC/LC硬件地址	—
CARD	X4-字节	初始数据	必需的	1	PCI卡数目(1、2)	—
TYPE	X1-字节	初始数据	必需的	QLC	接口卡类型:QLC;RLC	—
TIME	B4-整数	初始数据	必需的	0	处理超时点的位图(1=使用最后的值,0=跳过)	—
IN1 ⋮ IN16	—	变量	可选的	0	输出到QLC/LC寄存器(模拟量)	LA
PSTA	—	变量	可选的	—	主QLC/LC状态输入(数字量)	LD、LP
SSTA	—	变量	可选的	—	辅QLC/LC状态输入(数字量)	LD、LP

(74)SLCDIN

1)说明

SLCDIN算法最多从一个组1 QLC卡或Ovation连接控制器(LC)卡(或组1 QLC卡的冗余对)中读取16个数字量。

2)功能符号

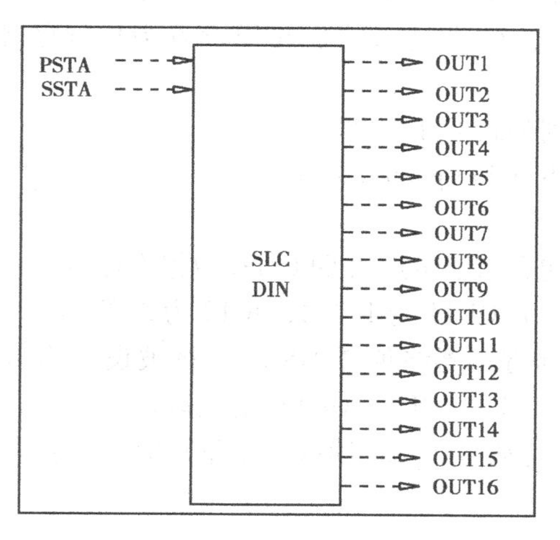

①主要的和辅助的QLCS/LCS:主QLC/LC卡和辅QLC/LC卡的硬件地址由PHW和SHW参数给定(若不使用辅QLC卡,SHW设为0)。

PSTA和SSTA的数字量输入决定是否从主QLC/LC或辅QLC/LC中读取点,具体如下:

☆若 PSTA = "TRUE",从主 QLC/LC 中读取点(与 SSTA 的状态无关);

☆若 PSTA = "FALSE"且 SSTA = "TRUE",从辅 QLC 中读取点;

☆若 PSTA = "FALSE"而 SSTA = "FALSE",点的数值不更新且点的品质指定为 BAD;

☆若 PSTA = "FALSE"而 SSTA 未定义,点的数值不更新且点的品质指定为 BAD;

☆若 PSTA 和 SSTA 均未定义,点的数值不更新且点的品质指定为 BAD。

注意:虽然 PSTA 和 SSTA 的参数均是可选的,但为了点的更新,必须至少定义其中一个参数。

②点数据格式:每个数字量点占用一个数据寄存器(相当于点数据记录的 1W 字段)。

FRMT 参数用于指定从 QLC/LC 寄存器中读取的数字量点数据的格式。有以下 3 种可用的格式:

注意:下列位被置入数字量点记录中的 1W 区域(其他的位不清除)。

FRMT	说 明
0	位 0——数字量 位 8 和 9——品质 位 12——限值检查关闭 位 13——报警检查关闭
1	位 0——数字量值 位 8 和 9——品质
2	位 0——数字量值

注:1W 字段中的其余位用于报警状态、操作员登录和数据总线状态信息。

③QLC/LC 数据寄存器:点数据从相邻的 QLC/LC 数据寄存器中读出,由参数 REG1 指定的寄存器开始。根据选定的格式,16 个数字量点需要的总区域是 16 个寄存器。

即使一些点从函数表中忽略,点参数(OUT1 ~ OUT16)也是与相邻的 QLC/LC 数据寄存器对应。例如,若 REG1 = 4 和点 OUT1 忽略,则 OUT2 将从数据寄存器 5 开始读取(不从数据寄存器 4 中读取数据)。

需读点的地址使用下列公式可计算出来:

Point_address = REG1+(point_number−1)

这里:

Point_address:包含数字量点的 QLC/LC 数据寄存器。

point_number:参数 OUT1 为 1,参数 OUT2 为 2,等等。

任何超出 QLC/LC 数据寄存器终值 2 048 的点将被设置为 BAD 品质。例如,若 REG1 = 2044,仅前三点的值(参数 OUT1、OUT2、OUT3)能获取。

④数字量点记录类型:若从 QLC/LC 读取数字量点时执行报警检查,点记录类型为长数字量。

算法记录类型 = LC

3)算法定义

名　称	LC记录字段	类　型	必需/可选的	缺省值	说　明	最小点记录
DIAG	LU-整数	初始数据	必需的	13	可调的图表数值	—
FRMT	B0-整数	初始数据	必需的	—	点格式	—
REG1	B1-整数	初始数据	必需的	0	第一个QLC/LC数据寄存器	—
PHW	B2-整数	初始数据	必需的	0	主QLC/LC硬件地址	—
SHW	YU-整数	初始数据	必需的	0	辅QLC/LC硬件地址	—
CARD	X4-字节	初始数据	必需的	1	PCI卡数目(1、2)	—
TYPE	X1-字节	初始数据	必需的	QLC	接口卡类型:QLC;RLC	—
OUT1 ⋮ OUT16	—	变量	可选的	—	来自于QLC/LC寄存器的输入(数字量)	LD
PSTA	—	变量	可选的	—	主QLC/LC状态输入(数字量)	LD、LP
SSTA	—	变量	可选的	—	辅QLC/LC状态输入(数字量)	LD、LP

(75)SLCDOUT

1)说明

SLCDOUT算法最多将16个数字量点写到一个组1 QLC卡或Ovation连接控制器(LC)卡(或组1 QLC卡的冗余对)上。

2)功能符号

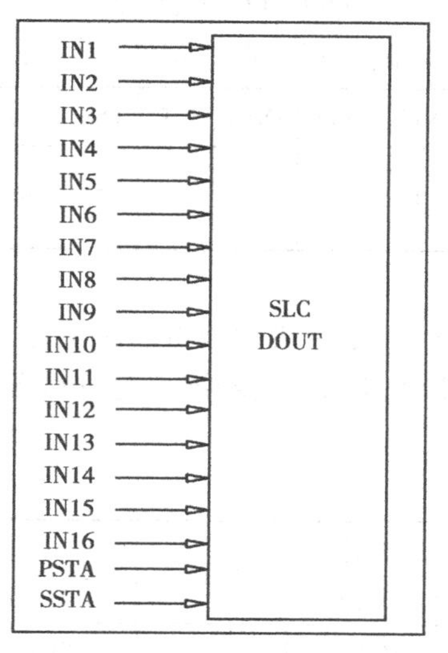

①主要的和辅助的QLCS/LCS:主QLC/LC卡和辅QLC/LC卡的硬件地址由PHW和SHW参数给定(若不使用辅QLC/LC卡,SHW设为0)。

PSTA和SSTA的数字量输入决定点是否写到主QLC/LC或辅QLC/LC上,具体如下:

☆若 PSTA=“TRUE”,这些点被写到主 QLC/LC 上(与 SSTA 的状态无关);

☆若 PSTA=“FALSE”而 SSTA=“TRUE”,这些点被写到辅 QLC/LC 上;

☆若 PSTA=“FALSE”且 SSTA=“FALSE”,这些点不输出;

☆若 PSTA=“FALSE”而 SSTA 未定义,这些点不输出;

☆若 PSTA 和 SSTA 均未定义,这些点不输出。

注意:尽管 PSTA 和 SSTA 都是可选参数,但为了这些点能输出,它们中至少有一个必须被定义。

②点的数据格式:每个数字量点占用一个数据寄存器(相当于点数据记录的 1 W 字段)。对于 1W 字段上的其他的信息,参看“Ovation 记录类型参考手册”(在表 1-1 中列出)。

③QLC/LC 数据寄存器:点数据被写到相邻的 QLC/LC 数据寄存器上,从 REG1 参数指定的寄存器开始。16 个数字量点需要的总区域是 16 个寄存器。

即使一些点在函数表中被忽略,点参数(IN1 ~ IN16)也是与相邻的 QLC/LC 数据寄存器对应。例如,如果 REG1=4 且点 IN1 被忽略,那么,IN2 将被写到数据寄存器 5(没有数据写到寄存器 4)。

需写点的地址使用下列公式可计算出来:

point_address=REG1+(point_number-1)

这里:

point_address:包含数字量点的 QLC/LC 数据寄存器。

point_number:参数 IN1 为 1,参数 IN2 为 2,等等。

任何超出寄存器的有效范围(0 ~2 047)的数据不能写入。例如,若 REG1=2 044,仅前三个点的值(参数 IN1 ~ IN3)可被写入。

④超时点:当一个接收点(被写到 QLC/LC 上)超时,TIME 参数决定将采取的动作。根据选定的 TIME 设置,该点或者不写入到 QLC/LC 中,或者写入最后一个已接收的值。

TIME 可看作一个位标志,用以确定每个点选定的设置,具体如下:

Point→	IN16	IN15	IN14	IN13	IN12	IN11	IN10	IN9	IN8	IN7	IN6	IN5	IN4	IN3	IN2	IN1
TIME bit→	15	14	13	12	11	10	9	8	7	6	5	4	3	2	1	0

☆对于每个点,相应位数值为 0(零),表明该点超时不写入;

☆对于每个点,相应位数值为 1(1),表明若该点超时写入最后一个收到的值。

算法记录类型=LC

3)算法定义

名　称	LC 记录字段	类　型	必需/可选的	缺省值	说　明	最小点记录
DIAG	LU-整数	初始数据	必需的	14	可调的图表数值	—
REG1	B1-整数	初始数据	必需的	0	第一个 QLC/LC 数据寄存器	—

续表

名　称	LC记录字段	类　型	必需/可选的	缺省值	说　明	最小点记录
PHW	B2-整数	初始数据	必需的	0	主QLC/LC硬件地址。参看3.3.3.1(1)节	—
SHW	YU-整数	初始数据	必需的	0	辅QLC/LC硬件地址。参看3.3.3.1(1)节	—
CARD	X4-字节	初始数据	必需的	1	PCI卡数目(1、2)	—
TYPE	X1-字节	初始数据	必需的	QLC	接口卡类型:QLC;RLC	—
TIME	B4-整数	初始数据	必需的	0	处理超时点的位图(1=使用最后的值,0=跳过)	—
IN1 ⋮ IN16	—	变量	可选的	—	输出到QLC/LC寄存器(数字量)	LD
PSAT	—	变量	可选的	—	主QLC/LC状态输入(数字量)	LD、LP
SSAT	—	变量	可选的	—	辅QLC/LC状态输入(数字量)	LD、LP

(76)SMOOTH

1)说明

本算法“平滑”一个模拟输入值。一个模拟量输入的平滑(有时候称作数字滤波)由具有最大权值的最近采样值和逐渐减弱权值的以前读取值组成。最近值的相对权值通过输入滤波的平滑时间常数来确定。输入(IN1)在每次循环时采样。如果平滑时间常数小于或等于零,则输出等于输入值。如果平滑时间常数小于零,则输出的品质为BAD。

IN1的值要进行无效实数校验。如果计算的输出值无效,OUT的品质设置为BAD;否则,IN1的品质传递给输出。

注意:若新值是一个无效实数,则包含实数值的算法记录字段不被更新。

2)功能符号

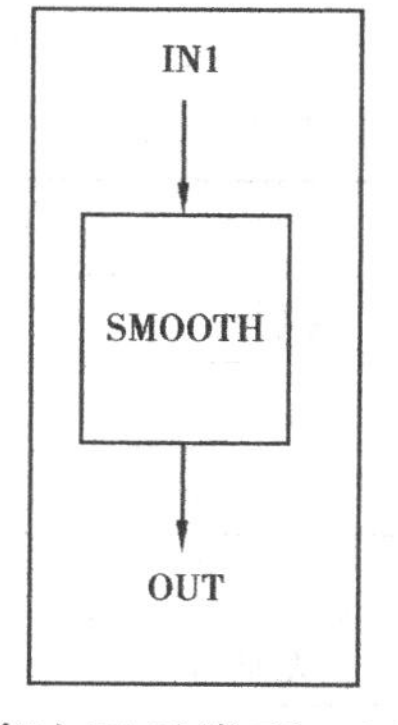

算法记录类型=LC

3)算法定义

名　称	LC 记录字段	类　型	必需/可选的	缺省值	说　明	最小点记录
DIAG	LU-整数	初始数据	必需的	67	可调的图表数值	—
SMTH	R1-实数	可选择的	必需的	0.0	以 s 为单位的平滑时间常数	LA
IN1	—	变量	必需的	—	输入(模拟量)	LA
OUT	—	变量	必需的	—	输出(模拟量)	LA

4)函数

$$OUT=(alpha \times IN1)+(beta \times oldout)$$

这里:

$$Alpha=1-E^{(-loop\ time/SMTH)};$$

$$beta=E^{(-loop\ time/SMTH)}$$

loop time=sampling time(循环时间=采样时间);

oldout=本地保持的,实变量。

(77)SQUAREROOT

1)说明

SQUAREROOT 算法用模拟量输入乘一个内部增益,再加上一个偏置然后求平方根。

注意:如果算法收到一个无效值作为输入或计算出一个无效值作为输出,站被置为报警。

2)功能符号

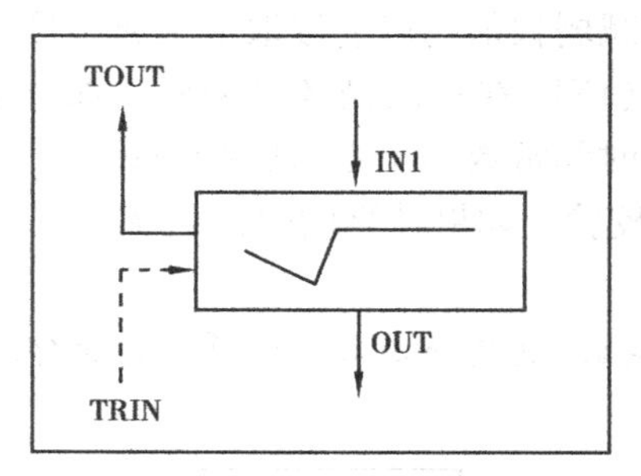

跟踪信号:通过模拟量跟踪点第三状态字上的高 16 位已被传递的信号进行跟踪和限值。本算法对输入信号 TRIN 中的信息会作出以下响应:

位	说　明	动　作	TOUT 信号
16	跟踪	执行	通过
17	若低则跟踪	无动作	通过 *
18	若高则跟踪	无动作	通过 *
19	降禁止	无动作	通过 * *
20	升禁止	无动作	通过 * *
21	条件跟踪	执行	通过 * * *
22	未使用	无动作	未使用

续表

位	说　明	动　作	TOUT信号
23	偏差报警	无动作	未使用
24	本地手动方式	无动作	未使用
25	手动方式	无动作	未使用
26	自动方式	无动作	未使用
27	未使用	无动作	未使用
28	未使用	无动作	未使用
29	未使用	无动作	未使用
30	低限值到	无动作	低限值到
31	高限值到	无动作	高限值到

注：*　仅当跟踪信号没有出现时。

**　仅当跟踪信号没有出现时；信号是根据设置跟踪信号中给出的定义设置的。

***　若算法被告知跟踪，则条件跟踪位被忽略。否则，条件跟踪位的值被传递到所有的跟踪输出点。若条件跟踪位设置在跟踪输入点，所有输出跟踪点的模拟量值是基于跟踪输入点的值计算出来的。

来自该算法的高、低限标志和跟踪信号输出到TOUT，用来显示和被上级算法使用。若输出值无效，则OUT的品质为BAD。否则，当不在跟踪方式时，OUT的品质即为输入的品质。跟踪时，其品质为跟踪输入变量的品质。

注意：如果该算法产生一个无效的跟踪输出值，则IN1输入值被用作跟踪输出，除非它是无效的。如果计算出的跟踪输出和IN1输入值均无效，则跟踪输出不更新。

算法记录类型=LC

3）算法定义

名　称	LC记录字段	类　型	必需/可选的	缺省值	说　明	最小点记录
DIAG	LU-整数	初始数据	必需的	77	可调的图表数值	—
IN1G	R1-实数	可调常数	必需的	1.0	输入增益。输入的增益不能初始化为0；否则，站置为报警	—
IN1B	R2-实数	可调常数	可选的	0.0	输入偏置	—
TPSC	R3-实数	可调常数	必需的	100.0	输出点的最大值	—
BTSC	R4-实数	可调常数	必需的	0.0	输出点的最小值	—
TRAT	R5-实数	可调常数	必需的	2.5	跟踪斜率(单位每秒)	—
IN1	—	变量	必需的	—	模拟量输入	LA
TOUT	—	变量	必需的	—	跟踪输出值，输入变量方式/状态信号	LA
OUT	—	变量	必需的	—	模拟输出变量	LA
TRIN	—	变量	可选的	—	跟踪/限制方式信号/跟踪值；模拟输入变量	LA

4)函数

```
IN1GB =(IN1×IN1 GAIN)+IN1 BIAS
IF IN1GB > 0 THEN
OUT=SQUARE ROOT OF IN1GB
ELSE
OUT=0
IF OUT ≥ TPSC THEN
   OUT=TPSC
ELSE
   IF OUT ≤ BTSC THEN
OUT=BTSC
```

(78)SSLT

1)说明

SSLT 计算给定温度下的饱和液体的熵(S)。它是 STEAMTABLE 算法的函数之一。

2)功能符号

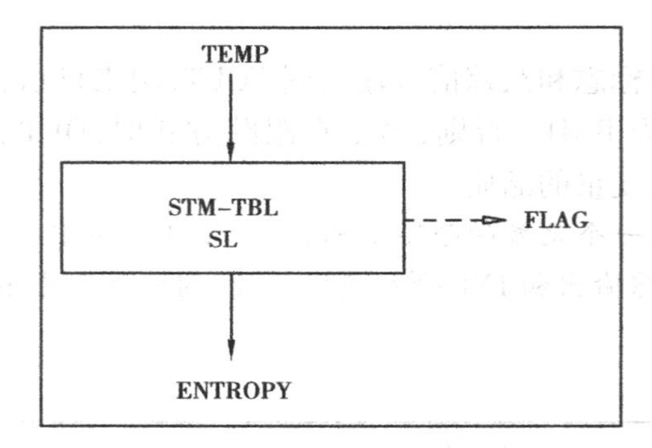

(79)STEAMFLOW

1)说明

STEAMFLOW 算法以差压或流量输入(IN1)作为流量测量信号实现流量补偿。STEAMTABLE 算法输出的比容(IN2)用于流量的修正计算。

2)无效实数和品质

如果输出值无效,OUT 的品质为 BAD。否则,OUT 的品质为两个输入品质中差的一个。

注意:用户应该注意输入的单位。

3)功能符号

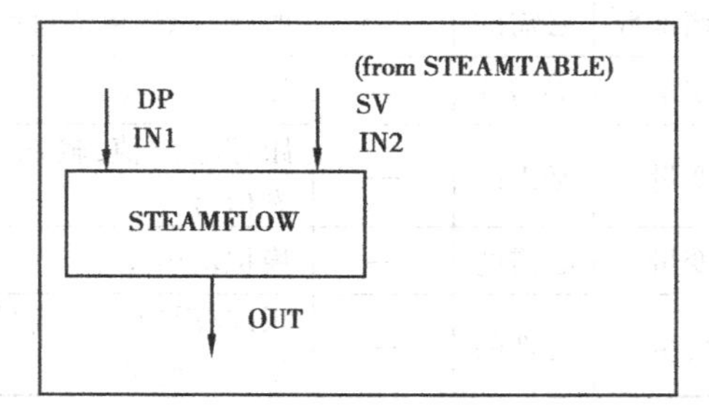

算法记录类型=LC

4)算法定义

名　称	LC记录字段	类　型	必需/可选的	缺省值	说　明	最小点记录
DIAG	LU-整数	初始数据	必需的	22	可调的图表数值	—
TYPE	X1-字节	初始数据	必需的	DELTAP	输入类型(Delta或Flow)	—
SCAL	R1-实数	可调常数	必需的	1.0	标度因子	—
BASE	R2-实数	可调常数	必需的	1.0	基本比容	—
GAIN	R3-实数	可调常数	必需的	1.0	比容的增益	—
IN1	—	变量	必需的	—	模拟流量变送器Delta压力输入	LA
IN2	—	变量	必需的	—	比容模拟量输入	LA
OUT	—	变量	必需的	—	模拟输出变量	LA

5)函数

①DELTAP:

$$OUT \equiv SCAL\sqrt{IN1\left(\frac{BASE}{IN2 \times GAIN}\right)}$$

②FLOW:

$$OUT \equiv SCAL \times IN1\sqrt{\frac{BASE}{IN2 \times GAIN}}$$

(80)STEAMTABLE

1)说明

STEAMTABLE算法计算水和蒸汽的热力学特性。STEAMTABLE算法支持英制和SI工程单位。对输入要进行检验以判断它们是否在可用的范围内。若不在可用的范围内,输出点设置为BAD,最后的GOOD值被保持,同时标志输出设置为True。如果输入多于一个,它们也需检验以判断输入的组合是否合理。若不合理,输出点设置为BAD,最后的GOOD值被保持,同时标志输出设置为True。否则,OUT的品质置为所有输入品质中最差的一个。

STEAMTABLE算法所执行的11个函数具有单独的符号。具体如下:

区　域	控制生成器算法符号	必需的输入	输　出
可压缩流体(CL)	HSCLTP	温度(IN1) 压力(IN2) 大气压力(IN3)	熵(OUT) 焓(OUT1)
	VCLTP	温度(IN1) 压力(IN2) 大气压力(IN3)	比容(OUT)

续表

<table>
<tr><th>区　域</th><th>控制生成器算法符号</th><th>必需的输入</th><th>输　出</th></tr>
<tr><td rowspan="6">饱和液体(SL)</td><td>HSLT</td><td>温度(IN1)</td><td>焓(OUT)</td></tr>
<tr><td>SSLT</td><td>温度(IN1)</td><td>熵(OUT)</td></tr>
<tr><td>VSLT</td><td>温度(IN1)</td><td>比容(OUT)</td></tr>
<tr><td>PSLT</td><td>温度(IN1)</td><td>压力(OUT)</td></tr>
<tr><td>TSLP</td><td>压力(IN1)
大气压力(IN2)</td><td>温度(OUT)</td></tr>
<tr><td>TSLH</td><td>焓(IN1)</td><td>温度(OUT)</td></tr>
<tr><td rowspan="2">饱和蒸汽(SV)</td><td>PSVS</td><td>熵(IN1)</td><td>压力(OUT)</td></tr>
<tr><td>HSTVSVP</td><td>压力(IN1)
大气压力(IN2)</td><td>焓(OUT)
温度(OUT1)
熵(OUT2)
比容(OUT3)</td></tr>
<tr><td>过热蒸汽(SS)</td><td>HSVSSTP</td><td>温度(IN1)
压力(IN2)
大气压力(IN3)</td><td>熵(OUT)
焓(OUT1)
比容(OUT2)</td></tr>
</table>

2)控制生成器算法符号

缩　写	定　义
CL	可压缩流体
H	焓
P	压力
S	熵
SL	饱和液体
SS	过热蒸汽
SV	饱和蒸汽
T	温度
V	比容

3)功能符号

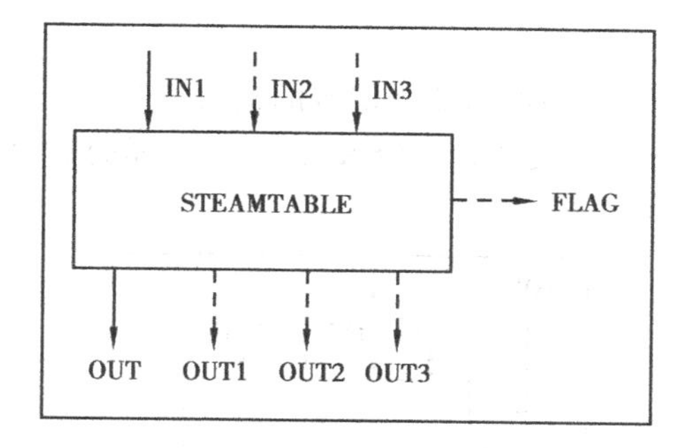

算法记录类型=LC

4)算法定义

名　称	LC记录字段	类　型	必需/可选的	缺省值	说　明	最小点记录
UNIT	X1-字节	初始数据	必需的	0.0	工程单位(0——英制(缺省值), 1——SI) 参阅下面的工程单位表	—
PROQ	X4-字节	初始数据	必需的	ON	品质被传递: ON OFF	—
IN1	—	变量	必需的	—	模拟量输入	LA
IN2	—	变量	可选的	—	模拟量输入	LA
IN3	—	变量	可选的	—	模拟量输入	LA
OUT	—	变量	必需的	—	模拟输出变量	LA
OUT1	—	变量	可选的	—	模拟输出变量	LA
OUT2	—	变量	可选的	—	模拟输出变量	LA
OUT3	—	变量	可选的	—	模拟输出变量	LA
FLAG	—	变量	可选的	—	数字输出变量	LD

工程单位:

名　称	SI	英　制
温度(T)	C(摄氏度)	F(华氏度)
压力(P)	BAR	PSI
比容(V)	M3/kg	FT3/LBM
焓(H)	kJ/kg	BTU/LBM
熵(S)	kJ/kg × K	BTU/LBM × R(Rankine)

(81)SUM

1)说明

SUM 算法的输出是四个独立的带增益和偏置的输入的和。

注意:若算法将收到的一个无效值作为输入,或者它计算的输出为无效值,站被置为报警。

2)功能符号

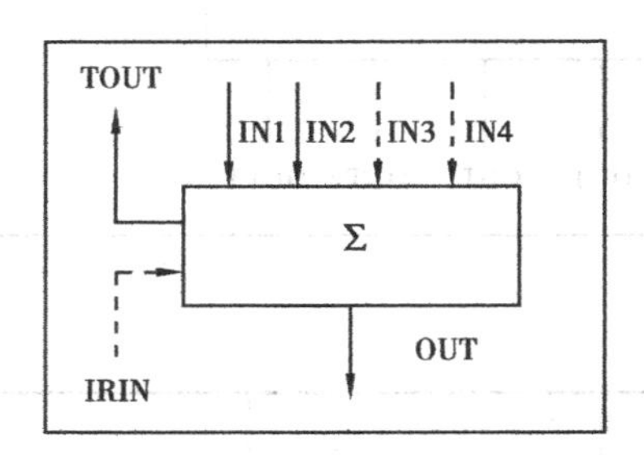

3)跟踪信号

通过模拟量跟踪点第三状态字上的高 16 位已被传递的信号进行跟踪和限制。一定要确定与需要跟踪 SUM 的 IN1 的上级算法相连接。本算法对输入信号 TRIN 中的信息会作出以下响应:

位	说　明	动　作	TOUT 信号
16	跟踪	执行	通过
17	若低则跟踪	无动作	通过*
18	若高则跟踪	无动作	通过*
19	降禁止	无动作	通过**
20	升禁止	无动作	通过**
21	条件跟踪	执行	通过***
22	未使用	无动作	未使用
23	偏差报警	无动作	未使用
24	本地手动方式	无动作	未使用
25	手动方式	无动作	未使用
26	自动方式	无动作	未使用
27	未使用	无动作	未使用
28	未使用	无动作	未使用
29	未使用	无动作	未使用
30	低限值到	无动作	低限值到
31	高限值到	无动作	高限值到

注:*　仅当跟踪信号没有出现时。

**　仅当跟踪信号没有出现时;信号是根据设置跟踪信号中给出的定义设置的(见表 3.76)。

***　若算法被告知跟踪,则条件跟踪位被忽略。否则,条件跟踪位的值被传递到所有的跟踪输出点。若条件跟踪位设置在跟踪输入点,所有输出跟踪点的模拟量值是基于跟踪输入点的值计算出来的。

来自该算法的高、低限标志和跟踪信号输出到TOUT,用来显示和被上级算法使用。若输出值无效,则OUT的品质为BAD。否则,当不在跟踪方式时,OUT的品质即为两个输入品质中最差的一个。跟踪时,其品质设为跟踪输入变量的品质。

注意:如果该算法产生一个无效的跟踪输出值,则IN1输入值被用作跟踪输出,除非它是无效的。如果计算出的跟踪输出和IN1输入值均无效,则跟踪输出不更新。

算法记录类型=LC

4)算法定义

名　称	LC记录字段	类　型	必需/可选的	缺省值	说　明	最小点记录
DIAG	LU-整数	初始数据	必需的	84	可调的图表数值	—
IN1G	R3-实数	可调常数	必需的	1.0	输入1的增益,该增益不能被初始化为0;若为0,站被置为报警	—
IN1B	R4-实数	可调常数	可选的	0.0	输入1的偏置;该增益不能被初始化为0;若为0,站被置为报警	—
IN2G	R1-实数	可调常数	必需的	1.0	输入2的增益,输入1的增益不能被初始化为0;若为0,站被置为报警	—
IN2B	R2-实数	可调常数	可选的	0.0	输入2的偏置;输入1的增益不能被初始化为0;若为0,站被置为报警	—
IN3G	R8-实数	可调常数	可选的	1.0	输入3的增益,输入1的增益不能被初始化为0;若为0,站被置为报警	—
IN3B	R9-实数	可调常数	可选的	0.0	输入3的偏置;输入1的增益不能被初始化为0;若为0,站被置为报警	—
IN4G	S1-实数	可调常数	可选的	1.0	输入4的增益,输入1的增益不能被初始化为0;若为0,站被置为报警	—
IN4B	S2-实数	可调常数	可选的	0.0	输入4的偏置	—
TPSC	R5-实数	可调常数	必需的	100.0	输出点的最大值	—
BTSC	R6-实数	可调常数	必需的	0.0	输出点的最小值	—
TRAT	R7-实数	可调常数	必需的	2.5	跟踪斜率(单位每秒)	—
IN1	—	变量	必需的	—	输入1的模拟量输入	LA
TRIN	—	变量	可选的	—	跟踪/限制方式信号/跟踪值;模拟输入变量	LA
IN2	—	变量	必需的	—	输入2的模拟量输入	LA
IN3	—	变量	可选的	—	输入3的模拟量输入	LA

续表

名　称	LC 记录字段	类　型	必需/可选的	缺省值	说　明	最小点记录
IN4	—	变量	可选的	—	输入 4 的模拟量输入	LA
OUT	—	变量	必需的	—	模拟输出变量	LA
TOUT	—	变量	必需的	—	跟踪输出值，输入 1 变量的方式/状态信号	LA

5)函数

IN1GB =(IN1×IN1 GAIN)+ IN1 BIAS
IN2GB =(IN2×IN2 GAIN)+ IN2 BIAS
IN3GB =(IN3×IN3 GAIN)+ IN3 BIAS
IN4GB =(IN4×IN4 GAIN)+ IN4 BIAS
OUT= IN1GB+ IN2GB +IN3GB +IN4GB
IF O UT ≥ TPSC THEN
　　OUT=TPSC
ELSE
IF OUT ≤ BTSC THEN
OUT=BTSC

(82)TRANSFER

1)说明

TRANSFER 算法完成两个输入间的切换功能。如果数字量输入 FLAG 为 True,则输出等于 IN2;如果数字量输入 FLAG 为 False,则输出等于 IN1。

如果算法对选定的输入产生了一个无效的输出值,则可选择其他输入,并且如果其他点的输入有效的,则算法产生一个有效的输出值。

当跟踪请求消失时,算法在跟踪输入和选择输入间自动执行无扰切换。算法按指定的跟踪斜率(TRR1 或 TRR2)修整选择的输入(IN1 或 IN2)。

可选择内部跟踪以达到在 IN1 和 IN2 输入之间进行无扰切换。单个的跟踪斜率可初始化为从 IN1 到 IN2 和从 IN2 到 IN1 的斜坡。

注意:如果算法收到一个无效值作为选择输入,或者计算出一个无效值作为输出,则站置为报警。

2)功能符号

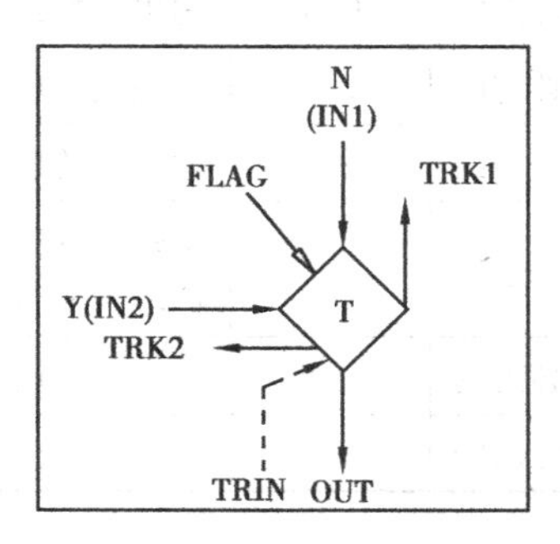

3)打包数字量跟踪信号

通过模拟量点第三状态字上的高16位已被传递的信号进行跟踪和限制。算法对模拟量输入信号TRIN中的信息会作出以下响应:

位	说 明	TRK1信号	TRK2信号
16	跟踪	当IN1输入没有被选定时执行和传送或被设置为True	当IN2输入没有被选定时执行和传送或被设置为True
17	若低则跟踪	通过*	通过*
18	若高则跟踪	通过*	通过*
19	降禁止	通过**	通过**
20	升禁止	通过***	通过***
21	条件跟踪	无动作	未使用
22	未使用	未使用	未使用
23	偏差报警	未使用	未使用
24	本地手动方式	未使用	未使用
25	手动方式	未使用	未使用
26	自动方式	未使用	未使用
27	未使用	未使用	未使用
28	未使用	未使用	未使用
29	未使用	未使用	未使用
30	低限值到	低限值到	未使用
31	高限值到	高限值到	未使用

注:* 仅当跟踪信号没有出现时。

** 仅当跟踪信号没有出现时;信号是根据设置跟踪信号中给出的定义设置的。

*** 若算法被告知跟踪,则条件跟踪位被忽略。否则,条件跟踪位的值被传递到所有的跟踪输出点。若条件跟踪位设置在跟踪输入点,所有输出跟踪点的模拟量值是基于跟踪输入点的值计算出来的。

来自该算法的高、低限标志和跟踪信号输出到TRK1和TRK2,用来显示和被上级算法使用。若输出值无效,则OUT的品质为BAD。否则,OUT的品质设为选定输入的品质;当跟踪时,则设为跟踪输入变量的品质。

注意:如果计算的跟踪输出无效,则IN2的输出等于IN2的输入,且如果输入是有效的,IN1跟踪输出等于IN1变量输入。如果计算出的跟踪输出和输入值均是无效的,则IN1和IN2跟踪输出不更新。

算法记录类型=LC

4)算法定义

名 称	LC 记录字段	类 型	必需/可选的	缺省值	说 明	最小点记录
DIAG	LU-整数	初始数据	必需的	42	可调的图表数值	—
IN1G	R3-实数	可调常数	必需的	1.0	输入1的增益。输入1的增益不能初始化为零;若为零,站置为报警	—
IN1B	R4-实数	可调常数	可选的	0.0	输入1的偏置	—
IN2G	R1-实数	可调常数	必需的	1.0	输入2的增益,输入2的增益不能初始化为零;若为零,站置为报警	—
IN2B	R2-实数	可调常数	可选的	0.0	输入2的偏置	—
TPSC	R5-实数	可调常数	必需的	100.0	输出点的最大值	—
BTSC	R6-实数	可调常数	必需的	-100.0	输出点的最小值	—
SLEW	X1-字节位0	初始数据	必需的	OFF	内部跟踪选项: OFF:切换时不跟踪; ON:切换时跟踪	—
TRR1	R7-实数	可调常数	必需的	2.5	从输入1到输入2或从跟踪输入到输入2的跟踪斜率(单位每秒)	—
TRR2	R9-实数	可调常数	必需的	2.5	从输入2到输入1或从跟踪输入到输入1的跟踪斜率(单位每秒)	—
OTRK	X1-字节位2	初始数据	必需的	ON	输出跟踪选项: OFF:输出值不跟踪; ON:输出值跟踪	—
FLAG	—	变量	必需的	—	选择输出的数字量输入信号(必需的),用户必须输入一个点的名称	LD、LP
IN2	—	变量	必需的	—	输入2(模拟量)	LA
TRK2	—	变量	必需的	—	输入2变量的跟踪输出值,方式/状态信号	LA
IN1	—	变量	必需的	—	输入1(模拟量)	LA
TRK1	—	变量	必需的	—	输入1变量的跟踪输出值,方式/状态信号	LA
OUT	—	变量	必需的	—	模拟输出变量	LA
TRIN	—	变量	可选的	—	跟踪/限制方式信号和跟踪值;模拟输入变量	LA

5)函数

```
IF F LAG="TRUE" THEN
    OUT=(IN2×IN2 GAIN)+ IN2 BIAS
ELSE
    OUT=(IN1×IN1 GAIN)+ IN1 BIAS
IF OUT ≥ TPSC THEN
    OUT=TPSC
ELSE
    IF OUT ≤ BTSC THEN
      OUT=BTSC
```

(83)TRANSLATOR

1)说明

TRANSLATOR 算法基于一个预定表格的输入来翻译输出。在 TRANSLATOR 算法中,输入值(IN1)首先被四舍五入为一个整数值。然后以这个整数为索引号存取初始化在算法记录里 50 个整数中的一个。被选定的整数作为一个实数输出到输出记录(OUT)中。如果输入值(四舍五入为一个整数值)小于 1 或大于 50,则算法无动作且 OUT 不变化。

如果输入值选择了一个 1 ~50 没有初始化的整数,那么,OUT 将等于零。从 I01 ~ I50 可初始化的最大整数是± 32 767。

如果输入值(四舍五入为一个整数值)小于 1 或大于 50,或者输入值无效,则算法无动作且 OUT 不变化。然而,如果输入值无效,OUT 的品质设为 BAD。

输入的品质传递到输出。

2)功能符号

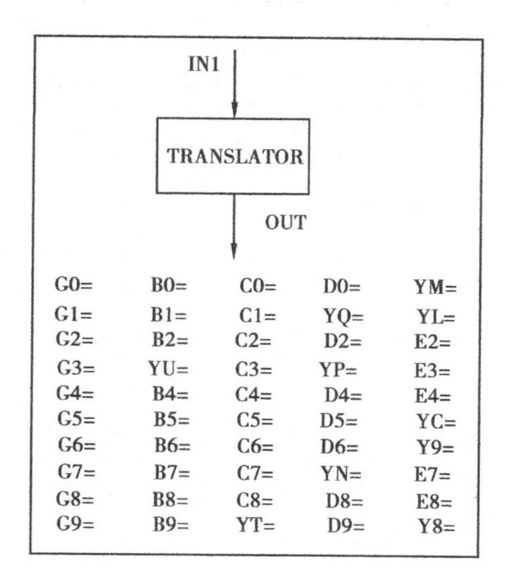

算法记录类型=LC

3)算法定义

名　称	LC 记录字段	类　型	必需/可选的	缺省值	说　明	最小点记录
DIAG	LU-整数	初始数据	必需的	103	可调的图表数值	—
I01	G0-整数	可调常数	可选的	0	可能选择的输出值	—
I02	G1-整数	可调常数	可选的	0	可能选择的输出值	—
I03	G2-整数	可调常数	可选的	0	可能选择的输出值	—
I04	G3-整数	可调常数	可选的	0	可能选择的输出值	—
I05	G4-整数	可调常数	可选的	0	可能选择的输出值	—
I06	G5-整数	可调常数	可选的	0	可能选择的输出值	—
I07	G6-整数	可调常数	可选的	0	可能选择的输出值	—
I08	G7-整数	可调常数	可选的	0	可能选择的输出值	—
I09	G8-整数	可调常数	可选的	0	可能选择的输出值	—
I10	G9-整数	可调常数	可选的	0	可能选择的输出值	—
I11	B0-整数	可调常数	可选的	0	可能选择的输出值	—
I12	B1-整数	可调常数	可选的	0	可能选择的输出值	—
I13	B2-整数	可调常数	可选的	0	可能选择的输出值	—
I14	YU-整数	可调常数	可选的	0	可能选择的输出值	—
I15	B4-整数	可调常数	可选的	0	可能选择的输出值	—
I16	B5-整数	可调常数	可选的	0	可能选择的输出值	—
I17	B6-整数	可调常数	可选的	0	可能选择的输出值	—
I18	B7-整数	可调常数	可选的	0	可能选择的输出值	—
I19	B8-整数	可调常数	可选的	0	可能选择的输出值	—
I20	B9-整数	可调常数	可选的	0	可能选择的输出值	—
I21	C0-整数	可调常数	可选的	0	可能选择的输出值	—
I22	C1-整数	可调常数	可选的	0	可能选择的输出值	—
I23	C2-整数	可调常数	可选的	0	可能选择的输出值	—
I24	C3-整数	可调常数	可选的	0	可能选择的输出值	—
I25	C4-整数	可调常数	可选的	0	可能选择的输出值	—
I26	C5-整数	可调常数	可选的	0	可能选择的输出值	—
I27	C6-整数	可调常数	可选的	0	可能选择的输出值	—
I28	C7-整数	可调常数	可选的	0	可能选择的输出值	—
I29	C8-整数	可调常数	可选的	0	可能选择的输出值	—
I30	YT-整数	可调常数	可选的	0	可能选择的输出值	—

续表

名　称	LC记录字段	类　型	必需/可选的	缺省值	说　明	最小点记录
I31	D0-整数	可调常数	可选的	0	可能选择的输出值	—
I32	YQ-整数	可调常数	可选的	0	可能选择的输出值	—
I33	D2-整数	可调常数	可选的	0	可能选择的输出值	—
I34	YP-整数	可调常数	可选的	0	可能选择的输出值	—
I35	D4-整数	可调常数	可选的	0	可能选择的输出值	—
I36	D5-整数	可调常数	可选的	0	可能选择的输出值	—
I37	D6-整数	可调常数	可选的	0	可能选择的输出值	—
I38	YN-整数	可调常数	可选的	0	可能选择的输出值	—
I39	D8-整数	可调常数	可选的	0	可能选择的输出值	—
I40	D9-整数	可调常数	可选的	0	可能选择的输出值	—
I41	YM-整数	可调常数	可选的	0	可能选择的输出值	—
I42	YL-整数	可调常数	可选的	0	可能选择的输出值	—
I43	E2-整数	可调常数	可选的	0	可能选择的输出值	—
I44	E3-整数	可调常数	可选的	0	可能选择的输出值	—
I45	E4-整数	可调常数	可选的	0	可能选择的输出值	—
I46	YC-整数	可调常数	可选的	0	可能选择的输出值	—
I47	Y9-整数	可调常数	可选的	0	可能选择的输出值	—
I48	E7-整数	可调常数	可选的	0	可能选择的输出值	—
I49	E8-整数	可调常数	可选的	0	可能选择的输出值	—
I50	Y8-整数	可调常数	可选的	0	可能选择的输出值	—
IN1	—	变量	必需的	—	输入(模拟量)	LA
OUT	—	变量	必需的	—	输出(模拟量)	LA

(84)TRASPORT

1)说明

TRASPORT算法采样模拟量输入点并且输出带一个时间延迟的样本值。采样时间(TSAM)和采样数(NSAM)控制延迟(DELAY = TSAM×NSAM)。如果TSAM小于TRASPORT的循环时间，则TSAM等于循环时间。输出为0直到采样数被采集到。如果需要，附加的TRASPORT算法可连成一串以获得更长的延迟时间。

NSAM持续地被限制在1～25的范围内。如果NSAM是负数或者为零，则NSAM转到1；如果NSAM大于25，那么NSAM转到25。

2)无效数和品质

模拟量输入(IN1)的值要进行无效实数校验。如果输入值无效,则输出值无效且输出的品质为 BAD。否则,输出的品质为 GOOD。

3)功能符号

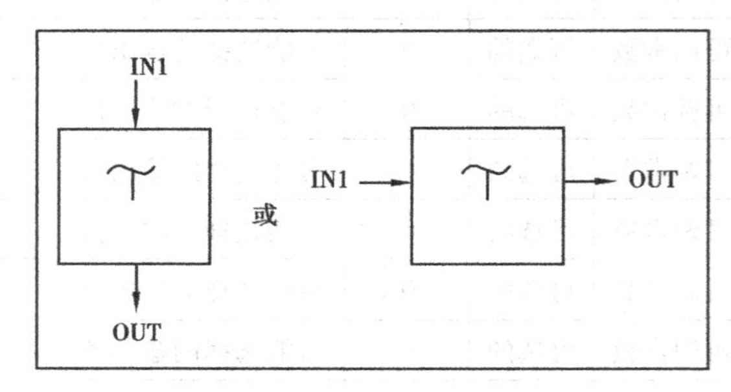

算法记录类型=LC

4)算法定义

名　称	LC 记录字段	类　型	必需/可选的	缺省值	说　明	最小点记录
DIAG	LU-整数	初始数据	必需的	90	可调的图表数值	—
TSAM	T9-实数	初始数据	必需的	0	以 s 为单位的采样时间	—
NSAM	G0-整数	初始数据	必需的	0	采样数(1~25)	—
INIT	X1-字节	初始数据	可选的	0	采样初始化: 0 或 1:当算法第一次加到站上时,采样被初始化为 0;在加电、复位或中断终止时采样不发生变化,并可以包含旧值 2:在加电、复位或中断终止时(如同算法第一次加到站上时),采样初始化为 IN1 模拟量输入的当前值 3:在加电、复位或中断终止时(如同算法第一次加到站上时),采样初始化为 OUT 模拟量输出的当前值 4:在加电、复位或中断终止时(如同算法第一次加到站上时),采样初始化为零	—
IN1	—	变量	必需的	—	输出(模拟量)	LA
OUT	—	变量	必需的	—	输出(模拟量)	LA

(85)TSLH

1)说明

TSLH 计算给定焓下的饱和液体的温度。它是 STEAMTABLE 算法的函数之一。

2）功能符号

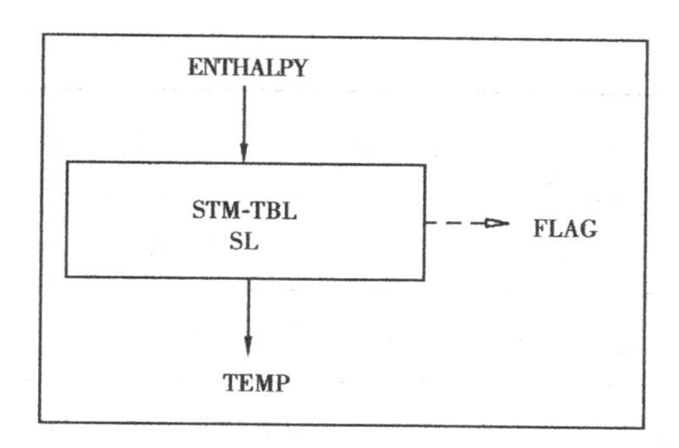

（86）TSLP

1）说明

TSLP 计算给定压力下的饱和液体的饱和温度。它是 STEAMTABLE 算法的函数之一。

2）功能符号

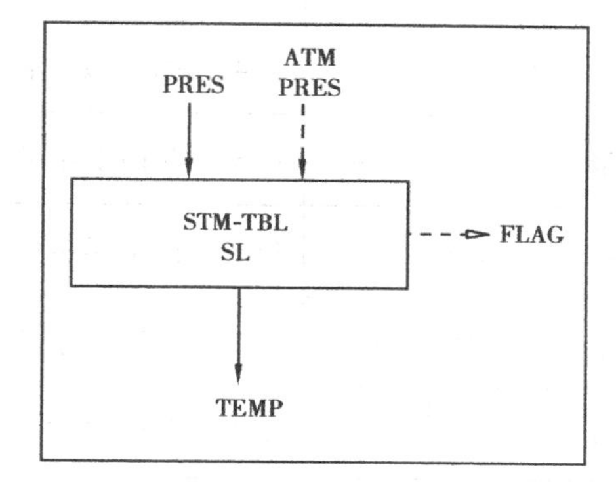

（87）UNPACK16

1）说明

UNPACK16 算法在一个打包 LP 点记录的 A2 记录字段中指定多达 16 个可选的、打包数字量值作为该算法的可选输出。任何 LD 和 DD 记录的组合可预置这些输出。A2 记录字段中的与输出数字量点数相应的位被移到输出数字量点记录中。

2）功能符号

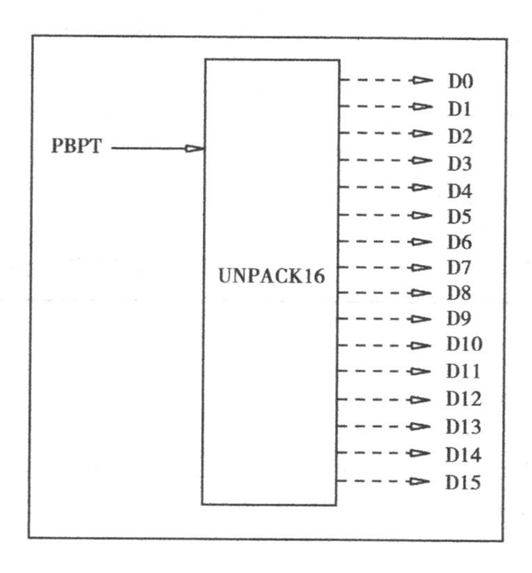

算法记录类型=NONE

3)算法定义

名　称	LC 记录字段	类　型	必需/可选的	缺省值	说　明	最小点记录
PBPT	—	变量	必需的	—	输入(打包点)	LP
D0	—	变量	可选的	—	位 0 的输出(数字量)	LD
D1	—	变量	可选的	—	位 1 的输出(数字量)	LD
D2	—	变量	可选的	—	位 2 的输出(数字量)	LD
D3	—	变量	可选的	—	位 3 的输出(数字量)	LD
D4	—	变量	可选的	—	位 4 的输出(数字量)	LD
D5	—	变量	可选的	—	位 5 的输出(数字量)	LD
D6	—	变量	可选的	—	位 6 的输出(数字量)	LD
D7	—	变量	可选的	—	位 7 的输出(数字量)	LD
D8	—	变量	可选的	—	位 8 的输出(数字量)	LD
D9	—	变量	可选的	—	位 9 的输出(数字量)	LD
D10	—	变量	可选的	—	位 10 的输出(数字量)	LD
D11	—	变量	可选的	—	位 11 的输出(数字量)	LD
D12	—	变量	可选的	—	位 12 的输出(数字量)	LD
D13	—	变量	可选的	—	位 13 的输出(数字量)	LD
D14	—	变量	可选的	—	位 14 的输出(数字量)	LD
D15	—	变量	可选的	—	位 15 的输出(数字量)	LD

(88)VCLTP

1)说明

VCLTP 计算给定温度(T)和压力(P)下压缩(C)液体(L)的比容(V)。这是 STEAMTABLE 算法的一个函数。

2)功能符号

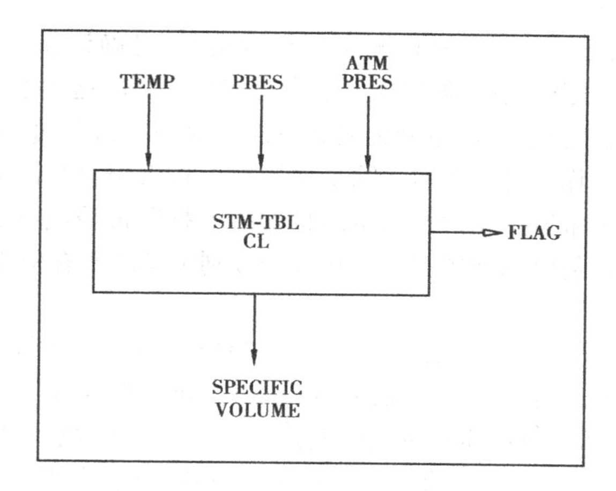

(89) VSLT

1)说明

VSLT 计算给定温度(T)下的饱和(S)液体(L)的比容(V)。这是 STEAMTABLE 算法的一个函数。

2)功能符号

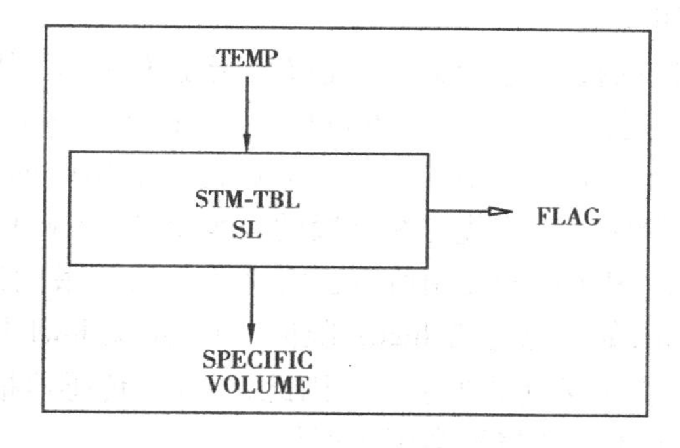

练习题

1. 什么是 Ovation 算法?
2. 算法的硬件地址如何定义?
3. 点的品质有哪些,算法中点的品质如何传递?
4. 什么是"跟踪","跟踪"有何应用意义?

3.3.4　操作界面介绍

操作员站作为操作员与工厂过程控制进行通信的接口,为操作员提供了监控过程即时或历史数据及信息、调整运行参数、获得报警信息、查看错误日志等所需要的手段。

要访问操作员站功能,进入操作界面,只需在操作员站桌面双击操作员站文件夹中功能图标或访问桌面"Start"按钮→"Ovation"→"Ovation Applications",选择相应的功能图标。下面分10部分简单对操作界面进行介绍。

3.3.4.1 报警窗口(Alarm)

Ovation 报警系统允许用户监控和检测工厂异常情况,可确认和打印报警并将其发送到 Ovation 历史站。用户可将报警系统配置为显示来自多个网络的远程报警消息。

操作员也可根据报警的优先级、报警类型和目的地对报警进行过滤。这些过滤特征可由正常和优先操作模式的操作员进行更新。除了在屏幕上查看报警情况之外,还可通过在外部扬声器上播放音频文件来报警。用户可在本地打印机上打印报警或将其发送到 Ovation 历史站。用户可在系统树的任何级别配置报警。在较低级别定义的所有配置优先于已在较高级别定义的所有配置。

通常情况下,报警指示以下情况之一:模拟点已超出其高限值或低限值;模拟点的情况正逐渐变好或变坏(点值更接近其定义的限值,或远离其定义的限值);数字点已更改其状态(on/off,1/0)。报警可以是在 Ovation 系统中发挥以下作用的可视消息和/或可听见的声音,表明需要操作员操作,帮助维护正常的工厂性能,识别和避免危险情况,识别可能导致经济损失的偏差,更好地了解影响工厂过程的情况。

如果用户要更改报警的显示方式,可使用 Developer Studio 中的配置功能插入新的报警对象并进行所需更改。对报警显示所做的更改会输入注册表中。在创建报警对象后,如果要进行其他更改,可使用 Developer Studio 中的配置功能打开报警对象并进行所需更改。下载更改并重启站点后这些更改方可生效。

每个点都具有为其指定的报警优先级。优先级可指定为 1 ~ 8,其中,1 为最高级别(最紧急/最重要),而 8 为最低级别(最不紧急/最不重要)。可以为模拟点分配最多 5 个不同的优先级(4 种限值每种一个,用户定义限值一个)。如果定义了相应的限值,则会定义优先级。high *X*(其中 *X* 为 1 ~ 4)报警使用相应优先级字段的高半字节。low *X*(其中 *X* 为 1 ~ 4)报警使用低半字节。传感器报警和 SID 报警使用所有已定义优先级的最大值,而恢复则使用所有已定义优先级的较小值。例如,如果已定义 high1 限值,而未定义 low1 限值,则将定义 limit1 优先级字段的高半字节,而不会定义其低半字节。因此,当确定传感器报警或从报警恢复的优先级时,limit1 优先级字段的低半字节将不会用于评估。

要访问报警功能,进入操作界面,只需在操作员站桌面双击系统托盘中 Alarm 图标或访问桌面"Start"按钮→"Ovation"→"Ovation Applications"→"Alarms"。

系统管理员可以自定义报警子系统,以适应各种各样的用户。Alarm Configuration 窗口允许用户根据用户的选择配置 Alarm 窗口,如图 3.269 所示。此外,用户还可配置以下各项:

☆报警列表:报警列表、历史记录列表、已确认列表、未确认列表、重置列表、图标列表或任意组合。

☆画布字号(用户可以选择字体;并不是使用配置工具进行配置)。最初显示在屏幕上的报警消息数量。

☆是否执行图标报警。

☆是否将未确认的恢复视为图标列表上的组成员。

☆每个站点上最多可以显示 4 个不同格式的 Alarm 窗口。

当用户使用系统配置工具在 Developer Studio 中配置某个点时,将对该点应用默认报警设置。当用户在操作员站上为某个点配置过滤时,这些设置都是临时的,并将在 Alarm 窗口关闭后取消。如果处于报警状态的点满足当前有效的过滤条件,则其将出现在 Alarm 窗口中。例

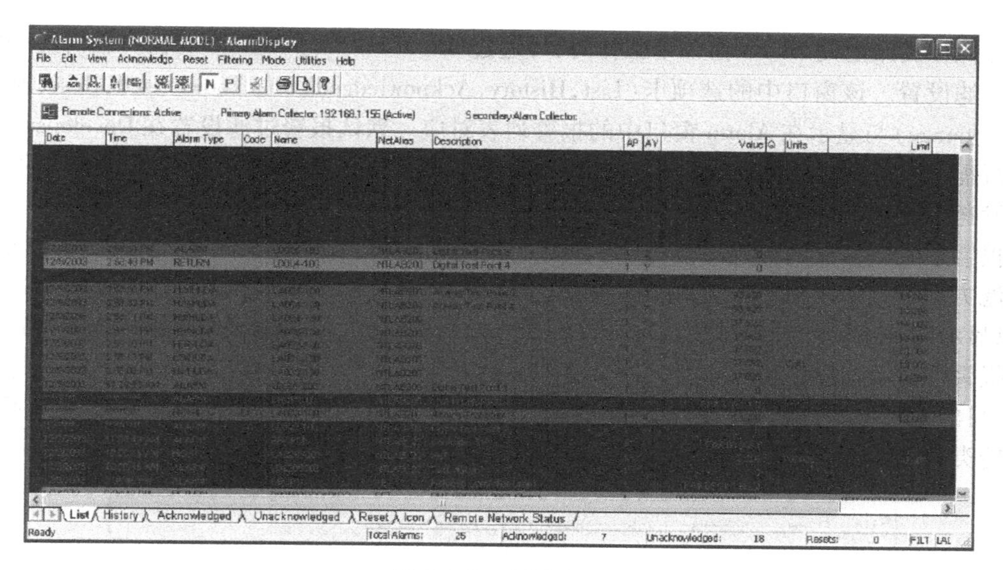

图3.269　报警窗口

如，点(A3005)超出由系统配置工具定义的上限并进入报警状态。假定A3005满足有效的过滤条件，则将产生报警并在操作员站上的当前报警列表、报警历史记录列表以及未确认报警列表中显示为红色(默认颜色)。系统操作员从Base Alarm窗口中的Acknowledge菜单确认A3005报警。现在报警出现在当前报警列表、报警历史记录列表(原始报警，而非确认事件)以及已确认报警列表中。点A3005将更改值并输入其中点值不再处于报警状态的定义范围。报警点出现在以下列表中，但此时其颜色为绿色(默认颜色)，表明该报警已恢复其正常值：当前报警列表、报警历史记录列表、已确认报警列表和重置报警列表。系统操作员重置A3005报警。然后该报警将从除报警历史记录列表之外的所有报警列表中消失。

报警程序使用名为Find Points的搜索实用程序在Alarm窗口的报警列表、报警历史记录列表、未确认报警列表和重置报警列表中查找特定点。此实用程序必须根据在Find对话框中输入的点名称来搜索某个点(见图3.270)。

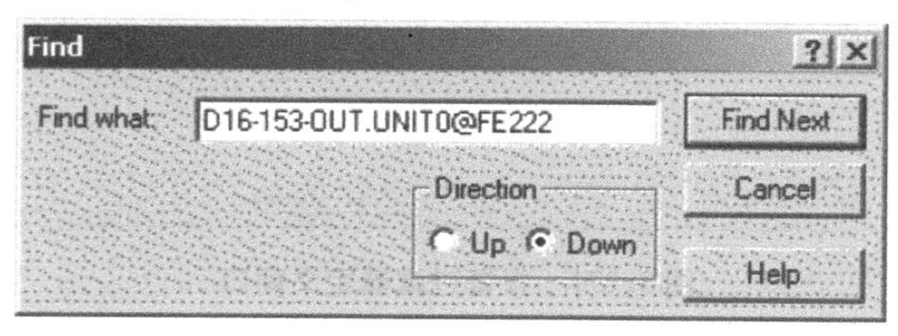

图3.270　搜索窗口

要在操作员站Alarm窗口中查找特定点，先访问Alarm窗口，选择用户要搜索的列表的选项卡。选择"Edit"下拉菜单，然后选择"Find Points"选项，或在Alarm窗口工具栏上，选择"Find"图标，出现"Find"窗口。该窗口包含一个输入字段，输入用户要查找的点的名称。选择"Find Next"按钮以开始搜索该点。用户也可单击相应的方向按钮，以选择搜索的方向。在Alarm窗口中，找到该点并将其突出显示。

用户可选择要在操作员站上的各种报警列表中显示的报警类型，并过滤不想显示的报警。可根据模式、优先级、目的地(厂区)、类型和网络/单位对Alarm窗口中显示的报警进行过滤。

在操作员站上的 Alarm 窗口中工作时,可通过 Alarm Filtering Definition 窗口临时覆盖默认报警过滤设置。该窗口中的选项卡(List,History,Acknowledged,Unacknowledged,Reset 和 Historical Storage)与显示在 Alarm 窗口中的报警列表对应。默认报警过滤设置在 Developer Studio 中进行配置。这些设置确定操作员站上各种列表中显示的报警、发送到打印机和音频的报警,以及发送到历史站进行存储的报警。

报警系统中存在两种过滤模式(正常模式和优先级模式)。用户可以配置两种不同的报警过滤方案:一种用于正常模式;另一种用于优先级模式。用户可在这两种模式之间进行切换,以显示两种不同的报警过滤设置。符合为当前所选模式(Normal 或 Priority)定义的过滤参数的报警将显示在操作员站上的 Alarm 窗口(见图 3.271)。报警在以下情况下符合过滤条件:其目的地与所选过滤目的地相匹配;其优先级与所选过滤优先级相匹配;其类型与所选过滤报警类型相匹配;点的网络和单位与所选网络和单位相匹配(如果已启用单位过滤)。

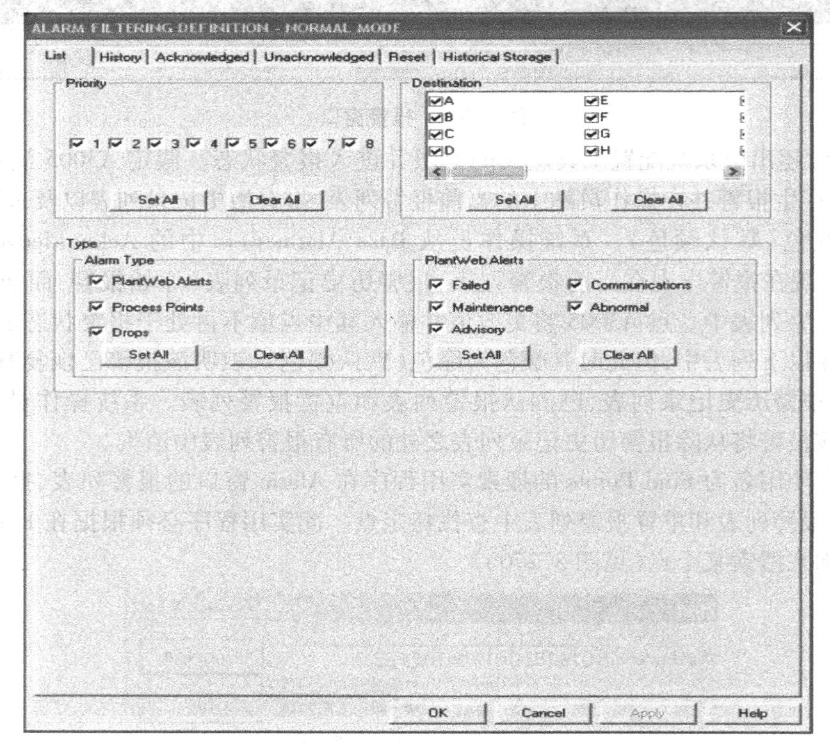

图 3.271 报警过滤器定义窗口

(1)操作员站上的 Alarm 窗口工具栏

报警工具栏位于菜单栏的正下方。报警工具栏包含 13 个按钮,并且每个按钮在选中时均会启动一个 Alarm 窗口(见图 3.272)。

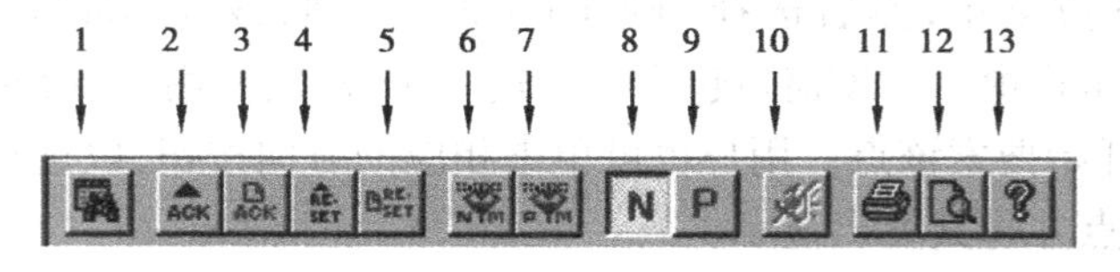

图 3.272 报警工具栏

表3.81 报警窗口工具栏元素

序号	描 述
1	Find:在所选的选项卡上搜索某个点
2	Point Acknowledge:确认当前在 Alarm 窗口中选择的所有未确认报警/恢复。点确认操作不会重置当前所选的任何恢复
3	Page Acknowledge:确认显示在 Alarm 窗口中的所有未确认报警/恢复。页面确认操作不会重置当前所选的任何恢复
4	Point Reset:重置当前在 Alarm 窗口中显示的所有可重置恢复
5	Page Reset:重置 Alarm 窗口中所有可重置恢复
6	Normal Mode Dialog:为正常模式中的报警启动过滤对话框
7	Priority Mode Dialog:为优先级模式中的报警启动过滤对话框
8	Normal Mode:选择正常过滤模式
9	Priority Mode:选择优先过滤模式
10	Silence Audio:静音。音频系统必须配置为激活此按钮
11	Print:使用标准 Windows 打印功能打印当前报警 打印工具栏元素并不是指专用的逐行报警打印机,而是指标准打印功能
12	Print Preview:打印之前在屏幕上显示当前列表的预览 打印预览工具栏元素并不是指专用的逐行报警打印机,而是指标准打印功能
13	About:显示应用程序名称和版本号

(2)操作员站 Alarm 窗口列

Alarm 窗口的列中包含报警信息。用户可以配置在 Alarm 窗口中显示那些列。每列的大小都可以调整。这些列可提供有关报警的以下信息:日期、时间、报警类型、代码、名称、网络别名、描述、报警优先级、报警目的地、值/质量、单位、限值、增量限值、工厂模式、网络 ID 以及增量和恢复。

要为操作员站 Alarm 窗口添加/删除列,访问 Alarm 窗口,选择"View"下拉菜单,然后选择"Columns"选项。出现如图 3.273 所示的"Add/Remove Columns"对话框,单击以选择用户要显示在 Alarm 窗口中的列,然后单击"OK"按钮。

(3)报警列表

Alarm 窗口中的报警列表显示当前系统报警和恢复,新条目添加到报警列表顶部,报警的值和状态不断更新。窗口中显示的报警行数可进行配置,并由窗口的大小决定。默认情况下,系统最多显示 30 行报警。每个报警点在此列表中显示一次。用户可从列表中选择报警条目,然后对其进行确认。这将更改报警的颜色,以表明该报警已得到确认。

(4)报警历史记录列表

报警历史记录列表显示由当前报警模式(Normal 或 Priority)的历史记录过滤条件指定的所有点。新条目添加到历史记录列表顶部,每个报警点可在此列表中出现数次,所有增量和恢复均显示为单独的条目。它包含 15 000 个最新报警事件(报警、恢复和状态更改)。

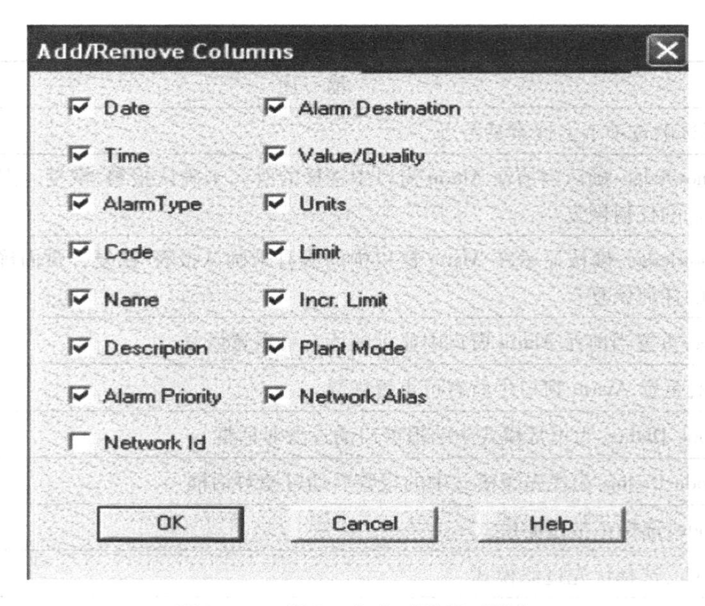

图 3.273 添加/移出列选择对话框

(5)已确认报警列表

已确认报警列表显示当前已确认报警。新条目添加到已确认报警列表顶部,当已确认报警恢复正常或变成未确认状态时,会将其从列表中删除。每个报警点在此列表中显示一次,报警的值和状态不断更新。

(6)未确认报警列表

未确认报警列表显示由当前报警模式(Normal 或 Priority)的未确认过滤条件指定的所有点。将最新报警添加到此列表末尾,以相反的顺序显示报警,其中最早的未确认报警显示在第一页的顶部。报警的值和状态不断更新,确认报警后将其删除,报警点在此列表中仅显示一次。当系统中所有报警均得到确认时,此列表为空白。

(7)重置报警列表

重置报警列表显示由当前报警模式(Normal 或 Priority)的重置过滤条件指定的所有点,报警的值和状态不断更新。按与报警列表相反的顺序显示所有可重置恢复。新的可重置恢复位于此列表底部。

(8)图标报警列表

图标报警提供了根据报警的优先级和目的地对其进行分组的一种机制。每个报警组由显示器上预配置的位图表示。用户可从图标列表查看某个图或图组。如果可以为每个组定义多个图或图组,则用户可在特定图标上显示一个菜单,单击右键并选择用户要查看的图或图组。可为每个报警组定义两个位图:一个位图标识处于非报警状态的组;另一个位图表示处于报警状态的组。此外,报警的状态可由颜色编码的边框来确定。边框标识该组是否处于报警状态。对于处于报警状态的组,边框颜色标识未确认状态。如果某个组中的所有报警都未得到确认,则边框颜色用已确认颜色显示。如果该组中至少一个报警未得到确认,则边框颜色为未确认颜色。

(9)远程网络状态列表

远程网络状态列表显示关于每个远程网络连接的详细信息。例如:

☆ID:远程网络。

☆ID Alias:远程网络别名。

☆Status:标识至远程网络的连接状态。

☆Alarm Data Server Connection:标识产生远程报警消息的报警数据服务器。当与报警数据服务器的连接丢失时,它会指明报警系统最后所连接的服务器。

☆Primary Alarm Data Server:远程网络上的主要报警数据服务器的 IP 地址。这是发送远程报警消息的计算机。

☆Secondary Alarm Data Sever:远程网络上的次要报警数据服务器的 IP 地址。这是发送远程报警消息的计算机。

将列显示在“Remote Network Status”选项卡中的配置方法是:选择“View”→“Columns”。出现“Add/Remove Columns”对话框。此对话框是该选项卡独有的。单击用户想要显示的列,然后单击“OK”按钮。

3.3.4.2 报警播报窗口(Alarm Annunciation)

“Alarm Annunciation”窗口是一种可选报警应用程序,可将报警显示在可配置的报警带中。报警带包括标识当前本地报警的报警消息框。每个报警带均可以滚动,并由识别已进入报警状态的特定点的多个报警消息框组成。每个报警消息框包含一个两行文本字段,其前景色和背景色均可以进行配置。当某个点进入报警状态时,将显示在相应的报警带上。如果已进行配置,还将引起音频文件发出声音。

用户可将报警系统配置为启动 Alarm 窗口或“Alarm Annunciation”窗口,如图3.274 所示。用户可同时显示两种报警窗口类型,但是“Alarm Annunciation”窗口始终显示在报警屏幕的顶部,并且不能用其他任何窗口将其覆盖。

用户可以为每个“Alarm Annunciation”窗口配置闪烁,以确定未确认报警和未确认恢复是否闪烁。如果已配置闪烁,则任何未确认报警或恢复在其得到确认之前将一直闪烁。

要访问操作员站上的“Alarm Annunciation”窗口,首先需要打开操作员站上的“Ovation Applications”文件夹,然后双击 Alarms 图标,或运行 Alarms 应用程序,双击位于系统托盘上的 Alarms 图标,则将出现“Alarm Annunciation”窗口。

恢复被重置后,相应的报警消息框将消失,并且其右侧的任何报警消息框将自动向左移动压缩空白空间。任何空白空间均位于右侧。

图3.274 报警播报窗口

3.3.4.3 流程图显示系统(Graphics Display System)

Graphics Display System(也称 Process Diagram System)允许用户在操作员站上查看流程图(过程图),如图3.275 所示。操作员可通过系统显示图直接与过程流进行交互。通常情况下,操作员站可以显示最多16个流程图或图标。

创建图时,会为每个图指定图编号。如果某个图或点组没有为分页方向指定另一个图编号,则该图的箭头按钮将呈灰色。图编号的指定方式如下:

☆图 1 ~999 适用于子窗口。

☆图 1 000 是默认图,并定义为顶级图。

☆图 7 000 到 8 999 适用于窗口。

☆图 9 000 到 65 535 适用于主屏幕图。

访问操作员站上的 Graphics 窗口可打开操作员站上的“Ovation Applications”文件夹,然后单击“Graphics”图标,或运行 Graphics 应用程序,则双击位于系统托盘上的 Graphics 图标,或选择“Start”→“Ovation”→“Ovation Applications”→“Graphics”。取决于操作员站的配置,每个 Graphics 窗口最初可以显示一个自定义图。图 1 000. diag 为默认图。若要在窗口中显示某个图,可选择一个图编号打开。用户可从图中的响应区域访问其他画面。这些图将出现在弹出窗口中。默认情况下,每个图每次只能打开一个弹出窗口。如果用户想为一个画面同时打开多个弹出窗口,则必须按《Ovation 操作员站配置指南》中所述配置该功能。

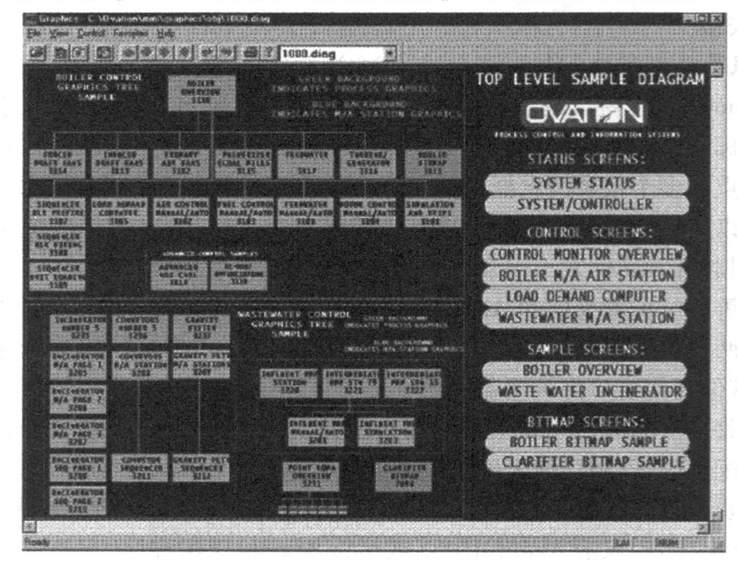

图 3.275　流程图画面

用户可在每个弹出窗口中选择“Lock Window”复选框,从而为一个画面选择最多 10 个弹出窗口,如图 3.276 所示。这会锁定窗口中的图形,直至用户取消选中该复选框,并且没有其他任何画面可覆盖已锁定的图形。用户不能为最后打开的弹出窗口选中此复选框,并且用户打开的任何其他窗口(超出已配置数量)都将出现在该弹出窗口中。

(1) Graphic Redirect 窗口

Graphic Redirect 窗口允许用户提取当前显示在 Ovation 操作员站上(源站点)的标准图形文件(仅. diag,而非. svg 控制文件),并将其显示在另一个操作员站上。用户可在一个本地网络上配置最多 16 个画面重定向目的地,并且可在一个操作员站上同时显示最多 16 个图形。在远程网络上,用户只能将画面重定向至本地目的地站点,而非远程站点。将图形重定向至目的地站点之前,用户必须确保该图形已下载至目的地站点。

要使用操作员站上的 Graphic Redirect 窗口,确保已将要重定向的画面(最新版本的. diag 文件)下载至目的地站点,在源操作员站上显示一个图形。从“File”菜单选择“Redirect graphic”。出现已配置目的地的列表,或右键单击该图形的画布,然后从显示的菜单中选择

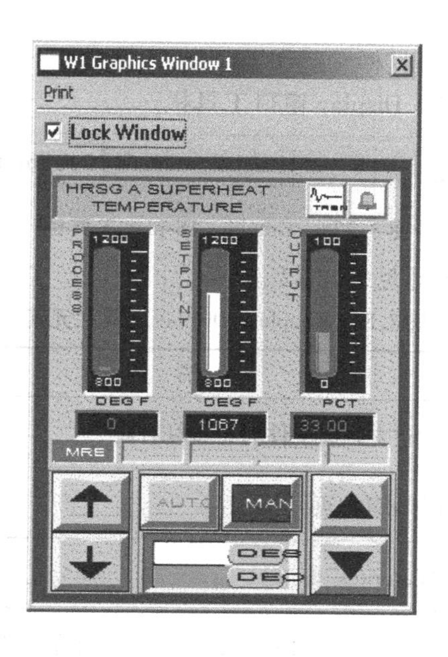

图3.276　操作控制板

"Redirect graphic",或选择"poke field"或"OL_button"以从当前显示的画面上执行Redirect Graphics应用程序#115。

从已配置的重定向图形目的地列表中,选择要显示该图形的目的地操作员站和窗口。用户显示在源操作员站上的图形现在也会显示在目的地操作员站上(见图3.277)。

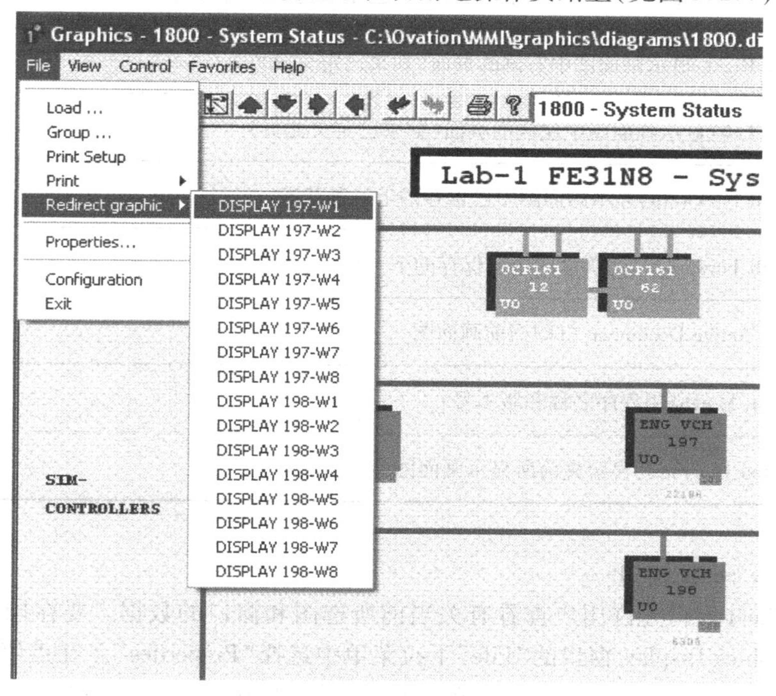

图3.277　重定向图形目的地列表

(2)Graphics Display 窗口工具栏

如图 3.278 所示为 Graphics Display 窗口工具栏。

Ovation Diagram Home Pag

图 3.278　Graphics Display 工具栏

Graphics Display 工具栏具体见表 3.82。

表 3.82　Graphics Display 工具栏元素

按键	描　述
	Load Diagram File:显示包含画面文件的导航对话框
	Home Page:返回到用户配置主页
	Go To Favorites:显示"Favorites"窗口
	Reset Control:如果已激活所选画面上的控件,则此按钮将重置控件
	Full Screen:以最大屏幕尺寸显示图
	Page Up:显示画面图中的上一页(如果已定义此页)
	Page Down:显示画面图中的下一页(如果已定义此页)
	Page Right:显示画面图中右侧的页面(如果已定义此页)
	Page Left:显示画面图中左侧的页面(如果已定义此页)
	Recall Backward:显示画面图中已保存的上一种状态
	Recall Forward:显示画面图中已保存的下一种状态
	Print Active Document:打印当前画面图
	About:显示应用程序名称和版本号
	Visited Diagrams:显示先前所显示画面图的下拉列表

(3)Property Sheet 窗口

Property Sheet 窗口允许用户查看有关当前所选图和窗口的数据。要在操作员站上显示图属性,从 Graphics Display 窗口的"File"下拉菜单中选择"Properties"。在点值或控制算法未占用的图区域单击鼠标右键。从该右键菜单中选择"Properties"。出现如图 3.279 所示的"Property Sheet"窗口。选择"Main"选项卡以显示数据。选择"General"选项卡以查看图的相关信息。

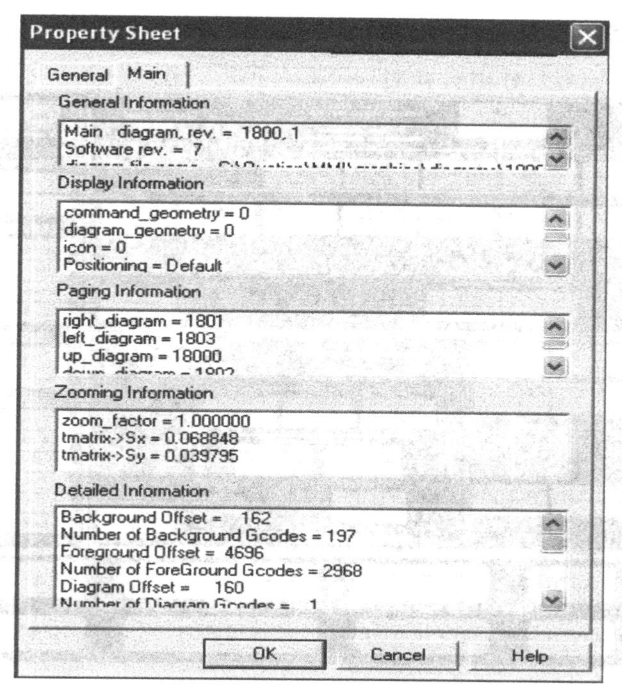

图3.279 属性页面

(4)Graphics Display System 收藏夹

收藏夹是常用对象的采集。用户可通过 Graphics Display System 中的收藏夹快速访问定期使用的图。Favorites 右键菜单下有3个选项:Organize Favorites,Add to Favorites,Goto Favorites,分别用于创建收藏夹文件夹、添加收藏夹和访问收藏夹。

(5)拆分窗口

信息可按子屏幕格式显示在屏幕底部。所有可显示项均可位于子窗口中。子窗口的初始大小为主屏幕的20%,但是可进行扩展。子窗口保持可见,同时主屏幕图更改。

要在 Graphics Display System 中取消拆分窗口,可通过以下方法之一取消拆分窗口子窗口:在子窗口中单击鼠标右键,以显示包含“Dismiss”选项的弹出窗口;将分屏栏拖到窗口底部;使用应用程序取消窗口(见图3.280)。

3.3.4.4 点信息系统(Point Information System)

Point Information (PI) 窗口包含多个选项卡,这些选项卡提供有关所选点的信息。针对某个点显示的选项卡和字段数量由该点的记录类型确定。信息表中都为点配置信息,本书前面章节已详细说明,此处不再进行介绍。

要访问操作员站上的 Point Information 窗口,先打开操作员站上的“Ovation Applications”文件夹,然后双击“Point Information”图标,或运行 Point Information 应用程序,双击位于系统托盘上的 PI 图标,或选择“Start”→“Ovation”→“Ovation Applications”→“Point Information”,“Point Information”窗口将显示为空白。输入点名,如果用户不知道所需点的名称,则在“Point Information”窗口中单击“Search”按钮,或从“File”下拉菜单中选择。出现“Find Points”窗口,选择相应的网络、单位和站点。出现该站点的所有点的滚动列表。若要停止或更改搜索,可单击“Abort Search”按钮,在列表中双击所需点名称,或选择该点并单击“Apply”按钮。出现如图

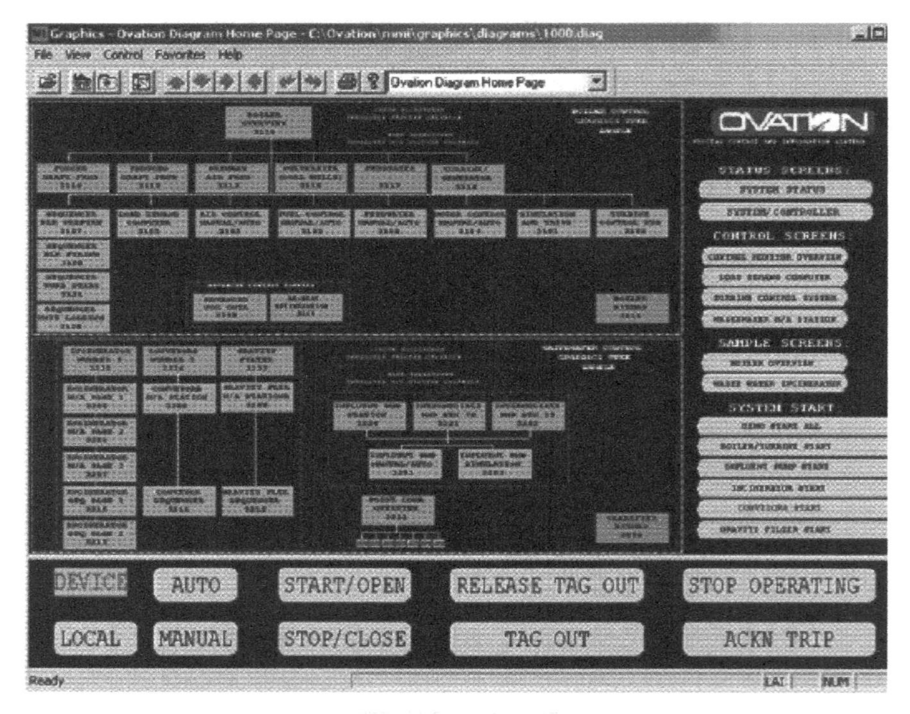

图 3.280 拆分窗口

3.281 所示该点的“Point Information”窗口。

在操作员站上使用 Point Information 窗口修改点属性,从文件夹中选择适当的选项卡,以修改点属性。每种点属性的当前状态或值将显示在此窗口中。每个可修改的字段均包含以下信息:字段标签、当前状态和值字段、状态字段、状态单选按钮、数据输入字段、Apply 按钮和 Cancel 按钮。在输入字段中输入值,或选择所需的单选按钮,单击“Apply”按钮保存更改。使用“Cancel”按钮,以取消在应用过程中尚未保存的任何更改。

3.3.4.5 控制逻辑图(Signal Diagram)

可以通过多种方式访问控制逻辑图:选择操作员站“Ovation Applications”图标;选择“Point Menu”;选择“Control Builder”。

“Signal Diagram Preferences”选项定义在显示画布上用于各种表对象的颜色。在“Project Setting”下所做的更改将应用到对象目录中的每个表。

要设置控制逻辑图颜色和转换首选项,访问“Signal Diagram”窗口,从“Signal Diagram”窗口,向下拉“File”菜单,然后选择“Preferences”,出现“Configure Settings”窗口。选择“Canvas”选项卡(适用于控制逻辑图显示画布的参数)、“Dock Windows”(适用于可停靠窗口(Algorithm Summary,Control Summary 等)的参数)或 Run-Time (适用于时间值的参数)。单击“Configure Settings”窗口左侧的一个参数。该窗口右侧将显示可以为该参数配置的属性。在所需属性的“Value”字段上单击鼠标左键。显示包含选项列表的下拉菜单。进行所需选择。在设置所有首选项后,单击“Ok”按钮。单击“Cancel”按钮,退出该窗口而不保存任何更改。选择“Help”按钮,显示关于“Configure Settings”窗口的联机帮助。

(1)调整算法

Ovation 中的调整功能是指当算法显示在控制逻辑图上时更改其中的点值。当系统处于

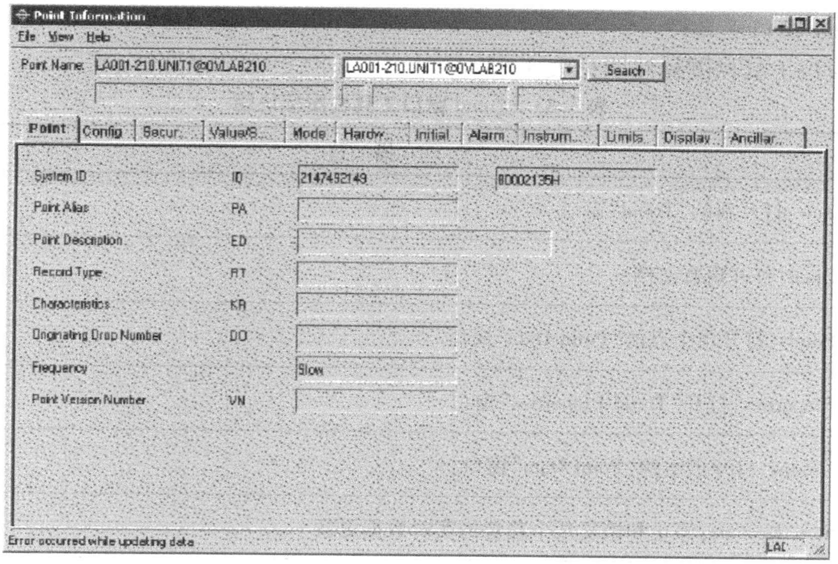

图3.281 点信息窗口

运行状态时，在操作员站上联机进行修改或调整。在完成调整后，这些值将发送到控制器，而该点的值也会相应更改。

要调整算法参数，可访问Sheet Browser窗口，然后选择要显示在画布中的表。左键单击要调整的算法。该算法的信息出现在“Property Summary”和“Algorithm Summary”窗口中(如果该算法支持跟踪，则其信息也会出现在“Tracking Summary”窗口中)。转至“Properties Summary”窗口，然后选择要调整的参数。在“Tuned Value”字段中输入该参数的新值。单击“Commit”按钮(保存设置并更改算法记录中的值)或Clear(清除输入字段并从列表中删除更改)。若要在特定算法上执行高级调整功能，可单击“Advanced”按钮。

对于支持键盘按钮或设定点值形式的用户输入的某些算法，“Signal Diagram”窗口底部将显示一个控制栏。显示在此控制栏上的按钮和输入字段，根据所选算法的适用参数进行更改。

(2)协调调整更改

在创建并保存控制逻辑后，必须将其加载到控制器，然后系统会将此文件下载到MMI。然后用户可在任何MMI上使用控制逻辑图来监视和调整控制过程。

在监视过程中，用户可能想要对某个算法进行联机调整更改(只能调整算法参数值，而非点值)。在进行调整更改后，这些更改将发送到控制器。在完成更改后，如果要将这些更改放入数据库中，则用户需要在“Ovation Developer Studio”中使用“Reconcile”功能。此功能在前面章节已详细介绍，此处不再说明。

3.3.4.6 趋势显示系统(Trend Display System)

Trend Display System以图形或表格趋势显示针对Ovation网络上的活动点收集的数据示例。每次采集间隔显示600个数据示例。趋势按预先设定的速度采用实时信息不断更新。用户可指定趋势数据，如点名称、缩放限值和采集间隔。

要访问操作员站上的Trend窗口，可打开操作员站上的“Ovation Applications”文件夹，然后双击“Trend”图标，或如果已运行Trend应用程序，则双击位于系统托盘上的“Trend”图标，或选择“Start”→“Ovation”→“Ovation Applications”→“Trend”。

(1)Trend 窗口工具栏

Trend 窗口工具栏图标注明见表 3.83。

表 3.83　Trend 窗口工具栏图标说明

按键	描　述
	New:打开新的"Trend"窗口
	Open:打开现有文档
	Points:打开单个点的"Point Data"窗口
	Properties:打开"Trend Properties"窗口
	Groups:打开点组的"Point Data"窗口
	Stop/Resume:停止和恢复某个趋势的实时数据更新
	Refresh:刷新显示
	Time Shift Left:向左移动页面。在实时趋势中,此操作将导致自动切换到 HSR 模式并请求检索历史数据
	Time Shift Left Half Page:向左移动半个页面
	Time Shift Right Half Page:向右移动半个页面
	Time Shift Right:向右移动页面
	Both:用画面和表格趋势同时显示摘要
	Chart:仅在窗口中显示画面和摘要
	Tabular:仅在窗口中显示表格和摘要
	Chart Reset View:重置画面
	Chart Time Zoom:仅适用于 HSR 趋势。将检索所选时间范围内的数据。最小缩放范围是 0.1 s
	Chart Zoom:控制缩放级别和放大所选区域
	Print:打印活动窗口
	Help:显示应用程序名称和版本号

(2)Trend Point & Properties 窗口

Trend Point & Properties 窗口用于指定趋势的数据来源和范围。点既可以来自实时数据,也可以来自历史数据。"Trend Properties"选项卡用于定义趋势的属性(数据来源、趋势显示方式、趋势持续时间)，“Point Data”选项卡用于选择趋势的点，“Trend Config”选项卡用于定义趋势的颜色和标度。

要访问操作员站上的 Trend Point & Properties 窗口，先访问 Trend 窗口，从“Trend”菜单选择“Points”“Configuration”或“Properties”，或从“Trend”工具栏选择“Point”“Configuration ”或“Properties”图标。出现“Trend Point & Properties”窗口。

(3)创建和配置趋势

要在操作员站上创建趋势，访问 Trend 窗口，选择“Trend”工具栏按钮，从“Trend Display”窗口选择“Trend”下拉菜单。从该菜单选择“Points”。出现显示“Point Data”选项卡的“Trend Point & Properties”窗口。“New Trend”窗口为空白。若要添加点，可键入点名称或单击“Browse”按钮。出现“Find Points”窗口，选择所需点，然后单击“Apply”按钮。此窗口将一直打开，直至用户单击“Dismiss”按钮。所选点(或项)出现在“Trend Point & Properties”窗口中的“Point Data”选项卡上。这些点是已创建趋势的点。若要添加实时趋势和历史趋势点，用户可在输入字段中键入其名称(或 Item ID)然后单击“Add”按钮。但是，对于实时趋势点，如果点名称为非完全限定名(例如，如果没有网络或单元)，则系统将添加默认的网络和单元。若要删除点，可单击“Delete”按钮。用户可选择“Move Up”或“Move Down”，以在添加点的列表内进行导航。画面标度默认为点的限值。若要更改标度，可选择点，然后单击“Limits”下拉菜单并选择“Custom”选项。在“Top Bar”和“Bottom”输入字段中输入所需值。单击“OK”按钮，退出“Trend Point & Properties”窗口，并保存所选点。使用“Cancel”按钮退出且不保存更改，如图 3.282 所示。

图 3.282 趋势配置菜单

要在操作员站上配置趋势，访问 Trend 窗口选择“Trend”工具栏按钮，或从“Trend Display”窗口选择“Trend”下拉菜单。从该菜单选择“Configuration”。出现显示“Configuration”选项卡的“Trend Point & Properties”窗口。Good Quality Colors 和 Non-Good Quality Colors 区域定义用于绘制趋势上前 16 个点的颜色(当这些点质量为 Good 或 Non-Good 时)。使用“Trend Config”选项卡中的设置来定义颜色、趋势时间顺序和点的默认标度。用户也可为趋势指定所需的数据检索模式。如果执行“Historical Trend”，用户可在“Get Original Value”和“Get Latest Value”之间进行切换，以显示原始数据或最新数据。如果想要在表格趋势中的已编辑数据旁边看到铅笔图标，用户也可选中“Mark Edited Data”复选框。注意，在此对话框中所做的更改只能用于此趋势对象。如果想要将此设置保存到配置文件以用于其他趋势对象，可单击“Save”按钮，如图 3.283 所示。

(4)运行多个趋势

要查看多个趋势，用户可在一个 Trend 程序内运行多个趋势或启动另一个 Trend 程序。

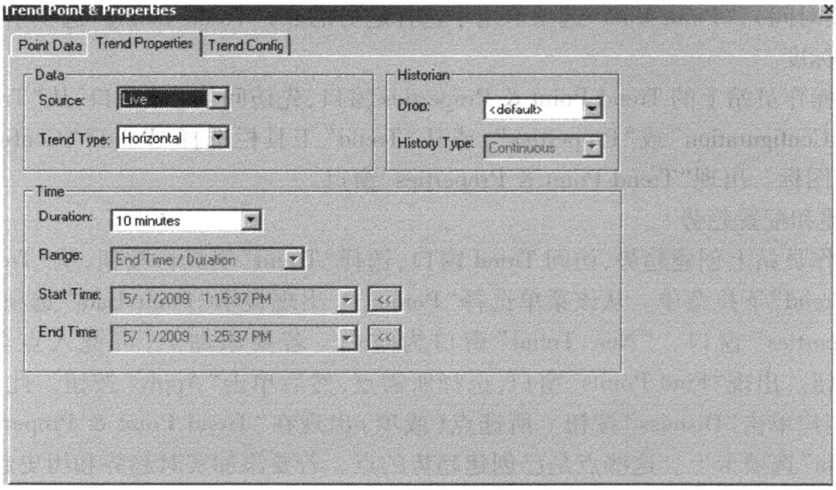

图 3.283 “Trend Point & Properties”窗口

在一个程序内运行多个趋势允许用户查看不同的趋势点或趋势组，而不会因运行多个 Trend 程序而为系统资源带来负担。虽然 Trend 程序允许同时运行多个窗口，但只能在每个窗口中绘制一个趋势。

运行一个趋势后，用户可在相同 Trend 程序中启动另一个趋势。访问 Trend 窗口，从 Trend 窗口选择“File”下拉菜单，然后选择“New”选项。将出现新的 Trend 窗口，此时，用户可在此窗口中创建趋势。有关创建趋势的信息，可参阅“创建趋势”。若要设置窗口布局，可选择 Window 下拉菜单，选择重叠趋势窗口的“Cascade”选项，这些窗口的每个标题栏均可见，或选择“Tile”选项重新调整所有打开窗口的大小，以使其全屏显示而无任何重叠。根据需要重新调整 Trend 窗口的大小和移动这些窗口。活动的 Trend 窗口显示在 Trend 程序的主标题上。非活动 Trend 窗口呈灰色，若要激活某个窗口，可单击该窗口，或从 Windows 下拉菜单选择所需趋势的名称。若要让某个 Trend 窗口占据整个应用程序窗口，可双击活动的趋势或单击最大化按钮。其他 Trend 窗口将留在其原来的位置。如要访问其他窗口，可从 Windows 下拉菜单选择所需窗口的名称。若要关闭某个 Trend 窗口而不退出应用程序，可单击所需窗口上的“Exit”按钮，从 Trend 窗口上的“File”菜单中选择“Exit”，以退出 Trend 应用程序和所有打开的 Trend 窗口。

(5)趋势组

趋势组先前定义为具有相同趋势显示参数的点的集合。一个趋势组可以包含最多 8 个不同的点，并且趋势组中的所有点都具有相同的组参数。但是，趋势组中每个点可能具有独特的点参数。

要在操作员站上加载一组点，访问 Trend 窗口，选择“Trend”下拉菜单，选择“Groups”选项。出现如图 3.284 所示的“Select Group”窗口。从“Trend Groups”列表选择一个组，单击“OK”按钮选择组信息，或单击“Cancel”按钮退出该窗口。从“Trend Display”窗口选择“Trend”菜单，选择“Points”选项，来自所选组的点出现在“Trend Point & Properties”窗口的“Point Data”选项卡中。

要在操作员站上显示趋势组，访问 Trend 窗口，选择“Trend”下拉菜单，选择“Groups”，出

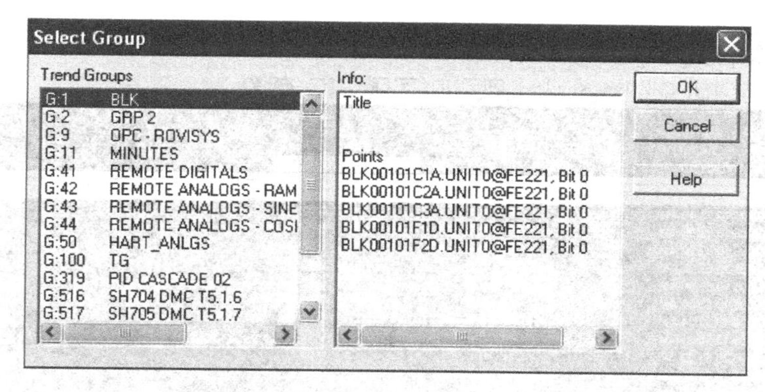

图3.284　“Select Group”窗口

现“Select Group”窗口。从“Trend Groups”滚动列表选择所需趋势组。组信息出现在组滚动列表右侧的Info框中。从“Trend Display”窗口选择“Trend”下拉菜单，选择“Properties”。出现如图3.285所示的“Trend Point & Properties”窗口（“Trend Properties”选项卡）。有关此窗口中各字段的说明，可参阅“创建趋势”。从“Source”下拉菜单选择“Live”或“Historian”。此时，趋势组显示在选定的Trend窗口中。选定的窗口是指在“Select”框中显示复选标记的窗口。“End Time”旁边的“<<”按钮将自动填充当前时间。

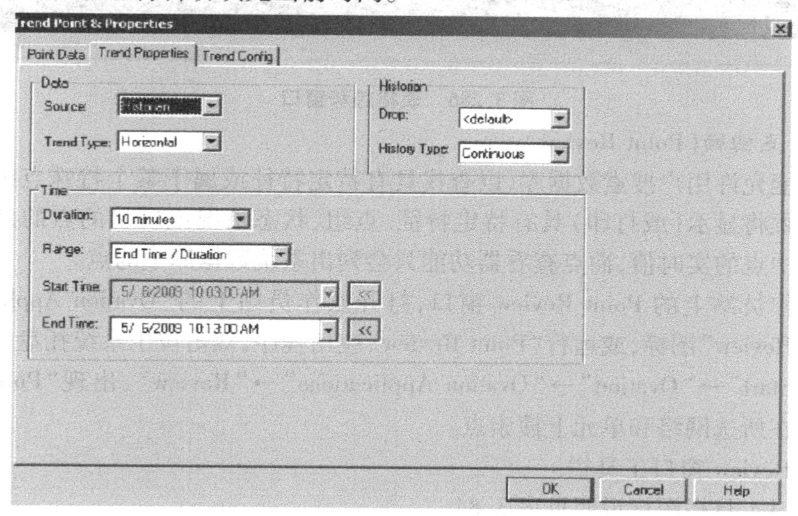

图3.285　“Trend Point & Properties”窗口

（6）表格趋势

要在操作员站上显示表格趋势，访问Trend窗口，从工具栏上选择“Tabular Trend”图标，或选择“View”下拉菜单，选择“Trend Type”，然后从子菜单选择“Tabular”。出现表格趋势窗口。若要更改Date/Time列的排序顺序，可将光标置于Date/Time列上方并单击鼠标右键。出现弹出菜单，此菜单包含按升序或降序排列的选项。在点上单击鼠标右键，以显示Point Menu。此菜单顶部将显示完整点名称。使用Trend选项显示Trend Point & Properties窗口，如图3.286所示。

要在操作员站上暂停表格趋势，访问Trend窗口，从Trend窗口中选择“View”下拉菜单，突出显示“Stop”选项。如果某个趋势停止，则此选项左侧的文本上具有一个复选标记。

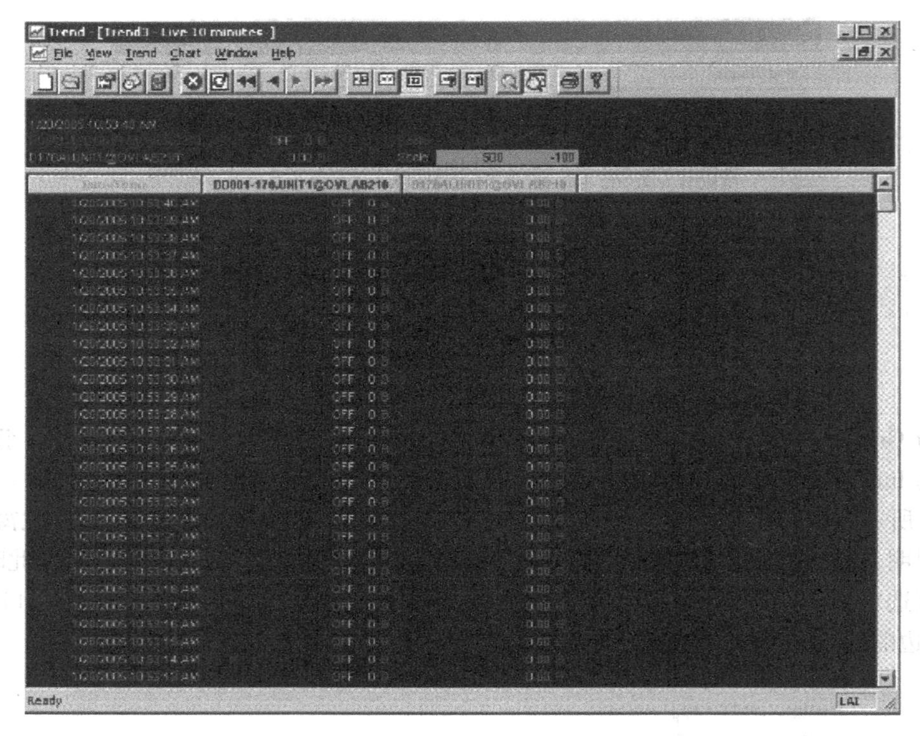

图 3.286　表格趋势窗口

3.3.4.7　点回顾(Point Review)

点回顾功能允许用户搜索数据库,以查找具有特定特征或属于某个特殊点组的点。从该窗口生成的回顾将显示(或打印)具有特定特征、点组、状态情况或质量的点的列表。点回顾功能提供系统中点的实时值,而点查看器功能只会列出系统数据库中的点。

要访问操作员站上的 Point Review 窗口,打开操作员站上的"Ovation Applications"文件夹,然后双击"Review"图标,或运行"Point Review"应用程序,双击位于系统托盘上的"Review"图标,或选择"Start"→"Ovation"→"Ovation Applications"→"Review",出现"Point Review"窗口。点回顾将在所选网络和单元上搜索点。

(1)Point Review 窗口工具栏

点回顾窗口工具栏图标说明见表 3.84。

表 3.84　点回顾窗口工具栏图标说明

按键	描　述
GO	Begin Review (GO):开始点回顾。该程序使用所选属性创建点列表并显示在活动窗口中
STOP	Abort Review (STOP):取消当前正在进行的回顾。在停止回顾之前所找到的点将显示在活动窗口中
	Print:打印当前回顾

续表

按键	描　述
	Print Preview：在屏幕上显示回顾打印输出的预览
	Find Points：查找特定点名称的条目
	Add/Remove Columns：显示一个窗口，操作员可通过此窗口选择显示在点列表上的列的集合
	Set Review Filters：显示一个窗口，操作员可通过此窗口选择在回顾期间应用的过滤器
	Modify Point Attributes：允许更改所选过程点的特定属性。用户可更改模拟点、数字点、打包数字点、模块点及节点点记录
	Help：显示应用程序名称和版本号

（2）回顾过滤器

Point Review Set Filters 窗口指定用于过滤回顾点的点类型、回顾类型、质量值及特征。

基于特征的回顾允许用户搜索预定义的特征集。此文件中最多可以定义700个特征组。每个过程点可与由8个字母数字字符组成的集合相关联。集合中每个字符定义点的某些特征。注意，特征组已在配置操作员站的过程中进行了定义。

基于点组执行回顾。点组存储在数据库中，最多可有5 000个点组（编号为1～5 000），每个点组可以包含最多249个点（编号为1～249）。

基于点名称/描述的回顾，Point/Description 功能允许用户按点名称、描述或这两者进行过滤。此处也会激活通配符功能。

3.3.4.8　错误日志（Error Log）

Ovation Error Log 窗口中包含由各种 Ovation 服务和应用程序生成的错误、警告和通知消息。Error Log 窗口以标准的 Windows 列表视图（包含最多5列信息）显示系统消息。首次显示时，错误消息将按从最早到最新的时间顺序显示在窗口中。用户可定义显示的列数及列中消息的优先级。此信息以两种不同的模式显示，即 Live 和 Historical。用户可在这两种模式之间进行切换，以查看当前错误消息以及较早的错误消息。过滤功能允许用户基于日期或优先级搜索错误消息。

要访问操作员站上的“Error Log”窗口，打开操作员站上的“Ovation Applications”文件夹，然后双击“Error Log”图标，或运行 Error Log 应用程序，则双击位于系统托盘上的“Error Log”图标，或选择“Start”→“Ovation”→“Error Log”。将出现如图3.287所示的“Ovation Error Log”窗口，并显示由各种 Ovation 服务和应用程序生成的错误、警告和通知消息。

错误日志消息具有8种不同的优先级级别：

☆0：紧急情况/严重错误　。

☆1：报警消息。

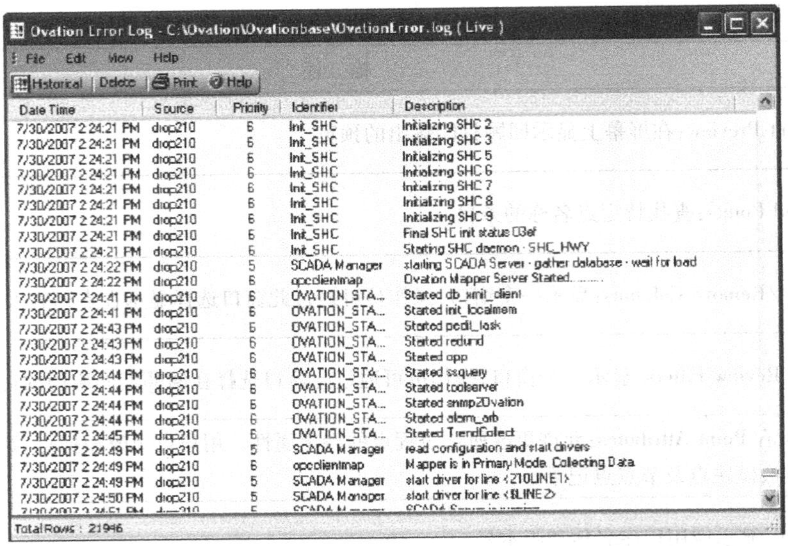

图 3.287 “Ovation Error Log”窗口

☆2:重要情况。

☆3:错误。

☆4:警告。

☆5:正常但重要的情况。

☆6:通知消息。

☆7:调试消息。

3.3.4.9 点查看器(Point Viewer)

点查看器允许用户查看系统数据库中的所有点。用户可根据特定特征(如记录类型、特征或点的频率)对点进行过滤。如果选择特定的过滤器,则查看仅包含具有所需属性的点。点查看器功能只会列出系统数据库中的点。

要访问操作员站上的 Point Viewer 窗口,打开操作员站上的“Ovation Applications”文件夹,然后双击“Viewer”图标,或运行 Point Viewer 应用程序,则双击位于系统托盘上的“Viewer”图标,或选择“Start”→“Ovation”→“Ovation Applications”→“Viewer”。将打开如图 3.288 所示的“Point Viewer”窗口,其中包含可用的单元和站点信息,以及站点上所有点的列表。

3.3.4.10 实用程序

Ovation 实用程序允许用户显示有关 Ovation 系统的各种信息,或在 Ovation 上执行某项功能。这些实用程序包括:

☆控制逻辑导航器(Control Logic Navigator)。

☆传感器校准(Sensor Calibration)。

☆工作站安全(Station Security)。

☆Ovation 状态和组态(Ovation Status And Configuration)。

☆操作员画面组显示(Operator Diagram Group Display)。

(1)控制逻辑导航器(Control Logic Navigator)

控制逻辑导航工具在本地网络上的一个或多个活动控制器中搜索用户指定点。

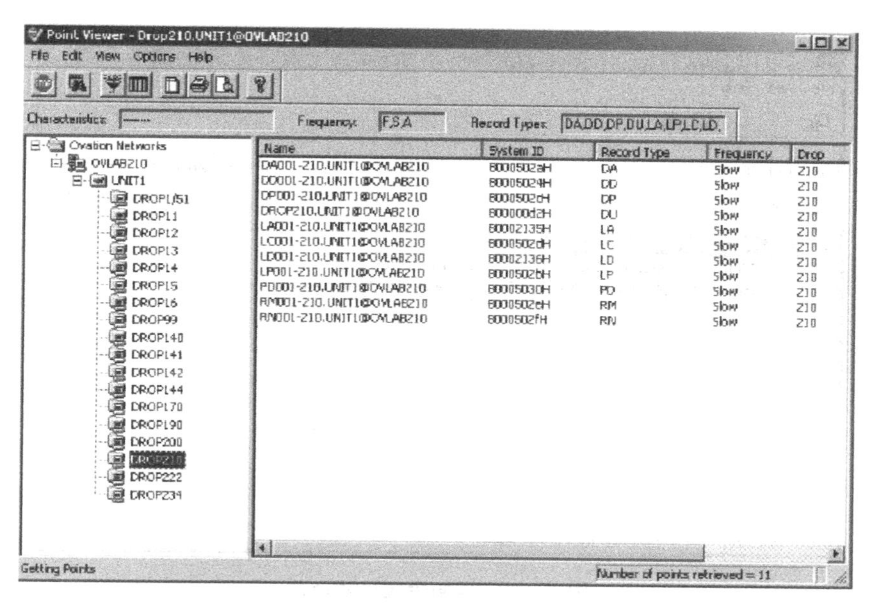

图 3.288　“Point Viewer”窗口

此工具旨在用于排除控制逻辑的故障。尤其是排除已移植(项目) WDPF 控制系统中的控制逻辑故障。用户可通过此工具向控制系统请求当前所加载的控制页中的特定点。Control Logic Navigator 工具将搜索所选站点中的所有控制页,并使用画面显示程序显示控制图。将显示使用指定点的控制页列表。还将显示列表中每个表的站点号、表号和表描述。用户可展开列表中的每个表,以查看在表上使用该点的每个实例的子列表。对于每个实例,算法名称与特定于该算法的数据一起显示。例如,如果算法为 BOOLEANSOLVER,则也将显示指定的输出。如果算法为 LADDERSOLVER,则将显示参数类型以及参数的行与列。对于所有其他算法,将显示参数引脚名称以及相关的 LC 点。单击任何列表条目将在活动画面窗口中显示相关控制逻辑。

搜索打包点时,用户可选择使用 Control Logic Navigator 工具在 Bit 字段中选择一个位,以限制搜索。

可根据控制页上的所有点事件进行搜索,或将搜索限制为使用特定位(第 0 至 15 位)的表。如果用户在 Bit 字段中选择空白选项,则该选项将搜索使用 16 位中任何位的表。如果输入点不是打包点,则忽略 Bit 选项。

要访问 Control Logic Navigator ,用户可通过画面显示内的右键菜单或从计算机屏幕左下角的“Start”按钮访问“Control Logic Navigator”。选择“Start”→“Ovation”→“Ovation Utilities”→“Control Logic Navigator”。出现如图 3.289 所示的“Control Logic Navigation”窗口。

当 Control Logic Navigator 主窗口上显示图标时,它表示生成该点的控制逻辑。搜索结果列表包含表的列表。每个表的左侧显示 (+) 或 (-)。单击 (+) 展开或打开表,以查看使用输入点的位置。单击 (-) 折叠或隐藏使用该点的位置。单击一个表(或表上的一个实例),以将相关控制逻辑显示在 Graphic 窗口中。

若要将数据保存到其他驱动器或文件夹,可单击工具栏上的“Save”图标,或从“File”下拉菜单选择“Save as”。选择“Save-to-File”,则出现“Save-to-File”窗口,可直接输入保存路径或按“Browse”键选择保存文件的文件夹进行保存。

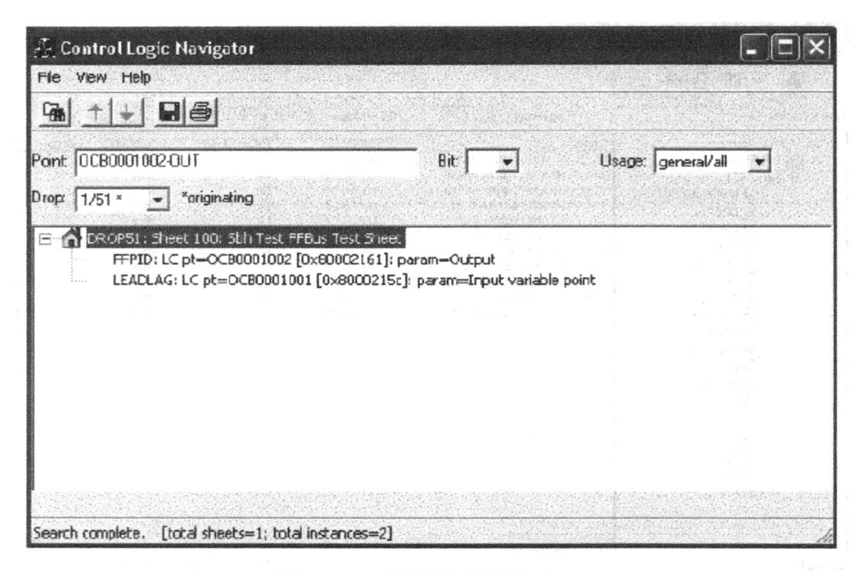

图 3.289　控制逻辑导航窗口

(2)传感器校准(Sensor Calibration)

Sensor Calibration 提供对模拟点的校准。Sensor Calibration 获取用户输入并计算随后由控制器用于将原始输入值转换为工程单位的转换系数。

要访问 Sensor Calibrate 功能,选择"Start"→"Ovation"→"Ovation Utilities"→"Sensor Calibrate",显示"Sensor Calibration"窗口。

若要搜索想要校准的点,可单击 Sensor Calibration 窗口中的"Search"按钮(见图 3.290)。"Find Points"窗口中,从左侧窗格中选择一个站点,并从右侧窗格中选择一个点,然后选择"Apply"。选定点将显示在"Sensor Calibration"窗口中。选择"Degree of the Polynomial",输入应用程序范围的期望值。单击"Position"按钮,然后选择以下选项之一:"User Entered"(手动校准)或"Actual Voltage"。在输入足够数量的值后(所需值的数量取决于先前指定的多项式次方),用户可以选择"Calc Coeff"按钮以计算新的系数。在系数计算好后,它们会显示在"New Coeff"列中。"Deviation"字段仅适用于从硬件读取的实际值。选择"Plot Point"选项卡,出现"Plot Point"窗口。这将在画面中绘制 Expected Value 与 Actual Voltage 之间的关系。

(3)工作站安全(Station Security)

Station Security 实用程序允许用户查看 System Functions 和 Point Security Groups 的当前状态。

要访问 Station Security 实用程序,选择"Start"→"Ovation"→"Ovation Utilities"→"Station Security",出现"Security Information"窗口。"System Functions"选项卡标识 Windows 用户和 Ovation 安全管理员。列出 System Functions 并定义 Access Mode。此信息是通过适用的 Ovation 配置工具进行配置的。

(4)Ovation 状态和组态(Ovation Status And Configuration)

Ovation Status And Drop Configuration 实用程序位于 Ovation 工作站的任务栏通知区域(系统托盘)中。通过此窗口,用户可快速访问系统信息、Ovation 版本以及远程数据服务器状态,也可更改默认网络和单元。

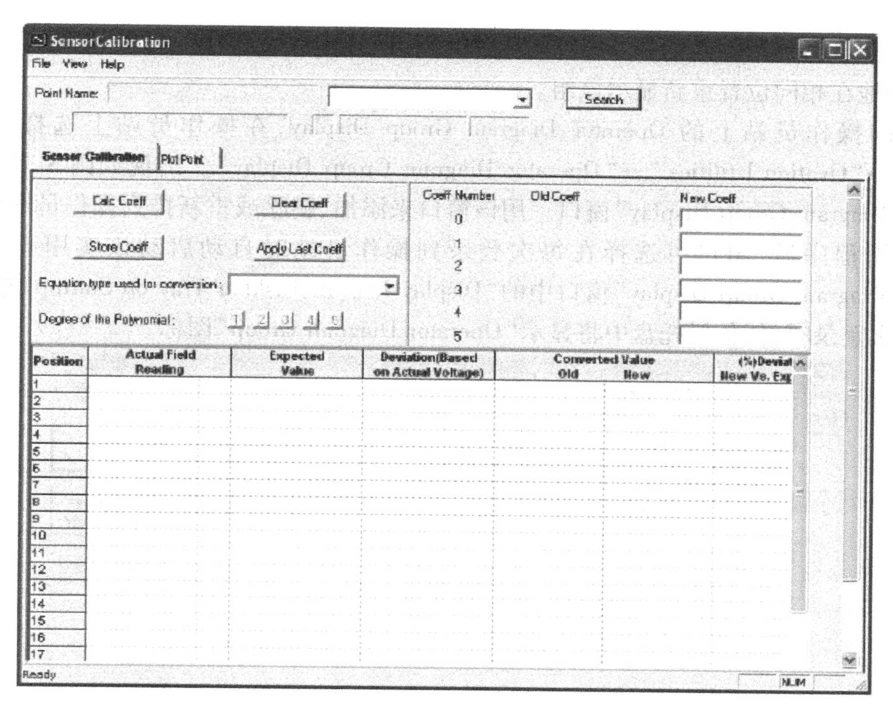

图3.290 "Sensor Calibration"窗口

要访问Ovation Status and Configuration窗口,双击位于状态栏通知区域中的图标,以显示"Ovation Status and Configuration"窗口(见图3.291,如果此图标为红色,这警示用户远程网络没有响应,或无法确定默认网络或单元;如果此图标为绿色,表示远程网络状态良好,并且可确定网络和单元信息;单击"Rescan"按钮,使用已添加的新网络和单元更新下拉菜单)。

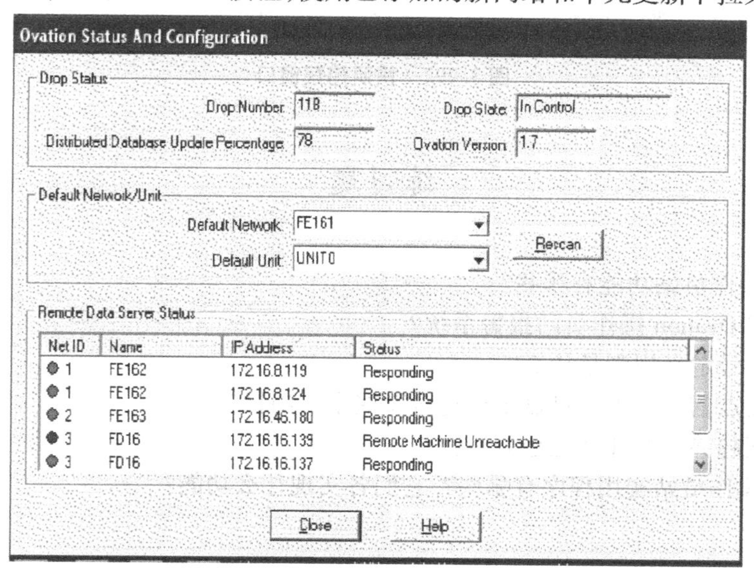

图3.291 "Ovation Status and Configuration"窗口

(5)操作员画面组显示(Operator Diagram Group Display)

Operator Diagram Group Display可在一组流程图显示在操作员站监视器上时捕获其"快

照”。此快照和该流程图组的所有相关信息都将存储在配置文件中。捕获快照后,用户便可快速、轻松地在相同位置重新显示该组。

要访问操作员站上的 Operator Diagram Group Display,在操作员站上选择“Start”→“Ovation”→“Ovation Utilities”→“Operator Diagram Group Display”。出现如图 3.292 所示的“Operator Diagram Group Display”窗口。用该窗口来添加、删除或重新排列操作员图组。首次访问该实用程序后,用户可选择在每次登录到操作员站时自动启动该实用程序。选择“Operator Diagram Group Display”窗口中的“Display Icon in Taskbar Tray on Startup”选项框,则当用户每次登录时,任务栏托盘中将显示“Operator Diagram Group”图标。

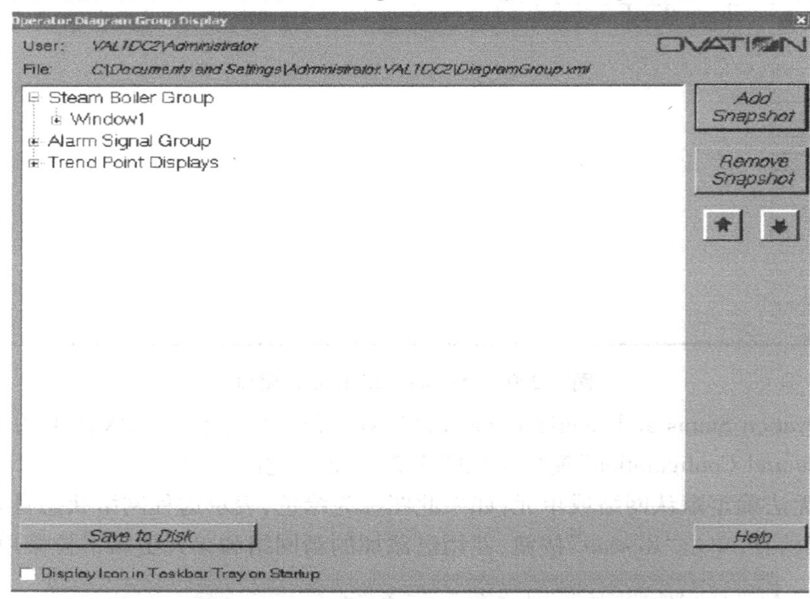

图 3.292 快照捕获窗口

练习题

1. Ovation 操作员站功能有哪些?
2. 如何访问 Ovation 操作员站报警系统?
3. 流程图编号定义规则是什么?
4. 如何查阅点信息? 点信息显示框包含哪些主要项目?
5. 如何查阅趋势图? 什么是趋势组?
6. Ovation 操作员站实用程序有哪些? 它们各实现什么功能?

3.4 DCS系统控制功能

3.4.1 机组自动启停(APS)系统

机组自动启停系统(APS)分为两大部分:炉岛侧的OVATION控制系统部分和机岛侧的DIASYS控制系统部分。

①炉岛侧的OVATION控制系统部分。为APS系统的主要构成部分,其涉及的设备范围较为广泛,包括公用系统设备、辅助系统设备和余热锅炉侧系统设备等。其功能包括:机组启动前各辅助系统设备的初始化,机组启动条件检查,机组启动初期的炉侧疏水暖管,以及机组启动中期的高、中、低压的汽包水位控制。

②机岛侧的DIASYS控制系统部分。主要控制对象为燃气轮机。其主要功能是:接收来自OVATION控制系统部分发出的分步顺控指令,完成机组的清吹、点火、升速、并网及升负荷过程。

3.4.1.1 *机组APS启动初始化*

(1)APS初始化功能概述

机组APS启动初始化的范围包括低压缸冷却蒸汽系统、余热锅炉侧高、中、低压系统、再热系统及化学加药系统。

通过以下两种方式可以激活APS系统的初始化操作:

①在机组APS启动监控主画面选择启动模式时(自动或者半自动模式),APS系统会自动发出所有系统的初始化指令,如图3.293a所示。

②在APS启动条件监视主画面中,可对各个系统分别发出初始化指令,如图3.293b所示。

“BOP MOV INIT”:化学加药系统、低压缸冷却蒸汽系统初始化控制面板。

“HP MOV INIT”:余热锅炉侧高压系统初始化控制面板。

“RH MOV INIT”:余热锅炉侧再热系统初始化控制面板。

“IP MOV INIT”:余热锅炉侧中压系统初始化控制面板。

“LP MOV INIT”:余热锅炉侧低压系统初始化控制面板。

(2)APS初始化动作

1)余热锅炉侧高压系统初始化

①高压汽包定期排污阀投自动并关闭。

②高压汽包蒸发器定期排污阀投自动并关闭。

③高压汽包紧急放水一次阀和二次阀投自动并关闭。

④高压汽包连续排污阀关闭。

⑤高压过热蒸汽减温水电动阀投自动。

⑥1号高压省煤器入口电动阀投自动并打开。

⑦1号高压过热器入口疏水一次阀和二次阀投自动并关闭。

⑧1号高压过热器出口疏水一次阀和二次阀投自动并关闭。

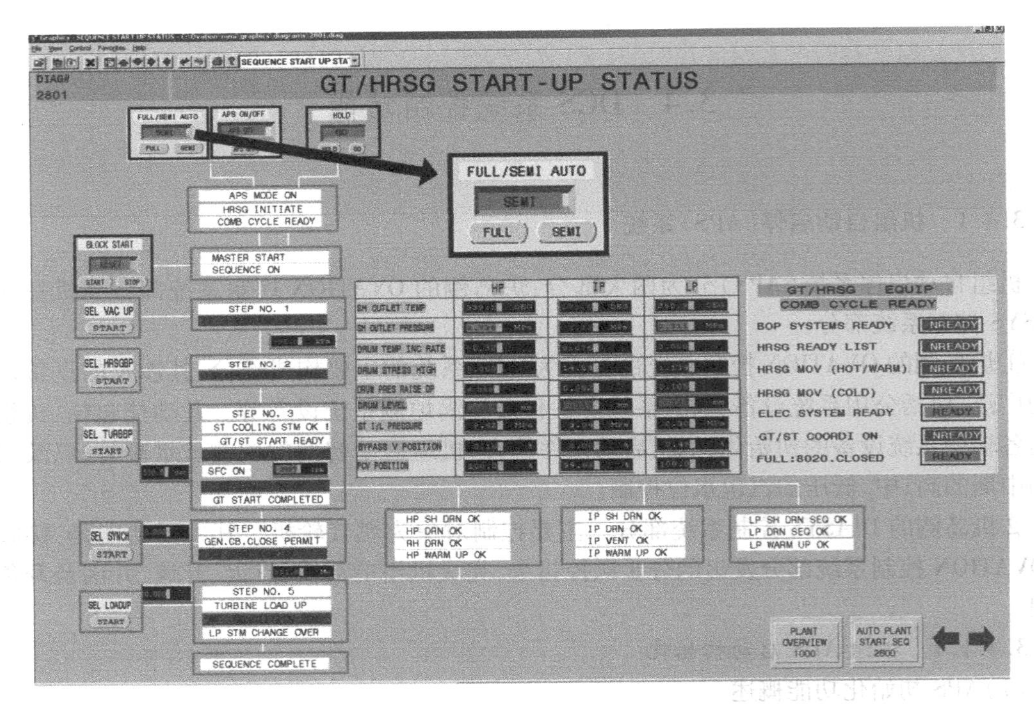

图 3.293a 机组 APS 启动模式选择

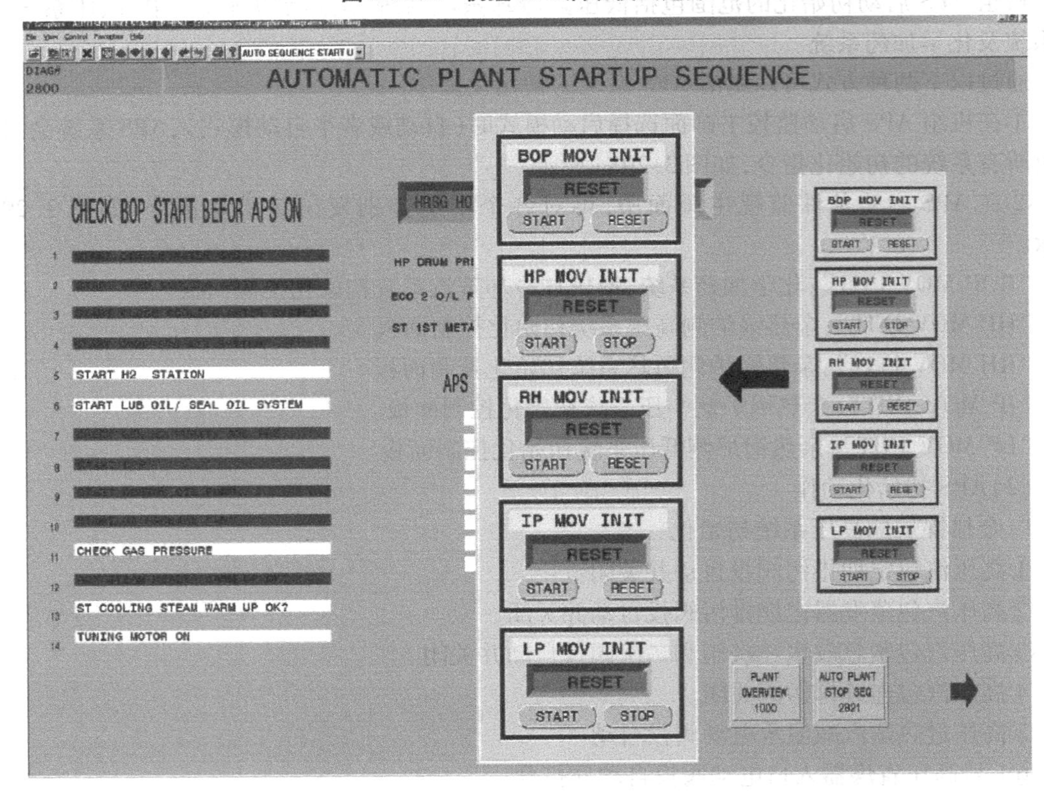

图 3.293b 各系统初始化控制面板

⑨2 号高压过热器疏水一次阀和二次阀投自动并关闭。

⑩高压过热器出口主蒸汽母管疏水一次阀和二次阀投自动并关闭。
⑪高压过热器出口主蒸汽母管启动排汽一次阀和二次阀投自动并关闭。
2)余热锅炉侧再热系统初始化
①1号再热器入口疏水一次阀和二次阀投自动并关闭。
②再热蒸汽减温水电动阀投自动。
③1号再热器出口疏水阀投自动并关闭。
④2号再热器入口疏水阀投自动并关闭。
⑤再热器出口主蒸汽母管疏水一次阀和二次阀投自动并关闭。
⑥再热器出口主蒸汽母管启动排汽一次阀和二次阀投自动并关闭。
3)余热锅炉侧中压系统初始化
①中压省煤器入口电动阀投自动并打开。
②中压汽包紧急放水一次阀和二次阀投自动并关闭。
③中压汽包定期排污阀投自动并关闭。
④中压汽包蒸发器定期排污阀投自动并关闭。
⑤中压汽包连续排污阀关闭。
⑥中压过热器疏水阀投自动并关闭。
⑦中压过热器出口母管疏水一次阀和二次阀投自动并关闭。
⑧中压过热器出口母管启动排汽一次阀和二次阀投自动并关闭。
⑨中压过热器出口主路电动阀投自动并关闭。
⑩中压过热器出口旁路电动阀投自动并关闭。
4)余热锅炉侧低压系统初始化
①低压主给水电动阀投自动并打开。
②低压汽包定期排污阀投自动并关闭。
③低压汽包蒸发器定期排污阀投自动并关闭。
④低压汽包紧急放水一次阀和二次阀投自动并关闭。
⑤低压汽包连续排污阀关闭。
⑥1号低压过热器出口管道疏水一次阀和二次阀投自动并关闭。
⑦低压主蒸汽管道疏水一次阀和二次阀投自动并关闭。
⑧低压主蒸汽管道启动排汽一次阀和二次阀投自动并关闭。
5)低压缸冷却蒸汽系统初始化
①低压主蒸汽电动阀(机侧)投自动并关闭。
②低压缸冷却蒸汽电动阀投自动并打开。
③低压缸冷却蒸汽温度控制阀后疏水电动阀投自动并关闭。
6)化学加药系统初始化
①1号氨储液罐出口阀投自动。
②2号氨储液罐出口阀投自动。
③打开1号或者2号氨储液罐出口阀。
④1号氨加药泵投自动。
⑤2号氨加药泵投自动。

⑥1 号磷酸盐储液罐出口阀投自动。

⑦2 号磷酸盐储液罐出口阀投自动。

⑧打开 1 号或者 2 号磷酸盐储液罐出口阀。

⑨1 号联氨加药泵投自动。

⑩2 号联氨加药泵投自动。

⑪启动 1 号或者 2 号联氨加药泵。

⑫联氨加药联络阀投自动并打开。

⑬2 号联氨储液罐出口阀投自动并打开。

3.4.1.2 APS 系统启机条件检查

(1)APS 系统启机条件

APS 系统在机组启动前的条件检查范围包括公用系统、辅助系统和炉侧系统等。

1)公用系统设备和条件

①任意一台循环水泵处于运行状态。

②1 号或者 2 号仪用空气母母管压力大于 0.5 MPa。

2)辅助系统设备和条件

①凝汽器系统

a. 任意一台凝结水泵运行。

b. 凝汽器 A 侧和 B 侧循环水入口压力大于 0.05 MPa。

c. 循环水至凝汽器 A 侧和 B 侧的入口和出口电动阀全部处于开状态。

②开式循环水系统

a. 任意一台开式水泵处于运行状态。

b. 开式水泵出口母管压力大于 0.2 MPa。

③闭式循环水系统

a. 任意一台闭式循环水泵处于运行状态。

b. 闭式循环水泵出口母管压力大于 0.38 MPa。

c. 闭式循环水冷却器出口温度低于 40 ℃。

d. 膨胀水箱液位高于 200 mm。

④辅助蒸汽系统

a. 辅助蒸汽联箱压力大于 0.8 MPa。

b. 低压缸冷却蒸汽主路电动阀处于自动、开状态。

c. 低压缸冷却蒸汽温度控制阀处于自动状态。

d. 低压缸冷却蒸汽压力控制阀处于自动状态。

e. 低压缸冷却蒸汽温度高于 160 ℃。

f. 低压缸冷却蒸汽压力大于 0.2 MPa。

g. 低压缸冷却蒸汽温度控制阀后疏水电动阀处于自动、关状态。

⑤低压主蒸汽系统

低压主蒸汽电动阀(机侧)处于自动、关状态。

⑥化学加药系统

a.1 号或者 2 号磷酸盐加药泵处于自动状态。

b.3 号或者 4 号磷酸盐加药泵处于自动状态。

c.1 号或者 2 号磷酸盐储液罐出口电动阀处于开状态。

d.1 号或者 2 号联氨加药泵处于自动、运行状态。

e.2 号联氨储液罐出口电动阀处于开状态。

f. 联氨储液罐联络电动阀处于开状态。

g.1 号或者 2 号氨加药泵处于自动状态。

h.1 号或者 2 号氨储液罐出口电动阀处于开状态。

⑦电气部分

a.110 V 直流母线 A 段电压无异常。

b.110 V 直流 A 段馈线母线电压无异常。

c.110 V 直流 B 段馈线母线电压无异常。

d.110 V 直流充电器 A 无异常。

e.110 V 直流充电器 B 无异常。

f.110 V 直流充电器 C 无异常。

g.220 V 直流母线 A 段电压无异常。

h.220 V 直流充电器 A 无异常。

i. 发变组保护投入。

j. UPS 无报警。

k. 机组 6 kV 段电压正常。

l.6 kV 循环水 A 段电压正常。

m.6 kV 循环水 B 段进线开关正常。

3)炉侧系统

①高压系统

a. 任意一台高压给水泵处于运行状态。

b.1 号高压省煤器入口电动阀处于自动、开状态。

c. 高压汽包水位正常($-350\ mm \leqslant L \leqslant -200\ mm$)。

d. 高压汽包定期排污阀处于自动、关状态。

e. 高压汽包蒸发器定期排污阀处于自动、关状态。

f. 高压汽包紧急放放水一次阀和二次阀处于自动、关状态。

g. 高压过热蒸汽温度控制阀处于关状态。

h. 高压过热蒸汽减温水电动阀处于自动、关状态。

i.1 号高压过热器入口疏水一次阀和二次阀处于自动、关状态。

j.1 号高压过热器出口疏水一次阀和二次阀处于自动、关状态。

k.2 号高压过热器疏水一次阀和二次阀处于自动、关状态。

l. 高压过热器出口主蒸汽母管疏水一次阀和二次阀处于自动、关状态。

m. 高压过热器出口主蒸汽母管启动排汽一次阀和二次阀处于自动、关状态。

②再热系统

a. 1 号再热器入口疏水一次阀和二次阀处于自动、关状态。

b. 再热蒸汽温度控制阀处于关状态。

c. 再热蒸汽减温水电动阀处于自动、关状态。

d. 1 号再热器出口疏水阀处于自动、关状态。

e. 2 号再热器入口疏水阀处于自动、关状态。

f. 再热器出口主蒸汽母管疏水一次阀和二次阀处于自动、关状态。

g. 再热器出口主蒸汽母管启动排汽一次阀和二次阀处于自动、关状态。

③中压系统

a. 任意一台中压给水泵处于运行状态。

b. 中压省煤器入口电动阀处于自动、开状态。

c. 中压汽包水位正常($-230\ \text{mm} \leqslant L \leqslant -100\ \text{mm}$)。

d. 中压汽包紧急放水一次阀和二次阀处于自动、关状态。

e. 中压汽包定期排污阀处于自动、关状态。

f. 中压汽包蒸发器定期排污阀处于自动、关状态。

g. 中压过热器疏水阀处于自动、关状态。

h. 中压过热器出口母管疏水一次阀和二次阀处于自动、关状态。

i. 中压过热器出口母管启动排汽一次阀和二次阀处于自动、关状态。

j. 中压过热器出口主路电动阀处于自动、关状态。

k. 中压过热器出口旁路电动阀处于自动、关状态。

l. 中压过热器出口压力控制阀处于关闭状态。

④低压系统

a. 任意一台低压再循环泵处于运行状态。

b. 低压主给水电动阀处于自动、开状态。

c. 低压汽包水位正常($-350\ \text{mm} \leqslant L \leqslant -200\ \text{mm}$)。

d. 低压汽包定期排污阀处于自动、关状态。

e. 低压汽包蒸发器定期排污阀处于自动、关状态。

f. 低压汽包紧急放水一次阀和二次阀处于自动、关状态。

g. 低压主蒸汽管道疏水一次阀和二次阀处于自动、关状态。

h. 低压主蒸汽管道启动排汽一次阀和二次阀处于自动、关状态。

4)燃气轮机系统

①燃气轮机侧 APS 投入信号置 1。

②燃气轮机侧 APS 投入指令信号"Coordination On"置 1, TCS 系统才能接收来自 OVATION 控制系统部分 APS 发出的控制指令信号,如图 3.294 所示。

(2)APS 系统启机条件监控画面

1)公用系统和辅助系统启机条件监控画面

公用系统和辅助系统启机条件监控画面如图 3.295a 所示。

2)电气部分启机条件监控画面

电气部分启机条件监控画面如图 3.295b。

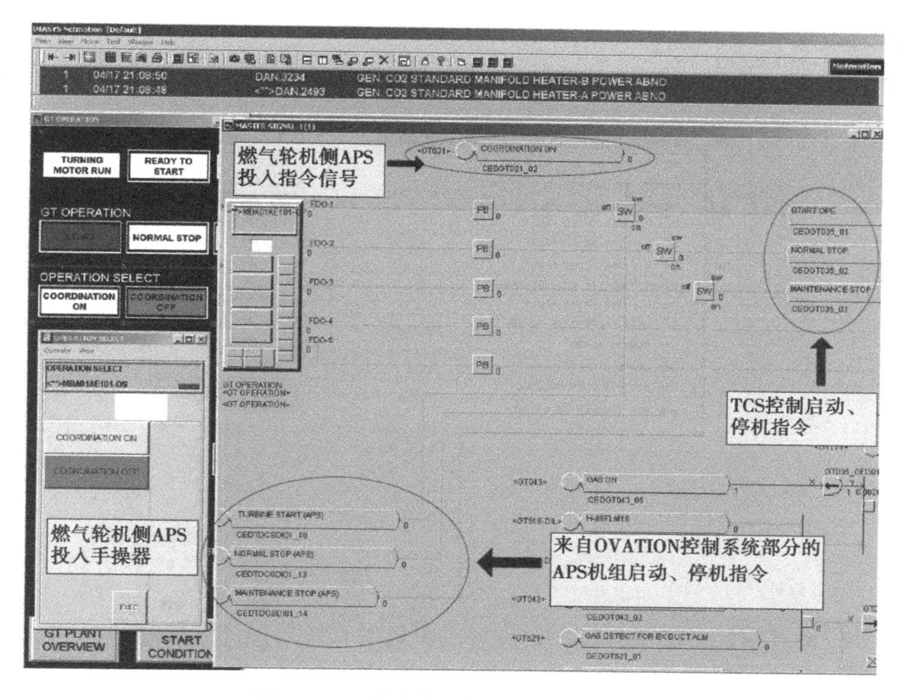

图 3.294　燃气轮机侧 APS 投入信号

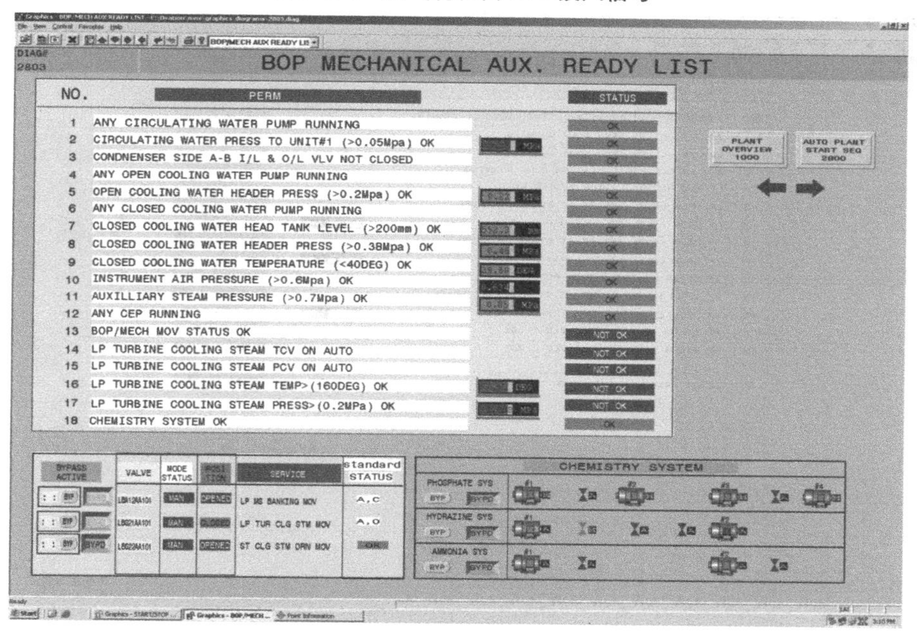

图 3.295a　公用系统和辅助系统启机条件监控画面

3）余热锅炉侧启机条件监控画面

余热锅炉侧启机条件监控画面如图 3.295c 所示。

4）余热锅炉侧阀门状态监控画面

余热锅炉侧阀门状态监控画面如图 3.295d 所示。

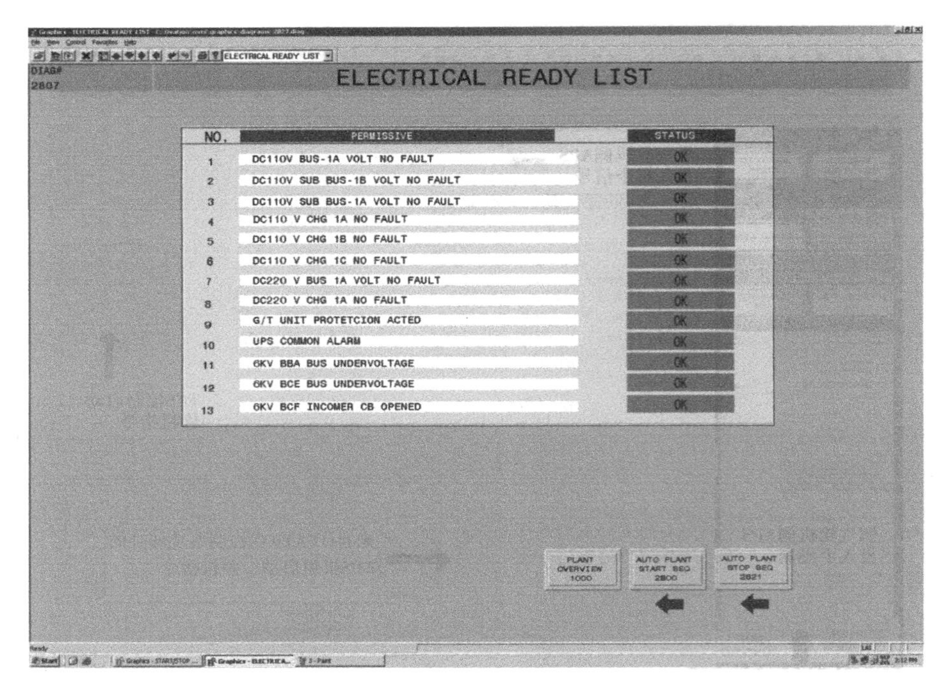

图 3.295b 电气部分启机条件监控画面

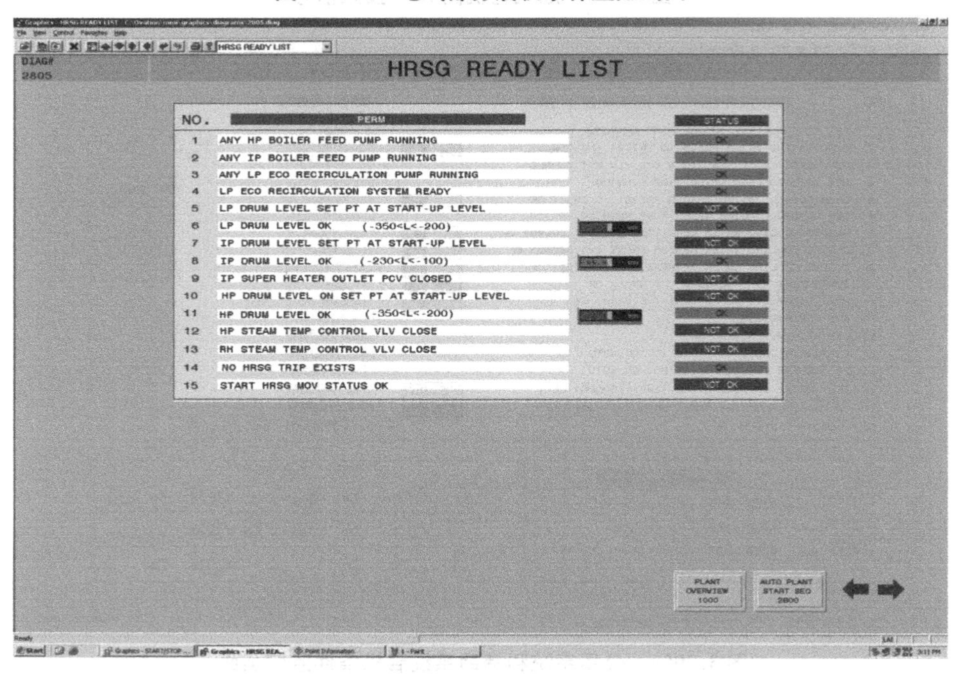

图 3.295c 余热锅炉侧启机条件监控画面

3.4.1.3 机组 APS 启动过程

(1)机组 APS 启动过程概述

机组 APS 启动分为全自动和半自动两种模式。

①全自动模式。当运行人员发出 APS 全自动启机指令后,一直到机组负荷带到 200 MW,

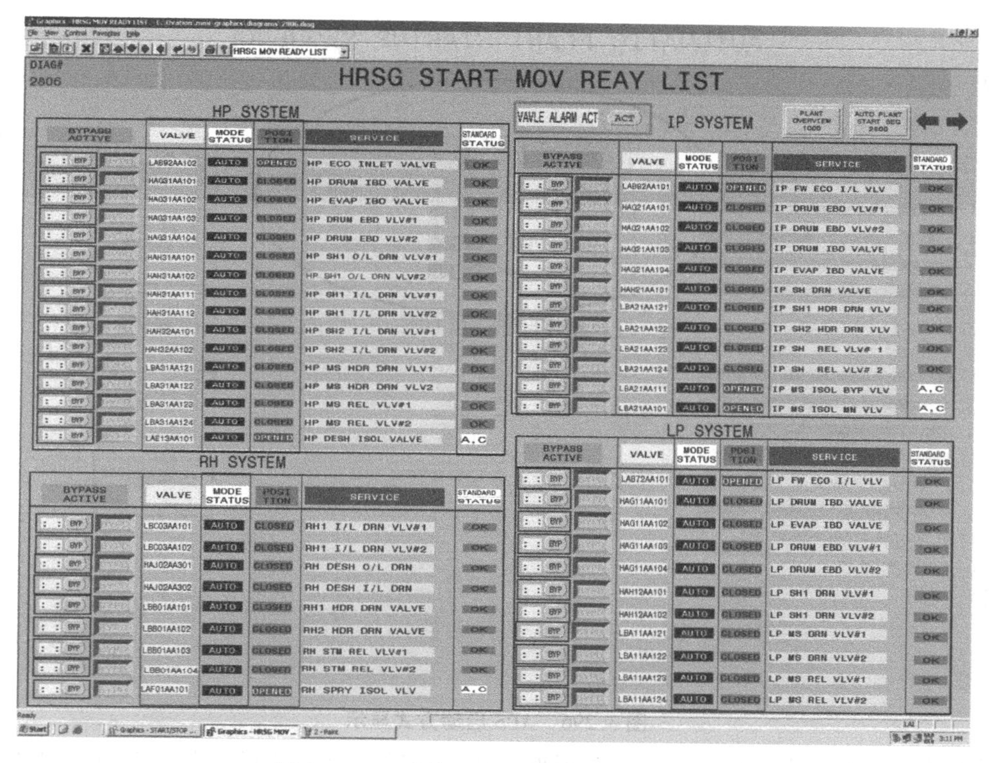

图3.295d　余热锅炉侧阀门状态监控画面

整个APS启动过程期间都无须运行人员进行操作,完全由APS系统自动控制。

②半自动模式。在APS启动过程中设计了6个确认节点,每当APS启动顺控逻辑执行完一个节点,控制逻辑会自动处于保持状态,等待运行人员确认。经确认后,APS逻辑才会进入下一个顺控节点继续执行程序。

APS启动过程的6个确认节点如下:

①节点1:启动前机组设备初始化,并检查机组启动条件。

②节点2:检查凝汽器真空是否满足条件。

③节点3:开烟囱挡板,并检查烟囱挡板位置。

④节点4:机组启动。

启动前,逻辑根据余热锅炉当前状态判断选择热态、温态或者冷态启动方式,并显示在APS启动条件监视主画面,如图3.296所示。

启动方式判断条件如下:

a.热态。高压汽包压力大于0.1 MPa且2号高压省煤器出口温度高于255 ℃。

b.温态。高压汽包压力大于0.1 MPa且2号高压省煤器出口温度低于255 ℃,或者高压汽包压力小于0.1MPa且#2高压省煤器出口温度高于255 ℃。

c.冷态。高压汽包压力小于0.1 MPa且2号高压省煤器出口温度低于255 ℃。

在机组启动过程中,燃气轮机侧和余热锅炉侧的启动逻辑执行相对独立。燃气轮机根据透平控制系统(TCS)逻辑,完成清吹、点火、升速、并网及升负荷过程。余热锅炉侧APS程序最主要的任务就是完成各系统的疏水暖管工作。从燃气轮机点火成功开始,高、中、低压、再热

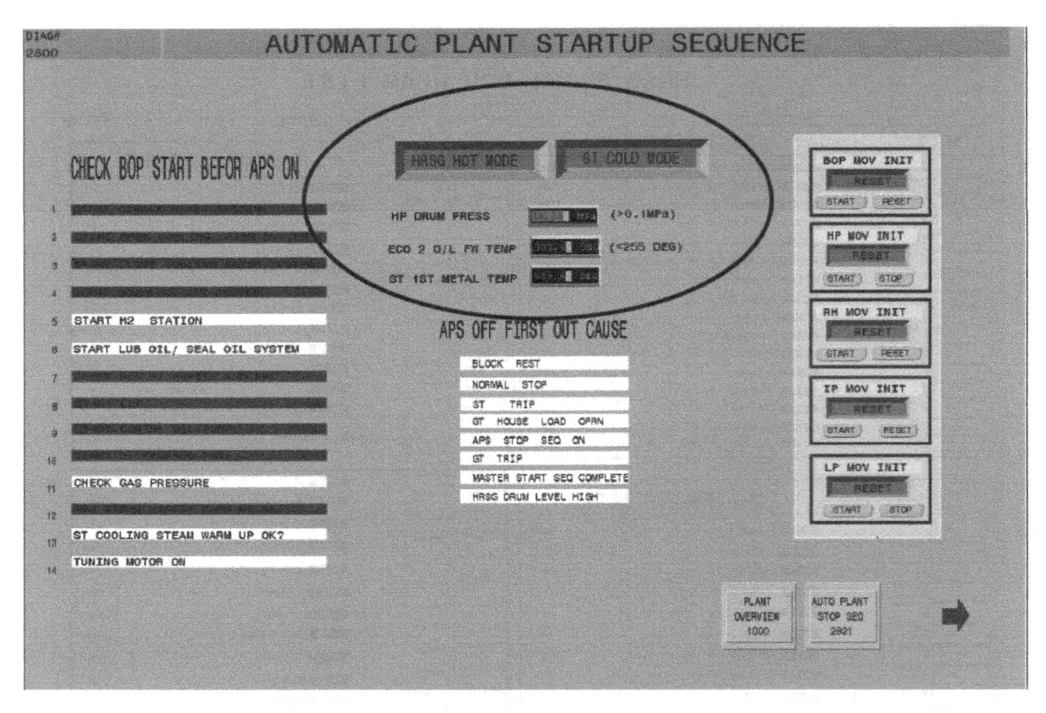

图 3.296 APS 启动方式显示

系统的疏水暖管程序即开始执行。逻辑根据主蒸汽管道压力来判断疏水时机,疏水时间长短由余热锅炉热、温、冷态启动方式的不同而有所调整。

⑤节点 5:机组并网。

正常情况下,在机组达到额定转速之前,余热锅炉侧的整个疏水暖管过程就会结束。机组达到额定转速,经运行人员确认节点后,可以发出机组并网指令。

⑥节点 6:机组升负荷。

机组成功并网后,OVATION 控制系统部分的 APS 控制逻辑完成低压缸冷却蒸汽切换工作,同时向 TCS 发出"ALR ON"指令,机组升负荷过程由 TCS 控制逻辑完成,直到机组负荷带到 200MW,整个 APS 启动过程结束。

(2)机组 APS 启动过程详述(以半自动方式为例)

①在 APS 启动监控主画面中,选择半自动启动方式(可参考前面内容),APS 流程指示"APS MODE ON"变为红色。各系统初始化进程开始,"HRSG INITIATE"变为红色。

②当各系统初始化完成后,APS 启动监控主画面中右侧"GT/HRSG EQUIP COMB CYCLE READY"目录下的所有系统列表显示绿色"READY"状态;此时流程指示"COMB CYCLE READY"变为红色显示,表示机组 APS 启动条件已经全部满足(见图 3.297a)。

③单击"BLOCK START"的"START"按钮,APS 流程指示"MASTER START SEQUENCE ON"显示红色,APS 启机程序开始执行。

④执行启机第一步,单击"SEL VAC UP"的"START"按钮,检查凝汽器真空是否满足条件,当机组凝汽器真空高于-92 kPa 时,APS 流程指示"VACUUM UP"显示红色,表示第一步完成。在这一步中,同时发出打开低压缸冷却蒸汽温度控制阀后疏水电动阀的指令。

⑤执行启机第二步,单击"SEL HRSG BP"的"START"按钮,APS 系统逻辑发出指令,将烟

囱挡板投自动并打开。当检测到烟囱挡板达到全开状态后，该步骤结束。在APS流程指示中，“STACK DAMPER OPEN”变为红色显示。

⑥执行启机第三步，单击“SEL TURB BP”的“START”按钮。APS系统逻辑向TCS控制系统发出燃气轮机启动指令，同时发出指令将汽轮机侧高、中、低压主蒸汽截止阀前管道疏水阀、低压主蒸汽电动阀前管道疏水阀、冷再热逆止阀后1号管道疏水阀、冷再热逆止阀后2号管道疏水阀投自动。

APS流程指示说明如下：

a. 满足下列条件时，“ST COOLING STM OK”变为红色显示，表示低压缸冷却蒸汽系统的设备和参数达到切换要求。

■ 低压缸冷却蒸汽电动阀处于开状态。

■ 低压缸冷却蒸汽压力控制阀处于自动状态。

■ 低压缸冷却蒸汽温度控制阀处于自动状态。

■ 低压缸冷却蒸汽压力大于0.2 MPa。

■ 低压缸冷却蒸汽温度高于160 ℃。

b. 检测到TCS控制系统发送来的燃气轮机启动条件满足信号“GT RTS”时，“GT/ST START READY”变为红色显示，表示燃气轮机、汽轮机启机条件全部满足。

c. 检测到TCS控制系统燃气轮机启动指令正常发出后，“GT START ON”变为红色显示，表示燃气轮机开始启动。

d. 检测到SFC正常投入运行后，“SFC ON”变为红色显示，表示SFC开始运行。

e. 检测到燃气轮机点火成功后，“GT IGNITION ON”变为红色显示。

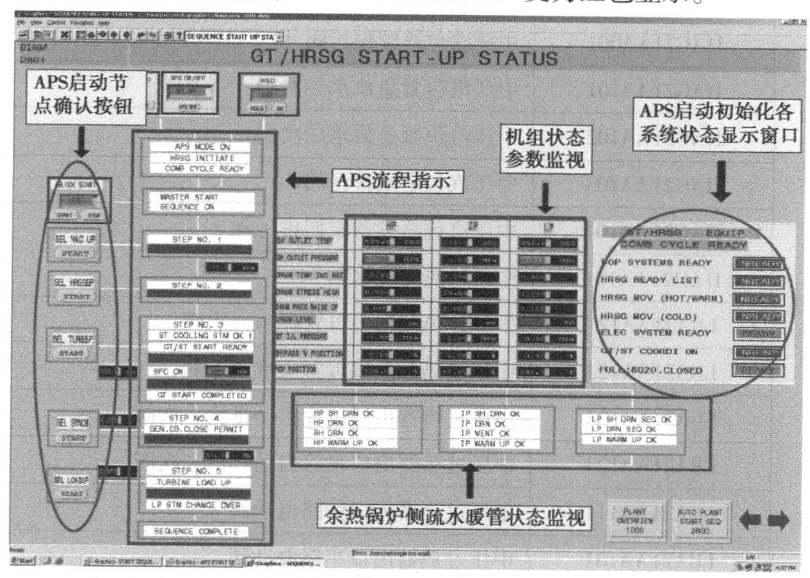

图3.297a　APS启动监控主画面

燃气轮机点火成功后,APS 系统逻辑发出余热锅炉侧疏水暖管指令。高、中、低压和再热蒸汽系统的疏水暖管流程可参见流程图 3.297b—图 3.297d。高中低压系统阀门 KKS 码对应表见表 3.85。

表 3.85 高中低压、再热系统阀门 KKS 码对应表

系　统	KKS 码	阀　门
低压系统	LAB72AA101	低压汽包主给水电动阀
	HAG11AA001	低压汽包连续排污阀
	HAG11AA101	低压汽包定期排污阀
	HAG11AA102	低压汽包蒸发器定期排污阀
	HAG11AA103	低压汽包紧急放水一次阀
	HAG11AA104	低压汽包紧急放水二次阀
	HAH12AA101	1 号低压过热器出口管道疏水一次阀
	HAH12AA102	1 号低压过热器出口管道疏水二次阀
	LBA11AA121	低压主蒸汽管道疏水一次阀
	LBA11AA121	低压主蒸汽管道疏水二次阀
	LBA11AA123	低压主蒸汽管道启动排汽一次阀
	LBA11AA124	低压主蒸汽管道启动排汽二次阀
中压系统	LAB82AA101	中压省煤器入口电动阀
	HAG21AA001	中压汽包连续排污阀
	HAG21AA101	中压汽包紧急放水一次阀
	HAG21AA102	中压汽包紧急放水二次阀
	HAG21AA103	中压汽包定期排污阀
	HAG21AA104	中压汽包蒸发器定期排污阀
	HAH21AA101	中压过热器疏水阀
	LBA21AA121	中压过热器出口母管疏水一次阀
	LBA21AA122	中压过热器出口母管疏水二次阀
	LBA21AA123	中压过热器出口母管启动排汽一次阀
	LBA21AA124	中压过热器出口母管启动排汽二次阀
	LBA21AA111	中压过热器出口旁路电动阀
	LBA21AA101	中压过热器出口主路电动阀
	LBB02AA301	中压主蒸汽截止阀前管道疏水阀

续表

系 统	KKS码	阀 门
高压系统	LAB92AA102	1号高压省煤器入口电动阀
	HAG31AA001	高压汽包连续排污阀
	HAG31AA101	高压汽包定期排污阀
	HAG31AA102	高压汽包蒸发器定期排污阀
	HAG31AA103	高压汽包紧急放水一次阀
	HAG31AA104	高压汽包紧急放水二次阀
	HAH31AA111	1号高压过热器入口疏水一次阀
	HAH31AA112	1号高压过热器入口疏水二次阀
	HAH31AA101	1号高压过热器出口疏水一次阀
	HAH31AA102	1号高压过热器出口疏水二次阀
	HAH32AA101	2号高压过热器疏水一次阀
	HAH32AA102	2号高压过热器疏水二次阀
	LBA31AA121	高压过热器出口主蒸汽母管疏水一次阀
	LBA31AA122	高压过热器出口主蒸汽母管疏水二次阀
	LBA31AA123	高压过热器出口主蒸汽母管启动排汽一次阀
	LBA31AA124	高压过热器出口主蒸汽母管启动排汽二次阀
再热系统	LBC03AA101	1再热器入口疏水一次阀
	LBC03AA102	1再热器入口疏水二次阀
	HAJ02AA301	2号再热器入口疏水阀
	HAJ02AA302	1号再热器出口疏水阀
	LBB01AA101	再热器出口主蒸汽母管疏水一次阀
	LBB01AA102	再热器出口主蒸汽母管疏水二次阀
	LBB01AA103	再热器出口主蒸汽母管启动排汽一次阀
	LBB01AA104	再热器出口主蒸汽母管启动排汽二次阀

在APS启动监控主画面中的疏水暖管状态监视窗口(见图3.297a),可监测各系统疏水暖管的完成情况。当各系统疏水暖管进程全部结束后,“HP WARM UP OK”“IP WARM UP OK”和“LP WARM UP OK”显示红色。

f. 机组达到额定转速后,“GT START COMPLETE”显示红色,表示机组APS启动第三步执行完成。

⑦单击“SEL SYNCH”的“START”按钮,执行启机第四步。APS系统逻辑向TCS控制系统发出机组并网指令。如果在APS全自动模式下,在第三步完成后120 s,系统会自动发出并网指令。如果机组并网条件满足,运行人员希望提前并网,也可以不等120 s计时结束,直接通过单击“START”按钮,发出机组并网指令。

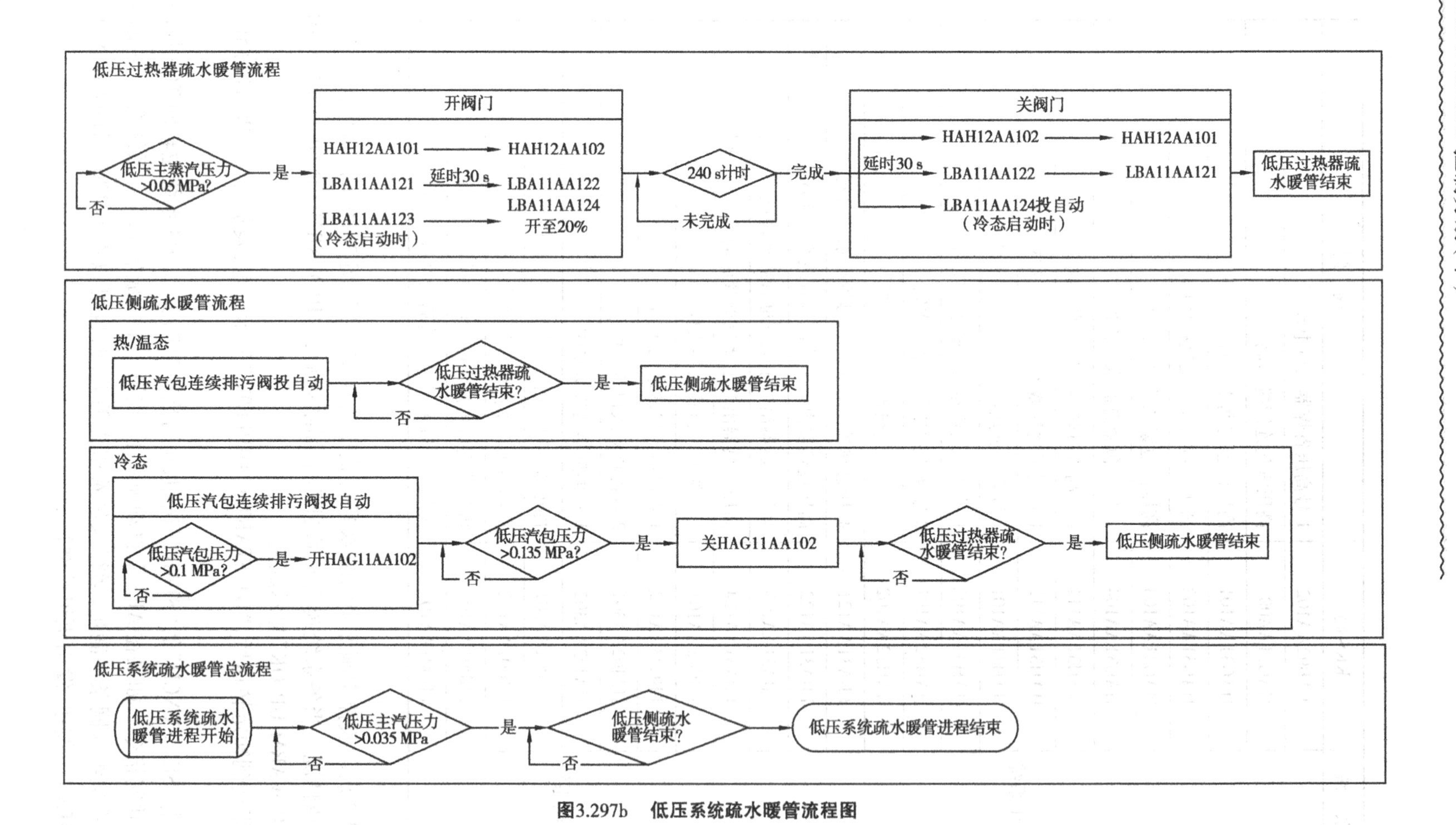

图3.297b　低压系统疏水暖管流程图

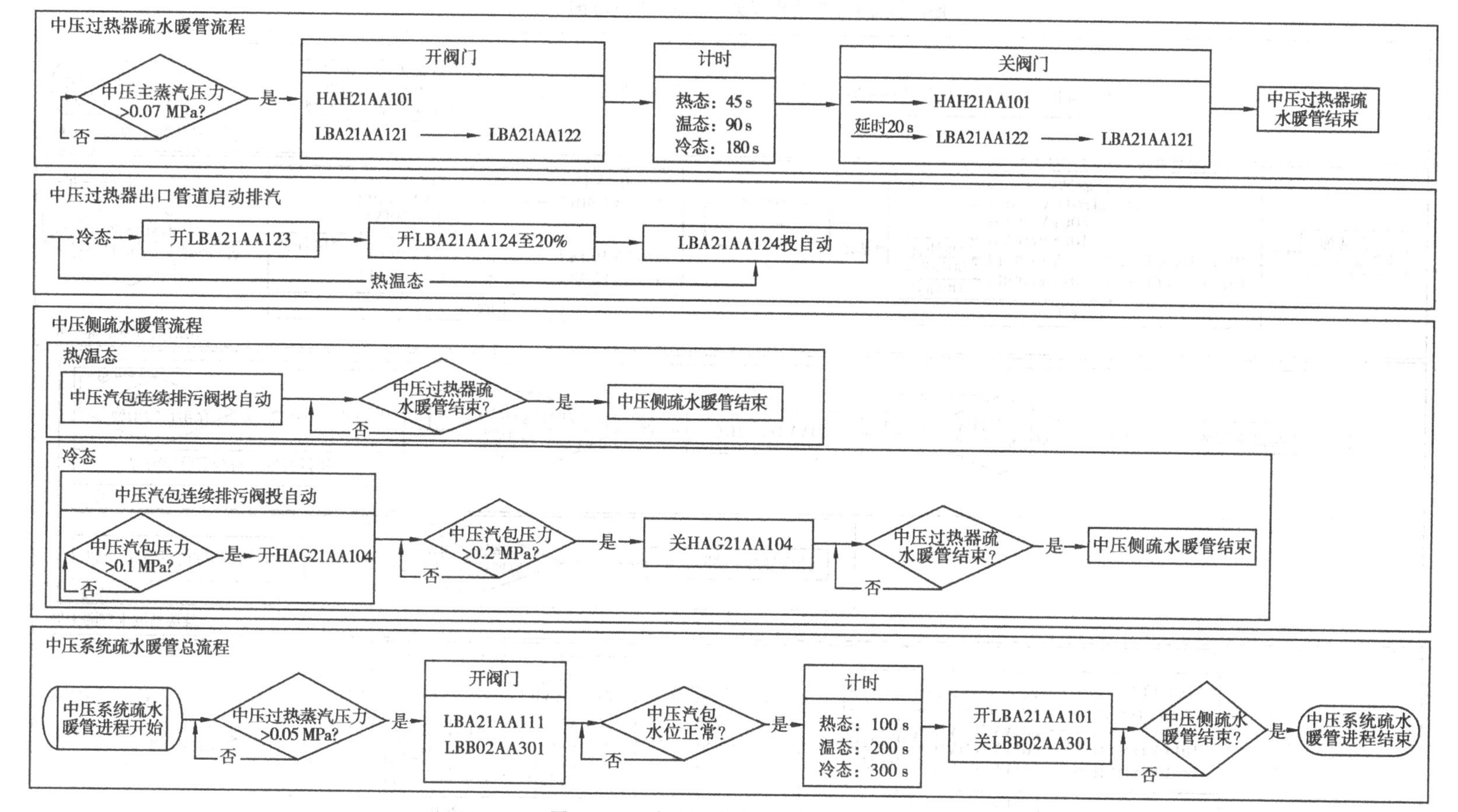

图3.297c　中压系统疏水暖管流程图

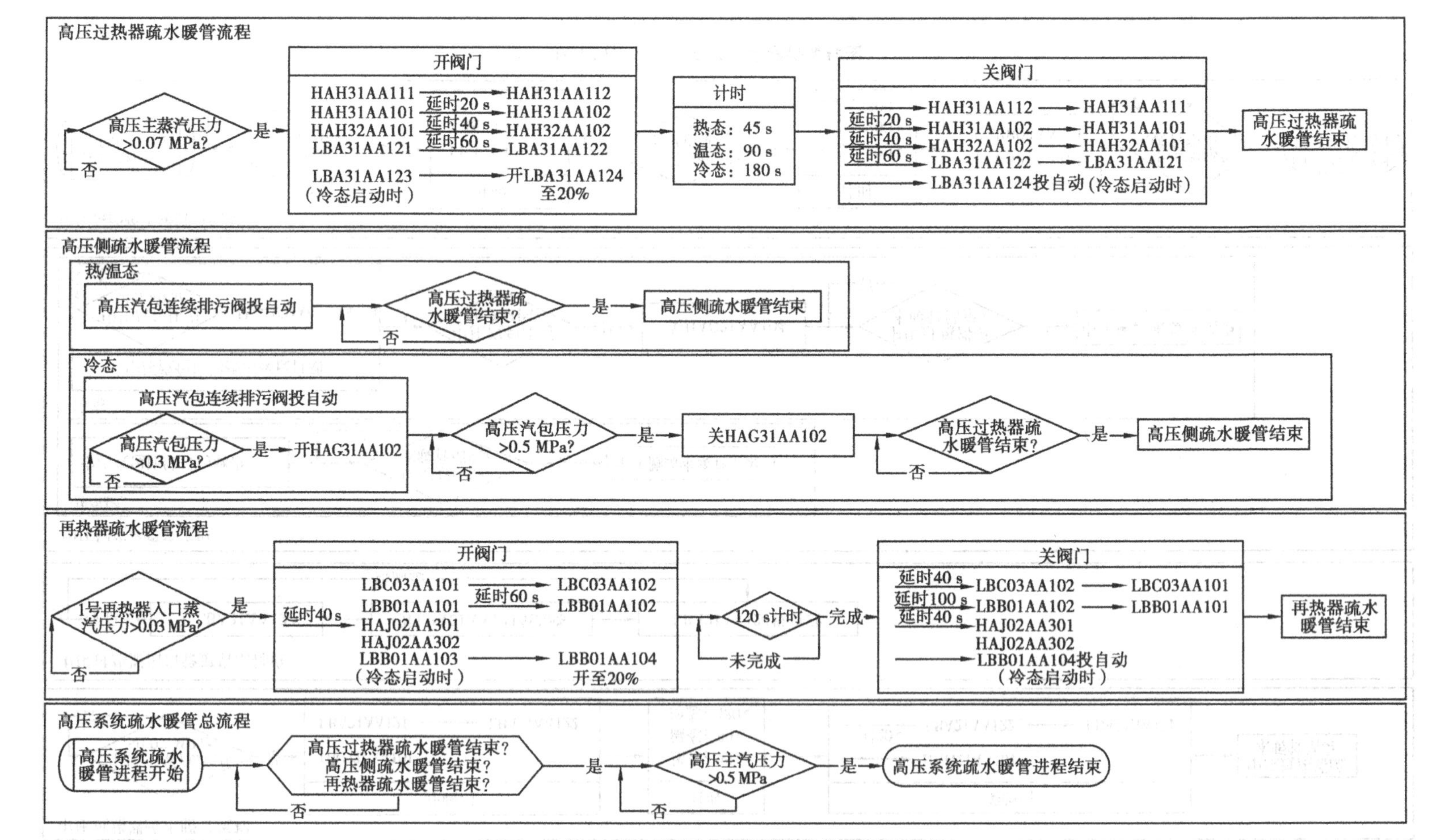

图3.297d 高压、再热系统疏水暖管流程图

APS 流程指示说明如下：

a. 满足并网条件时，“GEN. CB. CLOSE PERMIT”变为红色显示。

b. 机组并网成功后，“GT SYNCHRONISE”变为红色显示。

⑧单击“SEL LOADUP”的“START”按钮，执行启机第五步。APS 系统逻辑向 TCS 控制系统发出“ALR ON”指令，机组负荷先升至暖机负荷，随后再升至 200 MW。同时，当低压过热器出口蒸汽压力大于 0.25 MPa，温度高于 160 ℃时，发出打开低压主蒸汽电动阀，关闭低压缸冷却蒸汽电动阀的指令，完成低压缸冷却蒸汽的切换。当机组负荷达到 200 MW 时，APS 启机过程结束。

3.4.1.4 APS 停机条件检查

(1) APS 系统停机条件

APS 系统在机组停机前的条件检查范围包括公用系统、辅助系统和炉侧系统等。

1) 公用系统设备和条件

1 号或者 2 号仪用空气母管压力大于 0.5 MPa。

2) 辅助系统设备和条件

①凝汽器系统

a. 凝汽器再循环阀处于自动状态。

b. 凝汽器补水阀处于自动状态。

c. 凝汽器水位正常($-200\ \text{mm} \leq L \leq 200\ \text{mm}$)。

②开式循环水系统

开式循环水泵出口母管压力大于 0.2 MPa。

③闭式循环水系统

a. 闭式循环水泵出口母管压力大于 0.38 MPa。

b. 闭式循环水冷却器出口温度低于 40 ℃。

c. 膨胀水箱液位高于 200 mm。

④辅助蒸汽系统

辅助蒸汽联箱压力大于 0.7 MPa。

⑤电气部分

a. 110 V 直流母线 A 段电压无异常。

b. 110 V 直流 A 段馈线母线电压无异常。

c. 110 V 直流 B 段馈线母线电压无异常。

d. 110 V 直流充电器 A 无异常。

e. 110 V 直流充电器 B 无异常。

f. 110 V 直流充电器 C 无异常。

g. 220 V 直流母线 A 段电压无异常。

h. 220 V 直流充电器 A 无异常。

i. 发变组保护投入。

j. UPS 无报警。

k. 机组 6 kV 段电压正常。

l. 6 kV 循环水 A 段电压正常。

m. 6 kV 循环水 B 段进线开关正常。

3)炉侧系统

①高压系统

a. 高压汽包给水控制处于自动状态。

b. 高压过热器蒸汽温度控制阀处于自动状态。

c. 高压汽包蒸发器定期排污阀处于自动状态。

②中压系统

a. 中压汽包给水控制处于自动状态。

b. 中压汽包蒸发器定期排污阀处于自动状态。

③低压系统

a. 低压汽包给水控制处于自动状态。

b. 低压汽包蒸发器定期排污阀处于自动状态。

4)燃气轮机系统

燃气轮机侧 APS 已投入。

(2)APS 系统停机条件监控画面

1)公用系统和辅助系统停机条件监控画面

公用系统和辅助系统停机条件监控画面如图 3.298a 所示。

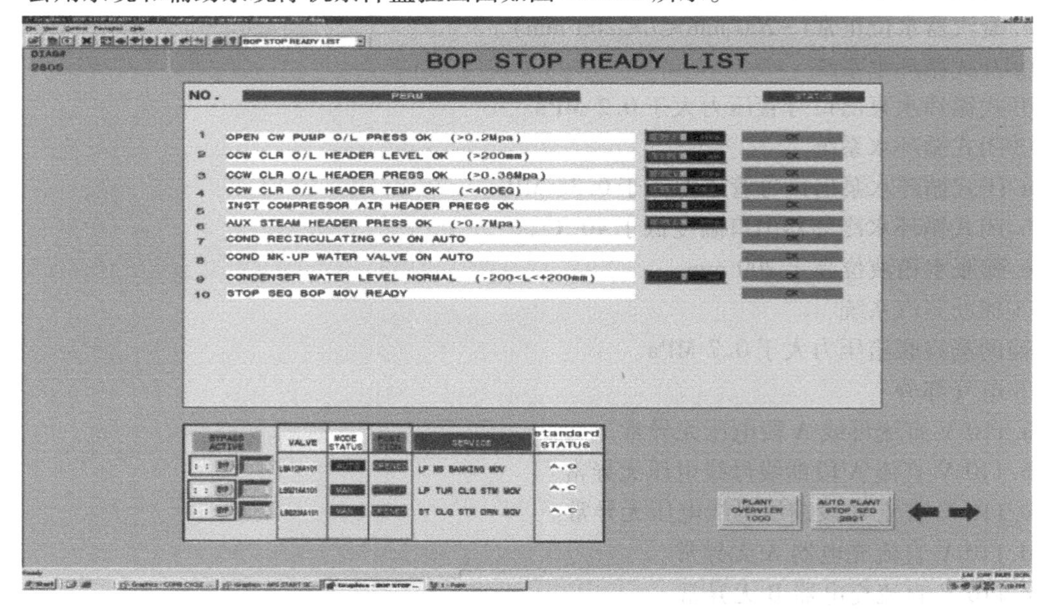

图 3.298a 公用系统和辅助系统停机条件监控画面

2)电气部分停机条件监控画面

电气部分停机条件监控画面如图 3.298b 所示。

3)余热锅炉侧停机条件监控画面

余热锅炉侧停机条件监控画面如图 3.298c 所示。

4)余热锅炉侧阀门状态监控画面

余热锅炉侧阀门状态监控画面如图 3.298d 所示。

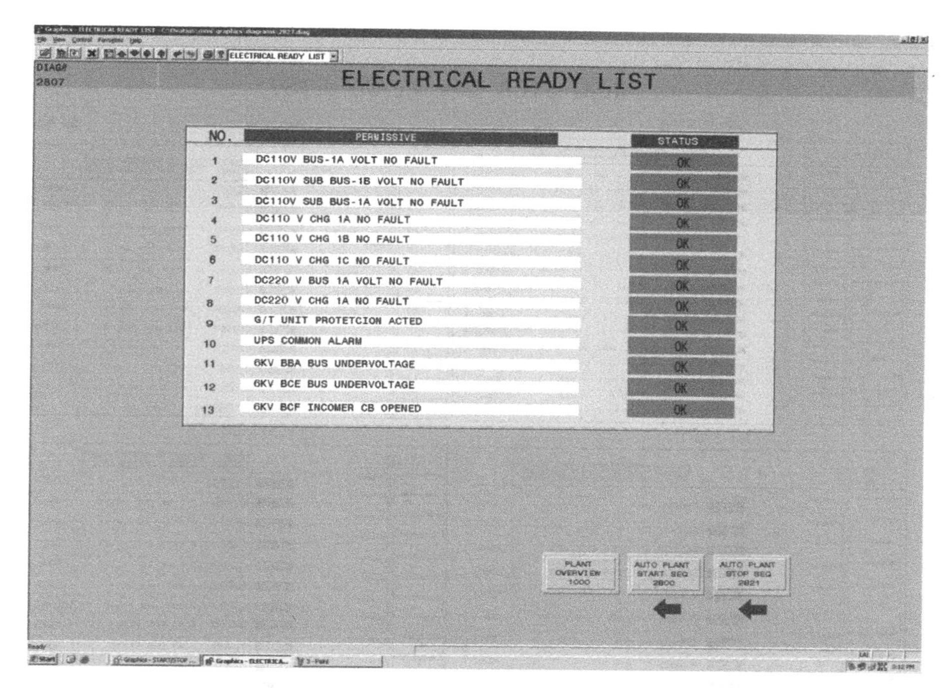

图 3.298b　电气部分停机条件监控画面

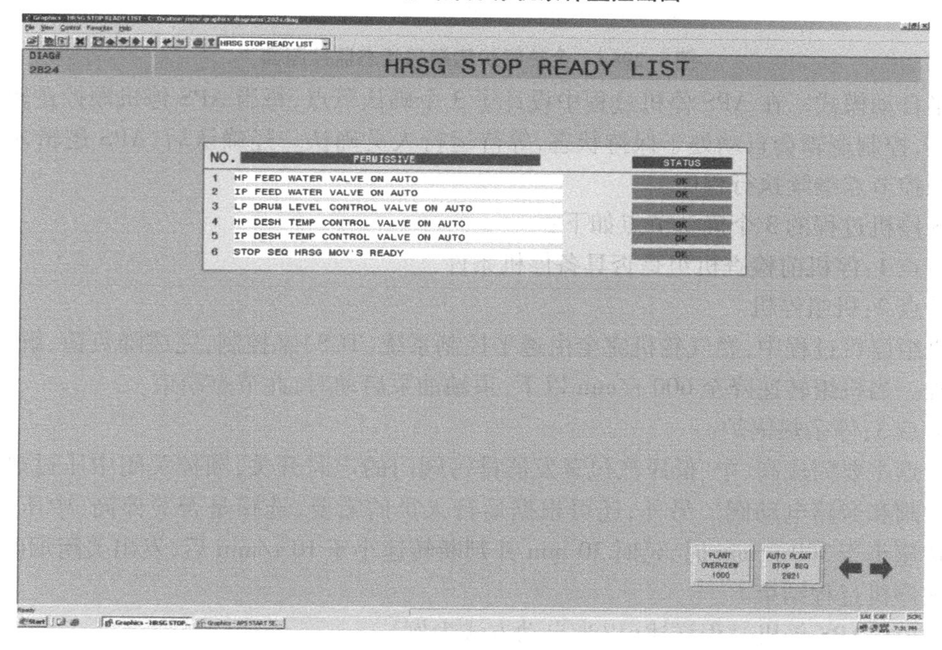

图 3.298c　余热锅炉侧停机条件监控画面

3.4.1.5　机组 APS 停机过程

(1)机组 APS 停机过程概述

机组 APS 停机同样也分为全自动和半自动两种模式。

①全自动模式。当运行人员发出 APS 全自动停机指令后，一直到关闭余热锅炉烟囱挡板，整个 APS 停机过程都无须运行人员进行操作，完全由 APS 系统自动控制。

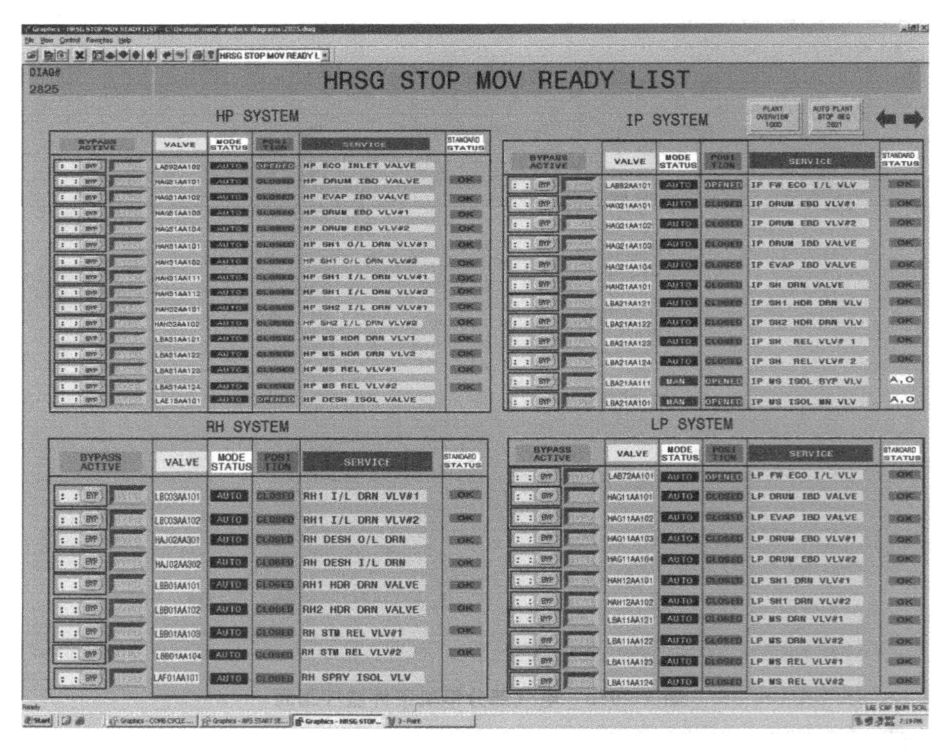

图 3.298d 余热锅炉侧阀门状态监控画面

②半自动模式。在 APS 停机过程中设计了 3 个确认节点,每当 APS 停机顺控逻辑执行完一个节点,控制逻辑会自动处于保持状态,等待运行人员确认。经确认后,APS 逻辑才会进入下一个顺控节点继续执行程序。

APS 停机过程的 3 个确认节点如下:

①节点 1:停机前检查机组是否具备停机条件。

②节点 2:机组停机。

在机组停机过程中,燃气轮机完全由透平控制系统(TCS)来控制,完成降负荷、解列、降转速的过程。当机组转速降至 600 r/min 以下,顶轴油泵启动时,此节点结束。

③节点 3:停余热锅炉。

此节点主要完成高、中、低压汽包蒸发器排污阀门的定时开关,顺控关闭中压过热器出口主路电动阀和旁路电动阀。另外,还可根据运行人员的需要,选择是否关停高、中压给水泵。当机组转速小于 300 r/min 时,延时 30 min 并判断转速小于 10 r/min 后,发出关闭烟囱挡板指令。APS 停机过程结束。

(2)机组 APS 停机过程详述(以半自动方式为例)

①在 APS 停机监控主画面中,选择半自动停机方式(见图 3.299),APS 流程指示“APS STOP MODE ON”变为红色。

②当各系统停机条件满足后,APS 停机监控主画面中右侧“GT/HRSG EQUIP READY LIST STATUS”目录下的所有系统列表显示绿色“READY”状态;此时流程指示“COMB CYCLE STOP READY SATISFIED”变为红色显示,表示机组 APS 停机条件已经全部满足。

③单击“BLOCK STOP”的“STOP”按钮,APS 流程指示“MASTER STOP SEQUENCE ON”

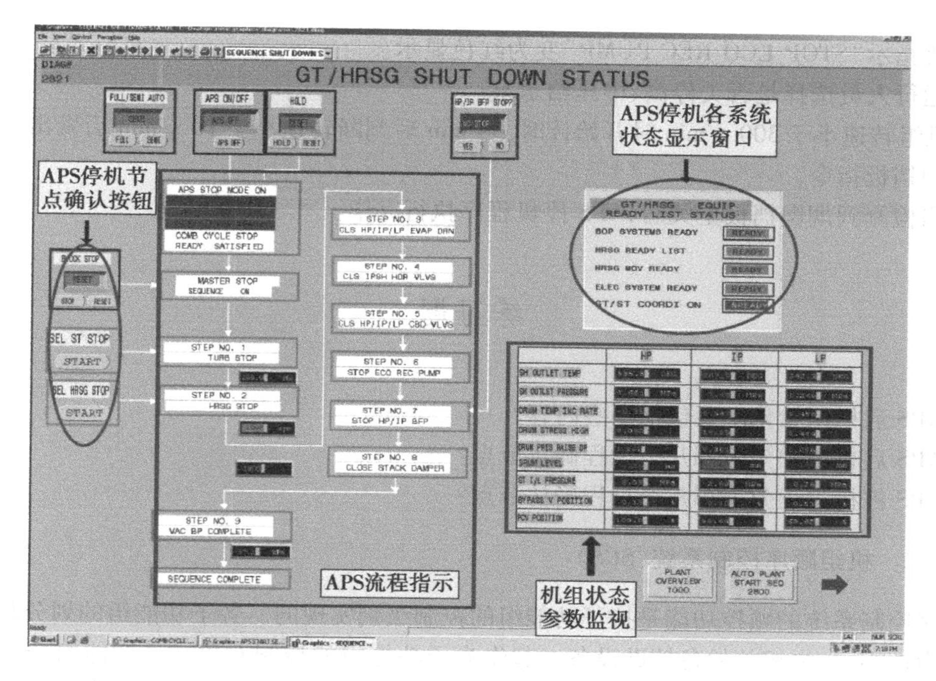

图 3.299 APS 停机监控主画面

显示红色,APS 停机程序开始执行。

④单击“SEL ST STOP”的“START”按钮,执行停机第一步。APS 停机控制程序向 TCS 控制系统发出停机指令。当 TCS 系统反馈“TURBINE STOP BP COMPLETED”信号置 1 后,APS 流程指示“TURB STOP”变为红色,表示机组停机完毕。

“TURBINE STOP BP COMPLETED”包含的条件如下:

a. 任意顶轴油泵处于运行状态。

b. 机组紧急油压低信号置 1。

c. 机组并网开关处于分开状态。

d. 冷再逆止阀处于关状态。

e. 机组转速低于 600 r/min。

f. 高、中、低压主蒸汽调节阀全部处于关状态。

g. 高、中、低压主蒸汽截止阀全部处于关状态。

⑤单击“SEL HRSG STOP”的“START”按钮,执行停机第二步。APS 停机控制程序顺控执行以下步骤:

a. 打开高、中、低压汽包蒸发器定期排污阀,排污 20 s 后关闭。阀门全部关闭后,APS 流程指示“CLS HP/IP/LP EVAP DRN”变为红色显示。

b. 按顺序关闭中压过热器出口主路电动阀和旁路电动阀。

执行顺序为:打开旁路电动阀→关闭主路电动阀→关闭旁路电动阀。阀门全部关闭后,APS 流程指示“CLS IPSH HDR VLVS”变为红色显示。

c. 关闭高、中、低压汽包连续排污阀。阀门全部关闭后,APS 流程指示“CLS HP/IP/LP CBD VLVS”变为红色显示。

d. 停 1 号或者 2 号低压再循环泵,关闭 1 号或者 2 号低压再循环泵出口阀。当动作完成,

APS 流程指示“STOP ECO REC PUMP”变为红色显示。

e. 运行人员选择是否关停高、中压给水泵。

f. 机组转速小于 300 r/min 时开始计时,30 min 后判断转速小于 10 r/min 后发出关闭余热锅炉烟囱挡板指令。

⑥当检测到烟囱挡板全关后,APS 停机程序执行完毕。

练习题

1. APS 启机初始化主要包括哪些内容?

2. APS 启机过程分为哪几个过程确认节点?

3. APS 停机过程分为哪几个过程确认节点?

3.4.2 机组顺序控制系统(SCS)

顺序控制系统的顺控功能是按子功能组的控制级别实现的。各子功能组的划分是以一台主设备为核心,与之相关的各辅助设备一起作为子功能组的控制对象。子功能组中各设备的启停设计有程启、程停控制逻辑。凡设计有程启、程停逻辑的设备,可在操作中选择自动程启或程停控制方式,也可选择手动各个设备单独启、停控制方式。

运行人员对子功能组的操作可通过两类操作画面进行:一类是热力系统过程画面,可在画面上分别单击子功能组中的单个设备,完成顺序启停控制过程;另一类是子功能组的程启、程停操作画面,通过操作画面可监视程启和程停的执行步序和步序条件是否满足。程启或程停过程中,可以人为中断程启或程停的操作,重新开始时,将从程序的第一步开始顺序执行。如果程启或程停过程中,非人为中断程启或程停过程,则程序停在不满足条件的步序。当所停步序的条件满足时,程序会自动继续向下一步序进行。

3.4.2.1 循环水泵顺序控制

(1)系统介绍

循环水系统采用海水开式循环冷却方式,通过开式循环水泵供给凝汽器、闭式水换热器、真空泵汽水分离器等。配置 3 台循环水泵和 3 台循环水泵出口的液控蝶阀。热力系统图如图 3.300 所示。

(2)连锁和保护

循环水泵跳闸连锁保护条件如下:

①循环水泵电机绕组温度高于 135 ℃。

②循环水泵推力轴承温度高于 85 ℃。

③循环水泵电机上、下轴承温度高于 105 ℃。

④循环水泵电机内空气温度(热态)高于 110 ℃。

⑤循环水泵电机内空气温度(冷态)高于 80 ℃。

⑥循环水泵处于运行状态时,其出口液控蝶阀开反馈信号置 0。

⑦循环水泵处于运行状态时,其出口液控蝶阀关反馈信号置 1。

⑧循环水泵处于运行状态时,其出口液控蝶阀快关至 15°信号置 1。

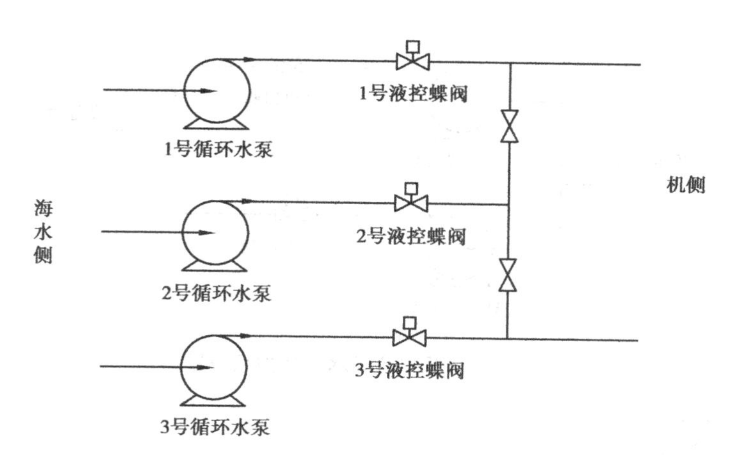

图3.300 循环水泵热力系统图

⑨循环水泵处于运行状态,无停泵指令时,其出口液控蝶阀慢关至15°信号置1。

(3)顺控步序

以一台循环水泵子功能组为例。循环水泵子功能组包含两台设备:一台循环水泵和一台出口液控蝶阀。

1)循环水泵启动顺控步序

①快开出口液控蝶阀至15°。

②启动循环水泵。

如果启动循环水泵指令发出3 s后,循环水泵运行反馈信号依然保持置0状态,自动发出关闭出口液控蝶阀指令,退出顺序启动程序。

③全开出口液控蝶阀。

2)循环水泵停泵顺控步序

①快关出口液控蝶阀至15°。

②停循环水泵。

③全关出口液控蝶阀。

3.4.2.2 开式冷却水泵顺序控制

(1)系统介绍

开式冷却水泵用于将循环水供水母管的海水升压后送至闭式水冷却器等用户设备,换热后回到循环水回水母管。配置两台开式冷却水泵,两者互为备用和两台开式冷却水泵出口电动阀。热力系统图如图3.301所示。

(2)连锁和保护

开式冷却水泵跳闸连锁保护条件如下:

①开式冷却水泵处于运行状态,其出口电动阀关反馈信号置1。

②主泵跳闸后,备用泵自动连起。

(3)顺控步序

以一台开式冷却水泵子功能组为例。开式冷却水泵子功能组包含两台设备:一台开式冷却水泵和一台出口电动阀。

开式冷却水泵启动顺控步序如下:

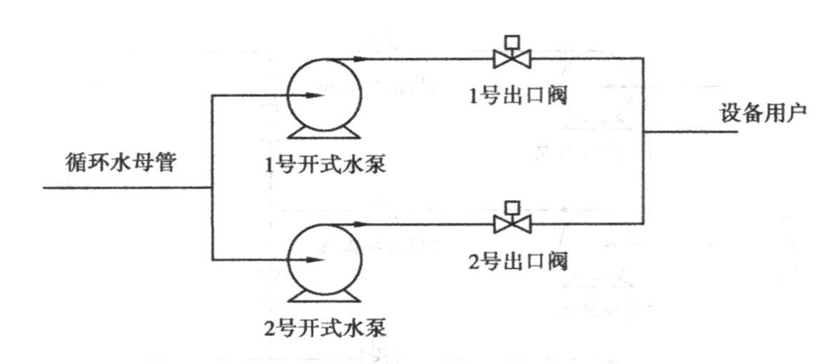

图 3.301　开式冷却水泵热力系统图

①关闭出口电动阀。

②启动开式冷却水泵。

③打开出口电动阀。

3.4.2.3　闭式冷却水泵顺序控制

(1)系统介绍

闭式冷却水系统采用化学除盐水闭式循环冷却方式。闭式冷却水泵用于闭式冷却水的升压循环,将在用户端换热后的高温冷却水送至闭式水冷却器进行冷却。

配置两台闭式冷却水泵,两者互为备用和两台闭式冷却水泵出口电动阀。热力系统图如图 3.302 所示。

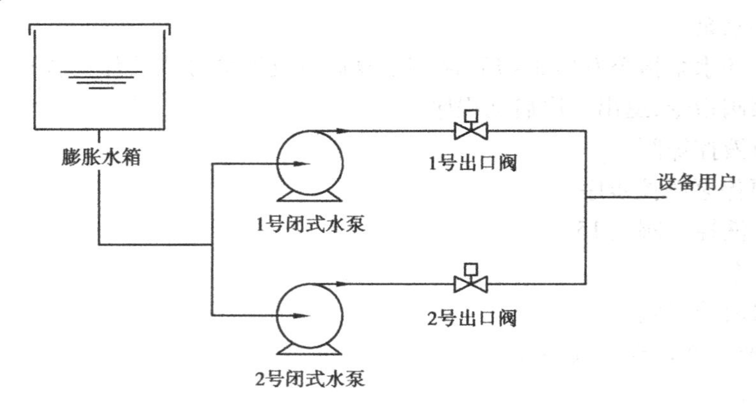

图 3.302　闭式冷却水泵热力系统图

(2)连锁和保护

闭式冷却水泵跳闸连锁保护条件如下:

①闭式冷却水泵处于运行状态,其出口电动阀关反馈信号置 1。

②主泵跳闸后,备用泵自动连起。

③主泵运行,闭式冷却水泵出口母管压力低于 0.35 MPa,连锁启动备用泵。

(3)顺控步序

以一台闭式冷却水泵子功能组为例。闭式冷却水泵子功能组包含两台设备:一台闭式冷却水泵和一台出口电动阀。

闭式冷却水泵启动顺控步序如下:

①关闭出口电动阀。

②启动闭式冷却水泵。

③打开出口电动阀。

3.4.2.4 高压给水泵顺序控制

(1)系统介绍

高压给水泵用以提供高压汽包补水压头,通过液力耦合器勺管控制,可对高压汽包水位进行调节控制,其水源来自低压汽包。

配置两台高压给水泵,两者互为备用,和两台高压给水泵出口电动阀,另外每台高压给水泵配备一台辅助油泵,用以为高压给水泵提供润滑油。热力系统图如图3.303所示。

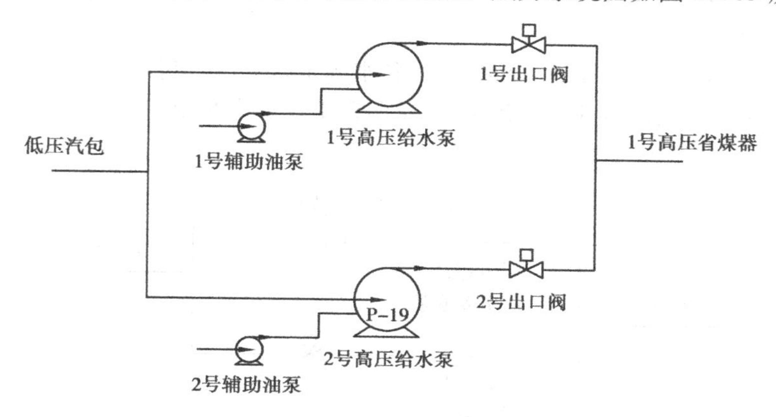

图3.303 高压给水泵热力系统图

(2)连锁和保护

高压给水泵跳闸连锁保护条件如下:

①高压给水泵驱动端、非驱动端轴承振动高于11.2 mm/s。

②高压给水泵电机绕组温度高于155 ℃。

③高压给水泵电机轴承温度高于90 ℃。

④高压给水泵液力耦合器轴承温度高于105 ℃。

⑤高压给水泵推力轴承温度高于90 ℃。

⑥高压给水泵勺管回油温度高于110 ℃。

⑦高压给水泵驱动端、非驱动端密封水温度高于95 ℃。

⑧高压给水泵冷油器出口油温度高于90 ℃。

⑨高压给水泵驱动端、非驱动端轴承温度高于100 ℃。

⑩主泵跳闸后,连起备用泵。

⑪主泵运行,勺管开度大于40%,高压给水泵出口母管压力低于高压汽包压力0.2 MPa,连起备用泵。

(3)顺控步序

以一台高压给水泵子功能组为例。高压给水泵子功能组包含4台设备:1台高压给水泵、1台辅助油泵、1台液力耦合器及一台出口电动阀。

1)高压给水泵启动顺控步序

①关闭出口电动阀。

②启动高压给水泵辅助油泵。

③启动高压给水泵。

④打开出口电动阀。

2)高压给水泵停泵顺控步序

①将勺管开度关至零位。

②关闭出口电动阀。

③停高压给水泵。

④启动高压给水泵辅助油泵。

3.4.2.5　中压给水泵顺序控制

(1)系统介绍

中压给水泵用以提供中压汽包补水压头,其水源来自低压汽包。

配置两台中压给水泵,两者互为备用,以及两台中压给水泵出口电动阀。热力系统图如图3.304所示。

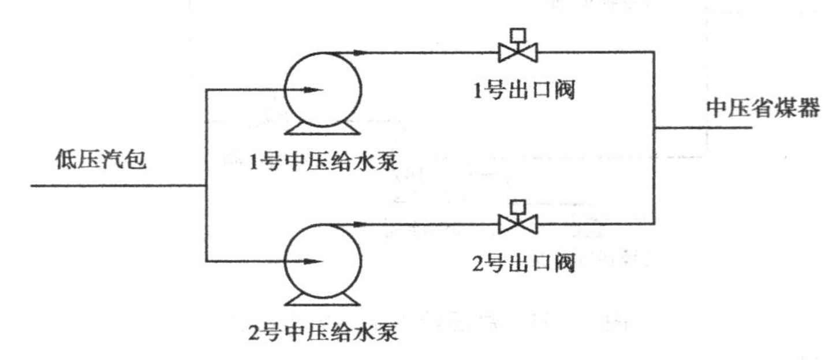

图3.304　中压给水泵热力系统图

(2)连锁和保护

中压给水泵跳闸连锁保护条件如下:

①中压给水泵电机绕组温度高于135 ℃。

②低压汽包水位低($L \leqslant -1\ 290$ mm)。

③主泵跳闸后,连起备用泵。

④主泵运行,中压给水泵出口母管压力低于4.8 MPa,连起备用泵。

(3)顺控步序

以一台中压给水泵子功能组为例。中压给水泵子功能组包含两台设备:一台中压给水泵和一台出口电动阀。

1)中压给水泵启动顺控步序

①关闭出口电动阀。

②启动中压给水泵。

③打开出口电动阀。

2)中压给水泵停泵顺控步序

①关闭出口电动阀。

②停中压给水泵。

3.4.2.6　低压再循环泵顺序控制

(1)系统介绍

低压再循环泵用以提高低压省煤器入口给水温度,保持低压省煤器管束温度高于酸露点温度。

配置两台一拖一变频低压再循环泵,两者互为备用,以及两台低压再循环泵出口电动阀。热力系统图如图3.305。

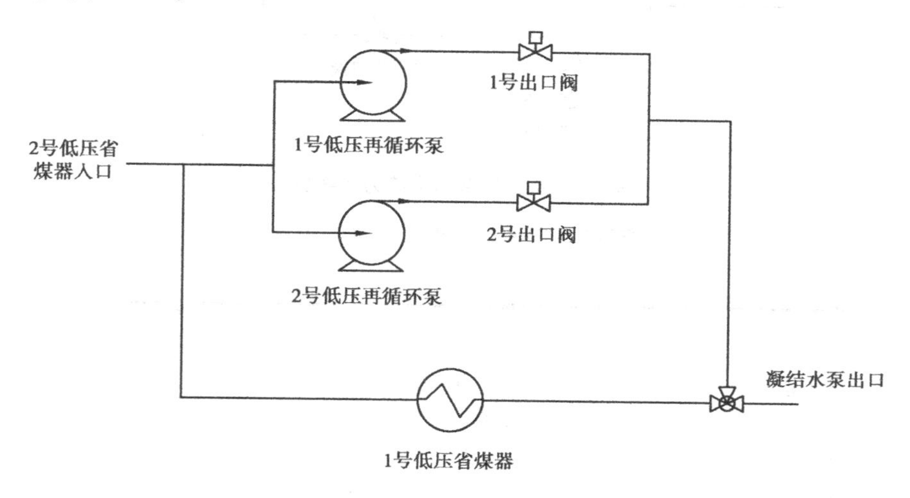

图3.305 低压再循环泵热力系统图

(2)连锁和保护

低压再循环泵跳闸连锁保护条件如下:

①低压再循环泵处于运行状态,其出口电动阀关反馈信号置1。

②主泵跳闸后,连起备用泵。

(3)顺控步序

以一台低压再循环泵子功能组为例。低压再循环泵子功能组包含3台设备:1台低压再循环泵、1套变频控制器和1台出口电动阀。

1)低压再循环泵启动顺控步序

①关闭出口电动阀。

②启动低压再循环泵变频控制器。

③打开出口电动阀。

2)低压再循环泵停泵顺控步序

①停低压再循环泵变频控制器。

②关闭出口电动阀。

3.4.2.7 凝结水泵顺序控制

(1)系统介绍

凝结水泵负责向低压汽包提供补水,通过变频控制可调节控制低压汽包水位。

配置两台凝结水泵,两台凝结水泵出口电动阀和一套变频控制器。热力系统图如图3.306a所示,电气连接示意图如图3.306b所示。

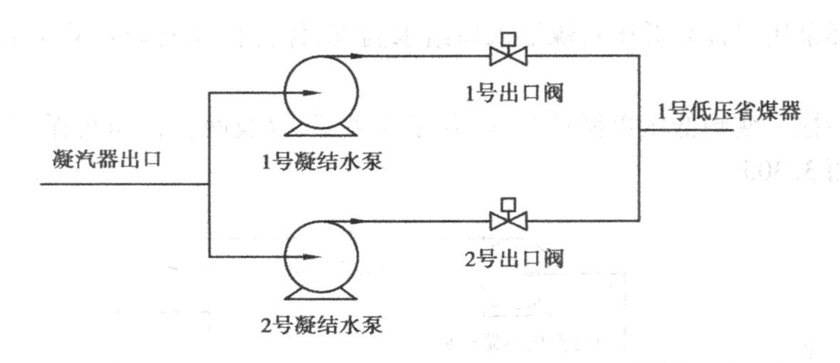

图 3.306a 凝结水泵热力系统图

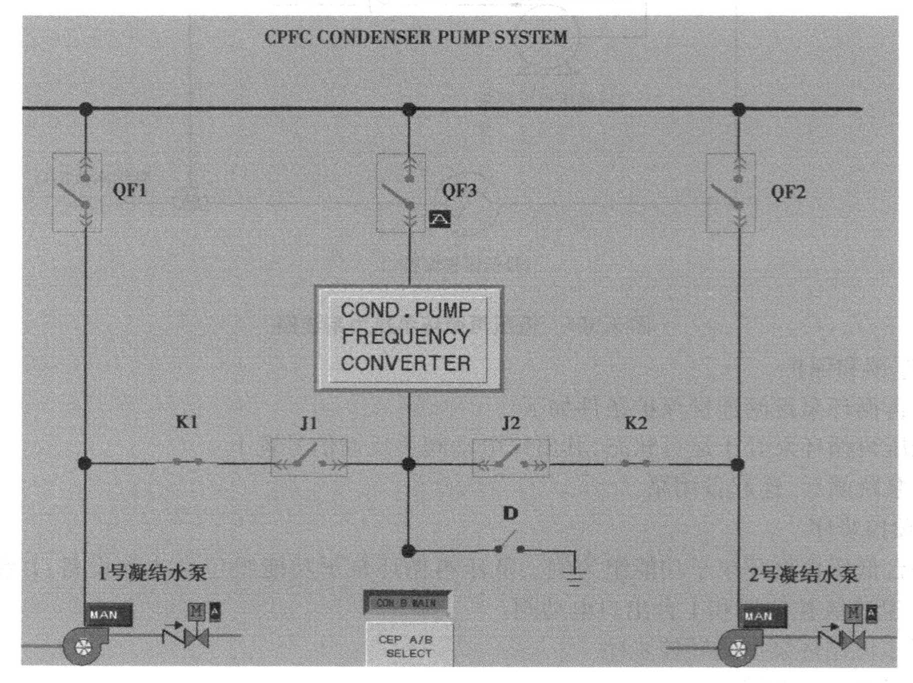

图 3.306b 凝结水泵电气连接图

(2)连锁和保护

凝结水泵变频运行跳闸连锁另一台凝结水泵工频运行的条件如下:

①凝结水泵变频运行时,电机绕组温度高于 135 ℃。

②凝结水泵变频运行时,推力轴承温度高于 80 ℃。

③凝结水泵变频运行时,上、下轴承温度高于 80 ℃。

④凝结水泵变频运行时,凝汽器液位低于-150 mm。

⑤凝结水泵变频运行时,其出口电动阀关反馈信号置 1。

⑥凝结水泵变频运行时,出现变频器跳闸信号。

⑦凝结水泵变频运行时,凝结水泵出口母管压力低于 1 MPa。

⑧主泵跳闸时,连起备用泵运行。

凝结水泵工频运行跳闸连锁另一台凝结水泵工频运行的条件如下:

①凝结水泵工频运行时,电机绕组温度高于 135 ℃。

②凝结水泵工频运行时，推力轴承温度高于80 ℃。

③凝结水泵工频运行时，上、下轴承温度高于80 ℃。

④凝结水泵工频运行时，凝汽器液位低于-150 mm。

⑤凝结水泵工频运行时，其出口电动阀关反馈信号置1。

⑥凝结水泵工运行时，凝结水泵出口母管压力低于2.2 MPa。

⑦主泵跳闸时，连起备用泵运行。

(3)顺控步序

以一台凝结水泵子功能组为例。凝结水泵子功能组包含6台设备：1台凝结水泵、1套变频控制器、1台出口电动阀、开关QF3、开关J1、开关J2。

1)凝结水泵启动顺控步序

变频启动：

①关闭出口电动阀。

②合J1(J2)，分J2(J1)。

③合QF3。

④启动凝结水泵变频控制器。

⑤打开出口电动阀。

工频启动：

①关闭出口电动阀。

②工频启动凝结水泵。

③打开出口电动阀。

2)凝结水泵停泵顺控步序

变频停泵：

①停变频控制器。

②分QF3。

③分J1，J2。

④关闭出口电动阀。

工频停泵：

①工频停凝结水泵。

②关闭出口电动阀。

练习题

1. 简述循环水泵顺控启动和顺控停止过程。

2. 简述高压给水泵顺控启动和顺控停止过程。

3. 简述凝结水泵工频顺控启动、停止以及变频顺控启动、停止过程。

3.4.3 机组模拟量控制系统(MCS)

3.4.3.1 凝结水再循环流量控制

(1)系统功能介绍

为保证凝结水泵在启动或低负荷阶段的安全,设计有凝结水再循环流量调节系统。

调节阀采用艾默生 FISHER 系列阀门,并配套艾默生 DVC6010 系列定位器。

(2)控制原理介绍

凝结水再循环流量调节系统原理图如图3.307所示。调节系统采用凝结水流量的单回路调节。凝结水流量信号与流量设定值相比较,两者的偏差经 PID 调节器可控制凝结水再循环流量调节阀。

3.4.3.2 膨胀水箱液位控制

(1)系统功能介绍

闭式循环冷却水来自化学除盐水系统,经膨胀水箱、闭式冷却水泵后送入各系统设备用户。为保证闭式冷却水系统的安全运行,必须将膨胀水箱液位保持在正常工作范围,因此设计有膨胀水箱液位调节系统。

调节阀采用 ROTORK IQML10F10A 系列智能型调节电动头。

(2)控制原理介绍

膨胀水箱液位调节系统原理图如图3.308所示。调节系统采用膨胀水箱液位的单回路调节。液位测量信号和液位设定值相比较,两者的偏差经 PID 调节器可控制膨胀水箱补水调节阀。

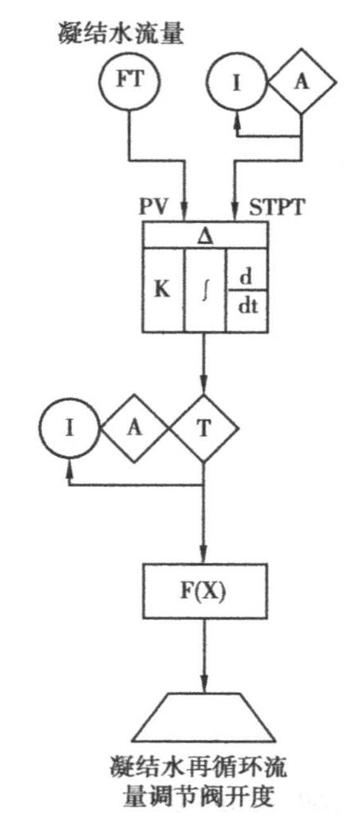

图3.307 凝结水再循环流量调节原理图

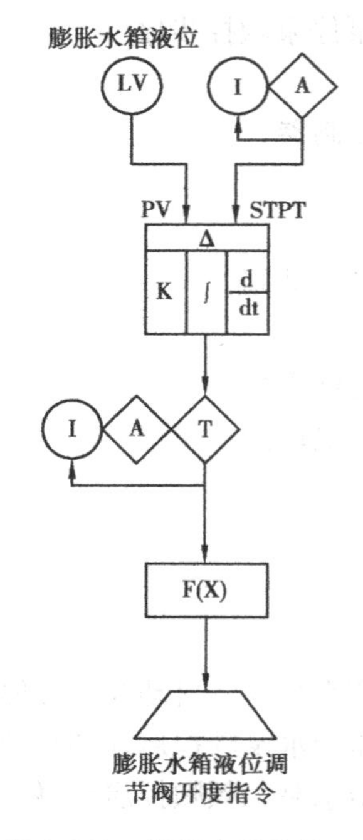

图3.308 膨胀水箱液位调节原理图

3.4.3.3 冷再热蒸汽供辅汽联箱蒸汽压力控制

(1)系统功能介绍

机组的辅汽联箱主要向轴封联箱供汽,同时还提供机组启动阶段的低压缸冷却蒸汽。为保证各系统工作正常,辅汽联箱的压力要求控制在0.85MPa左右。正常情况下,辅汽联箱汽源由汽轮机高中压缸排汽管道引出,经一个调节阀来控制辅汽联箱压力等于设定值。当机组刚启动或带较低负荷时,冷再热蒸汽压力较低,辅汽联箱汽源由启动锅炉或者另一台机组的辅汽联箱供给。冷再热蒸汽供辅汽联箱蒸汽压力调节阀的任务就是将辅汽联箱压力控制在设定值上。

调节阀采用艾默生 FISHER 系列阀门,并配套艾默生 DVC6010 系列定位器。

(2)控制原理介绍

冷再热蒸汽供辅汽联箱蒸汽压力调节系统原理图如图3.309所示。调节系统采用压力的单回路调节。辅汽联箱入口蒸汽压力测量信号和压力设定值相比较,两者的偏差经PID调节器可控制压力调节阀的开度。

3.4.3.4 冷再热蒸汽供辅汽联箱蒸汽温度控制

(1)系统功能介绍

冷再热蒸汽供辅汽联箱蒸汽温度调节阀控制进入辅汽联箱的蒸汽温度。其冷却水源来自凝结水泵出口。采用喷水减温的方式调控辅汽联箱入口蒸汽温度。

调节阀采用艾默生 FISHER 系列阀门,并配套艾默生 DVC6010 系列定位器。

(2)控制原理介绍

冷再热蒸汽供辅汽联箱蒸汽温度调节系统原理图如图3.310所示。调节系统采用温度的单回路调节。辅汽联箱入口蒸汽温度测量信号和温度设定值相比较,两者的偏差经PID调节器可控制减温水调节阀的开度。

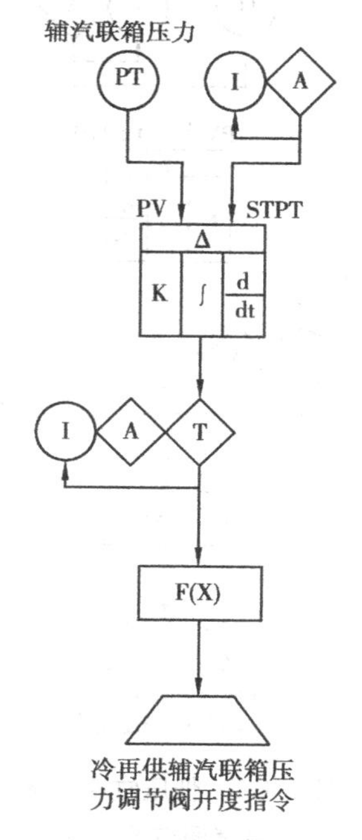

图3.309 冷再热蒸汽供辅汽联箱蒸汽压力调节原理图

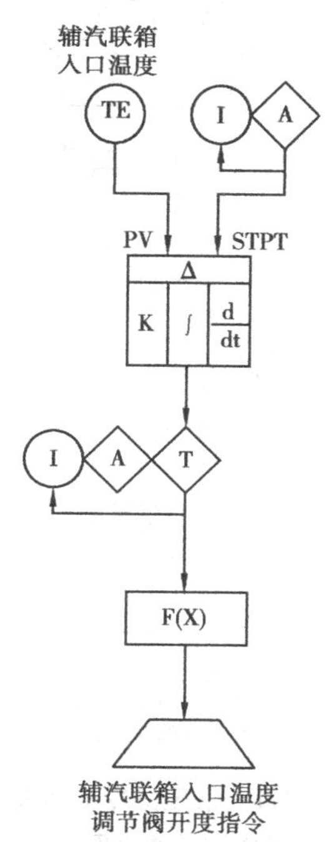

图3.310 冷再热蒸汽供辅汽联箱蒸汽温度调节原理图

3.4.3.5 低压缸冷却蒸汽压力控制

(1)系统功能介绍

机组的低压缸冷却蒸汽汽源来自辅汽联箱,其主要作用是在机组启动阶段为防止汽轮机低压缸鼓风热,而提供流动汽源。低压缸冷却蒸汽压力调节阀的任务就是将冷却蒸汽压力控制在设定值上。

调节阀采用艾默生 FISHER 系列阀门,并配套艾默生 DVC6010 系列定位器。

(2)控制原理介绍

低压缸冷却蒸汽压力调节系统原理图如图 3.311 所示。调节系统采用压力的单回路调节。低压缸冷却蒸汽压力测量信号和压力设定值相比较,两者的偏差经 PID 调节器可控制压力调节阀的开度。

3.4.3.6 低压缸冷却蒸汽温度控制

(1)系统功能介绍

低压缸冷却蒸汽温度调节阀用于控制低压缸冷却蒸汽的温度。其冷却水源来自凝结水泵出口。采用喷水减温的方式调控低压缸冷却蒸汽温度。

调节阀采用艾默生 FISHER 系列阀门,并配套艾默生 DVC6010 系列定位器。

(2)控制原理介绍

低压缸冷却蒸汽温度调节系统原理图如图 3.312 所示。调节系统采用温度的单回路调节。低压缸冷却蒸汽温度测量信号和温度设定值相比较,两者的偏差经 PID 调节器去控制减温水调节阀的开度。

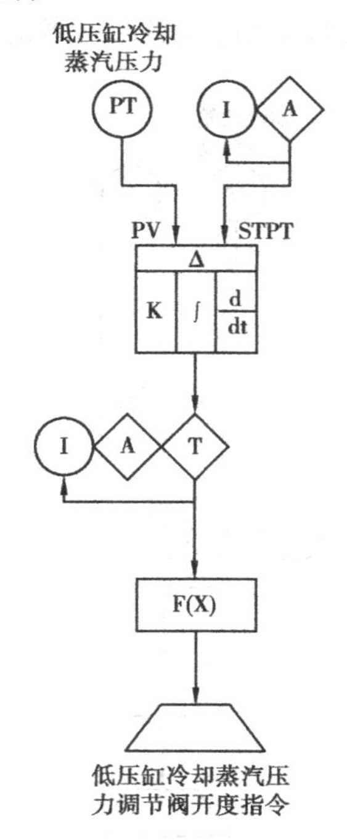

图 3.311 低压缸冷却蒸汽压力调节原理图

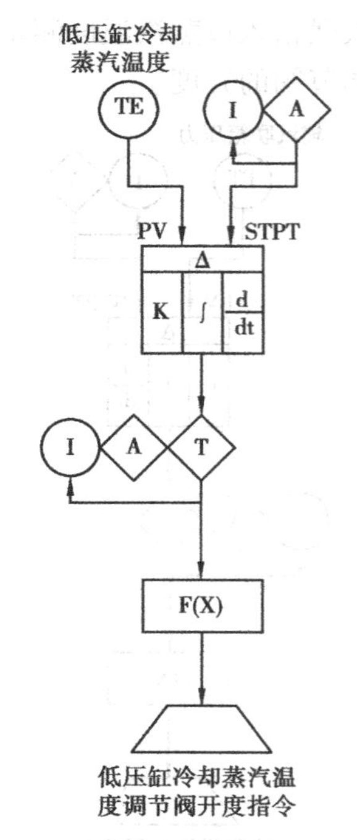

图 3.312 低压缸冷却蒸汽温度调节原理图

3.4.3.7 低压汽包给水温度控制

(1)系统功能介绍

1号低压省煤器出口的低压给水,一部分送入2号低压省煤器继续加热后,再送至低压汽包。另一部分通过低压再循环泵送回至1号低压省煤器入口的三通阀处,与凝结水泵送来的凝结水相混合。通过调节低压再循环泵出口调节阀的开度,可控制低压省煤器再循环水的流量,从而对1号低压省煤器入口的给水温度进行调节,最终达到控制低压汽包给水温度的目的。热力系统图如图3.313所示。

调节阀采用艾默生FISHER系列阀门,并配套艾默生DVC2000系列定位器。

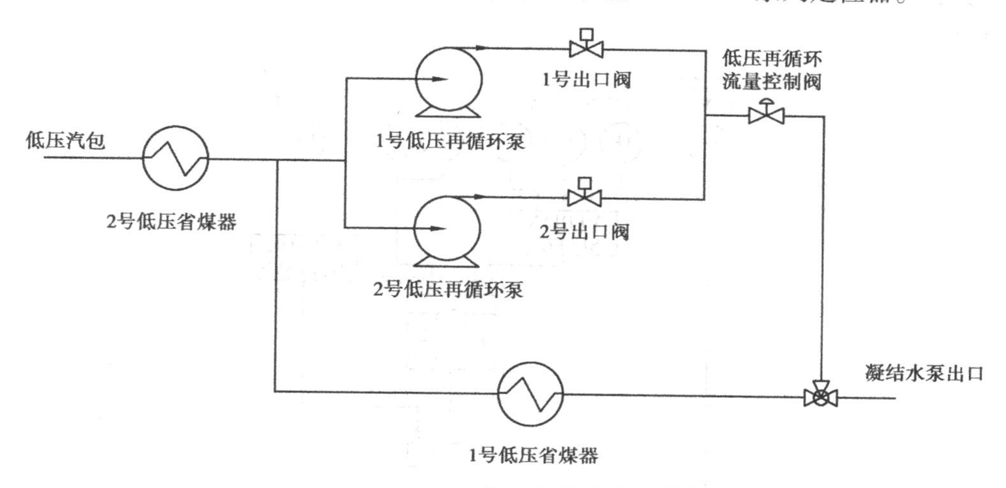

图3.313 低压再循环流量控制

(2)控制原理介绍

低压汽包给水温度调节系统原理图如图3.314所示。调节系统采用温度的单回路调节。1号低压省煤器入口温度测量信号和温度设定值相比较,两者的偏差经PID调节器可控制低压再循环泵出口调节阀的开度。

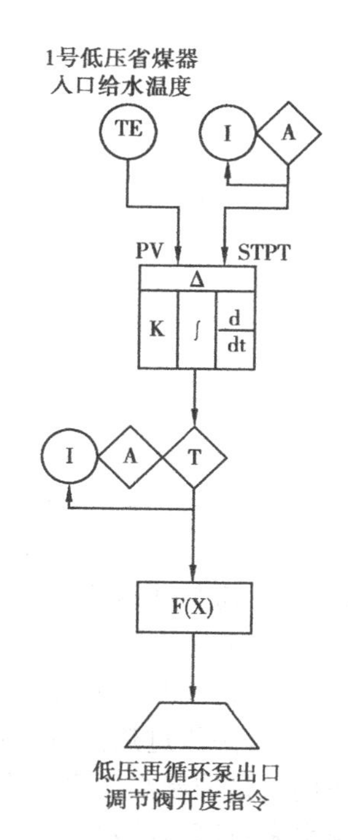

图3.314 低压汽包给水温度调节原理图

3.4.3.8 再热主蒸汽温度控制

(1)系统功能介绍

再热蒸汽温度采用一级喷水减温调控方式。从中压过热器出来的中压过热蒸汽与高中压缸排汽相混合后进入1号中压再热器,再经喷水减温进入2号中压再热器,最后通过再热蒸汽管道进入汽轮机中压缸。再热蒸汽温度调节阀的主要作用是控制再热蒸汽温度接近于设计值,防止蒸汽温度过低或者过高。再热蒸汽减温水来自中压给水泵。

调节阀采用艾默生FISHER系列阀门,并配套艾默生DVC2000系列定位器。

(2)控制原理介绍

再热蒸汽温度调节系统原理图如图 3.315 所示。调节系统采用串级双回路调节。主回路的被控量为再热蒸汽温度,它由 3 个热电偶温度元件测得。3 个热电偶温度信号经"MEDIAN SELECT"功能模块(详见"MEDIAN SELECT"功能模块说明)选择后进入主回路,与运行人员手动设定的再热蒸汽温度设定值相比较,形成温度偏差信号,经 PID 调节器输出至一个大选比较器,与 2 号再热器入口压力下对应的蒸汽饱和温度相比较。两者的高值再作为副回路的设定值。副回路的被控量为 2 号再热器入口蒸汽温度。该温度由一个热电偶温度元件测点测得。2 号再热器入口蒸汽温度偏差信号再经过副回路的 PID 调节器输出再热蒸汽温度调节阀开度指令。

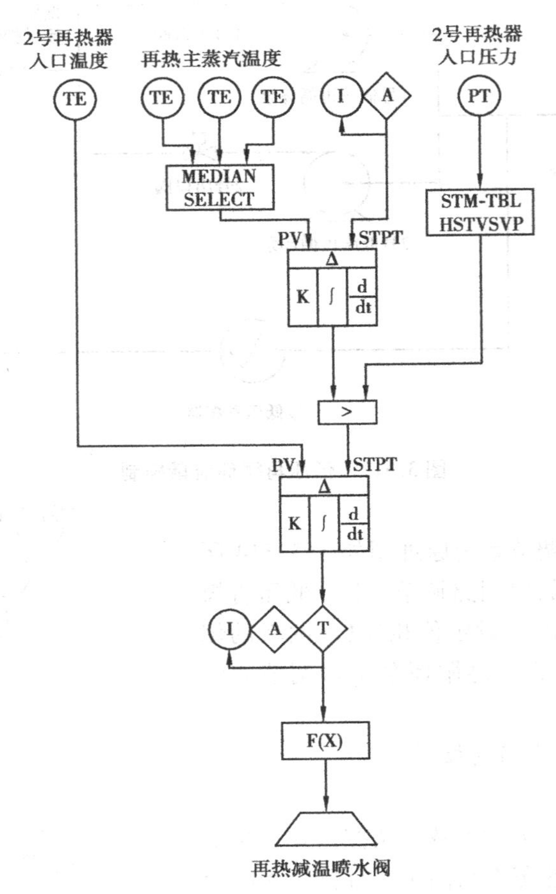

图 3.315　再热主蒸汽温度调节原理图

3.4.3.9　高压过热蒸汽温度控制

(1)系统功能介绍

高压主蒸汽温度采用一级喷水减温控制方式。从 1 号高压过热器出来的主蒸汽经喷水减温后,进入 2 号高压过热器,最后通过主蒸汽管道进入汽轮机高压缸。高压主蒸汽温度调节阀的主要作用就是控制高压主蒸汽温度接近于设计值,防止主蒸汽温度过低或者过高。高压主蒸汽减温水来自高压给水泵。

调节阀采用艾默生 FISHER 系列阀门,并配套艾默生 DVC2000 系列定位器。

(2)控制原理介绍

高压主蒸汽温度调节系统原理图如图3.316所示。调节系统采用串级双回路调节。主回路的被控量为高压主蒸汽温度,它由3个热电偶温度元件测得。3个热电偶温度信号经"MEDIAN SELECT"功能模块(详见"MEDIAN SELECT"功能模块说明)选择后进入主回路,与运行人员手动设定的高压主蒸汽温度设定值相比较,形成温度偏差信号,经PID调节器输出至一个大选比较器,与2号高压过热器入口压力下对应的蒸汽饱和温度相比较。两者的高值再作为副回路的设定值。副回路的被控量为2号高压过热器入口蒸汽温度。该温度由一个热电偶温度元件测点测得。2号高压过热器入口蒸汽温度偏差信号再经过副回路的PID调节器输出高压主蒸汽温度调节阀开度指令。

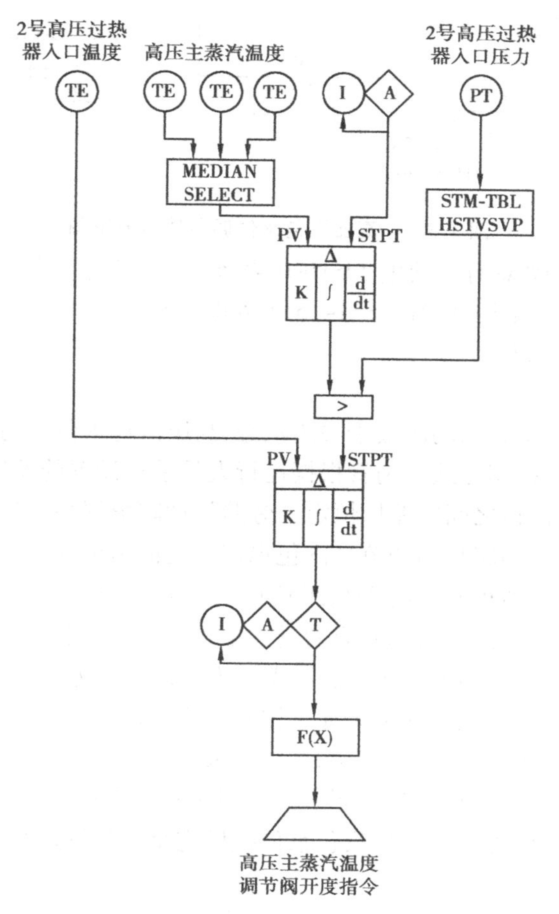

图3.316 高压主蒸汽温度调节原理图

3.4.3.10 高压汽包水位控制

(1)系统功能介绍

机组从启动到并网,再到升至目标负荷,高压汽包水位控制主要由高压给水主路电动阀(以下简称主路电动阀)、高压给水旁路气动阀(以下简称旁路气动阀)和高压给水泵液力耦合器勺管(以下简称勺管)配合实现,整个高压给水调节系统为给水全程调节系统。其热力系统图如图3.317所示。

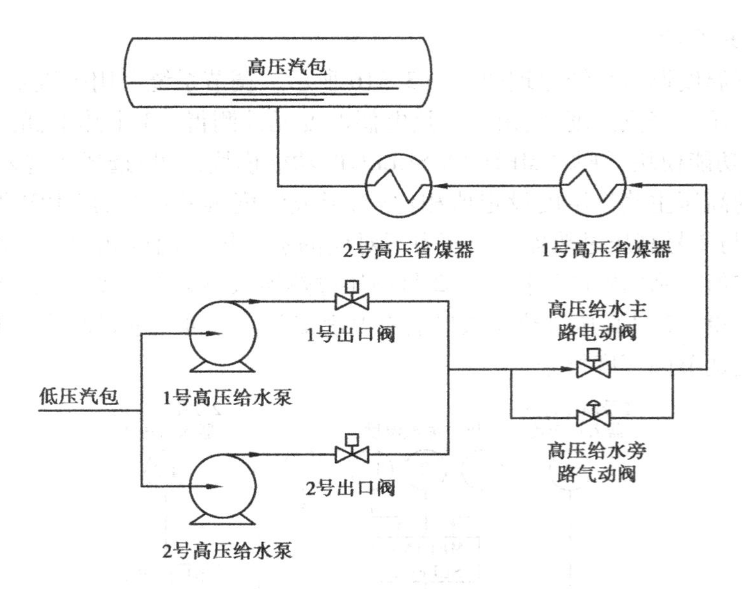

图 3.317　高压汽包水位调节热力系统图

高压给水旁路气动阀采用艾默生 FISHER 系列阀门,并配套艾默生 DVC6010 系列定位器。高压给水主路电动阀采用 AUMA SA14.5 系列电动头。

(2)水位控制过程介绍

1)机组启动过程

机组刚开始启动时,主路电动阀处于关闭状态,高压汽包水位由勺管和旁路气动阀共同控制。此时,勺管处于差压控制方式。勺管根据运行人员手动设置的差压值,自动调节保持高压给水泵出口母管与高压汽包之间的差压恒定。旁路气动阀根据高压汽包实际液位与汽包水位设定值之间的偏差进行单回路自动调节。汽包水位设定值由根据机组负荷设计的推荐值加上运行人员手动设置的偏置值得到。随着机组负荷的上升,当高压主蒸汽流量大于 60 t/h 时,主路电动阀开始开启。在主路电动阀开启的过程中,旁路气动阀强制切为手动,并保持在当前开度不变。勺管控制方式直接由差压控制方式转为高压汽包水位的三冲量控制。正常情况下,勺管调节方式只有差压控制方式和三冲量控制方式两种。只有当高压主蒸汽流量测点、高压主蒸汽压力测点、高压主蒸汽温度测点和高压给水流量测点等信号出现异常后,勺管调节方式才会由三冲量控制方式转为单冲量控制方式。当主路电动阀开到位后,旁路气动阀强制逐渐关闭,并保持在手动控制方式。高压汽包水位随后完全由勺管进行调节。

2)机组停机过程

停机前,主路电动阀处于自动状态、全开位。旁路气动阀处于手动状态、全关位。高压汽包水位由勺管三冲量控制。随着停机过程进行,当高压主蒸汽流量小于 40 t/h 时,开旁路气动阀至 70% 开度,并继续保持其处于手动控制方式。旁路气动阀开到 70% 的开度后,发出关闭主路电动阀指令。主路电动阀关闭到位后,旁路气动阀投回自动控制方式,同时,勺管由三冲量控制方式转回差压控制方式。

(3)控制原理介绍

1)高压给水旁路气动阀调节原理

高压给水旁路气动阀调节原理图如图 3.318a 所示。调节系统采用汽包水位的单回路调节。水位信号由3台变送器测得。3个水位信号经“MEDIAN SELECT”功能模块(详见“MEDIAN SELECT”功能模块说明)选择后送入主回路与设定值(汽包水位设定值由根据机组负荷设计的推荐值加上运行人员手动设置的偏置值得到)相比较,形成水位偏差信号,然后经PID调节器去控制旁路气动阀的开度。

2)勺管差压控制方式调节原理

勺管差压控制方式调节原理图如图3.318b所示。调节系统采用差压信号的单回路调节。高压给水母管压力与高压汽包压力差值送入主回路与运行人员手动设置的差压设定值相比较形成差压偏差信号,然后经PID调节器输出勺管开度指令。勺管开度指令首先进入“BALANCER”功能模块。“BALANCER”功能模块的主要作用是实现两台高压给水泵之间的无扰切换。经过“BALANCER”功能模块的开度指令与运行人员手动设置的开度指令偏置值相加,得到最终的勺管开度指令。

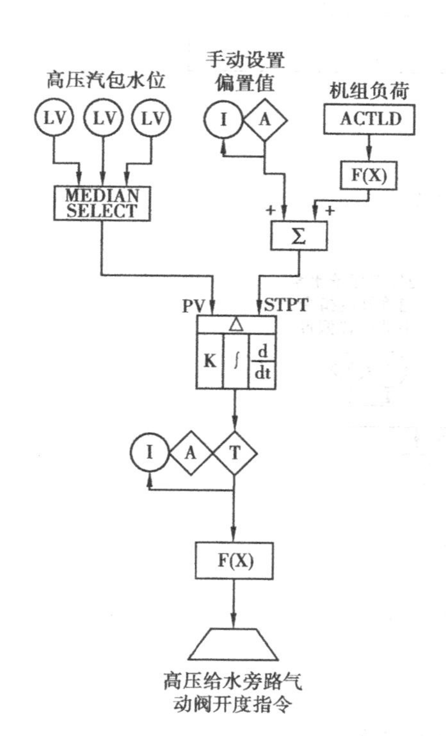

图3.318a 高压给水旁路气动阀调节原理图

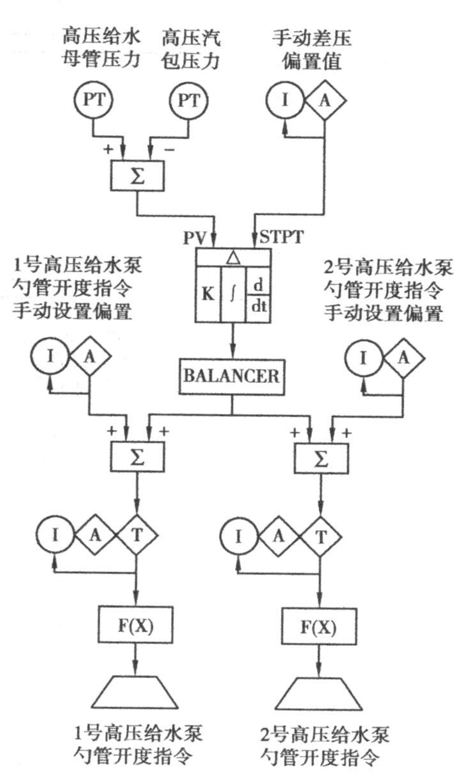

图3.318b 勺管差压控制方式调节原理图

3)勺管单冲量和三冲量调节原理

勺管单冲量和三冲量控制方式调节原理图如图3.318c所示。

调节系统的单冲量控制方式采用汽包水位的单回路调节。水位信号由3台变送器测得。3个水位信号经“MEDIAN SELECT”功能模块(详见“MEDIAN SELECT”功能模块说明)选择后,送入加法器与设定值(汽包水位设定值由根据机组负荷设计的推荐值加上运行人员手动设置的偏置值得到)相减,得到水位偏差信号。将水位偏差信号与设定值“0”相比较后,再送入单冲量PID调节器输出勺管开度指令。

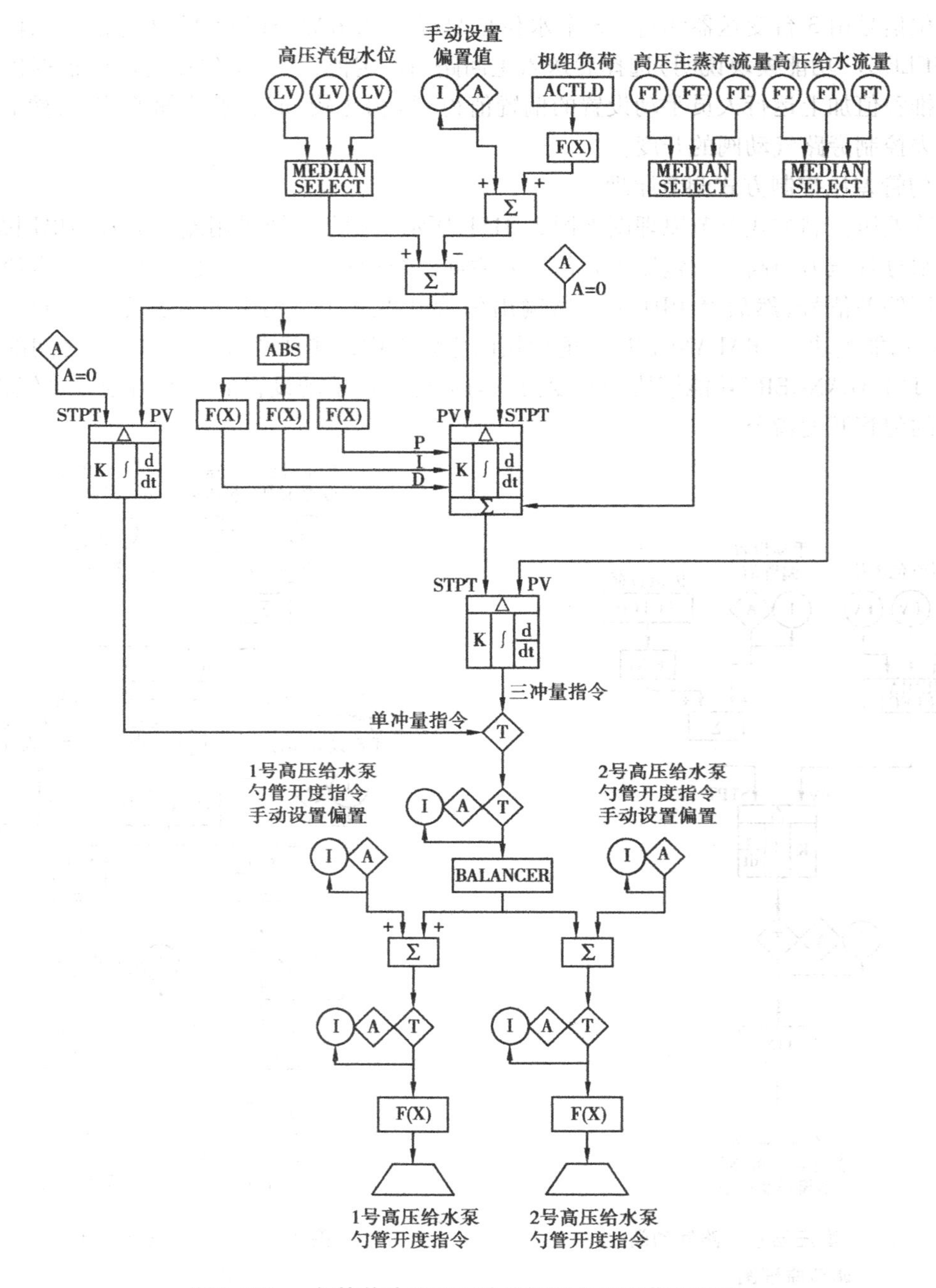

图 3.318c 勺管单冲量和三冲量控制方式调节原理图

调节系统的三冲量控制方式采用串级双回路调节。在主回路中,引入了高压主蒸汽流量作为前馈。水位偏差信号与设定值“0”相比较后,送入主回路的 PID 调节器,主调节器的输出作为副回路调节器的设定值。为了提高调节系统的响应速度和调节精度,特别为主回路的 P, I,D 参数设计了以汽包水位偏差值为因变量的函数关系。函数关系的设计原则是:当水位设定值与汽包实际液位相差不大的情况下,放大比例系数,以提高调节系统的响应速度,而当水位设定值与汽包实际液位相差较大的情况下,适当缩小比例系数,放大积分时间,以减小超调量,提高调节系统的准确性和稳定性。高压给水流量信号作为副回路调节器的过程值,与主回路调节器输出的设定值相比较后进入副回路PID调节器,输出勺管开度指令。与差压控制方式相同,输出的勺管开度指令经过"BALANCER"功能模块后与运行人员手动设置的开度指令偏置值相加,得到最终的勺管开度指令。

3.4.3.11 中压汽包水位控制

(1)系统功能介绍

中压给水系统采用电动定速泵加给水调节阀节流的方式来调节中压汽包水位。整个中压给水调节系统为给水全程调节系统。其热力系统图如图3.319所示。

中压汽包给水调节阀采用艾默生FISHER系列阀门,并配套艾默生DVC6010系列定位器。

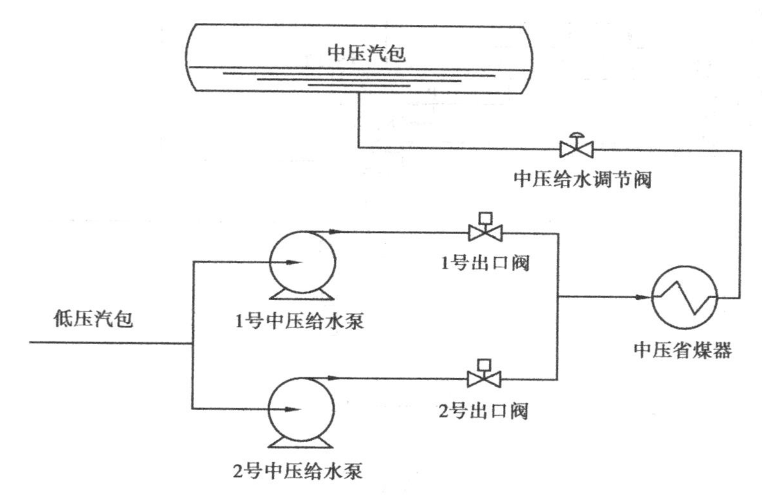

图3.319 中压汽包水位调节热力系统图

(2)控制原理介绍

中压汽包水位控制方式:当中压过热器出口蒸汽流量大于15 t/h时,中压给水调节系统投入三冲量控制;当中压过热器出口蒸汽流量小于8 t/h时,中压给水调节系统退出三冲量,进入单冲量控制。中压给水系统调节原理图如图3.320所示。

调节系统的单冲量控制方式采用汽包水位的单回路调节。水位信号由3台变送器测得。3个水位信号经"MEDIAN SELECT"功能模块(详见"MEDIAN SELECT"功能模块说明)选择后送入加法器与设定值(汽包水位设定值由根据机组负荷设计的推荐值加上运行人员手动设置的偏置值得到)相减,得到水位偏差信号。将水位偏差信号与设定值"0"相比较后,再送入单冲量PID调节器输出中压给水调节阀开度指令。

调节系统的三冲量控制方式采用串级双回路调节。在主回路中,引入了中压过热器出口蒸汽流量作为前馈。中压汽包实际液位与设定值(汽包水位设定值由根据机组负荷设计的推荐值加上运行人员手动设置的偏置值得到)之间的偏差信号与设定值"0"相比较后,送入主回路的PID调节器,主调节器的输出作为副回路调节器的设定值。为了提高调节系统的响应速度和调节精度,特别为主回路的P,I,D参数设计了以汽包水位偏差值为因变量的函数关系。函数关系的设计原则是:当水位设定值与汽包实际液位相差不大的情况下,放大比例系数,以提高调节系统的响应速度,而当水位设定值与汽包实际液位相差较大的情况下,适当缩小比例

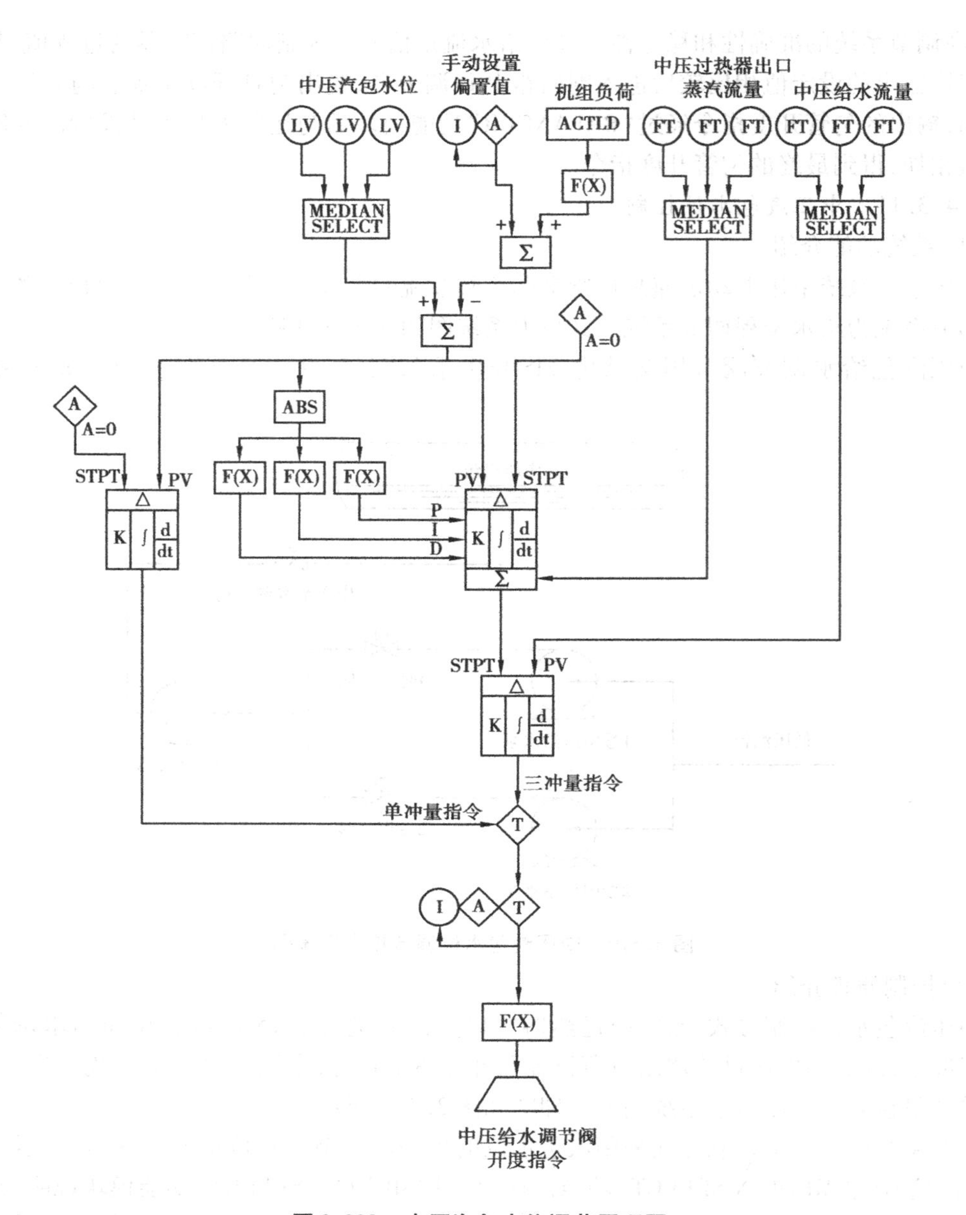

图 3.320 中压汽包水位调节原理图

系数,放大积分时间,以减小超调量,提高调节系统的准确性和稳定性。中压给水流量信号作为副回路调节器的过程值,与主回路调节器输出的设定值相比较后进入副回路 PID 调节器,输出中压给水调节阀开度指令。

3.4.3.12 低压汽包水位控制

(1)系统功能介绍

低压给水系统有两种水位控制模式:

①在机组启动和低负荷阶段,由变频凝结水泵保持一定出口母管压力,通过低压汽包给水调节阀节流来控制低压汽包水位。

②在机组高负荷阶段,低压汽包给水调节阀全开,由凝结水泵变频控制低压汽包水位。整

个低压给水调节系统为给水全程调节系统。

其热力系统图如图3.321所示。

低压汽包给水调节阀采用艾默生FISHER系列阀门，并配套艾默生DVC6010系列定位器。

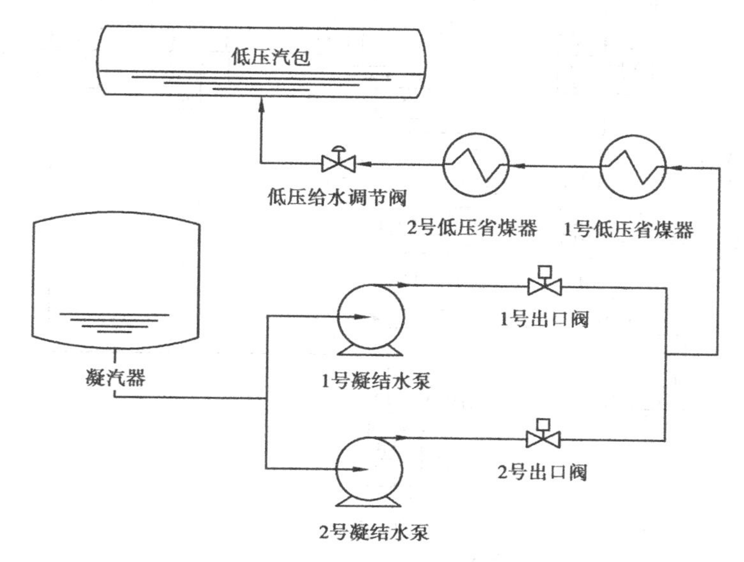

图3.321 低压给水系统热力系统图

(2)水位控制过程介绍

机组从启机到机组负荷320 MW期间，变频凝结水泵处于压力控制模式。其主要作用就是按照设计好的负荷-压力曲线将凝结水泵出口母管压力保持稳定。此时，低压汽包给水调节阀处于节流调节汽包水位模式。在低压汽包出口总流量大于90 t/h时，调节阀投入三冲量控制；在小于70 t/h时，退出三冲量回到单冲量控制。机组负荷高于320 MW时，运行人员可手动选择进入凝结水泵变频控制低压汽包水位模式。此时，低压汽包给水调节阀逐渐全开，由凝结水泵变频控制低压汽包水位。如果发生变频凝结水泵故障跳闸，连起另一台凝结水泵工频运行的情况，此时，低压汽包给水调节阀会按照设计好的负荷-阀位曲线迅速关至当时负荷下的对应阀位，防止汽包水位迅速上升。

(3)控制原理介绍

1)变频凝结水泵调节原理

变频凝结水泵调节原理图如图3.322a所示。

压力控制模式下，调节系统采用压力的单回路调节。凝结水泵出口压力信号与预设的负荷-压力曲线得到的设定值相比较，两者的偏差经PID调节器可控制凝结水泵的运行频率。

水位控制模式下，调节系统直接以三冲量控制方式进行控制。控制回路采用串级双回路调节。在主回路中，引入了低压汽包出口总流量作为前馈。低压汽包实际液位与水位设定值(汽包水位设定值由根据机组负荷设计的推荐值加上运行人员手动设置的偏置值得到)之间的偏差信号与设定值“0”相比较后，送入主回路的PID调节器，主调节器的输出作为副回路调节器的设定值。低压给水流量信号作为副回路调节器的过程值，与主回路调节器输出的设定值相比较后进入副回路PID调节器，输出凝结水泵的运行频率指令。

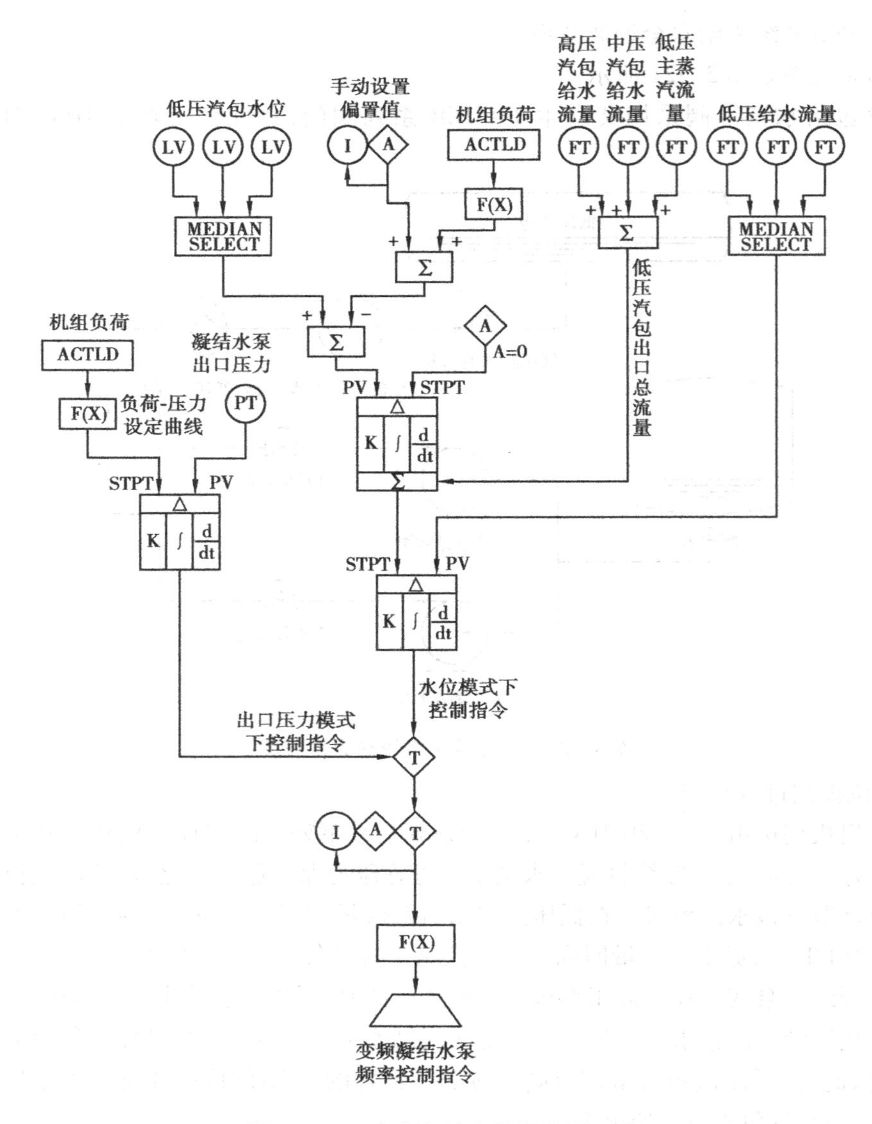

图 3.322a　变频凝结水泵调节原理图

2)低压汽包给水调节阀调节原理

低压汽包给水调节阀调节原理图如图 3.322b 所示。

调节系统的单冲量控制方式采用汽包水位的单回路调节。水位信号由 3 台变送器测得。3 个水位信号经"MEDIAN SELECT"功能模块(详见"MEDIAN SELECT"功能模块说明)选择后送入加法器与设定值(汽包水位设定值由根据机组负荷设计的推荐值加上运行人员手动设置的偏置值得到)相减,得到水位偏差信号。将水位偏差信号与设定值"0"相比较后,再送入单冲量 PID 调节器输出低压给水调节阀开度指令。

调节系统的三冲量控制方式采用串级双回路调节。在主回路中,引入了低压汽包出口主蒸汽流量和高、中压汽包给水流量总和作为前馈信号。低压汽包实际液位与设定值(汽包水位设定值由根据机组负荷设计的推荐值加上运行人员手动设置的偏置值得到)之间的偏差信号与设定值"0"相比较后,送入主回路的 PID 调节器,主调节器的输出作为副回路调节器的设

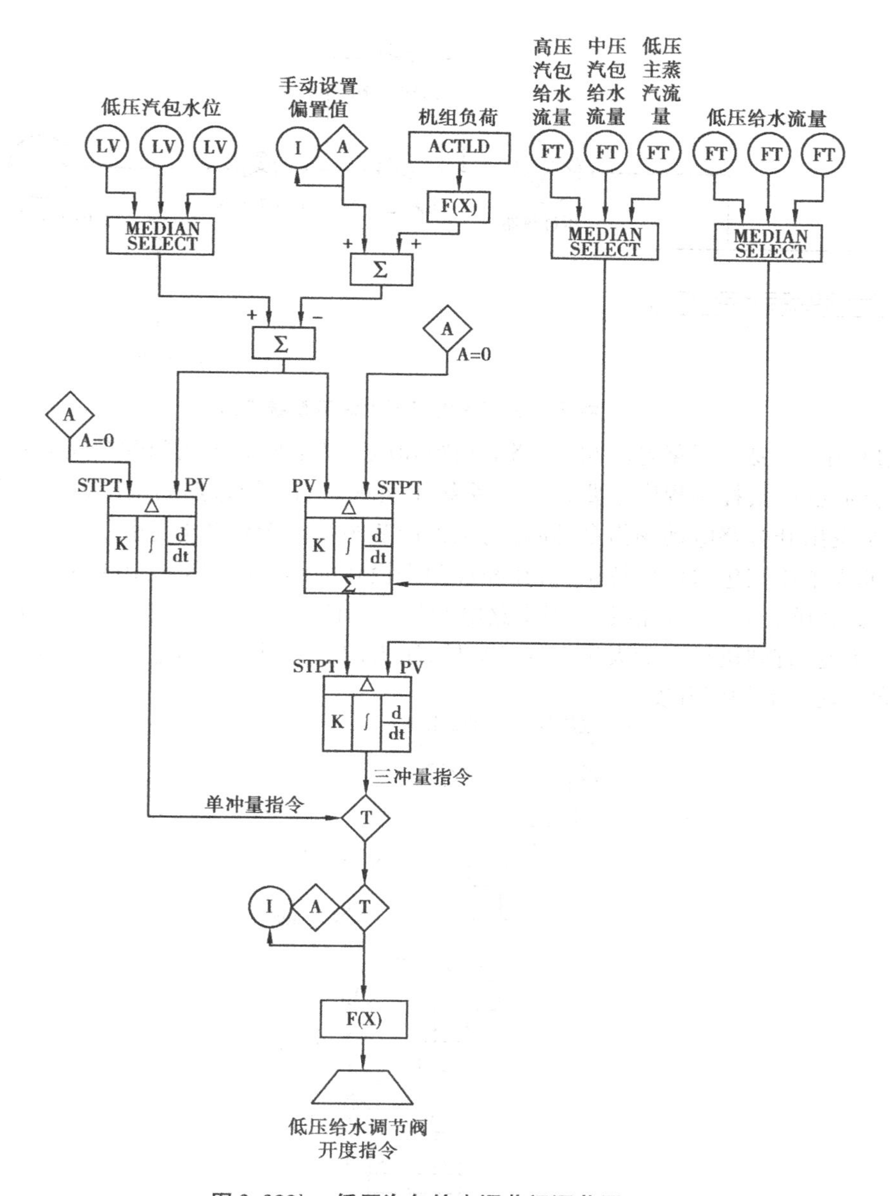

图 3.322b　低压汽包给水调节阀调节原理图

定值。低压给水流量信号作为副回路调节器的过程值，与主回路调节器输出的设定值相比较后进入副回路 PID 调节器，输出低压给水调节阀开度指令。

3.4.3.13　中压过热器出口压力控制

(1)系统功能介绍

中压过热器出口压力控制主要由 3 个阀门配合完成，分别是中压过热器出口旁路电动阀、中压过热器出口主路电动阀和中压过热器出口压力气动调节阀。中压过热蒸汽经上述 3 个阀门与冷再热蒸汽混合后，再进入中压再热器继续进行加热。其热力系统图如图 3.323 所示。

调节阀采用艾默生 FISHER 系列阀门，并配套艾默生 DVC6010 系列定位器。

(2)控制原理介绍

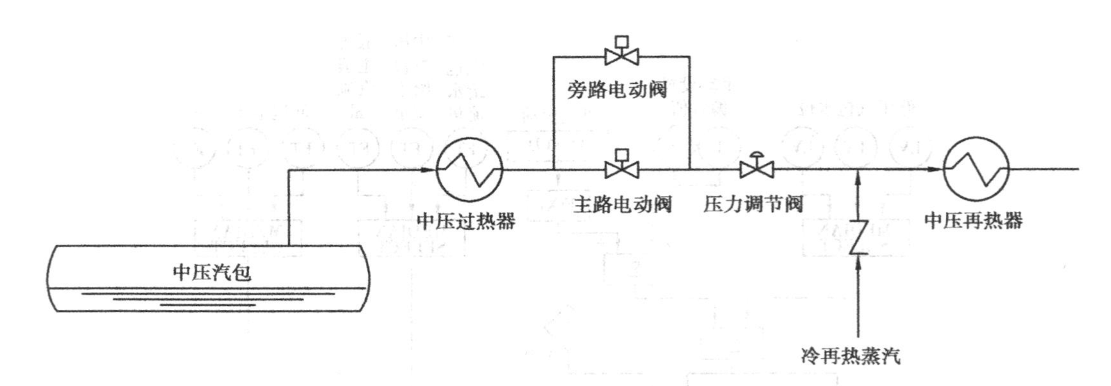

图 3.323　中压过热蒸汽出口压力调节系统热力图

启机过程中,主要由旁路电动阀、主路电动阀和压力调节阀 3 个阀门配合完成对中压过热器出口压力的控制,其控制程序主要在 APS 系统中实现。当中压过热蒸汽压力大于 0.05 MPa 时,APS 系统发出开旁路电动阀指令,同时向压力调节阀发出 5% 的开度指令。旁路电动阀开启到位后,如果中压汽包水位保持正常,在经过预先设置的延时后(热态:100 s;温态:200 s;冷态:300 s),发出开主路电动阀指令。当主路电动阀开到位后,将压力调节阀开至 20% 开度,并保持此开度不变,直到机组负荷大于 110 MW 后,压力调节阀根据中压过热器出口压力和再热器入口压力自动调节阀门开度。

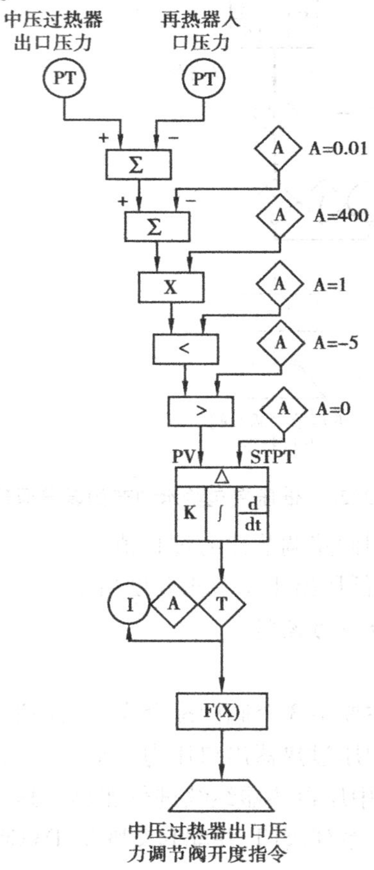

图 3.324　中压过热器出口压力调节阀调节原理图

中压过热器出口压力调节阀调节原理图如图3.324所示。调节系统采用差压的单回路调节。中压过热器出口压力与再热器入口压力之间的压差与设定值(0.01MPa)相比较。比较的差值经适当放大后与PID调节器的设定值0相比较,两者的偏差经PID调节器可控制调节阀开度。

练习题

1. 简述低压汽包水位控制方式有哪些,各种方式之间是如何进行转换的,以及各种方式下的调节控制原理。

2. 简述在机组启动过程和机组停机过程中,高压给水主路电动阀、高压给水旁路气动阀和高压给水泵之间是如何配合完成高压汽包给水控制的。

3. 简述高压给水泵勺管有哪些控制方式,方式之间是如何进行转换的,以及各种方式下的调节控制原理。

3.5 Ovation系统与PLC系统、SIS系统的通信接口

Ovation控制系统作为机组操作和控制的核心,与大屏幕系统、三菱Diasys系统、电气监控系统、调压站控制系统、空压机控制系统分别进行了网络连接。Ovation系统与各控制系统之间的连接方式与采用协议见表3.86。

表3.86 Ovation系统与其他系统通信接口方式列表

控制系统名称	硬件通信接口	功能	通信协议
大屏幕系统	100Mbit/s以太网,不冗余	监视	以太网
三菱Diasys系统	RS-485,电缆,网络冗余	监控	MODBUS
电气监控系统	RS-485,光缆,网络不冗余	监视	MODBUS
调压站控制系统	100 Mbit/s以太网,光缆,网络冗余	监控	MODBUS
空压机控制系统	RS-485,光缆,网络冗余	监控	MODBUS
SIS系统	100 Mbit/s以太网,光缆,网络不冗余	监视	OPC

分散控制系统中常用的通信接口及其传输特征如下:通常可将分散控制系统看成由若干个子系统加上通信线路及其传输协议所构成的系统,而每一个子系统都看成是一个计算机应用系统。而计算机应用系统的发展也逐步趋向于分散型或者网络型,计算机与计算机之间,计算机与现场外部设备之间的互联通常已不是近距离的,其距离可能是上百米到上千米,也可能是几千米以外;在这种情况下,数据传输不再等同于机器内部的信号传输,应该以数据通信的方式来处理。现在大多数计算机系统的产品都提供了一定的数据通信功能,以满足用户对数据通信的需求。这些通信接口一般均符合通用的国际标准,以适于不同厂商不同之间的互联。计算机的通信接口原则上采用电信上所使用的数字设备接口标准,有利于计算机与电信网互联,实现远程的数据传输。

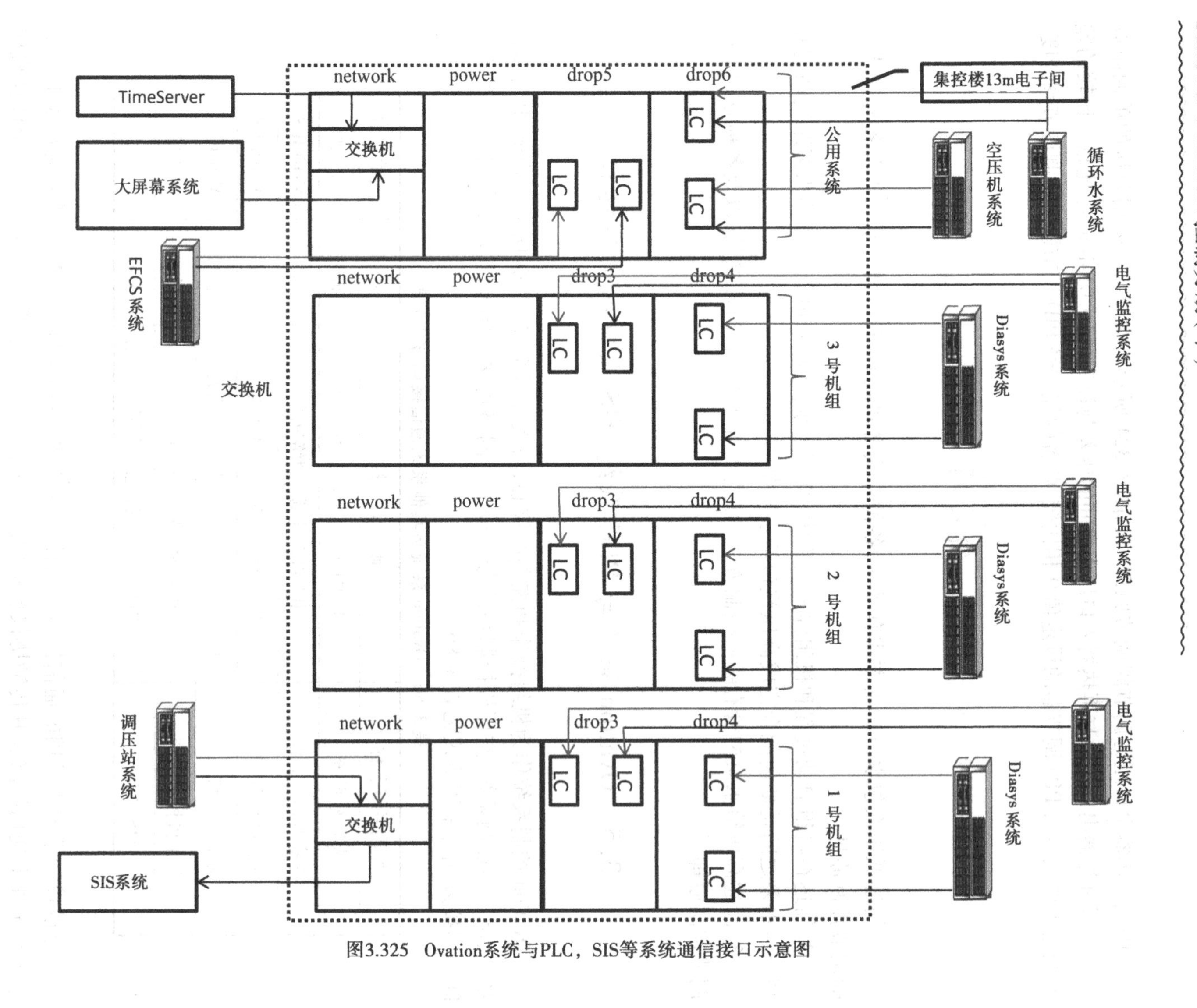

图3.325 Ovation系统与PLC，SIS等系统通信接口示意图

计算机数据通信接口标准采用了电信中的数据终端设备(DTE)和数据通信设备(DCE)的接口标准。常用的有RS-232,RS423,RS422及RS-485等。这些标准是由美国电子工业协会(EIA)制订的,在欧洲则通常采用国际电报咨询委员会(CCITT)制订的标准。分散控制系统对外接口还包括MODBUS网络和以太网络(ethernet)及其协议。

练习题

1. Ovation系统与电气监控系统使用了什么通信协议?网络是否冗余?
2. Ovation系统与空压机控制系统使用了什么通信协议?

第 4 章 ADCS 系统（辅助车间控制系统）

4.1 概 述

多年前，在火力发电厂中以可编程逻辑控制器 PLC 为核心的辅助车间程控系统多数还保留传统的模拟屏、后备常规手动控制盘（台），各系统也基本上按受控对象独立的配置，在火电厂形成众多的监控信息“孤岛”。随着 PLC 通信网络技术的发展和新型硬件、软件的开发，PLC 与上位机监控系统在功能、性能上已应用成熟，完全可实现单纯以 PLC、上位机、LCD 方式的计算机数字化的监控手段的实时监控，这就为各辅助生产车间联网集中监控提供了条件，利于实现辅助车间监控网络化和辅控网集中在集控室进行控制的工业化应用，达到减人增效的良好效果。

某电厂共设置辅助工艺子系统车间共 10 个，共包括化学水车间、工业废水处理站、生活污水处理站、制氢站、制氯站、制冷站、启动锅炉车间、天然气调压站、空压机车间、组合空气处理车间。其中，空压机系统、天然气调压站与机组运行非常紧密，因此将这两个辅助系统信号接入单元机组 DCS 系统，即接入 OVATION 系统中，通过 DCS 操作员站直接监控辅助系统运行。其余 10 个辅助工艺子系统车间则全部将控制信号接入辅助车间控制网系统中，并在集控室设置独立的辅助操作员站进行集中监视，辅助系统信号不再进入单元机组 DCS 系统中。考虑到化学水车间的重要性和化学水车间控制室需值班操作员，在化学水控制室设置了水网操作员站，将化学水车间、工业废水处理站、生活污水处理站的信号全部接入水网控制网系统中，共设置两台水网操作员站进行水网的监视。水网作为辅助车间控制网的一个子网，水网再接入辅助车间控制网系统中，将化学水车间、工业废水处理站、生活污水处理站的全部信号接入辅控网系统中，形成了完整的辅助车间控制网系统。辅控网的辅助操作员站与工程师站均可与挂在辅控网上的各子系统的 PLC 进行通信，以实现信息共享。另外，在化学水车间、启动锅炉车间、制氯站还保留了程控系统的上位机，作为调试或集控室控制点监控失效时的备用手段。

4.2 辅控网系统架构

辅控网系统的网络结构基本组成共分为管理层、监控层、控制层及I/O层4层。其中,控制层与I/O层之间的网络(驱动级网络)由PLC厂商提供专用网络,以保证信息传输的实时性要求。管理层与监控层之间的网络作为监控系统的骨干网通常选用以太网,选择100 Mbit/s速率。由于每个主要辅助车间监控对象信息量一般超过500点,而且辅助系统操作频繁,信息通信量大,采用常规共享式以太网易造成网络阻塞,因此,应采用全双工交换式工业控制用以太网络。辅控网系统以100 Mbit/s工业以太网为纽带,长距离信息传输全部采用多模铠装光纤,构成一个完整的设备监控系统。站点分为两大类:与生产过程现场设备进行数据接口的PLC可编程控制器;人机接口装置,包括辅控网操作员站(OPS)、工程师站(ENG)、实时/历史数据库服务器(DATABASE)、SIS系统接口站(OPC)、就地操作员站(LOPS)及模拟触摸屏等。网络设备全部采用华为COM网络交换机,服务器采用IBM塔式服务器,工作站采用IBM公司的ThinkCenter系列产品,确保了网路设备、服务器、工作站的硬件稳定可靠性。同时,它还可与其他的控制系统以及信息系统进行标准化的开放。

辅控网系统有以下子系统组成:

①水网系统辅助监控点,水网系统有以下系统接入:化学水处理系统,PLC采用AB公司ControlLogix5000系列产品,设置两台操作员站;工业废水处理系统(包括生活污水处理系统),PLC采用AB公司ControlLogix 5000系列产品。水网系统距集中控制室约300 m。

②电解海水制氯系统,PLC采用AB公司ControlLogix 5000系列产品,设置1台操作员站(工控机),距集中控制室约1 500 m。

③电解制氢系统,PLC采用AB公司SLC500系列产品,配10.4 in触摸屏,控制系统通过冗余双向通信接口与集中控制室辅助车间监控系统进行通信,通信接口支持百兆以太网传输,通信协议为TCP/IP,距集中控制室约180 m。

④启动锅炉系统,PLC采用西门子S7-300系列产品,1号、2号启用锅炉控制室各设置1台操作员站,控制系统通过冗余双向通信接口与集中控制室辅助车间监控系统进行通信,通信接口支持百兆以太网传输,通信协议为TCP/IP,距集中控制室约350 m。

⑤制冷控制系统,PLC采用AB公司ControlLogix 5000系列产品,配彩色触摸屏,控制系统通过冗余双向通信接口与集中控制室辅助车间监控系统进行通信,通信接口支持百兆以太网传输,通信协议为TCP/IP,距集中控制室约200 m。

⑥组合空气处理机组控制系统

组合空气处理机组控制系统PLC采用西门子S7-200系列产品,配触摸屏,控制系统通过冗余双向通信接口与集中控制室辅助车间监控系统进行通信,通信接口支持百兆以太网传输,通信协议为TCP/IP,距机炉控制室约50 m。

辅控网系统设备概貌图如图4.1所示。

4.2.1 辅控网系统网络设计特点

辅控网系统网络拓扑结构的设计应根据辅助车间集中控制的覆盖范围、PLC使用型号等

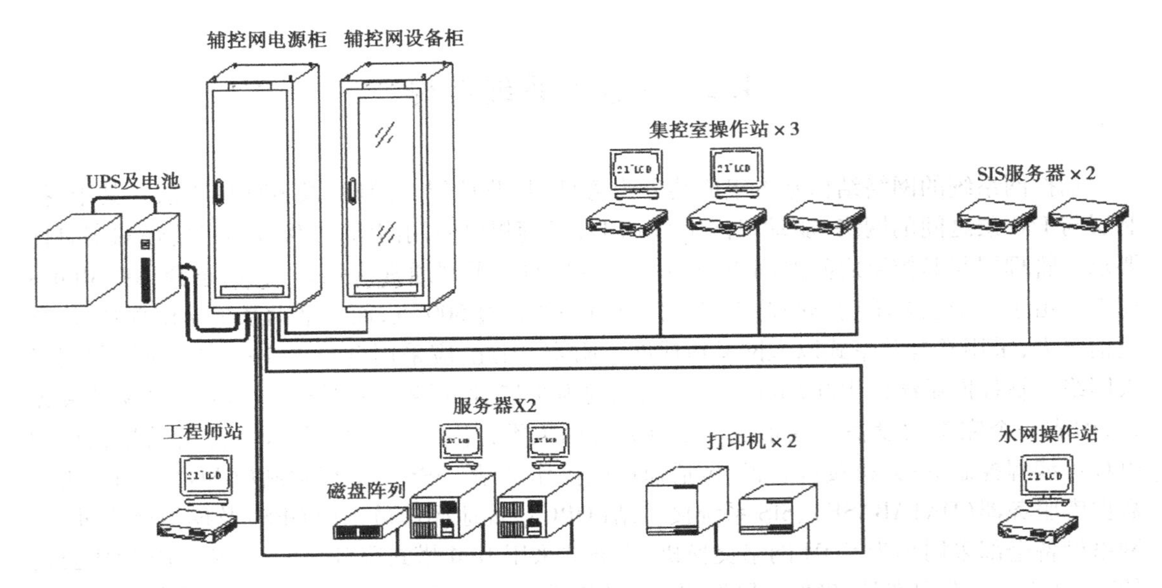

图 4.1 辅控网设备概貌图

因素综合考虑。某电厂共有 10 个辅助车间,地理位置分布广泛,主要围绕在主厂房的周围进行布置,其中制氯车间则布置在循环水码头。由于光纤电缆抗干扰能力强,传输距离远,有较大的通信带宽,扩展能力强等特点,因此,辅控网的主干网通信介质选用了铠装多模光纤电缆。控制层与 I/O 层之间的网络由 PLC 提供专用网络,通常采用同轴电缆作为网络通信介质。网络交换机与各工作站之间,PLC 控制器与网络交换机之间则选用 UTP(非屏蔽双绞线)作为网络通信介质。

①辅控网系统工作站采用流行的微软 Windows 2000 Professiol 操作系统。该系统开放性强、能支持各种硬件平台、支持多种网络协议标准、具有良好的安全性和容错能力。

②辅控网系统服务器采用了微软 Windows 2000 Server 操作系统。该系统开放性强、能支持各种硬件平台、支持多种网络协议标准、具有良好的安全性和容错能力,可管理大容量的磁盘阵列。

③工程师站具有程序开发、系统诊断和维护、控制系统组态、数据库和画面的编辑及修改、历史数据调用等功能。工程师站应能调出任一已定义的系统显示画面。在工程师站上生成的任何显示画面和趋势图等,均应能通过网络在线加载到操作员站上。

④工程师站应具有对辅控网络节点上的所有 PLC 进行编程设计、组态修改等工程师维护功能(对象包括 AB-ControlLogix 系列产品、AB-SLC500 系列产品、西门子 S7-300 系列产品的 PLC 等),并通过网络,既可调出系统内任一分散处理单元的系统组态信息和有关数据,还可将组态的数据从工程师站在线下载到各分散处理单元和操作员站。

⑤网络交换机采用性能可靠的华为 3COM 网络交换机。交换机带有全冗余电源,使电源模块可以热替换,从而保证不间断运行。交换机还融合了拥塞管理机制,可防止因拥塞而丢失数据包。

⑥主干网络设计为双缆冗余结构。当网络中某一段光缆线路出现故障时,网络能够自动重新配置并继续通信,同时在此过程中不会造成数据的丢失或数据的变化。

⑦网络可以保证各站点的信息在网络上正确传递,并满足实时控制的需要。网络通信负

荷最繁忙时不大于20%。在整个网络不能正常工作时,各系统车间PLC应能独立工作以保证各系统车间和设备的安全性。

⑧监控软件采用了Intellution公司的IFIX软件。该产品集成了数据采集、制表、报警、实时/历史数据库访问等功能,支持我厂的所有PLC硬件产品,性能稳定可靠,全面支持OPC服务器和OPC客户端,支持冗余网络。

某电厂各工艺辅助车间控制系统配置见表4.1。

表4.1 辅助车间控制系统配置表

序号	辅助系统名称	PLC品牌	CPU配置	监控软件	通信接口	设备所在位置
1	锅炉补给水处理系统	AB-Control-Logix5000系列	双CPU热备 配有操作员/工程师站	iFix无限点开发版	双以太网接口	锅炉补给水处理车间
2	电解海水制氯系统	AB-Control-Logix5000系列	双CPU热备 配有操作员/工程师站	IFIX开发版	双以太网接口	海边电解海水制氯车间
3	电解制氢系统	AB-SLC500系列	单CPUx2 配有10.4寸触摸屏	iFIX3.5无限点开发版	双以太网接口	1号汽机房外侧
4	工业废水处理系统(含生活污水处理系统)	AB-Control-Logix5000系列	单CPU 配有12"触摸屏	iFIX3.5无限点开发版	双以太网接口	工业废水控制室
5	1号启动锅炉系统	西门子S7-300系列	单CPU 配有操作员/工程师站	IFIX 3.5 Runtime	双以太网接口	1号启动锅炉控制室
6	2号启动锅炉系统	西门子S7-300系列	单CPU 配有操作员/工程师站	IFIX 4.0 Runtime	双以太网接口	2号启动锅炉控制室
7	制冷系统	AB-ControlLogix系列	单CPU 配有触摸屏12	iFIX3.5无限点开发版	双以太网接口	生产试验楼侧制冷站内
8	组合空气处理系统	西门子S7-200系列	单CPU 配有触摸屏	iFIX3.5无限点开发版	双以太网接口	集中控制楼5 m层

全厂辅助车间集中监控站将由1~2名运行人员完成监控。在设备检修期间以及上层辅控网故障时,各辅助系统的就地操作员站将作为临时监控手段和调试手段。辅控网网络结构特点如下:

①全厂辅助车间集中监控系统控制网络采用树形网络,即设置两层控制网络:上层网为辅助车间集中监控网(辅控网),下层网为化学水车间级控制主干网,上层网和下层网均采用1000M冗余光纤以太网。

②辅控网将设置两台与厂级监控信息系统(SIS)的网关服务器,设有软件、硬件通信接口。

③辅控网共设置两个冗余操作员站和1个大屏幕操作员站及两台数据库服务器。

④辅控网设置两台冗余交换机作为核心交换机,设置两台冗余以太网交换机为水系统辅助监控点接入交换机。

⑤辅控网络最下层的各工艺设备控制系统通过冗余双向光缆通信接口与集中控制室辅助车间监控系统进行通信,通信接口支持百兆以太网传输,光缆为多膜,通信协议为TCP/IP。

⑥化学水车间级控制主干网与上层网均采用1000M冗余光纤以太网通信,光缆为单膜。下层的各工艺设备控制系统只将通信光缆送至水车间级控制网络交换机或上层网络交换机处。

4.2.2 辅控网网络拓扑图

如图4.2所示为辅控网网络拓扑图。

4.2.3 辅控网与SIS系统的通信接口

辅控网与SIS系统的通信接口采用OPC技术解决方案。OPC技术是实现控制系统开发性的重要方法,为多种现场总线之间的信息交换以及控制网络与信息网络之间的信息交互提供了较为方便的途径。辅控网系统的服务器安装了支持OPC技术的iFIX监控软件。在iFIX监控软件工作平台上,将辅控网系统的服务器设置成OPC服务器工作模式,安装有OPC客户端的SIS服务器将OPC服务器设置为辅控网系统服务器。由SIS服务器向辅控网系统服务器申请所需要的各种测点实时数据,辅控网系统服务器通过OPC服务器发送现场测点实时数据,SIS系统接口机接收到数据后,暂时缓存在本机的关系型数据库内,然后稳定、可靠地将接收到的数据通过关系数据库ODBC接口写入PI实时数据库系统中,SIS系统再从PI实时数据库里提取数据完成工艺流程图实时监视参数的可视化。

辅控网系统使用功能强大的Intelution公司的iFIX 3.5C作为组态开发软件,它是基于WindowsNT/2000平台上的功能强大的自动化监视与控制的软件解决方案。iFIX用于监视、控制生产过程,并优化生产设备和企业资源管理。它能够对生产事件快速反应,减少原材料消耗,提高生产率。

(1)iFIX基本功能

①支持终端服务器Terminal Server。

②支持嵌入式VBA。

③实时和历史趋势查看。

④VisiconX-免编程关系数据库访问工具。

⑤数据采集和管理。

⑥报警和报警管理、报警计数器。

⑦网络功能、节点级安全。

⑧在线组态。

⑨过程可视化。

⑩支持企业实施历史库平台iHistoriant。

⑪全面支持OPC服务器和OPC客户端。

⑫支持Active控件和控件安全容器功能。

辅助车间集中

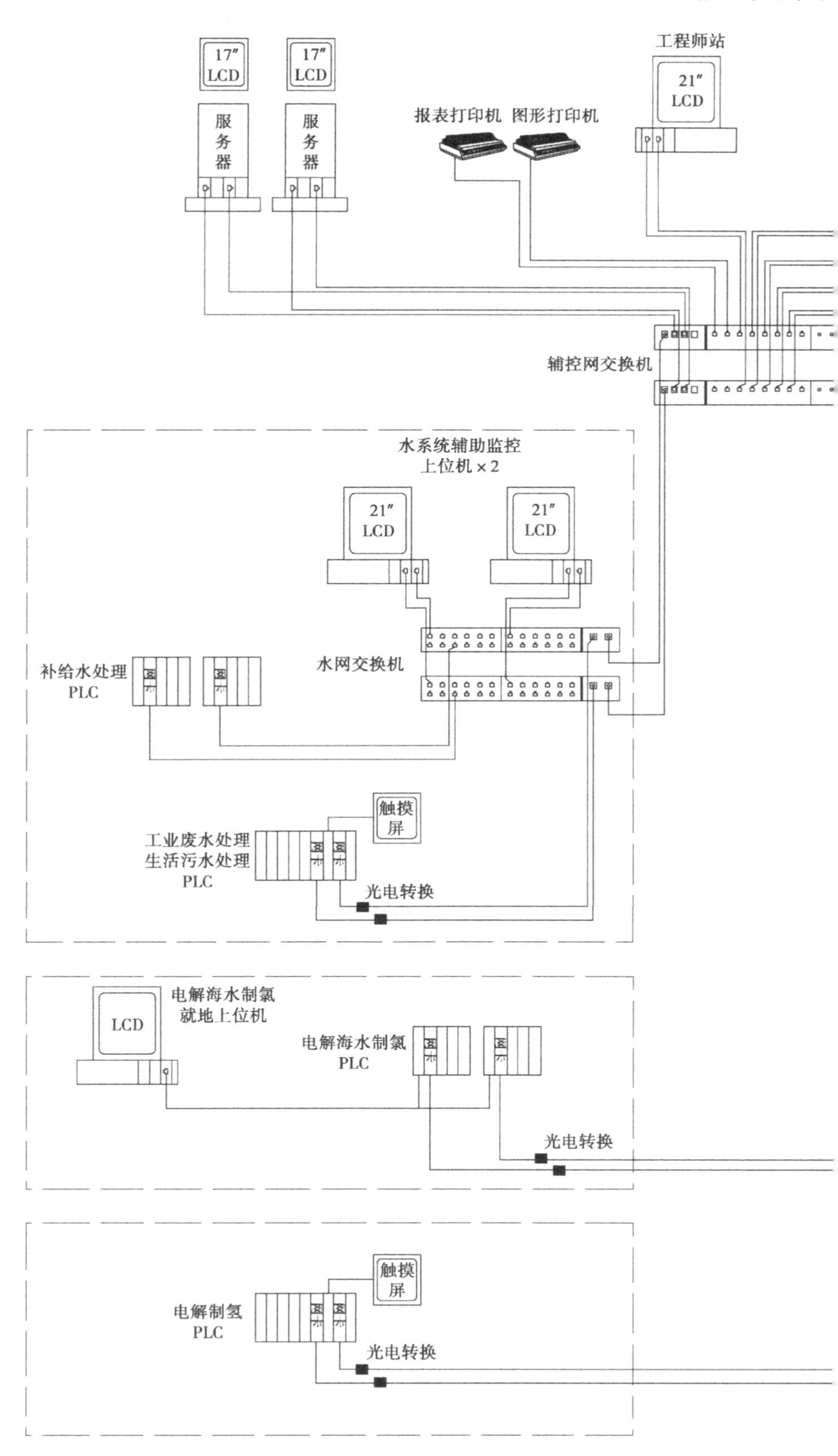
工程师站
17″ LCD
17″ LCD
服务器
服务器
报表打印机
图形打印机
21″ LCD
辅控网交换机
水系统辅助监控
上位机×2
21″ LCD
21″ LCD
水网交换机
补给水处理
PLC
触摸屏
工业废水处理
生活污水处理
PLC
光电转换
电解海水制氯
就地上位机
LCD
电解海水制氯
PLC
光电转换
触摸屏
电解制氢
PLC
光电转换

图4.2

控制（集中控制室）

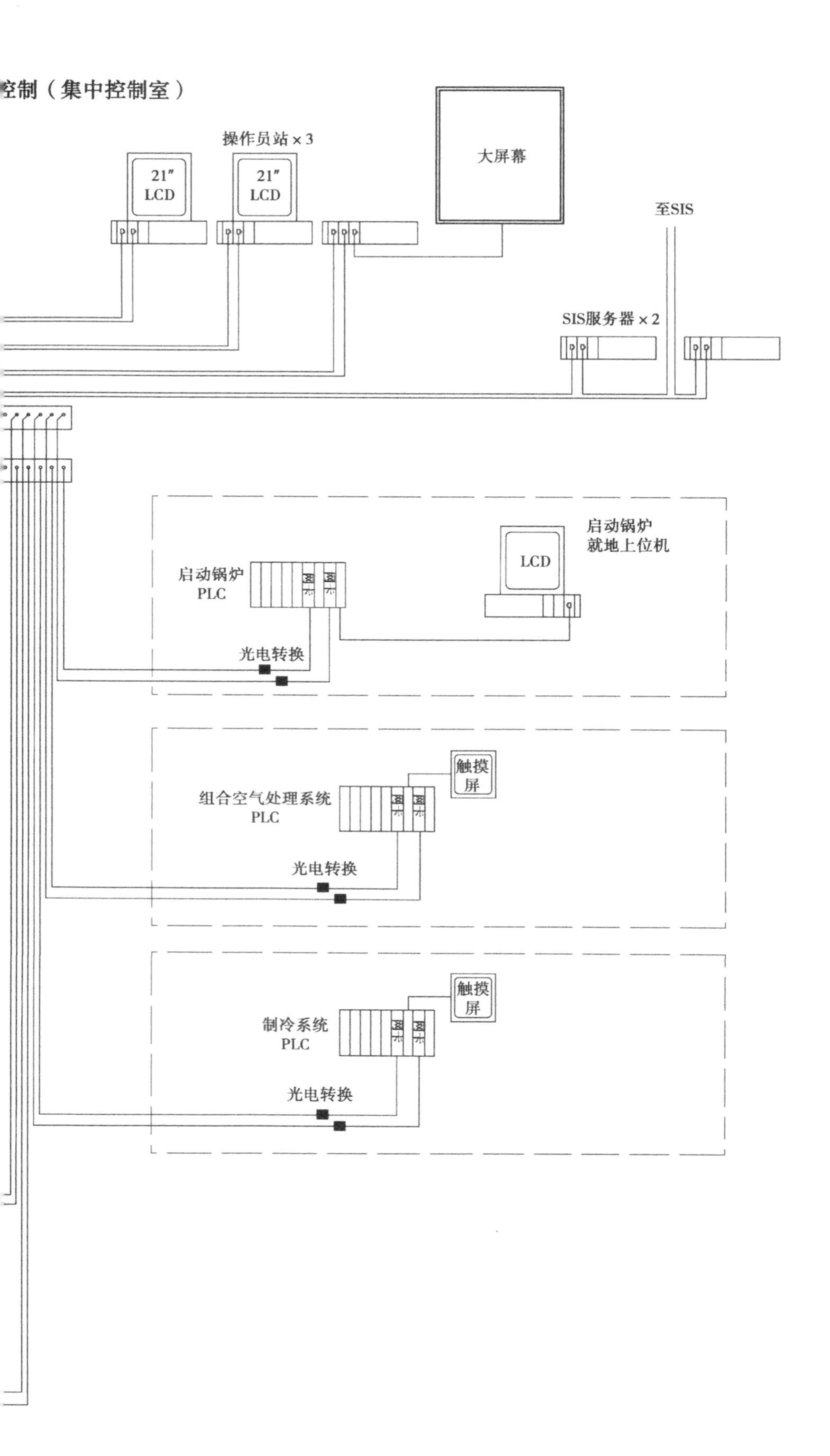

控网网络拓扑图

⑬权限管理和控制。
⑭面向对象的图形界面开发。
⑮即插即用 Plug 和 Solve 的架构。
⑯工作台 Workspace 集中式开发环境。
(2)iFIX 性能指标
①即插即解决结构及 COM 技术,方便集成第三方应用。
②全面支持 Active 控件。
③安全容器,可排除 Active 控件故障,保证 Intelution WorkSpace 运行。
④功能强大的微软标准编程语言,嵌入式 VBA。
⑤完整的 OPC 客户/服务器模式支持。
⑥标准 SQL/ODBC API 接口,方便关系数据库集成。
⑦实时的客户/服务器模式允许最大的规模可扩展性。
⑧SCADA Server 连接到 I/O,包括过程数据库。
⑨客户端 iClient 和 iClientTS 提供开发、运行和只读模式。
⑩Intelution Workspace 为所有 Intelution Dynamics 组件提供集成化的开发平台。
⑪导出数据到关系数据库,生成各种报表。
⑫内嵌 Crystal Report 运行动态库。